"101 计划"核心教材
物理学领域

近代物理导论

王 凯 李锐波 周振宇 编著

科学出版社

北京

内 容 简 介

本书介绍了原子物理、核物理和粒子物理的一些基础知识和物理思想及方法，并且前置数学基础只涉及微积分和线性代数. 全书以变换群和对称性为视角，从经典力学出发，逐步构建起描述量子系统的动力学理论，将代数方法应用于角动量和氢原子理论，并在相对论性理论框架下拓展讨论自旋、原子光谱精细结构、自旋统计等的物理起源. 核物理作为非相对论量子力学的应用进行介绍，涉及了费米气模型和低能散射，而粒子物理则重点介绍相互作用的洛伦兹结构和规范对称性的基本概念.

本书适用于普通高等学校物理专业本科生及研究生，可作为"近代物理"或"原子物理"课程教材，也可作为"量子力学"和"核物理与粒子物理"等相关课程的补充参考书.

图书在版编目(CIP)数据

近代物理导论 / 王凯, 李锐波, 周振宇编著. -- 北京: 科学出版社, 2024. 10.
ISBN 978-7-03-079308-9

Ⅰ. O4

中国国家版本馆 CIP 数据核字第 2024E7B194 号

责任编辑: 龙嫚嫚　崔慧娴　田轶静 / 责任校对: 何艳萍
责任印制: 师艳茹 / 封面设计: 楠竹文化

科学出版社 出版

北京东黄城根北街 16 号
邮政编码: 100717
http://www.sciencep.com

北京市密东印刷有限公司印刷

科学出版社发行　各地新华书店经销

*

2024 年 10 月第 一 版　开本: 787×1092　1/16
2024 年 10 月第一次印刷　印张: 25
字数: 593 000

定价: **75.00 元**
(如有印装质量问题, 我社负责调换)

出版说明

为深入实施科教兴国战略、人才强国战略、创新驱动发展战略，统筹推进教育科技人才体制机制一体化改革，教育部于 2023 年 4 月 19 日正式启动基础学科系列本科教育教学改革试点工作 (下称 "101 计划"). 物理学领域 "101 计划" 工作组邀请国内物理学界教学经验丰富、学术造诣深厚的优秀教师和顶尖专家，及 31 所基础学科拔尖学生培养计划 2.0 基地建设高校，从物理学专业教育教学的基本规律和基础要素出发，共同探索建设一流核心课程、一流核心教材、一流核心教师团队和一流核心实践项目. 这一系列举措有效地提高了我国物理学专业本科教学质量和水平，引领带动相关专业本科教育教学改革和人才培养质量提升.

通过基础要素建设的 "小切口"，牵引教育教学模式的 "大改革"，让人才培养模式从 "知识为主" 转向 "能力为先"，是基础学科系列 "101 计划" 的主要目标. 物理学领域 "101 计划" 工作组遴选了力学、热学、电磁学、光学、原子物理学、理论力学、电动力学、量子力学、统计力学、固体物理、数学物理方法、计算物理、实验物理、物理学前沿与科学思想选讲等 14 门基础和前沿兼备、深度和广度兼顾的一流核心课程，由课程负责人牵头，组织调研并借鉴国际一流大学的先进经验，主动适应学科发展趋势和新一轮科技革命对拔尖人才培养的要求，力求将 "世界一流""中国特色""101 风格" 统一在配套的教材编写中. 本教材系列在吸纳新知识、新理论、新技术、新方法、新进展的同时，注重推动弘扬科学家精神，推进教学理念更新和教学方法创新.

在教育部高等教育司的周密部署下，物理学领域 "101 计划" 工作组下设的课程建设组、教材建设组，联合参与的教师、专家和高校，以及北京大学出版社、高等教育出版社、科学出版社等，经过反复研讨、协商，确定了系列教材详尽的出版规划和方案. 为保障系列教材质量，工作组还专门邀请多位院士和资深专家对每种教材的编写方案进行评审，并对内容进行把关.

在此，物理学领域 "101 计划" 工作组谨向教育部高等教育司的悉心指导、31 所参与高校的大力支持、各参与出版社的专业保障表示衷心的感谢；向北京大学郝平书记、龚旗煌校长，以及北京大学教师教学发展中心、教务部等相关部门在物理学领域 "101 计划" 酝酿、启动、建设过程中给予的亲切关怀、具体指导和帮助表示由衷的感谢；特别要向 14 位一流核心课程建设负责人及参与物理学领域"101 计划"一流核心教材编写的各位教师的辛勤付出，致以诚挚的谢意和崇高的敬意.

基础学科系列"101 计划"是我国本科教育教学改革的一项筑基性工程. 改革，改到深处是课程，改到实处是教材. 物理学领域"101 计划"立足世界科技前沿和国家重大战略需求，以兼具传承经典和探索新知的课程、教材建设为引擎，着力推进卓越人才自主培养，激发学生的科学志趣和创新潜力，推动教师为学生成长成才提供学术引领、精神感召和人生指导. 本教材系列的出版，是物理学领域"101 计划"实施的标志性成果和重要里程碑，与其他基础要素建设相得益彰，将为我国物理学及相关专业全面深化本科教育教学改革、构建高质量人才培养体系提供有力支撑.

物理学领域"101 计划"工作组

前　言

20 世纪，人类对自然界的基本组成和基本相互作用的认识取得了极大的成功. 从组成原子的原子核和电子，到组成原子核的质子和中子，再到组成质子和中子的夸克，这些微观粒子及它们之间的强、弱和电磁相互作用逐步被发现和研究. 同时，从狭义相对论 (以下简称相对论)、量子力学到量子场论，构成了描述微观世界物理动力学的基本框架. 以上物理被统称为**近代物理**，相对论与量子力学构成了近代物理的 "两大支柱".

在我国本科教学体系中，对应教育部发布的《普通高等学校本科专业类教学质量国家标准 (2018)》中对物理学本科专业的要求，"物质微观结构和量子现象与规律" 的知识领域需要覆盖原子和亚原子结构、量子力学基本原理、量子力学近似方法和应用的核心知识单元及相对论量子力学等选修知识单元. 对应相关内容，现有体系有三类层次的课程，包括了普通物理层次的 "原子物理" 或 "近代物理"，理论物理概论 ("四大力学") 层次中的量子力学，以及专业课层次的原子分子和光物理①、原子核物理和粒子物理三门专业选修课. 如何处理这些课程之间的关系是一个值得深入探讨的问题.

2016 年，我开始承担浙江大学拔尖人才班二年级上学期的原子物理课程的教学工作，为了设计这门课程的教学内容，我在本校高年级本科生中进行了广泛调研，也参考了国内两本经典的原子物理教材：

(1) 褚圣麟，《原子物理学》，高等教育出版社；

(2) 杨福家，《原子物理学》，高等教育出版社.

褚圣麟和杨福家两位先生的经典教材都非常重视从经典物理到量子物理的历史发展逻辑，强调学生在经典物理的深刻理解基础上建立起量子物理的图像，为后续的量子力学学习做准备. 两本经典教材中丰富的物理图像解释无疑对学生的成长有着重要意义，但是学生认知习惯存在着多样性. 物理研究的认知过程可以被分为 "实验认知"、"理论认知" 和 "应用认知" 三类②. 科学方法论包括了全部三种认知能力，学习实践是建设认知能力的过程，但认知能力建设的顺序或者说学习路径取决于认知习惯. 理论认知习惯通常指首先基于自洽的数理逻辑构建知识体系，再培养相应的物理图像；而实验认知习惯则更强调先进

---

① 得益于激光技术的发展，光与原子相互作用成为现代原子物理的研究重点，该领域统称原子分子和光物理 (atomic, molecular and optical physics)，简称 AMO 物理.

② 穆良柱. 什么是 ETA 物理认知模型. 物理与工程，2020, 30 (1): 29-33. 穆良柱. 物理课程思政教育的核心是科学认知能力培养. 物理与工程，2021, 31(2): 9-15.

行物理图像的构建, 再去发现和理解数理逻辑①. 因此, 对理论认知习惯的学生而言, 要先于科学逻辑建立之前建立物理图像事实上是一种挑战, 这在有反直观反常识特色的微观物理课程中更为明显. 本书正是为了给这部分学生提供一个新的学习路径思路, 帮助学生在理解科学逻辑的基础上再建立物理图像. 本书将以原子、原子核和基本粒子的系统为例, 在微积分和线性代数的前置数学基础上, 介绍相对论与量子力学的基本原理. 本书的设计初衷是定位为量子物理导论教材, 对应我国教学体系中本科低年级的 "原子物理" 或 "近代物理" 课程. 另外, 本书也可以作为单独开设的 "理论物理导论" 课程教材, 帮助学生从普通物理思维过渡到 "四大力学" 的学习, 或者作为 "量子力学" 课程和后续 "核物理与粒子物理" 专业选修课的参考书.

内容规划

原子是由带正电的原子核及带负电的电子通过电磁相互作用组成的量子系统. 原子物理主要研究电子在原子核形成的库仑势场中的行为, 而原子光谱 (核外电子在不同能级间跃迁所伴随的电磁辐射) 是检验理论的主要实验手段. 氢原子作为结构最简单的原子, 不仅被研究得最透彻, 也最能展现量子力学的简洁优美, 因此在本书中, 我们将以氢原子光谱为主线讲述量子力学基本原理和方法, 涵盖了原子能级、自旋、精细结构和泡利不相容原理等. 另外, 在科学逻辑和不要求数理方程的前提下, 强调科学逻辑使得代数方法成为仅有的选项②. 代数方法的核心逻辑是基于量子力学中守恒量算符与哈密顿量算符有共同本征态这一基本性质, 通过找出对应物理系统的对称性与守恒量, 直接研究守恒量算符相关性质, 进而研究哈密顿量的本征态和本征值等. 对称性的方法降低了方程的阶数, 避开了求解定态薛定谔方程通常需要的数理方程技巧③. 由此, 阐述对称性与守恒量关系的诺特定理和研究对称性的工具——群论成为课程的主线内容. 为了帮助学生更好地理解自旋、精细结构、泡利不相容等物理现象背后的原理, 原子物理的后半部分从对称性视角在相对论性理论中针对这些概念做了进一步的展开④. 有了相对论量子力学和量子场论的基础, 本书的最后两章简单讨论亚原子物理. 相对于完整的核物理与粒子物理课程, 我们只是选取了相关主题的小部分内容, 希望学生对亚原子物理有个基础的认识, 为后续的专业课学习打下基础⑤.

---

① 需要强调的是这种差异, 仅是学习路径的习惯差异, 并无优劣之分.

② 历史上, 1926 年, 泡利提出将开普勒问题中的龙格–楞次矢量应用于求解氢原子问题; 1935 年, 福克首次提出了氢原子能级简并度问题可以被一个 4 维转动群 $O(4)$ 的对称性解释; 1936 年, 巴格曼指出龙格–楞次矢量与角动量构成了上述 $O(4)$ 群的六个生成元. 详见 Pauli W. Z. Physik, 1926, 36: 336; Fock V. Z. Physik, 1935, 98: 145; Bargmann V. Z. Physik, 1936, 99: 576. 本书中的氢原子物理部分的科学逻辑正是基于 1926~1936 年发展的氢原子的代数解法, 希望低年级本科生可以从中领略对称性的强大和优雅.

③ 最直观的例子是自由粒子: 该系统具有平移对称性和对应的守恒量——动量, 因此动量算符本征方程 (一阶微分方程) 的本征态同时也是该系统薛定谔方程 (二阶微分方程) 的本征态.

④ 本书的 6.4 节、6.5 节、9.5 节均标注了星号, 若暂时略去并不影响整体逻辑. 其中 6.4 节和 6.5 节展示了对有心力场和氢原子问题的薛定谔方程的直接求解过程, 作为代数方法的对比和参考, 这部分内容需要数理方程基础. 9.5 节则引入了量子场论的基础内容, 以在更深层次上阐释自旋统计定理的物理内涵, 供有意深入学习的学生参考.

⑤ 事实上, 亚原子物理研究并不是在我国所有高校都有布局, 这导致很多学校不会开设核物理和粒子物理课程, 而且即使开设了相关的课程, 也只有部分学生选修这类课程. 因此, 这部分也供对此感兴趣的读者学习, 以对亚原子物理有一个最基础的了解.

原子核是一个由质子、中子 (核子) 通过核力组成的非微扰量子多体系统, 核子并非基本粒子, 核力也并非基本相互作用. 我们将在介绍核物理基础知识后, 重点选取原子核的费米气体模型、α 衰变计算中的 WKB 近似和描述低能核反应的分波法和共振散射等, 通过原子核介绍量子物理的基本原理和方法. 另外, 核物理学科在发展初期便衍生出核武器和反应堆等一系列应用, 深刻影响了人类历史进程, 发展出了核科学与技术这个工程类的一级学科. 为了使读者对此有一个初步的认识, 在附录中收录了我在浙江大学和中国工程物理研究院研究生院讲授工程物理导论课程讲义的第一部分①.

粒子物理得益于加速器、对撞机、探测器技术在过去几十年的巨大发展, 以及量子场论的巨大进步. 粒子物理的标准模型经受了各类高精度实验的检验. 对于粒子物理部分, 鉴于在原子精细结构章节已经做了旋量理论的准备, 我们将主要通过散射的自旋关联讨论相互作用的洛伦兹结构后聚焦于相互作用的规范对称性.

物理直觉与物理内涵

很多人之所以选择物理, 是因为某种正反馈机制带来的愉悦感: 当一个人通过物理学学习形成的物理直觉被一次次验证时的愉悦感; 当一个反常识的现象被解释并被其他人广泛接受的愉悦感. 对于宏观的经典物理世界, 物理直觉来自于常识 (common sense), 有时可以以图形形式直观表现出来. 但是需要特别注意的是, 科学是可以反直观常识的. 我们对自然界的直观常识只是来自一定条件下的特定尺度, 即低速宏观条件下的现象, 因此这些常识只适用于宏观低速的系统, 并不具有普适性. 事实上, 高速和微观条件下的物理现象在一定程度上都是反常识的, 量子物理中电子的双缝干涉及原子核的衰变都是典型的反常识现象. 而科学家们能建立起相对论和量子力学这样反常识的科学理论, 靠的也并非天马行空的想象, 而是从实验观测到理论推演再到实验检验这样一套完整严谨的科学方法论.

正确的物理直觉的形成依赖于对 "物理内涵" (physics insights) 的理解. 物理内涵可以作为某种 "语言" 来简化我们对问题的理解. 在本书中, 对称性正是核心的 "物理内涵". 我们希望学生可以通过对称性这样强大的工具, 建立正确的物理直觉, 从而体会物理学的简洁、优美和自洽.

参考书目

我个人学习成长和备课过程中受益于很多书, 本书部分逻辑或讲法也不可避免地受到其中一些书的影响, 因此, 这里我们将其中几本相关的书列为参考书. 首先是两本和群论有关但又并非群论教材的书, 其中第一本是以线性代数语言讲解量子力学、相对论等背后的代数结构, 第二本则聚焦于经典动力学中的群论:

(1) L. E. H. Trainor, M. B. Wise, *From Physical Concept to Mathematical Structure: An Introduction to Theoretical Physics*;

(2) E. C. G. Sudarshan, N. Mukunda, *Classical Dynamics: A Modern Perspective*.

事实上, 针对物理学专业的群论教材的选择很多. 另外, 群论在物理学科各分支中的应用也有较大差异. 因此, 在专业课程中结合具体应用穿插群论内容有利于学生理解. 本

---

① 王凯, 矫金龙, 陈海. 浅谈工程物理. 物理与工程, 2023, 33(2): 60-72.

书的初衷也是以量子力学中的应用讲述群论相关知识, 部分逻辑受益于徐一鸿先生所著的 *Group Theory in a Nutshell for Physicists* 和另外两本非常经典的著作:

(1) B. L. van der Waerden, *Group Theory and Quantum Mechanics*;

(2) A. R. Edmonds, *Angular Momentum in Quantum Mechanics*.

前面所列的我国几本经典的原子物理教材都有较大篇幅讲解量子力学框架正式确立以前的发展, 对玻尔的半经典模型等的发展也有详细讨论. 因此, 充分理解了物理逻辑后, 再了解科学的发展进程, 对科研创新能力和人文情怀的培养都是有益的.

在后续的学习中, 有很多经典的量子力学教材值得参考, 其中山卡 (Shankar) 编写的是标准的量子力学教材, 其他几本大都有较强的个人风格.

(1) R. Shankar, *Principles of Quantum Mechanics*;

(2) J. J. Sakurai, *Modern Quantum Mechanics*;

(3) P. A. M. Dirac, *The Principles of Quantum Mechanics*;

(4) S. Weinberg, *Lectures on Quantum Mechanics*;

(5) W. Greiner, B. Müller, *Quantum Mechanics: Symmetries*.

核物理和粒子物理这两门课程有非常多的参考书, 在这里不能列出所有, 我本人学习和备课过程中曾主要受益于

(1) J. Basdevant, J. Rich and M. Spiro, *Fundamentals in Nuclear Physics*;

(2) F. Halzen and A. D. Martin, *Quarks and Leptons*;

(3) M. Thomson, *Modern Particle Physics*;

(4) C. Quigg, *Gauge Theories of the Strong, Weak and Electromagnetic Interactions*;

(5) S. Martin and J. Wells, *Elementary Particles and Their Interactions*;

(6) R. E. Marshak, *Conceptual Foundations of Modern Particle Physics*.

致谢

我于 2016 年在浙江大学第一次教学实践后, 为了将散落在不同资料中的教学内容集中起来以方便学生学习, 结课后的寒假启动了讲义的编写工作. 刚结束课程的本科生陈豪、高安杰分别直接参与了第 5 章和 6.4 节、6.5 节的编写工作. 到 2017 年寒假结束时, 这本讲义已初具雏形. 在这几年的教学实践中, 李锐波、杨通智、周振宇、陈豪、黄中杰、高安杰、胡子昂、张晓源、郑欣阳、刘豪雄、胡倞成、见东山、曹趣、张亮、李奇修、杨正帅、陆俊亦、潘邹纬、汪涵、徐宇青等学生在习题答案、校对、教学反馈等方面做了大量工作, 非常欣慰在浙江大学遇到这样一批优秀的同学.

我曾经的两位研究生李锐波和周振宇, 对教育教学都有极大的兴趣, 在做课程助教时为课程建设做了很多工作, 且工作态度认真细致. 所以, 2021 年, 我召集他们开始系统改写课程讲义, 2023 年夏在科学出版社以《原子物理讲义——从对称性到原子能级》出版. 今年年初对原书进行了较大修改, 篇幅增加了近一倍, 新增了多电子原子和分子物理、核物理和粒子物理等内容. 这次改版最终定名"近代物理导论".

对于本书相关原子物理、量子力学、量子场论和粒子物理等内容的学习, 我受益于巴布 (Kaladi Babu)、巴格 (Vernon Barger)、蔡寿福、村山齐 (Hitoshi Murayama)、韩涛、

季达仁、柳田勉 (Tsutomu Yanagida)、罗民兴、米尔顿 (Kim Milton)、桥本明三 (Akikazu Hashimoto)、谢心澄、朱雪天等老师的直接教导，成书过程中又受到陈骝、高原宁、贺贤土、李重生、李学潜、刘川、刘玉鑫、孙昌璞、吴岳良、虞跃几位前辈老师的勉励，以及收到曹庆宏、陈海、陈绍龙、戴希、冯波、矫金龙、华靖、罗慧、穆良柱、施均仁、仇志勇、吴从军、肖朦、于江浩、杨李林、袁野、张昊、张欣宇、周详、朱国怀、朱华星、朱宏博等同仁、同事提出的大量意见和建议，科学出版社编辑龙嫚嫚在本书出版过程中也做了大量工作，在此一并表示感谢. 最后，要特别感谢 "101 计划" 原子物理课程组组长刘玉鑫和秘书李湘庆两位老师组织书稿评审，任中洲、邢宏喜和郑阳恒三位老师作为评审专家，仔细认真地阅读了书稿，提出了大量建议，对全书的科学性、逻辑的完整性等方方面面的完善与提高做出了重要贡献.

　　限于作者水平，书中不足之处在所难免，恳请各位读者提出批评和建议，谢谢大家！

王　凯

2024 年夏

教学使用说明

本书前 9 章的原子物理部分是一个独立且自洽的逻辑体系，而第 10 章和第 11 章的核物理和粒子物理两个简介分别都是在部分原有基础上又各自独立发展的逻辑. 因此，从课堂教学或者读者自学角度，前 9 章内容可以构成一个完整的课程[①]，而第 10 章和第 11 章可以根据课时安排做相应取舍.

全书第一部分原子物理的核心内容是利用代数方法求解氢原子能级这个量子力学问题. 前 5 章均围绕这个目的作为铺垫，介绍量子力学的基本原理和代数解法的数学工具和具体例子.

- 第 1 章是近代物理实验现象的综述，通过介绍光的 "波粒二象性"、原子光谱的实验以及半经典模型等，引入物质波这个量子物理的基本假说.

- 第 2 和第 3 章的目的是引入变换的概念和数学工具——群论，建立起极小正则变换生成函数与李群生成元的对应，以便为在概念上建立量子力学算符做准备. 同时也在经典力学框架下介绍了诺特定理.

- 第 4 章以物质波假说为基础推导物质波的波动方程，引入力学量算符，建立起变换理论下的量子力学框架.

- 第 5 章既是第 6 章的基础，也是代数解法的第一个具体例子，即有三维转动不变性质或者说 $SO(3)$ 群对称性的有心力场体系. 利用 $SO(3)$ 的李代数性质求解角动量算符的本征值.

- 第 6 章讨论了库伦力系统的新的动力学对称性 $SO(4)$ 并利用该代数性质求解氢原子能级. 其中 6.4 节和 6.5 节介绍了传统的数理方程方法，可以作为选讲内容或者完全略去.

- 第 7 和第 8 章聚焦于自旋与原子能级的精细结构. 通过讨论相对论时空的对称性引入旋量表示，并推导了相对论量子力学的狄拉克方程，讨论了自旋的起源及对精细结构的物理贡献，后利用定态微扰论方法给出了能级的精细结构修正.

[①] 在浙江大学的教学实践中，本书前 9 章对应一门 64 学时的课程.

- 第 9 章讨论了多电子原子和分子光谱. 鉴于问题的复杂性，这章的物理依赖于大量的近似方法，讨论了如氦原子、碱金属、元素周期表和分子光谱等. 另一方面，这章的基础是泡利不相容原理，所以在 9.5 节介绍了自旋统计定理，但这部分讨论是基于量子场论，深度和难度完全超过了课程要求，列在文中仅作为学有余力的同学参考.

第 10 和第 11 章分别为了向低年级学生在学习核物理和粒子物理专业课前，介绍一些非常基础的知识，为后续学习打下基础.

- 第 10 章简要介绍了核物理一些基础知识，对应约 10 课时. 其中 10.1 节是绪论，主要综述和原子核的发现到中子发现的一系列实验. 10.2 节主要围绕费米气体模型介绍原子核的定性和半定量模型，因为篇幅原因，并没有展开介绍更精细的其他核模型. 10.3 节和 10.4 节更多是以原子核为例介绍非相对论量子力学的 WKB 近似方法和低能散射理论框架. 10.4 节也介绍了元素恒星核合成对应的热核聚变反应的基本框架，但不涉及燃烧等离子体物理的输运问题.

- 附录 A 是核科学与技术学科的简介，对应约 4 课时，只是作为第 10 章核物理的拓展阅读，与全书科学逻辑并不紧密. 不过理科学生可以通过核科学与技术这个典型例子来理解从基础科学到工程应用的发展过程以及大科学工程的交叉学科属性.

- 第 11 章是粒子物理简介，围绕两大主线相互作用的洛伦兹结构与规范对称性两大基本性质. 鉴于已经在第 7 章的相对论量子力学部分介绍了螺旋度等基本概念，这为高能散射问题的讨论做了准备. 11.2 节通过螺旋度振幅讨论了高能散射过程中的相互作用的耦合性质，如宇称守恒的矢量型 (vector like) 耦合或者宇称破缺的 V–A 耦合. 规范对称性的概念最早在第 2 章就有介绍，11.1 节是一个相对更系统的讨论. 首先以经典和量子的电动力学介绍了规范对称性，又通过哈密顿雅克比理论讨论了规范对称性如何从经典系统到量子系统的对应，并简单介绍了纵向极化与规范冗余等概念. 在 11.3 节中，量子色动力学是作为非阿贝尔规范理论的一个例子引入. 而 11.4 节从弱作用到电弱规范理论的构建，特别是规范对称性自发破缺的希格斯机制和规范反常的概念等. 11.5 节通过中微子引入超越标准模型的新物理讨论. 第 11 章是一个篇幅较长的章节，第 7、8 和 11 章以及附录 B 的内容也可以组成一个约 32~48 学时的本科粒子物理导论课的部分教学内容.

目　录

第 1 章 绪 论

科学方法论是研究自然规律的基本手段，它通过以下几个步骤不断拓展人类认知的边界.

- 总结唯象规律：观察自然界的现象，并从现象中总结唯象规律；
- 构建公理化理论体系：提炼假说，并通过自洽的数理逻辑推导构建理论体系；
- 做出预言：在已构建的理论体系下，对新的实验现象进行定量预言；
- 实验检验：通过实验，检验在新理论体系下推导得到的预言；
- 证实或证伪：如果实验检验证实了预言，则说明假说可以被接受；如果不符或者发现了新的不能被已有理论解释的现象，则修正假说，并重新推导预言进行实验检验.

这是一个循环上升的过程. 科学方法论阐述了科学研究的内在逻辑，使得科学可以被理解和利用，也促进了技术的进步；而技术的进步反过来也推动了实验手段的发展，让人类对自然界的探索不断深入.

在过去的一百多年中，从电子和原子核，到组成原子核的质子和中子，再到组成质子和中子的夸克，这些微观粒子及它们之间的强、弱和电磁相互作用逐步被发现和研究，人类对自然界的基本组成和基本相互作用的认识取得了极大的成功. 一方面，正是实验手段的不断进步促成了这些发现；而另一方面，人类对于微观系统动力学的认识也从狭义相对论、量子力学过渡到了量子场论，并且在量子场论的框架下对一些可观测量给出了高精度的预言，并被更进一步的实验验证. 其中，人们对轻子反常磁矩的理论预言在 10^{-9} 精度上与实验结果吻合[①]，是迄今为止粒子物理实验验证精度最高的理论预言.

需要特别注意的是，科学是可以反直观常识的. 我们对自然界的直观常识 (common sense) 只是来自一定条件下的特定尺度，即低速宏观条件下的现象，因此这些常识也只适用于宏观低速的系统，并不具有普适性. 事实上，高速和微观条件下的物理现象在一定程度上都是反常识的，狭义相对论、光和电子的 "波粒二象性" 及原子核的衰变都是典型的反直觉现象. 而科学家们能建立起狭义相对论和量子力学这样反常识的科学理论，靠的也并非天马行空的想象，而是从实验观测到理论推演再到实验检验这样一套完整严谨的科学方法论.

---

① Jegerlehner F. The Anomalous Magnetic Moment of the Muon. Berlin: Springer，2017: 274.

　　本章我们将从历史逻辑的视角，回顾人们是如何逐步走出直观常识的限制，认识原子和量子系统的，从中我们将看到科学方法论的巨大作用. 在第 1~5 章中，我们将以动力学和变换为视角，从经典出发，逐步构建起能描述量子系统的动力学理论，并在第 6 章中将这套理论应用于求解氢原子这一最简单的量子系统，而第 7~8 章我们将进入相对论量子力学的框架，探讨氢原子中的精细结构. 在对氢原子深入研究的过程中，我们将感受到量子力学基础理论的简洁优雅，也能体会到对称性和代数方法的独特力量. 在第 9 章，我们将把前面介绍的内容应用到多电子原子的讨论中，虽然实际上多电子原子问题很难精确解析计算，但恰当的近似方法和基于全同粒子原理的一般性讨论仍然体现着物理学的深刻和美妙. 之后的第 10 章和第 11 章分别为亚原子物理简介，其中第 10 章讲的核物理更多是利用原子核物理展示非相对论量子力学的应用. 而第 11 章则聚焦于对称性，展开讨论基本相互作用中的洛伦兹对称性结构和规范对称性.

1.1　光：狭义相对论与"波粒二象性"

　　人类以科学的方法研究世界是从研究质点和光开始的. 人们对光的研究是科学方法论的成功实践，导致了狭义相对论的产生，也最早揭示了波粒二象性的存在，为量子力学的诞生准备了条件. 狭义相对论和量子力学正是 20 世纪发展的近代物理的两大支柱.

　　17 世纪，牛顿 (I. Newton) 在给出质点运动学基本框架的同时，利用质点的动量守恒，解释了光的直线传播、反射及折射现象，因此牛顿认为光的本质是粒子，可以用质点动力学来描述，这就是"光的粒子说". 而几何光学中我们熟悉的费马原理，就是质点保守力学系统的马保梯 (P. M. Maupertuis) 最短路径原理的应用. 与之同时，胡克 (R. Hooke)、惠更斯 (C. Huygens) 等则提出了"光的波动说"，其中惠更斯提出了惠更斯原理，同样很好地解释了光的直线传播、反射和折射现象. 但由于缺少光的干涉和衍射的实验证据，粒子说在当时占据了主流[①].

　　然而随着实验装置的进步，1801 年，托马斯·杨 (Thomas Young) 通过双缝实验发现了光的干涉，加上越来越多的衍射现象也被发现，粒子说对这些现象束手无策，而波动说却能很好地解释它们，波动说由此逐渐成为光学理论的主流.

　　值得注意的是，光的波动性的发现建立在高精度的实验观测的基础上，或者具体地说，依赖于尺度与可见光波长 (380~780 nm) 相近的光栅的发明. 因此，从这个角度上说，实验仪器的发展程度限制了牛顿时代对光的认知——任何人都不可能仅仅通过平面镜与三棱镜来发现光的波动性.

　　对光的本质的更深层次认识则来源于电磁学的研究. 麦克斯韦 (J. C. Maxwell) 将电磁学的规律系统地写成了麦克斯韦方程组，真空中无源麦克斯韦方程组为

$$\nabla \cdot \boldsymbol{E} = 0, \quad \nabla \times \boldsymbol{E} = -\frac{\partial \boldsymbol{B}}{\partial t},$$

---

　　① 事实上，1665 年格里马尔迪 (F. Grimaldi) 首次发现了光的衍射现象，但由于缺少定量测量，加上光的波动说本身存在问题 (特别是惠更斯原理对衍射的定量解释也存在困难，这一困难后来被菲涅耳 (A. Fresnel) 解决)，这一"微小的发现"并没有成为波动说的有力证据.

$$\nabla \cdot \boldsymbol{B} = 0, \quad \nabla \times \boldsymbol{B} = \mu_0 \epsilon_0 \frac{\partial \boldsymbol{E}}{\partial t}.$$

对其中第二和第四两个方程再取旋度，得到两个波动方程[①]

$$\Delta \boldsymbol{E} - \frac{1}{c^2} \frac{\partial^2 \boldsymbol{E}}{\partial t^2} = 0, \quad \Delta \boldsymbol{B} - \frac{1}{c^2} \frac{\partial^2 \boldsymbol{B}}{\partial t^2} = 0,$$

其中的相速度 c 为

$$c = \frac{1}{\sqrt{\mu_0 \epsilon_0}}.$$

不失一般性，我们取沿着 z 方向传播的平面波为例讨论. 波前是与传播方向 z 垂直的平面，引入波矢 $\boldsymbol{k}$ 和角频率 ω (频率 ν)

$$k = |\boldsymbol{k}| = \frac{2\pi}{\lambda}, \quad \omega = 2\pi\nu = \frac{2\pi}{T} = \frac{2\pi c}{\lambda}.$$

假设空间变量和时间变量可以被分离，代入波动方程得到的时间振荡项，有

$$\boldsymbol{E}(z, t) = \boldsymbol{E}(z)\mathrm{e}^{\mathrm{i}\omega t}, \quad \boldsymbol{B}(z, t) = \boldsymbol{B}(z)\mathrm{e}^{\mathrm{i}\omega t},$$

对空间部分 $\psi(z) = \boldsymbol{E}(z)$ 或 $\psi(z) = \boldsymbol{B}(z)$，波动方程变成

$$\left[\frac{\mathrm{d}^2}{\mathrm{d}z^2} + k^2 \right] \psi(z) = 0,$$

其通解为

$$\psi(z) = c_1 \mathrm{e}^{\mathrm{i}kz} + c_2 \mathrm{e}^{-\mathrm{i}kz}.$$

得到了沿着 $+z$ 和 $-z$ 方向传播的两个平面波 (即 $\boldsymbol{k} = \boldsymbol{k}_z$，$|\boldsymbol{k}| = k$)，具有波矢 $\boldsymbol{k}$ 和角频率 ω，写成更一般形式有

$$\boldsymbol{E}(\boldsymbol{r}, t) = \boldsymbol{E}_1 \mathrm{e}^{\mathrm{i}(\omega t - \boldsymbol{k} \cdot \boldsymbol{r})} + \boldsymbol{E}_2 \mathrm{e}^{\mathrm{i}(\omega t + \boldsymbol{k} \cdot \boldsymbol{r})},$$
$$\boldsymbol{B}(\boldsymbol{r}, t) = \boldsymbol{B}_1 \mathrm{e}^{\mathrm{i}(\omega t - \boldsymbol{k} \cdot \boldsymbol{r})} + \boldsymbol{B}_2 \mathrm{e}^{\mathrm{i}(\omega t - \boldsymbol{k} \cdot \boldsymbol{r})},$$

波动项的系数为常数矢量 $\boldsymbol{E}_1$、$\boldsymbol{E}_2$、$\boldsymbol{B}_1$ 和 $\boldsymbol{B}_2$. 鉴于我们讨论的是真空无源 $\nabla \cdot \boldsymbol{E} = 0$ 和 $\nabla \cdot \boldsymbol{B} = 0$，可以得到

$$\boldsymbol{k} \cdot \boldsymbol{E}_1 = \boldsymbol{k} \cdot \boldsymbol{E}_2 = 0, \quad \boldsymbol{k} \cdot \boldsymbol{B}_1 = \boldsymbol{k} \cdot \boldsymbol{B}_2 = 0.$$

如果令 $\boldsymbol{E}_2$ 和 $\boldsymbol{B}_2$ 为零，代入麦克斯韦方程组可以进一步得到

$$-\mathrm{i}\boldsymbol{k} \times \boldsymbol{B}_1 = \frac{\mathrm{i}}{c^2}\omega \boldsymbol{E}_1 \quad -\mathrm{i}\boldsymbol{k} \times \boldsymbol{E}_1 = -\mathrm{i}\omega \boldsymbol{B}_1,$$

---

① 波动方程的研究起源于经典力学系统，该方程用于描述振动的传播. 在附录 D 中，我们也简要回顾了达朗贝尔方程的推导. 考虑到部分 "力学" 与 "电磁学" 课程中波动的概念不一定强调，我们这里将以平面电磁波的例子简单复习一下波动理论的框架.

得到电场 $\boldsymbol{E}$ 和磁场 $\boldsymbol{B}$ 正交, 均与传播方向 $\boldsymbol{k}$ 垂直, 即电磁波是横波. $\boldsymbol{E} \times \boldsymbol{B}$ 定义了传播方向 $\boldsymbol{k}$ 被称为坡印亭 (Poynting) 矢量

$$S = \frac{1}{\mu_0} \boldsymbol{E} \times \boldsymbol{B}$$

给出了真空中传播的电磁波能量密度

$$\frac{1}{2} \left(\epsilon_0 \mid \boldsymbol{E} \mid^2 + \frac{1}{\mu_0} \mid \boldsymbol{B} \mid^2 \right).$$

1888 年, 赫兹 (H. R. Hertz) 第一次通过实验证实了电磁波的存在, 同时也通过测量证实了真空中电磁波的传播速度等于光速. 当将电磁理论拓展到介质理论中时, 可以完整地从理论上得到电磁波的反射与折射的菲涅尔 (Fresnel) 公式等, 与光学现象相统一[①]. 由此, 人们进一步认识到光是一种电磁波.

1.1.1　狭义相对论

麦克斯韦方程组成功描述了电和磁现象背后的统一物理规律, 被大量的实验所检验, 也解释了光即电磁波的本质, 成为了一门系统性的学科——电动力学. 另外, 电动力学的理论同时遇到了重大困难, 并导致了狭义相对论的产生, 其革命性的时空观更是深刻改变了人类对自然界的认识.

如图 1.1 所示, 当参考系 O' 以速度 $\boldsymbol{v}$ 在另一个参考系 O 中运动时, 我们定义两个参考系符合同时性 $t' = t$, 其空间坐标变换如下:

$$\boldsymbol{x}' = \boldsymbol{x} - \boldsymbol{v}t,$$

这类变换被称为伽利略变换 (Galilean transformation). 可以证明经典力学的牛顿运动方程的形式在惯性系之间的伽利略变换下是不变的.

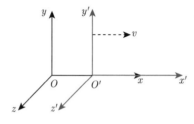

图 1.1　参考系变换

同样, 在新的参考系 O' 中的电磁波方程

$$\left(\sum_i \frac{\partial^2}{\partial x_i'^2} - \frac{1}{c^2} \frac{\partial^2}{\partial t'^2} \right) \psi = 0. \tag{1.1}$$

---

① 相关内容在标准的 "电磁学" 或 "电动力学" 教科书中均有详细讨论, 这里不再做展开.

代入伽利略变换后成为了

$$\left(\nabla^2 - \frac{1}{c^2}\frac{\partial^2}{\partial t^2} - \frac{2}{c^2}\boldsymbol{v}\cdot\nabla\frac{\partial}{\partial t} - \frac{1}{c^2}\boldsymbol{v}\cdot\nabla\boldsymbol{v}\cdot\nabla\right)\psi = 0. \tag{1.2}$$

可见电磁场的波动方程形式在伽利略变换下不是不变的，或者说电动力学理论不满足伽利略相对性原理. 麦克斯韦方程组给出了真空中的光速 $c = 1/\sqrt{\epsilon_0\mu_0}$，另外，之前大家熟悉的声波都是在连续介质中传播的，所以很长一段时间，人们假设电磁波是在以太 (ether) 中传播. 如果以太存在于绝对静止参考系，地球的运动本身即会产生与以太之间的相对运动，即 "以太风". 1887 年，迈克耳孙–莫雷 (Michelson-Morley) 实验通过转动迈克耳孙干涉仪[①]测量不同方向上的两垂直光的光速差值，结果证明光速在不同惯性系和不同方向上都是相同的，否认了绝对静止参考系或以太的存在. 同时，得到了真空中光速是物体运动的最大极限速度. 在过去的上百年时间，各类光速不变的实验检验一直在进行，读者可参考张元仲先生的专著[②].

为了解释迈克耳孙–莫雷实验的结果，洛伦兹 (Lorentz) 提出了静止以太说和洛伦兹收缩假说. 庞加莱 (Poincaré) 提出了光速不变假设. 最终，爱因斯坦革命性地提出了以下两条基本假说，系统地提出了狭义相对论的理论[③].

> - 狭义相对性原理：一切物理定律在惯性系中均有效. 但爱因斯坦将伽利略变换中描述惯性系的三维空间加绝对时间推广成狭义相对论的 3+1 维时空. 从而得到了一切物理定律的动力学方程形式在洛伦兹变换下不变.
> - 光速不变原理：光在真空中总是以不变速度 c 传播，与光的频率无关，且与光源的运动状态无关.

光速不变原理要求两个惯性 O 和 O' 中的光传播方程符合

$$\begin{aligned}x^2 + y^2 + z^2 - c^2t^2 &= 0, \\ x'^2 + y'^2 + z'^2 - c^2t'^2 &= 0.\end{aligned} \tag{1.3}$$

为了保证惯性定律表述的一致性，两个惯性系之间的坐标变换去线性变换，同时代入原点条件 $x' = 0, x = vt$，得到

$$\begin{aligned}t' &= \gamma t + \beta x, \quad y' = y, \\ x' &= \alpha(x - vt), \quad z' = z,\end{aligned} \tag{1.4}$$

由方程 (1.3) 得到方程组

$$\begin{cases}\alpha^2 - c^2\beta^2 - 1 = 0, \\ \alpha^2 v + c^2\beta\gamma = 0, \\ \alpha^2 v^2 - c^2\gamma^2 + c^2 = 0,\end{cases} \tag{1.5}$$

---

① 迈克耳逊干涉仪利用分光镜将同一束光分为两束后各自被对应的平面镜反射回来成为相干光. 通过调节干涉臂长度及介质折射率来实现光程差的调控.

② 张元仲. 狭义相对论实验基础. 2 版. 北京：科学出版社，2023.

③ 在各类教材中，狭义相对论的物理讨论非常多，这里的部分逻辑参考了杰克森 (Jackson) 所著《经典电动力学》第 11 章的相关内容. 详见 Jackson J D.Classical electrodynamics. 3rd ed. Hoboken: Jhon Wiley & Sons, Inc., 1998.

可以得到两个惯性系之间的坐标变换形式为

$$
\left\{
\begin{array}{l}
x' = \dfrac{x - vt}{\sqrt{1 - v^2/c^2}}, \\[3mm]
y' = y, \\[2mm]
z' = z, \\[2mm]
t' = \dfrac{t - vx/c^2}{\sqrt{1 - v^2/c^2}}.
\end{array}
\right.
\tag{1.6}
$$

该变换即洛伦兹变换. 可以证明电磁波的波动方程在洛伦兹变换下形式是不变的. 如果光速为无穷大, 则洛伦兹变换变成了伽利略变换. 我们将在 7.3 节更系统地讨论洛伦兹变换与闵可夫斯基时空几何的关系.

在狭义相对论中, 时间存在相对性, 如何定义同时性和因果关系都不平庸. 在 O 系的不同位置同时发生的两个事件, 在 O' 系中是否还是同时? 如果两个事件之间存在因果关系, 说明存在时间先后顺序, 且该次序在洛伦兹变换下保持不变. 要回答这类问题, 我们进一步将式 (1.3) 推广, 定义同样为洛伦兹不变量的有限时空间隔

$$
s^2 = c^2 \Delta t^2 - (\Delta x^2 + \Delta y^2 + \Delta z^2).
\tag{1.7}
$$

洛伦兹变换 (1.6) 中的 Δt 变换为

$$
\Delta t' = \frac{1}{\sqrt{1 - v^2/c^2}} \left(\Delta t - \frac{v}{c^2} \Delta x \right),
$$

如果 $\Delta t = 0$ 而 $\Delta x \neq 0$, 在 O 系中, 不同位置同时发生的两个事件, 在 O' 系中有

$$
\Delta t' = \frac{1}{\sqrt{1 - v^2/c^2}} \left(-\frac{v}{c^2} \Delta x \right) \neq 0,
$$

两个事件会变成不同时发生, 成为 "同时的相对性".

当两个事件发生在不同时间和不同位置 (如 $\Delta x \neq 0$) 时, 可以用两个参考系中的时间间隔 Δt 和 $\Delta t'$ 来描述

$$
\Delta t' = \frac{\Delta t}{\sqrt{1 - v^2/c^2}} \left(1 - \frac{v}{c} \frac{\Delta x/\Delta t}{c} \right).
$$

如果要符合因果关系, 则必然要求事件发生顺序在洛伦兹变换中不发生改变, 即 Δt 和 $\Delta t'$ 的符号不变, 即

$$
1 - \frac{v}{c} \frac{\Delta x/\Delta t}{c} > 0.
$$

鉴于真空中光速为物体运动的极限, 即 $v < c$, 则因果关系要求 $\Delta x \leqslant c \Delta t$, 即

$$
c^2 \Delta t^2 - \Delta x^2 \geqslant 0.
$$

两个事件要存在因果关系，则要求时空间隔必须是类时间隔 $(c^2\Delta t^2 - \Delta x^2 > 0)$ 或者类光间隔 $(c^2\Delta t^2 - \Delta x^2 = 0)$. 如果是类空间隔 $(c^2\Delta t^2 - \Delta x^2 < 0)$，则这样的两类事件不可能存在因果关系.

时空洛伦兹变换带来了一个典型的反直观常识的物理结果是时间测量的膨胀效应. 例如，静止的缪子寿命为 $\tau_0 \sim 2.2 \times 10^{-6}$ s，如果一个缪子以接近光速 $v \sim 0.999c$ 运动时，缪子并不是走 $c\tau_0$(约 660 m) 就衰变，而是 $c\tau_0/\sqrt{1 - v^2/c^2} \sim 14.76$ km 才会衰变，这是因为缪子质心系运动时带来的时间膨胀效应，无论是对撞机中产生还是宇宙线产生的高能缪子，这种现象都广泛被证实了. 另外，今天所有的导航卫星，不管是美国的全球定位系统 (GPS) 卫星还是我国的"北斗"卫星，都必须考虑时间膨胀效应修正才能提供准确导航.

我们最后来讨论在狭义相对论框架下粒子的动量与能量. 狭义相对论的能量定义更是从概念上彻底改变了原来的认识. 能量和质量之间的对应在正反物质湮灭等物理现象中早已被证实，夸克通过强相互作用组成的质子、中子等强子束缚态，其结合能主导了这些粒子的质量. 我们首先介绍粒子的静止能量，在非相对论极限，定义动量和能量为

$$\boldsymbol{p} = m\boldsymbol{u}, \quad E = E(0) + \frac{1}{2}mu^2,$$

其中 m 是粒子的质量，$\boldsymbol{u}$ 是粒子速度，$E(0)$ 是常数即粒子的静止能量. 我们定义能量、动量是速率 $|\boldsymbol{u}| = u$ 的函数

$$\boldsymbol{p} = \mathcal{M}(u)\boldsymbol{u}, \quad E = \mathcal{E}(u).$$

我们将基于两个基本要求

- 能量和动量守恒是洛伦兹不变的. 在某个参考系观测到的守恒量在所有其他惯性系中也是守恒的.
- 在低速 $v \ll c$ 时，能量和动量的定义必须回到非相对论极限的牛顿力学中的能量和动量形式.

取 $u = 0$ 的极限，回到非相对论极限的结果

$$\mathcal{M}(0) = m, \quad \left[\frac{\partial \mathcal{E}(u)}{\partial u^2}\right]_{u=0} = \frac{m}{2}. \tag{1.8}$$

假设两个质量相同的粒子 a 和 b 在两粒子的质心系 K' 进行对撞的弹性碰撞，另外在 b 粒子的质心系 K 观测同一过程，如图 1.2所示.

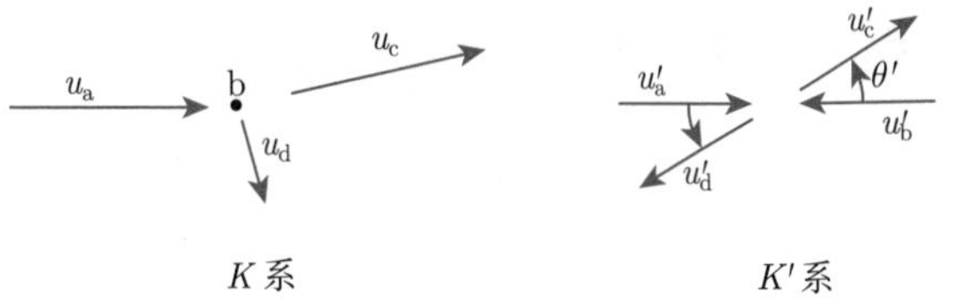

图 1.2 粒子 a 和 b 弹性碰撞，其中 K 系为 b 的质心系，K' 系为 a 和 b 的质心系

鉴于是弹性碰撞，因此在 K' 系有动量守恒和能量守恒关系

$$
\begin{cases}
\mathcal{M}(v)\boldsymbol{v} - \mathcal{M}(v)\boldsymbol{v} = \mathcal{M}(v')\boldsymbol{v}' + \mathcal{M}(v'')\boldsymbol{v}'', \\
\mathcal{E}(v) + \mathcal{E}(v) = \mathcal{E}(v') + \mathcal{E}(v'').
\end{cases}
\tag{1.9}
$$

基于时空坐标的洛伦兹变换形式，可以推导出不同惯性系中速度之间的变换. 上述的速度都是定义在 K' 系中，b 的质心系 K 在 K' 中沿着 z 方向以速度 $-\boldsymbol{v}$ 运动，根据两个系之间洛伦兹变换，可以得到在 K 系中 a、c、d 三个粒子的速度如下：

$$
\boldsymbol{u}_{\mathrm{a}} = \frac{2c\boldsymbol{\beta}}{1 + \beta^2}
\tag{1.10}
$$

其中 $\boldsymbol{\beta} = \boldsymbol{v}/c$，

$$
\begin{cases}
\boldsymbol{u}_{\mathrm{c}}^x = \dfrac{c\beta \sin\theta'}{\gamma(1 + \beta^2 \cos\theta')}, & \boldsymbol{u}_{\mathrm{c}}^z = \dfrac{c\beta(1 + \cos\theta')}{1 + \beta^2 \cos\theta'}, \\[3mm]
\boldsymbol{u}_{\mathrm{d}}^x = -\dfrac{c\beta \sin\theta'}{\gamma(1 - \beta^2 \cos\theta')}, & \boldsymbol{u}_{\mathrm{d}}^z = \dfrac{c\beta(1 - \cos\theta')}{1 - \beta^2 \cos\theta'}.
\end{cases}
\tag{1.11}
$$

同时，动量守恒与能量守恒关系在新的参考系中仍然成立，有等式

$$
\begin{cases}
\mathcal{M}(u_{\mathrm{a}})\boldsymbol{u}_{\mathrm{a}} + \mathcal{M}(u_{\mathrm{b}})\boldsymbol{u}_{\mathrm{b}} = \mathcal{M}(u_{\mathrm{c}})\boldsymbol{u}_{\mathrm{c}} + \mathcal{M}(u_{\mathrm{d}})\boldsymbol{u}_{\mathrm{d}}, \\
\mathcal{E}(u_{\mathrm{a}}) + \mathcal{E}(u_{\mathrm{b}}) = \mathcal{E}(u_{\mathrm{c}}) + \mathcal{E}(u_{\mathrm{d}}).
\end{cases}
$$

在 b 的质心系 K 系，初态中 a 沿着 z 方向运动，而 b 处于静止，所以 x 方向总动量为零，即

$$
\mathcal{M}(u_{\mathrm{c}})u_{\mathrm{c}}^x - \mathcal{M}(u_{\mathrm{d}})u_{\mathrm{d}}^x = 0
$$

由此，得到末态 c、d 两个粒子的 x 分量之间的关系

$$
\mathcal{M}(u_{\mathrm{c}}) = \left(\frac{1 + \beta^2 \cos\theta'}{1 - \beta^2 \cos\theta'}\right) \mathcal{M}(u_{\mathrm{d}})
$$

该动量关系适用于所有 θ'，如果我们取前向散射极限即 $\theta' = 0$，并利用非相对论极限的结果 $\mathcal{M}(0) = m$，可以得到

$$
\mathcal{M}(u_{\mathrm{a}}) = \left(\frac{1 + \beta^2}{1 - \beta^2}\right) \mathcal{M}(0) = \frac{1}{\sqrt{1 - u_{\mathrm{a}}^2/c^2}} m = \gamma_{\mathrm{a}} m.
$$

至此，就得到了狭义相对论下的动量定义

$$
\boldsymbol{p} = \gamma m \boldsymbol{u} = \frac{m\boldsymbol{u}}{\sqrt{1 - u^2/c^2}}.
\tag{1.12}
$$

下面来讨论能量的定义. 该形式必须回到非相对论极限式 (1.8)，

$$
\left[\frac{\partial \mathcal{E}(u)}{\partial u^2}\right]_{u=0} = \frac{m}{2},
$$

需要凑出一个对 u^2 的求导关系，我们将利用能量守恒关系通过泰勒展开，得到相应的关系. 首先，在小角度极限 $\sin\theta' \approx \theta'$，我们定义一个展开参数 η

$$\eta = \frac{c^2\beta^2\theta'^2}{1-\beta^2}.$$

因此，u_{c} 和 u_{d} 可以被重新写为

$$u_{\mathrm{c}}^2 = u_{\mathrm{a}}^2 - \frac{\eta}{\gamma_{\mathrm{a}}^3} + \mathcal{O}(\eta^2), \quad u_{\mathrm{d}}^2 = \eta + \mathcal{O}(\eta^2),$$

将能量函数 $\mathcal{E}$ 用 η 作为参数，并泰勒展开到一阶，例如对粒子 c 有如下关系：

$$\mathcal{E}(u_{\mathrm{c}}) = \mathcal{E}(u_{\mathrm{c}})_{\eta=0} + \eta\left[\frac{\mathrm{d}\mathcal{E}(u_{\mathrm{c}})}{\mathrm{d}u_{\mathrm{c}}^2}\frac{\partial u_{\mathrm{c}}^2}{\partial \eta}\right]_{\eta=0} + \mathcal{O}(\eta^2).$$

在 K 系的能量守恒关系为

$$\mathcal{E}(u_{\mathrm{a}}) + \mathcal{E}(0) = \mathcal{E}(u_{\mathrm{c}}) + \mathcal{E}(u_{\mathrm{d}}),$$

并将所有的 $\mathcal{E}$ 函数都做泰勒展开到一阶，可以得到如下关系：

$$-\frac{1}{\gamma_{\mathrm{a}}^3}\frac{\mathrm{d}\mathcal{E}(u_{\mathrm{a}})}{\mathrm{d}u_{\mathrm{a}}^2} + \left[\frac{\mathrm{d}\mathcal{E}(u_{\mathrm{d}})}{\mathrm{d}u_{\mathrm{d}}^2}\right]_{u_{\mathrm{d}}=0} = 0,$$

再利用非相对论极限式 (1.8) 有

$$\frac{\mathrm{d}\mathcal{E}(u_{\mathrm{a}})}{\mathrm{d}u_{\mathrm{a}}^2} = \frac{m}{2}\gamma_{\mathrm{a}}^3 = \frac{m}{2\left(1-u_{\mathrm{a}}^2/c^2\right)^{3/2}},$$

积分之后得到了

$$\mathcal{E}(u) = \frac{mc^2}{\sqrt{1-u_{\mathrm{a}}^2/c^2}} + [\mathcal{E}(0) - mc^2].$$

可见，通过弹性碰撞过程的能量守恒关系，得到 $\mathcal{E}(u)$ 是不定积分，无法确定常数项，即静止能量 $\mathcal{E}(0)$. 另外，动能项是可以被精确定义的，即

$$T(u) = \mathcal{E}(u) - \mathcal{E}(0) = mc^2\left(\frac{1}{\sqrt{1-u_{\mathrm{a}}^2/c^2}} - 1\right). \tag{1.13}$$

为了确定静止能量，我们需要另外的物理过程. 中性 K^0 介子是一个静止质量约 $500\,\mathrm{MeV}/c^2$ 的粒子，可以利用正负电子对撞机产生，其中的两个衰变道从运动学上提供了测量 $\mathcal{E}(0)$ 的途径

$$K^0 \longrightarrow \gamma + \gamma, \quad K^0 \longrightarrow \pi^+ + \pi^-.$$

在上述第一个衰变过程，通过 K^0 的质心系中测量双光子的能量，可以给出 K^0 介子的静止能量 $\mathcal{E}_K(0) = 2E_\gamma$. 在第二个衰变中，利用能量守恒，可以得到在 K^0 的质心系中的 π 介子动能

$$T_\pi(u) = \mathcal{E}_\pi(u) - \mathcal{E}_\pi(0) = \frac{1}{2}\mathcal{E}_K(0) - \mathcal{E}_\pi(0).$$

经过测量，可以得到粒子的静止能量 $\mathcal{E}(0)$ 符合爱因斯坦的质能关系，即

$$\mathcal{E}(0) = mc^2, \tag{1.14}$$

所以我们得到了一个质量为 m、速度为 $\boldsymbol{u}$ 的粒子总能量为

$$E = \gamma mc^2 = \frac{mc^2}{\sqrt{(1 - u_a^2/c^2)}}, \tag{1.15}$$

利用之前的动量定义，还可以得到狭义相对论的能动量关系

$$E^2 = \boldsymbol{p}^2 c^2 + m^2 c^4, \tag{1.16}$$

或者等价关系 $E^2 - \boldsymbol{p}^2 c^2$ 构成了洛伦兹不变量 $m^2 c^4$，又被称为不变质量. 能动量关系在后面讨论的康普顿散射实验中的应用验证了光量子假说. 在第 10 章的核物理章节中，原子核的结合能测量是相对论质能关系的结果.

　　本书的第 7 章将从闵可夫斯基时空几何性质出发，系统讨论狭义相对论的时空观和洛伦兹群的性质. 狭义相对论与量子力学的结合，促使狄拉克创立相对论性量子力学，该理论解释了自旋，成功预言了正电子的存在，并解释了原子光谱的精细结构，这些内容将在第 7 和 8 章详细讨论. 托马斯进动是相对论一个重要预言，在原子核与电子组成的体系中相对运动的电荷产生磁场，但是要正确处理非惯性系，在 8.3 节中将在相对论量子力学框架下推导托马斯耦合的形式. 可见狭义相对论对整个近代物理学的影响几乎无处不在，狭义相对论是近代物理学的一大支柱.

1.1.2　光的"波粒二象性"

　　赫兹在对电磁波的研究中还发现了光电效应 (图 1.3)，即用紫外线照射金属电极时会产生电流[①].

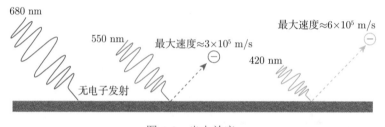

图 1.3　光电效应

---

① 事实上赫兹在实验中发现的是紫外线会影响电磁波接收器产生的高频火花，而后哈尔瓦克斯 (W. Hallwachs)、莱纳德 (P. von Lenard) 等科学家经过进一步研究，发现了光电效应现象.

而与波动说理论不相符的是，光电效应的强度与照射电极的紫外线频率而非光强度有关. 爱因斯坦在普朗克的黑体辐射规则假说基础上提出了光量子假说，最终解释了光电效应并被实验所验证[①].

1. 黑体辐射

黑体是一种完全吸收所有波长入射辐射的理想物体，其在特定温度下发出的电磁辐射被称为黑体辐射[②].

1879 年，斯特藩 (J. Stefan) 通过实验测量热平衡状态下不同波长的黑体辐射功率和温度关系，并于 1884 年由玻尔兹曼 (Boltzman) 从理论上进行了验证

$$P = \sigma T^4, \quad \sigma = 5.67 \times 10^{-12} \text{ W/cm}^2 \cdot \text{K}^4,$$

上式被称为斯特藩–玻尔兹曼定律. 1894 年，维恩 (Wien) 得到了维恩位移律，给出最大波长与温度成反比

$$\lambda_{\max} T = b, \quad b = 0.2898 \text{ cm} \cdot \text{K}.$$

这些早期关于黑体辐射的经验规律被广泛应用，如天体物理中恒星温度测量以及工业中钢炉炉温测量等.

1900 年，瑞利 (J. Rayleigh) 推导得到了 λ^{-4} 的谱密度关系，1905 年他与金斯 (J. Jeans) 合作，得到了瑞利–金斯公式. 他们的模型基于电磁波在黑体中不断被反射最终叠加形成驻波的物理图像，并利用平衡态的麦克斯韦–玻尔兹曼分布得到. 根据附录 D 的推广，我们得到一个三维立方体内驻波解的空间部分为

$$\psi(\boldsymbol{x}, t) = \psi_0 \sin\left(\frac{n_1\pi}{L}x\right) \sin\left(\frac{n_2\pi}{L}y\right) \sin\left(\frac{n_3\pi}{L}z\right) \mathrm{e}^{-\mathrm{i}\omega t},$$

代入达朗贝尔方程得到

$$k^2 = \left(\frac{2\pi}{\lambda}\right)^2 = \left(\frac{n_1\pi}{L}\right)^2 + \left(\frac{n_2\pi}{L}\right)^2 + \left(\frac{n_3\pi}{L}\right)^2$$

即

$$n_1^2 + n_2^2 + n_3^2 = \frac{4L^2}{\lambda^2} = \frac{4L^2\nu^2}{c^2}.$$

为了计算态密度，首先需要介绍一个波矢空间或者 k 空间的概念 (在后续的量子系统中，又被称为动量空间，我们在 10.2 节讨论费米气体模型时还会用到). 不失一般性，n_1、n_2 和 n_3 取非零的正整数，因此，这个空间只是在第一象限取分立的值，每个状态都对应

① 对于早期量子论的讨论在本书中不是重点，所以相对简单，而中文教材中有非常多优秀教材可供参考，如，吴大猷. 理论物理 (第二册) 量子论与原子结构. 北京：科学出版社，1983；朱栋培，陈宏芳，石名俊. 原子物理与量子力学. 上册. 2 版. 北京：科学出版社，2014；徐克尊，陈向军，陈宏芳. 近代物理学. 4 版. 安徽：中国科学技术大学出版社，2015.

② 这部分讨论涉及部分统计物理的前置知识，如果读者觉得有困难，建议先接受最后的能量子假说，待有了足够的知识储备，再回来系统理解黑体辐射的物理.

这个空间的点. 所有的可能状态如果排满的话, 构成了一个八分之一球体, 所以总的态数量为 (电磁波是横波, 所以每个点实际上为 2 个状态)

$$N = 2 \times \frac{1}{8} \frac{4\pi}{3} (n_1^2 + n_2^2 + n_3^2)^{\frac{3}{2}} = \frac{8\pi L^3}{3\lambda^3} = \frac{8\pi V}{3\lambda^3} = \frac{8\pi V \nu^3}{3c^3}.$$

以频率对态密度 N/V 求导得到辐射的谱密度分布

$$\frac{\mathrm{d}}{\mathrm{d}\nu} \left(\frac{N}{V} \right) = \frac{8\pi\nu^2}{c^3}.$$

我们得到态的谱密度分布 n_ν 为

$$n_\nu \mathrm{d}\nu = \frac{8\pi\nu^2}{c^3} \mathrm{d}\nu. \tag{1.17}$$

热平衡条件 (麦克斯韦–玻尔兹曼分布) 下根据能量均分定律, 态的平均能量为 $\bar\epsilon = k_B T$, 其中 $k_B = 1.38 \times 10^{-23}$ J/K, 为玻尔兹曼常量. 我们得到辐射能量谱密度分布为

$$\rho_\nu \mathrm{d}\nu = n\bar\epsilon \mathrm{d}\nu = \frac{8\pi k_B T \nu^2}{c^3} \mathrm{d}\nu, \tag{1.18}$$

又被称为瑞利–金斯公式. 这个关系在低频情况下与实验观测符合, 但是高频段不符. 这个公式在高频极限下 $\nu \to \infty$ (即短波极限 $\lambda \to 0$) 时, 辐射能量密度趋于无穷, 有时候又被称为 "紫外" 灾难.

普朗克 (M. Planck) 创造性地提出了能量量子化假说, 认为辐射的能量是量子化的, 即有 "能量子" 且其能量与频率 ν 成正比 (或角频率 $\omega = 2\pi\nu$)

$$\epsilon = h\nu = \hbar\omega,$$

其中 h 为普朗克常量 $\left(\hbar = \dfrac{h}{2\pi} \text{为约化普朗克常量} \right)$

$$h = 6.62607015 \times 10^{-34} \text{ J} \cdot \text{Hz}^{-1}.$$

辐射能量只能取能量子 ϵ 的整数倍, 根据玻尔兹曼分布, 我们得到每个能量状态为

$$1, \ \mathrm{e}^{-\beta\epsilon}, \ \mathrm{e}^{-2\beta\epsilon}, \ \mathrm{e}^{-3\beta\epsilon}, \cdots, \beta = \frac{1}{k_B T},$$

可以得到状态总数为

$$N = N_0 \sum_{n=0}^{\infty} \mathrm{e}^{-n\beta\epsilon} = \frac{N_0}{1 - \mathrm{e}^{-\beta\epsilon}},$$

因此, 能量平均值就不是原来的 $k_B T$, 而是

$$\bar\epsilon = \frac{E}{N} = \frac{1}{N} \sum_{n=0}^{\infty} n\epsilon \mathrm{e}^{-n\beta\epsilon} = \frac{\epsilon}{\mathrm{e}^{\beta\epsilon} - 1}.$$

代入到态的谱密度分布 (1.17) 中, 得到辐射能量的谱密度分布

$$\rho \mathrm{d}\nu = \frac{8\pi h \nu^3}{c^3} \frac{1}{\mathrm{e}^{h\nu/(k_B T)} - 1} \mathrm{d}\nu. \tag{1.19}$$

这便是黑体辐射的普朗克公式, 从理论上解决黑体辐射问题, 避免 "紫外" 灾难.

2. 光电效应

为了解释光电效应，在普朗克的能量子假说基础上，而爱因斯坦 (A. Einstein) 进一步假设，光是一种无质量的粒子 (即电磁场的量子——光子 γ)，具有能量和动量

$$E_\gamma = h\nu = \hbar\omega = p_\gamma c,$$

$$\boldsymbol{p}_\gamma = \hbar\boldsymbol{k}.$$

其中，ν 是频率而 ω 是角频率；$\boldsymbol{k}$ 是波矢，$|\boldsymbol{k}| = 2\pi/\lambda$.

密立根 (R. A. Millikan) 设计了一个实验，通过调节反向电场电压，达到截止光电子电流目的，使电流测量为零. 如果电子的逸出功为 W，在密立根实验中截止电压等于光电子动能，即

$$Ue = E_\mathrm{k} = \frac{1}{2}m_\mathrm{e}v^2 = h\nu - W.$$

根据爱因斯坦的光量子假说，发生光电效应的条件是光子的能量大于某个阈值，进而表现为其频率 ν 必须大于一个截止频率，而不同的电极材料就要求不同的截止频率，密立根的实验证实了这一预言，成为爱因斯坦光量子假说成立的有力证据.

另外，光量子假说的核心预言则是光子的动量 $p = \hbar k$，康普顿 (A. H. Compton) 利用 X 射线光子与电子散射实验 (图 1.4)，测量入射、出射光子频率与反冲电子的关系，确认光子的动量. 根据相对论能动量守恒

$$h\nu + m_\mathrm{e}c^2 = h\nu' + \sqrt{m_\mathrm{e}^2c^4 + p_\mathrm{e}^2c^2}$$

$$p_\mathrm{e}\sin\theta = \frac{h\nu'}{c}\sin\varphi$$

$$\frac{h\nu}{c} = \frac{h\nu'}{c}\cos\varphi + p_\mathrm{e}\cos\theta$$

就能完整地得到光子–电子散射中初末态光子波长的改变，即

$$\lambda' - \lambda = \frac{h}{m_\mathrm{e}c}(1 - \cos\theta)$$

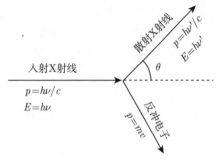

图 1.4 康普顿散射

康普顿散射实验的结果证实了基于相对论能动量守恒关系和光子假说而得到的理论预言，从而确认了爱因斯坦的光子假说. 我国物理学家吴有训在康普顿最早的实验后做了比较系统的实验，从而进一步证实了康普顿效应[①].

至此，人们终于认识到光既有波动性也有粒子性，这就是光的 "波粒二象性". 可以看到，从牛顿时期的粒子说占主导，到双缝干涉实验中波动性被发现，再到爱因斯坦的光量子假说在电磁波的基础上重新提出了粒子性，人类对光的认识逐步深入，不仅和物理学家们的智慧有关，更和实验手段的进步密不可分：正如前面所说，光栅的发明使波动性的发现成为可能；而正是高能的紫外线和 X 射线实验为光量子的发现提供了条件. 可以说，光的 "波粒二象性" 的发现，是各种超出现有理论的实验现象迫使物理学家提出新理论，并经过新的实验证实才最终实现的.

1.2　原子与电子

"原子" 一词古已有之. 无论是古希腊还是中国古代，哲学家就物质是否可以无限分割进行了哲学讨论，而 "原子" 正是古希腊哲学家留基伯 (Leucippus) 和德谟克利特 (Demokritus) 为表示物质最小组成单位而引入的名词. 不过，由于以实验检验为基础的科学方法论尚未形成，古代的原子论仍停留在哲学思辨层面.

近现代科学意义上的原子论由英国科学家道尔顿 (J. Dalton) 提出. 18 世纪末到 19 世纪初，普鲁斯特 (J. Proust) 和道尔顿在研究化学反应的过程中分别发现了定比定律和倍比定律，例如

$$2C + O_2 \longrightarrow 2CO$$
$$24 \text{ g} + 32 \text{ g} = 56 \text{ g}$$
$$C + O_2 \longrightarrow CO_2$$
$$12 \text{ g} + 32 \text{ g} = 44 \text{ g}$$

在此基础上道尔顿提出化学反应中存在物质的最小单元，并称之为原子. 原子是化学作用的最小单位，它在化学变化中不会改变. 随后在研究化学反应中气体的现象时，科学家又发现了一系列气体定律，并成功运用道尔顿的原子论进行了理论上的解释，进而提出了理想气体模型，发展出了统计物理. 在统计物理框架下，人类对微观世界的认识逐渐加深，使得原子尺度等可以被间接测量. 其基本思路如下，即从输运理论出发得到单原子分子气体的黏滞系数等流体力学变量，在给定条件下的黏滞系数测量可以得到输运模型中的平均自由程，进而可以在硬球弹性碰撞模型中估计出截面，从而得到原子的尺度. 氦气的实验结果显示原子的尺度在 10^{-10} m 量级.

人类对最小电量单位的认识始于法拉第电解定律. 1833 年，法拉第 (M. Faraday) 通过一系列实验证明，电解反应中被电解的物质的量与通过的电荷量成正比，其比例系数 $F = 9.65 \times 10^4$ C/mol，称为法拉第常数.

---

① PNAS, 1924, 10: 271-273; Phy. Rev., 1925, 25: 444-451.

1865 年洛施密特 (J. Loschmidt) 和 1909 年佩林 (J. B. Perrin) 分别间接和直接测得了阿伏伽德罗常量 N_A. 佩林利用定时拍照技术跟踪乳浊液中粒子的布朗运动, 经过大量观测后可得到其平均自由程, 再根据颗粒的尺度和测得的黏滞系数, 可以给出阿伏伽德罗常量 $N_A \approx 6.4 \times 10^{23}$ mol^{-1}.

基于法拉第电量和阿伏伽德罗常量的独立测量, 人们就可以解出电解反应中电量交换的最小单位

$$F/N_A = 1.602 \times 10^{-19} \text{ C},$$

事实上这与后来密立根油滴实验的测量值很好地吻合. 而由此, 还能通过法拉第电解定律计算出所发现的最轻的离子——氢离子的荷质比为 $e/m = 9.6 \times 10^7$ C/kg.

而电子存在的直接证据来源于真空放电管 [即克鲁克斯 (Crookes) 管] 的发明. 真空管的阴极射线带负电, 因而通过带电粒子在电磁场中的偏转可以很容易地测得其荷质比. 然而由于放电管的真空度不够, 这个测量在很长一段时间里并没有得到好的结果. 直到 1897 年, 汤姆孙 (J. J. Thomson) 终于设计实验测得了阴极射线的荷质比为 $e/m = 7.6 \times 10^{10}$ C/kg, 从而确认了阴极射线是由一种带电量与氢离子相同但符号相反、质量大约为氢离子千分之一的粒子组成的, 汤姆孙称这种粒子为电子.

道尔顿在提出科学原子论之时, 给出了第一张相对原子质量表, 其中仅包含 6 种常见元素. 此后化学家们不断发现新的元素并总结其中的规律. 到 1869~1871 年, 俄国科学家门捷列夫 (D. Mendeleyev) 最终提出了元素周期表, 指出如果将元素按原子量大小的次序排列, 元素的性质将呈现出周期性. 这种周期性预示着原子似乎并非不可再分的最小单元, 而具有内部结构.

光谱是光的频率成分和强度分布的关系图, 是研究物质内部结构的重要途径之一. 光谱仪的基本原理非常简单, 就是用棱镜或光栅构成的分光器将混合光中不同波段的光区分开来. 人们使用氢灯作为光源, 通过光谱仪, 就得到了如图 1.5 所示的氢原子光谱, 其中最早得到的氢原子光谱是巴耳末 (Balmer) 系, 其波长 λ 满足

$$\frac{1}{\lambda} = R_H \left(\frac{1}{2^2} - \frac{1}{n^2} \right), \qquad n = 3, 4, \cdots, \qquad R_H = 1.09737 \times 10^7 \text{ m}^{-1}.$$

与预期的连续谱不同, 原子光谱这种分立性质以及与整数的关系, 一直困扰着 19 世纪末的物理学家们.

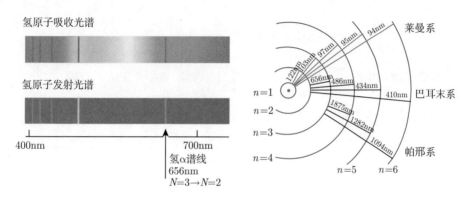

图 1.5　氢原子光谱

另外, 由于已知原子是电中性的, 在汤姆孙发现电子后, 人们首先提出了一个 "葡萄干蛋糕" 式的原子模型, 即电子分布在一个均匀的带电球体上, 而原子光谱则是电子在均匀球体上发生简谐振动所辐射的电磁波. 但是, 这个模型对光谱的预言和实验结果并不吻合.

对原子结构的直接探测始于卢瑟福散射实验. 当时人们已经认识到 α 粒子带正电, 其电量是氢离子的 2 倍, 质量是氢离子的 4 倍. 卢瑟福 (E. Rutherford) 用 α 粒子轰击金箔, 发现大部分 α 粒子穿过金箔时发生了小角度散射, 而大约八千分之一的 α 粒子发生了大于 90° 的大角度散射. 这说明在金原子的中心很可能存在一个粒子, 且符合以下性质: 粒子带正电, 质量远比 α 粒子大, 尺度却很小. 卢瑟福将这一中心粒子命名为原子核, 并提出了原子的核式模型.

(1) 原子由带正电的原子核和带负电的电子组成;

(2) 原子核位于原子中心, 其半径只有原子半径的 10^{-4}, 质量是电子的上千倍, 原子的绝大部分质量都集中在原子核中;

(3) 带负电的电子围绕在原子核周围, 在原子核形成的库仑力场中做圆周运动, 其运动路径称为 "轨道";

(4) 带负电的电子和带正电的原子核通过强大的静电力结合在一起.

卢瑟福的原子模型首先要面临的挑战就是电子的韧致辐射: 根据麦克斯韦的电磁理论, 电子围绕原子核所做的圆周运动具有非零的加速度, 因而会持续辐射电磁波并损失能量, 故整个原子系统并不稳定.

1.3　玻尔量子化与物质波假说

为了解决卢瑟福原子模型中电子韧致辐射问题, 1913 年玻尔 (N. Bohr) 提出了一个全新的原子模型[①], 包括了以下三条假说.

- 电子在一个定态轨道上运行时, 不会通过韧致辐射损失能量, 且原子的定态轨道是分立的.
- 定态轨道上的电子的角动量是量子化的, 即普朗克常量的整数倍, 即

$$m_{\mathrm{e}}vr = n\hbar = \frac{nh}{2\pi}, \quad n = 1, 2, \cdots.$$

- 原子光谱是电子在不同轨道之间的跃迁辐射, 如图 1.6 所示, 即

$$\Delta E = E_n - E_m = h\nu = \frac{hc}{\lambda}.$$

---

① Bohr N. On the constitution of atoms and molecules. Philosophical magazine, 1913, 26(151): 1-25.

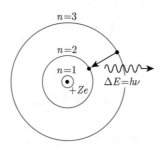

图 1.6 玻尔原子模型

玻尔原子模型首次定量解释了原子光谱成整数平方反比之差的行为.

基于玻尔的量子化条件, 1915 年威尔逊 (W. Wilson)[1]和索末菲 (A. Sommerfeld)[2]进一步提出了所谓玻尔–索末菲 (或威尔逊–索末菲) 量子化条件

$$\oint p_r \mathrm{d}r = kh,$$

其中 p_r 为径向动量, 在氢原子系统的能量为

$$E = \frac{p_r^2}{2m_\mathrm{e}} + \frac{\ell^2}{2m_\mathrm{e}r^2} - \frac{\alpha}{r},$$

因此, 量子化条件的积分变成了

$$\oint \sqrt{2m_\mathrm{e}E - \frac{\ell^2}{r^2} + \frac{2m_\mathrm{e}\alpha}{r}}\,\mathrm{d}r = kh,$$

进而得到

$$E_n = -\frac{m_\mathrm{e}\alpha^2}{2n^2}, \quad n = k + \ell,$$

其中 k 和 ℓ 分别对应两个径向动量和角动量的量子数, n 称为主量子数. 至此, 已经可以完整得到氢原子的分立能级, 并计算里德伯格常量 R_H, 以及解释氢原子光谱的观测.

为了进一步解释玻尔引入的量子化条件, 德布罗意 (L. V. de Broglie) 将光的 "波粒二象性" 加以拓展, 提出了 "物质波" 假说. 假说认为, 所有物质都具有 "波粒二象性", 其波动性即物质波 (也称德布罗意波), 满足

频率 $\nu = E/h,$

波长 $\lambda = h/p,$

能量 $E^2 = p^2c^2 + m_0^2c^4.$

① Wilson W. The quantum theory of radiation and line spectra. Philosophical magazine, 1915, 29 (174): 795-802.

② Sommerfeld A. Zur quantentheorie der spektrallinien. Annalen der physik, 1916, 51 (17): 1-94.

而粒子的速度为物质波的群速度

$$v_{\text{group}} = \frac{\mathrm{d}\omega}{\mathrm{d}k} = \frac{\mathrm{d}E}{\mathrm{d}p} = \frac{pc^2}{E}.$$

需要指出的是物质波的"波粒二象性"是粒子的波动化, 而光的"波粒二象性"是波的粒子化.

德布罗意的物质波假说实质上是指每个原子轨道上的电子符合某种驻波条件, 如图 1.7 所示, 而驻波对应束缚态

$$p = \frac{h}{\lambda} \rightarrow \oint p\mathrm{d}x = \hbar \oint k\mathrm{d}x = 2\pi\hbar n.$$

图 1.7　原子轨道上的德布罗意驻波示意图

因此, 我们从德布罗意波得到了玻尔提出的量子化条件. 上述原子和电子的发现和早期研究, 既离不开大胆又严谨的理论演绎, 也依赖于实验手段的不断进步, 是科学方法论的又一个典型实践. 同时, 这些发现逐步打开了通往微观世界的大门.

1.1 节我们曾提到, 光的波动性的发现依赖于尺度接近于可见光波长的光栅. 而对物质波来说, 以电子为例, 如果在非相对论极限 ($v \ll c$, $E_{\text{k}} \ll m_0 c^2$) 下对动量 p 做展开, 有

$$p = \frac{1}{c}\sqrt{E^2 - m_0^2 c^4} = \frac{1}{c}\sqrt{E_{\text{k}}(E_{\text{k}} + 2m_0 c^2)}$$
$$= \sqrt{2m_0 E_{\text{k}}}\sqrt{1 + \frac{E_{\text{k}}}{2m_0 c^2}},$$

可得其德布罗意波长

$$\lambda \approx \frac{h}{\sqrt{2m_0 E_{\text{k}}}} = \frac{h}{m_0 v}.$$

代入数据容易估算出电子的德布罗意波长远比可见光波长短. 相应地, 要在实验上发现电子的德布罗意波, 就需要尺度更小的"光栅".

在研究微观世界时, 为了方便, 我们通常采用自然单位制. 定义

$$\hbar = c = 1,$$

于是有

$$1\text{ s} = 2.99 \times 10^8\text{ m}, \quad \hbar = 6.582 \times 10^{-22}\text{ MeV} \cdot \text{s}.$$

进而可得

$$1\text{ MeV}^{-1} = 6.582 \times 10^{-22}\text{ s}$$

$$= 1.96 \times 10^{-13}\text{ m}$$

$$= 5.62 \times 10^{29}\text{ kg}^{-1}.$$

在自然单位制下进行量纲分析, 可以更方便地认识物理内涵: 将光速设为 1, 则距离和时间就具有了一致的量纲, 同时能量、质量和动量的量纲也归于一致, 而 $\hbar = 1$ 又使得能量与频率的量纲一致, 即有

$$[\text{E}] = [\text{M}] = [\text{P}] = [\text{T}]^{-1} = [\text{L}]^{-1}.$$

在物质波讨论中, 有时我们会使用约化波长 λ', 定义为 $\lambda' = \dfrac{\lambda}{2\pi}$. 而自然单位制下, 约化波长为

$$\lambda' = \frac{\lambda}{2\pi} = \frac{1}{p},$$

可见动量越大, 对应的德布罗意波长越短.

我们将自然单位制应用到电子物质波波长的估算中. 设一电子被 1.5 V 的电场加速, 则电子的动能就是 1.5 eV, 又知电子的静止质量 $m_\text{e} = 0.511$ MeV, 于是其动量为

$$p \approx \sqrt{2m_\text{e}E_\text{k}} \sim 1.2\text{ keV},$$

计算出此时电子的约化波长为

$$\lambda' = \frac{1}{p} = \frac{1.96 \times 10^{-13}\text{ m}}{1.2 \times 10^{-3}} \sim 10^{-10}\text{ m} = 1\text{ Å} = 0.1\text{ nm}.$$

因此, 要验证该波长段的电子的波动性, 需要的 "光栅" 尺度必须是原子量级.

历史上, 戴维孙 (C. J. Davisson) 在研究电子与金属散射的特性时, 发现了特定能量的电子束在金属晶格上会发生类似衍射的现象, 即对给定能量的电子, 在特定角度时散射强度达到最大. 在德布罗意提出物质波的概念后, 戴维孙和革末 (L. Germer) 进一步完善实验, 确认了电子的衍射, 并通过对电子在已知晶格常数的镍晶体 $D = \dfrac{d}{\cos\theta} = 2.15$ Å 上衍射的精确测量, 发现在加速电压等于 54 V 时, 衍射角 $\phi = \pi - 2\theta = 51°$ 处有明显增强. 利用布拉格 (Bragg) 衍射条件

$$2d\sin\theta = n\lambda, \quad n = 1, 2, 3, \cdots$$

戴维孙和革末计算出了相应的波长，发现与德布罗意的预言恰好吻合，从而验证了德布罗意的物质波假说. 之后，C. P. 汤姆孙通过直接测量电子衍射的德拜–谢勒 (Debye-Scherrer) 环进一步证实了德布罗意的物质波假说. 我们知道，让人们最终确信光具有波动性的实验证据是双缝干涉实验. 但由于波长很短，很长一段时间内人们只能通过晶格衍射来验证电子的物质波，直到 20 世纪 60 年代，电子的双缝干涉实验才最终被实现 [①].

电子波动性实验为量子系统的随机性提供了重要证据. 例如在电子的双缝干涉实验中，如果我们设置每次只有一个电子可以通过双缝，单个电子的运动轨迹并不能被准确预言，然而当累计多个电子后，电子的分布则会呈现出图 1.8 所示的相干条纹的规律性[②]. 这种单个微粒行为的随机性和大量粒子行为的统计规律是量子系统特有的现象. 需要特别强调的是，尽管在经典统计物理中，我们也常说分子的运动是 “无规则” 的，但在经典框架下，分子运动本质上仍然是机械运动，遵从机械的决定论，这与量子系统的随机性有本质区别.

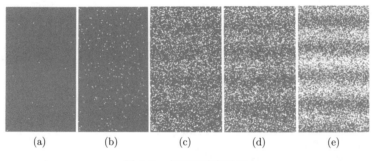

$$\text{(a)}\qquad\text{(b)}\qquad\text{(c)}\qquad\text{(d)}\qquad\text{(e)}$$

图 1.8　电子干涉实验图

1926 年, 玻恩 (M. Born) 率先将量子系统的随机性和物质波假说结合起来，认为物质波本质上是一种概率波，其波函数的模平方反映了粒子处在某一特定坐标或状态的概率密度，这种解释称为波函数的统计解释 (或概率解释). 加上薛定谔 (E. Schrödinger) 在同年给出了物质波的运动方程，即薛定谔方程，这就构造出一个完整的物质波动力学体系，也即量子力学的波动力学理论. 而与之同时，海森伯 (W. K. Heisenberg) 也发展出了一套矩阵力学理论，同样可以描述量子力学系统. 随后狄拉克 (P. A. M. Dirac) 证明了波动力学和矩阵力学的等价性，现代的量子力学由此诞生[③].

对撞实验是现代粒子物理常用的实验手段之一. 在电子对撞实验中，迄今为止我们获得的最高能量的电子束具有约 100 GeV 的能量[④]，相比之下电子的静质量可以忽略，因此可认为电子动量就是 100 GeV. 由此计算出该能量下电子的约化波长

① Jönsson C. Elektroneninterferenzen an mehreren künstlich hergestellten Feinspalten. Z. Physik, 1961, 161: 454-474; Jönsson C. Electron diffraction at multiple slit. American Journal of Physics, 1974, 42 (1): 4-11; Merli P G, Missiroli G F, Pozzi G. On the statistical aspect of electron interference phenomena. American Journal of Physics, 1976, 44(3): 306-307.

② Tonomura A, Endo J, Matsuda T, et al. Demonstration of single-electron build-up of an interference pattern. American Journal of Physics, 1989, 57: 117-120.

③ 我们会在本书第 3~5 章中回顾量子力学的基本理论并做详细讨论. 但由于篇幅限制，本书并不能涵盖所有问题，例如，本书内容不涉及路径积分量子化的理论，对此感兴趣的同学可以参考相关专业书籍.

④ 它来自欧洲核子研究中心 (CERN) 的大型正负电子对撞机 (LEP)，对撞的质心能量最高为 206 GeV.

$$\lambda' = \frac{\lambda}{2\pi} = \frac{1}{p} = \frac{1}{E} = 1.96 \times 10^{-18} \text{ m}.$$

显然对撞机中各探测器元件的尺度都远远大于这个长度. 因此, 在高能电子对撞实验中, 电子缺乏合适的 "光栅", 波动性难以显现. 也就是说, 在高能实验中, 电子表现出的性质仍然以粒子性为主.

而对于一些更宏观的物质, 由于质量大, 其动量往往也会很大. 例如, 对一个质量 $m_0 = 1$ μg、速度 $v = 1$ cm/s 的物体, 其动量 $p = 10^{-11}$ kg·m·s^{-1} $= 1.89 \times 10^{10}$ MeV, 由此计算其约化波长为

$$\lambda' = \frac{1}{p} = 1.04 \times 10^{-23} \text{ m}.$$

可以看到, 这个宏观物体的约化波长比前述 100 GeV 的高能电子波长还要小 5 个量级, 远小于物质结构尺寸, 因此不存在任何 "光栅" 能使之显示出波动性. 在电子的波动性这种随机现象中我们初步看到了量子系统中与经典系统不同的动力学性质. 从第 2 章开始, 我们将具体地构造动力学理论来描述量子系统.

〰 第1章习题 〰

1.1 已知标准状况下氦气的黏滞系数为 1.89×10^{-5} Pa·s, 计算氦原子半径.

1.2 按照汤姆孙原子模型, 氢原子里一个电子在均匀分布正电荷为 e 的球体中心附近做简谐振动. 已知氢原子电离能为 13.6 eV, 求氢原子半径和电子振动频率发出的波长.

1.3 自然单位制 ($\hbar = c = 1$) 下, 计算以下单位换算因子:

$$1 \text{ s} = 1.52 \times 10^{24} \text{ GeV}^{-1},$$
$$1 \text{ m} = 5.07 \times 10^{15} \text{ GeV}^{-1},$$
$$1 \text{ kg} = 5.61 \times 10^{26} \text{ GeV},$$

并将质子质量、电子质量从 kg 换算成 MeV.

1.4 从相对论关系推导非相对论极限下动能为 E_k、质量为 m 的粒子的德布罗意波长. 电子的静止质量是 0.511 MeV, 分别计算当电子能量 $E = 100$ GeV 和 $E = 100$ eV 时的德布罗意波长.

1.5 已知戴维孙–革末实验中, 电子加速电压为 54 V, 计算电子德布罗意波长; 另外已知第一个最大衍射角为 51°, 计算镍晶格常数.

1.6 π 介子 π$^{\pm}$ 质量约为 140 MeV, 主要通过两体衰变 π^{-} $\longrightarrow$ μ^{-} + $\bar{\nu}_{\mu}$ 衰变成缪子和几乎无质量的中微子, 在 π 介子质心系计算末态缪子的动能.

1.7 缪子 μ$^{\pm}$ 的质量约是 106 MeV, 质心系寿命为 2.19×10^{-6} s, 计算一个 106 GeV 的缪子在实验室系的衰变距离.

1.8 利用相对论能动量守恒, 推导康普顿散射公式.

第 2 章 力学量与变换

德布罗意波粒二象性 (物质波) 假说表明，微观粒子除了具有粒子性之外，在找到合适尺度的 "光栅" 时，也会显现出波动性. 因此，要研究量子系统的演化规律，实际上就是要给出作为物质波的粒子的运动方程，也即物质波的波动方程.

如果对一维平面波 $\psi(x) = a_0 \mathrm{e}^{\mathrm{i}kx - \mathrm{i}\omega t}$ 以空间和时间求导，可得

$$\frac{\partial}{\partial x}\psi(x) = \mathrm{i}k\psi(x), \quad \frac{\partial}{\partial t}\psi(x) = -\mathrm{i}\omega\psi(x).$$

并且注意到物质波关系中，角频率 ω 和波矢 $\boldsymbol{k}$ 分别对应于粒子的能量和动量，即[1]

$$E = \omega, \quad \boldsymbol{p} = \boldsymbol{k}.$$

我们就得到一组微分算符和力学量之间的对应关系

$$E = \omega \sim \mathrm{i}\frac{\partial}{\partial t}, \quad p = k \sim -\mathrm{i}\frac{\partial}{\partial x}.$$

这一自然的对应关系将成为我们以物质波假说为起点建立量子力学的一个重要提示. 当然，经典力学中不存在物质波假说，因而并不存在这样简单的对应，但如果我们从变换的视角考虑，例如考虑一个极小平移变换 $x \to x + \epsilon$，对一个单变量的连续可微函数 $f(x)$，可以写成

$$f(x + \mathrm{d}x) = f(x) + \epsilon\frac{\mathrm{d}}{\mathrm{d}x}f(x) = (1 + \epsilon\hat{T})f(x),$$

其中 $\hat{T} = \mathrm{d}/\mathrm{d}x$ 是微分算符. 在这个基础上，如果能将动量与算符 $\hat{T}$ 建立一种对应，那么至少在动力学层次上，我们就找到了一种经典与量子的对应关系. 从本章起至第 4 章，我们将从经典力学与变换的视角，通过寻求这种对应关系，逐步过渡到量子力学中.

历史上，牛顿从研究质点的运动出发建立了运动学理论，这一理论广泛应用于运动问题的研究. 例如在电磁学中，对电磁场中的带电粒子，利用牛顿力学就可以通过分析其电场力和洛伦兹力 (Lorentz force)，进而根据牛顿第二定律来建立运动方程. 然而对电磁场本身，牛顿力学就不容易处理了. 不过，是否存在某种与牛顿第二定律类似的基本原理，可以导出电磁场本身的运动方程 (即麦克斯韦方程)，进而预言其行为呢？这其实意味着我们需要一种更广义的理论来描述系统随时间的演化，而这就是所谓的分析力学理论. 分析力

---

① 注意这里使用自然单位制 $\hbar = 1$.

学通常有拉格朗日 (Lagrange) 力学和哈密顿 (Hamilton) 力学两套等价的理论，在这两套理论中，只要给定能准确描述该系统的拉格朗日量或者哈密顿量，就可以导出系统的运动方程；而正确的拉格朗日量或哈密顿量则需要一些 (通常是系统对称性的) 规则来得到. 本章将简单介绍这种更广义的经典动力学理论及其应用. 我们将会看到，上述理论不仅可以很方便地描述电磁场、电路这样的非传统力学系统，也为寻找力学系统的守恒量提供了有力的工具，包含了正则变换等丰富的物理内涵，为量子力学理论的发展提供了便利，我们将在第 4 章中进一步讨论这一推广. 不过，这里介绍分析力学，只是出于引入变换群概念的需要，有关分析力学更严格和详细的讲解是理论力学课程的内容，本书将不再深入讨论.

2.1 拉格朗日力学

我们知道，做功与路径无关的力称为保守力. 于是，在一个闭合回路上保守力做功为零，即

$$\oint \boldsymbol{F} \cdot \mathrm{d}\boldsymbol{x} = \iint (\nabla \times \boldsymbol{F})\mathrm{d}\Omega = 0, \tag{2.1}$$

其中应用了斯托克斯定理. 由于回路是任意的，这就是说，保守力的旋度为零，或者说保守力是无旋的

$$\nabla \times \boldsymbol{F} = 0, \tag{2.2}$$

而由向量微积分的知识我们知道，无旋矢量 $\boldsymbol{F}$ 必可写作某标量函数的梯度，因此，我们可以定义势能函数 U，使之仅为位置的函数，即有

$$\boldsymbol{F} = -\nabla U(\boldsymbol{x}) \quad \text{或} \quad F_i = -\frac{\partial U}{\partial x_i},$$

从而

$$(\nabla \times \boldsymbol{F})_i = -(\nabla \times \nabla U)_i = \epsilon_{ijk}\partial_j\partial_k U = 0,$$

即 $\nabla \times \boldsymbol{F} = 0$. 式中最后一步是因为求导 $\partial_i = \dfrac{\partial}{\partial x_i}$ 对不同坐标分量 j、k 可交换

$$\partial_j\partial_k = \partial_k\partial_j,$$

而三维莱维–齐维塔 (Levi-Civita) 张量则是反对称的

$$\epsilon_{ijk} = -\epsilon_{ikj}. \tag{2.3}$$

关于势能定义的一个特例是运动的带电粒子在磁场中受到的洛伦兹力. 磁场是涡旋场，洛伦兹力并不满足式 (2.2)，进而也无法定义出标量势函数 U，所以一种观点认为洛伦兹力

$F = qv \times B$ 是非保守力. 不过, 如果从 "做功与路径无关" 的定义即式 (2.1) 来看, 洛伦兹力事实上是满足保守力定义的, 因为洛伦兹力做功恒为零, 即

$$\int F \cdot \mathrm{d}x = \int q[(v \times B) \cdot v]\mathrm{d}t = 0.$$

鉴于无磁单极, 由磁场高斯定理推导得到磁矢势 A 的定义

$$B = \nabla \times A,$$

A 与 U 一样是势函数, 只不过前者本身就是个矢量, 这就解决了磁场势函数的问题. 由此, 在以下讨论中我们将洛伦兹力看成是一个特殊的保守力, 这会给我们的讨论带来方便. 需要注意的是, 在下文中我们将很快看到, 代入洛伦兹力会给势函数引入含有速度的项, 不过这并不影响我们的讨论. 另外, 电场和磁场的统一理论确认后, 我们通常将带电粒子受到电磁场的合力

$$F = q(E + v \times B)$$

称为洛伦兹力. 在以下的讨论中如不作特殊说明, 我们将使用这种表述.

　　考虑一个保守力系统, 我们可用一组广义坐标 q_i 和广义速度 $\dot{q}_i$ 描述其运动状态[①]. 定义系统的拉格朗日量 (Lagrangian, 亦简称拉氏量)L 为动能减势能之差, 使之为广义坐标和广义速度的函数, 即

$$L(q_i, \dot{q}_i, t) = T - U = \sum_i \left(\frac{1}{2} m_i \dot{q}_i^2 - U \right), \tag{2.4}$$

其中, T 为动能, U 为势能. 可以进一步定义广义动量和广义力分别为

$$p_i = \frac{\partial L}{\partial \dot{q}_i}, \quad F_i = \frac{\partial L}{\partial q_i}. \tag{2.5}$$

在三维笛卡儿坐标系中, 牛顿第二定律可以写为

$$\frac{\mathrm{d}}{\mathrm{d}t} p_i - F_i = 0.$$

将上式完整展开有

$$\frac{\mathrm{d}}{\mathrm{d}t} \left(\frac{\partial L}{\partial \dot{q}_i} \right) - \frac{\partial L}{\partial q_i} = 0. \tag{2.6}$$

这被称为欧拉–拉格朗日方程 (Euler-Lagrange equation). 对于给定拉格朗日量 L 的力学系统, 通过该方程将给出系统的运动方程.

---

　　① 对一个质点系组成的保守力系统, 可用于描述其运动状态的一组广义坐标中的坐标个数, 即系统的自由度, 由质点系的质点个数和质点所受几何约束的条件数给出. 这一问题在理论力学课程中会有详细讨论. 此处为避免混淆, 只以下标 i 表示坐标序数, 而不再展开讨论质点组及其约束条件.

例题 **2.1** 在平面极坐标下，系统的拉格朗日量是坐标和速度的函数

$$L = L(r, \theta, \dot{r}, \dot{\theta}).$$

已知势能为 $U = -\dfrac{\alpha}{r}$，求运动方程.

解 平面直角坐标到极坐标的变换为

$$x = r\cos\theta, \quad y = r\sin\theta,$$

因而速度分量为

$$\dot{x} = \dot{r}\cos\theta - r\dot{\theta}\sin\theta, \quad \dot{y} = \dot{r}\sin\theta + r\dot{\theta}\cos\theta.$$

由此可以写出该系统的拉格朗日量

$$L = \frac{1}{2}m(\dot{x}^2 + \dot{y}^2) - U = \frac{1}{2}m[\dot{r}^2 + (r\dot{\theta})^2] + \frac{\alpha}{r},$$

广义动量为

$$p_r = \frac{\partial L}{\partial \dot{r}} = m\dot{r}, \quad p_\theta = \frac{\partial L}{\partial \dot{\theta}} = mr^2\dot{\theta},$$

代回欧拉–拉格朗日方程，得到径向的运动方程

$$\frac{\mathrm{d}p_r}{\mathrm{d}t} - \frac{\partial L}{\partial r} = 0 \rightarrow m\ddot{r} - mr\dot{\theta}^2 + \frac{\alpha}{r^2} = 0$$

和切向的运动方程

$$\frac{\mathrm{d}p_\theta}{\mathrm{d}t} = 0, \quad p_\theta = mr^2\dot{\theta}.$$

容易看出径向的运动方程中有向心力的贡献，而切向方程则反映了角动量守恒. ∎

例题 **2.2** (*LC* 振荡电路) 在如图 2.1 所示的 *LC* 电路中，电感 ℓ[①] 储能与电流 I 的关系为

$$\varepsilon = -\ell\frac{\mathrm{d}I}{\mathrm{d}t}, \quad W_\ell = \int \varepsilon I \mathrm{d}t = \frac{1}{2}\ell I^2 = \frac{1}{2}\ell\dot{Q}^2,$$

而电容 *C* 的储能为

$$Q = C \cdot V, \quad W_C = \int \frac{Q}{C}\mathrm{d}Q = \frac{1}{2C}Q^2,$$

因此容易写出 *LC* 电路系统的拉格朗日量

$$L = \frac{1}{2}\ell\dot{Q}^2 - \frac{1}{2C}Q^2.$$

---

① 这里以 ℓ 表示电感，以与拉格朗日量 L 区分.

设广义坐标为电荷 Q, 则广义速度就是电荷的时间变化, 即电流 $\dot{Q}$. 于是, 系统的欧拉–拉格朗日方程为

$$\ell\frac{\mathrm{d}\dot{Q}}{\mathrm{d}t} + \frac{1}{C}Q = 0.$$

这是一个角频率为 $1/\sqrt{\ell C}$ 的谐振方程.　　　　　　　　　　　　　■

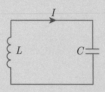

图 2.1　LC 电路图

值得注意的是, 在拉格朗日力学中, 通过建立欧拉–拉格朗日方程, 并以广义坐标、广义速度、广义力等取代我们熟悉的空间坐标、速度、力等, 将理论的适用范围进行了推广, 使其不只局限在传统的力学系统中. 而本例讨论正是一个典型的非力学系统.

函数 $f(q_i, \dot{q}_i, t)$ 被称为守恒量, 如果

$$\frac{\mathrm{d}}{\mathrm{d}t}f(q_i, \dot{q}_i, t) = \frac{\partial f}{\partial q_i}\dot{q}_i + \frac{\partial f}{\partial \dot{q}_i}\ddot{q}_i + \frac{\partial f}{\partial t} = 0.$$

例如, 如果 L 不显含坐标 q_i, 即 $\dfrac{\partial L}{\partial q_i} = 0$, 则

$$\frac{\mathrm{d}p_i}{\mathrm{d}t} = \frac{\mathrm{d}}{\mathrm{d}t}\left(\frac{\partial L}{\partial \dot{q}_i}\right) = \frac{\partial L}{\partial q_i} = 0.$$

即当 L 不显含广义坐标 q_i 时, 与之对应的广义动量 p_i 守恒. 例如, 令 q_i 为三维笛卡儿坐标 x_i, 则广义动量就是我们所熟知的动量; 而令 q_i 为三维球坐标中的 (θ, ϕ), 则动量就是我们熟知的角动量.

事实上, 欧拉–拉格朗日方程可以被看作从另一个基本原理推导的结论, 即最小作用量原理. 在本节的最后, 我们简单介绍一下从最小作用量原理推导欧拉–拉格朗日方程的具体过程, 供感兴趣的同学参考[①]. 在 t_1 时刻到 t_2 时刻之间, 我们可以定义

$$S = \int_{t_1}^{t_2} L(q_i, \dot{q}_i, t)\mathrm{d}t, \tag{2.7}$$

这称为作用量 (action). 于是有

---

① 作用量的概念将在后面讨论中被部分用到, 但是鉴于这部分内容涉及泛函分析的基础, 也完全可以跳过, 不影响本书后续绝大多数内容的推导. 这部分的内容将在未来课程中进一步学习.

- 若 t_1 和 t_2 时刻系统的坐标 $q_i(t_1)$、$q_i(t_2)$ 确定, 则系统真实的运动轨迹必使作用量取极值, 即有

$$\delta S = \delta \int_{t_1}^{t_2} L(q_i, \dot{q}_i, t)\mathrm{d}t = 0. \tag{2.8}$$

这一原理称为最小作用量原理[①], 它是与牛顿运动定律等价的力学基本原理, 也是分析力学的基础.

式 (2.8) 实际上是对作用量 S 的 "变分". 在讨论最小作用量原理的应用之前, 我们先对变分的概念作简要说明.

给定一个函数集合 Y, 若对其中的每一个函数 $y(x) \in Y$, 都有一个数 $J[y]$ 与之对应, 则称 $J[y]$ 是函数 $y(x)$ 的一个泛函. 容易理解, 泛函是函数集到数集的一个映射, 泛函的值通常随着函数的变化而变化. 因而, 作用量 S 实际上是 "运动轨迹" 的一个泛函, 每个可能的运动轨迹 (注意只是可能, 而并非真实的, 真实的运动轨迹只有一个) 都对应于一个作用量的值.

对一个泛函 $J[y]$, 如果

$$J[y + h] - J[y] = F(h) + G,$$

其中 y 和 h 均为 x 的函数, $F(h)$ 是线性的, 且 $G = \mathcal{O}(h^2)$ (即当 $|h| < \epsilon$ 且 $\left|\dfrac{\mathrm{d}h}{\mathrm{d}x}\right| < \epsilon$ 时有 $|G| < C\epsilon^2$), 则我们称泛函 J 是可微的. $F(h)$ 称为泛函 J 的变分, 记作 δJ; h 也称为函数 y 的变分, 记作 δy. 不难发现, 变分与微分十分类似, 事实上变分也有与微分类似的运算性质, 如

$$\delta(J + K) = \delta J + \delta K$$

$$\delta(JK) = (\delta J)K + J(\delta K)$$

等. 特别地, 容易证明变分算符与微分或求导算符对易, 即对 $y(x)$ 有

$$\delta \mathrm{d}y = \mathrm{d}\delta y, \tag{2.9}$$

$$\delta\left(\frac{\mathrm{d}}{\mathrm{d}x}y\right) = \frac{\mathrm{d}}{\mathrm{d}x}(\delta y), \tag{2.10}$$

或简记为

$$[\delta, \ \mathrm{d}] = \delta\mathrm{d} - \mathrm{d}\delta = 0. \tag{2.11}$$

由于变分法并非本书的主线内容, 因此这里不再详细介绍, 有兴趣的同学可查阅泛函分析或部分数学物理方法的教材[②].

[①] 实际上, 最小作用量原理要求对运动中足够小的分段 S 必须取最小值, 而不仅仅是极值, 这也是该原理名称的含义. 但通常我们的讨论中只需用到式 (2.8). 最小作用量原理的这种表述也称为哈密顿原理, 作用量 S 又称哈密顿第一主函数. 更深层次的讨论涉及经典力学的数学结构, 但超出了本书的范围, 感兴趣的同学可以阅读相关教材, 如 Arnold V I. Mathematical Methods of Classical Mechanics. 2nd ed. New York: Springer, 1989.

[②] 例如, 张恭庆. 变分学讲义. 北京: 高等教育出版社, 2011; 吴崇试, 高春媛. 数学物理方法. 3 版. 北京: 北京大学出版社, 2019; 以及前面提到的 Arnold 的书等.

回到作用量

$$S = \int_{t_1}^{t_2} L(q_i, \dot{q}_i, t)\mathrm{d}t, \tag{2.7}$$

易得

$$\delta S = \int_{t_1}^{t_2} \left[L(q_i + \delta q, \dot{q}_i + \delta \dot{q}_i, t) - L(q_i, \dot{q}_i, t) \right] \mathrm{d}t$$

$$= \int_{t_1}^{t_2} \left(\frac{\partial L}{\partial q_i} \delta q_i + \frac{\partial L}{\partial \dot{q}_i} \delta \dot{q}_i \right) \mathrm{d}t$$

$$= \int_{t_1}^{t_2} \left[\frac{\partial L}{\partial q_i} \delta q_i + \frac{\mathrm{d}}{\mathrm{d}t} \left(\frac{\partial L}{\partial \dot{q}_i} \delta q_i \right) - \frac{\mathrm{d}}{\mathrm{d}t} \left(\frac{\partial L}{\partial \dot{q}_i} \right) \delta q_i \right] \mathrm{d}t$$

$$= \left(\frac{\partial L}{\partial \dot{q}_i} \delta q_i \right) \Big|_{t_1}^{t_2} + \int_{t_1}^{t_2} \left[\frac{\partial L}{\partial q_i} - \frac{\mathrm{d}}{\mathrm{d}t} \left(\frac{\partial L}{\partial \dot{q}_i} \right) \right] \delta q_i \mathrm{d}t. \tag{2.12}$$

其中倒数第二个等号应用了性质 (2.10) 并进行了分部积分. 由于初末时刻的坐标是确定的, 显然有 $\delta q_i(t_1) = \delta q_i(t_2) = 0$, 因而式 (2.12) 的第一项为零. 那么根据最小作用量原理 (2.8), 必有

$$\delta S = \int_{t_1}^{t_2} \left[\frac{\partial L}{\partial q_i} - \frac{\mathrm{d}}{\mathrm{d}t} \left(\frac{\partial L}{\partial \dot{q}_i} \right) \right] \delta q_i \mathrm{d}t = 0,$$

于是有

$$\frac{\mathrm{d}}{\mathrm{d}t} \left(\frac{\partial L}{\partial \dot{q}_i} \right) - \frac{\partial L}{\partial q_i} = 0. \tag{2.6}$$

可见欧拉–拉格朗日方程就是最小作用量原理的直接推论.

2.2 哈密顿力学

从拉格朗日力学出发, 我们可以推导出哈密顿力学, 它与拉格朗日力学等价. 继续 2.1 节的守恒量讨论, 如果 L 不显含时间, 即 $\frac{\partial L}{\partial t} = 0$, 定义

$$H = \sum_i \dot{q}_i \frac{\partial L}{\partial \dot{q}_i} - L = \sum_i p_i \dot{q}_i - L, \tag{2.13}$$

可以证明

$$\frac{\mathrm{d}H}{\mathrm{d}t} = 0. \tag{2.14}$$

证明:

$$\frac{\mathrm{d}H}{\mathrm{d}t} = \sum_i \left[\ddot{q}_i \frac{\partial L}{\partial \dot{q}_i} + \dot{q}_i \frac{\mathrm{d}}{\mathrm{d}t} \left(\frac{\partial L}{\partial \dot{q}_i} \right) - \frac{\partial L}{\partial q_i} \dot{q}_i - \frac{\partial L}{\partial \dot{q}_i} \ddot{q}_i \right]$$

$$= \sum_i \dot{q}_i \left[\frac{\mathrm{d}}{\mathrm{d}t} \left(\frac{\partial L}{\partial \dot{q}_i} \right) - \frac{\partial L}{\partial q_i} \right] = 0. \qquad \square$$

由此，H 是守恒量. 容易看出 $H = T + U$，因而 H 就是系统的机械能. 也就是说，若 L 不显含时间，则系统机械能守恒.

对拉格朗日量求全微分

$$\mathrm{d}L = \frac{\partial L}{\partial q_i} \mathrm{d}q_i + \frac{\partial L}{\partial \dot{q}_i} \mathrm{d}\dot{q}_i + \frac{\partial L}{\partial t} \mathrm{d}t$$

$$= \dot{p}_i \mathrm{d}q_i + p_i \mathrm{d}\dot{q}_i + \frac{\partial L}{\partial t} \mathrm{d}t,$$

其中应用了式 (2.6) 和式 (2.5). 上式可以被重写成

$$\mathrm{d}L = \frac{\partial L}{\partial q_i} \mathrm{d}q_i + \mathrm{d}(p_i \dot{q}_i) - \dot{q}_i \mathrm{d}p_i + \frac{\partial L}{\partial t} \mathrm{d}t,$$

整理后得到

$$-\frac{\partial L}{\partial q_i} \mathrm{d}q_i + \dot{q}_i \mathrm{d}p_i - \frac{\partial L}{\partial t} \mathrm{d}t = \mathrm{d}(p_i \dot{q}_i - L) = \mathrm{d}H.$$

而对 H，如果我们令它是广义动量和广义坐标的函数[①]，对 H 写全微分可得

$$\mathrm{d}H = \frac{\partial H}{\partial q_i} \mathrm{d}q_i + \frac{\partial H}{\partial p_i} \mathrm{d}p_i + \frac{\partial H}{\partial t} \mathrm{d}t,$$

按照全微分的性质，立即有

$$\frac{\partial H}{\partial q_i} = -\dot{p}_i, \qquad (2.15)$$

$$\frac{\partial H}{\partial p_i} = \dot{q}_i, \qquad (2.16)$$

$$\frac{\partial H}{\partial t} = -\frac{\partial L}{\partial t}, \qquad (2.17)$$

其中，式 (2.15) 和式 (2.16) 描述了 p_i、q_i 随时间的演化，被称为哈密顿正则运动方程. (p_i, q_i) 称为正则变量；H 称为哈密顿量 (Hamiltonian)，是 (p_i, q_i, t) 的函数.

在拉格朗日力学中，系统的运动以位形空间 (confirguration space) 的坐标 $(q, \dot{q})$ 表述；而在哈密顿力学中，它以相空间 (phase space) 的坐标 (p, q) 来表述. 可以证明，这两种表述是完全等价的. 这种从不同角度对同一个体系进行等价表述的对应，在数学上被称为勒让德变换 (Legendre transformation). 勒让德变换在物理中的应用还可见于热力学中内能和焓之间的对应.

---

① 在 H 的定义式中，将变量 $(q_i, \dot{q}_i)$ 代换为 (p_i, q_i) 是简单的，同学们可以自己试试看，或参考理论力学的教材. 另外，不失一般性，H 当然也是时间 t 的函数.

哈密顿力学还可以写成更简洁的形式,定义

$$\{F, G\} = \frac{\partial F}{\partial q_i}\frac{\partial G}{\partial p_i} - \frac{\partial F}{\partial p_i}\frac{\partial G}{\partial q_i}, \tag{2.18}$$

这称为泊松 (Poisson) 括号. 由此,哈密顿正则运动方程可写为

$$\dot{p}_i = \{p_i, H\}, \quad \dot{q}_i = \{q_i, H\}, \tag{2.19}$$

对任意的动力学变量 $f(p_i, q_i, t)$,求它对时间的全导数

$$\frac{\mathrm{d}}{\mathrm{d}t}f = \frac{\partial f}{\partial q_i}\dot{q}_i + \frac{\partial f}{\partial p_i}\dot{p}_i + \frac{\partial f}{\partial t},$$

应用哈密顿正则方程和泊松括号,上式可写为

$$\frac{\mathrm{d}}{\mathrm{d}t}f = \frac{\partial f}{\partial q_i}\frac{\partial H}{\partial p_i} - \frac{\partial f}{\partial p_i}\frac{\partial H}{\partial q_i} + \frac{\partial f}{\partial t}$$

$$= \frac{\partial f}{\partial t} + \{f, H\}. \tag{2.20}$$

至此,我们看到通过泊松括号的定义,哈密顿量被赋予了新的意义,可以刻画时间的演化. 类似地,我们可以推导动量与空间平移通过泊松括号建立的对应性

$$\{f(p_i, q_i), p_i\} = \frac{\partial f}{\partial q_j}\frac{\partial p_i}{\partial p_j} - \frac{\partial f}{\partial p_j}\overset{0}{\cancel{\frac{\partial q_i}{\partial p_j}}} = \frac{\partial f}{\partial q_j}\delta_{ij} = \frac{\partial f}{\partial q_i}$$

对于正则变量的泊松括号可以通过推导得到一系列关系,并作为计算规则应用于求解泊松括号的运算

$$\{q_i, q_j\} = 0, \quad \{p_i, p_j\} = 0, \quad \{q_i, p_j\} = \delta_{ij},$$

以及

$$\{f(p_i, q_i), p_i\} = \frac{\partial f}{\partial q_i}, \quad \{f(p_i, q_i), q_i\} = -\frac{\partial f}{\partial p_i}.$$

例如令 $f(p_i, q_i) = q^n$,就有

$$\{q^n, p\} = \frac{\mathrm{d}}{\mathrm{d}q}(q^n) = nq^{n-1}.$$

对哈密顿量

$$H = p_i\dot{q}_i - L = \frac{p^2}{2m} + U(q), \tag{2.21}$$

应用哈密顿正则运动方程,易得

$$\frac{\mathrm{d}}{\mathrm{d}t}p_i = \{p_i, H\} = \{p_i, U(q)\} = -\delta_{ij}\frac{\partial U}{\partial q_j} = -\frac{\partial U}{\partial q_i},$$

这就回到了牛顿第二定律.

例题 **2.3**(一维谐振子) 考虑一维谐振子,容易写出系统的哈密顿量

$$H = \frac{p^2}{2m} + \frac{1}{2}kq^2,$$

根据哈密顿正则方程,我们有

$$\begin{aligned}
\frac{\mathrm{d}p}{\mathrm{d}t} &= \{p, H\} = \frac{1}{2m}\{p, p^2\} + \frac{1}{2}k\{p, q^2\} \\
&= 0 - \frac{1}{2}k\frac{\partial}{\partial q}q^2 \\
&= -kq.
\end{aligned}$$

即得一维谐振子的运动方程

$$m\ddot{q} + kq = 0. \qquad \blacksquare$$

根据定义,不难证明泊松括号的一些基本性质 (请同学们自行证明).

$$\begin{aligned}
&\text{反对称性:} \{f, g\} = -\{g, f\}, \\
&\text{双线性:} \{f, g + h\} = \{f, g\} + \{f, h\}, \\
&\text{莱布尼茨法则:} \{fg, h\} = \{f, h\}g + f\{g, h\}, \\
&\text{雅可比恒等式:} \{f, \{g, h\}\} + \{g, \{h, f\}\} + \{h, \{f, g\}\} = 0.
\end{aligned} \qquad (2.22)$$

泊松括号简化了我们寻找守恒量的方法. 对任意不显含时间的力学量 f,由式 (2.20) 得

$$\frac{\mathrm{d}}{\mathrm{d}t}f(p_i, q_i) = \{f(p_i, q_i), H\}. \qquad (2.23)$$

因而只需证明该力学量与 H 的泊松括号为零,即可证明其为守恒量. 例如,如果 $\frac{\partial H}{\partial t} = 0$,则

$$\frac{\mathrm{d}}{\mathrm{d}t}H = \{H, H\} = 0,$$

即哈密顿量本身为守恒量. 而如果 $\frac{\partial H}{\partial q_i} = 0$,则

$$\frac{\mathrm{d}}{\mathrm{d}t}p_i = \{p_i, H\} = -\frac{\partial H}{\partial q_i} = 0.$$

即坐标 q_i 对应的广义动量 p_i 守恒.

最后,特别值得注意的是,在泊松括号的框架下,对不显含时间的任意函数 f,我们有

$$\frac{\mathrm{d}}{\mathrm{d}t}f(p_i, q_i) = \{f(p_i, q_i), H\},$$

$$\frac{\partial}{\partial q_i} f(p_i, q_i) = \{f(p_i, q_i), p_i\}, \tag{2.24}$$

$$\frac{\partial}{\partial p_i} f(p_i, q_i) = -\{f(p_i, q_i), q_i\}.$$

通过泊松括号的定义，作为哈密顿正则运动方程的结果，可以看到哈密顿量 H 和动量 p 分别与对时间、坐标求导运算的某种对应联系. 在后续的章节，我们将看到这种对应性所具有的更深刻的内涵意义：在 2.4 节看到力学量作为极小正则变换生成函数；而第 3 章的讨论将更深刻揭示力学量作为李群生成生成元.

2.3　电磁场中的粒子

前面我们介绍了拉格朗日力学和哈密顿力学的基本理论. 作为这两种力学表述应用的示例和接下来研究原子系统的准备，本节我们讨论电磁场中带电粒子的运动.

从电磁学中我们知道，一个带电荷 e 的粒子在电磁场中受到洛伦兹力的作用

$$m\ddot{\boldsymbol{x}} = \boldsymbol{F} = e(\boldsymbol{E} + \boldsymbol{v} \times \boldsymbol{B}),$$

我们以标量势 ϕ 和矢势 $\boldsymbol{A}$ 表示其中的电场和磁场

$$\boldsymbol{E} = -\nabla\phi - \frac{\partial \boldsymbol{A}}{\partial t}, \quad \boldsymbol{B} = \nabla \times \boldsymbol{A}, \tag{2.25}$$

代入洛伦兹力，得到该粒子的运动方程

$$m\ddot{\boldsymbol{x}} = -e\nabla\phi - e\frac{\partial \boldsymbol{A}}{\partial t} + e\dot{\boldsymbol{x}} \times \nabla \times \boldsymbol{A}. \tag{2.26}$$

现在，我们应用拉格朗日力学，看是否能得到上面的结果. 容易写出该带电粒子的拉格朗日量

$$L = \sum_i \left(\frac{1}{2}m\dot{x}_i^2 - e\phi + e\dot{x}_j A_j \right), \tag{2.27}$$

系统的广义动量为

$$p_i = \frac{\partial L}{\partial \dot{x}_i} = m\dot{x}_i + eA_i, \tag{2.28}$$

根据欧拉–拉格朗日方程 (2.6), 可得

$$m\ddot{x}_i + e\frac{\mathrm{d}A_i}{\mathrm{d}t} + e\frac{\partial \phi}{\partial x_i} - e\dot{x}_j\frac{\partial A_j}{\partial x_i} = 0, \tag{2.29}$$

其中磁矢势对时间的全导数为

$$\frac{\mathrm{d}A_i}{\mathrm{d}t} = \frac{\partial A_i}{\partial t} + \frac{\partial A_i}{\partial x_j}\dot{x}_j,$$

代入得

$$m\ddot{x}_i + e\frac{\partial A_i}{\partial t} + e\frac{\partial \phi}{\partial x_i} + e\dot{x}_j\left(\frac{\partial A_i}{\partial x_j} - \frac{\partial A_j}{\partial x_i}\right) = 0.$$

这就是我们前面得到的运动方程 (2.26).

另外, 拉格朗日量形式还有一个重要的性质, 即规范不变性. 根据式 (2.25), 电场 $\boldsymbol{E}$ 是势函数的梯度, 而磁场 $\boldsymbol{B}$ 是势函数的旋度. 如果我们引入一个标量 λ, 做如下变换:

$$\boldsymbol{A} \to \boldsymbol{A}' = \boldsymbol{A} + \nabla\lambda, \quad \phi \to \phi' = \phi - \frac{\partial \lambda}{\partial t}, \tag{2.30}$$

通过计算很容易发现 $\boldsymbol{E}$ 和 $\boldsymbol{B}$ 在该变换下不变. 这种同时改变 $\boldsymbol{A}$ 和 ϕ 却不改变 $\boldsymbol{E}$ 和 $\boldsymbol{B}$ 的变换称为规范变换. 而对拉格朗日量, 有

$$L \to L + e\frac{\partial \lambda}{\partial t} + e\dot{\boldsymbol{x}}\cdot\nabla\lambda = L + e\frac{\mathrm{d}\lambda}{\mathrm{d}t},$$

容易验证, 欧拉–拉格朗日方程

$$\frac{\mathrm{d}}{\mathrm{d}t}\left(\frac{\partial L}{\partial \dot{q}_i}\right) - \frac{\partial L}{\partial q_i} = 0. \tag{2.6}$$

对广义坐标和时间的函数 $f(q_i, t)$, 在变换

$$L \to L + \frac{\mathrm{d}f(q_i, t)}{\mathrm{d}t} \tag{2.31}$$

下也不变. 这就是规范不变性, 而规范对称性在理解基本相互作用中有着深刻的物理背景, 我们将在 11.1 节详细讨论从经典到量子系统的规范变换的形式及其物理意义.

接下来我们应用哈密顿力学. 由广义动量 (2.28), 有广义速度

$$\dot{x}_i = \frac{p_i - eA_i}{m}, \tag{2.32}$$

从而系统的哈密顿量为

$$\begin{aligned} H &= p_i\dot{x}_i - L \\ &= -\frac{1}{2}m\dot{x}_i^2 + (p_i - eA_i)\dot{x}_i + e\phi \\ &= \frac{1}{2m}(\boldsymbol{p} - e\boldsymbol{A})^2 + e\phi. \end{aligned}$$

根据正则运动方程, 容易得到

$$\dot{x}_i = \frac{\partial H}{\partial p_i} = \frac{1}{m}(p_i - eA_i), \tag{2.33}$$

$$\dot{p}_i = -\frac{\partial H}{x_i} = \frac{2e}{2m}(p_j - eA_j)\frac{\partial A_j}{\partial x_i} - e\frac{\partial \phi}{\partial x_i}$$

$$= \frac{e}{m}(m\dot{x}_j + eA_j - eA_j)\frac{\partial A_j}{\partial x_i} - e\frac{\partial \phi}{\partial x_i}$$

$$= e\dot{x}_j\frac{\partial A_j}{\partial x_i} - e\frac{\partial \phi}{\partial x_i}. \tag{2.34}$$

其中式 (2.33) 与式 (2.32) 一致. 而将广义动量 (2.28) 代入式 (2.34) 可得

$$\frac{\mathrm{d}}{\mathrm{d}t}(m\dot{x}_i + eA_i) = e\dot{x}_j\frac{\partial A_j}{\partial x_i} - e\frac{\partial \phi}{\partial x_i},$$

这就回到了式 (2.29)，即带电粒子在电磁场中的运动方程.

　　至此，在电磁场中的带电粒子这个例子中，我们看到拉格朗日力学和哈密顿力学都回到了我们熟悉的洛伦兹力作用下的运动方程.

2.4　哈密顿力学：正则变换

　　2.2 节我们引入了正则变量和哈密顿正则运动方程，本节我们讨论哈密顿方程在坐标变换下的不变性. 使该方程保持形式不变的坐标变换称为正则变换. 正则不变性具有十分重要的意义，不仅能在某些情况下用于简化问题的求解过程，也涉及更深层次的对称性与守恒量的关系，我们会在 2.5 节对后者进一步探讨.

　　对哈密顿正则运动方程

$$\frac{\partial H}{\partial q_i} = -\dot{p}_i, \quad \frac{\partial H}{\partial p_i} = \dot{q}_i, \tag{2.35}$$

我们可以将其写成矩阵的形式

$$\begin{pmatrix} \dot{q} \\ \dot{p} \end{pmatrix} = \begin{pmatrix} 0 & 1 \\ -1 & 0 \end{pmatrix} \begin{pmatrix} \partial H/\partial q \\ \partial H/\partial p \end{pmatrix}, \tag{2.36}$$

或者，可以更进一步，定义一个 $2n$ 维矢量 $(q_1, \cdots, q_n, p_1, \cdots, p_n)$，记

$$x = \begin{pmatrix} q \\ p \end{pmatrix}, \quad B = \begin{pmatrix} 0 & 1 \\ -1 & 0 \end{pmatrix}, \tag{2.37}$$

于是式 (2.36) 就可写为

$$\dot{x} = B\frac{\partial H}{\partial x}. \tag{2.38}$$

　　现在，我们取坐标变换

$$x \to y(x), \quad y = (Q_i, P_i)^{\mathrm{T}},$$

首先，我们先讨论哈密顿量 H 在这个坐标变换下如何变. 从 (q_i, p_i) 到 (Q_i, P_i) 做坐标变换，假设变换后的哈密顿量成为 $H'(Q_i, P_i)$，根据哈密顿量的定义 $H = p_i\dot{q}_i - L$，以及欧拉–拉格朗日方程的规范不变性质

$$\begin{cases} L(q_i, \dot{q}_i) \to L(q_i, \dot{q}_i) + \dfrac{\mathrm{d}}{\mathrm{d}t} f(q_i, t), \\ L'(Q_i, \dot{Q}_i) \to L'(Q_i, \dot{Q}_i) + \dfrac{\mathrm{d}}{\mathrm{d}t} f'(Q_i, t). \end{cases}$$

我们总可以把坐标变换带来的拉格朗日量变换通过一个 $F_1(q_i, Q_i, t)$ 关联起来

$$p_i\dot{q}_i - H(q_i, p_i, t) = P_i\dot{Q}_i - H'(Q_i, P_i, t) + \frac{\mathrm{d}F_1(q_i, Q_i, t)}{\mathrm{d}t}, \tag{2.39}$$

鉴于 $F_1(q_i, Q_i, t)$，可以得到

$$\mathrm{d}F_1 = p_i\mathrm{d}q_i - P_i\mathrm{d}Q_i + (H' - H)\mathrm{d}t = \frac{\partial F_1}{\partial q_i}\mathrm{d}q_i + \frac{\partial F_1}{\partial Q_i}\mathrm{d}Q_i + \frac{\partial F_1}{\partial t}\mathrm{d}t.$$

我们得到了

$$p_i = \frac{\partial F_1}{\partial q_i}, \quad P_i = -\frac{\partial F_1}{\partial Q_i}\mathrm{d}Q_i, \quad H' = H + \frac{\partial F_1}{\partial t},$$

可见如果坐标变换 F_1 是不含时，则哈密顿量 H 是不变的. 实际上，从更一般关系，F 也可以是其他变量的函数，如 $F_2 = F_2(q, P, t)$，但是这样的 F_2 可以通过勒让德变换

$$F_2(q, P, t) = F_1(q, Q, t) + Q_iP_i$$

来得到. 而且对于哈密顿量，我们还是可以得到

$$H' = H + \frac{\partial F_2}{\partial t},$$

即坐标变换不含时，哈密顿量总是不变的. 因此，对于不含时坐标变换 $x \to y$，我们总是利用原哈密顿量，而正则运动方程变为

$$\dot{y}_i = \frac{\partial y_i}{\partial x_j}\dot{x}_j = \frac{\partial y_i}{\partial x_j}B_{jk}\frac{\partial H}{\partial x_k} = \frac{\partial y_i}{\partial x_j}B_{jk}\frac{\partial H}{\partial y_\ell}\frac{\partial y_\ell}{\partial x_k}$$

或写成矩阵

$$\dot{y} = (JBJ^{\mathrm{T}})\frac{\partial H}{\partial y}. \tag{2.40}$$

这就是新坐标 y 下的哈密顿正则运动方程. 其中 J 就是我们在微积分中熟悉的雅可比矩阵 (Jacobian matrix).

$$J_{ij} = \frac{\partial y_i}{\partial x_j}. \tag{2.41}$$

对比式 (2.38) 和式 (2.40)，若在变换 $x \to y$ 下使运动方程的保持形式不变，就要求

$$JBJ^{\mathrm{T}} = B, \tag{2.42}$$

满足上式的 J 在数学上称为辛矩阵[①](symplectic matrix)，而此时的坐标变换 $x \to y$ 就是正则变换.

下面我们讨论正则变换下的泊松括号. 首先用上面定义的 B 矩阵将泊松括号写为

$$\{f, g\} = \frac{\partial f}{\partial q_i}\frac{\partial g}{\partial p_i} - \frac{\partial f}{\partial p_i}\frac{\partial g}{\partial q_i} = \frac{\partial f}{\partial x_i}B_{ij}\frac{\partial g}{\partial x_j},$$

在正则变换 $x \to y$ 下

$$\frac{\partial f}{\partial x_i} = \frac{\partial f}{\partial y_k}J_{ki},$$

于是泊松括号

$$\{f, g\} = \frac{\partial f}{\partial y_k}J_{ki}B_{ij}J_{\ell j}\frac{\partial g}{\partial y_\ell} = \frac{\partial f}{\partial y_i}B_{ij}\frac{\partial g}{\partial y_j}.$$

可见泊松括号关系的不变性与正则变换不变性是一种等价描述. 我们还可以进一步证明这种等价性. 对坐标变换 $x = (q_i, p_i)^{\mathrm{T}}$，$y = (Q_i, P_i)^{\mathrm{T}}$，雅可比矩阵可写成分块矩阵的形式

$$J = \begin{pmatrix} \dfrac{\partial Q_i}{\partial q_j} & \dfrac{\partial Q_i}{\partial p_j} \\[3mm] \dfrac{\partial P_i}{\partial q_j} & \dfrac{\partial P_i}{\partial p_j} \end{pmatrix},$$

由正则变换不变性要求得到

$$JBJ^{\mathrm{T}} = \begin{pmatrix} \dfrac{\partial Q_i}{\partial q_j} & \dfrac{\partial Q_i}{\partial p_j} \\[3mm] \dfrac{\partial P_i}{\partial q_j} & \dfrac{\partial P_i}{\partial p_j} \end{pmatrix} \begin{pmatrix} 0 & I \\ -I & 0 \end{pmatrix} \begin{pmatrix} \dfrac{\partial Q_j}{\partial q_i} & \dfrac{\partial P_j}{\partial q_i} \\[3mm] \dfrac{\partial Q_j}{\partial p_i} & \dfrac{\partial P_j}{\partial p_i} \end{pmatrix}$$

$$= \begin{pmatrix} \{Q_i, Q_j\} & \{Q_i, P_j\} \\ \{P_i, Q_j\} & \{P_i, P_j\} \end{pmatrix} = B.$$

因而可得

$$\{Q_i, Q_j\} = \{P_i, P_j\} = 0, \quad \{Q_i, P_j\} = \delta_{ij}. \tag{2.43}$$

这与式 (2.21) 一致，即正则变换后的坐标 $y = (Q_i, P_i)^{\mathrm{T}}$ 也满足正则变量的泊松括号关系.

下面我们推导正则变换的具体关系. 取一个无穷小正则变换

$$q_i \to Q_i = q_i + \delta q_i,$$

---

① 对于哈密顿动力学中更深层次数学的讨论,对数学物理感兴趣的同学可以阅读 Sudarshan E C, Mukunda N. Classical Dynamics: A Modern Perspective. New York: John Wiley & Sons, 1974, 以及前面提到的 Arnold 的书等, 鉴于其超出了本书的范围, 我们在此不做展开讨论.

$$p_i \to P_i = p_i + \delta p_i,$$

将其展开到线性阶[①]

$$q_i \to Q_i = q_i + \epsilon F_i(q, p),$$
$$p_i \to P_i = p_i + \epsilon G_i(q, p), \tag{2.44}$$

该变换的雅可比矩阵为

$$J = \begin{pmatrix} \delta_{ij} + \epsilon \partial F_i/\partial q_j & \epsilon \partial F_i/\partial p_j \\ \epsilon \partial G_i/\partial q_j & \delta_{ij} + \epsilon \partial G_i/\partial p_j \end{pmatrix},$$

根据正则变换的性质 $JBJ^{\mathrm{T}} = B$，同样保留到无穷小的线性阶[②]，容易得到

$$\frac{\partial F_i}{\partial q_j} = -\frac{\partial G_j}{\partial p_i}. \tag{2.45}$$

式 (2.45) 也可由变换后的泊松括号关系 (2.43) 得到 (同样地，推导中也舍去了无穷小量的高阶项)

$$\begin{aligned} \{Q_i, P_j\} &= \frac{\partial Q_i}{\partial q_k}\frac{\partial P_j}{\partial p_k} - \frac{\partial Q_i}{\partial p_k}\frac{\partial P_j}{\partial q_k} \\ &= \left(\delta_{ik} + \epsilon\frac{\partial F_i}{\partial q_k}\right)\left(\delta_{jk} + \epsilon\frac{\partial G_j}{\partial p_k}\right) \\ &= \delta_{ij} + \epsilon\left(\frac{\partial F_i}{\partial q_j} + \frac{\partial G_j}{\partial p_i}\right) = \delta_{ij}. \end{aligned}$$

即得式 (2.45).

从这一结果出发，容易定义一个函数 $g(q, p)$，使之满足

$$F_i = \frac{\partial g}{\partial p_i}, \quad G_i = -\frac{\partial g}{\partial q_i},$$

由此，上述微小正则变换就可写为

$$q_i \to Q_i = q_i + \epsilon\frac{\partial g}{\partial p_i},$$
$$p_i \to P_i = p_i - \epsilon\frac{\partial g}{\partial q_i}, \tag{2.46}$$

保留到 ϵ 的线性阶，我们很容易验证泊松括号关系 (2.43). 这样定义的函数 g 称为对应正则变换的生成函数，也叫生成元.

下面我们分别讨论以哈密顿量 H、动量 $\boldsymbol{p}$ 和平面角动量 $\boldsymbol{J}$ 为生成元的例子，以加深对生成元的理解.

[①] 当然，也可以展开到更高阶的无穷小量来讨论相应的高阶效应. 这里对此不做展开讨论.

[②] 因为前面对无穷小变换的展开是到线性阶，所以这里对应地也应保留到线性阶.

例题 2.4　$(g = H)$ 代入哈密顿正则运动方程可得

$$q_i \to Q_i = q_i + \epsilon \frac{\partial H}{\partial p_i} = q_i + \epsilon \frac{\mathrm{d}q}{\mathrm{d}t},$$

$$p_i \to P_i = p_i - \epsilon \frac{\partial H}{\partial q_i} = p_i + \epsilon \frac{\mathrm{d}p}{\mathrm{d}t},$$

这显然对应于 $t \to t + \epsilon$，即时间平移变换

$$f(t + \epsilon) = f(t) + \epsilon \frac{\mathrm{d}f}{\mathrm{d}t}.$$

因此，我们可以看出哈密顿量是时间平移变换的生成元. ∎

例题 2.5　$(g = p_x)$ 考虑二维平面的情况，有

$$x \to X = x + \epsilon \frac{\partial p_x}{\partial p_x} = x + \epsilon,$$

$$y \to Y = y + \epsilon \frac{\partial p_x}{\partial p_y} = y,$$

$$p_x \to P_x = p_x - \epsilon \frac{\partial p_x}{\partial x} = p_x,$$

$$p_y \to P_y = p_y - \epsilon \frac{\partial p_x}{\partial y} = p_y.$$

很容易看出，此变换就是 $x \to x + \epsilon$，即空间平移变换，即 p_x 是沿 x 轴方向做空间平移变换的生成元；推广，即 p_i 是 i 轴方向空间平移变换的生成元. ∎

例题 2.6　$(g = J_z = xp_y - yp_x)$ $g = J_z$ 是二维平面 x、y 上的角动量，代入有

$$x \to X = x + \epsilon \frac{\partial J_z}{\partial p_x} = x - \epsilon y,$$

$$y \to Y = y + \epsilon \frac{\partial J_z}{\partial p_y} = y + \epsilon x,$$

$$p_x \to P_x = p_x - \epsilon \frac{\partial J_z}{\partial x} = p_x - \epsilon p_y,$$

$$p_y \to P_y = p_y - \epsilon \frac{\partial J_z}{\partial y} = p_y + \epsilon p_x,$$

或写成矩阵的形式

$$x_i \to X_i = (I + \epsilon X)x_i,$$

$$p_i \to P_i = (I + \epsilon X)p_i,$$

其中

$$X = \begin{pmatrix} 0 & -1 \\ 1 & 0 \end{pmatrix}. \tag{2.47}$$

为了考察该变换的物理含义，我们考虑一个由该无穷小变换构成的有限变换 $g(\phi)$[①]

$$x_i \to X_i = g(\phi)x_i,$$
$$p_i \to P_i = g(\phi)p_i,$$

对 ϕ 进行 N 等分，当 $N \to \infty$ 时就得到无穷小变换

$$\epsilon = \lim_{N \to \infty} \frac{\phi}{N},$$

于是该有限变换 $g(\phi)$ 可写为

$$g(\phi) = \lim_{N \to \infty} \prod_{i=1}^{N} (I + \epsilon X) = \lim_{N \to \infty} \left(I + \frac{\phi}{N} X \right)^N$$

$$= \mathrm{e}^{\phi X} = \sum_{n=0}^{\infty} \frac{1}{n!} (\phi X)^n.$$

而

$$X^2 = -I \to X^{2m} = (-1)^m I, \quad X^{2m+1} = (-1)^m X \quad (m \in \mathbb{N}), \tag{2.48}$$

代入展开式有[②]

$$g(\phi) = \sum_{n=0}^{\infty} \frac{1}{n!} (\phi X)^n = \sum_{m=0}^{\infty} \frac{1}{(2m)!} (\phi X)^{2m} + \sum_{m=0}^{\infty} \frac{1}{(2m+1)!} (\phi X)^{2m+1}$$

$$= \sum_{m=0}^{\infty} \frac{(-1)^m}{(2m)!} \phi^{2m} I + \sum_{m=0}^{\infty} \frac{(-1)^m}{(2m+1)!} \phi^{2m+1} X$$

$$= I \cos \phi + X \sin \phi$$

$$= \begin{pmatrix} \cos \phi & -\sin \phi \\ \sin \phi & \cos \phi \end{pmatrix}. \tag{2.49}$$

于是我们看到，对应于二维平面的矢量 $(x, y)^{\mathrm{T}}$ 和 $(p_x, p_y)^{\mathrm{T}}$，有限变换 $g(\phi)$ 其实就是我们熟悉的平面转动，它实际上构成了二维转动群 $SO(2)$[③]. 此外，我们发现 X 的幂次性质 (2.48) 可以类比于虚数 $\mathrm{i} = \sqrt{-1}$，因此，上述结果也可以与复平面的欧拉公式进行对应. 这部分内容我们会在第 3 章中进一步讨论. ∎

---

① 后面我们会看到，这一变换矩阵实际上是转动群的群元，因此为了符合群论的习惯，这里使用 $g(\phi)$ 表示；要注意与前面表示生成元的 g 加以区分.

② 注意由式 (2.47)，X 是一个矩阵，这种包含矩阵的函数运算在数学上属于矩阵分析的内容，不过其加法和数乘运算规则与普通函数都是相同的，只需注意其中的乘法应使用矩阵乘法规则即可.

③ 记号 $SO(2)$ 其实来源于这类群的另一个名称——特殊正交群 (special orthogonal group)，我们将在第 3 章中具体介绍.

在例题 2.4~2.6 中，我们看到了三个常见变换与其生成元的对应关系

$$时间平移变换 \Leftrightarrow g = H(q, p)$$
$$空间平移变换 \Leftrightarrow g = p_x \qquad\qquad (2.50)$$
$$平面转动变换 \Leftrightarrow g = J_z$$

2.5 节中，我们会从对称性与守恒量的角度进一步讨论这种对应关系.

2.5　对称性与诺特定理

在 2.4 节中我们讨论了正则变换，即对正则坐标 q_i、p_i 做微小变换

$$
\begin{aligned}
q_i \to Q_i &= q_i + \epsilon \frac{\partial g}{\partial p_i}, \\
p_i \to P_i &= p_i - \epsilon \frac{\partial g}{\partial q_i},
\end{aligned}
\qquad\qquad (2.46)
$$

则哈密顿方程和泊松括号关系在该变换下都具有不变性，即

$$
\begin{pmatrix} \dot{q} \\ \dot{p} \end{pmatrix} = \begin{pmatrix} 0 & 1 \\ -1 & 0 \end{pmatrix} \begin{pmatrix} \partial H/\partial q \\ \partial H/\partial p \end{pmatrix}, \qquad\qquad (2.36)
$$

$$\{q_i, q_j\} = 0, \quad \{p_i, p_j\} = 0, \quad \{q_i, p_j\} = \delta_{ij}$$

对变换后的坐标 Q_i、P_i 也成立. 其中的函数 g 我们称为该正则变换的生成元.

如果我们要求哈密顿量 H 在该变换下也不变[①]，即要求

$$
\begin{aligned}
\delta H &= \frac{\partial H}{\partial q_i} \delta q_i + \frac{\partial H}{\partial p_i} \delta p_i \\
&= \frac{\partial H}{\partial q_i} \left(\epsilon \frac{\partial g}{\partial p_i} \right) + \frac{\partial H}{\partial p_i} \left(-\epsilon \frac{\partial g}{\partial q_i} \right) \\
&= \epsilon \{H, g\} = 0,
\end{aligned}
$$

则根据式 (2.23) 可得 g 是一个守恒量，即

$$
\frac{\mathrm{d}g}{\mathrm{d}t} = -\{H, g\} = 0.
$$

这就是说,每一个守恒量 g 都是一个使 H 保持不变的无穷小正则变换的生成元,也即它对应一个对称性. 这种对称性与守恒量之间的对应关系又被称为诺特定理 (Noether theorem).

---

① 需要注意的是，这里要求 H 在正则变换 (2.46) 下不变，区别于要求 $\frac{\mathrm{d}H}{\mathrm{d}t} = 0$ 的 "守恒".

根据诺特定理，我们可以从变换的对称性的角度重新看待守恒量. 2.4 节中我们得到了三个常见变换与其生成元的关系，即式 (2.50)，而根据前面的讨论，我们就得到这三种变换下的对称性分别对应于三个守恒量，即

$$g = H : \text{时间平移对称性} \to \{H, H\} = 0 \to \text{能量守恒},$$

$$g = p_i : x_i \text{ 方向空间平移对称性} \to \{p_i, H\} = 0 \to \text{动量守恒},$$

$$g = J_z : xy \text{ 平面转动对称性} \to \{J_z, H\} = 0 \to z \text{ 方向角动量守恒}.$$

事实上，这里的 g 可以看成是连续变换群 (李群，Lie group) 的代数生成元，我们将在第 3 章中进一步讨论.

我们也可以用拉格朗日力学证明诺特定理. 设存在一个坐标变换 T 将坐标 q_i 变换到 Q_i，有

$$T : q_i(t) \to Q_i(s, t), \quad s \in \mathbb{R},$$

其中 s 为变换参数，且当参数 $s = 0$ 时保持原坐标不变，即 $Q_i(0, t) = q_i(t)$. 可以证明，如果拉格朗日量在变换 T 下有连续对称性，即

$$\frac{\partial}{\partial s} L(Q_i(s, t), \dot{Q}_i(s, t), t) = 0,$$

则总可以找到一个守恒量.

证明: 在坐标变换 T 下

$$\frac{\partial L}{\partial s} = \frac{\partial L}{\partial Q_i} \frac{\partial Q_i}{\partial s} + \frac{\partial L}{\partial \dot{Q}_i} \frac{\partial \dot{Q}_i}{\partial s},$$

取 $s = 0$ 点，利用 $Q_i(0, t) = q_i(t)$，就有

$$
\begin{aligned}
\left. \frac{\partial L}{\partial s} \right|_{s=0} &= \left. \frac{\partial L}{\partial Q_i} \frac{\partial Q_i}{\partial s} \right|_{s=0} + \left. \frac{\partial L}{\partial \dot{Q}_i} \frac{\partial \dot{Q}_i}{\partial s} \right|_{s=0} \\
&= \frac{\mathrm{d}}{\mathrm{d}t} \left(\frac{\partial L}{\partial \dot{q}_i} \right) \left. \frac{\partial Q_i}{\partial s} \right|_{s=0} + \left. \frac{\partial L}{\partial \dot{q}_i} \frac{\partial \dot{Q}_i}{\partial s} \right|_{s=0} \\
&= \frac{\mathrm{d}}{\mathrm{d}t} \left(\left. \frac{\partial L}{\partial \dot{q}_i} \frac{\partial Q_i}{\partial s} \right|_{s=0} \right) = 0.
\end{aligned}
$$

于是我们找到了一个守恒量

$$\left. \frac{\partial L}{\partial \dot{q}_i} \frac{\partial Q_i}{\partial s} \right|_{s=0} = \text{常数}.$$

这样就证明了诺特定理. $\qquad\qquad\qquad\qquad\qquad\qquad\qquad\qquad\qquad\qquad\qquad\square$

最后我们再对角动量稍加讨论. 对一个二维系统，可以证明

$$\{p_x^2 + p_y^2, J_z\} = 0,$$

$$\{(\sqrt{x^2+y^2})^{-1}, J_z\} = 0.$$

因此，如果势能只是 $1/r$ 的形式，则对 $H = p^2/2m + U$，有

$$\frac{\mathrm{d}}{\mathrm{d}t} J_z = \{J_z, H\} = 0,$$

则该系统角动量守恒. 这其实是平面转动对称系统的一个特例，其最常见的应用就是天体力学中的有心力场.

而对三维的角动量

$$\boldsymbol{J} = \boldsymbol{r} \times \boldsymbol{p},$$

其分量可写为

$$J_i = \epsilon_{ijk} x_j p_k, \tag{2.51}$$

或

$$J_x = y p_z - z p_y,$$
$$J_y = z p_x - x p_z,$$
$$J_z = x p_y - y p_x.$$

于是利用泊松括号的性质 (2.21) 和 (2.22) 易得[①]

$$
\begin{aligned}
\{J_x, J_y\} &= \{y p_z - z p_y, z p_x - x p_z\} \\
&= \{y p_z, z p_x\} - \overset{0}{\{z p_y, z p_x\}} - \overset{0}{\{y p_z, x p_z\}} + \{z p_y, x p_z\} \\
&= \overset{0}{\{y, z p_x\} p_z} + y\{p_z, z p_x\} + \{z, x p_z\} p_y + \overset{0}{z\{p_y, x p_z\}} \\
&= \overset{-1}{y\{p_z, z\} p_x} + \overset{0}{yz\{p_z, p_x\}} + \overset{1}{x\{z, p_z\} p_y} + \overset{0}{\{z, x\} p_y p_z} \\
&= x p_y - y p_x = J_z.
\end{aligned}
$$

同理有

$$\{J_i, J_j\} = \epsilon_{ijk} J_k. \tag{2.52}$$

另外，容易证明在无穷小正则变换 (2.46) 下，矢量 $\boldsymbol{r}$ 和 $\boldsymbol{p}$ 的变换形式如下：

$$
\begin{pmatrix} x \\ y \\ z \end{pmatrix} \to \left(I + \sum_i \epsilon_i A_i\right) \begin{pmatrix} x \\ y \\ z \end{pmatrix}, \quad
\begin{pmatrix} p_x \\ p_y \\ p_z \end{pmatrix} \to \left(I + \sum_i \epsilon_i B_i\right) \begin{pmatrix} p_x \\ p_y \\ p_z \end{pmatrix},
$$

其中 I 为三维单位矩阵，而 A_i 和 B_i 分别为 3×3 的反对称方阵，且 $A_i = B_i$，$i = x, y, z$. 证明留作习题. 在 3.4 节中我们将会看到，这三个矩阵是三维正交变换的生成元，对应三维欧几里得空间中的转动.

[①] 注意根据式 (2.21)，关于 q、p 的泊松括号中只有 $\{q_i, p_i\} = 1$ 不为零，因此可立即看出第二行中间两项和第三行 1、4 项为零；其他部分则可多次使用莱布尼茨法则计算.

值得注意的是，我们发现矩阵 A_i 满足

$$A_i A_j - A_j A_i = \epsilon_{ijk} A_k.$$

如果对方阵 A 和 B，记[①]

$$[A, B] = AB - BA, \tag{2.53}$$

就有

$$[A_i, A_j] = \epsilon_{ijk} A_k.$$

可以看到这个形式与式 (2.52) 对应. 事实上，力学量的泊松括号结果关系着变换的顺序是否可交换. 例如，平面转动或者沿着不同方向的空间平移这些变换，都是可以交换的，对应地其中任意两个变换的力学量泊松括号和变换矩阵的对易式均为零；但是空间中绕不同轴的转动操作明显不可交换，对应地式 (2.52) 和式 (2.54) 都不为零. 从群论角度，变换是否可交换对应着阿贝尔群和非阿贝尔群，这部分内容将在 3.1 节中介绍. 而在第 4 章中我们将看到，上述正则变换生成函数将对应地变成量子力学中的"算符"，在变换角度时它们有着相同的意义.

第2章习题

2.1 利用全书最后数学用表的莱维–齐维塔张量性质计算以下三个表达式的形式:

$$\nabla \times (\nabla U), \quad \nabla \cdot (\nabla \times \boldsymbol{A}), \quad \nabla \times (\nabla \times \boldsymbol{A}).$$

2.2 质点在平面有心立场 $V(r)$ 中运动，在平面极坐标系中写出系统拉格朗日量，并且给出有心立场的质点运动方程，通过哈密顿正则运动方程重新计算本题.

2.3 如图 2.2 所示，用平面极坐标写出单摆的拉格朗日量，并给出运动方程及双摆的拉格朗日量.

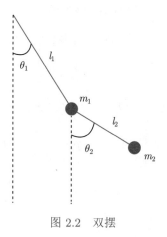

图 2.2 双摆

2.4 写出简谐振子的哈密顿量，并且利用泊松括号方法写出运动方程.

2.5 利用泊松括号，证明空间平移对称性对应动量守恒.

---

① 这称为对易式或对易子，在量子力学中有重要的应用，在 4.4 节中我们会再次接触它.

2.6　证明 (q_i, p_i) 通过正则变换变成 (Q_i, P_i) 后, 泊松括号的关系保持不变.

2.7　如果 L 和 H 不显含时间, 分别以欧拉–拉格朗日方程、哈密顿正则运动方程, 证明

$$\frac{\mathrm{d}H}{\mathrm{d}t} = 0.$$

2.8　证明欧拉–拉格朗日方程在

$$L \to L' = L + \frac{\mathrm{d}f(q, t)}{\mathrm{d}t}$$

变换下不变 (规范变换).

2.9　分别利用欧拉–拉格朗日方程、哈密顿正则运动方程、泊松括号三种方法, 计算给出电磁场中带电粒子

$$L = \sum_i \left(\frac{1}{2} m \dot{x}_i^2 - e\phi + e\dot{x}_j A_j \right)$$

的运动方程需要从该拉格朗日量推导哈密顿量的具体形式. 从麦克斯韦方程出发推导电势和磁矢势的规范变换具体形式, 证明变换下电场和磁场不变, 再将规范变换写成 2.8 题中的形式.

2.10　经典力学系统中的正则变换

$$q_i \to Q_i = q_i + \sum_a \epsilon_a \frac{\partial G^a}{\partial p_i}, \quad p_i \to P_i = p_i - \sum_a \epsilon_a \frac{\partial G^a}{\partial q_i},$$

其中 $i, a = x, y, z$.

(1) 如果生成元 G^a 分别为三维直角坐标系的角动量

$$J_x = yp_z - zp_y,$$
$$J_y = zp_x - xp_z,$$
$$J_z = xp_y - yp_x,$$

给出对 $\boldsymbol{r} = (x, y, z)^{\mathrm{T}}$ 和 $\boldsymbol{p} = (p_x, p_y, p_z)^{\mathrm{T}}$ 的具体变换形式

$$\begin{pmatrix} x \\ y \\ z \end{pmatrix} \to \left(I + \sum_a \epsilon_a A_a \right) \begin{pmatrix} x \\ y \\ z \end{pmatrix}, \quad \begin{pmatrix} p_x \\ p_y \\ p_z \end{pmatrix} \to \left(I + \sum_a \epsilon_a B_a \right) \begin{pmatrix} p_x \\ p_y \\ p_z \end{pmatrix},$$

其中 I 为三维单位矩阵, 而 A_a 和 B_a 分别为 3×3 方阵, 解释 $A_a = B_a$ 的物理原因, 并计算 A_x、A_y 对易子.

(2) 假设变换生成函数 G^a 分别为三维动量 $\{p_x, p_y, p_z\}$, 重复 (1) 题.

2.11　对三维空间中角动量 J_i, 计算泊松括号

$$\{J_i, J_j\}, \quad \{J^2, J_i\}, \quad \{p^2, J_x\},$$

其中 $J^2 = \sum_i J_i^2$, $p^2 = \sum_i p_i^2$.

第 3 章　变换群基础

第 2 章中, 我们讨论了正则变换及其生成函数, 得到了哈密顿量、动量、角动量等力学量对应的变换. 为了更方便和深刻地描述变换, 本章将引入一种新的数学语言, 即变换群.

回到 2.4 节中讨论过的平面转动变换

$$g(\phi) = \begin{pmatrix} \cos\phi & -\sin\phi \\ \sin\phi & \cos\phi \end{pmatrix}, \tag{2.49}$$

显然, 如果将一个转动变换 $g(\phi_1)$ 作用于矢量 $\boldsymbol{v}_0$, 将得到新的矢量 $\boldsymbol{v}_1 = g(\phi_1)\boldsymbol{v}_0$, 写成列矩阵形式即

$$\begin{pmatrix} x_1 \\ y_1 \end{pmatrix} = \begin{pmatrix} \cos\phi_1 & -\sin\phi_1 \\ \sin\phi_1 & \cos\phi_1 \end{pmatrix} \begin{pmatrix} x_0 \\ y_0 \end{pmatrix} = \begin{pmatrix} \cos\phi_1 x_0 - \sin\phi_1 y_0 \\ \sin\phi_1 x_0 + \cos\phi_1 y_0 \end{pmatrix}.$$

而如果继续对 $\boldsymbol{v}_1$ 做一个新的转动 $g(\phi_2)$, 就得到矢量 $\boldsymbol{v}_2 = g(\phi_2)\boldsymbol{v}_1 = g(\phi_2)g(\phi_1)\boldsymbol{v}_0$, 即

$$\begin{pmatrix} x_2 \\ y_2 \end{pmatrix} = \begin{pmatrix} \cos\phi_2 & -\sin\phi_2 \\ \sin\phi_2 & \cos\phi_2 \end{pmatrix} \begin{pmatrix} x_1 \\ y_1 \end{pmatrix}$$

$$= \begin{pmatrix} \cos\phi_2 & -\sin\phi_2 \\ \sin\phi_2 & \cos\phi_2 \end{pmatrix} \begin{pmatrix} \cos\phi_1 & -\sin\phi_1 \\ \sin\phi_1 & \cos\phi_1 \end{pmatrix} \begin{pmatrix} x_0 \\ y_0 \end{pmatrix}.$$

不难验证

$$g(\phi_2)g(\phi_1) = \begin{pmatrix} \cos\phi_2 & -\sin\phi_2 \\ \sin\phi_2 & \cos\phi_2 \end{pmatrix} \begin{pmatrix} \cos\phi_1 & -\sin\phi_1 \\ \sin\phi_1 & \cos\phi_1 \end{pmatrix}$$

$$= \begin{pmatrix} \cos(\phi_1+\phi_2) & -\sin(\phi_1+\phi_2) \\ \sin(\phi_1+\phi_2) & \cos(\phi_1+\phi_2) \end{pmatrix}$$

$$= g(\phi_1+\phi_2), \tag{3.1}$$

即连续两次转动变换 $g(\phi_1)$、$g(\phi_2)$ 的叠加等效于一次转动变换 $g(\phi_1+\phi_2)$.

如果考虑所有平面转动 $g(\phi)$ 构成的集合

$$G = \{\hat{g}(\phi) \mid \forall \phi \in \mathbb{R}\},$$

在式 (3.1) 中我们看到多个变换的叠加满足乘法运算, 且该集合对乘法封闭. 事实上, 该集合还有一些其他的性质, 例如,

　　对 $\phi = 0$, $g(0)$ 对应于一个 2×2 的单位矩阵, 有 $g(\phi)g(0) = g(0)g(\phi) = g(\phi)$;

　　对 $\phi = \pm\phi_1$, 有 $g(\phi_1)g(-\phi_1) = g(-\phi_1)g(\phi_1) = g(0)$.

接下来我们将看到, 这样的集合和乘法运算就构成了群.

3.1　从变换到群

　　例题 3.1　除了前面看到的平面转动, 我们再以另一个变换进行讨论. 等边三角形具有轴对称和旋转对称的特性, 即在这些特定的变换下形状保持不变. 现在我们以此为例, 探究变换和对称性的数学表示.

　　我们将等边三角形的顶点依次编号, 如图 3.1 所示. 显然, 我们以任意中线为轴翻转等边三角形, 图形保持不变, 但经过编号的顶点的位置会发生变化. 例如在图 3.2 所示的翻转中, 顶点 2 和 3 发生互换, 于是我们记该变换为 (23); 同理, 以另外两条中线为轴的翻转就可记作 (12) 和 (13).

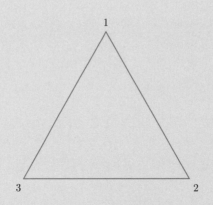

图 3.1　等边三角形

　　如果以等边三角形的中心为轴, 显然每旋转 120°, 图形可以保持不变. 与前面类似, 对图 3.3 的变换, 即顺时针旋转 120°, 我们注意到编号 1 的顶点换到了原来编号 2 的位置, 编号 2 的顶点换到了原来编号 3 的位置, 编号 3 的顶点换到了原来编号 1 的位置, 因此我们用记号 (123) 表示这个变换. 显然, 保持旋转不变的变换还有顺时针旋转 240° 和 360°[①], 我们分别用记号 (132) 和 (1) 来表示, 其中 (1) 表示这个图形的所有编号顶点都回到原有的位置, 这等价于没有做任何变换.

---

　　① 当然, 逆时针旋转也是等价的, 即顺时针旋转 120° 等价于逆时针旋转 240°, 等等.

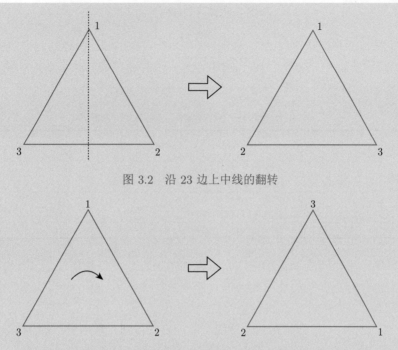

图 3.2 沿 23 边上中线的翻转

图 3.3 沿顺时针旋转 $120°$

至此，我们得到了等边三角形的所有对称变换，这些变换可以构成一个 6 元集合 $S_3 = \{(1), (12), (23), (13), (123), (132)\}$. 现在，我们考虑对等边三角形进行连续两次变换，例如先沿 23 边的中线翻转 (即变换 (23))，再顺时针旋转 $120°$ (即变换 (132)①)，如图 3.4所示. 我们发现，两次变换的结果实际上是顶点 1 和 2 的位置互换，即等价于翻转变换 (12).

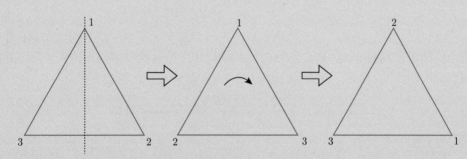

图 3.4 先沿 23 边上中线翻转，再顺时针旋转 $120°$

如果我们定义一个"乘法"表示变换的组合，并用记号"·"表示，从上面的分析中我们就得到

---

① 注意，因为在我们的表示中，旋转本质上是在轮换三个顶点的位置，因此旋转对应的变换与旋转之前三个顶点的顺序有关. 而在翻转 (23) 后，三角形顶点的顺序已经发生改变，所以这里的顺时针旋转 $120°$ 是变换 (132) 而不是 (123). 不过，因为旋转角只有 $120°$ 和 $240°$ 两种选择，所以顶点的轮换也只有 (123) 和 (132) 两种；同理翻转变换也只有三种，所以集合 S_3 中变换的结果事实上包含了这个等边三角形顶点位置的全部情况.

$$(12) = (23) \cdot (132).$$

类似地，我们也能写出其他连续两次和更多次变换的关系式. 对连续两次的变换来说，把第一次的变换作为行，第二次的变换作为列，则所有可能的关系总结如表 3.1所示，我们称这个表为 S_3 的乘法表.

表 3.1　等边三角形连续两次变换的乘法表

	(1)	(12)	(13)	(23)	(123)	(132)
(1)	(1)	(12)	(13)	(23)	(123)	(132)
(12)	(12)	(1)	(132)	(123)	(23)	(13)
(13)	(13)	(123)	(1)	(132)	(12)	(23)
(23)	(23)	(132)	(123)	(1)	(13)	(12)
(123)	(123)	(13)	(23)	(12)	(132)	(1)
(132)	(132)	(23)	(12)	(13)	(1)	(123)

由表可得，不论两次变换如何组合，得到的等价变换仍是集合 S_3 中的某一种变换；并且显然，对更多次的连续变换，我们有同样的结论. 集合中的元素经过某种运算，结果仍属于这个集合，这种性质称为“封闭性”. 另外，注意到表示不变换或旋转 $360°$ 的元素“(1)”，它与任意其他元素组合时，总会得到元素本身. 我们称这个 (1) 为“单位元”.

进一步，在乘法表中我们还能找到其他性质. 例如我们考虑如下变换：

$$(123) \cdot (12) \cdot (132) = (13) \cdot (132) = (23),$$

即先顺时针旋转 $120°$，再按 12 边上中线翻转，最后再顺时针旋转 $120°$，这一组合变换等价于沿 23 边中线的单次翻转变换. 而如果考虑这样的变换

$$(123) \cdot [(12) \cdot (132)] = (123) \cdot (13) = (23),$$

即“改变运算顺序”，将连续三个变换的后两个组合起来，得到的结果仍然是等价于沿 23 边中线的单次翻转变换. 事实上，我们可以把这三个变换替换为 S_3 中任意的变换，这一性质仍然成立，这称为结合律. 再比如对三种翻转变换，我们有

$$(12) \cdot (12) = (13) \cdot (13) = (23) \cdot (23) = (1),$$

而对旋转变换则有

$$(123) \cdot (132) = (132) \cdot (123) = (1).$$

加上对单位元有 $(1) \cdot (1) = (1)$，这就是说对任意一个变换，我们总能找到一个变换使这两个变换的组合等价于 (1). 由此，我们称这样对应的两个变换互为“逆元”. 显然，(1) 变换和翻转变换的逆元都是其本身，而 (123) 则与 (132) 互为逆元.　　　　□

以上的讨论实际上说明，在一个集合中，当我们定义了元素之间的二元运算后，这个集合就被赋予了一定的代数结构. 事实上，满足上述几个条件的代数结构在数学上称为群 (group).

在数学上，对一个非空集合 G，在 G 中定义一个二元运算 "$\cdot$"，若集合 G 和它的二元运算 "$\cdot$" 满足

封闭性：若 $a, b \in G$，则 $a \cdot b \in G$；

结合律：对 $\forall a, b, c \in G$，有 $a \cdot (b \cdot c) = (a \cdot b) \cdot c$；

单位元：$\exists e \in G$，对 $\forall a \in G$，有 $a \cdot e = e \cdot a = a$；

逆元：对 $\forall a \in G$，$\exists b \in G$，使得 $a \cdot b = b \cdot a = e$.

则 G 及其二元运算 "$\cdot$" 构成一个群[①]，或称 G 成群，其中二元运算 "$\cdot$" 称为群乘法，e 称为群的单位元，b 称为群元素 a 的逆元，记为 $b = a^{-1}$，而像表 3.1 这样反映各个群元素之间的乘法关系的表称为乘法表. 例如，整数集 $\mathbb{Z}$ 和加法，有理数集 $\mathbb{Q}$ 和乘法，都构成群. 再例如，$G = \{e\}$ 也构成一个群. 另外，如果群乘法同时满足交换律

$$\forall\, a, b \in G, \quad a \cdot b = b \cdot a,$$

则我们称这类特殊的群为阿贝尔群 (Abelian group)，反之则为非阿贝尔群 (non-Abelian group). 例如，整数集 $\mathbb{Z}$ 和加法构成的就是一个阿贝尔群，其中零是单位元，而整数 a 和 $-a$ 互为逆元.

事实上，例题 3.1 中的 S_3 是一个典型的置换群 (permutation group)[②]. 容易验证，由于

$$(123) \cdot (12) = (13) \neq (23) = (12) \cdot (123),$$

所以 S_3 是一个非阿贝尔群.

群的概念最早是伽罗瓦 (E. Galois) 在研究对应数域中多项式方程有无解的问题时提出的. 1872 年德国数学家克莱因 (F. C. Klein) 在其著作《埃尔朗根纲领》(*Erlangen Programme*) 中，根据空间内积定义的距离在变换群下不变，对几何进行了分类.

我们以三维欧几里德实空间 E_3 的几何 (即欧几里得几何) 为具体例子来讨论埃尔朗根纲领. 我们知道，在内积空间中，距离定义为矢量内积的平方根，即对矢量 $\boldsymbol{v} = (v_1, v_2, v_3)$，其对应的距离 $|\boldsymbol{v}| = \sqrt{\boldsymbol{v} \cdot \boldsymbol{v}}$，而

$$|\boldsymbol{v}|^2 = \boldsymbol{v} \cdot \boldsymbol{v} = g_{ij} v_i v_j = \delta_{ij} v_i v_j, \tag{3.2}$$

其中 g_{ij} 称为度规张量 (metric tensor). 由此，内积的定义和该内积空间的性质完全由 g_{ij} 决定. 对 E_3 来说，其度规张量为三阶单位矩阵

$$g = I_3.$$

于是，假设向量 $\boldsymbol{v}$ 在变换 Λ 下变为 $\boldsymbol{v}'$，即

$$\boldsymbol{v} \to \boldsymbol{v}' = \Lambda \boldsymbol{v} \quad (\text{或分量形式} \;\; v_i' = \Lambda_{ij} v_j),$$

[①] 群的标准记号应同时列出集合和二元运算，如 "$(G, \cdot)$"，但为了简便，在不致混淆的情况下，我们也常以单独的符号 G 表示群，而不再同时列出运算 "$\cdot$".

[②] 直观上理解，置换群就是指交换指标 (如这里三角形顶点编号) 位置的操作构成的群.

如果距离 $|\boldsymbol{v}|$ 在变换 Λ 下不变，就有

$$|\boldsymbol{v}|^2 = g_{\mu\nu}v_\mu v_\nu = |\boldsymbol{v}'|^2 = g_{ij}v_i'v_j' = g_{ij}\Lambda_{i\alpha}v_\alpha\Lambda_{j\beta}v_\beta, \tag{3.3}$$

故有

$$\Lambda^{\mathrm{T}}g\Lambda = g.$$

而如果 $g^2 = 1$，则上式可写为

$$g\Lambda^{\mathrm{T}}g = \Lambda^{-1}.$$

进一步对 E_3 空间，就有

$$\Lambda\Lambda^{\mathrm{T}} = I, \quad (\det\Lambda)^2 = 1. \tag{3.4}$$

如果我们取 $\det\Lambda = 1$，就得到了三维特殊正交变换[①]Λ. 而由三维特殊正交变换所构成的群称为三维特殊正交群，即 $SO(3)$，这是一个在物理上非常重要的变换群. 而如果在平面欧几里德几何中，对应地则可以得到二维特殊正交变换群 $SO(2)$，这也是一个非常重要的群.

3.2　$SO(2)$ 与 $SO(1,1)$

前面我们提到了二维特殊正交变换群 $SO(2)$，这是一个比较简单的群，因此我们以之为例进一步讨论群的性质.

定义平面转动变换"算符[②]"$g(\phi)$，表示逆时针[③]转动角度 ϕ. 容易理解，如果将一个矢量转动一个角度 ϕ_1 后再转动另一个角度 ϕ_2，它显然等价于将这个矢量转动一个 $(\phi_1 + \phi_2)$ 的角度，因而转动算符的乘法满足

$$g(\phi_2) \cdot g(\phi_1) = g(\phi_1 + \phi_2),$$

即封闭性. 同样地也可以验证乘法满足结合律. 我们也容易找到一个单位元 $g(0)$，即转动零角度，或者说不转动. 而对每一个转动 $g(\phi)$，也可以找到 $g(-\phi)$ 为其逆元，即

$$g(\phi) \cdot g(-\phi) = g(-\phi) \cdot g(\phi) = g(0) = I.$$

这样，我们就证明了平面转动可以成群. 并且，不难发现，$g(\phi)$ 满足

$$g(\phi_2) \cdot g(\phi_1) = g(\phi_1) \cdot g(\phi_2) = g(\phi_1 + \phi_2),$$

即交换律，因此平面转动群是一个阿贝尔群. 类似地，我们可以证明，平移变换也构成一个阿贝尔群，但空间转动构成的是非阿贝尔群.

[①] 其中，"特殊" 指的是 $\det\Lambda = 1$ 这一条件，而 "正交" 对应于 $\Lambda\Lambda^{\mathrm{T}} = I$.

[②] 梯度算符 ∇ 是熟悉的，它表示对其后的函数求梯度，而同理，任何一个算符也可看作一个记号，表示对其后函数做某种运算. 算符在量子力学理论中具有重要意义，我们将在 4.4 节中严格地介绍.

[③] 我们习惯上约定逆时针转动角度为正.

定义无穷小转动 $g(\delta)$，它是在不变的基础上加一个无穷小的扰动 $\epsilon(\delta)^{①}$

$$g(\delta) = I + \epsilon.$$

它显然应满足正交变换条件 (以保持矢量的内积和夹角不变)，即

$$g(\delta)^{\mathrm{T}} g(\delta) = g(\delta) g(\delta)^{\mathrm{T}} = I.$$

代入 $g(\delta)$ 的表达式并保留到一阶无穷小，容易得到

$$\epsilon^{\mathrm{T}} = -\epsilon.$$

所以 ϵ 是一个 2×2 反对称矩阵. 如果定义 $\epsilon = \delta X$，其中 δ 为扰动参数，则可以得到无穷小转动算符

$$X = \begin{pmatrix} 0 & -1 \\ 1 & 0 \end{pmatrix}. \tag{3.5}$$

对于有限角度 ϕ 的转动，如果对角度 ϕ 进行 N 等分，则转动 ϕ 角可以看成是 N 次转动 ϕ/N 角叠加的结果，即

$$g(\phi) = \prod_{i=1}^{N} g\left(\frac{\phi}{N}\right). \tag{3.6}$$

令 $N \to +\infty$，此时 $\phi/N \to 0$，因此 $g(\phi/N)$ 就是无穷小转动 $g(\delta)$，即

$$\begin{aligned}
g(\phi) &= \lim_{N \to +\infty} \prod_{i=1}^{N} g(\delta) \\
&= \lim_{N \to +\infty} \prod_{i=1}^{N} (I + \delta X) \\
&= \lim_{N \to +\infty} \left(I + \frac{\phi}{N} X\right)^{N} \\
&= \mathrm{e}^{\phi X} \\
&= \sum_{n=0}^{\infty} \frac{1}{n!} (\phi X)^{n}.
\end{aligned} \tag{3.7}$$

因此回到了例题 2.6，我们有

$$g(\phi) = \begin{pmatrix} \cos\phi & -\sin\phi \\ \sin\phi & \cos\phi \end{pmatrix}. \tag{2.49}$$

于是我们从无穷小平面转动得到了有限角度的平面转动.

① 下面我们将把 $\epsilon(\delta)$ 简写成 ϵ.

也可以从另外一个角度看上面的讨论. 如果对 $SO(2)$ 平面转动变换 $g(\phi)$, 在 $\phi = 0$ 处做泰勒展开, 可以看到无穷小转动算符 X 就是 $g(\phi)$ 的一阶展开系数

$$X = \left.\frac{\mathrm{d}g(\phi)}{\mathrm{d}\phi}\right|_{\phi=0}. \tag{3.8}$$

将 $g(\phi)$ 代入式 (3.8), 得

$$X = \begin{pmatrix} -\sin\phi & -\cos\phi \\ \cos\phi & -\sin\phi \end{pmatrix}_{\phi=0} = \begin{pmatrix} 0 & -1 \\ 1 & 0 \end{pmatrix}.$$

这与前面通过无穷小正交变换得到的无穷小转动算符 X 一致. 像 $SO(2)$ 这样的群元素是带有参数的连续可微函数的群, 统称为李群, 而其无穷小变换算符或参数零点泰勒展开的一阶系数 X 称为群的生成元. 在 3.3 节中我们会更进一步讨论.

回到 3.1 节提到的埃尔朗根纲领, 我们再通过一个例子来进一步理解.

例题 3.2 (二维闵可夫斯基空间的转动)　前面已经知道, 一个空间的核心性质在于其度规张量 g. 如果我们定义这样的度规张量

$$g = \begin{pmatrix} 1 & 0 \\ 0 & -1 \end{pmatrix},$$

于是矢量内积就变成

$$|\boldsymbol{v}^2| = g_{ij}v_iv_j = v_1^2 - v_2^2.$$

这样的空间称为二维闵可夫斯基 (Minkowski) 空间 (M_2), 对应的几何称为二维闵可夫斯基几何.

为保证这个空间中矢量距离 $|\boldsymbol{v}|^2 = v_1^2 - v_2^2$ 在转动下保持不变, 容易推出其无穷小转动算符 X 必须满足

$$X^{\mathrm{T}}g = -gX,$$

于是

$$X = \begin{pmatrix} 0 & 1 \\ 1 & 0 \end{pmatrix}, \tag{3.9}$$

这就是 M_2 的生成元. 与 $SO(2)$ 生成元的幂次性质 (2.48) 类似, 对 M_2 的生成元 X 有

$$\forall\, n \in \mathbb{N}, \quad X^{2n} = I, \quad X^{2n+1} = X,$$

利用双曲函数的展开式

$$\sinh x = \sum_{n=0}^{\infty} \frac{x^{2n+1}}{(2n+1)!},$$

$$\cosh x = \sum_{n=0}^{\infty} \frac{x^{2n}}{(2n)!},$$

最终可得

$$g(\varphi) = \mathrm{e}^{\varphi X} = \begin{pmatrix} \cosh\varphi & \sinh\varphi \\ \sinh\varphi & \cosh\varphi \end{pmatrix}. \tag{3.10}$$

这实际上是说，在一个保持 $x^2 - y^2$ 不变的空间里，其转动是双曲转动，而其构成的群称为 $SO(1,1)$. 在 M_2 中，这样的转动其实对应于洛伦兹变换的推进 (Boost)，我们会在 7.3 节中再一次遇到这种变换. □

3.3 李群与李代数

不论是以上的 $SO(2)$、$SO(1,1)$ 群，还是我们证明诺特定理时用的 $q_i(t) \to Q_i(s,t)$ 变换，它们都有一个共同的特点，就是能被参数化. 因此，我们引入一个新的概念——带有参数的群. 它的元素是含参函数，当参数取零时，对应单位元.

设 G 是一个群，如果存在从 r 维实 (复) 数域到群 G 的解析映射 $g: \mathbb{R}^r(\mathbb{C}^r) \to G$，使得

$$(\alpha_1, \alpha_2, \cdots, \alpha_r) \to g(\alpha_1, \alpha_2, \cdots, \alpha_r) = g(\boldsymbol{\alpha}) \in G,$$

且由群乘法和逆元定义的映射

$$g(\boldsymbol{\alpha}), g(\boldsymbol{\beta}) \in G \to g(\boldsymbol{\alpha}) \cdot g(\boldsymbol{\beta}) \in G, \quad g(\boldsymbol{\alpha}) \in G \to g(\boldsymbol{\alpha})^{-1} \in G$$

都是解析的，则称 G 是一个李群[①]. 具有 r 个独立参数的李群称为 r 参数李群，r 也称为李群的维数. 李群的单位元通常定义为 $g(\boldsymbol{0}) = I$，它表示恒等映射.

按照群的封闭性有

$$g(\boldsymbol{\alpha}) \cdot g(\boldsymbol{\beta}) = g(\boldsymbol{\gamma}) = g[f(\boldsymbol{\alpha}, \boldsymbol{\beta})], \tag{3.11}$$

其中 f 是一个实或复函数，它表示参数间的代数关系. 利用单位元 $g(\boldsymbol{0}) = I$，可以得到函数 f 满足的第一个性质

$$f(\boldsymbol{\alpha}, \boldsymbol{0}) = f(\boldsymbol{0}, \boldsymbol{\alpha}) = \boldsymbol{\alpha}.$$

如果记逆元 $g^{-1} = g(\boldsymbol{\alpha})^{-1} = g(\boldsymbol{\alpha}^{-1})$，则可得到函数 f 的第二个性质

$$f(\boldsymbol{\alpha}, \boldsymbol{\alpha}^{-1}) = f(\boldsymbol{\alpha}^{-1}, \boldsymbol{\alpha}) = \boldsymbol{0}.$$

最后根据结合律

$$g(\boldsymbol{\alpha}) \cdot g(\boldsymbol{\beta}) \cdot g(\boldsymbol{\gamma}) = g(\boldsymbol{\alpha}) \cdot [g(\boldsymbol{\beta}) \cdot g(\boldsymbol{\gamma})],$$

---

① 李群 G 事实上是一个具有群结构的微分流形，因而在数学上拥有多种等价的定义，这里我们主要关注它的代数结构，因此从这个角度给出定义. 对李群更多数学性质感兴趣的同学可阅读 Nakahara M. Geometry, Topology and Physics. Bristol: Institute of Physics Publishing，2003 等参考资料.

得到函数 f 的第三个性质

$$f[\boldsymbol{\alpha}, f(\boldsymbol{\beta}, \boldsymbol{\gamma})] = f[f(\boldsymbol{\alpha}, \boldsymbol{\beta}), \boldsymbol{\gamma}].$$

李群最基本的性质是群元 $g(\boldsymbol{\alpha})$ 是参数 $\boldsymbol{\alpha}$ 的解析函数，因此 g 可以在 $\boldsymbol{\alpha} = \mathbf{0}$ 附近做泰勒展开，

$$g(\boldsymbol{\alpha}) = g(\mathbf{0}) + \sum_{i=1}^{r} \alpha_i \frac{\partial g(\boldsymbol{\alpha})}{\partial \alpha_i}\Big|_{\boldsymbol{\alpha}=\mathbf{0}} + \frac{1}{2!} \sum_{i,j=1}^{r} \alpha_i \alpha_j \frac{\partial^2 g(\boldsymbol{\alpha})}{\partial \alpha_i \partial \alpha_j}\Big|_{\boldsymbol{\alpha}=\mathbf{0}} + \cdots$$

$$= I + \alpha_i X_i + \frac{1}{2} \alpha_i \alpha_j Y_{ij} + \cdots \tag{3.12}$$

其中

$$X_i = \frac{\partial g(\boldsymbol{\alpha})}{\partial \alpha_i}\Big|_{\boldsymbol{\alpha}=\mathbf{0}}, \quad Y_{ij} = \frac{\partial^2 g(\boldsymbol{\alpha})}{\partial \alpha_i \partial \alpha_j}\Big|_{\boldsymbol{\alpha}=\mathbf{0}}. \tag{3.13}$$

根据 $g(\boldsymbol{\alpha}) \cdot g(\boldsymbol{\alpha})^{-1} = I$，不难推出

$$g(\boldsymbol{\alpha})^{-1} = I - \alpha_i X_i + \alpha_i \alpha_j X_i X_j - \frac{1}{2} \alpha_i \alpha_j Y_{ij} + \cdots.$$

同理，对群元 $g(\boldsymbol{\beta})^{-1} g(\boldsymbol{\gamma})^{-1} g(\boldsymbol{\beta}) g(\boldsymbol{\gamma})$ 展开并保留到参数平方项，有

$$g(\boldsymbol{\beta})^{-1} g(\boldsymbol{\gamma})^{-1} g(\boldsymbol{\beta}) g(\boldsymbol{\gamma}) = I + \beta_i \gamma_j (X_i X_j - X_j X_i) + \cdots$$

$$= I + \beta_i \gamma_j [X_i, X_j] + \cdots. \tag{3.14}$$

根据群的封闭性，$g(\boldsymbol{\beta})^{-1} g(\boldsymbol{\gamma})^{-1} g(\boldsymbol{\beta}) g(\boldsymbol{\gamma})$ 必然等于某个群元，设它为 $g(\boldsymbol{\alpha})$，就有

$$g(\boldsymbol{\beta})^{-1} g(\boldsymbol{\gamma})^{-1} g(\boldsymbol{\beta}) g(\boldsymbol{\gamma}) = I + \beta_i \gamma_j [X_i, X_j] + \cdots$$

$$= g(\boldsymbol{\alpha})$$

$$= I + \alpha_k X_k + \cdots. \tag{3.15}$$

因此，在一阶展开中得到

$$\beta_i \gamma_j [X_i, X_j] = \alpha_k X_k.$$

由式 (3.11)，群元的参数之间通过实或复函数 f 相联系，则在这里根据式 (3.15) 有 $\boldsymbol{\alpha} = f(\boldsymbol{\beta}, \boldsymbol{\gamma})$，或写成分量形式

$$\alpha_k = c_{kij} \beta_i \gamma_j.$$

于是立即有

$$[X_i, X_j] = c_{kij} X_k. \tag{3.16}$$

这是李群的一个重要性质，其中 X_k 称为李群的生成元，c_{kij} 称为李群的结构常数，由群本身的变换决定，这是区别不同李群的关键. 式 (3.16) 在数学上构成一个代数结构，称为

李代数 (Lie algebra). 从以上推导中也可以看出, 单参数李群只有一个生成元, 因此群元必然可以交换, 故单参数李群一定是阿贝尔群. 相应地, 多参数李群通常是非阿贝尔群, 但也有特例, 比如我们之前看到的空间平移群, 虽然有多个参数 $\hat{p}_i$, 但由于参数是可交换的, 所以仍是一个阿贝尔群.

在无穷小变换 $g(\boldsymbol{\delta})$ 中, 生成元 X_i 总是和无穷小变换 ϵ 相关联, 即

$$g(\boldsymbol{\delta}) = I + \epsilon = I + \delta_i X_i,$$

因此也可以直接通过 $g(\boldsymbol{\delta})$ 的变换性质推得 X_i. 例如, 三维特殊正交群 $SO(3)$, 设它的一个无穷小正交变换

$$\Lambda_\delta = I + \epsilon = I + \delta_i X_i,$$

当参数 $\delta_i = 0$ 时, $\Lambda_{\delta=0}$ 为恒等变换 I. 否则, 根据正交变换关系 $\Lambda\Lambda^{\mathrm{T}} = I$, 保留到 ϵ 一阶, 可得

$$(I + \epsilon)(I + \epsilon)^{\mathrm{T}} = I + \epsilon + \epsilon^{\mathrm{T}} = I,$$

即

$$\epsilon^{\mathrm{T}} = -\epsilon.$$

因此, ϵ 是一个 3×3 的反对称矩阵, 有 3 个独立参数, 对应 3 个生成元 X_i.

通过 3.2 节的几个例子不难看出, 在阿贝尔群里, 从生成元开始推得无穷小变换, 再得到有限参数变换的形式, 就是一个从李代数到李群的过程. 对非阿贝尔群来说这个过程是类似的, 不过由于非阿贝尔群都是多参数李群, 因此我们需要对每个有限参数分别执行式 (3.6) 和式 (3.7) 的过程, 最后利用 e 的算符指数乘积的贝克–坎贝尔–豪斯多夫公式 (Baker-Cambell-Hausdorff formula)

$$\mathrm{e}^X \mathrm{e}^Y = \mathrm{e}^{X+Y+\frac{1}{2}[X,Y]+\cdots}, \tag{3.17}$$

得到非阿贝尔群的有限参数变换形式.

3.4 $SO(3)$ 与空间转动

3.3 节我们提到, 三维特殊正交群 $SO(3)$ 的无穷小变换 ϵ 是一个 3×3 的反对称矩阵, 有 3 个独立参数, 对应 3 个生成元. 因此, 不失一般性地, ϵ 可写为

$$\epsilon = \sum_{i=1}^{3} \delta_i X_i = \begin{pmatrix} 0 & \delta_3 & -\delta_2 \\ -\delta_3 & 0 & \delta_1 \\ \delta_2 & -\delta_1 & 0 \end{pmatrix}, \tag{3.18}$$

δ_i 和 X_i 分别表示 $SO(3)$ 的 3 个独立参数和 3 个生成元, 其中

$$X_1 = \begin{pmatrix} 0 & 0 & 0 \\ 0 & 0 & 1 \\ 0 & -1 & 0 \end{pmatrix}, \quad X_2 = \begin{pmatrix} 0 & 0 & -1 \\ 0 & 0 & 0 \\ 1 & 0 & 0 \end{pmatrix}, \quad X_3 = \begin{pmatrix} 0 & 1 & 0 \\ -1 & 0 & 0 \\ 0 & 0 & 0 \end{pmatrix}.$$

习惯上，我们用 $\hat{J}_i$ 表示 $SO(3)$ 的生成元[①]，

$$X_i = \mathrm{i}\hat{J}_i, \quad i = 1, 2, 3.$$

即有

$$\hat{J}_1 = \begin{pmatrix} 0 & 0 & 0 \\ 0 & 0 & -\mathrm{i} \\ 0 & \mathrm{i} & 0 \end{pmatrix}, \quad \hat{J}_2 = \begin{pmatrix} 0 & 0 & \mathrm{i} \\ 0 & 0 & 0 \\ -\mathrm{i} & 0 & 0 \end{pmatrix}, \quad \hat{J}_3 = \begin{pmatrix} 0 & -\mathrm{i} & 0 \\ \mathrm{i} & 0 & 0 \\ 0 & 0 & 0 \end{pmatrix}. \tag{3.19}$$

相应地，有限参数变换的形式就可写为

$$g(\theta_1) = \mathrm{e}^{\mathrm{i}\theta_1 \hat{J}_1} = \begin{pmatrix} 0 & 0 & 0 \\ 0 & \cos\theta_1 & \sin\theta_1 \\ 0 & -\sin\theta_1 & \cos\theta_1 \end{pmatrix}, \tag{3.20}$$

$$g(\theta_2) = \mathrm{e}^{\mathrm{i}\theta_2 \hat{J}_2} = \begin{pmatrix} \cos\theta_2 & 0 & -\sin\theta_2 \\ 0 & 0 & 0 \\ \sin\theta_2 & 0 & \cos\theta_2 \end{pmatrix}, \tag{3.21}$$

$$g(\theta_3) = \mathrm{e}^{\mathrm{i}\theta_3 \hat{J}_3} = \begin{pmatrix} \cos\theta_3 & \sin\theta_3 & 0 \\ -\sin\theta_3 & \cos\theta_3 & 0 \\ 0 & 0 & 0 \end{pmatrix}. \tag{3.22}$$

式 (3.20)∼ 式 (3.22) 分别表示绕 x、y 和 z 轴的转动，其中 $\theta_i = N\delta_i, i = 1, 2, 3; N \to \infty$.

　　容易发现，沿不同轴的旋转是不可交换的，这可能给转动的描述带来一些困难. 为了方便，在力学系统中，我们通常使用欧拉角 (Eulerian angle) 来表示三维转动变换，也即使用欧拉角来参数化 $SO(3)$ 群. 如图 3.5 所示，首先将坐标系 (x, y, z) 绕 z 轴转动 α 角，转到 (x', y', z')；再绕 y' 轴转动 β 角，转到 (x'', y'', z'')；最后绕 z'' 轴转动 γ 角，完成转动. 上述三步转动中的 (α, β, γ) 就称为一组欧拉角.

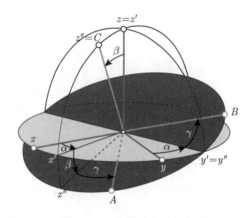

图 3.5　三维转动和欧拉角

[①] 为了与第 2 章中的角动量作区分，我们使用了量子力学中常用于算符的 "＾" 标记. 后面我们会发现，这里的 $\hat{J}_i$ 正是量子力学中的角动量算符. 因此也可以说，$SO(3)$ 群正是由量子力学的角动量算符生成的.

由上述转动过程，我们可以把转动写成

$$R(\alpha, \beta, \gamma) = R_{z''}(\gamma) R_{y'}(\beta) R_z(\alpha). \tag{3.23}$$

由转动中的几何关系容易知道

$$R_{y'}(\beta) = R_z(\alpha) R_y(\beta) R_z(\alpha)^{-1},$$
$$R_{z''}(\gamma) = R_{y'}(\beta) R_z(\gamma) R_{y'}(\beta)^{-1}.$$

代入式 (3.23) 即得

$$R(\alpha, \beta, \gamma) = R_z(\alpha) R_y(\beta) R_z(\gamma) = \mathrm{e}^{-\mathrm{i}\alpha \hat{J}_z} \mathrm{e}^{-\mathrm{i}\beta \hat{J}_y} \mathrm{e}^{-\mathrm{i}\gamma \hat{J}_z}. \tag{3.24}$$

这样，我们就完成了对 $SO(3)$ 群的参数化.

容易验证 X_i 满足

$$[X_1, X_2] = -X_3, \quad [X_2, X_3] = -X_1, \quad [X_3, X_1] = -X_2.$$

利用之前介绍的莱维–齐维塔全反对称张量 (式 (2.3))，上式可以写成

$$[X_i, X_j] = -\epsilon_{ijk} X_k. \tag{3.25}$$

或对 $\hat{J}_i$ 有

$$[\hat{J}_i, \hat{J}_j] = \mathrm{i}\epsilon_{ijk} \hat{J}_k. \tag{3.26}$$

于是我们发现，$SO(3)$ 群的李代数和我们前面所说的角动量的泊松括号

$$\{J_i, J_j\} = \epsilon_{ijk} J_k. \tag{2.52}$$

存在对应关系. 这就回到了第 2 章结尾的结论.

3.5 幺正变换群 $SU(2)$ 及其与 $SO(3)$ 的对应

前面讨论的都是实空间中的群，为了进一步讨论变换群的性质，我们来看一个复空间中的例子——幺正变换群[①](unitary transformation group).

最简单的幺正变换群是一维幺正变换 $U(1)$. 考虑一个复数 $z = x + \mathrm{i}y$，如果保持它的模长不变，将它在复平面里旋转幅角 α，得到 $z' = z = x' + \mathrm{i}y'$，就有

$$z' = \mathrm{e}^{\mathrm{i}\alpha} z = (\cos\alpha + \mathrm{i}\sin\alpha)(x + \mathrm{i}y)$$

$$= \cos\alpha x - \sin\alpha y + \mathrm{i}(\sin\alpha x + \cos\alpha y),$$

---

① 也称酉群. 其中幺正 (或酉) 的意思是其变换矩阵 U 满足其厄米共轭矩阵等于逆矩阵，即 $U^\dagger U = I$.

或写成分量形式

$$\begin{pmatrix} x' \\ y' \end{pmatrix} = \begin{pmatrix} \cos\alpha & -\sin\alpha \\ \sin\alpha & \cos\alpha \end{pmatrix} \begin{pmatrix} x \\ y \end{pmatrix}. \tag{3.27}$$

容易验证该变换满足幺正性, 因此这就是一维的幺正变换. 注意到式 (3.27) 中的变换矩阵和 $SO(2)$ 群的转动矩阵一致, 因此复空间中的一维幺正变换群 $U(1)$ 与实平面 E_2 上的二维特殊正交群 $SO(2)$ 就存在一个对应关系.

接下来我们考虑二维的情况. 对二维复空间矢量 ξ 做幺正变换 U

$$\xi \to \xi' = U\xi.$$

两边同时取厄米共轭

$$\xi'^\dagger = \xi^\dagger U^\dagger.$$

由幺正性易得

$$\xi'^\dagger \xi' = \xi^\dagger U^\dagger U \xi = \xi^\dagger \xi.$$

这说明 $\xi^\dagger \xi$ 在此幺正变换下保持不变.

而对于 $\xi\xi^\dagger$, 显然它是厄米的, 即 $(\xi\xi^\dagger)^\dagger = \xi\xi^\dagger$. 在变换 U 下有

$$\xi\xi^\dagger \to U\xi\xi^\dagger U^\dagger,$$

显然, $\xi\xi^\dagger$ 在幺正变换下并不是不变的, 但取行列式后得到

$$\det(\xi\xi^\dagger) = \det(U\xi\xi^\dagger U^\dagger).$$

即 $\det(\xi^\dagger \xi)$ 在幺正变换下是不变量. 另外, 容易看出 $|\det U|^2 = 1$, 因此幺正变换可以差一个相因子 $\mathrm{e}^{\mathrm{i}\alpha}$. 如果我们进一步要求 $\det U = 1$, 则该变换称为特殊幺正变换, 而由二维特殊幺正变换构成的群就是二维特殊幺正群 $SU(2)$.

和实空间中的讨论一样, 设一个 $SU(2)$ 的无穷小幺正变换 $\Lambda_\delta = I + \epsilon$, 由于变换满足幺正性

$$\Lambda_\delta^\dagger \Lambda_\delta = I,$$

易得 ϵ 具有反厄米的形式

$$\epsilon^\dagger = -\epsilon.$$

任一幺正矩阵 U 总可以写成

$$U = \mathrm{e}^{\mathrm{i}H},$$

其中 H 是厄米矩阵. 如果取一个厄米矩阵的特例——实对角矩阵

$$D = \begin{pmatrix} h_1 & 0 \\ 0 & h_2 \end{pmatrix}$$

则有

$$\mathrm{e}^{\mathrm{i}D} = \sum_{n=0}^{\infty} \frac{1}{n!} \mathrm{i}^n \begin{pmatrix} h_1 & 0 \\ 0 & h_2 \end{pmatrix}^n = \sum_{n=0}^{\infty} \frac{1}{n!} \mathrm{i}^n \begin{pmatrix} h_1^n & 0 \\ 0 & h_2^n \end{pmatrix} = \begin{pmatrix} \mathrm{e}^{\mathrm{i}h_1} & 0 \\ 0 & \mathrm{e}^{\mathrm{i}h_2} \end{pmatrix},$$

我们可以得到对实对角矩阵 D 有

$$\det \mathrm{e}^{\mathrm{i}D} = \mathrm{e}^{\mathrm{i}h_1} \cdot \mathrm{e}^{\mathrm{i}h_2} = \mathrm{e}^{\mathrm{i}\operatorname{Tr} D} . \tag{3.28}$$

由于厄米矩阵 H 总可以通过幺正矩阵相似变换到实对角矩阵

$$H = UDU^{\dagger},$$

而行列式在相似变换下是不变量

$$\det U = \det \mathrm{e}^{\mathrm{i}H} = \det \left(\sum_{n=0}^{\infty} \frac{1}{n!} \mathrm{i}^n U D^n U^{\dagger} \right)$$

$$= \det \mathrm{e}^{\mathrm{i}D} = \det \mathrm{e}^{\mathrm{i}\operatorname{Tr} D} = \det \mathrm{e}^{\mathrm{i}\operatorname{Tr} H},$$

所以对于任意厄米矩阵 H 生成的幺正矩阵都可以证明

$$\det U = \det \mathrm{e}^{\mathrm{i}H} = \mathrm{e}^{\mathrm{i}\operatorname{Tr} H}. \tag{3.29}$$

因而若取 $\det U = 1$, 就有

$$\operatorname{Tr} H = 0.$$

将 $U = \Lambda_{\delta}$ 代入, 就有

$$\Lambda_{\delta} = I + \epsilon = \mathrm{e}^{\mathrm{i}H} = \sum_{n=0}^{\infty} \frac{1}{n!} (\mathrm{i}H)^n,$$

即 $\epsilon = \mathrm{i}H$, 于是有 $\operatorname{Tr} \epsilon = 0$.

至此我们得到 ϵ 是反厄米的无迹矩阵, 因此我们可以用待定系数法, 将 ϵ 写成

$$\epsilon = \delta_k X_k = \begin{pmatrix} \mathrm{i}\delta_3 & \delta_2 + \mathrm{i}\delta_1 \\ -\delta_2 + \mathrm{i}\delta_1 & -\mathrm{i}\delta_3 \end{pmatrix}, \tag{3.30}$$

其中 δ_k 和 X_k 分别表示李群的 3 个独立参数和 3 个生成元. 为保证生成元的厄米性, 通常我们定义 $SU(2)$ 的生成元为 σ, 满足

$$X_k = \mathrm{i}\sigma_k,$$

即

$$\sigma_1 = \begin{pmatrix} 0 & 1 \\ 1 & 0 \end{pmatrix}, \quad \sigma_2 = \begin{pmatrix} 0 & -\mathrm{i} \\ \mathrm{i} & 0 \end{pmatrix}, \quad \sigma_3 = \begin{pmatrix} 1 & 0 \\ 0 & -1 \end{pmatrix}. \tag{3.31}$$

这一系列 σ 矩阵被称为泡利矩阵 (Pauli matrix)，在描述粒子的自旋时会起到重要作用.

对泡利矩阵，容易证明

$$\begin{aligned}
[\sigma_i, \sigma_j] &= 2\mathrm{i}\epsilon_{ijk}\sigma_k, \\
\{\sigma_i, \sigma_j\} &= \sigma_i\sigma_j + \sigma_j\sigma_i = 2\delta_{ij}.
\end{aligned} \tag{3.32}$$

进而

$$\sigma_i\sigma_j = \delta_{ij} + \mathrm{i}\epsilon_{ijk}\sigma_k. \tag{3.33}$$

利用这些关系可以证明很多和泡利矩阵相关的性质，例如

$$(\boldsymbol{\sigma}\cdot\boldsymbol{A})(\boldsymbol{\sigma}\cdot\boldsymbol{B}) = \boldsymbol{A}\cdot\boldsymbol{B} + \mathrm{i}\boldsymbol{\sigma}\cdot(\boldsymbol{A}\times\boldsymbol{B}). \tag{3.34}$$

另外，对式 (3.32) 稍加变形，我们得到

$$\left[\frac{\sigma_i}{2}, \frac{\sigma_j}{2}\right] = \mathrm{i}\epsilon_{ijk}\frac{\sigma_k}{2}. \tag{3.35}$$

对比式 (3.26)，我们发现 $\sigma_i/2$ 与 $SO(3)$ 的生成元 $\hat{J}_i$ 具有相同的李代数，或者说这两个李代数同构. 在 7.4 节我们会进一步看到，$SO(3)$ 群与 $SU(2)$ 群是同态[①]的：$SO(3)$ 中的每一个群元素都对应着 $SU(2)$ 中的两个群元素，这两个群元素刚好相差一个 $\mathrm{e}^{\mathrm{i}\pi}$ 相因子.

⟪ 第3章习题 ⟫

3.1   讨论正方形所有对称变换构成的置换群 S_4，找到所有群元并写出乘法表.

3.2   在某空间，矢量 $\boldsymbol{v} = (x, y)^{\mathrm{T}}$ 的长度定义为

$$|\boldsymbol{v}|^2 = \boldsymbol{v}^{\mathrm{T}}g\boldsymbol{v}, \quad g = \begin{pmatrix} 1 & 0 \\ 0 & -1 \end{pmatrix}.$$

在变换 Λ 下保持不变

$$\boldsymbol{v} \to \boldsymbol{v}' = \Lambda\boldsymbol{v} \to \Lambda^{\mathrm{T}}g\Lambda = g,$$

对于无穷小变换 Λ_δ

$$\Lambda_\delta = I + \delta X,$$

推导 X 的形式，并对于有限参数 η，推导 Λ_η 的具体形式.

3.3   验算式 (3.14)

$$g(\boldsymbol{\beta})^{-1}g(\boldsymbol{\gamma})^{-1}g(\boldsymbol{\beta})g(\boldsymbol{\gamma}) = I + \beta_i\gamma_j(X_iX_j - X_jX_i) + \cdots = I + \beta_i\gamma_j[X_i, X_j] + \cdots.$$

---

① 在数学上，群的同态定义为：对两个群 $(G_1, \cdot)$ 和 $(G_2, \circ)$，若存在一个映射 $f: G_1 \to G_2$ 使群乘法保持，即

$$f(a\cdot b) = f(a)\circ f(b), \quad \forall a, b \in G,$$

则称该映射为一个同态，且当 $(G_1, \cdot)$ 和 $(G_2, \circ)$ 之间存在一个同态满射时，称这两个群同态；而当该同态映射为双射时，称该映射为一个同构，也称群 $(G_1, \cdot)$ 与 $(G_2, \circ)$ 同构.

$SO(3)$ 与 $SU(2)$ 的对应是一个很好的例子，它表明群的代数同构只是群同态 (而并非同构) 的充分条件. 关于同构和同态关系的详细讨论可以参考相关群论或抽象代数教材.

3.4 证明对于两个不对易的矩阵 X、Y，有贝克–坎贝尔–豪斯多夫公式 (即式 (3.17))

$$e^X e^Y = e^{X+Y+\frac{1}{2}[X,Y]+\cdots}.$$

3.5 对于厄米矩阵 A，证明若

$$\det e^{iA} = 1,$$

则 A 无迹.

3.6 对最小幺正变换的反厄米矩阵 ϵ

$$\epsilon = \begin{pmatrix} i\delta_3 & \delta_2 + i\delta_1 \\ -\delta_2 + i\delta_1 & -i\delta_3 \end{pmatrix},$$

给出一个厄米的生成元 X_i 的形式，计算 $[X_i/2, X_j/2]$.

第 4 章教学视频

第 4 章　量子力学初步

德布罗意波粒二象性 (物质波) 假说告诉我们，微观粒子除了具有粒子性外，也呈现出波动性. 微观粒子的波粒二象性已经被大量实验证实，并成为量子理论的起点和核心. 显而易见，由于微观粒子表现为物质波的形式，那么研究量子系统的演化规律，便是要给出作为物质波的粒子的运动方程，也就是给出物质波的波动方程.

本章将首先从物质波假说出发，通过达朗贝尔方程得到物质波的薛定谔方程[①]，并以几个一维定态问题为例进行讨论. 此后，我们将转入矩阵力学的讨论，这是对量子力学问题的更抽象和简洁的表述. 最后，我们会回到公理化体系中，介绍量子力学的基本假设，并通过变换的视角深入研究量子力学系统，发现更深刻的经典–量子对应关系，即正则量子化方案，由此，第 2 章中介绍的一些经典力学原理将被自然地推广到量子力学中.

4.1　波动力学概要

在经典力学中，质点的状态由 (p_i, q_i, t) 或者 $(q_i, \dot{q}_i, t)$ 确定. 但 20 世纪以来，戴维孙–革末电子衍射实验、电子双缝干涉实验等很多实验均表明微观粒子 (如电子) 具有波粒二象性，所以我们不能再简单地用位置和速度等信息来描述这些粒子，而应该是以波的形式. 已知平面波 $\psi_0(\boldsymbol{x}, t) = A\mathrm{e}^{\mathrm{i}\boldsymbol{k}\cdot\boldsymbol{x} - \mathrm{i}\omega t}$ 满足以下两个方程:

$$
\begin{aligned}
\mathrm{i}\frac{\partial}{\partial t}\psi_0(\boldsymbol{x}, t) &= \omega\psi_0(\boldsymbol{x}, t), \\
-\mathrm{i}\nabla\psi_0(\boldsymbol{x}, t) &= \boldsymbol{k}\psi_0(\boldsymbol{x}, t).
\end{aligned} \tag{4.1}
$$

而按照德布罗意物质波假说，有[②]

$$
\text{频率}\quad \nu = E/h, \quad E = \hbar\omega = \omega,
$$
$$
\text{波长}\quad \lambda = h/p, \quad \boldsymbol{p} = \hbar\frac{2\pi}{\lambda}\hat{n} = \hbar\boldsymbol{k} = \boldsymbol{k}.
$$

上式中最后一步采用了自然单位制 $(\hbar = c = 1)$. 因此，将 E 和 $\boldsymbol{p}$ 代回平面波方程，得到

$$
\begin{aligned}
\mathrm{i}\hbar\frac{\partial}{\partial t}\psi_0(\boldsymbol{x}, t) &= E\psi_0(\boldsymbol{x}, t), \\
-\mathrm{i}\hbar\nabla\psi_0(\boldsymbol{x}, t) &= \boldsymbol{p}\psi_0(\boldsymbol{x}, t).
\end{aligned} \tag{4.2}
$$

---

① 附录 D 中复习了经典力学中波动系统，供有需要的同学参考.

② 为了熟悉一般理论的形式，这里使用国际单位制，到 4.6 节时会切换回自然单位制.

于是我们看到，上述平面波方程其实对应一个能量为 E、动量为 $\boldsymbol{p}$ 的粒子. 从式 (4.2) 中可以看出，算符 $\mathrm{i}\hbar\dfrac{\partial}{\partial t}$ 和 $-\mathrm{i}\hbar\nabla$ 与能量和动量之间有着如下对应关系：

$$
\begin{aligned}
\mathrm{i}\hbar\frac{\partial}{\partial t} &\to E, \\
-\mathrm{i}\hbar\nabla &\to \boldsymbol{p}.
\end{aligned}
\tag{4.3}
$$

因此，这两个算符分别称为能量算符和动量算符，记作 $\hat{E}$ 和 $\hat{p}$[①]. 在非相对论条件下，对于自由粒子，由于能量只包含动能，其哈密顿量为

$$
H = E = \frac{p^2}{2m},
$$

对应的哈密顿算符 $\hat{H}$[②] 就为

$$
\hat{H} = \hat{E} = -\frac{\hbar^2}{2m}\nabla^2.
$$

代回式 (4.2)，即得

$$
\mathrm{i}\hbar\frac{\partial}{\partial t}\psi_0(\boldsymbol{x}, t) = -\frac{\hbar^2}{2m}\nabla^2\psi_0(\boldsymbol{x}, t).
\tag{4.4}
$$

这一方程实际上就描述了具有波动性的自由粒子的运动状态，其中 $\psi_0(\boldsymbol{x}, t)$ 称为自由粒子的波函数. 于是，我们就从平面波方程 (4.1) 出发得到了一个自由粒子的运动方程 (4.4). 接下来，我们以一维情况为例，验证自由粒子在德布罗意物质波假说下是否真的对应一个平面波解.

假设一维空间中的自由粒子由函数 $\psi(x, t)$ 描述，由分离变量法

$$
\psi(x, t) = f(t)\phi(x),
\tag{4.5}
$$

代入方程 (4.4), 得

$$
\mathrm{i}\hbar\frac{1}{f(t)}\frac{\partial}{\partial t}f(t) = -\frac{\hbar^2}{2m}\frac{1}{\phi(x)}\frac{\partial^2}{\partial x^2}\phi(x) = E.
$$

容易看出，上式左边仅包含 t，而中间仅包含 x，因而右边的 E 必是一个常数，它实际上表示自由粒子的能量. 于是我们便有了两个方程

$$
\begin{aligned}
&\mathrm{i}\hbar\frac{\partial}{\partial t}f(t) = Ef(t), \\
&\frac{\mathrm{d}^2}{\mathrm{d}x^2}\phi(x) + \frac{2mE}{\hbar^2}\phi(x) = 0.
\end{aligned}
$$

[①] 在量子力学的讨论中，我们常用"＾"标记算符，以将其与同名的物理量区分开来.

[②] 我们也经常直接将哈密顿算符 $\hat{H}$ 称为哈密顿量.

第一个方程表示自由粒子随时间的演化，解得

$$f(t) = A\mathrm{e}^{-\mathrm{i}\frac{E}{\hbar}t},$$

而第二个方程表示自由粒子随空间的演化，解得

$$\phi(x) = B\mathrm{e}^{\mathrm{i}\frac{\sqrt{2mE}}{\hbar}x} \quad \text{或} \quad \phi(x) = B\mathrm{e}^{-\mathrm{i}\frac{\sqrt{2mE}}{\hbar}x},$$

其中 A、B 为待定系数，由初始条件和边界条件确定. 不妨假设粒子一开始沿 x 正方向传播，代入非相对论自由粒子动量 $p = \sqrt{2mE}$，就有

$$\phi(x) = \mathrm{e}^{\mathrm{i}\frac{p}{\hbar}x}.$$

所以描述自由粒子的函数 $\psi(x,t)$ 就为

$$\psi(x,t) = AB\mathrm{e}^{-\mathrm{i}\frac{E}{\hbar}t + \mathrm{i}\frac{p}{\hbar}x}. \tag{4.6}$$

根据德布罗意物质波关系，式 (4.6) 写为

$$\psi(x,t) = AB\mathrm{e}^{-\mathrm{i}\omega t + \mathrm{i}kx}, \tag{4.7}$$

可知它确实是一个平面波解.

经典的波在空间中的传播由达朗贝尔方程描述

$$\Delta\psi(\boldsymbol{x},t) - \frac{1}{u^2}\frac{\partial^2}{\partial t^2}\psi(\boldsymbol{x},t) = 0.$$

其平面波通解为

$$\psi(\boldsymbol{x},t) = A\mathrm{e}^{\mathrm{i}\boldsymbol{k}\cdot\boldsymbol{x}-\mathrm{i}\omega t} + B\mathrm{e}^{-\mathrm{i}\boldsymbol{k}\cdot\boldsymbol{x}-\mathrm{i}\omega t}.$$

由于自由粒子对应平面波解，所以在德布罗意物质波假说下它必然也满足达朗贝尔方程，因此我们可以计算出波前速度 (相速度)v_{phase} 和波包中心速度 (群速度)v_{group} 与自由粒子物理量之间的关系. 假设自由粒子的质量[①]为 m，速度为 $\boldsymbol{v}$，对于非相对论性的自由粒子，我们有

$$E = \frac{p^2}{2m}, \quad \boldsymbol{p} = m\boldsymbol{v},$$

于是物质波的相速度和群速度分别为

$$v_{\mathrm{phase}} = \frac{\omega}{k} = \frac{p}{2m} = \frac{1}{2}v,$$

$$v_{\mathrm{group}} = \frac{\mathrm{d}\omega}{\mathrm{d}k} = \frac{p}{m} = v.$$

---

① 如不加特殊说明，本书中提到的质量均为静质量.

可见, 群速度对应于粒子运动的 "物理" 速度[①].

接下来再看有相互作用的情况, 最简单的是保守力系统. 与上面对自由粒子的讨论类似, 我们同样可以利用达朗贝尔方程和德布罗意物质波假设得到保守力系统中粒子的运动方程. 设系统的势能仅为坐标的函数 $U = U(\boldsymbol{x})$, 物质波对应粒子的质量、能量和动量分别为 m、E 和 p, 在非相对论情况下有

$$p = \sqrt{2mE_{\mathrm{k}}} = \sqrt{2m(E - U)},$$

其中 E_{k} 是动能. 利用德布罗意关系, 物质波的相速度和群速度可以分别写成

$$v_{\mathrm{phase}} = u = \frac{\omega}{k} = \frac{\hbar\omega}{\sqrt{2m(\hbar\omega - U)}},$$
$$v_{\mathrm{group}} = \frac{\mathrm{d}\omega}{\mathrm{d}k} = \sqrt{\frac{2}{m}}\sqrt{\hbar\omega - U}. \tag{4.8}$$

设保守力系统中以达朗贝尔方程传播的波总可以分离变量成以下形式:

$$\psi(\boldsymbol{x}, t) = \mathrm{e}^{-\mathrm{i}\omega t}\phi(\boldsymbol{x}), \tag{4.9}$$

因此, 有

$$\frac{\partial\psi}{\partial t} = -\mathrm{i}\omega\psi, \quad \frac{\partial^2\psi}{\partial t^2} = -\omega^2\psi \tag{4.10}$$

代入由达朗贝尔方程描述的波函数中, 并利用式 (4.10) 的结果和相速度 u 的表达式 (4.8), 得到

$$\Delta\psi(\boldsymbol{x}, t) + 2m[\hbar\omega - U(\boldsymbol{x})]\psi(\boldsymbol{x}, t) = 0, \tag{4.11}$$

至此再次利用 $\dfrac{\partial\psi}{\partial t} = -\mathrm{i}\omega\psi$, 整理可得

$$\mathrm{i}\hbar\frac{\partial}{\partial t}\psi(\boldsymbol{x}, t) = \left[-\frac{\hbar^2}{2m}\Delta + U(\boldsymbol{x})\right]\psi(\boldsymbol{x}, t). \tag{4.12}$$

---

① 类似地, 对相对论性自由粒子, 我们可以从相对论的能动量关系 $E^2 = p^2c^2 + m^2c^4$ 出发. 在自然单位制下, 其对应物质波的色散关系

$$\omega^2 = k^2 + m^2.$$

于是有

$$相速度 \quad v_{\mathrm{phase}} = \frac{\omega}{k} = \frac{E}{p},$$
$$群速度 \quad v_{\mathrm{group}} = \frac{\mathrm{d}\omega}{\mathrm{d}k} = \frac{\mathrm{d}E}{\mathrm{d}p} = \frac{p}{E}.$$

当 $m = 0$ 时, $E = pc$, 故有

$$v_{\mathrm{phase}} = v_{\mathrm{group}} = c.$$

这说明质量为零的自由粒子总是以光速在运动, 比如光子.

和描述自由粒子的方程 (4.4) 相比，方程 (4.12) 右边多出了表示势能贡献的 $U(\boldsymbol{x})\psi(\boldsymbol{x},t)$ 项. 而如果我们用哈密顿量表示，即令

$$\hat{H} = -\frac{\hbar^2}{2m}\Delta + U(\boldsymbol{x}), \tag{4.13}$$

其中第一项代表粒子动能，第二项代表粒子势能，于是方程 (4.4) 和 (4.12) 就写成相同的形式

$$i\hbar\frac{\partial}{\partial t}\psi(\boldsymbol{x},t) = \hat{H}\psi(\boldsymbol{x},t). \tag{4.14}$$

这便是非相对论量子力学的波动方程——薛定谔方程. 再代入能量算符 $\hat{E} = i\hbar\dfrac{\partial}{\partial t}$，该方程就写为

$$\hat{H}\psi(\boldsymbol{x},t) = \hat{E}\psi(\boldsymbol{x},t), \tag{4.15}$$

其中 $\psi(\boldsymbol{x},t)$ 称为物质波的波函数. 以上推导说明，基于达朗贝尔方程和德布罗意关系给出的对量子系统的描述是自洽的，至此我们很好地找到了经典力学和量子力学的对应关系，其核心便是

$$\begin{aligned} i\hbar\frac{\partial}{\partial t} &\to E, \\ -i\hbar\nabla &\to \boldsymbol{p}. \end{aligned} \tag{4.3}$$

同时，经典力学中的哈密顿量 $H = E = T + U$ 也可以直接推广到量子力学中，只不过要对应到量子力学中的算符形式.

注意到薛定谔方程是一个线性方程，这意味着如果 ψ_1 和 ψ_2 是方程的解, 则

$$\psi = c_1\psi_1 + c_2\psi_2 \tag{4.16}$$

也是这个方程的解.

不过，以上对薛定谔方程的讨论都是基于不显含时间的势能 U，这种问题我们称为定态问题. 只有在定态时，我们才能对系统的波函数做分离变量

$$\psi(\boldsymbol{x},t) = f(t)\phi(\boldsymbol{x}). \tag{4.5}$$

事实上，对薛定谔方程 (4.12) 或 (4.14) 分离变量可得

$$\begin{aligned} i\hbar\frac{\partial}{\partial t}f(t) &= Ef(t), \\ \left[-\frac{\hbar^2}{2m}\Delta + U(\boldsymbol{x})\right]\phi(\boldsymbol{x}) &= E\phi(\boldsymbol{x}). \end{aligned} \tag{4.17}$$

容易解得 $f = Ce^{-i\frac{E}{\hbar}t}$. 因此总可以将 $\psi(\boldsymbol{x},t)$ 写成

$$\psi(\boldsymbol{x},t) = e^{-i\frac{E}{\hbar}t}\phi(\boldsymbol{x}),$$

而如果我们将常数 C 归入 $\phi(\boldsymbol{x})$, 由归一化条件确定 (我们马上会看到归一化的意义), 就会得到

$$\psi(\boldsymbol{x}, t) = \mathrm{e}^{-\mathrm{i}\omega t}\phi(\boldsymbol{x}). \tag{4.9}$$

这与之前满足达朗贝尔方程的波的形式是一样的.

限于本书的讨论主题, 对势能 U 显含时间的非定态问题 (或称含时问题) 不再展开讨论, 但需要说明的是, 薛定谔方程 (4.14) 对含时问题依然成立. 薛定谔方程是量子力学的基本假设之一, 是整个波动力学的基础.

第 1 章讨论电子干涉实验时我们曾提到, 波粒二象性的核心是将粒子用物质波函数描述, 而这种物质波的本质是一种概率波, 它反映了粒子出现在某特定位置上的概率密度. 这被称为波函数的统计诠释. 下面我们对波函数统计诠释的基本内容做简单讨论, 在 4.5 节介绍过不确定度后, 我们会再次回到这一主题, 讨论对统计诠释更进一步的理解.

对薛定谔方程取复共轭, 有

$$-\mathrm{i}\hbar\frac{\partial}{\partial t}\psi^*(\boldsymbol{x}, t) = \left[-\frac{\hbar^2}{2m}\Delta + U(\boldsymbol{x})\right]\psi^*(\boldsymbol{x}, t), \tag{4.18}$$

将式 (4.14) 和式 (4.18) 分别乘以 ψ^* 和 ψ 后做差, 得到

$$\frac{\partial}{\partial t}(\psi^*\psi) - \nabla \cdot \left[\frac{\mathrm{i}\hbar}{2m}(\psi^*\nabla\psi - \psi\nabla\psi^*)\right] = 0. \tag{4.19}$$

定义

$$\rho(\boldsymbol{x}, t) = \psi(\boldsymbol{x}, t)^*\psi(\boldsymbol{x}, t) = |\psi(\boldsymbol{x}, t)|^2,$$
$$\boldsymbol{J} = -\frac{\mathrm{i}\hbar}{2m}(\psi^*\nabla\psi - \psi\nabla\psi^*), \tag{4.20}$$

我们称 ρ 为粒子的概率密度, 即表示在 t 时刻粒子出现在空间坐标 $\boldsymbol{x}$ 上的概率; 而 $\boldsymbol{J}$ 为概率流密度. 则方程 (4.19) 可写为

$$\frac{\partial\rho}{\partial t} + \nabla \cdot \boldsymbol{J} = 0. \tag{4.21}$$

这就是概率流守恒方程. 事实上, 这是一个一般的流守恒方程 (或称连续性方程), 在下面式 (4.22) 的积分中我们看到, 它表示对任何一个局域空间, 总概率的增加或减少恒等于边界上概率流的流入或流出. 值得注意的是, 在经典力学中流守恒方程是一个独立的方程, 但在量子力学中它自然地包含在薛定谔方程中.

由于 $\rho = |\psi|^2$ 表示概率密度, 因而它必须可以归一化才能描述物理的粒子; 并且, 我们也希望它能在全空间中归一化到一个常数, 这样我们就可以对所有时刻都使用同一个归一化条件. 对定态问题这显然是成立的, 但对一般的 $\psi(\boldsymbol{x}, t)$, $|\psi|^2$ 在全空间中的积分一般是 t 的函数, 而非常数. 不过, 由概率流守恒方程可得

$$\frac{\mathrm{d}}{\mathrm{d}t}\int_V |\psi|^2 \, \mathrm{d}^3\boldsymbol{x} = -\int_V \nabla \cdot \boldsymbol{J}\mathrm{d}^3\boldsymbol{x} = -\oint_S \boldsymbol{J} \cdot \mathrm{d}\boldsymbol{s}, \tag{4.22}$$

其中最后一个等式用了高斯定理. 对于所有的束缚态情形, $\psi(\boldsymbol{x}, t)$ 在 $r \to \infty$ 时趋于 0, 总是有

$$\oint_{S \to \infty} \boldsymbol{J} \cdot \mathrm{d}\boldsymbol{s} = 0.$$

因此, 我们通常要求束缚态的波函数 ψ 满足 $\psi(\boldsymbol{x}, t)$ 平方可积, 即

$$\int_{V \to \infty} |\psi(\boldsymbol{x}, t)|^2 \mathrm{d}^3 \boldsymbol{x} < \infty. \tag{4.23}$$

另一个值得一提的性质是薛定谔方程和概率密度 ρ 在变换

$$\psi(x, t) \to \mathrm{e}^{\mathrm{i}\alpha} \psi(x, t)$$

下不变. 这意味着我们波函数的系数总可以差一个常数的相位因子, 而物理结果不变[①].

我们再来回顾一下一维自由粒子, 即 $U(x) = 0$ 的问题, 其波函数为

$$\psi(x, t) = AB\mathrm{e}^{-\mathrm{i}\frac{E}{\hbar}t + \mathrm{i}\frac{p}{\hbar}x}. \tag{4.6}$$

如果按照前面讨论的在全空间中归一化, 我们会得到

$$\int_{-\infty}^{+\infty} |AB|^2 \, \mathrm{d}x = \infty.$$

可见上面讨论的归一化条件, 只适用于束缚态, 并不适用于自由粒子. 对于自由粒子, 因为完全不参加相互作用, 所以也无法测量. 因此, 我们通常取 $AB = 1$, 即

$$\psi(x, t) = \mathrm{e}^{-\mathrm{i}\frac{E}{\hbar}t + \mathrm{i}\frac{p}{\hbar}x},$$

或者将自由粒子进行箱归一化[②]来确定系数 AB 的值.

综上可以看到, 满足描述微观粒子的薛定谔方程和波函数具有以下几个性质:

(1) 薛定谔方程是个只含有粒子内禀物理量 (如质量 m、电荷 e 等) 的二阶偏微分方程, 它是量子力学的基本假设之一;

(2) 薛定谔方程的解, 即波函数, 是统计意义上的概率波, 其模平方表示粒子在对应坐标 $(\boldsymbol{x}, t)$ 下出现的概率;

(3) 在一般情况下, 除了个别孤立奇点外, 波函数是 x 的单值、有界、连续函数[③];

---

① 这类变换因为是对全空间所有位置 x 所做的, 被称为整体变换. 在第 11 章中还会讨论相位因子与位置 x 有关的规范变换.

② 简单来说就是, 先假设粒子处于一个有限空间内, 然后在此条件下进行归一化, 最后将空间范围扩展到 ∞, 限于篇幅此处不做展开讨论, 请有兴趣的同学查阅量子力学的相关教材.

③ 利用波函数的连续性条件 (4) 和薛定谔方程, 我们还可以讨论波函数一阶导数是否连续的条件. 我们研究在 $x = 0$, 从 0^- 到 0^+ 对一维定态薛定谔方程积分得到

$$\left.\frac{\mathrm{d}\psi(x)}{\mathrm{d}x}\right|_{x=0^+} - \left.\frac{\mathrm{d}\psi(x)}{\mathrm{d}x}\right|_{x=0^-} = \int_{0^-}^{0^+} \frac{\mathrm{d}^2\psi(x)}{\mathrm{d}x^2}\mathrm{d}x = \int_{0^-}^{0^+} \mathrm{d}x \frac{2m}{\hbar^2}\left[U(x) - E\right]\psi(x),$$

其中如果 $U(x) - E$ 是有限高度, 根据波函数是连续的可以得出上式等于 0, 即波函数的一阶导数也是连续的.

(4) 对于束缚态粒子，波函数在全空间中满足平方可积条件，可归一化；

(5) 波函数满足叠加原理，如果 ψ_1 和 ψ_2 是方程的解，则 $\psi = c_1\psi_1 + c_2\psi_2$ 也是方程的解.

至此我们看到，波函数 $\psi(x)$ 及其概率解释表明了粒子在对应坐标下出现的概率，这对应于我们对粒子位置的测量和描述. 我们当然可以并且应该关心粒子的其他力学量，比如动量. 事实上，如果对波函数做如下傅里叶展开，则有

$$\psi(x) = \frac{1}{\sqrt{2\pi\hbar}} \int_{-\infty}^{+\infty} e^{ipx/\hbar}\psi(p)\mathrm{d}p, \tag{4.24}$$

反之就有

$$\psi(p) = \frac{1}{\sqrt{2\pi\hbar}} \int_{-\infty}^{+\infty} e^{ipx/\hbar}\psi(x)\mathrm{d}x, \tag{4.25}$$

于是我们就得到了动量空间中的波函数[①]. 与坐标空间中的波函数类似，$|\varphi(p)|^2$ 就是粒子在动量空间中的概率密度，它表示该粒子具有给定动量 $\boldsymbol{p}$ 的概率. 这种变换亦可以推广到其他动力学量.

4.2 一维定态问题

本节以薛定谔方程为基础，简单讨论两个一维定态问题：一维无限深方势阱和一维势垒贯穿. 这两者都是非常简化的物理模型，但对应于一些重要的实际问题：无限深势阱对应于一些特殊的束缚态系统，比如原子核[②]；势垒贯穿问题则是散射理论的基础，而散射在研究物质内部结构的实验中至关重要，比如扫描隧道显微镜、核反应等都属于这类问题.

例题 4.1 一维无限深势阱

$$U(x) = \begin{cases} 0, & x \in (0, L), \\ \infty, & x \in (-\infty, 0] \cup [L, +\infty). \end{cases} \tag{4.26}$$

在 $(-\infty, 0] \cup [L, +\infty)$ 区间，薛定谔方程为

$$\frac{\hbar^2}{2m}\frac{\mathrm{d}^2}{\mathrm{d}x^2}\psi(x) - [U(x) - E]\psi(x) = 0, \quad U(x) \to +\infty,$$

其通解为

$$\psi(x) = \alpha e^{kx} + \beta e^{-kx}, \quad k = \sqrt{\frac{2m[U(x) - E]}{\hbar^2}} \to +\infty.$$

α、β 是待定参数. 对 $x < 0$，$e^{kx} = 0$，而 $e^{-kx} \to +\infty$，因此由归一化限制，必须取

---

① 在 4.4 节中我们会进一步看到，这实际上是以动量算符的本征态为基构成了一个无穷维的希尔伯特空间，而波函数总可以在该空间中做展开.

② 参考在第 10 章的核模型部分介绍的费米气体模型.

$\beta = 0$，即有

$$\psi(x) = 0, \quad x < 0.$$

同理考虑 $x \in [L, +\infty)$ 也有相同的结果. 这就是说，在势能无穷大的区域，粒子出现的概率为零. 这是符合预期的，因为没有任何粒子可以携带无穷大的动能进入这个区域.

而在 $(0, L)$ 区间，薛定谔方程为

$$-\frac{\hbar^2}{2m}\frac{\mathrm{d}^2}{\mathrm{d}x^2}\psi(x) = E\psi(x),$$

其通解为

$$\psi(x) = A\mathrm{e}^{\mathrm{i}kx} + B\mathrm{e}^{-\mathrm{i}kx}, \quad k = \sqrt{2mE},$$

A、B 是待定参数. 由于波函数具有连续性[①]，有边界条件

$$\begin{cases} \psi(0) = 0, \\ \psi(L) = 0, \end{cases}$$

代入可得

$$\begin{cases} A + B = 0 \\ A\mathrm{e}^{\mathrm{i}kL} + B\mathrm{e}^{-\mathrm{i}kL} = 0. \end{cases}$$

利用欧拉公式有

$$2\mathrm{i}A\sin kL = 0,$$

即

$$kL = n\pi, \quad n \in \mathbb{N}^+.$$

因此有

$$\begin{aligned} k_n &= k = \frac{n\pi}{L}, \\ E_n &= \frac{k_n^2}{2m} = \frac{\pi^2}{2mL^2}n^2. \end{aligned} \tag{4.27}$$

可以看到能级依赖于 n 的取值，因此是分立的. 利用 4.1 节中波函数可以相差一个相位因子的性质，做变换

$$\psi \to \mathrm{e}^{\mathrm{i}\pi/2}\psi$$

后，波函数可写成[②]

$$\psi(x) = 2A\sin kx.$$

---

① 这是因为在边界上的势能是无穷大的，不符合我们的在 4.1 节讨论的波函数一阶导数连续条件.

② 从 $B = -A$，也可以看到因为两个端点导致一个方向的平面波被端点完全反射，而两个相向运动的平面波叠加，则成为驻波.

再由归一化条件

$$\int_0^L \psi(x)^* \psi(x) \mathrm{d}x = 4 \mid A \mid^2 \int_0^L \sin^2 kx \mathrm{d}x = 1,$$

确定系数

$$A = \frac{1}{\sqrt{2L}}.$$

至此我们便得到了分立能级 E_n 所对应的波函数

$$\psi_n(x) = \sqrt{\frac{2}{L}} \sin\left(\frac{n\pi}{L}x\right), \quad n \in \mathbb{N}^+. \tag{4.28}$$

这就是一维无限深势阱问题的驻波解. 每个分立能级 E_n 对应的波函数也称为相应能级的本征波函数 (或本征态). $n = 1$ 对应的本征态称为基态, 能级为 $E_1 = \dfrac{\pi^2}{2mL^2}$; $n > 1$ 对应的本征态称为激发态. 因为能级 E_n 与 n^2 成正比, 所以能级分布是不均匀的. 并且由于波函数 $\psi_n(x)$ 局限在 $(0, L)$ 的势阱内, 其他区域为零, 因此粒子只在空间的有限区域内有概率出现, 在无穷远处出现的概率为零. 我们把这种粒子束缚在有限区域, 而无穷远处波函数为零的状态统称为束缚态. ∎

当然, 对于这个无限深势阱问题, 如果直接从物理条件分析得到这是驻波, 则可以直接参考附录 D 的讨论, 利用驻波条件 (D.7) 得到

$$\begin{cases} k_n = \dfrac{n\pi}{L} \\ \psi_n(x) = A\sin(k_n x) \end{cases} \rightarrow E = \frac{p^2}{2m} = \frac{k^2}{2m} = \frac{n^2\pi^2}{2mL^2}, \tag{4.29}$$

其中 n 为非零整数 ($n = 0$ 时 $\psi = 0$).

另外, 利用三角函数的正交性, 可以发现

$$\int_{-\infty}^{+\infty} \psi_m^*(x)\psi_n(x)\mathrm{d}x = \delta_{mn}, \tag{4.30}$$

即不同能级的本征波函数是正交的. 这个结论可以推广至任意束缚态系统, 即对于不同能量 $E_i \neq E_j$, 其对应的本征波函数正交

$$\int_{-\infty}^{+\infty} \psi_i^*(x)\psi_j(x)\mathrm{d}x = 0. \tag{4.31}$$

该性质的证明留作习题. 从这个性质, 也可以看到为什么要在 4.3 节讨论希尔伯特空间 (含内积运算的向量空间). 我们可以基于上述正交关系定义内积运算, 而利用本征波函数构建

正交归一的完全集来定义向量空间. 根据在 4.5 节引入的态叠加原理, 可以将某个状态波函数理解成希尔伯特空间中的某个特定向量.

另外, 作为一个最简单的束缚态例子——无限深势阱问题在物理中也有广泛应用, 例如德拜 (Debye) 关于固体比热的模型便是基于三维无限深势阱. 此外, 我们将在 10.2 节中看到, 可以将一个原子核系统看成三维的无限深势阱, 将核子看成被束缚在势阱中的无相互作用粒子, 同时利用泡利不相容原理性质得到原子核的费米气体模型.

例题 4.2 一维势垒问题

$$U(x) = \begin{cases} 0, & x \in (-\infty, 0), \\ U_0, & x \in [0, L], \\ 0, & x \in (L, +\infty), \end{cases} \qquad (4.32)$$

其中 $U_0 > 0$. 在经典力学中我们知道, 对这样一个势垒, 当粒子能量 $E > U_0$ 时, 它可以完全穿过势场而不受势场影响, 这就是完全透射; 而当 $E < U_0$ 时, 粒子则完全不能穿过势场, 会被反射回来. 但不论是哪种情况, 这都是一个二元问题, 粒子要么穿过, 要么不穿过. 不过在量子力学中, 由于描述粒子状态的波函数是个概率波, 因此粒子是否能穿过势场也变成了一个概率问题. 下面我们将看到, 无论 $E > U_0$, 还是 $E < U_0$, 粒子的透射和反射总是同时存在.

先讨论 $E > U_0$ 的情况. 不同区域的薛定谔方程为

$$\frac{\hbar^2}{2m} \frac{\mathrm{d}^2}{\mathrm{d}x^2} \psi(x) + E\psi(x) = 0, \quad x \in (-\infty, 0) \cup (L, +\infty),$$

$$\frac{\hbar^2}{2m} \frac{\mathrm{d}^2}{\mathrm{d}x^2} \psi(x) + (E - U_0)\psi(x) = 0, \quad x \in [0, L].$$

容易写出各个区域的通解

$$\psi_1(x) = A\mathrm{e}^{\mathrm{i}kx} + R\mathrm{e}^{-\mathrm{i}kx}, \quad x < 0,$$

$$\psi_2(x) = B\mathrm{e}^{\mathrm{i}k'x} + B'\mathrm{e}^{-\mathrm{i}k'x}, \quad 0 \leqslant x \leqslant L,$$

$$\psi_3(x) = T\mathrm{e}^{\mathrm{i}kx}, \quad x > L,$$

其中

$$k = \sqrt{\frac{2mE}{\hbar^2}}, \quad k' = \sqrt{\frac{2m(E - U_0)}{\hbar^2}},$$

A、R、B、B'、T 都是待定系数. 这里我们假设入射波是系数为 1 的自 $-\infty$ 沿 $+x$ 方向传播的平面波, 则 $A = 1$. 在 $x < 0$ 区域, 除了入射波 $\mathrm{e}^{\mathrm{i}kx}$, 还有被势垒反射回来沿 $-x$ 方向传播的反射波 $R\mathrm{e}^{-\mathrm{i}kx}$. 另外, 因为 $x > L$ 区域中没有势垒, 所以这个区域中没有反射波, 只有沿 $+x$ 方向传播的透射波 $T\mathrm{e}^{\mathrm{i}kx}$. 而在 $0 \leqslant x \leqslant L$ 区域, 既有透射波 $B\mathrm{e}^{\mathrm{i}k'x}$, 又有反射波 $B'\mathrm{e}^{-\mathrm{i}k'x}$. 根据边界条件

$$\begin{cases}
\psi_1(0) = \psi_2(0), \\
\psi_1'(0) = \psi_2'(0), \\
\psi_2(L) = \psi_3(L), \\
\psi_2'(L) = \psi_3'(L),
\end{cases}$$

有

$$\begin{cases}
1 + R = B + B', \\
Be^{ik'L} + B'e^{-ik'L} = Te^{ikL}, \\
ik + R(-ik) = ik'B + (-ik')B', \\
ik'Be^{ik'L} + (-ik')B'e^{-ik'L} = ikTe^{ikL}.
\end{cases}$$

据此可以解出

$$T = \frac{4kk'e^{-ikL}}{4kk'\cos k'L + 2i\left(k^2 + k'^2\right)\sin k'L} \tag{4.33}$$

和

$$R = \frac{2i(k^2 - k'^2)\sin k'L}{4kk'\cos k'L + 2i\left(k^2 + k'^2\right)\sin k'L}. \tag{4.34}$$

由概率流密度

$$J = -\frac{i\hbar}{2m}(\psi^*\psi' - \psi\psi^{*'}),$$

如果记

$$\psi_{in}(x) = e^{ikx},$$
$$\psi_{R}(x) = Re^{-ikx},$$
$$\psi_{T}(x) = Te^{ikx},$$

则可定义入射流 J_{in}、透射流 J_{T} 和反射流 J_{R}

$$\begin{aligned}
J_{in} &= -\frac{i\hbar}{2m}(\psi_{in}^*\psi_{in}' - \psi_{in}'\psi_{in}^*) = \frac{-i\hbar}{2m}(2ik) = \frac{\hbar k}{m}, \\
J_{T} &= -\frac{i\hbar}{2m}(\psi_{T}^*\psi_{T}' - \psi_{T}'\psi_{T}^*) = |T|^2\frac{\hbar k}{m}, \\
J_{R} &= -\frac{i\hbar}{2m}(\psi_{R}^*\psi_{R}' - \psi_{R}'\psi_{R}^*) = -|R|^2\frac{\hbar k}{m},
\end{aligned} \tag{4.35}$$

代入式 (4.33) 和式 (4.34)，不难验证

$$J_{in} = J_{T} + J_{R},$$

这反映了概率守恒. 分别定义透射系数 (贯穿系数) 和反射系数

$$T_{\text{coef}} = \left| \frac{J_{\text{T}}}{J_{\text{in}}} \right| = |T|^2 = \frac{4k^2k'^2}{4k^2k'^2 + (k^2 - k'^2)\sin^2 k'L}, \tag{4.36}$$

$$R_{\text{coef}} = \left| \frac{J_{\text{R}}}{J_{\text{in}}} \right| = |R|^2 = \frac{(k^2 - k'^2)\sin k'L}{4k^2k'^2 + (k^2 - k'^2)\sin^2 k'L}. \tag{4.37}$$

显然

$$T_{\text{coef}} + R_{\text{coef}} = 1.$$

式 (4.35)~ 式 (4.37) 共同表明, 在量子力学中, 即使 $E > U_0$, 也并非完全透射.

再看 $E < U_0$ 的情况. 此时薛定谔方程及其通解和 $E > U_0$ 时一样, 只不过 $\frac{2m(E - U_0)}{\hbar^2} < 0$, 所以这时 $k' = \sqrt{\frac{2m(E - U_0)}{\hbar^2}}$ 是一个纯虚数. 因此, 我们只需要做变换

$$k' = \mathrm{i}k'', \quad k'' = \sqrt{\frac{2m(U_0 - E)}{\hbar^2}},$$

然后代入上面的所有公式中, 并利用

$$\sinh x = -\mathrm{i}\sin \mathrm{i}x,$$
$$\cosh x = \cos \mathrm{i}x,$$

即得 $E < U_0$ 情况下的透射系数和反射系数分别为

$$T_{\text{coef}} = \frac{4k^2k''^2}{4k^2k''^2 + (k^2 + k''^2)\sinh^2 k''L}, \tag{4.38}$$

$$R_{\text{coef}} = \frac{(k^2 + k''^2)\sinh^2 k''L}{4k^2k''^2 + (k^2 + k''^2)\sinh^2 k''L}. \tag{4.39}$$

这表明, 在 $E < U_0$ 时, 同样既发生透射也发生反射. ∎

以上的一维势垒问题是一个极端简化的物理模型, 看似很难与实际的物理问题相对应. 需要指出的是, 这里第一次给出了一个经典物理中没有的预言, 即 "隧道" 效应. 当粒子能量低于势垒高度时, 在经典的物理图像中是不可能发生透射的, 但是这个简单的模型告诉我们透射仍然发生了, 而这一现象在物理学中已经被广泛验证与应用. 例如, 两种导电材料之间的界面因为表面覆盖有非导电的氧化层, 当电子可以从一种材料穿过非导电层而到达另一种材料并产生电流的现象, 就可以被这种简化的势垒模型来描述, 类似的原理也可以用于扫描隧道显微镜. 另外, 我们将在 10.4 节介绍的核聚变反应中, 氘核与氚核需要克服 0.42 MeV 的库伦排斥势能才能到达核力的作用范围而发生聚变反应, 但是实验上测量

结果显示氘氚聚变反应最大发生在 $\mathcal{O}\,(10\text{ keV})$ 的能量区间，这便是"隧道"效应的结果. 只是氘氚核反应是在库仑势垒中的散射问题，不合适用过于简单的方势垒描述，我们在第 10 章将利用 WKB 近似的方法讨论其透射率.

上面在解薛定谔方程时，我们利用了波函数一阶导数连续的边界条件. 如 4.2 节中所说，这需要势能 $U(x)$ 满足一定的条件. 势垒贯穿问题中，势能 $U(x)$ 在边界处只是第一类间断点，因此波函数一阶导数是连续的. 但对于其他情况，比如 $U(x)$ 具有一阶奇点时，波函数一阶导数在奇点处可以不连续. 在有更高阶奇点的情况下，波函数本身甚至都可以不连续. 因此，波函数及其一阶导数连续的边界条件对势能 $U(x)$ 的解析性质有很强的依赖性. 例如，如果势能有如下形式：

$$U(x) = U_0\delta(x),$$

则波函数一阶导数在 $x = 0$ 处不连续，这时应该在零点附近对薛定谔方程积分来求得边界条件.

除了上述的无限深势阱和势垒的例子，我们还可以研究例如一维势阱中的散射问题，同时会带来一些反直觉的预言，例如透射率 100% 的拉姆绍尔–汤森实验等[①]，这里就不再展开.

4.3　希尔伯特空间

前面我们介绍了波动力学理论，其核心是建立并利用薛定谔方程求解波函数 $\psi(\boldsymbol{x}, t)$，从而通过统计解释得到微观粒子在空间坐标下的概率密度. 但对量子力学来说，人们实际上更关心的是与粒子相关的物理量的测量，比如粒子能量、动量、所在位置等. 基于这一观点，海森伯、玻恩和若尔当 (Jordan) 等提出了一套更抽象的描述量子世界的方法——矩阵力学. 接下来我们开始介绍这一理论.

历史上，薛定谔和海森伯几乎同时分别提出了波动力学和矩阵力学，后来狄拉克证明了两种理论的等价性，并从变换理论出发构造了简洁的量子力学体系. 为了做理论准备，本节我们首先介绍希尔伯特 (Hilbert) 空间的概念.

希尔伯特空间是一个由加法、数乘和内积三种运算定义的向量空间 (vector space). 对于一个非空集合 H，定义加法

$$\forall\,|\psi\rangle, |\phi\rangle \in H, \quad |\chi\rangle = |\psi\rangle + |\phi\rangle \in H$$

和数乘

$$\forall\,a \in \mathbb{C}, |\psi\rangle \in H, \quad |\phi\rangle = |\psi\rangle a = a\,|\psi\rangle \in H.$$

如果对任意的 $|\psi\rangle, |\phi\rangle, |\chi\rangle \in H$; $\forall a, b \in \mathbb{C}$，两种运算满足以下 8 条性质：

加法交换律　　$|\psi\rangle + |\phi\rangle = |\phi\rangle + |\psi\rangle$;

加法结合律　　$|\psi\rangle + (|\phi\rangle + |\chi\rangle) = (|\psi\rangle + |\phi\rangle) + |\chi\rangle$;

[①] 曹庆宏，杨李林. 量子力学. 北京：高等教育出版社，2024.

加法单位元　$\exists \, |0\rangle \in H, |\psi\rangle + |0\rangle = |0\rangle + |\psi\rangle = |\psi\rangle$;

加法逆元素　$\exists \, |\psi^{-1}\rangle \in H, |\psi\rangle + |\psi^{-1}\rangle = |\psi^{-1}\rangle + |\psi\rangle = |0\rangle$;

数乘结合律　$(|\psi\rangle \, a)b = |\psi\rangle \, (ab)$;

数乘单位元　$1|\psi\rangle = |\psi\rangle$;

数乘对数域加法分配律　$|\psi\rangle \, (a+b) = |\psi\rangle \, a + |\psi\rangle \, b$;

数乘对向量加法分配律　$(|\psi\rangle + |\phi\rangle)a = |\psi\rangle \, a + |\phi\rangle \, a$.

则称集合 H 构成复数域 $\mathbb{C}$ 上的一个向量空间, 其中 $|\psi\rangle, |\phi\rangle, |\chi\rangle, \cdots \in H$ 被称为向量.

　　类似于复共轭, 每一个向量 $|\psi\rangle$ 都对应一个 $\langle\psi|$, 这些 $\langle\psi|$ 构成了 H 的对偶空间 H^*, 符号 $|\,\rangle$ 和 $\langle\,|$ 分别称为 "右矢 (ket, 曾称刃)" 和 "左矢 (bra, 曾称刁)", 它们是当年狄拉克为了描述希尔伯特空间中的态矢量而引入的, 统称为狄拉克符号. H^* 也是一个向量空间, 有满足以上 8 条性质的加法和数乘两种运算, 并且有

$$\forall \, |\psi\rangle + |\phi\rangle = |\chi\rangle, \quad \exists \, \langle\psi| + \langle\phi| = \langle\chi|,$$

$$\forall \, |\psi\rangle = |\phi\rangle \, a, \quad \exists \, \langle\psi| = a^* \langle\phi|,$$

其中 a^* 是复数 a 的共轭复数.

　　如果我们在向量空间的基础上定义二元运算 "$\langle \cdot \, | \, \cdot \rangle$", 使得

$$\forall \, |\phi\rangle, |\psi\rangle \in H, \quad \langle\psi \, | \, \phi\rangle \in \mathbb{C},$$

且该运算满足

$$\forall \, a, b \in \mathbb{C}, |\phi\rangle, \langle\psi| \in H, \quad \langle a \, \psi \, | \, b \, \phi \rangle = (a\langle\psi|)(|\,\phi\rangle b) = a^* b \, \langle\psi \, | \, \phi\rangle;$$

$$\forall \, |\phi\rangle, |\psi\rangle, |\chi\rangle \in H, \quad \langle\psi + \chi \, | \, \phi\rangle = ((\langle\psi| + \langle\chi|) \, |\phi\rangle = \langle\psi \, | \, \phi\rangle + \langle\chi \, | \, \phi\rangle;$$

$$\forall \, |\phi\rangle \, |\psi\rangle \in H, \quad \langle\psi \, | \, \phi\rangle = \langle\phi \, | \, \psi\rangle^*;$$

$$\forall \, |\phi\rangle \in H, \quad \langle\phi \, | \, \phi\rangle \geqslant 0, \quad \langle\phi \, | \, \phi\rangle = 0 \Leftrightarrow |\phi\rangle = |0\rangle.$$

则称 $\langle \cdot \, | \, \cdot \rangle$ 为向量空间 H(或 H^*) 上的内积, 其中 $\langle\phi \, | \, \psi\rangle^*$ 表示 $\langle\phi \, | \, \psi\rangle$ 的复共轭

$$\langle\phi \, | \, \psi\rangle^* = \langle\phi^* \, | \, \psi^*\rangle.$$

$|\psi^*\rangle = |\psi\rangle^*$ 和 $\langle\phi^*| = \langle\phi|^*$ 分别表示对向量 $|\psi\rangle$ 和 $\langle\phi|$ 中的所有数取共轭. 包含内积运算的向量空间称为内积空间或希尔伯特空间[①]. 希尔伯特空间中的两个向量正交定义为

$$\langle\psi \, | \, \phi\rangle = 0.$$

向量的模定义为

$$\forall \, |\psi\rangle \in H, \quad \langle\psi \, | \, \psi\rangle = |\, \psi \, |^2 \geqslant 0.$$

---

　　① 严格来说, 只有完备的内积空间才称为希尔伯特空间. 本书对于向量空间、对偶空间和希尔伯特空间等的讨论在数学上并不严谨, 但对量子力学来说已经足够, 更加严格的数学讨论可参考相关泛函分析教材.

下面我们看一些简单的希尔伯特空间的例子.

(1) 欧几里得平面 $\mathbb{R}^2$，内积为矢量点乘运算

$$\forall\, \boldsymbol{v}_1, \boldsymbol{v}_2 \in \mathbb{R}^2, \quad \langle v_1 \mid v_2 \rangle = \boldsymbol{v}_1 \cdot \boldsymbol{v}_2 = \mid \boldsymbol{v}_1 \mid\mid \boldsymbol{v}_2 \mid \cos\theta,$$

$$\boldsymbol{v}_1 \cdot \boldsymbol{v}_2 = \begin{cases} \alpha \mid v_1 \mid^2, & \theta = 0°, \boldsymbol{v}_2 = \alpha \boldsymbol{v}_1 (\text{共线}), \\ 0, & \theta = 90° (\text{正交}). \end{cases}$$

模平方

$$\langle \boldsymbol{v}_1 \mid \boldsymbol{v}_1 \rangle = \mid v_1 \mid^2 = x^2 + y^2.$$

(2) 复平面 $\mathbb{C}$，有 $z = x + \mathrm{i}y \in \mathbb{C}$. 内积运算为

$$\forall\, z, w \in \mathbb{C}, \quad \langle z \mid w \rangle = z^* w,$$

而模平方

$$\langle z \mid z \rangle = \mid z \mid^2 = z^* z = x^2 + y^2.$$

(3) 勒贝格 (Lebesgue) 空间 $L^2(\mathbb{R}, x)$，其向量为定义在实数域上的复函数 $f(x)$，且满足

$$\int_{-\infty}^{+\infty} |f(x)|^2 \mathrm{d}x < +\infty.$$

内积定义为

$$\forall\, \psi(x), \phi(x) \in L(\mathbb{R}, x), \quad \langle \phi \mid \psi \rangle = \int_{-\infty}^{+\infty} \phi^*(x) \psi(x) \mathrm{d}x,$$

利用 Hölder 不等式[①]，可以验证

$$\int_{-\infty}^{+\infty} \phi^*(x) \psi(x) \mathrm{d}x < \int_{-\infty}^{+\infty} |\phi^*(x) \psi(x)| \mathrm{d}x$$

$$\leqslant \left(\int_{-\infty}^{+\infty} |\phi^*(x)|^2 \mathrm{d}x \right)^{\frac{1}{2}} \cdot \left(\int_{-\infty}^{+\infty} |\psi(x)|^2 \mathrm{d}x \right)^{\frac{1}{2}}$$

$$< +\infty.$$

模平方为

$$\mid \psi \mid^2 = \langle \psi \mid \psi \rangle = \int_{-\infty}^{+\infty} \psi^*(x) \psi(x) \mathrm{d}x.$$

---

① $\forall\, f \in L^p(F), g \in L^q(F)$，有 $f \cdot g \in L^p(F)$，且

$$\int_{-\infty}^{+\infty} |f(x)g(x)| \mathrm{d}x \leqslant \left(\int_{-\infty}^{+\infty} |f(x)|^p \mathrm{d}x \right)^{\frac{1}{p}} \cdot \left(\int_{-\infty}^{+\infty} |g(x)|^q \mathrm{d}x \right)^{\frac{1}{q}} < +\infty.$$

其中 $p, q > 1$，F 是某个区间或数域. 证明需要用到杨 (Young) 不等式.

如果 $\psi(x)$ 是满足平方可积的一维波函数，则模平方为概率密度对全空间的积分，在束缚态的情况下它是归一的，即

$$\int_{-\infty}^{+\infty} \rho(x)\mathrm{d}x = 1.$$ ∎

接下来我们证明两个与模相关的不等式.

(1) 施瓦茨 (Schwarz) 不等式

$$|\langle \psi \mid \phi \rangle| \leqslant |\psi| \cdot |\phi|. \tag{4.40}$$

要证明上面的不等式，可以利用任意两个向量 $|\psi\rangle$ 和 $|\phi\rangle$ 构造一个新的向量

$$|\chi\rangle = |\psi\rangle - \frac{\langle \phi \mid \psi \rangle}{\langle \phi \mid \phi \rangle} |\phi\rangle.$$

利用 $|\chi\rangle$ 和 $|\phi\rangle$ 的模平方半正定，有

$$|\chi|^2 = |\psi|^2 - \frac{|\langle \psi \mid \phi \rangle|^2}{|\phi|^2} \geqslant 0,$$

整理后得

$$|\langle \psi \mid \phi \rangle|^2 \leqslant |\psi|^2 \cdot |\phi|^2,$$

即有

$$|\langle \psi \mid \phi \rangle| \leqslant |\psi| \cdot |\phi|.$$

□

(2) 三角不等式

$$|\psi + \phi| \leqslant |\psi| + |\phi|. \tag{4.41}$$

该不等式对我们熟悉的平面向量来说是显然的. 一般地，由于内积满足

$$((\langle\psi| + \langle\phi|)(|\psi\rangle + |\phi\rangle)) = |\psi|^2 + \langle \psi \mid \phi \rangle + \langle \phi \mid \psi \rangle + |\phi|^2,$$

且

$$\begin{aligned}
\langle \psi \mid \phi \rangle + \langle \phi \mid \psi \rangle &= 2\mathrm{Re}(\langle \psi \mid \phi \rangle) \\
&\leqslant 2\sqrt{|\langle \psi \mid \phi \rangle|^2} \\
&\leqslant 2\sqrt{|\psi|^2 |\phi|^2},
\end{aligned}$$

于是

$$|\psi + \phi|^2 \leqslant |\psi|^2 + |\phi|^2 + 2\sqrt{|\psi|^2 |\phi|^2} = (|\psi| + |\phi|)^2.$$

□

本节最后，我们对希尔伯特空间的基向量做简单讨论. 在线性代数中我们知道，如果空间中 n 个向量的集合 $\{|\psi_i\rangle\}$ 满足

$$\sum_{i=1}^n |\psi_i\rangle a_i = 0,$$

当且仅当全部系数 $a_i = 0$ 时才成立，则称这 n 个向量 $\{|\psi_i\rangle\}$ 线性无关. 而如果向量空间 H 中任意向量 $|\phi\rangle$ 均可写成集合 $\{|\psi_i\rangle\}$ 中向量的线性组合

$$|\phi\rangle = \sum_{i=1}^n c_i |\psi_i\rangle, \tag{4.42}$$

则称该集合为线性空间的一组基 (或称完全集)，其中 $|\psi_i\rangle$ 为这个空间的基向量[①]，而式 (4.40) 中的 $c_i |\psi_i\rangle$ 是 $|\phi\rangle$ 的分量，表示 $|\phi\rangle$ 在基向量 $|\psi_i\rangle$ 方向上的投影. 可以证明，在有限维向量空间中，不同的完全集所含基向量的数目相同，这个数目称为该向量空间的维数.

如果这组完全集在空间内积的定义下是正交归一的，即

$$\langle \psi_i \mid \psi_j \rangle = \delta_{ij}, \tag{4.43}$$

则该完全集 $\{|\psi_i\rangle\}$ 可以构成一组正交基向量，简称正交基. 可以证明，如果选取正交基 $\{|\psi_i\rangle\}$，则式 (4.42) 中的系数

$$c_i = \langle \psi_i \mid \phi \rangle. \tag{4.44}$$

由此

$$|\phi\rangle = \sum_{i=1}^n |\psi_i\rangle \langle \psi_i \mid \phi \rangle, \quad \langle \phi| = \sum_{i=1}^n \langle \phi \mid \psi_i \rangle \langle \psi_i|. \tag{4.45}$$

例如三维实向量的欧几里得空间 E_3 的一组正交基 $\{\hat{e}_i\}$ 满足 $\hat{e}_i \cdot \hat{e}_j = \delta_{ij}$，则该空间中任意向量 $\boldsymbol{x}$ 可写成

$$\boldsymbol{x} = \sum_{i=1}^3 x_i \hat{e}_i,$$

其中 $x_i = \hat{e}_i \cdot \boldsymbol{x}$.

对于包括希尔伯特空间在内的向量空间，只要知道任意一组完全集，总可以构造出一组正交基，这个过程称为格拉姆–施密特 (Gram-Schmidt) 正交化[②]. 例如，考虑一组不正交归一的完全集 $\{|\chi_i\rangle\}$，构造向量 $\{|\psi_i\rangle\}$.

$$|\psi_1'\rangle = |\chi_1\rangle, \quad |\psi_1\rangle = \frac{|\psi_1'\rangle}{\sqrt{\langle \psi_1' \mid \psi_1' \rangle}},$$

$$|\psi_2'\rangle = |\chi_2\rangle - \langle \psi_1 \mid \chi_2 \rangle |\psi_1\rangle, \quad |\psi_2\rangle = \frac{|\psi_2'\rangle}{\sqrt{\langle \psi_2' \mid \psi_2' \rangle}},$$

---

① 在不致混淆的情况下，我们也常将基向量简写为 $|i\rangle$，这样式 (4.43) 就可简写为 $\langle i \mid j \rangle = \delta_{ij}$.

② 对无穷维空间，这个过程将执行无穷次，请思考如何证明一定能够构造.

· · · · · ·

$$|\psi_k'\rangle = |\chi_k\rangle - \sum_{i=1}^{k-1} \langle \psi_i \mid \chi_k\rangle |\psi_i\rangle, \quad |\psi_k\rangle = \frac{|\psi_k'\rangle}{\sqrt{\langle \psi_k' \mid \psi_k'\rangle}}.$$

不难证明, 新构造的向量 $\{|\psi_i\rangle\}$ 是一组正交基. 因此按照格拉姆–施密特正交化构造的基向量总是正交归一的.

4.4 作用于希尔伯特空间的算符与矩阵力学

与波动力学关注的根据运动方程求解波函数不同, 矩阵力学着眼于物理量 (或称力学量) 的测量. 在矩阵力学中, 力学量将被看作算符. 通过将经典力学运动方程中的坐标和动量都看作算符, 就可以引入坐标和动量的对易关系, 将经典力学中的泊松括号改为量子泊松括号, 从而找到经典与量子的对应关系, 即实现量子化. 这种量子化过程通常称为正则量子化.

算符本身是一个抽象的概念, 但在选定了特定的 "表象" 后, 我们就能将其写成具体的表达式, 比如微分、积分或者矩阵. 其中最常用的就是算符的矩阵表示. 通过算符的矩阵表示, 我们就把算符运算归结为矩阵运算, 这也是此种方法称为 "矩阵力学" 的原因. 本节我们主要介绍有关算符及其矩阵表示的基础知识. 在后面我们将看到, 线性厄米算符具有十分特殊的性质, 而将物理量看作线性厄米算符也正是量子力学的基本假设之一.

若对希尔伯特空间 H, 存在某一 $H \to H$ 的映射 A, 使对任意一个向量 $|\psi\rangle \in H$, 都有一个向量

$$|\phi\rangle = \hat{A}|\psi\rangle, \quad |\phi\rangle \in H \tag{4.46}$$

与之对应, 则我们称 A 为一个算符, 记作 $\hat{A}$ (其中的 ˆ 用以区分算符和其他量). 有时为了方便, 我们也记式 (4.46) 中的向量为

$$|\phi\rangle = \hat{A}|\psi\rangle = \left|\hat{A}\psi\right\rangle. \tag{4.47}$$

算符在量子力学中有着重要的意义, 例如我们前面提到的动量算符

$$\hat{p} = -\mathrm{i}\hbar\nabla,$$

能量算符

$$\hat{E} = \mathrm{i}\hbar\frac{\partial}{\partial t}$$

和哈密顿量

$$\hat{H} = -\frac{\hbar^2}{2m}\nabla^2$$

等都是量子力学中常见的算符.

特别地，我们把具有如下性质的算符称为线性算符：

$$\hat{A}(|\psi\rangle + |\phi\rangle) = \hat{A}|\psi\rangle + \hat{A}|\phi\rangle,$$
$$\hat{A}(|\psi\rangle a) = (\hat{A}|\psi\rangle)a.$$

如无特殊说明，本书涉及的算符都是线性算符.

两个特殊的算符分别是零算符 $\hat{O}$ 和单位算符 $\hat{I}$，它们满足

$$\forall\, |\psi\rangle \in H, \quad \hat{O}|\psi\rangle = |0\rangle, \quad \hat{I}|\psi\rangle = |\psi\rangle.$$

算符的加法和乘积定义为

$$(\hat{A} + \hat{B})|\psi\rangle = \hat{A}|\psi\rangle + \hat{B}|\psi\rangle,$$
$$\hat{B}\hat{A}|\psi\rangle = \hat{B}(\hat{A}|\psi\rangle).$$

如果两个算符作用于任意相同的向量后得到的向量也相同，则称这两个算符相等，即

$$\forall\, |\psi\rangle,\ \hat{A}|\psi\rangle = \hat{B}|\psi\rangle \quad \Rightarrow \quad \hat{A} = \hat{B}.$$

对定义在 H 上的算符 $\hat{A}$，

$$|\phi\rangle = \hat{A}|\psi\rangle,$$

如果对任意给定的 $\hat{\phi} \in H$，都有唯一的 $|\psi\rangle \in H$，则可定义算符 $\hat{A}$ 的逆算符 $\hat{A}^{-1}$，使满足

$$|\psi\rangle = \hat{A}^{-1}|\phi\rangle.$$

于是显然有

$$\hat{A}\hat{A}^{-1} = \hat{A}^{-1}\hat{A} = \hat{I}.$$

值得注意的是，并不是任何算符都有对应的逆算符.

定义两个算符的对易子为

$$[\hat{A}, \hat{B}] = \hat{A}\hat{B} - \hat{B}\hat{A}, \tag{4.48}$$

如果 $[\hat{A}, \hat{B}] = \hat{O}$，则我们称这两个算符对易. 为了方便，下文中我们将把 $\hat{O}$ 简写作 0. 容易知道，所有算符和本身总是对易的，即

$$[\hat{A}, \hat{A}] = 0.$$

但一般而言，两个算符不一定对易，因此对算符而言乘法交换律不恒成立. 但算符之间的加法交换律、加法结合律、乘法结合律及幂次运算均成立，所以可以用算符和复数构成算符的函数. 一般地，若 $F(x)$ 是 x 的解析函数，则算符 $\hat{A}$ 的函数 $F(\hat{A})$ 可定义为

$$F(\hat{A}) = a_0 + a_1\hat{A} + a_2\hat{A}^2 + \cdots + a_n\hat{A}^n,$$

其中 $a_i \in \mathbb{C}$ 是系数. 算符函数也可以做泰勒展开, 例如

$$\mathrm{e}^{a\hat{A}} = \sum_{n=0}^{\infty} \frac{1}{n!} a^n \hat{A}^n = \hat{I} + a\hat{A} + \frac{1}{2} a^2 \hat{A}^2 + \cdots$$

其中 $a \in \mathbb{C}$. 鉴于乘法交换律并不是对所有算符都成立, 所以对

$$\mathrm{e}^{\hat{A}}\mathrm{e}^{\hat{B}} = \left(\sum_{n=0}^{\infty} \frac{1}{n!} a^n \hat{A}^n \right) \left(\sum_{m=0}^{\infty} \frac{1}{m!} a^m \hat{B}^m \right)$$

和

$$\mathrm{e}^{\hat{A}+\hat{B}} = \left(\sum_{n=0}^{\infty} \frac{1}{n!} a^n (\hat{A} + \hat{B})^n \right),$$

当且仅当算符 $\hat{A}$ 和 $\hat{B}$ 对易时, 以上两式相等.

设 $\{|\psi_i\rangle\}$ 是向量空间中的一组正交基, 由于任意向量都可以表示成基向量的线性组合, 则容易有

$$\hat{A} |\psi_\alpha\rangle = \sum_\beta |\psi_\beta\rangle D_{\beta\alpha}(A),$$

其中 $D_{\beta\alpha}(A)$ 是依赖于 $\hat{A}$ 的一组待定系数. 而我们可以把这一组待定系数写成矩阵的形式, 即

$$D(A) = \begin{pmatrix} D_{11}(A) & D_{12}(A) & \cdots & D_{1n}(A) \\ D_{21}(A) & D_{22}(A) & \cdots & D_{2n}(A) \\ \vdots & \vdots & & \vdots \\ D_{n1}(A) & D_{n2}(A) & \cdots & D_{nn}(A) \end{pmatrix}$$

这就在算符和矩阵之间建立了对应. 也就是说, 在选定的一组基下, 算符可表示为一个矩阵. 而如果我们先将算符 $\hat{A}$ 作用于向量 $|\psi\rangle$ 上, 再与另一向量 $|\phi\rangle$ 做内积, 记

$$\langle\phi| \hat{A} |\psi\rangle = \langle\phi| (\hat{A} |\psi\rangle) = \left\langle \phi \mid \hat{A}\psi \right\rangle, \tag{4.49}$$

容易有

$$D_{\beta\alpha} = \left\langle \psi_\beta \mid \hat{A} \mid \psi_\alpha \right\rangle. \tag{4.50}$$

这就比较简单地得到了算符的矩阵表示. 一般地, 我们记一组基 $|\psi\rangle_i$ 下算符 $\hat{A}$ 的矩阵表示为

$$A_{ji} = \hat{A}_{ji} = \left\langle \psi_j \mid \hat{A} \mid \psi_i \right\rangle = D_{ji}.$$

由此, 对

$$|\phi\rangle = \hat{A} |\psi\rangle, \quad |\phi\rangle \in H, \tag{4.46}$$

如果我们将向量 $|\phi\rangle$ 和 $|\psi\rangle$ 在同一组基下展开，即

$$|\psi\rangle = \sum_{i=1}^{n} |i\rangle \langle i \mid \psi\rangle = \sum_{i=1}^{n} |i\rangle \, a_i,$$

$$|\phi\rangle = \sum_{i=1}^{n} |i\rangle \langle i \mid \phi\rangle = \sum_{i=1}^{n} |i\rangle \, b_i,$$

就能将向量写成列矩阵的形式，即令

$$|\psi\rangle = \boldsymbol{a} = (a_1, a_2, \cdots, a_n)^{\mathrm{T}}, \quad |\phi\rangle = \boldsymbol{b} = (b_1, b_2, \cdots, b_n)^{\mathrm{T}}. \tag{4.51}$$

对应地，我们把对偶空间 H^* 上的向量写成行矩阵的形式，即

$$\langle\psi| = \boldsymbol{a} = (a_1, a_2, \cdots, a_n), \quad \langle\phi| = \boldsymbol{b} = (b_1, b_2, \cdots, b_n). \tag{4.52}$$

这称为向量的矩阵表示. 由向量和算符的矩阵表示，我们就能将式 (4.46) 写成

$$\boldsymbol{b} = A\boldsymbol{a} \quad \text{或} \quad b_j = A_{ji}a_i, \quad i = 1, 2, 3, \cdots, n.$$

用矩阵来表示希尔伯特空间中向量和力学量算符的这套方法称为矩阵力学. 可以看到，不论是空间中的向量还是算符，其矩阵表示都依赖于正交基 $|i\rangle$ 的选择，不同的基向量得出的矩阵表示不同. 这类似于三维空间中坐标系的选择，对于同一向量 $\boldsymbol{r}$，其分量取值在笛卡儿坐标和球坐标下一般是不同的，它们之间通过坐标变换相联系. 不过，向量本身的性质并不依赖于坐标系，例如，如果 $\boldsymbol{r}_1$ 和 $\boldsymbol{r}_2$ 是线性无关的，那么在任何坐标系中它们都线性无关. 这种在选定基向量后将向量和算符具体化的过程，称为给定表示或表象. 表象理论是矩阵力学的基础之一.

若在式 (4.49) 的基础上，有算符 $\hat{A}^{\mathrm{T}}$ 满足

$$\left\langle \phi \mid \hat{A}^{\mathrm{T}}\psi \right\rangle = \left\langle \psi^* \mid \hat{A}\phi^* \right\rangle,$$

容易验证，当算符 $\hat{A}$ 用矩阵表示时，$\hat{A}^{\mathrm{T}}$ 就是 $\hat{A}$ 的转置矩阵，因而我们也称 $\hat{A}^{\mathrm{T}}$ 为 $\hat{A}$ 的转置算符. 显然，转置算符的乘积满足

$$(\hat{A}\hat{B})^{\mathrm{T}} = \hat{B}^{\mathrm{T}}\hat{A}^{\mathrm{T}}.$$

在算符的矩阵表示下，若将算符 $\hat{A}$ 中所有的复数替换成它的共轭，则形成了一个新的算符，我们称这个新算符为 $\hat{A}$ 的复共轭算符，记作 $\hat{A}^*$. 以动量算符为例，就有 $\hat{\boldsymbol{p}}^* = -\hat{\boldsymbol{p}} = -\mathrm{i}\hbar\nabla$.

如果对内积求复共轭，得到

$$\langle\phi| \hat{A} |\psi\rangle^* = \left\langle \phi \mid \hat{A}\psi \right\rangle^* = \left\langle \phi^* \mid \hat{A}^*\psi^* \right\rangle$$

$$= \left\langle \psi \mid (\hat{A}^*)^{\mathrm{T}}\phi \right\rangle = \langle\psi| (\hat{A}^*)^{\mathrm{T}} |\phi\rangle$$

$$= \langle \psi | \, \hat{A}^\dagger \, | \phi \rangle . \tag{4.53}$$

其中我们记 $\hat{A}^\dagger = (\hat{A}^*)^{\mathrm{T}}$, 称为 $\hat{A}$ 的伴随算符或厄米共轭算符. 如果 $\hat{A}$ 作用于希尔伯特空间 H 中的向量 $|\psi\rangle$ 上, 则一般认为 $\hat{A}^\dagger$ 只作用在对偶空间 H^* 中的 $\langle \psi |$ 上, 即对于每一个 $|\phi\rangle = \hat{A} |\psi\rangle = \left| \hat{A}\psi \right\rangle$, 总存在一个对应的伴随算符 $\hat{A}^\dagger$, 使得 $\langle \phi | = \langle \psi | \hat{A}^\dagger = \left\langle \hat{A}\psi \right|$. 可见这是满足内积性质的

$$\left\langle \hat{A}\psi \mid \phi \right\rangle = \langle \psi | \, \hat{A}^\dagger \, | \phi \rangle = \left\langle \phi \mid \hat{A}\psi \right\rangle^* .$$

因此在希尔伯特空间中, 有

$$\langle \phi | \, \hat{A} \, | \psi \rangle = \left\langle \phi \mid \hat{A}\psi \right\rangle = \left\langle \hat{A}^\dagger \phi \mid \psi \right\rangle . \tag{4.54}$$

由于厄米共轭算符包含转置, 所以

$$(\hat{A}\hat{B})^\dagger = \hat{B}^\dagger \hat{A}^\dagger . \tag{4.55}$$

若有 $\hat{A} = \hat{A}^\dagger$, 则称 $\hat{A}$ 为自伴算符或自厄米共轭算符, 简称厄米算符. 这时

$$\langle \phi | \, \hat{A} \, | \psi \rangle = \left\langle \phi \mid \hat{A}\psi \right\rangle = \left\langle \hat{A}\phi \mid \psi \right\rangle = \langle \phi | \, \hat{A}^\dagger \, | \psi \rangle . \tag{4.56}$$

在希尔伯特空间 H 中, 算符 $\hat{A}$ 为厄米算符的充要条件是

$$\forall \, |\psi\rangle \in H, \quad \left\langle \psi \mid \hat{A} \mid \psi \right\rangle = \left\langle \psi \mid \hat{A} \mid \psi \right\rangle^* , \tag{4.57}$$

即 $\left\langle \psi \mid \hat{A} \mid \psi \right\rangle \in \mathbb{R}$.

证明: 由式 (4.56), 必要性是显然的. 而

$$\left\langle \psi \mid \hat{A} \mid \psi \right\rangle = \left\langle \psi \mid \hat{A} \mid \psi \right\rangle^* = \left\langle \psi \mid \hat{A}\psi \right\rangle^*$$
$$= \left\langle \hat{A}\psi \mid \psi \right\rangle = \left\langle \psi \mid \hat{A}^\dagger \mid \psi \right\rangle ,$$

因此

$$\hat{A} = \hat{A}^\dagger .$$

即充分性得证.   □

如果希尔伯特空间的内积运算在算符 $\hat{U}$ 作用下不变, 即

$$\forall \, |\psi\rangle, |\phi\rangle \in H, \quad \langle \phi \mid \psi \rangle = \left\langle \hat{U}\phi \mid \hat{U}\psi \right\rangle = \left\langle \phi \mid \hat{U}^\dagger \hat{U}\psi \right\rangle ,$$

也即

$$\hat{U}^\dagger \hat{U} = \hat{I}, \quad \hat{U}^\dagger = \hat{U}^{-1} ,$$

算符 $\hat{U}$ 称为幺正算符，它对应于我们在 3.5 节中讨论的幺正变换，其矩阵表示也为幺正矩阵.

接下来我们讨论厄米算符的本征值[①]问题. 对非零向量 $|\psi\rangle$，如果存在算符 $\hat{A}$，使得

$$\hat{A}|\psi\rangle = a|\psi\rangle, \quad a \in \mathbb{C},$$

则称 $|\psi\rangle$ 是算符 $\hat{A}$ 的本征向量或本征态，a 为对应的本征值，上式称为本征方程. 根据内积的性质，有

$$\langle \psi \mid \hat{A} \mid \psi \rangle = \langle \psi \mid a \mid \psi \rangle = a \langle \psi \mid \psi \rangle.$$

所以对于厄米算符 $\hat{H}$，本征值 a 一定是实数. 若存在厄米算符 $\hat{H}$，使得

$$\hat{H}|\psi_1\rangle = E_1|\psi_1\rangle, \quad \hat{H}|\psi_2\rangle = E_2|\psi_2\rangle,$$

显然有

$$\langle \psi_2 \mid \hat{H} \mid \psi_1 \rangle = \langle \psi_2 \mid \hat{H}\psi_1 \rangle = E_1 \langle \psi_2 \mid \psi_1 \rangle,$$

$$\langle \psi_2 \mid \hat{H} \mid \psi_1 \rangle = \langle \hat{H}\psi_2 \mid \psi_1 \rangle = E_2 \langle \psi_2 \mid \psi_1 \rangle.$$

因此

$$(E_1 - E_2) \langle \psi_2 \mid \psi_1 \rangle = 0.$$

由此我们得出一个非常重要的结论

$$E_1 \neq E_2 \implies \langle \psi_2 \mid \psi_1 \rangle = 0. \tag{4.58}$$

即对于厄米算符，不同本征值所对应的本征态之间正交. 反之，若 $E_1 = E_2$，但 $|\psi_1\rangle \neq \alpha|\psi_2\rangle$（即线性无关），我们称这个本征值是简并的，而对应于该本征值的本征态的个数称为该本征值的简并度. 6.7 节中我们会进一步讨论简并问题.

可以证明在 n 维空间中，厄米算符的全部本征态构成一组正交基. 由于上面已经证明了本征态之间正交，所以接下来只需要证明有 n 个线性无关的本征态即可. 设厄米算符 $\hat{H}$ 满足本征方程

$$\hat{H}|\psi\rangle = E|\psi\rangle,$$

利用 $\hat{I}|\psi\rangle = |\psi\rangle$，以上本征方程可改写为

$$(\hat{H} - E\hat{I})|\psi\rangle = 0.$$

假设空间中存在一组正交基 $\{|i\rangle \mid i = 1, 2, \cdots, n\}$，则对空间中任意的向量 $|\psi\rangle$，总有

$$|\psi\rangle = \sum_{i=1}^{n} |i\rangle \langle i \mid \psi \rangle = \sum_{i=1}^{n} |i\rangle c_i,$$

---

① 也称特征值，同理，下文的 "本征" 均亦可作 "特征".

即 $|\psi\rangle$ 在该正交基下的矩阵表示为 $\boldsymbol{c} = (c_1, c_2, \cdots, c_n)^{\mathrm{T}}$. 将 $|\psi\rangle$ 和算符 $\hat{H}$ 的矩阵表示代入本征方程, 即

$$(\hat{H} - E\hat{I})\boldsymbol{c} = 0. \tag{4.59}$$

这里 $\hat{H}$ 和 $\hat{I}$ 都是 $n \times n$ 矩阵 (后者为单位阵), 则该线性方程组有非零解的条件是

$$\det(\hat{H} - E\hat{I}) = 0.$$

这是一个关于 E 的 n 次方程, 称为久期方程. 可以看到, 矩阵表示下希尔伯特空间中的本征值问题和线性代数中的等价. 于是在非简并时, n 个不同的本征值对应于 n 个互相正交的本征向量, 即可构成整个 n 维本征空间的完全集. 因此有

$$\hat{H}|\psi_i\rangle = E_i|\psi_i\rangle.$$

$\{|\psi_i\rangle\}$ 构成了一组正交完全集, 是希尔伯特空间的一组正交基.

对希尔伯特空间中的任意一个向量 $|\phi\rangle$, 有

$$|\phi\rangle = \sum_{i=1}^{n} |\psi_i\rangle c_i, \quad c_i = \langle\psi_i \mid \phi\rangle = \sum_{i=1}^{n} |\psi_i\rangle\langle\psi_i \mid \phi\rangle,$$

所以 $\{|\psi_i\rangle\}$ 构成完全集的另外一种写法是

$$\sum_{i=1}^{n} |\psi_i\rangle\langle\psi_i| = \hat{I}.$$

不过上面的讨论中没有考虑简并的情况. 一般地, 根据舒尔 (Schur) 引理, 任意方阵 $\hat{H}$ 总是可以被幺正变换成上三角阵 $\hat{T}$, 即

$$\hat{U}^{\dagger}\hat{H}\hat{U} = \hat{T}, \quad \hat{U}\hat{H}^{\dagger}\hat{U}^{\dagger} = \hat{T}^{\dagger}. \tag{4.60}$$

而如果方阵 $\hat{H}$ 还满足

$$[\hat{H}, \hat{H}^{\dagger}] = 0,$$

则称该方阵为正规矩阵. 显然厄米矩阵、实对称矩阵均是正规矩阵. 容易证明, 上式等价于

$$[\hat{T}, \hat{T}^{\dagger}] = 0,$$

此时上三角阵约化为对角矩阵, 即 $\hat{H}$ 的本征矩阵. 因为 $\hat{U}$ 为幺正矩阵, 由本征向量构成且满秩, 所以本征向量是一组完全集.

特殊地, 如果算符的本征值是连续的, 由其本征态张成的希尔伯特空间则被推广到无穷维. 一个简单且典型的例子是动量本征态张成的希尔伯特空间. 前面我们已经提到, 任意定义在空间中的波函数总可以通过傅里叶变换变换成动量空间中的波函数

$$\psi(x) = \frac{1}{\sqrt{2\pi\hbar}} \int_{-\infty}^{+\infty} \mathrm{e}^{\mathrm{i}px/\hbar}\psi(p)\mathrm{d}p, \tag{4.24}$$

而从更深刻的角度看，这是因为平面波是厄米算符 $\hat{p}$ 的本征态

$$-\mathrm{i}\hbar\frac{\partial}{\partial x}A\mathrm{e}^{\mathrm{i}p_0x/\hbar} = -\mathrm{i}\hbar\mathrm{i}\frac{p_0}{\hbar}A\mathrm{e}^{\mathrm{i}p_0x/\hbar} \to \hat{p}\psi_0 = p_0\psi_0,$$

而对应于两个动量 p_1 和 p_2 的两个单色波 $\psi_1(x)$ 和 $\psi_2(x)$，有

$$\int_{-\infty}^{+\infty}\psi_1^*\psi_2\mathrm{d}x = \int_{-\infty}^{+\infty}\mathrm{e}^{\mathrm{i}(p_2-p_1)x/\hbar}\mathrm{d}x = 2\pi\delta[(p_2-p_1)/\hbar]. \tag{4.61}$$

这是一个推广的正交关系，对应连续本征值. 也就是说，以动量算符的本征态即平面波为基，可以构成一个无穷维的希尔伯特空间，而波函数总可以在希尔伯特空间中利用基做展开.

4.5 量子力学的基本假设

公理化是科学理论发展的终极阶段. 在现代科学研究中，我们常常首先由唯象理论得出概念和框架，然后将其总结成几个基本假设 (公理)，再从这几个假设出发，通过自洽的数理逻辑，推演出一套完整的理论体系，用来解释已知的现象并做出新的预言. 其中将唯象理论总结成基本假设的过程就是公理化的过程. 而量子力学的发展史——从实验观测到玻尔的量子论再到波动力学和矩阵力学，最终形成一套完整的公理化理论，以此为基础解释和预言整个微观世界——正是上述研究范式的实践.

前面我们依次介绍了波动力学和矩阵力学的数学基础，由此，科学家最终总结出了量子力学的五条基本假设 (亦称 "量子力学五大公设").

(1) 波函数及其统计诠释：粒子的状态由波函数 ψ 描述，波函数对应希尔伯特空间中的一个向量，其模是概率密度，即

$$\psi^*(x,t)\psi(x,t)\mathrm{d}x = |\,\psi(x,t)\,|^2\,\mathrm{d}x$$

给出了 t 时刻在 x 至 $x+\mathrm{d}x$ 的小空间 $\mathrm{d}x$ 内发现粒子的概率. 对单个粒子，概率密度在全空间内的积分为 1，即

$$\int_{-\infty}^{+\infty}\psi^*(x,t)\psi(x,t)\mathrm{d}x = 1.$$

(2) 态叠加原理：如果 ψ_1 和 ψ_2 是描述同一粒子不同状态的波函数，则它们的线性叠加

$$\psi_3(x,t) = c_1\psi_1(x,t) + c_2\psi_2(x,t)$$

也是该粒子可能的态. 态叠加原理是一个与测量联系密切的原理，它指出物理态的叠加是波函数或者说是概率幅的叠加，而不是概率的叠加，因而必然出现干涉、衍射等现象. 以双缝干涉为例，如果认为上面的 ψ_1 是开启第一个缝时粒子的状态，ψ_2 是开启第二个缝时粒子的状态，则同时开启两个缝时粒子的状态为 ψ_3，其概率密度为

$$|\psi_3|^2 = |c_1\psi_1 + c_2\psi_2|^2$$

$$= |c_1|^2|\psi_1|^2 + |c_2|^2|\psi_2|^2 + c_1^*c_2\psi_1^*\psi_2 + c_1c_2^*\psi_1\psi_2^*,$$

其中 $c_1^*c_2\psi_1^*\psi_2 + c_1c_2^*\psi_1\psi_2^*$ 为干涉项, 当且仅当 ψ_1 和 ψ_2 正交时这项才为 0. 电子双缝干涉实验直接证明了这一点. 还需要指出, 对于概率波而言, 波的干涉是指描述同一粒子状态的概率波之间的干涉, 而不是不同粒子之间概率波的干涉.

(3) 算符与测量: 量子力学中的力学可观测量均用厄米算符表示, 其测量值对应为该厄米算符的本征值. 也就是说, 测量就相当于将该厄米算符作用于本征态上.

我们首先将针对算符的厄米性质展开讨论, 再讨论测量问题. 回到我们熟悉的坐标算符和动量算符

$$\hat{x}|\psi\rangle = x|\psi\rangle, \quad \hat{p}|\phi\rangle = -\mathrm{i}\hbar\frac{\partial}{\partial x}|\phi\rangle,$$

显然它们都是厄米算符. 事实上, 正如经典力学中所有力学量都可写成广义坐标 q 和广义动量 p 的函数一样, 量子力学中所有其他的力学量也都可以写成厄米算符 $\hat{x}$、$\hat{p}$ 的函数.

例如, 4.1 节中定义的哈密顿量

$$\hat{H} = -\frac{\hbar^2}{2m}\Delta + U(\boldsymbol{x}), \tag{4.13}$$

就是第 2 章中经典哈密顿量

$$H = \frac{p^2}{2m} + U(q) \tag{2.21}$$

的直接推广, 动能项和势能项分别是涉及 $\hat{p}$ 和 $\hat{x}$ 的多项式函数. 很容易证明 $\hat{H}$ 是厄米算符.

再考虑角动量算符 $\hat{J}$. 从经典力学中的角动量

$$J_i = \epsilon_{ijk}x_jp_k \tag{2.51}$$

出发, 直接把对应坐标和动量换成对应算符可得

$$\hat{J}_x = \hat{y}\hat{p}_z - \hat{z}\hat{p}_y,$$
$$\hat{J}_y = \hat{z}\hat{p}_x - \hat{x}\hat{p}_z,$$
$$\hat{J}_z = \hat{x}\hat{p}_y - \hat{y}\hat{p}_x.$$

我们知道

$$[\hat{x}, \hat{x}] = 0, \quad [\hat{p}, \hat{p}] = 0, \quad [\hat{x}, \hat{p}] = \mathrm{i}\hbar\hat{I}, \tag{4.62}$$

推广到三维, 即

$$[\hat{x}_i, \hat{x}_j] = 0, \quad [\hat{p}_i, \hat{p}_j] = 0, \quad [\hat{x}_i, \hat{p}_j] = \mathrm{i}\hbar\delta_{ij}. \tag{4.63}$$

由于 $\hat{x}_i$、$\hat{p}_j$ 只有在 $i \neq j$ 时才是不可交换的, 因此很容易证明

$$\hat{J}_i^\dagger = \hat{J}_i,$$

即角动量算符也是厄米算符. 此外, 我们还能得到关于角动量算符的对易关系

$$[\hat{J}_i, \hat{J}_j] = i\hbar\epsilon_{ijk}\hat{J}_k,$$

以及对卡西米尔 (Casimir) 算符 $\hat{J}^2 = \hat{J}_i\hat{J}_i$, 有

$$[\hat{J}^2, \hat{J}_i] = 0. \tag{4.64}$$

容易发现, 上述证明过程中的计算逻辑与经典力学中的泊松括号一致. 事实上这就是从经典力学构建量子力学体系的正则量子化方案. 正则量子化在 4.6 节中将会详细讨论, 而关于角动量理论的讨论则留到第 5 章. 不过需要注意的是, 由于算符不一定满足乘法交换律, 所以从经典的力学量函数过渡到量子的力学量算符时, 从经典力学借用的定义不一定能使算符直接满足厄米性, 因此在部分情况下需要做一定的修改. 6.2 节中讨论的 LRL 矢量就是一个典型的例子.

至此, 我们看到量子力学中所有的力学量算符均具有厄米的性质, 下面我们对量子力学中的测量问题展开讨论. 前面已经提到, 测量就相当于将该厄米算符作用于本征态上. 具体地, 对厄米算符 $\hat{H}$, 其本征方程为

$$\hat{H}|\psi_i\rangle = E_i|\psi_i\rangle,$$

因此由 4.3 节所述, 本征态 $\{|\psi_i\rangle\}$ 构成了一组正交的完全集, 可以作为希尔伯特空间的正交基. 根据这组基, 可将波函数 $\phi(x,t) = |\phi\rangle$ 展开成

$$|\phi\rangle = \sum_{i=1}^{n}|\psi_i\rangle\langle\psi_i\mid\phi\rangle = \sum_{i=1}^{n}|\psi_i\rangle c_i,$$

于是

$$\begin{aligned}
\langle\hat{H}\rangle &= \int_{-\infty}^{+\infty}\phi^*(x,t)\hat{H}\phi(x,t)\mathrm{d}x \\
&= \langle\phi\mid\hat{H}\mid\phi\rangle \\
&= \sum_{i=1}^{n}\sum_{j=1}^{n}\langle\psi_j\mid\hat{H}\mid\psi_i\rangle c_j^*c_i,
\end{aligned}$$

利用本征态的正交性质[①] $\langle\psi_i\mid\psi_j\rangle = \delta_{ij}$ 可得

$$\langle\hat{H}\rangle = \sum_{i,j=1}^{n}\delta_{ij}E_ic_j^*c_i = \sum_{i=1}^{n}\mid c_i\mid^2 E_i.$$

---

① 一般来说, 本征态 $\{|\psi_i\rangle\}$ 不一定归一, 但总是可以令 $|\psi_k'\rangle = \dfrac{|\psi_i\rangle}{\mid\psi_i\mid}$ 来构造出正交归一的本征态.

$\langle \hat{H} \rangle$ 就是状态 $|\phi\rangle$ 下测量力学量 $\hat{H}$ 的平均值，或称期望值. 其中 $|c_i|^2$ 就是测量时平均值取 E_i 的概率. 显然，对处于本征态 $\psi_i = |\psi_i\rangle$ 的粒子进行测量时，测量值就是 E_i. 而如果有两个算符 $\hat{A}$、$\hat{B}$，满足

$$\hat{A} |\psi\rangle = a |\psi\rangle, \quad \hat{B} |\psi\rangle = b |\psi\rangle,$$

当它们对易时，显然有

$$\hat{A}\hat{B} |\psi\rangle = \hat{A} |\psi\rangle b = |\psi\rangle ab = \hat{B}\hat{A} |\psi\rangle.$$

这说明算符 $\hat{A}\hat{B}$ 和 $\hat{B}\hat{A}$ 有共同的非零本征态，因此，两个力学观测量可以不分先后地同时被测量，分别得到对应的本征值.

但如果算符 $\hat{A}$、$\hat{B}$ 不对易，则两个力学量就没有共同的本征态，因而不能被同时测量[①]. 例如，对坐标算符 $\hat{x} = x$ 和动量算符 $\hat{p} = -i\hbar \dfrac{\partial}{\partial x}$，容易验证两个算符不对易

$$[\hat{x}, \hat{p}] = i\hbar \hat{I}.$$

假设 $|\psi\rangle$ 同时是 $\hat{x}$、$\hat{p}$ 算符的本征态

$$\hat{x} |\psi\rangle = a |\psi\rangle, \quad \hat{p} |\psi\rangle = b |\psi\rangle,$$

则按照前面的对易关系，我们可以把该本征态写成

$$\begin{aligned}
\hat{I} |\psi\rangle &= \frac{1}{i\hbar} [\hat{x}, \hat{p}] |\psi\rangle \\
&= \frac{1}{i\hbar} (\hat{x}\hat{p} |\psi\rangle - \hat{p}\hat{x} |\psi\rangle) \\
&= \frac{1}{i\hbar} ab |\psi\rangle - \frac{1}{i\hbar} ba |\psi\rangle = 0,
\end{aligned}$$

因而算符 $\hat{x}$、$\hat{p}$ 没有非零的共同本征态，也就不存在可以被同时确定位置和动量的波函数. 换句话说，粒子的位置和动量不能同时测量. 这就是海森伯不确定性原理.

我们还可以从更深层次上讨论同时测量问题. 对厄米算符 $\hat{H}$，$\hat{H}^2$ 的期望值 $\langle \hat{H}^2 \rangle$ 和 $\hat{H}$ 的期望值的平方 $\langle \hat{H} \rangle^2$ 一般并不相等. 即对

$$\langle \hat{H}^2 \rangle = \langle \hat{H}\psi \mid \hat{H}\psi \rangle,$$

有

$$\langle \hat{H}^2 \rangle - \langle \hat{H} \rangle^2 = \left\langle \left(\hat{H} - \langle \hat{H} \rangle \right)^2 \right\rangle \geqslant 0, \tag{4.65}$$

---

① 我们也可以从矩阵运算的角度来理解这一点：寻找本征态的过程即是矩阵对角化的过程，而我们知道所有的厄米矩阵都可以通过相似变换对角化，但是只有当两个厄米矩阵对易时它们才能同时被对角化，因而才有共同的本征态. 证明留作习题.

当且仅当对本征态进行测量时等号成立.

定义算符 $\hat{H}$ 在状态 $|\psi\rangle$ 上的不确定度为

$$(\Delta\hat{H})^2 = \left\langle \left(\hat{H} - \left\langle \hat{H} \right\rangle_\psi \right)^2 \right\rangle_\psi . \tag{4.66}$$

下标 ψ 表示测量时粒子所处的状态. 对于力学量算符 $\hat{A}$ 和 $\hat{B}$，由于它们都是厄米算符，因此可以定义两个新的厄米算符 $\hat{F} = \Delta\hat{A} = \hat{A} - \langle A \rangle$，$\hat{G} = \Delta\hat{B} = \hat{B} - \langle B \rangle$. 利用 $\hat{F}$ 和 $\hat{G}$ 构造

$$\hat{N}_+ = \hat{F} + \mathrm{i}\xi\hat{G},$$

其中 ξ 是一个实数. 显然 $N_+^\dagger \neq N_+$，所以 N_+ 不是一个厄米算符，但 N_+ 作用在向量 $|\psi\rangle$ 上仍是希尔伯特空间中的一个向量 $\left| \hat{N}_+\psi \right\rangle$. 利用向量的模的半正定性，有

$$0 \leqslant \left\langle \psi \mid \hat{N}_+^\dagger \hat{N}_+ \mid \psi \right\rangle$$
$$= \left\langle \hat{F}^2 \right\rangle + \mathrm{i}\xi \left\langle [\hat{F}, \hat{G}] \right\rangle + \xi^2 \left\langle \hat{G}^2 \right\rangle$$
$$= (\Delta\hat{A})^2 + \mathrm{i}\xi \left\langle [\hat{A}, \hat{B}] \right\rangle + \xi^2 (\Delta\hat{B})^2 .$$

上式最后一行为一个 ξ 的二次多项式且二次项系数大于零，其半正定的条件为

$$(\mathrm{i}\left\langle [\hat{A}, \hat{B}] \right\rangle)^2 - 4(\Delta\hat{A})^2(\Delta\hat{B})^2 \leqslant 0,$$

整理后开根号可得

$$\Delta\hat{A}\Delta\hat{B} \geqslant \frac{1}{2} \left| \left\langle [\hat{A}, \hat{B}] \right\rangle \right| . \tag{4.67}$$

上式就是不确定关系. 可以看到，海森伯不确定性原理并不局限于坐标和动量的测量，而是适用于所有不对易的厄米算符.

在经典的哥本哈根诠释中，我们用波函数的 "坍缩" 来解释测量行为，即当量子态被测量时，其波函数坍缩到了被测量量对应算符的本征态. 但哥本哈根诠释并不能解释量子态坍缩的原因. 近一个世纪以来，学者们针对量子力学的测量问题展开了长久的争论，提出了许多不同的观点，例如退相干机制[①]等，对此感兴趣的同学可自行阅读相关资料.

不确定关系经常可以被用来做一些简单的估算. 例如一个原子核，核子被束缚在费米尺度，即 $\Delta x \sim 10^{-15}$ m，按照不确定关系可以估算其动量不确定度，从而得到最大的动能值为

$$p \sim \Delta p \sim \frac{1}{2\Delta x} \to E_\mathrm{k} \approx \sqrt{\frac{p^2}{2m_N}} \sim \mathcal{O}(30 \text{ MeV}).$$

这个估算与核子的费米能计算是相当的.

① Omnes R. Consistent interpretations of quantum mechanics. Review of Modern Physics, 1992, 64: 339-382.

(4) 量子系统的非相对论动力学：波函数随时间的演化由薛定谔方程描述

$$\mathrm{i}\hbar\frac{\partial}{\partial t}\psi(x,t) = \hat{H}\psi(x,t). \tag{4.68}$$

前面我们已经对波动力学进行了较为详细的讨论. 而在 4.6 节中我们将看到, 结合其他几个假设后, 我们可以从变换理论的视角来进一步讨论量子力学的动力学, 这会带来更丰富的物理内涵.

(5) 全同性原理：一般地, 如果两个粒子的一切固有性质 (如质量、电荷、自旋等) 完全一样, 则我们称这两个粒子是全同的. 在量子力学中, 全同粒子是不可区分的.

根据定义, 显然在同样的物理条件下, 全同粒子的行为完全相同, 因而用一个全同粒子代替另一个全同粒子, 不会引起系统物理状态的任何改变. 在经典力学中, 虽然全同粒子的固有性质相同, 但每个粒子有确定的位置和动量, 因而我们可以利用动力学量 (q_i, p_i, t) 和运动方程描述和预言每个粒子的运动状态; 所以, 理论上我们总是可以通过初态编号来区分这些全同粒子 (有时候因为粒子数过多, 我们会选用统计方法描述其行为, 但这并不意味着这些粒子是不可区分的). 然而在量子力学中, 由于粒子以物质波的形式存在, 其波函数只是一种概率分布的描述, 我们无法找到某一粒子确定的 "运动轨迹", 也不能确定性地预言某一粒子未来的运动状态, 因此, 我们就无法对全同粒子作出区分[1]. 这就是全同粒子的不可区分性, 或称全同性原理. 全同性原理在量子多体系统如多电子原子的讨论中有十分重要的应用, 我们会在第 9 章中再次讨论.

4.6 变换理论下的量子力学与正则量子化

在 2.4 节和 2.5 节中, 我们已经看到了经典力学下正则变换生成函数 G 与具体变换的对应

$$\text{时间平移变换} \Leftrightarrow g = H(q,p)$$

$$\text{空间平移变换} \Leftrightarrow g = p_x \tag{2.50}$$

$$\text{平面转动变换} \Leftrightarrow g = J_z$$

本节我们讨论能否将这样的对应推广到量子力学中.

首先我们看时间平移变换. 在量子力学中, 对态 $|\psi(x,t)\rangle$[2], 在时间 t_0 附近做泰勒展开, 利用薛定谔方程可得[3]

$$|\psi(x, t_0 + \delta t)\rangle = |\psi(x, t_0)\rangle + \delta t \frac{\partial |\psi(x,t)\rangle}{\partial t}\bigg|_{t=t_0} + \cdots$$

---

[1] 即使我们在初始状态能给每个全同粒子编号, 随着时间的演化, 波在传播过程中总会出现叠加; 而一旦波函数出现叠加, 我们就无法继续追踪哪个是 "粒子 1" 的波, 哪个是 "粒子 2" 的波, 自然也就无法区分到底是哪个粒子.

[2] 这里我们使用在坐标表象下的 $|\psi\rangle$, 因而严格来说 $|\psi(x,t)\rangle$ 应写成 $\langle x \mid \psi\rangle$. 而其中的 t 表示 $|\psi\rangle$ 对时间 t 的依赖性.

[3] 从本节开始我们将采用自然单位制 $(\hbar = c = 1)$, 以省去 $\hbar$, 避免冗杂.

$$= [\hat{I} - \mathrm{i}\delta t \hat{H}] |\psi(x, t_0)\rangle + \cdots . \tag{4.69}$$

我们对有限时间间隔 $(t - t_0)$ 进行 $N(N \to \infty)$ 等分，即设

$$\delta t = \lim_{N \to \infty} \frac{t - t_0}{N}, \tag{4.70}$$

代回式 (4.69)，保留到 δt 的一阶项有

$$|\psi(x, t_0 + \delta t)\rangle = \left[\hat{I} - \frac{\mathrm{i}(t - t_0)}{N} \hat{H} \right] |\psi(x, t_0)\rangle .$$

回到式 (4.70)，我们把有限的时间平移 $\Delta t = t - t_0$ 看作 $N(N \to \infty)$ 次无穷小时间平移 δt 的叠加，就有

$$|\psi(x, t)\rangle = \lim_{N \to \infty} \left[\hat{I} - \frac{\mathrm{i}(t - t_0)}{N} \hat{H} \right]^N |\psi(x, t_0)\rangle$$
$$= \mathrm{e}^{-\mathrm{i}(t - t_0)\hat{H}} |\psi(x, t_0)\rangle .$$

定义

$$\hat{U}(\tau) = \mathrm{e}^{-\mathrm{i}\tau\hat{H}}, \quad \text{即} \quad \hat{H} = \mathrm{i} \frac{\partial \hat{U}}{\partial \tau} \big|_{\tau=0},$$

可以证明

$$\hat{U}(s + t) = \hat{U}(s)\hat{U}(t), \quad \hat{U}(0) = \hat{I},$$

且

$$\hat{U}^\dagger(\tau)\hat{U}(\tau) = \hat{I}.$$

因此 $\hat{U}$ 是一个幺正算符，称为时间演化算符或者时间平移算符. 可以看到哈密顿量是它的生成元.

在量子力学中，量子态随时间的演化可表示为

$$|\psi(x, t)\rangle = \mathrm{e}^{-\mathrm{i}t\hat{H}} |\psi(x, 0)\rangle . \tag{4.71}$$

如果 $|\psi_k(x)\rangle$ 是哈密顿量的本征态，即

$$\hat{H} |\psi_k(x)\rangle = E_k |\psi_k(x)\rangle ,$$

E_k 是本征值，则 $t = 0$ 时刻的初态波函数 $|\psi(x, 0)\rangle$ 可以以上面的本征态展开

$$|\psi(x, 0)\rangle = \sum_{k=1}^{n} |\psi_k(x)\rangle c_k.$$

利用时间演化算符, 我们可以得到 t 时刻的波函数

$$|\psi(x,t)\rangle = \sum_{k=1}^{n} |\phi_k(x)\rangle\, c_k \mathrm{e}^{-\mathrm{i}tE_k}.$$

在薛定谔理论中, 算符一般是不含时的, 而波函数随时间演化, 即

$$\mathrm{i}\frac{\partial}{\partial t} |\psi^{\mathrm{S}}(x,t)\rangle = \hat{H}^{\mathrm{S}} |\psi^{\mathrm{S}}(x,t)\rangle,$$

$$\mathrm{i}\frac{\partial}{\partial t}\hat{A}^{\mathrm{S}} = 0.$$

如果我们要计算力学量随时间的变化, 就要根据含时波函数的演化, 计算算符对应的期望值. 这种框架通常被称为薛定谔绘景 (Schrödinger picture), 这也是上式中上标 S 的含义.

我们还可以把系统随时间的演化归到算符上, 即认为算符通过时间演化算符 $\hat{U}$ 演化, 而波函数则不显含时间. 这样我们就可以得到量子力学的另一个等价的框架, 即海森伯绘景 (Heisenberg picture). 首先我们定义变换

$$|\psi^{\mathrm{H}}(t)\rangle = \hat{U}^{\dagger}(t) |\psi^{\mathrm{S}}(t)\rangle = \mathrm{e}^{\mathrm{i}t\hat{H}} |\psi^{\mathrm{S}}(t)\rangle, \quad |\psi^{\mathrm{S}}(t)\rangle = \hat{U}(t) |\psi^{\mathrm{H}}(t)\rangle, \tag{4.72}$$

与前面类似, 式中上标 H 表示海森伯绘景 (以下我们将薛定谔绘景和海森伯绘景分别简称为 S 绘景和 H 绘景). 因为 $[\hat{H}, \mathrm{e}^{\mathrm{i}t\hat{H}}] = 0$, 所以

$$\mathrm{i}\frac{\partial}{\partial t} |\psi^{\mathrm{H}}(t)\rangle = \mathrm{i}(\mathrm{i}\hat{H})\mathrm{e}^{\mathrm{i}t\hat{H}} |\psi^{\mathrm{S}}(t)\rangle + \mathrm{e}^{\mathrm{i}t\hat{H}} \hat{H} |\psi^{\mathrm{S}}(t)\rangle = 0.$$

因此 H 绘景下的波函数 $|\psi^{\mathrm{H}}(t)\rangle = |\psi^{\mathrm{H}}\rangle$ 不显含时间. 要保证两种绘景下力学量的测量值不变, 必须满足

$$\left\langle \hat{A}^{\mathrm{S}} \right\rangle_{\mathrm{S}} \equiv \left\langle \psi^{\mathrm{S}}(t) \mid \hat{A}^{\mathrm{S}} \mid \psi^{\mathrm{S}}(t) \right\rangle$$

$$= \left\langle \psi^{\mathrm{H}} \mid \hat{U}^{\dagger}(t)\hat{A}^{\mathrm{S}}\hat{U}(t) \mid \psi^{\mathrm{H}} \right\rangle$$

$$\equiv \left\langle \hat{A}^{\mathrm{H}} \right\rangle_{\mathrm{H}}.$$

由于算符 $\hat{A}^{\mathrm{H}}$ 及其含时演化定义为

$$\hat{A}^{\mathrm{H}}(t) = \hat{U}^{\dagger}(t)\hat{A}^{\mathrm{S}}\hat{U}(t) = \mathrm{e}^{\mathrm{i}t\hat{H}}\hat{A}^{\mathrm{S}}\mathrm{e}^{-\mathrm{i}t\hat{H}},$$

$$\mathrm{i}\frac{\mathrm{d}}{\mathrm{d}t}\hat{A}^{\mathrm{H}}(t) = \mathrm{i}\frac{\partial}{\partial t}\left(\mathrm{e}^{\mathrm{i}t\hat{H}}\hat{A}^{\mathrm{S}}\mathrm{e}^{-\mathrm{i}t\hat{H}}\right)$$

$$= \mathrm{i}\mathrm{i}\hat{H}\mathrm{e}^{\mathrm{i}t\hat{H}}\hat{A}^{\mathrm{S}}\mathrm{e}^{-\mathrm{i}t\hat{H}} + \mathrm{i}(-\mathrm{i})\mathrm{e}^{\mathrm{i}t\hat{H}}\hat{A}^{\mathrm{S}}\hat{H}\mathrm{e}^{-\mathrm{i}t\hat{H}}$$

$$= \mathrm{e}^{\mathrm{i}t\hat{H}}\hat{A}^{\mathrm{S}}\hat{H}\mathrm{e}^{-\mathrm{i}t\hat{H}} - \mathrm{e}^{\mathrm{i}t\hat{H}}\hat{H}\hat{A}^{\mathrm{S}}\mathrm{e}^{-\mathrm{i}t\hat{H}}$$

$$= e^{it\hat{H}}[\hat{A}^{S}, \hat{H}]e^{-it\hat{H}}$$

$$= [e^{it\hat{H}}\hat{A}^{S}e^{-it\hat{H}}, \hat{H}]$$

$$= [A^{H}(t), \hat{H}].$$

所以通过时间演化的幺正变换后，我们从 S 绘景得到一组新的演化方程

$$i\frac{\partial}{\partial t}\left|\psi^{H}(t)\right\rangle = 0,$$

$$i\frac{\partial}{\partial t}\hat{A}^{H}(t) = [\hat{A}^{H}(t), \hat{H}], \tag{4.73}$$

这就是海森伯绘景 (H 绘景)，式 (4.73) 称为海森伯方程. 事实上，在量子力学理论中，除了 S 绘景和 H 绘景外，还有一种绘景称为相互作用绘景 (interaction picture). 我们暂时不会遇到需要使用相互作用绘景的具体问题，因此这里不再展开.

在上面的讨论中我们注意到，量子力学中有如下对易关系：

$$[\hat{x}_i, \hat{p}_j] = i\delta_{ij}, \quad i\frac{\partial}{\partial t}\hat{A}^{H}(t) = [\hat{A}^{H}(t), \hat{H}], \tag{4.74}$$

因而算符的对易子 "[,]" 和第 2 章哈密顿力学中的泊松括号 "{ , }" 存在一定的对应性. 而狄拉克的正则量子化方案正是由此引出，即

$$\{\ ,\ \} \to \frac{1}{i\hbar}[\ ,\ ]. \tag{4.75}$$

其中算符对易子 "[,]" 也被称作量子括号. 通过以上对应关系可以把经典力学中的运动方程直接 "翻译" 到量子力学体系中.

在经典哈密顿力学中，我们可以通过泊松括号判断某物理量是否为守恒量. 类似地，在量子力学中要判断某力学可观测量是否守恒，只需计算该算符与哈密顿量的对易子即可. 如果力学量算符与哈密顿量对易，则该力学量为守恒量.

例如，系统的能量对应哈密顿算符 $\hat{H}$，它总是和本身对易

$$[\hat{H}, \hat{H}] = 0,$$

所以我们知道无论在哪种绘景下，能量都是守恒量. 注意到时间平移算符 $U(t) = e^{it\hat{H}}$，代入上式立即可得 $[\hat{H}, U(t)] = 0$. 这事实上表明系统运动方程的时间平移不变性对应了能量守恒.

再例如，如果系统哈密顿量不显含坐标，此时

$$\hat{H}_0 = \frac{\hat{p}^2}{2m},$$

因此有

$$[\hat{p}, \hat{H}_0] = 0,$$

所以系统动量守恒.

另外, 对于守恒量算符 $\hat{A}$, 鉴于 $[\hat{A}, \hat{H}] = 0$, 很容易证明

$$\hat{A}^{\mathrm{H}} = \hat{A}^{\mathrm{S}}. \tag{4.76}$$

这其实是显然的, 因为守恒量不随时间演化, 所以它们对应的算符在两种绘景下等价.

下面再来看空间平移变换. 以一维情况为例, 如果对函数 $f(x)$ 在 x_0 处做泰勒展开并保留到 δx 的一阶项, 有

$$f(x_0 + \delta x) = f(x_0) + \delta x \frac{\mathrm{d}f(x)}{\mathrm{d}x}\bigg|_{x=x_0} + \cdots = \left(1 + \delta x \frac{\mathrm{d}}{\mathrm{d}x}\right) f(x_0).$$

所以无穷小平移变换和量子力学中的动量算符 $\hat{p} = -\mathrm{i}\dfrac{\mathrm{d}}{\mathrm{d}x}$ 对应,

$$f(x_0 + \delta x) = (1 - \mathrm{i}\delta x \hat{p}) f(x_0).$$

和前面时间平移变换的讨论一样, 把一维有限平移变换看作是 N 次无穷小平移变换 δx 的叠加, 当 $N \to \infty$ 时, 有

$$f(x) = \mathrm{e}^{-\mathrm{i}(x-x_0)\hat{p}} f(x_0),$$

于是定义一维平移变换算符

$$\hat{U}_p(x) = \mathrm{e}^{-\mathrm{i}x\hat{p}},$$

容易验证该算符满足如下性质:

$$\hat{U}_p(\alpha) x = x + \alpha,$$
$$\hat{U}_p(0) = 1,$$
$$\hat{U}_p(\alpha)\hat{U}_p(\beta) = \hat{U}_p(\alpha + \beta),$$
$$\hat{U}_p(\alpha)^{-1} = \hat{U}_p(-\alpha).$$

由于沿不同轴的平移可交换, 上述结果很容易被推广到三维情况, 即

$$\hat{U}_p(\boldsymbol{x}) = \mathrm{e}^{-\mathrm{i}x_i\hat{p}_i}, \quad i = 1, 2, 3,$$

和时间平移一样, 显然算符 $\hat{U}_p$ 具有幺正性

$$\hat{U}_p^\dagger \hat{U}_p = \hat{I}.$$

一个固定位置的粒子 $|\psi_0\rangle$ 可以通过平移算符得到

$$|\psi(\boldsymbol{x})\rangle = \hat{U}_p(\boldsymbol{x}) |\psi_0\rangle = \mathrm{e}^{-\mathrm{i}x_i\hat{p}_i} |\psi_0\rangle.$$

如果运动方程在平移变换下不变, 即

$$i\frac{\partial}{\partial t}\left|\psi_0\right\rangle = \hat{H}\left|\psi_0\right\rangle,$$

且

$$i\frac{\partial}{\partial t}\left|\psi(\boldsymbol{x})\right\rangle = \hat{H}\left|\psi(\boldsymbol{x})\right\rangle,$$

则我们可以得到

$$\hat{U}_p(\boldsymbol{x})\hat{H}\hat{U}_p^\dagger(\boldsymbol{x}) = \hat{H},$$

即

$$[\hat{U}_p(\boldsymbol{x}),\hat{H}] = 0,$$

进而可以得到

$$[\hat{p}_i,\hat{H}] = 0.$$

所以运动方程的空间平移不变性对应动量守恒. 像时间平移、空间平移这种保持运动方程不变的幺正变换, 又称为对称变换.

以上两例向我们展示了把经典力学的诺特定理推广到量子力学的可能性. 而一般地, 设算符 $\hat{U}$ 为希尔伯特空间中保持内积不变的幺正变换

$$\left|\psi'\right\rangle = \hat{U}\left|\psi\right\rangle, \quad \left|\psi\right\rangle = \hat{U}^\dagger\left|\psi'\right\rangle, \quad \hat{U}^\dagger\hat{U} = \hat{I},$$

如果在算符 $\hat{U}$ 的作用下运动方程不变

$$i\frac{\partial}{\partial t}\left|\psi\right\rangle = \hat{H}\left|\psi\right\rangle \Rightarrow i\frac{\partial}{\partial t}\left|\psi'\right\rangle = \hat{H}\left|\psi'\right\rangle,$$

则有

$$\hat{H} = \hat{U}\hat{H}\hat{U}^\dagger,$$

即 $[\hat{H},\hat{U}] = 0$. 我们已经知道一般单参数的幺正变换总可以用厄米算符 $\hat{G}$ 生成, 其中无穷小幺正变换为

$$\hat{U}_\delta = \hat{I} - i\delta\hat{G}, \quad \hat{G}^\dagger = \hat{G},$$

因此有限幺正变换 $\hat{U}_\Delta$ 为

$$\hat{U}_\Delta = \hat{U}_\delta^N = \lim_{N\to\infty}\left(\hat{I} - i\frac{\Delta}{N}\hat{G}\right)^N = e^{-i\Delta\hat{G}},$$

其中 $\Delta = N\delta$. 而 $\hat{H}$ 与 $\hat{U}$ 又是对易的, 从而有

$$[\hat{H},\hat{G}] = 0.$$

因此厄米算符 $\hat{G}$ 对应某个守恒量. 由于幺正变换 U 是由力学量算符 $\hat{G}$ 生成的, 所以每个保证运动方程不变的对称变换对应一个守恒量. 这就是量子力学中的诺特定理.

经典力学中角动量是转动变换的生成函数, 现在我们在量子力学中考察角动量对应的变换. 根据动量算符的形式, 我们可以写出量子力学中的角动量算符, 首先考虑沿 z 轴的角动量

$$\hat{J}_z = -\mathrm{i}\left(x\frac{\partial}{\partial y} - y\frac{\partial}{\partial x}\right).$$

在三维球坐标系 (r,θ,ϕ) 中

$$x = r\sin\theta\cos\phi, \quad y = r\sin\theta\sin\phi, \quad z = r\cos\theta,$$

因而角动量算符 $\hat{J}_z$ 可写成

$$\hat{J}_z = -\mathrm{i}\frac{\partial}{\partial\phi}.$$

而在 x-y 平面的极坐标系 (ρ,ϕ) 下, 无穷小转动变换为

$$f(\phi) \to f(\phi + \delta\phi) = f(\phi) + \delta\phi\frac{\partial}{\partial\phi}f,$$

应用 $\hat{J}_z$, 此变换可写成

$$f(\phi) \to (1 + \mathrm{i}\delta\phi\hat{J}_z)f(\phi).$$

于是, 角动量算符 $\hat{J}_z$ 就成为 x-y 平面转动的生成元. 不过, 另外两轴的转动相对复杂, 因而这里没有列出, 留到后续章节中继续讨论.

❧ 第4章习题 ❧

4.1　证明当势能 $U(x)$ 在边界点上间断时, 波函数一阶导数的仍然连续性. 提示: 对薛定谔方程两边在边界点 c 处从 c_- 到 c_+ 积分

$$\int_{c_-}^{c_+} \mathrm{d}x\frac{\mathrm{d}^2}{\mathrm{d}x^2}\psi(x) = \int_{c_-}^{c_+} \mathrm{d}x\, 2m[-E + U(x)]\psi(x). \tag{4.77}$$

4.2　一个粒子在一维无限深势阱中运动

$$V(x) = \begin{cases} 0, & x \in [0,\ L], \\ \infty, & x \in (-\infty, 0)\bigcup(L,\ +\infty). \end{cases}$$

求: (1) 能级的具体形式.

(2) 波函数的具体形式 (含归一化系数).

(3) 证明波函数有

$$\int_{-\infty}^{+\infty} \psi_m^*\psi_n\mathrm{d}x = \delta_{mn}.$$

4.3　对束缚态的波函数 (即波函数于无穷远处为零 $\psi(\pm\infty) = 0$)，如果 ψ_1 和 ψ_2 分别对应两个不同能级 E_1 和 $E_2(E_1 \neq E_2)$，利用定态薛定谔方程证明

$$\int_{-\infty}^{+\infty} \psi_1^* \psi_2 \mathrm{d}x = 0,$$

即不同能级的束缚态波函数正交.

4.4　考虑一个三维的刚性立方体盒子，边长为 L，已知波函数可以写成

$$\psi(x, y, z) = \psi_x(x)\psi_y(y)\psi_z(z)$$

的形式，利用分离变量法把薛定谔方程分解成三个互相独立的一维问题.

4.5　假设一个重原子核的半径为 $R = R_0 A^{1/3}$，其中 A 为质量数，同时假设原子核中的质子和中子可以分别用三维无限深势阱中的自由粒子描述 (自由费米气体模型)，利用泡利不相容原理和 4.4 题关于三维无限深势阱的结果，

(1) 推导质子和中子的费米能，即其动能的最大值 (最大动量对应动量空间 (k_x, k_y, k_z) 中费米球面半径).

(2) 假设原子核中电荷密度为常数

$$\rho_0 = \frac{3Q}{4\pi R^3} = \frac{3q}{4\pi r^3} \rightarrow \mathrm{d}q = 4\pi\rho_0 r^2 \mathrm{d}r,$$

推导质子的库仑排斥势能

$$E_c = -\frac{z(z-1)}{2}\frac{e^2}{\langle r \rangle}, \quad \frac{1}{\langle r \rangle} = \frac{1}{Q}\int_0^R \frac{\mathrm{d}q}{r}.$$

(3) 如果 $_{92}^{238}\mathrm{U}$ 原子核中质子和中子的费米能之差恰好为库仑排斥势能，求 R_0.

4.6　一个粒子从 $x < 0$ 方向往 $+$ 方向运动，穿过一维有限高度势垒

$$V(x) = \begin{cases} 0, & x \in (-\infty, 0), \\ V_0, & x \in [0, \ L], \\ 0, & x \in (L, \ +\infty), \end{cases} \tag{4.78}$$

且粒子能量 $E < V_0$.

(1) 利用薛定谔方程，证明波函数和波函数的一阶导数在边界连续.

(2) 分别求出该粒子在三段波函数的一般形式，并且利用上面证明的连续性条件确定系数.

(3) 根据概率流密度

$$J = \frac{1}{2mi}\left(\psi^* \nabla\psi - \psi\nabla\psi^*\right),$$

给出入射流、投射流和反射流.

4.7　粒子能量 $E < 0$ 在一维 δ 势阱中运动

$$V(x) = -V_0\delta(x), \quad V_0 > 0.$$

(1) 求束缚态能级和波函数 $\psi(x)$.

(2) 计算势能平均值

$$\langle V \rangle = \int_{-\infty}^{+\infty} \psi^*(x)V(x)\psi(x)\mathrm{d}x.$$

(3) 证明动能平均值为[①]

$$\langle T \rangle = E - \langle V \rangle = -\frac{1}{2}\langle V \rangle = \frac{1}{2}\left\langle x \frac{\mathrm{d}V(x)}{\mathrm{d}x}\right\rangle.$$

4.8　对算符 $\hat{A}$ 和复数参量 α、β 有

$$\mathrm{e}^{\alpha\hat{A}} = \sum_{n=0}^{\infty} \frac{\alpha^n}{n!}\hat{A}^n,$$

证明

$$\mathrm{e}^{(\alpha+\beta)\hat{A}} = \mathrm{e}^{\alpha\hat{A}}\mathrm{e}^{\beta\hat{A}}, \quad \frac{\mathrm{d}}{\mathrm{d}\alpha}\mathrm{e}^{\alpha\hat{A}} = \mathrm{e}^{\alpha\hat{A}}\hat{A}.$$

4.9　对算符 $\hat{A}$、$\hat{B}$ 有

$$[\hat{A},\ \hat{B}] = \hat{C} \neq \hat{0}, \quad [\hat{A},\ \hat{C}] = [\hat{B},\ \hat{C}] = 0.$$

证明

$$\mathrm{e}^{\hat{A}+\hat{B}} = \mathrm{e}^{\hat{A}}\mathrm{e}^{\hat{B}}\mathrm{e}^{-\hat{C}/2} = \mathrm{e}^{\hat{B}}\mathrm{e}^{\hat{A}}\mathrm{e}^{\hat{C}/2}.$$

4.10　对于幺正算符 $\hat{U}$，$\hat{U}^\dagger\hat{U} = \hat{I}$，如果无穷小幺正算符写成

$$\hat{U}_\delta = \hat{I} + \mathrm{i}\delta\hat{H},$$

其中 δ 为实数，证明 $\hat{H}^\dagger = \hat{H}$，并且证明算符 $\hat{H}$ 对于任意非零态平均值 $\langle \psi \,|\, \hat{H} \,|\, \psi \rangle$ 为实数.

4.11　对厄米算符 $\hat{A}$，$|\phi\rangle$ 和 $|\psi\rangle$ 为两任意矢量，证明

$$\left| \left\langle \psi \left| \hat{A} \right| \phi \right\rangle \right|^2 \leqslant \left\langle \psi \left| \hat{A} \right| \psi \right\rangle \left\langle \phi \left| \hat{A} \right| \phi \right\rangle$$

4.12　对厄米算符 $\hat{A}$ 证明

$$(\Delta\hat{A})^2 = \left\langle \psi \left| (\hat{A} - \langle\hat{A}\rangle)^2 \right| \psi \right\rangle = \left\langle \psi \left| \hat{A}^2 - \langle\hat{A}\rangle^2 \right| \psi \right\rangle.$$

4.13　假设存在厄米矩阵 A 和 B，且 A、B 对易，证明存在可逆矩阵 P，使得 $P^{-1}AP$ 和 $P^{-1}BP$ 都是对角矩阵.

4.14　对厄米算符 $\hat{A}$，$\hat{B}$，证明

(1) $[\hat{A}, \hat{B}]^\dagger = -[\hat{A}, \hat{B}]$.

(2) $\Delta\hat{A}^2\Delta\hat{B}^2 \geqslant \frac{1}{4}\left\langle \mathrm{i}[\hat{A}, \hat{B}] \right\rangle^2$.

4.15　讨论时间 t 和粒子能量 E 是否能被同时测量.

4.16　利用 $\hat{x}$ 和 $\hat{p}$ 的对易关系证明对角动量算符

$$[\hat{J}_i, \hat{J}_j] = \mathrm{i}\epsilon_{ijk}\hat{J}_k.$$

[①] 一般地，对势场 $V(\boldsymbol{r})$ 中的粒子，有

$$\langle T \rangle = \frac{\langle \boldsymbol{r} \cdot \nabla V \rangle}{2}.$$

此式称为位力定理 (virial theorem).

4.17 对于 $R^2 = \hat{x}^2 + \hat{y}^2 + \hat{z}^2$, $\hat{p}^2 = \hat{p}_x^2 + \hat{p}_y^2 + \hat{p}_z^2$, 求

$$[\hat{p}_i, \ R^2], \quad [\hat{p}_i, \ R^4], \quad [\hat{p}_i, \ R].$$

利用数学归纳法证明

$$[\hat{p}_i, R^n] = -\mathrm{i}n R^{n-2}\hat{x}_i.$$

并利用该式和 $[\hat{p}_i, 1] = 0$ 证明

$$\left[\hat{p}_i, \frac{1}{R^n}\right] = \mathrm{i}n \frac{1}{R^{n+2}}\hat{x}_i.$$

利用 4.16 题的角动量算符定义，计算

$$[\hat{J}_i, \ R], \quad \left[\hat{J}_i, \ \frac{1}{R}\right], \quad [\hat{J}_i, \ \hat{p}^2].$$

第 5 章　角动量理论

　　前面，我们从经典的拉格朗日和哈密顿力学出发，通过力学量与算符的对应关系建立了量子力学的基本理论，并通过变换视角下的讨论找到了更简洁和深刻的正则量子化方案.

　　角动量问题是量子力学中的一个重要问题：我们主要的研究对象，即原子，本身就是一个有心力场问题，常常具有球对称特性；而在变换的视角下，角动量本身就是转动变换的生成元. 因此，本章我们将从变换与矩阵力学的视角出发，从代数角度推导一般的角动量理论，这将为接下来深入研究氢原子问题奠定基础.

5.1　角动量：本征态与本征值

　　在量子力学的基本假设中，我们提到了量子力学中所有的力学量均可以写成厄米算符 $\hat{x}$ 和 $\hat{p}$ 的函数，从而根据其对易关系

$$[\hat{x}_i,\ \hat{p}_j] = \mathrm{i}\delta_{ij}, \quad [\hat{x}_i,\ \hat{x}_j] = 0, \quad [\hat{p}_i,\ \hat{p}_j] = 0, \tag{5.1}$$

可以得到所有这些力学量算符的对易关系. 按照第 4 章中角动量算符的定义

$$\hat{J}_i = \epsilon_{ijk}\hat{x}_j\hat{p}_k, \tag{5.2}$$

容易得到角动量算符满足

$$[\hat{J}_i, \hat{J}_j] = \mathrm{i}\epsilon_{ijk}\hat{J}_k$$

和

$$[\hat{J}^2, \hat{J}_i] = 0,$$

其中 $\hat{J}^2 = \hat{J}_1^2 + \hat{J}_2^2 + \hat{J}_3^2$（在直角坐标系中，$\hat{J}_1 = \hat{J}_x,\ \hat{J}_2 = \hat{J}_y,\ \hat{J}_3 = \hat{J}_z$）. 在第 4 章的最后，我们也看到了角动量算符 $\hat{J}_z$ 和 $x\text{-}y$ 平面转动生成元的对应关系. 在 3.4 节中我们已经知道，从代数上讲，保持 E_3 空间中向量距离不变的三维转动 $SO(3)$ 变换，其无穷小生成元可认为就是角动量算符

$$\hat{J}_i = -\mathrm{i}X_i, \quad i = 1, 2, 3,$$

即

$$\hat{J}_1 = \begin{pmatrix} 0 & 0 & 0 \\ 0 & 0 & -\mathrm{i} \\ 0 & \mathrm{i} & 0 \end{pmatrix}, \quad \hat{J}_2 = \begin{pmatrix} 0 & 0 & \mathrm{i} \\ 0 & 0 & 0 \\ -\mathrm{i} & 0 & 0 \end{pmatrix}, \quad \hat{J}_3 = \begin{pmatrix} 0 & -\mathrm{i} & 0 \\ \mathrm{i} & 0 & 0 \\ 0 & 0 & 0 \end{pmatrix}, \quad (3.19)$$

且有

$$[\hat{J}_i, \hat{J}_j] = \mathrm{i}\epsilon_{ijk}\hat{J}_k. \tag{3.26}$$

另外，由于 E_3 空间是希尔伯特空间，正交变换算符也是幺正的，而 $\hat{J}_i$ 确实是厄米的，所以这也与之前讨论的幺正算符总可以由厄米算符生成相符.

角动量算符各分量之间的不可对易性至少说明了两点. 首先，从群论角度，角动量算符是欧几里德空间转动群的生成元，它的不对易性说明了绕着不同轴做转动的顺序是不可交换的，这一点在 3.4 节中我们已经看到；其次，从量子力学的观测角度，不对易性导致了任意两个角动量分量算符不存在共同的本征态，也就是说，不可能同时测量出 $\hat{J}_x$、$\hat{J}_y$、$\hat{J}_z$ 这三个力学量的平均值. 同理，由于存在以下对易关系：

$$[\hat{J}_i, \hat{x}_j] = \mathrm{i}\epsilon_{ijk}\hat{x}_k, \quad [\hat{J}_i, \hat{p}_j] = \mathrm{i}\epsilon_{ijk}\hat{p}_k,$$

同时测量 $\hat{J}_x$、$\hat{p}_y$ 和 z 也是不可能的.

但鉴于 $\hat{J}_z$ 和 $\hat{J}^2$ 对易，我们可以定义两个算符的共同本征态 $|j,m\rangle$，其中 m 是 $\hat{J}_z$ 的本征值 (即 $\hat{J}_z|j,m\rangle = m|j,m\rangle$)，而 $\hat{J}^2$ 的本征值则可能与 m 及另一个量子数 j 有关[①]. 为了能够更方便地处理下面的问题，定义两个新的算符

$$\begin{aligned} \hat{J}_+ &= \hat{J}_x + \mathrm{i}\hat{J}_y, \\ \hat{J}_- &= \hat{J}_x - \mathrm{i}\hat{J}_y. \end{aligned} \tag{5.3}$$

称它们为升降算符. 计算 $\hat{J}_+$、$\hat{J}_-$、$\hat{J}_z$ 和 $\hat{J}^2$ 之间的对易关系，可得

$$[\hat{J}_z, \hat{J}_+] = \hat{J}_+, \tag{5.4}$$

$$[\hat{J}_z, \hat{J}_-] = -\hat{J}_-, \tag{5.5}$$

$$[\hat{J}_+, \hat{J}_-] = 2\hat{J}_z, \tag{5.6}$$

$$[\hat{J}^2, \hat{J}_\pm] = 0. \tag{5.7}$$

假设 $\hat{J}_z$ 的一个本征值为 m 的本征态是 $|m\rangle$，因此有

$$\hat{J}_z|m\rangle = m|m\rangle.$$

利用上面第一个对易关系，马上得到

$$\hat{J}_z\hat{J}_+|m\rangle = (\hat{J}_+\hat{J}_z + [\hat{J}_z, \hat{J}_+])|m\rangle$$

---

① 根据经典理论的直接推广，$\hat{J}^2$ 的本征值应该和 m 无关，后面我们将会看到确实如此.

$$= \hat{J}_+ \hat{J}_z |m\rangle + \hat{J}_+ |m\rangle$$

$$= (m+1)\hat{J}_+ |m\rangle .$$

即

$$\hat{J}_z(\hat{J}_+ |m\rangle) = (m+1)(\hat{J}_+ |m\rangle). \tag{5.8}$$

考虑到

$$\hat{J}_z |m+1\rangle = (m+1) |m+1\rangle , \tag{5.9}$$

可知 $\hat{J}_+ |m\rangle$ 也是 $\hat{J}_z$ 的一个本征态, 且本征值为 $m+1$, 所以可令

$$\hat{J}_+ |m\rangle = c_{m+1} |m+1\rangle , \tag{5.10}$$

其中 c_{m+1} 是一个待定常数. 同理, 对 $\hat{J}_-$ 有

$$\hat{J}_z \hat{J}_- |m\rangle = (\hat{J}_- \hat{J}_z + [\hat{J}_z,\ \hat{J}_-]) |m\rangle$$

$$= (\hat{J}_- \hat{J}_z - \hat{J}_-) |m\rangle$$

$$= (m-1)\hat{J}_- |m\rangle .$$

于是可设

$$\hat{J}_- |m\rangle = b_{m-1} |m-1\rangle ,$$

其中 b_{m-1} 也是一个待定常数. 可以看到 $\hat{J}_+$ 和 $\hat{J}_-$ 算符作用在 $\hat{J}_z$ 的本征态 $|m\rangle$ 上, 会分别将其变成本征值为 $m+1$ 和 $m-1$ 的本征态, 这也是其升降算符名称的由来. 要注意, 虽然 $\hat{J}_x$、$\hat{J}_y$ 均为厄米算符, 但

$$\hat{J}_+^\dagger = (\hat{J}_x + \mathrm{i}\hat{J}_y)^\dagger = \hat{J}_x - \mathrm{i}\hat{J}_y = \hat{J}_- ,$$

因而 $\hat{J}_\pm$ 都不是厄米算符, 不与力学可观测量对应.

将式 (5.10) 与 $\langle m+1|$ 做内积, 有

$$\langle m+1| \hat{J}_+ |m\rangle = c_{m+1} \langle m+1|m+1\rangle = c_{m+1} .$$

对上式两边同时取共轭转置, 即得

$$c_{m+1}^* = (\langle m+1| \hat{J}_+ |m\rangle^*)^{\mathrm{T}}$$

$$= \langle m| (\hat{J}_+)^\dagger |m+1\rangle$$

$$= \langle m| \hat{J}_- |m+1\rangle$$

$$= b_m \langle m|m\rangle$$

$$= b_m .$$

这里利用了厄米共轭算符的定义 $\hat{A}^\dagger = (\hat{A}^*)^\mathrm{T}$. 于是我们得到

$$\hat{J}_+ |m\rangle = c_{m+1} |m+1\rangle, \quad \hat{J}_- |m\rangle = c_m^* |m-1\rangle,$$

进而有

$$\hat{J}_+\hat{J}_- |m\rangle = c_m^* \hat{J}_+ |m-1\rangle = c_m^* c_m |m\rangle = |c_m|^2 |m\rangle,$$

$$\hat{J}_-\hat{J}_+ |m\rangle = c_{m+1}\hat{J}_- |m=1\rangle = c_{m+1}c_{m+1}^* |m\rangle = |c_{m+1}|^2 |m\rangle.$$

为了建立 c_m 和 c_{m+1} 之间的递推关系，可以利用 $[\hat{J}_+,\hat{J}_-] = 2\hat{J}_z$，于是

$$\begin{aligned}
|c_m|^2 - |c_{m+1}|^2 &= \langle m| |c_m|^2 - |c_{m+1}|^2 |m\rangle \\
&= \langle m| \hat{J}_-\hat{J}_+ - \hat{J}_+\hat{J}_- |m\rangle \\
&= \langle m| [\hat{J}_+,\hat{J}_-] |m\rangle \\
&= \langle m| 2\hat{J}_z |m\rangle \\
&= 2m.
\end{aligned} \tag{5.11}$$

上面已经看到 $\hat{J}_+$ 作用在 $|m\rangle$ 之后会变成 $|m+1\rangle$，$\hat{J}_-$ 作用在 $|m\rangle$ 之后会变成 $|m-1\rangle$，那么一个自然的问题便是 m 是否有上下界？考虑到 $\hat{J}_x$ 和 $\hat{J}_y$ 均为厄米算符，因而 $\langle \hat{J}_x \rangle$ 和 $\langle \hat{J}_y \rangle$ 为实数，所以

$$\left\langle \hat{J}_x \right\rangle^2 + \left\langle \hat{J}_y \right\rangle^2 \geqslant 0.$$

前面已经证明过，对于任意厄米算符 $\hat{H}$ 有

$$\left\langle \hat{H}^2 \right\rangle - \left\langle \hat{H} \right\rangle^2 \geqslant 0, \tag{4.65}$$

所以

$$\left\langle \hat{J}_x^2 \right\rangle + \left\langle \hat{J}_y^2 \right\rangle \geqslant \left\langle \hat{J}_x \right\rangle^2 + \left\langle \hat{J}_y \right\rangle^2 \geqslant 0.$$

而因为

$$\left\langle \hat{J}^2 - \hat{J}_z^2 \right\rangle = \left\langle \hat{J}_x^2 + \hat{J}_y^2 \right\rangle = \left\langle \hat{J}_x^2 \right\rangle + \left\langle \hat{J}_y^2 \right\rangle,$$

于是有

$$\left\langle \hat{J}^2 - \hat{J}_z^2 \right\rangle = \left\langle \hat{J}^2 \right\rangle - m^2 \geqslant 0, \tag{5.12}$$

即

$$-\sqrt{\left\langle \hat{J}^2 \right\rangle} \leqslant m \leqslant \sqrt{\left\langle \hat{J}^2 \right\rangle}.$$

式 (5.12) 利用了 $\left\langle \hat{J}_z^2 \right\rangle = \langle m| \hat{J}_z^2 |m\rangle = m \langle m| \hat{J}_z |m\rangle = m^2$. 上式表明 m 是存在上下界的. 设 m 的上界是 j, 则有

$$\hat{J}_+ |j\rangle = c_{j+1} |j+1\rangle = 0. \tag{5.13}$$

于是我们便得到了一个递推关系的初始条件: $c_{j+1} = 0$. 利用之前的递推关系式 (5.11), 可得

$$|c_j|^2 = |c_{j+1}|^2 + 2j = 2j,$$

$$|c_{j-1}|^2 = |c_j|^2 + 2(j-1) = 2[j + (j-1)],$$

$$\cdots\cdots$$

$$|c_{j-s}|^2 = 2[j + (j-1) + (j-2) + \cdots + (j-s)] = (2j-s)(s+1),$$

$$\cdots\cdots$$

$$|c_{-(j-1)}|^2 = 2j,$$

$$|c_{-j}|^2 = 0.$$

其中 $0 \leqslant s \leqslant 2j$, $s \in \mathbb{N}$. 通过对 c_m 的计算, 可以得出以下两个结论:

(1) m 的取值范围是 $-j, -(j-1), \cdots, j-1, j$ 这 $2j+1$ 个数;

(2) 如果不考虑相位因子 $\mathrm{e}^{\mathrm{i}\phi}$, 分别令 $j-s = m+1$ 和 $j-s = m$, 那么我们有

$$\hat{J}_+ |m\rangle = c_{m+1} |m+1\rangle = \sqrt{(j-m)(j+m+1)} |m+1\rangle,$$

$$\hat{J}_- |m\rangle = c_m^* |m-1\rangle = \sqrt{(j+m)(j-m+1)} |m-1\rangle.$$

注意到 $\hat{J}^2$ 可以写成

$$\hat{J}^2 = \frac{1}{2}(\hat{J}_+ \hat{J}_- + \hat{J}_- \hat{J}_+) + \hat{J}_z^2,$$

所以利用上面的结论可以很容易计算出 $\hat{J}^2$ 的本征值

$$\hat{J}^2 |j,m\rangle = \left[\frac{1}{2}(\hat{J}_+ \hat{J}_- + \hat{J}_- \hat{J}_+) + \hat{J}_z^2 \right] |j,m\rangle$$

$$= \left[\frac{1}{2} \left(|c_m|^2 + |c_{m+1}|^2 \right) + m^2 \right] |j,m\rangle$$

$$= j(j+1) |j,m\rangle. \tag{5.14}$$

由此, $\hat{J}^2$ 的本征值事实上只与 j 有关, 而与 m 无关, 也就是说, $\hat{J}_z$ 和 $\hat{J}^2$ 的本征值相互独立. 并且注意到 $\hat{J}^2$ 的本征值并不等于 j^2, 这是因为 $\hat{J}^2$ 是由三个互相不对易的算符的平方构成的. 至此, $\hat{J}_z$、$\hat{J}^2$ 和 $\hat{J}_\pm$ 的本征值都已求出, 总结如下:

$$\hat{J}_z |j,m\rangle = m |j,m\rangle, \tag{5.15}$$

$$\hat{J}^2 |j, m\rangle = j(j+1) |j, m\rangle, \tag{5.16}$$

$$\hat{J}_+ |j, m\rangle = \sqrt{(j-m)(j+m+1)} |j, m+1\rangle, \tag{5.17}$$

$$\hat{J}_- |j, m\rangle = \sqrt{(j+m)(j-m+1)} |j, m-1\rangle. \tag{5.18}$$

关于 $\hat{J}_\pm$ 本征值的计算，也可以采用另一种方法. 假设 m 存在上下界，设其可以取到的最大值为 m_+，最小值为 m_-，则

$$\hat{J}_+ |j, m_+\rangle = 0, \quad \hat{J}_- |j, m_-\rangle = 0.$$

另外，由于升降算符满足

$$\hat{J}_- \hat{J}_+ = \hat{J}_x^2 + \hat{J}_y^2 - \mathrm{i}[\hat{J}_x, \hat{J}_y] = \hat{J}^2 - \hat{J}_z^2 - \hat{J}_z,$$

$$\hat{J}_+ \hat{J}_- = \hat{J}_x^2 + \hat{J}_y^2 + \mathrm{i}[\hat{J}_x, \hat{J}_y] = \hat{J}^2 - \hat{J}_z^2 + \hat{J}_z,$$

所以如果令

$$\hat{J}^2 |j, m\rangle = \lambda |j, m\rangle,$$

则得

$$\begin{aligned}
0 &= \hat{J}_- \hat{J}_+ |j, m_+\rangle \\
&= (\hat{J}^2 - \hat{J}_z^2 - \hat{J}_z) |j, m_+\rangle \\
&= (\lambda - m_+^2 - m_+) |j, m_+\rangle, \\
0 &= \hat{J}_+ \hat{J}_- |j, m_-\rangle \\
&= (\hat{J}^2 - \hat{J}_z^2 + \hat{J}_z) |j, m_-\rangle \\
&= (\lambda - m_-^2 + m_-) |j, m_-\rangle.
\end{aligned}$$

整理后有

$$\begin{cases} \lambda = m_+(m_+ + 1), \\ \lambda = m_-(m_- - 1). \end{cases}$$

以上方程组有解

$$m_+ = \begin{cases} m_- - 1 \ (\text{与} m_+ \geqslant m_- \text{矛盾}), \\ -m_-, \end{cases}$$

所以

$$m_+ = -m_- = j,$$

从而

$$\lambda = j(j+1). \tag{5.19}$$

而

$$| c_{m+1} |^2 = \left\langle j,m \mid \hat{J}_- \hat{J}_+ \mid j,m \right\rangle$$
$$= \left\langle j,m \mid \hat{J}^2 - \hat{J}_z^2 - \hat{J}_z \mid j,m \right\rangle$$
$$= j(j+1) - m^2 - m,$$

所以

$$c_{m+1} = \sqrt{(j-m)(j+m+1)}. \tag{5.20}$$

同理可以证明

$$c_m^* = b_{m-1} = \sqrt{(j+m)(j-m+1)}. \tag{5.21}$$

在 5.3 节中我们将看到, 在球坐标下, 求解本征值

$$\hat{J}^2 |j,m\rangle = \lambda |j,m\rangle , \quad \hat{J}_z |j,m\rangle = m |j,m\rangle ,$$

实质上是求解二阶偏微分方程

$$-\left(\frac{1}{\sin\theta} \frac{\partial}{\partial\theta} \sin\theta \frac{\partial}{\partial\theta} + \frac{1}{\sin^2\theta} \frac{\partial^2}{\partial\phi^2} \right) |j,m\rangle = \lambda |j,m\rangle ,$$
$$-\mathrm{i}\frac{\partial}{\partial\phi} |j,m\rangle = m |j,m\rangle$$

的过程. 而本节中, 我们从角动量算符的李代数关系

$$[\hat{J}_i, \hat{J}_j] = \mathrm{i}\epsilon_{ijk}\hat{J}_k$$

出发, 使用完全基于代数的方法得到了角动量算符 $\hat{J}^2$ 的本征值, 其结果由 $SO(3)$ 李代数的结构常数 ϵ_{ijk} 决定. 这种方法避开了数理方程的求解, 极大地简化了求解过程.

5.2　角动量和转动的矩阵表示

从 5.1 节中我们知道 $|j,m\rangle$ 是 $\hat{J}^2$ 和 $\hat{J}_z$ 共同的本征态, 因此它们构成一组基矢, 我们可以利用这组基矢来张成一个希尔伯特空间, 这个空间称为角动量空间. 线性代数理论告诉我们不同本征态之间是互相正交的, 所以在 j 固定的情况下, $\{|j,m\rangle\}$ 不仅是基矢, 还是角动量空间中的一组正交基, 简记为 $\{|m\rangle\}$[①]. 鉴于 m 的取值范围是从 $-j$ 到 j, 所以由它张成的角动量空间应该是 $2j+1$ 维, 因此利用 $\{|m\rangle\}$ 这组正交基, 我们可以给出角动量算符的 $(2j+1)$ 阶矩阵表示.

---

① 我们默认 $\{|m\rangle\}$ 也是归一的, 即 $\langle n \mid m \rangle = \delta_{m,n}$.

因为 $|j,m\rangle$ 是 $\hat{J}^2$、$\hat{J}_z$ 共同的本征态, 所以 $\hat{J}_z$ 和 $\hat{J}^2$ 可以同时在这组基下被对角化, 也即算符 $\hat{J}_z$ 和 $\hat{J}^2$ 在这组基下的矩阵表示应该是对角阵, 对角线上的元素为对应的本征值, 即

$$(\hat{J}_z)_{m,n} = \langle m| \hat{J}_z |n\rangle = m\delta_{m,n},$$
$$\hat{J}^2_{m,n} = \langle m| \hat{J}^2 |n\rangle = j(j+1)\delta_{m,n}.$$

这里, m 表示行指标, n 表示列指标, 取值都是 $1,2,3,\cdots,2j,2j+1$, 以下同理. 在这组基下 $\hat{J}_+$ 和 $\hat{J}_-$ 分别表示为

$$\begin{aligned}
(\hat{J}_+)_{m,n} &= \langle m| \hat{J}_+ |n\rangle \\
&= \sqrt{(j-n)(j+n+1)} \langle m|n+1\rangle \\
&= \sqrt{(j-n)(j+n+1)}\delta_{m,n+1}
\end{aligned}$$

和

$$\begin{aligned}
(\hat{J}_-)_{m,n} &= \langle m| \hat{J}_- |n\rangle \\
&= \sqrt{(j+n)(j-n+1)} \langle m|n-1\rangle \\
&= \sqrt{(j+n)(j-n+1)}\delta_{m,n-1}.
\end{aligned}$$

通过 $\hat{J}_\pm$ 的线性组合, 我们可以得到 $\hat{J}_x$ 和 $\hat{J}_y$ 分别表示为

$$\begin{aligned}
(\hat{J}_x)_{m,n} &= \frac{1}{2}(\hat{J}_+ + \hat{J}_-)_{m,n} \\
&= \frac{1}{2}[\sqrt{(j-n)(j+n+1)}\delta_{m,n+1} + \sqrt{(j+n)(j-n+1)}\delta_{m,n-1}], \\
(\hat{J}_y)_{m,n} &= \frac{1}{2\mathrm{i}}(\hat{J}_+ - \hat{J}_-)_{m,n} \\
&= \frac{1}{2\mathrm{i}}[\sqrt{(j-n)(j+n+1)}\delta_{m,n+1} - \sqrt{(j+n)(j-n+1)}\delta_{m,n-1}].
\end{aligned}$$

至此我们得到了所有角动量算符矩阵表示的一般形式. 接下来我们取几个 j 的特殊值来进一步讨论.

首先以 $j = \dfrac{1}{2}$ 为例, 这时基矢 $|j,m\rangle$ 只有两个, 即

$$\left|\frac{1}{2},\frac{1}{2}\right\rangle, \quad \left|\frac{1}{2},-\frac{1}{2}\right\rangle. \tag{5.22}$$

代入矩阵表示的一般形式中, 对于 $\hat{J}_z$ 有

$$\left\langle\frac{1}{2},\frac{1}{2}\right| \hat{J}_z \left|\frac{1}{2},\frac{1}{2}\right\rangle = \frac{1}{2}, \quad \left\langle\frac{1}{2},-\frac{1}{2}\right| \hat{J}_z \left|\frac{1}{2},-\frac{1}{2}\right\rangle = -\frac{1}{2},$$

$$\left\langle \frac{1}{2}, \frac{1}{2} \right| \hat{J}_z \left| \frac{1}{2}, -\frac{1}{2} \right\rangle = \left\langle \frac{1}{2}, -\frac{1}{2} \right| \hat{J}_z \left| \frac{1}{2}, \frac{1}{2} \right\rangle = 0.$$

对于 $\hat{J}_x$ 有

$$\left\langle \frac{1}{2}, \frac{1}{2} \right| \hat{J}_x \left| \frac{1}{2}, \frac{1}{2} \right\rangle = \left\langle \frac{1}{2}, -\frac{1}{2} \right| \hat{J}_x \left| \frac{1}{2}, -\frac{1}{2} \right\rangle = 0,$$

$$\left\langle \frac{1}{2}, \frac{1}{2} \right| \hat{J}_x \left| \frac{1}{2}, -\frac{1}{2} \right\rangle = \left\langle \frac{1}{2}, -\frac{1}{2} \right| \hat{J}_x \left| \frac{1}{2}, \frac{1}{2} \right\rangle = \frac{1}{2}.$$

对于 $\hat{J}_y$ 有

$$\left\langle \frac{1}{2}, \frac{1}{2} \right| \hat{J}_y \left| \frac{1}{2}, \frac{1}{2} \right\rangle = \left\langle \frac{1}{2}, -\frac{1}{2} \right| \hat{J}_y \left| \frac{1}{2}, -\frac{1}{2} \right\rangle = 0,$$

$$\left\langle \frac{1}{2}, \frac{1}{2} \right| \hat{J}_y \left| \frac{1}{2}, -\frac{1}{2} \right\rangle = \frac{1}{2\mathrm{i}}, \quad \left\langle \frac{1}{2}, -\frac{1}{2} \right| \hat{J}_y \left| \frac{1}{2}, \frac{1}{2} \right\rangle = -\frac{1}{2\mathrm{i}}.$$

如果取

$$\left| \frac{1}{2}, \frac{1}{2} \right\rangle = \begin{pmatrix} 1 \\ 0 \end{pmatrix}, \quad \left| \frac{1}{2}, -\frac{1}{2} \right\rangle = \begin{pmatrix} 0 \\ 1 \end{pmatrix}.$$

则 $\hat{J}_x$、$\hat{J}_y$ 和 $\hat{J}_z$ 的矩阵表示就是

$$\hat{J}_x = \frac{1}{2} \begin{pmatrix} 0 & 1 \\ 1 & 0 \end{pmatrix}, \quad \hat{J}_y = \frac{1}{2} \begin{pmatrix} 0 & -\mathrm{i} \\ \mathrm{i} & 0 \end{pmatrix}, \quad \hat{J}_z = \frac{1}{2} \begin{pmatrix} 1 & 0 \\ 0 & -1 \end{pmatrix}.$$

很容易发现

$$J_i = \frac{1}{2} \sigma_i, \tag{5.23}$$

其中

$$\sigma_x = \begin{pmatrix} 0 & 1 \\ 1 & 0 \end{pmatrix}, \quad \sigma_y = \begin{pmatrix} 0 & -\mathrm{i} \\ \mathrm{i} & 0 \end{pmatrix}, \quad \sigma_z = \begin{pmatrix} 1 & 0 \\ 0 & -1 \end{pmatrix}$$

就是第 3 章中介绍过的泡利矩阵.

而当 $j = 1$ 时, 有三个基矢 $|j, m\rangle$, 分别为

$$|1, 1\rangle, \quad |1, 0\rangle, \quad |1, -1\rangle.$$

所以自然可以想到这时角动量的矩阵表示应该是 3×3 的方阵. 如果取

$$|1, 1\rangle = \begin{pmatrix} 1 \\ 0 \\ 0 \end{pmatrix}, \quad |1, 0\rangle = \begin{pmatrix} 0 \\ 1 \\ 0 \end{pmatrix}, \quad |1, -1\rangle = \begin{pmatrix} 0 \\ 0 \\ 1 \end{pmatrix},$$

与上面的过程类似, 可得

$$\hat{J}_z = \begin{pmatrix} 1 & 0 & 0 \\ 0 & 0 & 0 \\ 0 & 0 & -1 \end{pmatrix}, \ \hat{J}_x = \frac{1}{\sqrt{2}} \begin{pmatrix} 0 & 1 & 0 \\ 1 & 0 & 1 \\ 0 & 1 & 0 \end{pmatrix}, \ \hat{J}_y = \frac{1}{\sqrt{2}} \begin{pmatrix} 0 & -\mathrm{i} & 0 \\ \mathrm{i} & 0 & -\mathrm{i} \\ 0 & \mathrm{i} & 0 \end{pmatrix}. \tag{5.24}$$

具体的计算留作习题.

有了角动量的矩阵表示, 我们便可以进一步讨论转动变换本身的矩阵表示. 3.4 节中我们提到, 在力学系统中一般用欧拉角来表示三维转动, 如图 5.1 所示, 有

$$R(\alpha, \beta, \gamma) = R_z(\alpha) R_y(\beta) R_z(\gamma) = \mathrm{e}^{-\mathrm{i}\alpha J_z} \mathrm{e}^{-\mathrm{i}\beta J_y} \mathrm{e}^{-\mathrm{i}\gamma J_z}. \tag{3.24}$$

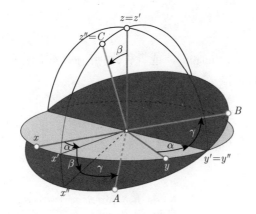

图 5.1 三维转动和欧拉角

容易证明转动变换是幺正的, 因而将其记作

$$\hat{U}(R_{\alpha,\beta,\gamma}) = \mathrm{e}^{-\mathrm{i}\alpha \hat{J}_z} \mathrm{e}^{-\mathrm{i}\beta \hat{J}_y} \mathrm{e}^{-\mathrm{i}\gamma \hat{J}_z}.$$

因为 $|j,m\rangle$ 是 $\hat{J}^2$ 和 $\hat{J}_z$ 的共同本征态, 而 $[\hat{J}^2, \hat{J}_i] = 0$, $[\hat{J}_i, \hat{J}_j] = \mathrm{i}\epsilon_{ijk}\hat{J}_k$, 所以

$$[\hat{J}^2, \hat{U}(R_{\alpha,\beta,\gamma})] = 0, \quad [\hat{J}_z, \hat{U}(R_{\alpha,\beta,\gamma})] \neq 0.$$

故 $\hat{U}(R_{\alpha,\beta,\gamma})|j,m\rangle$ 是 $\hat{J}^2$ 的本征态, 但并不是 $\hat{J}_z$ 的本征态, 即

$$\hat{J}^2 \hat{U}(R_{\alpha,\beta,\gamma})|j,m\rangle = \hat{U}(R_{\alpha,\beta,\gamma})\hat{J}^2|j,m\rangle$$
$$= j(j+1)\hat{U}(R_{\alpha,\beta,\gamma})|j,m\rangle.$$

如果我们可以把 $\hat{U}(R_{\alpha,\beta,\gamma})|j,m\rangle$ 按基矢 $|j,m\rangle$ 线性展开, 即

$$\hat{U}(R_{\alpha,\beta,\gamma})|j,m\rangle = \sum_{m'=-j}^{j} D_{m'm}^{(j)} |j,m'\rangle,$$

其中

$$D_{m'm}^{(j)} = \left\langle jm' | \hat{U}(R_{\alpha,\beta,\gamma}) | j,m \right\rangle.$$

这便是转动 $\hat{R}$ 的矩阵表示，它是一个 $2j+1$ 阶的方阵，称为转动矩阵 $D^{(j)}(\alpha,\beta,\gamma)$.

因为在构造矩阵表示时选取的基 $|j,m\rangle$ 是 $\hat{J}_z$ 的本征态，所以选用欧拉角描述一般转动会有显著的优势. 利用 $\hat{J}_z|j,m\rangle = m|j,m\rangle$，我们有

$$
\begin{aligned}
D^{(j)}_{m'm} &= \left\langle j,m'|\hat{U}(R_{\alpha,\beta,\gamma})|j,m\right\rangle \\
&= \left\langle j,m'|\mathrm{e}^{-\mathrm{i}\alpha\hat{J}_z}\mathrm{e}^{-\mathrm{i}\beta\hat{J}_y}\mathrm{e}^{-\mathrm{i}\gamma\hat{J}_z}|j,m\right\rangle \\
&= \mathrm{e}^{-\mathrm{i}m'\alpha}\mathrm{e}^{-\mathrm{i}m\gamma}\left\langle j,m'|\mathrm{e}^{-\mathrm{i}\beta\hat{J}_y}|j,m\right\rangle.
\end{aligned}
$$

定义

$$
\left\langle j,m'|\mathrm{e}^{-\mathrm{i}\beta\hat{J}_y}|j,m\right\rangle = d^{(j)}_{m'm}(\beta), \tag{5.25}
$$

这就是维格纳函数 (Wigner function)，或者称为推广的球谐函数. 可见维格纳函数依赖于 $\hat{J}_y$ 的具体表示. 当 $j=1/2$ 和 $j=1$ 时，有

$$
d^{(1/2)}_{m'm}(\beta) = \begin{pmatrix} \cos\dfrac{\beta}{2} & \sin\dfrac{\beta}{2} \\[2mm] -\sin\dfrac{\beta}{2} & \cos\dfrac{\beta}{2} \end{pmatrix}, \tag{5.26}
$$

$$
d^{(1)}_{m'm}(\beta) = \begin{pmatrix} \dfrac{1+\cos\beta}{2} & \dfrac{\sin\beta}{\sqrt{2}} & \dfrac{1-\cos\beta}{2} \\[3mm] \dfrac{-\sin\beta}{\sqrt{2}} & \cos\beta & \dfrac{\sin\beta}{\sqrt{2}} \\[3mm] \dfrac{1-\cos\beta}{2} & \dfrac{-\sin\beta}{\sqrt{2}} & \dfrac{1+\cos\beta}{2} \end{pmatrix}. \tag{5.27}
$$

其他 j 值的结果可以通过查图 5.2[①]得到.

维格纳函数描述了对一个角动量系统做空间转动的具体形式，合理应用维格纳函数，可以在如自旋关联等物理问题中极大地简化对问题的理解. 例如，传递带电流的弱相互作用的规范玻色子 $\mathrm{W}^{\pm}$，自旋为 1，在轻子衰变

$$
\mathrm{W}^+ \longrightarrow \mathrm{e}^+ + \nu_{\mathrm{e}}
$$

中，不同的极化的 W 衰变的振幅完全可以用 $d^{(1)}_{m'm}$ 来描述. 而在标准模型下，基本相互作用主要是通过自旋 1 的中间态传递，所以相对论极限下的极化态散射，例如

$$
\mathrm{e}^+ + \mathrm{e}^- \longrightarrow \mu^+ + \mu^-
$$

也可以和这个函数联系起来.

---

① Workman R L, et al. Particle data group. Prog. Theor. Exp. Phys., 2022, 083C01.

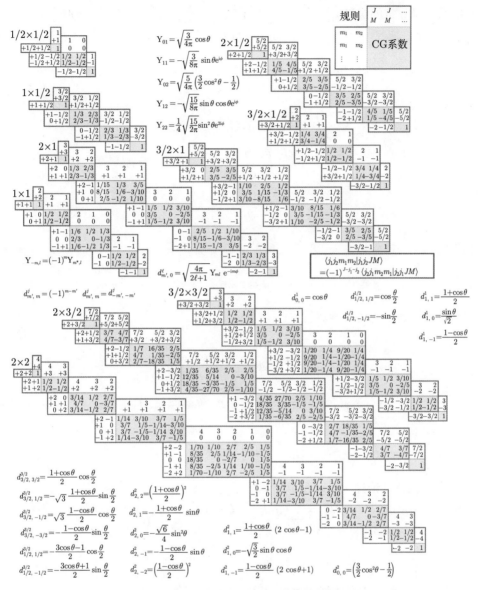

图 5.2 部分 CG 系数、球谐函数和维格纳函数

图中所有 CG 系数均省略根号, 例如图中的 $-1/2$ 表示 $-\sqrt{1/2}$

5.3 再看角动量算符及其本征态

前面我们讨论了几个角动量算符的矩阵表示, 由此利用线性代数知识和算符的对易关系, 得到了角动量本征态的一些基本性质. 上述讨论是在直角坐标系下进行的. 而本节, 我们将在球坐标系中讨论角动量算符的表示, 从另一个角度理解前面关于本征态的讨论.

按照角动量算符的定义

$$\hat{J}_i = \epsilon_{ijk}\hat{x}_j\hat{p}_k, \tag{5.2}$$

代入动量算符 $\hat{p}_x = -\mathrm{i}\dfrac{\partial}{\partial x}$，可得在直角坐标系下角动量算符的具体表示

$$\hat{J}_x = -\mathrm{i}\left(y\frac{\partial}{\partial z} - z\frac{\partial}{\partial y}\right),$$

$$\hat{J}_y = -\mathrm{i}\left(z\frac{\partial}{\partial x} - x\frac{\partial}{\partial z}\right),$$

$$\hat{J}_z = -\mathrm{i}\left(x\frac{\partial}{\partial y} - y\frac{\partial}{\partial x}\right).$$

再由直角坐标系与球坐标系 (r, θ, ϕ) 之间的坐标变换关系

$$x = r\sin\theta\cos\phi, \quad y = r\sin\theta\sin\phi, \quad z = r\cos\theta,$$

容易得到球坐标系下的角动量算符

$$\hat{J}_x = \mathrm{i}\left(\sin\phi\frac{\partial}{\partial\theta} + \cot\theta\cos\phi\frac{\partial}{\partial\phi}\right),$$

$$\hat{J}_y = \mathrm{i}\left(-\cos\phi\frac{\partial}{\partial\theta} + \cot\theta\sin\phi\frac{\partial}{\partial\phi}\right), \tag{5.28}$$

$$\hat{J}_z = -\mathrm{i}\frac{\partial}{\partial\phi}.$$

之前我们已经讨论过，角动量算符构成了保证距离不变的三维转动群 $SO(3)$ 的李代数，其中总角动量的模平方 $\hat{J}^2 = \sum_i \hat{J}_i\hat{J}_i$ 定义为李代数的卡西米尔算符，它满足

$$[\hat{J}^2, \hat{J}_i] = 0. \tag{4.64}$$

易得 $\hat{J}^2$ 在球坐标系中的具体形式为

$$\hat{J}^2 = -\left[\frac{1}{\sin\theta}\frac{\partial}{\partial\theta}\left(\sin\theta\frac{\partial}{\partial\theta}\right) + \frac{1}{\sin^2\theta}\frac{\partial^2}{\partial\phi^2}\right]. \tag{5.29}$$

利用 $\hat{J}^2$ 的定义，我们还可以直接推导出拉普拉斯算符 (Laplacian operator)Δ 的性质. 考虑到在直角坐标系中

$$\hat{J}^2 = \sum_i \hat{J}_i\hat{J}_i = \sum_{ijklm}\epsilon_{ijk}\epsilon_{ilm}\hat{x}_j\hat{p}_k\hat{x}_l\hat{p}_m,$$

而

$$\sum_i \epsilon_{ijk}\epsilon_{ilm} = \delta_{jl}\delta_{km} - \delta_{jm}\delta_{kl},$$

所以

$$\hat{J}^2 = \sum_{jk}\left(\hat{x}_j\hat{p}_k\hat{x}_j\hat{p}_k - \hat{x}_j\hat{p}_k\hat{x}_k\hat{p}_j\right). \tag{5.30}$$

代入 $\hat{p}_i = -\mathrm{i}\dfrac{\partial}{\partial x_i}$, $[\hat{x}_j,\ \hat{p}_k] = \mathrm{i}\delta_{jk}$, 得

$$-\sum_{jk}\hat{x}_j\hat{p}_k\hat{x}_j\hat{p}_k = \sum_{jk} x_j^2\frac{\partial^2}{\partial x_k^2} + \sum_j x_j\frac{\partial}{\partial x_j},$$

以及

$$-\sum_{jk}\hat{x}_j\hat{p}_k\hat{x}_k\hat{p}_j = \sum_{jk} x_k\frac{\partial}{\partial x_k}x_j\frac{\partial}{\partial x_j} + 3\sum_j x_j\frac{\partial}{\partial x_j} - \sum_j x_j\frac{\partial}{\partial x_j}.$$

代回式 (5.30),整理后得

$$\hat{J}^2 = -\left(r^2\Delta - r\frac{\partial}{\partial r}r\frac{\partial}{\partial r} - r\frac{\partial}{\partial r}\right) = -\left(r^2\Delta - \frac{\partial}{\partial r}r^2\frac{\partial}{\partial r}\right),$$

其中 $r = \sqrt{\sum_j = x_j^2}$ 就是球坐标中的矢径. 由此,三维球坐标系中的拉普拉斯算符为

$$\Delta = \frac{1}{r^2}\frac{\partial}{\partial r}r^2\frac{\partial}{\partial r} - \frac{\hat{J}^2}{r^2}. \tag{5.31}$$

代入球坐标下的动量算符

$$\hat{p}_r = -\mathrm{i}\left(\frac{\partial}{\partial r} + \frac{1}{r}\right),$$

$$\hat{p}_r^2 = -\frac{1}{r^2}\frac{\partial}{\partial r}r^2\frac{\partial}{\partial r} = -\frac{1}{r}\frac{\partial^2}{\partial r^2}r,$$

则可以把三维球坐标中一个粒子的哈密顿量写成

$$\hat{H} = -\frac{\Delta}{2m_0} + U(\boldsymbol{r}) = \frac{\hat{p}_r^2}{2m_0} + \frac{\hat{J}^2}{2m_0 r^2} + U(\boldsymbol{r}). \tag{5.32}$$

研究球对称的量子力学系统,通常就是通过求解包含以上拉普拉斯算符的薛定谔方程,找到其本征态函数及对应的本征值 (即能级).

另外,根据哈密顿量和角动量算符的性质,我们不难看出,如果势能不是角度 θ 和 ϕ 的函数,则

$$[\hat{J}^2, \hat{J}_i] = 0 \Rightarrow [\hat{H},\ \hat{J}_i] = 0. \tag{5.33}$$

这意味着角动量的分量都是守恒量. 鉴于角动量算符是三维转动群 $SO(3)$ 的生成元,所以有

$$[\hat{H},\ \hat{U}(R_{\alpha,\beta,\gamma})] = 0,$$

因此该系统具有转动对称性, 即在三维转动下保持不变.

最后再来讨论球坐标系中角动量算符本征态的具体形式. 由于

$$\hat{J}_z = -\mathrm{i}\frac{\partial}{\partial\phi}, \quad \hat{J}_z\,|j,m\rangle = m\,|j,m\rangle,$$

容易推知 $\hat{J}_z$ 的本征态必有如下形式:

$$|j,m\rangle = \psi_{jm}(\theta)\mathrm{e}^{\mathrm{i}m\phi}.$$

另外, 利用 $\hat{J}_x$ 和 $\hat{J}_y$ 的具体表示 (5.28), 可得球坐标系中的升、降算符分别为

$$\begin{aligned}
\hat{J}_+ &= \mathrm{e}^{\mathrm{i}\phi}\left(\frac{\partial}{\partial\theta} + \mathrm{i}\cot\theta\frac{\partial}{\partial\phi}\right), \\
\hat{J}_- &= \mathrm{e}^{-\mathrm{i}\phi}\left(-\frac{\partial}{\partial\theta} + \mathrm{i}\cot\theta\frac{\partial}{\partial\phi}\right).
\end{aligned} \tag{5.34}$$

将其作用在 $|j,m\rangle$ 上可得

$$\begin{aligned}
\hat{J}_+\,|j,m\rangle &= \sqrt{(j-m)(j+m+1)}\,|j,m+1\rangle \\
&= \mathrm{e}^{\mathrm{i}(m+1)\phi}\left(\frac{\partial}{\partial\theta} - m\cot\theta\right)\psi_{jm}(\theta),
\end{aligned}$$

$$\begin{aligned}
\hat{J}_-\,|j,m\rangle &= \sqrt{(j+m)(j-m+1)}\,|j,m-1\rangle \\
&= \mathrm{e}^{\mathrm{i}(m-1)\phi}\left(-\frac{\partial}{\partial\theta} - m\cot\theta\right)\psi_{jm}(\theta).
\end{aligned}$$

而

$$\begin{aligned}
|j,m+1\rangle &= \psi_{j,m+1}(\theta)\mathrm{e}^{\mathrm{i}(m+1)\phi}, \\
|j,m-1\rangle &= \psi_{j,m-1}(\theta)\mathrm{e}^{\mathrm{i}(m-1)\phi}.
\end{aligned}$$

对比以上四式, 可得函数 $\psi_{jm}(\theta)$ 满足如下递推关系:

$$\left(\frac{\mathrm{d}}{\mathrm{d}\theta} - m\cot\theta\right)\psi_{j,m}(\theta) = \sqrt{(j-m)(j+m+1)}\psi_{j,m+1}(\theta), \tag{5.35}$$

$$\left(-\frac{\mathrm{d}}{\mathrm{d}\theta} - m\cot\theta\right)\psi_{j,m}(\theta) = \sqrt{(j+m)(j-m+1)}\psi_{j,m-1}(\theta). \tag{5.36}$$

为了求 $\psi_{jm}(\theta)$ 的具体形式, 我们首先取 $|j,-j\rangle$ 态, 于是由

$$\hat{J}_-\,|j,-j\rangle = 0,$$

可以推导出

$$\frac{\mathrm{d}}{\mathrm{d}\theta}\psi_{j,-j}(\theta) - j\cot\theta\,\psi_{j,-j}(\theta) = 0.$$

以上微分方程的通解为

$$\psi_{j,-j}(\theta) = a(\sin\theta)^j,$$

其中 a 是待定系数. 将上式代入式 (5.35) 的递推关系中，可得

$$\psi_{j,-j+1}(\theta) = \frac{a}{\sqrt{2j}}j(1+\cos\theta)(\sin\theta)^{j-1}.$$

类似地，从 $\psi_{j,-j}$ 做 $j+m$ 次递推，可得 $\psi_{j,m}$ 的一般表达式为

$$\psi_{j,m}(\theta) = (-1)^{j+m}a\sqrt{\frac{(j-m)!}{(2j)!(j+m)!}}(\sin\theta)^m\left(\frac{\mathrm{d}}{\mathrm{d}\cos\theta}\right)^{j+m}(\sin\theta)^{2j}.$$

由归一化条件可确定待定系数

$$a = \frac{1}{2^j j!}\sqrt{\frac{2j+1}{4\pi}},$$

最后整理得到 $\hat{J}_z$ 的本征态 $|j,m\rangle$ 在球坐标中的具体表示为

$$|j,m\rangle = \frac{(-1)^{j+m}}{2^j j!}\sqrt{\frac{(2j+1)(j-m)!}{4\pi(j+m)!}}(\sin\theta)^m\left(\frac{\mathrm{d}}{\mathrm{d}\cos\theta}\right)^{j+m}\mathrm{e}^{im\phi}. \tag{5.37}$$

这就是球对称系统拉普拉斯方程的解. 式 (5.37) 实际上就是球谐函数 (一种特殊函数)，我们在 6.4 节将再次遇到它. 从广义上来讲，所谓的特殊函数，其实是某种对称性的一组正交归一完全集. 因此找到相应的对称性，对于理解特殊函数的意义至关重要.

5.4 两个角动量的耦合与 CG 系数

本章的最后我们来讨论两个角动量的耦合. 设存在两个独立的角动量算符 $\hat{J}_1$ 和 $\hat{J}_2$, 定义总角动量算符为

$$\hat{J} = \hat{J}_1 + \hat{J}_2,$$

显然有

$$\hat{J}_i = \hat{J}_{1i} + \hat{J}_{2i}.$$

而由于

$$[\hat{J}_{1i},\ \hat{J}_{1j}] = \mathrm{i}\epsilon_{ijk}\hat{J}_{1k}, \quad [\hat{J}_{2i},\ \hat{J}_{2j}] = \mathrm{i}\epsilon_{ijk}\hat{J}_{2k}, \quad [\hat{J}_{1i},\ \hat{J}_{2j}] = 0,$$

于是可以证明 $\hat{J}$ 也满足同样的对易关系

$$[\hat{J}_i, \ \hat{J}_j] = \mathrm{i}\epsilon_{ijk}\hat{J}_k, \tag{5.38}$$

这验证了定义的新算符 $\hat{J}$ 确实是角动量算符. 从上面的对易关系很容易证明

$$\hat{J}_1^2, \ \hat{J}_{1z}, \ \hat{J}_2^2, \ \hat{J}_{2z}$$

是四个两两对易的算符, 因此它们具有共同的本征态, 且共同本征态构成希尔伯特空间的一组正交基. 分别定义 $\hat{J}_1$ 和 $\hat{J}_2$ 的本征态为 $|j_1, m_1\rangle_1$ 和 $|j_2, m_2\rangle_2$, 则有

$$
\begin{aligned}
\hat{J}_1^2 |j_1, m_1\rangle_1 &= j_1(j_1 + 1) |j_1, m_1\rangle_1, \\
\hat{J}_{1z} |j_1, m_1\rangle_1 &= m_1 |j_1, m_1\rangle_1, \\
\hat{J}_2^2 |j_2, m_2\rangle_2 &= j_2(j_2 + 1) |j_2, m_2\rangle_2, \\
\hat{J}_{2z} |j_2, m_2\rangle_2 &= m_2 |j_2, m_2\rangle_2.
\end{aligned}
\tag{5.39}
$$

如果构造直积态

$$|j_1, m_1\rangle_1 \otimes |j_2, m_2\rangle_2 = |j_1, m_1\rangle_1 |j_2, m_2\rangle_2,$$

则由于 $\hat{J}_2$ 只作用在态 $|j_2, m_2\rangle_2$ 上, 对于态 $|j_1, m_1\rangle_1$ 它相当于一个常数, 可以任意与之交换位置, $\hat{J}_1$ 也同理, 于是

$$
\begin{aligned}
\hat{J}_{2z} |j_1, m_1\rangle_1 \otimes |j_2, m_2\rangle_2 &= |j_1, m_1\rangle_1 \left(\hat{J}_{2z} |j_2, m_2\rangle_2\right) \\
&= m_2 |j_1, m_1\rangle_1 |j_2, m_2\rangle_2 \\
&= m_2 |j_1, m_1\rangle_1 \otimes |j_2, m_2\rangle_2.
\end{aligned}
$$

同理也可验证 $\hat{J}_{1z}$、$\hat{J}_1^2$ 和 $\hat{J}_2^2$ 的情况. 因此, $|j_1, m_1\rangle_1 \otimes |j_2, m_2\rangle_2$ 确实是 $\hat{J}_1^2$、$\hat{J}_{1z}$、$\hat{J}_2^2$、$\hat{J}_{2z}$ 这四个算符的共同本征态, 它们张成一个 $(2j_1 + 1) \times (2j_2 + 1)$ 维的希尔伯特空间. 由于这个空间是由两组独立基矢的直积构成的, 因此也被称为直积空间. 在表象理论中这组直积基矢

$$|j_1, m_1\rangle_1 \otimes |j_2, m_2\rangle_2$$

被称为非耦合表象, 顾名思义它表示了两个角动量 $\hat{J}_1$ 和 $\hat{J}_2$ 的独立性. 例如, 将 $\hat{J}_z$ 作用于上式, 有

$$
\begin{aligned}
\hat{J}_z |j_1, m_1\rangle_1 \otimes |j_2, m_2\rangle_2 &= (\hat{J}_{1z} + \hat{J}_{2z}) |j_1, m_1\rangle_1 \otimes |j_2, m_2\rangle_2 \\
&= (m_1 + m_2) |j_1, m_1\rangle_1 \otimes |j_2, m_2\rangle_2.
\end{aligned}
$$

另外, 可以证明对算符

$$\hat{J}^2 = \hat{J}_1^2 + \hat{J}_2^2 + 2\hat{J}_1 \cdot \hat{J}_2,$$

有

$$[\hat{J}_1^2, \ \hat{J}^2] = 0, \quad [\hat{J}_2^2, \ \hat{J}^2] = 0,$$

$$[\hat{J}^2, \ \hat{J}_z] = [\hat{J}_1^2, \ \hat{J}_z] = [\hat{J}_2^2, \ \hat{J}_z] = 0.$$

因此

$$\hat{J}^2, \ \hat{J}_1^2, \ \hat{J}_2^2, \ \hat{J}_z$$

也是四个两两对易的算符，它们也有共同的本征态. 设其共同本征态为 $|j, m\rangle$，则有

$$
\begin{aligned}
\hat{J}_1^2 |j, m\rangle &= j_1(j_1 + 1) |j, m\rangle, \\
\hat{J}_2^2 |j, m\rangle &= j_2(j_2 + 1) |j, m\rangle, \\
\hat{J}^2 |j, m\rangle &= j(j + 1) |j, m\rangle, \\
\hat{J}_z |j, m\rangle &= m |j, m\rangle.
\end{aligned}
\tag{5.40}
$$

如果我们以这一组 $|j, m\rangle$ 为基矢来张成希尔伯特空间，则这组基矢称为耦合表象，它表现的是合成的总角动量 J^2 的性质.

对耦合表象，我们需要确定新量子数 j、m 的取值，以及两种基矢之间的变换关系. 因为两种基矢张成的都是由 $\hat{J}_1$ 和 $\hat{J}_2$ 两个角动量构成的希尔伯特空间，显然它们本质上是等价的，只是表象不同，这类似于欧几里德空间中直角坐标与球坐标的区别，所以我们可以把耦合表象的基矢 $|j, m\rangle$ 按非耦合表象 (直积表示) 的基矢展开，即

$$
\begin{aligned}
|j, m\rangle &= \sum_{m_1, m_2} \left(|j_1, m_1\rangle_1 \otimes |j_2, m_2\rangle_2 \right) \left(\langle j_2, m_2|_2 \otimes \langle j_1, m_1|_1 \right) |j, m\rangle \\
&= \sum_{m_1, m_2} |j_1, m_1\rangle_1 \otimes |j_2, m_2\rangle_2 \, C_{m_1, m_2},
\end{aligned}
\tag{5.41}
$$

其中展开系数 C_{m_1, m_2} 称为克莱布什–哥尔丹 (Clebsch-Gordan) 系数，简称 CG 系数. 考虑到

$$
\begin{aligned}
\hat{J}_z |j, m\rangle &= m |j, m\rangle \\
&= m \sum_{m_1, m_2} |j_1, m_1\rangle_1 \otimes |j_2, m_2\rangle_2 \, C_{m_1, m_2} \\
&= \sum_{m_1, m_2} (m_1 + m_2) |j_1, m_1\rangle_1 \otimes |j_2, m_2\rangle_2 \, C_{m1, m2},
\end{aligned}
$$

所以

$$\sum_{m_1, m_2} (m - m_1 - m_2) C_{m_1, m_2} |j_1, m_1\rangle_1 \otimes |j_2, m_2\rangle_2 = 0.$$

因为直积空间中有 $(2j_1 + 1) \times (2j_2 + 1)$ 个线性无关的正交基矢量，所以当且仅当上式中所有系数均为零时等式才成立，于是有

$$(m - m_1 - m_2) C_{m_1, m_2} = 0.$$

因此仅当

$$m = m_1 + m_2$$

时，我们才可能有非零的 CG 系数. 因此，m、m_1、m_2 的最大值 $j_{\max}$、j_1、j_2 满足如下关系：

$$j_{\max} = j_1 + j_2. \tag{5.42}$$

最后考虑到同一个希尔伯特空间的所有基矢个数相等，我们有

$$\sum_{j=j_{\min}}^{j_{\max}} (2j + 1) = (2j_1 + 1)(2j_2 + 1),$$

等式左边是一个等差级数，显然

$$\sum_{j_{\min}}^{j_{\max}} (2j + 1) = (j_{\max} + 1)^2 - j_{\min}^2.$$

联立以上两式，得到

$$j_{\min}^2 = (j_1 - j_2)^2 \Rightarrow j_{\min} = |j_1 - j_2|.$$

由此我们得到 j 的取值范围

$$j = j_1 + j_2, j_1 + j_2 - 1, \cdots, |j_1 - j_2|. \tag{5.43}$$

最后，我们以几个例子来讨论 CG 系数的计算.

(1) $j_1 = 1/2$，$j_2 = 1/2$：这时非耦合表示 (直积表示) 有四个正交基，分别为

$$\left|\frac{1}{2}, \frac{1}{2}\right\rangle_1 \otimes \left|\frac{1}{2}, \frac{1}{2}\right\rangle_2, \quad \left|\frac{1}{2}, -\frac{1}{2}\right\rangle_1 \otimes \left|\frac{1}{2}, \frac{1}{2}\right\rangle_2,$$

$$\left|\frac{1}{2}, \frac{1}{2}\right\rangle_1 \otimes \left|\frac{1}{2}, -\frac{1}{2}\right\rangle_2, \quad \left|\frac{1}{2}, -\frac{1}{2}\right\rangle_1 \otimes \left|\frac{1}{2}, -\frac{1}{2}\right\rangle_2.$$

鉴于 j 的取值只能为 0 或者 1，耦合表示的四个正交基为

$$|1, 1\rangle, \quad |1, 0\rangle, \quad |1, -1\rangle, \quad |0, 0\rangle.$$

因为 $m = m_1 + m_2$，所以对于最大的 $m = 1$ 有

$$|1, 1\rangle = \left|\frac{1}{2}, \frac{1}{2}\right\rangle_1 \otimes \left|\frac{1}{2}, \frac{1}{2}\right\rangle_2.$$

将 $\hat{J}_- = \hat{J}_{1-} + \hat{J}_{2-}$ 作用于上式两边，我们有

$$\hat{J}_- |1, 1\rangle = \sqrt{2} |1, 0\rangle$$

$$= (\hat{J}_{1-} + \hat{J}_{2-}) \left| \frac{1}{2}, \frac{1}{2} \right\rangle_1 \otimes \left| \frac{1}{2}, \frac{1}{2} \right\rangle_2$$

$$= \left| \frac{1}{2}, -\frac{1}{2} \right\rangle_1 \otimes \left| \frac{1}{2}, \frac{1}{2} \right\rangle_2 + \left| \frac{1}{2}, \frac{1}{2} \right\rangle_1 \otimes \left| \frac{1}{2}, -\frac{1}{2} \right\rangle_2,$$

因此

$$|1, 0\rangle = \frac{1}{\sqrt{2}} \left(\left| \frac{1}{2}, -\frac{1}{2} \right\rangle_1 \otimes \left| \frac{1}{2}, \frac{1}{2} \right\rangle_2 + \left| \frac{1}{2}, \frac{1}{2} \right\rangle_1 \otimes \left| \frac{1}{2}, -\frac{1}{2} \right\rangle_2 \right).$$

对上式再作用一次 $\hat{J}_-$，整理后得到

$$|1, -1\rangle = \left| \frac{1}{2}, -\frac{1}{2} \right\rangle_1 \otimes \left| \frac{1}{2}, -\frac{1}{2} \right\rangle_2.$$

利用正交性条件

$$\langle j, m \mid j, m' \rangle = \delta_{mm'}, \quad \langle j', m \mid j, m \rangle = \delta_{j'j},$$

可以求出

$$|0, 0\rangle = \frac{1}{\sqrt{2}} \left(\left| \frac{1}{2}, -\frac{1}{2} \right\rangle_1 \otimes \left| \frac{1}{2}, \frac{1}{2} \right\rangle_2 - \left| \frac{1}{2}, \frac{1}{2} \right\rangle_1 \otimes \left| \frac{1}{2}, -\frac{1}{2} \right\rangle_2 \right).$$

可见对 $m = m_1 + m_2 = 0$ 的情况，即 $|1, 0\rangle$ 和 $|0, 0\rangle$，结果是两种态的线性叠加，一种是对称组合，另一种是反对称组合.

(2) $j_1 = 1$，$j_2 = 1$：利用同样的方法，不难得到

$$|2, 2\rangle = |1, 1\rangle_1 \otimes |1, 1\rangle_2,$$

$$|2, 1\rangle = \frac{1}{\sqrt{2}} (|1, 1\rangle_1 \otimes |1, 0\rangle_2 + |1, 0\rangle_1 \otimes |1, 1\rangle_2),$$

$$|2, 0\rangle = \frac{1}{\sqrt{6}} (|1, -1\rangle_1 \otimes |1, 1\rangle_2 + |1, 1\rangle_1 \otimes |1, -1\rangle_2 + 2 |1, 0\rangle_1 \otimes |1, 0\rangle_2),$$

$$|2, -1\rangle = \frac{1}{\sqrt{2}} (|1, -1\rangle_1 \otimes |1, 0\rangle_2 + |1, 0\rangle_1 \otimes |1, -1\rangle_2),$$

$$|2, -2\rangle = |1, -1\rangle_1 \otimes |1, -1\rangle_2,$$

$$|1, 1\rangle = \frac{1}{\sqrt{2}} (|1, 0\rangle_1 \otimes |1, 1\rangle_2 - |1, 1\rangle_1 \otimes |1, 0\rangle_2),$$

$$|1, 0\rangle = \frac{1}{\sqrt{2}} (|1, -1\rangle_1 \otimes |1, 1\rangle_2 - |1, 1\rangle_1 \otimes |1, -1\rangle_2),$$

$$|1, -1\rangle = \frac{1}{\sqrt{2}} (|1, -1\rangle_1 \otimes |1, 0\rangle_2 - |1, 0\rangle_1 \otimes |1, -1\rangle_2),$$

$$|0, 0\rangle = \frac{1}{\sqrt{3}} (|1, -1\rangle_1 \otimes |1, 1\rangle_2 + |1, 1\rangle_1 \otimes |1, -1\rangle_2 - |1, 0\rangle_1 \otimes |1, 0\rangle_2).$$

具体的计算留作习题.

(3) j_1 任意，$j_2 = 1/2$：首先，我们有

$$m = m_1 + m_2, \quad m_2 = \pm\frac{1}{2} \Rightarrow m_1 = m \mp \frac{1}{2},$$

因此

$$|j, m\rangle = C_+ \left|j_1, m - \frac{1}{2}\right\rangle_1 \otimes \left|\frac{1}{2}, \frac{1}{2}\right\rangle_2 + C_- \left|j_1, m + \frac{1}{2}\right\rangle_1 \otimes \left|\frac{1}{2}, -\frac{1}{2}\right\rangle_2. \tag{5.44}$$

可以证明，对 $j = j_1 + 1/2$，有

$$C_+ = \sqrt{\frac{j_1 + m + \frac{1}{2}}{2j_1 + 1}}, \quad C_- = \sqrt{\frac{j_1 - m + \frac{1}{2}}{2j_1 + 1}}. \tag{5.45}$$

对 $j = j_1 - 1/2$，则有

$$C_+ = -\sqrt{\frac{j_1 - m + \frac{1}{2}}{2j_1 + 1}}, \quad C_- = \sqrt{\frac{j_1 + m + \frac{1}{2}}{2j_1 + 1}}. \tag{5.46}$$

证明也留作习题. 由此可以找到两种情况下 C_+ 和 C_- 之间的关系

$$C_+ \left[j(j+1) - j_1(j_1+1) - m - \frac{1}{4}\right] = C_- \sqrt{\left(j_1 + m + \frac{1}{2}\right)\left(j_1 - m + \frac{1}{2}\right)},$$

和

$$C_- \left[j(j+1) - j_1(j_1+1) + m - \frac{1}{4}\right] = C_+ \sqrt{\left(j_1 + m + \frac{1}{2}\right)\left(j_1 - m + \frac{1}{2}\right)}.$$

最后利用

$$|C_+|^2 + |C_-|^2 = 1,$$

就可以求解不同 j 时的 $C_\pm$ 系数. 这个计算和自旋轨道耦合有关，8.3 节中将会用到.

通过类似的方法，我们还能求出 CG 系数的一般表达式. 不过常用的 CG 系数通常可以通过查图 5.2[1]获得，因此这里不再深入探讨.

5.5　选择定则

在原子物理中，我们经常会讨论原子光谱，它是指原子中的核外电子在不同能级间跃迁所伴随的电磁辐射. 原子光谱通常分为原子吸收光源中部分波长的光的吸收光谱和发射

---

① Workman R L, et al. Particle data group. Prog. Theor. Exp. Phys., 2022, 083C01.

某些特定波长的光的发射光谱. 原子光谱都不是连续谱, 这与核外电子能量量子化紧密相关. 量子力学中的含时微扰论是处理核外电子跃迁、计算原子光谱的重要手段, 包括光子吸收、受激辐射和自发辐射[①]. 计算核外电子在不同能级 a、b 间跃迁时, 跃迁概率 $P_{a \to b}$ 正比于电偶极矩矩阵元 $\mathcal{P}_{ab}$[②]

$$P_{a \to b} \sim \mathcal{P}_{ab}, \tag{5.47}$$

其中 $\mathcal{P}_{ab} = Q \langle b \,|\, \hat{\boldsymbol{r}} \,|\, a \rangle$, Q 是电荷量, $\hat{\boldsymbol{r}} = (\hat{x}, \hat{y}, \hat{z})$ 是空间坐标矢量算符[③]. 在我们主要的研究对象, 即原子中, 通常存在空间旋转对称性, 角动量是一个 "好" 量子数, 可以用角动量本征态 $|j, m\rangle$ 来描述原子能级. 第 6 章中将详细讨论氢原子的角动量表示. 因此, 在计算电偶极矩矩阵元时, 设 $|a\rangle = |j, m\rangle$, $|b\rangle = |j', m'\rangle$, 则只需要计算以下矩阵元:

$$\langle j', m' \,|\, \hat{x} \,|\, j, m \rangle, \quad \langle j', m' \,|\, \hat{y} \,|\, j, m \rangle, \quad \langle j', m' \,|\, \hat{z} \,|\, j, m \rangle.$$

如果巧妙地利用角动量的厄米性和对易关系, 则可得到对以上矩阵元的一组强有力的约束, 这组约束我们称为角动量选择定则. 选择定则的存在预言了可能的跃迁能级, 大大简化了原子内电子跃迁的计算.

由于 $|j, m\rangle$ 是 $\hat{J}^2$ 和 $\hat{J}_z$ 的本征态, 考虑到对易关系

$$[\hat{J}_i, \hat{x}_j] = \mathrm{i}\epsilon_{ijk}\hat{x}_k,$$

可以计算得到

$$\left\langle j', m' \,|\, [\hat{J}_z, \hat{z}] \,|\, j, m \right\rangle = (m' - m) \left\langle j', m' \,|\, \hat{z} \,|\, j, m \right\rangle = 0,$$

$$\left\langle j', m' \,|\, [\hat{J}_z, \hat{x}] \,|\, j, m \right\rangle = (m' - m) \left\langle j', m' \,|\, \hat{x} \,|\, j, m \right\rangle = \mathrm{i} \left\langle j', m' \,|\, \hat{y} \,|\, j, m \right\rangle,$$

$$\left\langle j', m' \,|\, [\hat{J}_z, \hat{y}] \,|\, j, m \right\rangle = (m' - m) \left\langle j', m' \,|\, \hat{y} \,|\, j, m \right\rangle = -\mathrm{i} \left\langle j', m' \,|\, \hat{x} \,|\, j, m \right\rangle.$$

综上可得

$$(m' - m) \langle j', m' \,|\, \hat{z} \,|\, j, m \rangle = 0, \tag{5.48}$$

$$(m' - m)^2 \langle j', m' \,|\, \hat{x} \,|\, j, m \rangle = \langle j', m' \,|\, \hat{x} \,|\, j, m \rangle, \tag{5.49}$$

$$(m' - m)^2 \langle j', m' \,|\, \hat{y} \,|\, j, m \rangle = \langle j', m' \,|\, \hat{y} \,|\, j, m \rangle. \tag{5.50}$$

因此, 若 $\Delta m = m' - m \neq 0$, 则必然有

$$\langle j', m' \,|\, \hat{z} \,|\, j, m \rangle = 0. \tag{5.51}$$

若 $\Delta m = m' - m \neq \pm 1$, 则必然有

$$\langle j', m' \,|\, \hat{x} \,|\, j, m \rangle = \langle j', m' \,|\, \hat{y} \,|\, j, m \rangle = 0. \tag{5.52}$$

根据以上讨论, 我们便得到了角动量选择定则的第一个约束条件:

---

① 含时微扰论是量子力学中的重要部分, 详细内容超出了本书讨论范畴, 感兴趣的读者可以参考相关专业书籍作进一步了解.

② 也就是电偶极矩算符的矩阵表示.

③ 由式 (5.47) 主导的跃迁辐射称为电偶极辐射.

> • 除非 $\Delta m = 0$ 或 ± 1，否则原子能级之间不能发生跃迁.

这个约束条件反映了沿 z 方向的角动量守恒的结果[①].

再考虑到对易关系

$$[\hat{J}_i^2, \hat{x}_j] = \mathrm{i}\epsilon_{ijk}(\hat{J}_i\hat{x}_k + \hat{x}_k\hat{J}_i),$$

对 $\hat{J}_i$ 求和后可得

$$[\hat{J}^2, \hat{x}_j] = \sum_i [\hat{J}_i^2, \hat{x}_j] = \sum_{i,k} \mathrm{i}\epsilon_{ijk}\left(\hat{J}_i\hat{x}_k + \hat{x}_k\hat{J}_i\right) = 2\hat{x}_j + 2\mathrm{i}\sum_{i,k}\epsilon_{ijk}\hat{x}_k\hat{J}_i. \tag{5.53}$$

按照空间坐标算符分量，式 (5.53) 具体可写为

$$[\hat{J}^2, \hat{z}] = 2\mathrm{i}(\hat{x}\hat{J}_y - \hat{y}\hat{J}_x - \mathrm{i}\hat{z}),$$
$$[\hat{J}^2, \hat{x}] = 2\mathrm{i}(\hat{y}\hat{J}_z - \hat{z}\hat{J}_y - \mathrm{i}\hat{x}),$$
$$[\hat{J}^2, \hat{y}] = 2\mathrm{i}(\hat{z}\hat{J}_x - \hat{x}\hat{J}_z - \mathrm{i}\hat{y}). \tag{5.54}$$

下面以 $[\hat{J}^2, \hat{z}]$ 为例，计算 $[\hat{J}^2, [\hat{J}^2, \hat{z}]]$.

$$[\hat{J}^2, [\hat{J}^2, \hat{z}]] = 2\mathrm{i}([\hat{J}^2, \hat{x}\hat{J}_y] - [\hat{J}^2, \hat{y}\hat{J}_x] - \mathrm{i}[\hat{J}^2, \hat{z}])$$
$$= 2\mathrm{i}([\hat{J}^2, \hat{x}]\hat{J}_y + \hat{x}[\hat{J}^2, \hat{J}_y] - [\hat{J}^2, \hat{y}]\hat{J}_x - \hat{y}[\hat{J}^2, \hat{J}_x] - \mathrm{i}\hat{J}^2\hat{z} + \mathrm{i}\hat{z}\hat{J}^2). \tag{5.55}$$

注意到 $[\hat{J}^2, \hat{J}_x] = [\hat{J}^2, \hat{J}_y] = 0$, $\hat{J}^2 = \hat{J}_x^2 + \hat{J}_y^2 + \hat{J}_z^2$，并利用对易关系 $[\hat{J}^2, \hat{x}]$、$[\hat{J}^2, \hat{y}]$、$[\hat{J}_z, \hat{x}]$ 和 $[\hat{J}_z, \hat{y}]$，则式 (5.55) 可化简为

$$[\hat{J}^2, [\hat{J}^2, \hat{z}]] = 2\mathrm{i}\left[2\mathrm{i}(\hat{y}\hat{J}_z - \hat{z}\hat{y}_x - \mathrm{i}\hat{x})\hat{J}_y - 2\mathrm{i}(\hat{z}\hat{J}_x - \hat{x}\hat{J}_z - \mathrm{i}\hat{y})\hat{J}_x - \mathrm{i}\hat{J}^2\hat{z} + \mathrm{i}\hat{z}\hat{J}^2\right]$$
$$= -2\left(2\hat{y}\hat{J}_z\hat{J}_y - 2\mathrm{i}\hat{x}\hat{J}_y + 2\hat{x}\hat{J}_z\hat{J}_x + 2\mathrm{i}\hat{y}\hat{J}_x + 2\hat{z}\hat{J}_z^2 - \hat{J}^2\hat{z} - \hat{z}\hat{J}^2\right)$$
$$= 2(\hat{z}\hat{J}^2 + \hat{J}^2\hat{z}) - 4(\hat{J}_z\hat{y}\hat{J}_y + \hat{J}_z\hat{x}\hat{J}_x + \hat{J}_z\hat{z}\hat{J}_z). \tag{5.56}$$

注意到以下角动量算符恒等式[②]

$$\hat{\boldsymbol{r}} \cdot \hat{\boldsymbol{J}} = \sum_i \hat{x}_i\hat{J}_i = \hat{y}\hat{J}_y + \hat{x}\hat{J}_x + \hat{z}\hat{J}_z \equiv 0. \tag{5.57}$$

因此式 (5.56) 中最后一行第二个圆括号恒为零，于是得到

---

① 光子的自旋角动量 (一种内禀角动量) 为 1，因此它的 m 只能取 -1、0、1，角动量守恒要求光子传递给电子 z 方向的角动量也只能是这三个数.

② 此算符恒等式可以从经典角动量关系 $\boldsymbol{r} \cdot \boldsymbol{J} = 0$ 直接推广得到.

$$[\hat{J}^2, [\hat{J}^2, \hat{z}]] = 2(\hat{z}\hat{J}^2 + \hat{J}^2\hat{z}). \tag{5.58}$$

同理可得

$$[\hat{J}^2, [\hat{J}^2, \hat{x}]] = 2(\hat{x}\hat{J}^2 + \hat{J}^2\hat{x}), \quad [\hat{J}^2, [\hat{J}^2, \hat{y}]] = 2(\hat{y}\hat{J}^2 + \hat{J}^2\hat{y}). \tag{5.59}$$

写成矢量形式为

$$[\hat{J}^2, [\hat{J}^2, \hat{\boldsymbol{r}}]] = 2(\hat{\boldsymbol{r}}\hat{J}^2 + \hat{J}^2\hat{\boldsymbol{r}}). \tag{5.60}$$

由于 $|j,m\rangle$ 是角动量算符 $\hat{J}^2$ 的本征态，本征值为 $j(j+1)$，计算矩阵元

$$
\begin{aligned}
\left\langle j',m' \left| [\hat{J}^2, [\hat{J}^2, \hat{\boldsymbol{r}}]] \right| j,m \right\rangle &= 2\left\langle j',m' \left| (\hat{\boldsymbol{r}}\hat{J}^2 + \hat{J}^2\hat{\boldsymbol{r}}) \right| j,m \right\rangle \\
&= 2[j(j+1) + j'(j'+1)] \left\langle j',m' \left| \hat{\boldsymbol{r}} \right| j,m \right\rangle \\
&= \left\langle j',m' \left| (\hat{J}^2[\hat{J}^2, \hat{\boldsymbol{r}}] - [\hat{J}^2, \hat{\boldsymbol{r}}]\hat{J}^2) \right| j,m \right\rangle \\
&= [j(j+1) - j'(j'+1)] \left\langle j',m' \left| (\hat{J}^2\hat{\boldsymbol{r}} - \hat{\boldsymbol{r}}\hat{J}^2) \right| j,m \right\rangle \\
&= [j(j+1) - j'(j'+1)]^2 \left\langle j',m' \left| \hat{\boldsymbol{r}} \right| j,m \right\rangle. \tag{5.61}
\end{aligned}
$$

由式 (5.61) 可知，除非

$$[j(j+1) - j'(j'+1)]^2 = 2[j(j+1) + j'(j'+1)], \tag{5.62}$$

否则 $\langle j',m' | \hat{\boldsymbol{r}} | j,m \rangle = 0$. 注意到

$$j(j+1) - j'(j'+1) = (j'+j+1)(j'-j),$$

$$2[j(j+1) + j'(j'+1)] = (j'+j+1) + (j'-j) - 1.$$

式 (5.62) 表示的约束条件可进一步化简为

$$[(j'+j+1)^2 - 1][(j'-j)^2 - 1] = 0. \tag{5.63}$$

因此，若 $\Delta j = j' - j \neq 0$ 或 ± 1，则必然有

$$\langle j',m' | \hat{\boldsymbol{r}} | j,m \rangle = 0. \tag{5.64}$$

但是当 $j' = j = 0$ 时，有 $m' = m = 0$，此时对应的角动量本征态只有 $|0,0\rangle$ 一个，不能发生跃迁，因此对应矩阵元 $\langle j',m' | \hat{\boldsymbol{r}} | j,m \rangle \equiv 0$[①]. 综上讨论，我们便得到了角动量选择定则的第二个约束条件：

---

① 第 6 章中我们将看到本征态 $|0,0\rangle$ 对应着球谐函数 $Y_0^0(\theta, \phi)$，它是一个常函数，坐标算符作用在其上恒为零.

> • 除非 $\Delta j = \pm 1$，否则原子能级之间不能发生跃迁.

这个约束条件可以看作是总角动量守恒的要求[①].

　　从群论角度，我们可以寻找到以上角动量选择定则的起源. 表示跃迁初末态的角动量本征态在群表示论中是三维特殊正交群 $SO(3)$ 的一些不可约表示[②]，记为 $|\alpha, j, m\rangle$，其中 α 表示某些与 $SO(3)$ 无关的量子数. 如果存在算符 $\hat{O}$，它的变换也同 $SO(3)$ 的某个不可约表示 $|J, M\rangle$，为了突出这一性质我们将算符 $\hat{O}$ 记为 $\hat{O}_{JM}$. 在电偶极辐射的情况下，如前所述，$\hat{O}_{JM}$ 就是电子的空间坐标矢量算符 $\hat{\boldsymbol{r}}$. 此时 $\hat{O}_{JM}$ 同 $SO(3)$ 下的矢量表示，有三个分量，即 $J = 1$，$M = -1, 0, 1$. 群表示论中的维格纳–埃卡特 (Wigner-Eckart) 定理[③]告诉我们，对于矩阵元 $\left\langle \alpha', j', m' \mid \hat{O}_{JM} \mid \alpha, j, m \right\rangle$，满足

$$\left\langle \alpha', j', m' \mid \hat{O}_{JM} \mid \alpha, j, m \right\rangle = (\langle j', m' \mid (|J, M\rangle \otimes |j, m\rangle)) \left\langle \alpha', j' \| \hat{O}_J \| \alpha, j \right\rangle$$

$$= \langle j', m' \mid J, j, M, m \rangle \left\langle \alpha', j' \| \hat{O}_J \| \alpha, j \right\rangle. \tag{5.65}$$

式 (5.65) 表示矩阵元 $\left\langle \alpha', j', m' \mid \hat{O}_{JM} \mid \alpha, j, m \right\rangle$ 由两部分组成，分别反映系统的对称性和动力学效应. 其中 $\left\langle \alpha', j' \| \hat{O}_J \| \alpha, j \right\rangle$ 称为算符 $\hat{O}_{JM}$ 的约化矩阵元，反映系统的动力学性质，与对称群无关. 它的计算需要系统薛定谔方程的解. 维格纳–埃卡特定理的第一个结论就是 $\left\langle \alpha', j' \| \hat{O}_J \| \alpha, j \right\rangle$ 只与量子数 α、J 和 j 有关，与 m 无关. 剩下的 $\langle j', m' \mid J, j, M, m \rangle$ 因子则反映了系统的对称性，对这部分已经进行了计算，即 CG 系数. 其实由于 $\hat{O}_{JM} |\alpha, j, m\rangle$ 和直积表示 $|J, M\rangle \otimes |j, m\rangle = |J, j, M, m\rangle$ 在 $SO(3)$ 下以完全相同的方式进行变换，因此做直积约化后必然会出现 CG 系数，这也是维格纳–埃卡特定理的第二个结论.

　　5.4 节已经告诉了我们 GC 系数 $\langle j', m' \mid J, j, M, m \rangle$ 的非零条件为 $j' = j + J, j + J - 1, \cdots, |j - J| + 1, |j - J|$ 和 $m' = M + m$. 定义 $\Delta j = j' - j$，$\Delta m = m' - m$，则 CG 系数非零条件为

$$|\Delta j| = |j' - j| \leqslant J,$$

$$\Delta m = m' - m = M \leqslant J.$$

取 J 为 1，则 M 只能是 -1、0 和 1，这样就得到了角动量选择定则.

---

① 光子传递给电子的总角动量量子数的变化不可能超过 1.

② 群表示论是群论的重要内容之一. 一般我们讨论的都是线性表示，它是指某个群 G 到线性空间 V 上线性变换群的同态映射. 如果给定线性空间 V 中的一组基，则线性变换群就和矩阵群同构，因此矩阵是最常见的一种线性表示，称为矩阵表示. 不可约表示是一种特殊的线性表示，从矩阵表示来看，它由不能通过相似变换进行分块对角或分块三角化的一系列矩阵构成. 关于群表示论的具体内容，感兴趣的读者可以参考相关的群论书籍文献.

③ 维格纳–埃卡特定理是群表示论中的重要定理之一，它告诉我们直积表示的约化关系，同时也是宇称选择定则和角动量选择定则的基本原理. 定理的证明涉及张量算符，对表示算符等诸多群表示论内容，感兴趣的读者可以参考 Nadir Jeevanjee 编写的 *An introduction to tensors and group theory for physicists* 第二版第六章.

第5章习题

5.1 利用从三维直角坐标到球坐标的变换,

(1) 计算给出角动量算符 $\hat{J}_x$、$\hat{J}_y$、$\hat{J}_z$、$\hat{J}^2$ 在球坐标下的具体形式.

(2) 计算给出算符 $\hat{J}_\pm = J_x \pm \mathrm{i}J_y$ 的具体形式.

(3) 证明

$$\sum_i x_i \frac{\partial}{\partial x_i} = r\frac{\partial}{\partial r},$$

给出计算中必要的步骤.

5.2 对升、降算符 $J_\pm = J_x \pm \mathrm{i}J_y$, 计算

$$[J^2, J_\pm], [J_z, J_\pm], [J_+, J_-].$$

5.3 证明当 $j = 1$, 且三个基矢分别取作

$$|1,1\rangle = \begin{pmatrix} 1 \\ 0 \\ 0 \end{pmatrix}, \quad |1,0\rangle = \begin{pmatrix} 0 \\ 1 \\ 0 \end{pmatrix}, \quad |1,-1\rangle = \begin{pmatrix} 0 \\ 0 \\ 1 \end{pmatrix} \tag{5.66}$$

时, 角动量算符 $\hat{J}_x$、$\hat{J}_y$ 和 $\hat{J}_z$ 的矩阵表示确实是式 (5.24).

5.4 求 $j_1 = 1$, $j_2 = 1$ 的 CG 系数.

5.5 从图 5.2 中读出相应的 CG 系数, 并与上题结果比较 (特别注意图 5.2 中有关根号省略的约定).

5.6 证明式 (5.45) 和式 (5.46), 提示: 利用

$$\hat{J}^2 = (\hat{J}_1 + \hat{J}_2)^2 = \hat{J}_1^2 + \hat{J}_2^2 + 2\hat{J}_1 \cdot \hat{J}_2$$
$$= \hat{J}_1^2 + \hat{J}_2^2 + \hat{J}_{1+}\hat{J}_{2-} + \hat{J}_{1-}\hat{J}_{2+} + 2\hat{J}_{1z}\hat{J}_{2z}.$$

5.7 对于 J^2 和 J_z 共同本征态 $|\lambda, m\rangle$, 有

$$J^2 |\lambda, m\rangle = \lambda |\lambda, m\rangle, \quad J_z |\lambda, m\rangle = m |\lambda, m\rangle,$$

对于给定 λ, 证明 $m^2 \leqslant \lambda$ (要完整证明, 包括证明 $\langle J_x^2 \rangle \geqslant 0$).

5.8 假设 5.7 题式中 m 的最大取值为 m_+, 最小值为 m_-,

$$J_+ |\lambda, m_+\rangle = 0, \qquad J_- |\lambda, m_-\rangle = 0,$$

证明 $m_+ = -m_-$.

5.9 假设上题中 $m_+ = j$, 求下式中的系数 λ 和 $c_\pm$:

$$J^2 |j, m\rangle = \lambda |j, m\rangle, \quad J_\pm |j, m\rangle = c_\pm |j, m \pm 1\rangle.$$

5.10 设 $|j, m\rangle = \psi_{jm}(\theta)\mathrm{e}^{\mathrm{i}m\phi}$, 分别计算给出 J_z 和 $J_\pm$ 三个算符作用于 $|j, m\rangle$ 的结果, 并给出 $\psi_{jm}(\theta)$ 的递推关系方程.

5.11 根据

$$J^2 = \sum_i J_i J_i = - \sum_{ijk\ell m} \epsilon_{ijk} \epsilon_{i\ell m} x_j \frac{\partial}{\partial x_k} x_\ell \frac{\partial}{\partial x_m},$$

证明

$$J^2 = - \left(r^2 \Delta - \frac{\partial}{\partial r} r^2 \frac{\partial}{\partial r} \right),$$

其中 $\Delta = \sum_i (\partial^2 / \partial x_i^2)$.

5.12 两个角动量 J_1、J_2 对易 $([J_{1i}, J_{2j}] = 0)$, 设

$$J = J_1 + J_2, \quad J^2 = J_1^2 + J_2^2 + 2J_1 \cdot J_2, \quad J_z = J_{1z} + J_{2z}.$$

(1) 证明 J 是角动量而 $K = J_1 - J_2$ 不是.

(2) 证明 $[J_z, J^2] = [J_z, J_1^2] = [J_z, J_2^2] = 0$.

(3) 证明 $[J^2, J_1^2] = [J^2, J_2^2] = 0$.

第 6 章　氢原子的动力学对称性

氢原子是一个最简单的两体模型，即一个电子在含单个质子的原子核形成的库仑势场中运动. 由于质子的质量约是电子质量的 1836 倍，因而该系统的质心几乎和质子质心重合，于是我们完全可以将其看成质子不动、电子在质子的质心系中运动，这就成为一个典型的库仑势场问题.

在量子力学中，研究氢原子问题的一般方法自然是求解薛定谔方程，但即使对这样一个最简单的模型，薛定谔方程的直接求解也并不容易. 因此，本章将从对称性的视角出发，通过寻找和研究守恒量得到其本征态的形式，再根据守恒量与哈密顿量对易的性质，将得到的本征态代回薛定谔方程求解，这将大大简化求解的过程，并揭示出氢原子问题中更深刻的物理内涵. 最后，我们还会从理论和实验两个角度介绍氢原子能级的简并，并发现其与对称性破缺的关联. 另外，作为参考，6.4 节和 6.5 节也将展示薛定谔方程一般性的求解方法，这是标准量子力学的内容，但不属于本书的主线逻辑，读者可以根据需要自行选择阅读. 与氢原子模型类似，在第 9 章，我们将讨论碱金属原子、类氢离子 (如氦离子) 等.

不过，氢原子仅仅是最简单的原子系统. 对其他更复杂的原子或类原子模型，本章讨论的模型将不再有效. 例如从氦原子开始，由于核外电子数增加，我们需要用到很多额外的近似；另外，在电子偶素 (一个由正电子和电子通过库仑相互作用组成的系统)、μ 氢原子 (质量约为电子 206 倍的 μ 子和原子核组成的原子) 等例子中，系统中两个粒子的质量相接近，因而我们不能将系统的质心近似为其中某个粒子的质心.

6.1　对称性与薛定谔方程

按照量子力学的基础理论，要理解氢原子中电子的行为，最直接的途径就是求解氢原子系统的薛定谔方程

$$\hat{H} \left| E \right\rangle = \left[-\frac{1}{2m_e} \Delta + U(\boldsymbol{x}) \right] \left| E \right\rangle = E \left| E \right\rangle, \tag{6.1}$$

其中，势能项 $U(\boldsymbol{x}) = -\alpha/r$ (其中 $\alpha = \dfrac{e^2}{4\pi\epsilon_0} \approx 1/137$) 描述了电子所在的原子核势场，而由此求得的本征值 E 就是氢原子的能级.

4.2 节展示了对一维定态问题的求解，但一般情况下，薛定谔方程是一个三维的二阶偏微分方程，直接求解并不容易. 不过，我们知道量子系统的一个守恒量必然与哈密顿量对易，因而二者具有共同本征态，因此，如果我们先通过研究守恒量的本征方程得到本征态的形式，再将其代回薛定谔方程中求解，问题就可能得到简化.

一个最简单的例子是自由粒子. 由于系统的哈密顿量为

$$\hat{H} = \frac{\hat{p}^2}{2m_0},$$

其中 m_0 为粒子质量，所以显然有 $[\hat{H}, \hat{p}] = 0$，动量 $\hat{p}$ 是一个守恒量. 要求解波函数，可以直接求解薛定谔方程

$$-\frac{1}{2m_0}\Delta |E\rangle = E |E\rangle, \tag{6.2}$$

也可以先求解动量算符 $\hat{p}$ 的本征方程

$$\hat{p}|E\rangle = -\mathrm{i}\frac{\mathrm{d}}{\mathrm{d}x}|E\rangle = k |E\rangle,$$

得到平面波解

$$|E\rangle = \mathrm{e}^{\mathrm{i}kx},$$

再代入式 (6.2)，就得到本征值 k 与能量 E 的关系

$$k = \sqrt{2m_0 E}.$$

由此可见，对具有对称性的量子系统，通过寻找系统的对称性，确认守恒量，进而利用守恒量算符的性质求出本征态的形式往往就能对薛定谔方程起到降阶的效果，从而简化求解的过程.

另一个例子来自 5.1 节对角动量本征值和本征态的研究. 我们利用角动量李代数的性质

$$[\hat{J}_i, \hat{J}_j] = \mathrm{i}\epsilon_{ijk}\hat{J}_k,$$

绕开了求解二阶偏微分方程

$$-\left(\frac{1}{\sin\theta}\frac{\partial}{\partial\theta}\sin\theta\frac{\partial}{\partial\theta} + \frac{1}{\sin^2\theta}\frac{\partial^2}{\partial\phi^2}\right)|j, m\rangle = \lambda |j, m\rangle$$

来寻找本征值 λ 的过程，通过简单的代数计算就得到了

$$\hat{J}_z |j, m\rangle = m |j, m\rangle \tag{5.15}$$

和

$$\hat{J}^2 |j, m\rangle = j(j+1) |j, m\rangle, \tag{5.16}$$

极大地简化了求解过程.

下面我们将沿用这一思路，尝试以代数方法求解氢原子中电子的能级.

6.2 平方反比力系统的守恒量

如 6.1 节所述，用代数方法求解氢原子问题的核心是找到氢原子系统的守恒量. 显然，氢原子是一个有心力场系统，因而具有三维转动对称性 (即 $SO(3)$ 对称性)，对应地就有三个方向的角动量作为守恒量. 然而除此之外，系统是否还具有其他的对称性呢？

历史上，1926 年，泡利将平方反比力势场中的另一个守恒量，即龙格–楞次矢量引入氢原子问题中，极大地简化了氢原子能级的推导过程；1935 年，福克首次提出氢原子的能级简并度问题可以被一个 4 维转动 ($O(4)$) 对称性解释；1936 年，巴格曼将两个问题联系起来，提出角动量，和龙格–楞次矢量构成了氢原子问题中 $O(4)$ 群的六个生成元[①].

为了深入理解龙格–楞次矢量，接下来我们将首先以经典力学的视角处理氢原子问题，构造其中的龙格–楞次矢量，再将其过渡到量子力学的形式.

首先考虑径向速度

$$\dot{r} = \frac{\mathrm{d}}{\mathrm{d}t}\sqrt{\boldsymbol{r}\cdot\boldsymbol{r}} = \frac{1}{r}\cdot\frac{1}{2}\left(\boldsymbol{r}\cdot\dot{\boldsymbol{r}}+\dot{\boldsymbol{r}}\cdot\boldsymbol{r}\right) = \frac{1}{r}\left(\boldsymbol{r}\cdot\dot{\boldsymbol{r}}\right).$$

对径向单位向量 $\hat{\boldsymbol{r}} = \dfrac{\boldsymbol{r}}{r}$ 求时间导数，得到

$$\begin{aligned}
\frac{\mathrm{d}\hat{\boldsymbol{r}}}{\mathrm{d}t} &= \frac{\mathrm{d}}{\mathrm{d}t}\left(\frac{\boldsymbol{r}}{r}\right) = \frac{1}{r}\dot{\boldsymbol{r}} - \frac{\boldsymbol{r}}{r^2}\dot{r} \\
&= \frac{1}{r}\dot{\boldsymbol{r}} - \frac{\boldsymbol{r}}{r^3}\left(\boldsymbol{r}\cdot\dot{\boldsymbol{r}}\right) \\
&= \frac{1}{r^3}\left[\dot{\boldsymbol{r}}\left(\boldsymbol{r}\cdot\boldsymbol{r}\right) - \boldsymbol{r}\left(\boldsymbol{r}\cdot\dot{\boldsymbol{r}}\right)\right].
\end{aligned} \tag{6.3}$$

作为球对称系统，氢原子系统的势能 U 只是径向距离 r 的函数，因此

$$\frac{\mathrm{d}}{\mathrm{d}t}\boldsymbol{p} = \boldsymbol{F} = -\nabla U = \frac{\mathrm{d}U(r)}{\mathrm{d}r}\hat{\boldsymbol{r}}.$$

对 $\boldsymbol{J}\times\boldsymbol{p}$ 求时间导数，并将上式代入，可得

$$\begin{aligned}
\frac{\mathrm{d}}{\mathrm{d}t}\left(\boldsymbol{J}\times\boldsymbol{p}\right) &= \frac{\mathrm{d}\boldsymbol{J}}{\mathrm{d}t}\times\boldsymbol{p} + \boldsymbol{J}\times\frac{\mathrm{d}\boldsymbol{p}}{\mathrm{d}t} \\
&= \boldsymbol{r}\times\boldsymbol{p}\times\frac{\mathrm{d}\boldsymbol{p}}{\mathrm{d}t} \\
&= -\boldsymbol{r}\times m_{\mathrm{e}}\dot{\boldsymbol{r}}\times\frac{\mathrm{d}U(r)}{\mathrm{d}t}\frac{\boldsymbol{r}}{r} \\
&= -\frac{m_{\mathrm{e}}}{r}\frac{\mathrm{d}U(r)}{\mathrm{d}r}\boldsymbol{r}\times\dot{\boldsymbol{r}}\times\boldsymbol{r},
\end{aligned}$$

① Pauli W. Z. Physik, 1926, 36: 336; Fock V. Z. Physik, 1935, 98: 145; Bargmann V. Z. Physik, 1936, 99: 576.

其中利用了动量 $\boldsymbol{p} = m_{\mathrm{e}}\dot{\boldsymbol{r}}$，角动量 $\boldsymbol{J} = \boldsymbol{r} \times \boldsymbol{p}$ 和角动量守恒条件 $\dfrac{\mathrm{d}\boldsymbol{J}}{\mathrm{d}t} = 0$，$m_{\mathrm{e}}$ 是氢原子中核外电子的质量 (取原子核质量 $M \gg m_{\mathrm{e}}$). 利用

$$\boldsymbol{a} \times \boldsymbol{b} \times \boldsymbol{c} = (\boldsymbol{a} \cdot \boldsymbol{c})\,\boldsymbol{b} - (\boldsymbol{a} \cdot \boldsymbol{b})\,\boldsymbol{c}$$

和式 (6.3) 可得

$$\boldsymbol{r} \times \dot{\boldsymbol{r}} \times \boldsymbol{r} = (\boldsymbol{r} \cdot \boldsymbol{r})\,\dot{\boldsymbol{r}} - (\boldsymbol{r} \cdot \dot{\boldsymbol{r}})\,\boldsymbol{r} = r^3 \frac{\mathrm{d}\hat{\boldsymbol{r}}}{\mathrm{d}t},$$

从而有

$$\frac{\mathrm{d}}{\mathrm{d}t}(\boldsymbol{J} \times \boldsymbol{p}) = -m_{\mathrm{e}} r^2 \cdot \frac{\mathrm{d}U(r)}{\mathrm{d}r} \cdot \frac{\mathrm{d}\hat{\boldsymbol{r}}}{\mathrm{d}t},$$

整理后得到

$$\frac{\mathrm{d}}{\mathrm{d}t}\left[\frac{1}{m_{\mathrm{e}}}\boldsymbol{J} \times \boldsymbol{p} + r^2 \frac{\mathrm{d}U(r)}{\mathrm{d}r}\hat{\boldsymbol{r}}\right] = \frac{\mathrm{d}}{\mathrm{d}t}\left[r^2 \frac{\mathrm{d}U(r)}{\mathrm{d}r}\right]\hat{\boldsymbol{r}}. \tag{6.4}$$

当有心力符合平方反比定律，即 $U(r) = -\alpha \cdot r^{-1}$ 时，其中 α 是常数，我们有

$$\frac{\mathrm{d}}{\mathrm{d}t}\left[\frac{1}{m_{\mathrm{e}}}\boldsymbol{J} \times \boldsymbol{p} + r^2 \frac{\mathrm{d}U(r)}{\mathrm{d}r}\hat{\boldsymbol{r}}\right] = \frac{\mathrm{d}}{\mathrm{d}t}\left(\frac{1}{m_{\mathrm{e}}}\boldsymbol{J} \times \boldsymbol{p} + \alpha\hat{\boldsymbol{r}}\right)$$

$$= \frac{\mathrm{d}\alpha}{\mathrm{d}t}\hat{\boldsymbol{r}} = 0.$$

定义

$$\boldsymbol{R} = \frac{1}{m_{\mathrm{e}}}\boldsymbol{p} \times \boldsymbol{J} - \alpha\hat{\boldsymbol{r}}, \tag{6.5}$$

这就是拉普拉斯–龙格–楞次矢量 (Laplace-Runge-Lenz vector)，也称为龙格–楞次矢量或 LRL 矢量. 容易证明，对该矢量有

$$\frac{\mathrm{d}}{\mathrm{d}t}\boldsymbol{R} = 0, \quad \boldsymbol{R} \cdot \boldsymbol{J} = 0,$$

即 LRL 矢量是一个除能量和角动量外新的守恒量. LRL 矢量最早在研究开普勒行星运动中起到过重要作用. 对引力势能

$$U(r) = -\frac{GMm_0}{r},$$

如果计算 $\boldsymbol{r} \cdot \boldsymbol{R}$，有

$$\boldsymbol{r} \cdot \boldsymbol{R} = \frac{J^2}{m_0} - GMm_0 r.$$

定义 $\boldsymbol{R}$ 与 $\boldsymbol{r}$ 的夹角为 θ，就有

$$r = \frac{p}{1 + \epsilon\cos\theta}.$$

显然，这是圆锥曲线的参数方程. 其中

$$\begin{cases} p = \dfrac{J^2}{GMm_0^2}, \\ \epsilon = \dfrac{|\,\boldsymbol{R}\,|}{GMm_0}, \end{cases}$$

而当 $\epsilon < 1$ 时，行星运动曲线为椭圆.

下面我们将 LRL 矢量过渡到量子力学中. 根据量子力学的基本假设，LRL 算符应该是一个厄米算符. 而如果直接将经典 LRL 矢量写成量子力学算符的形式

$$\hat{R} = \frac{1}{2}\hat{p} \times \hat{J} - \alpha\hat{r},$$

其中 $\hat{r}$ 是厄米的，但 $\hat{p} \times \hat{J}$ 并不是厄米的，那么 $\hat{R}$ 将不再具有厄米性. 因此，我们需要对 LRL 矢量量子算符的形式作一些修改.

注意到对厄米算符 $\hat{A}$ 和 $\hat{B}$ 有

$$(\hat{A} \times \hat{B})_i^\dagger = (\epsilon_{ijk}\hat{A}_j\hat{B}_k)^\dagger = \epsilon_{ijk}^\dagger(\hat{A}_j\hat{B}_k)^\dagger = \epsilon_{ikj}\hat{B}_k^\dagger\hat{A}_j^\dagger$$

$$= -\epsilon_{ijk}\hat{B}_k^\dagger\hat{A}_j^\dagger = -(\hat{B}^\dagger \times \hat{A}^\dagger)_i = -(\hat{B} \times \hat{A})_i,$$

由此容易发现算符 $\hat{A} \times \hat{B} - \hat{B} \times \hat{A}$ 具有厄米性. 因此，我们可以定义 LRL 矢量的量子算符为

$$\hat{R} = \frac{1}{2m_{\mathrm{e}}}(\hat{p} \times \hat{J} - \hat{J} \times \hat{p}) - \alpha\hat{r}. \tag{6.6}$$

利用坐标算符 $\hat{r}$、动量算符 $\hat{p}$ 和角动量算符 $\hat{J}$ 之间的对易关系，经过计算可以得到[①]

$$[\hat{R}_i, \hat{H}] = 0, \tag{6.7}$$

$$[\hat{R}_i, \hat{J}_j] = \mathrm{i}\epsilon_{ijk}\hat{R}_k, \tag{6.8}$$

$$[\hat{R}_i, \hat{R}_j] = -\mathrm{i}\frac{2\hat{H}}{m_{\mathrm{e}}}\epsilon_{ijk}\hat{J}_k, \tag{6.9}$$

以及

$$\hat{J} \cdot \hat{R} = 0, \tag{6.10}$$

$$\hat{R}^2 = \frac{2\hat{H}}{m_{\mathrm{e}}}(\hat{J}^2 + 1) + \alpha^2. \tag{6.11}$$

式 (6.7) 表明 $\hat{R}$ 确实是一个守恒量. 注意到式 (6.8) 具有与角动量对易子相同的形式，鉴于 $\hat{R}_i$ 和 $\hat{J}_i$ 都与 $\hat{H}$ 对易，对于特定能量 E 的状态，可以把算符 $\hat{H}$ 换成 E，重新定义

$$\hat{R}' = \sqrt{\frac{-m_{\mathrm{e}}}{2E}}\hat{R}, \tag{6.12}$$

---

① 对这种较烦琐的符号计算，有时可以用符号计算软件 (如 FORM 等) 代替手算.

这样，式 (6.9) 也就具有了角动量对易子的形式，进而有

$$[\hat{J}_i, \hat{J}_j] = \mathrm{i}\epsilon_{ijk}\hat{J}_k,$$
$$[\hat{R}'_i, \hat{J}_j] = \mathrm{i}\epsilon_{ijk}\hat{R}'_k,$$
$$[\hat{R}'_i, \hat{R}'_j] = \mathrm{i}\epsilon_{ijk}\hat{J}_k.$$

可以看到，$\hat{R}'_i$ 和 $\hat{J}_i (i=1,2,3)$ 这 6 个算符构成了一组封闭的李代数，因此它们应该是同一个李群的生成元. 6.3 节将会证明，这个李群就是四维特殊正交群 $SO(4)$.

6.3 $SO(4)$ 对称性与氢原子能级

第 3 章中我们已经知道，三维欧几里德实空间 E_3 中距离的转动不变性对应了三维特殊正交群 $SO(3)$. 类似地，四维欧几里德实空间 E_4 中距离的转动不变性就对应着四维特殊正交群 $SO(4)$. 矢量 $\boldsymbol{v} = (v_1, v_2, v_3, v_4)$ 在 E_4 中的距离 $|\boldsymbol{v}|$ 定义为

$$|\boldsymbol{v}|^2 = \boldsymbol{v} \cdot \boldsymbol{v} = g_{ij}v_i v_j,$$

其中 $g = I_4$ 是 E_4 中的度规张量. 和第 3 章中的讨论一样，如果认为 $SO(4)$ 的变换为 Λ，距离 $|\boldsymbol{v}|$ 的不变性要求

$$\Lambda^{\mathrm{T}}\Lambda = I_4.$$

设无穷小变换 $\Lambda = I + \epsilon$，代入上式可得

$$\epsilon^{\mathrm{T}} = -\epsilon.$$

对 $SO(4)$ 变换来说，ϵ 是一个 4×4 的反对称矩阵，它有 6 个独立参数. 取

$$\epsilon = \sum_{k=1}^{6} \delta_k X_k = \begin{pmatrix} 0 & \delta_3 & -\delta_2 & \delta_4 \\ -\delta_3 & 0 & \delta_1 & \delta_5 \\ \delta_2 & -\delta_1 & 0 & \delta_6 \\ -\delta_4 & -\delta_5 & -\delta_6 & 0 \end{pmatrix},$$

其中

$$X_1 = \begin{pmatrix} 0 & 0 & 0 & 0 \\ 0 & 0 & 1 & 0 \\ 0 & -1 & 0 & 0 \\ 0 & 0 & 0 & 0 \end{pmatrix}, \quad X_2 = \begin{pmatrix} 0 & 0 & -1 & 0 \\ 0 & 0 & 0 & 0 \\ 1 & 0 & 0 & 0 \\ 0 & 0 & 0 & 0 \end{pmatrix},$$

$$X_3 = \begin{pmatrix} 0 & 1 & 0 & 0 \\ -1 & 0 & 0 & 0 \\ 0 & 0 & 0 & 0 \\ 0 & 0 & 0 & 0 \end{pmatrix}, \quad X_4 = \begin{pmatrix} 0 & 0 & 0 & 1 \\ 0 & 0 & 0 & 0 \\ 0 & 0 & 0 & 0 \\ -1 & 0 & 0 & 0 \end{pmatrix},$$

$$X_5 = \begin{pmatrix} 0 & 0 & 0 & 0 \\ 0 & 0 & 0 & 1 \\ 0 & 0 & 0 & 0 \\ 0 & -1 & 0 & 0 \end{pmatrix}, \quad X_6 = \begin{pmatrix} 0 & 0 & 0 & 0 \\ 0 & 0 & 0 & 0 \\ 0 & 0 & 0 & 1 \\ 0 & 0 & -1 & 0 \end{pmatrix}.$$

若令 $A_1 = X_1$, $A_2 = X_2$, $A_3 = X_3$, $B_1 = X_4$, $B_2 = X_5$, $B_3 = X_6$, 就有

$$[A_i, A_j] = -\epsilon_{ijk} A_k,$$
$$[B_i, B_j] = -\epsilon_{ijk} A_k,$$
$$[A_i, B_j] = -\epsilon_{ijk} B_k,$$

即 A_i 和 B_i ($i = 1, 2, 3$) 就是 $SO(4)$ 的 6 个生成元. 而如果令

$$A_i = -\mathrm{i}\hat{J}_i, \quad B_i = -\mathrm{i}\hat{R}'_i,$$

则 $SO(4)$ 群生成元与角动量算符 $\hat{J}$ 和 LRL 矢量算符 $\hat{R}'$ 一一对应, 且满足相同的李代数. 由此, 算符 $\hat{R}'_i$ 和 $\hat{J}_i$ 生成的李群正是四维特殊正交群 $SO(4)$.

注意到生成元 A_i 满足与 $SO(3)$ 群生成元相同的代数关系, 这并不是巧合, 因为事实上 A_i 可以写成

$$A_i = \left(\begin{array}{ccc|c} & & & 0 \\ & \epsilon_{ijk} & & 0 \\ & & & 0 \\ \hline 0 & 0 & 0 & 0 \end{array} \right) = \left(\begin{array}{ccc|c} & & & 0 \\ & X_i & & 0 \\ & & & 0 \\ \hline 0 & 0 & 0 & 0 \end{array} \right),$$

其中 X_i 正是 $SO(3)$ 的 3 个 3×3 矩阵生成元. 事实上, 如果将 A_i 和 B_i 做线性组合

$$P_i = \frac{1}{2}(A_i + B_i), \quad Q_i = \frac{1}{2}(A_i - B_i),$$

重新计算 P_i 和 Q_i 之间的对易关系

$$[P_i, P_j] = -\epsilon_{ijk} P_k,$$
$$[Q_i, Q_j] = -\epsilon_{ijk} Q_k,$$
$$[P_i, Q_j] = 0.$$

那么 P_i 和 Q_i 各自满足 $SO(3)$ 群的李代数，且它们之间对易. 这样 $SO(4)$ 群的代数关系就以两组对易的 $SO(3)$ 生成元表示出来. 由此，$SO(4)$ 群的李代数由两个 $SO(3)$ 群的李代数直和而成，即 $SO(4)$ 群代数和两个 $SO(3)$ 群代数的直积同构，记作[①]

$$so(4) \cong so(3) \otimes so(3).$$

其中小写字母表示对应李群的李代数. 3.5 节我们曾发现 $SU(2)$ 与 $SO(3)$ 存在代数同构，而更多李群和李代数的关系及性质是群论的内容，对此有兴趣的同学可以查阅有关书籍，这里我们不再深入讨论.

至此我们发现，库仑相互作用的平方反比律为氢原子带来了动力学层次的新对称性，由此，氢原子系统的对称群不再是 $SO(3)$，而是 $SO(4)$. 定义新算符

$$\hat{N}_+ = \frac{1}{2}(\hat{J} + \hat{R}'), \quad \hat{N}_- = \frac{1}{2}(\hat{J} - \hat{R}'), \tag{6.13}$$

容易证明

$$[\hat{N}_{+i}, \hat{H}] = 0, \quad [\hat{N}_{-i}, \hat{H}] = 0,$$

即算符 $\hat{N}_\pm$ 也是守恒量. 又知其满足对易关系

$$[\hat{N}_{+i}, \hat{N}_{+j}] = \mathrm{i}\epsilon_{ijk}\hat{N}_{+k}, \quad [\hat{N}_{-i}, \hat{N}_{-j}] = \mathrm{i}\epsilon_{ijk}\hat{N}_{-k}.$$

因此 $\hat{N}_\pm$ 也可以看成是一种"角动量算符"，并且我们可以计算

$$\hat{N}_+^2 = \frac{1}{4}(\hat{J} + \hat{R}')^2, \quad \hat{N}_-^2 = \frac{1}{4}(\hat{J} - \hat{R}')^2. \tag{6.14}$$

因为 $\hat{J} \cdot \hat{R} = \hat{R} \cdot \hat{J} = 0$，于是

$$\hat{N}_+^2 = \hat{N}_-^2 = \frac{1}{4}[\hat{J}^2 + (\hat{R}')^2] = \frac{1}{4}\left[\hat{J}^2 - \left(\frac{m_\mathrm{e}}{2E}\right)\hat{R}^2\right],$$

结合式 (6.11)，可得

$$\hat{N}_\pm^2 = \frac{1}{4}\left[\hat{J}^2 - (\hat{J}^2 + 1) - \left(\frac{m_\mathrm{e}}{2E}\right)\alpha^2\right] = \left(-\frac{m_\mathrm{e}}{8E}\right)\alpha^2 - \frac{1}{4}.$$

设 $\hat{N}_\pm^2$ 对应的本征值和本征态为 n_+ 和 $|n_+\rangle$，根据式 (5.16) 就有 $\hat{N}_\pm^2 |n_+\rangle = n_+(n_+ + 1)|n_+\rangle$，所以

$$n_+(n_+ + 1)|n_+\rangle = \left[\left(-\frac{m_\mathrm{e}}{8E}\right)\alpha^2 - \frac{1}{4}\right]|n_+\rangle. \tag{6.15}$$

上式两边同时对 $\langle n_+|$ 取内积，整理可得

$$-\frac{m_\mathrm{e}\alpha^2}{8E} = \frac{1}{4}(2n_+ + 1)^2,$$

---

① 这里我们以大写字母 $SO(n)$、$SU(n)$ 等表示群，而以小写字母 $so(n)$、$su(n)$ 等表示代数.

即

$$E = -\frac{m_{\mathrm{e}}\alpha^2}{2(2n_+ + 1)^2} = -\frac{m_{\mathrm{e}}\alpha^2}{2n^2}, \tag{6.16}$$

其中 $n = 2n_+ + 1$. 另外，根据 $\hat{N}_\pm$ 的定义，我们有

$$\hat{J} = \hat{N}_+ + \hat{N}_-.$$

前面已经证明 $\hat{N}_\pm$ 是角动量算符，所以上式可以看成是两个角动量的求和. 5.4 节我们已经讨论了两个角动量的耦合，于是可知 $\hat{J}$ 的本征值 j 的取值范围为

$$n_+ + n_+, n_+ + n_+ - 1, \cdots, |n_+ - n_+|,$$

即

$$j = n - 1, n - 2, \cdots, 1, 0, \tag{6.17}$$

共 n 个. 在下面两节中我们将看到，事实上 n、j 和 m 的取值共同决定了氢原子的波函数 ψ_{njm}，其中 n 和 j 决定了波函数的径向部分，而 j 和 m 决定了波函数的角度部分[1]. 例如，当 $n = 1$, $j = m = 0$ 时，ψ_{100} 就是氢原子基态的波函数. 图 6.1 展示了电子角分布的几种简单情况，从中可以看出，对基态 ψ_{100} 来说，电子具有球对称的分布.

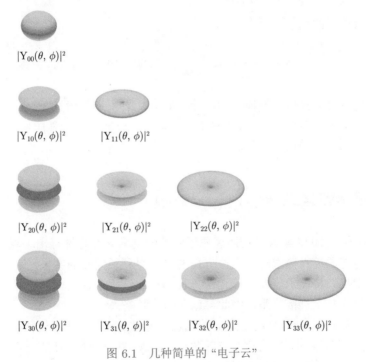

图 6.1 几种简单的 "电子云"

至此，我们导出了氢原子的能级公式

$$E_n = -\frac{m_{\mathrm{e}}\alpha^2}{2n^2}, \quad n = 1, 2, 3, \cdots$$

---

[1] 我们通常称 n、j 和 m 分别为主量子数、角量子数和磁量子数，出于习惯，角量子数常用字母 l 表示.

由此可以解释氢原子的光谱. 显然, 氢原子从能级 E_i 跃迁至 E_f 所释放的光子具有能量

$$\Delta E = E_i - E_f = \frac{m_e \alpha^2}{2} \left(\frac{1}{n_f^2} - \frac{1}{n_i^2} \right) = R_H \left(\frac{1}{n_f^2} - \frac{1}{n_i^2} \right), \tag{6.18}$$

这便是著名的氢原子光谱的里德伯 (Rydberg) 公式, 其中

$$R_H = \frac{m_e \alpha^2}{2} = 0.511 \text{ MeV} \times \frac{1}{2} \times \left(\frac{1}{137} \right)^2 \sim 13.6 \text{ eV} \sim 1.09677 \times 10^7 \text{ m}^{-1}$$

就是氢原子的里德伯常量. 这里我们使用了自然单位制. 同理, 氢原子的基态能量就为

$$E_1 = -R_H = -13.6 \text{ eV}.$$

或者从另一个角度说, 基态氢原子核外电子的电离能就是 $R_H = 13.6$ eV.

同时, 按照氢原子的半经典模型 (即玻尔模型), 利用位力定理[①]有

$$m_e v^2 = \frac{\alpha}{r} \Rightarrow E = U + T = \frac{1}{2} m_e v^2 - \frac{\alpha}{r} = -\frac{\alpha}{2r}.$$

由此估算基态氢原子的玻尔半径

$$a_B = -\frac{\alpha}{2E_1} = \frac{1}{m_e \alpha} \sim 5.29 \times 10^{-11} \text{ m}. \tag{6.19}$$

玻尔半径在一定意义上描述了氢原子的尺度, 即 0.5 Å. 另外, 注意到 a_B 与核外电子质量成反比, 所以如果电子质量 $m_e \to 0$, 就有 $a_B \to \infty$. 这就是说, 零质量的 "电子" 会脱离原子核的束缚, 因此不能形成稳定的原子.

6.4　*薛定谔方程的求解: 有心力场

历史上, 泡利在 1926 年最早利用氢原子完整的动力学对称性导出了氢原子的能级, 而几乎同时, 薛定谔通过直接求解薛定谔方程的方法得到了同样的结果. 为了讨论的完整性, 本节和 6.5 节中我们将展示氢原子薛定谔方程的求解过程, 这是标准的量子力学教材的内容, 但与其他讨论并无直接关系, 因此可以在阅读时略去.

有心力场中势能 U 只是径向距离 r 的函数, 因而系统具有三维转动不变性, 或称球对称性. 5.3 节我们已经证明, 球对称系统的角动量分量与哈密顿量对易, 即角动量分量守恒.

已知三维球坐标系中的拉普拉斯算符

$$\Delta = \frac{1}{r^2} \frac{\partial}{\partial r} r^2 \frac{\partial}{\partial r} - \frac{\hat{J}^2}{r^2}, \tag{5.31}$$

---

① 见第 4 章习题 7.

其中

$$\hat{J}^2 = -\left[\frac{1}{\sin\theta}\frac{\partial}{\partial\theta}\left(\sin\theta\frac{\partial}{\partial\theta}\right) + \frac{1}{\sin^2\theta}\frac{\partial^2}{\partial\phi^2}\right]. \tag{5.29}$$

式中，r 是矢径长度；θ 是向量与 z 轴的极角；ϕ 是向量投影与 x 轴的方位角. 于是有心力场的定态薛定谔方程

$$-\frac{1}{2m_{\mathrm{e}}}\Delta\psi + U(r)\psi = E\psi$$

可写为

$$-\frac{1}{2m_{\mathrm{e}}}\left[\frac{1}{r^2}\frac{\partial}{\partial r}\left(r^2\frac{\partial}{\partial r}\right) - \frac{\hat{J}^2}{r^2}\right]\psi + U(r)\psi = E\psi, \tag{6.20}$$

其中只有含 $\hat{J}^2$ 的项与 θ 和 ϕ 有关. 采用分离变量法，设

$$\psi(r,\theta,\phi) = R(r)Y(\theta,\phi), \tag{6.21}$$

代入方程并化简可得

$$\frac{1}{R}\frac{\mathrm{d}}{\mathrm{d}r}\left(r^2\frac{\mathrm{d}R}{\mathrm{d}r}\right) - 2m_{\mathrm{e}}r^2\left[U(r) - E\right] = \frac{1}{Y}\hat{J}^2 Y.$$

上式等号左边为坐标 r 的函数，右边为 θ 和 ϕ 的函数，因而当且仅当方程两边都等于同一个常数时方程成立. 设该常数为 c，即

$$\frac{\mathrm{d}}{\mathrm{d}r}\left(r^2\frac{\mathrm{d}R}{\mathrm{d}r}\right) - 2m_{\mathrm{e}}r^2\left[U(r) - E\right]R = cR, \tag{6.22}$$

$$\hat{J}^2 Y(\theta,\phi) = cY(\theta,\phi). \tag{6.23}$$

式 (6.23) 表明角度部分的波函数 $Y(\theta,\phi)$ 是 $\hat{J}^2$ 的一个本征态. 在希尔伯特空间中设其本征态为 $|\ell,m\rangle$，则有

$$\hat{J}^2 |\ell,m\rangle = \ell(\ell+1) |\ell,m\rangle.$$

对照式 (6.23)，立即有

$$c = \ell(\ell+1).$$

而波函数 $Y(\theta,\phi)$ 实际上就是本征态 $|\ell,m\rangle$ 在三维球坐标下的表示. 代回式 (6.22) 和式 (6.23)，就得到

$$\frac{\mathrm{d}}{\mathrm{d}r}\left(r^2\frac{\mathrm{d}R}{\mathrm{d}r}\right) - 2m_{\mathrm{e}}r^2\left[U(r) - E\right]R = \ell(\ell+1)R, \tag{6.24}$$

$$\frac{1}{\sin\theta}\frac{\partial}{\partial\theta}\left(\sin\theta\frac{\partial Y}{\partial\theta}\right) + \frac{1}{\sin^2\theta}\frac{\partial^2 Y}{\partial\phi^2} = \ell(\ell+1)Y. \tag{6.25}$$

可以看到, 角度部分的薛定谔方程与势能 $U(r)$ 无关, 是任何旋转对称系统的共有方程. 接下来我们讨论其解 $Y(\theta, \phi)$ 在三维球坐标表象中的具体形式. 而径向方程则依赖于势能 $U(r)$ 的具体形式, 我们将在 6.5 节进一步讨论.

考虑到 $\hat{J}_z$ 和 $\hat{J}^2$ 对易, 因此 $Y(\theta, \phi)$ 也是 $\hat{J}_z$ 的本征态, 即

$$\hat{J}_z |\ell, m\rangle = m |\ell, m\rangle,$$

代入球坐标系下的角动量算符 (5.28), 就有

$$-\mathrm{i}\frac{\partial}{\partial \phi} Y(\theta, \phi) = m Y(\theta, \phi),$$

解得

$$Y(\theta, \phi) = \psi_{\ell m}(\theta) \mathrm{e}^{\mathrm{i}m\phi},$$

其中 $\psi_{\ell m}(\theta)$ 只是 θ 的函数, 但与本征值 ℓ 和 m 有关. 已知球坐标系下的升、降算符分别为

$$\hat{J}_+ = \hat{J}_x + \mathrm{i}\hat{J}_y = \mathrm{e}^{\mathrm{i}\phi} \left(\frac{\partial}{\partial \theta} + \mathrm{i}\cot\theta \frac{\partial}{\partial \phi} \right),$$

$$\hat{J}_- = \hat{J}_x - \mathrm{i}\hat{J}_y = \mathrm{e}^{-\mathrm{i}\phi} \left(-\frac{\partial}{\partial \theta} + \mathrm{i}\cot\theta \frac{\partial}{\partial \phi} \right). \tag{5.34}$$

对降算符 $\hat{J}_-$ 有

$$\hat{J}_- |\ell, -\ell\rangle = \hat{J}_- \psi_{\ell, -\ell} \mathrm{e}^{\mathrm{i}(-\ell)\phi} = 0,$$

代入 $\hat{J}_-$ 的具体表达式可得

$$\left[-\frac{\partial}{\partial \theta} \psi_{\ell, -\ell}(\theta) + \ell \cot\theta \, \psi_{\ell, -\ell}(\theta) \right] \mathrm{e}^{-\mathrm{i}(\ell+1)\phi} = 0,$$

整理得到

$$\frac{1}{\psi_{\ell, -\ell}(\theta)} \frac{\partial}{\partial \theta} \psi_{\ell, -\ell}(\theta) = \ell \frac{\cos\theta}{\sin\theta},$$

即

$$\frac{1}{\psi_{\ell, -\ell}(\theta)} \mathrm{d}\psi_{\ell, -\ell}(\theta) = \ell \frac{\cos\theta}{\sin\theta} \mathrm{d}\theta = \ell \frac{1}{\sin\theta} \mathrm{d}\sin\theta,$$

两边同时对 θ 积分, 得

$$\ln \psi_{\ell, -\ell}(\theta) = \ell \ln \sin\theta + c,$$

其中 c 为积分常数. 令 $c = \ln a$, 化简得

$$\psi_{\ell, -\ell}(\theta) = a(\sin\theta)^\ell. \tag{6.26}$$

而对升算符 $\hat{J}_+$，由

$$\hat{J}_+ |\ell, m\rangle = \sqrt{(\ell-m)(\ell+m+1)} |\ell, m+1\rangle,$$

代入 $\hat{J}_+$ 的具体表达式，得

$$\mathrm{e}^{\mathrm{i}\phi}\left(\frac{\partial}{\partial\theta} + \mathrm{i}\cot\theta\frac{\partial}{\partial\phi}\right)\psi_{\ell m}\mathrm{e}^{\mathrm{i}m\phi} = \sqrt{(\ell-m)(\ell+m+1)}\psi_{\ell,m+1}\mathrm{e}^{\mathrm{i}(m+1)\phi},$$

化简后可得递推关系

$$\psi_{\ell,m+1}(\theta) = \frac{\left(\dfrac{\mathrm{d}}{\mathrm{d}\theta} - m\cot\theta\right)\psi_{\ell m}(\theta)}{\sqrt{(\ell-m)(\ell+m+1)}}, \tag{6.27}$$

将式 (6.26) 代入，可得

$$\psi_{\ell,-\ell+1}(\theta) = 2\ell\sqrt{2\ell}\,a(\sin\theta)^{\ell-1}\cos\theta.$$

反复利用递推关系 (6.27)，即得通项

$$\psi_{\ell m}(\theta) = (-1)^{\ell+m}a\sqrt{\frac{(\ell-m)!}{(2\ell)!(\ell+m)!}}(\sin\theta)^m\left(\frac{\mathrm{d}}{\mathrm{d}\cos\theta}\right)^{\ell+m}(\sin\theta)^{2\ell}.$$

再对式 (6.26) 归一化

$$2\pi a^2\int_0^\pi (\sin\theta)^{2\ell+1}\mathrm{d}\theta = 1,$$

得到

$$a = \frac{1}{2^\ell\ell!}\sqrt{\frac{(2\ell+1)!}{4\pi}}.$$

于是有

$$\mathrm{Y}_{\ell m}(\theta,\phi) = \frac{(-1)^{\ell+m}}{2^\ell\ell!}\sqrt{\frac{(2\ell+1)(\ell-m)!}{4\pi(\ell+m)!}}(\sin\theta)^m\left(\frac{\mathrm{d}}{\mathrm{d}\cos\theta}\right)^{\ell+m}(\sin\theta)^{2\ell}\mathrm{e}^{\mathrm{i}m\phi}. \tag{6.28}$$

以上求解过程与 5.3 节其实是一样的，式 (6.28) 也就是式 (5.37). 一般地，我们称 $\mathrm{Y}_{\ell m}$ 为球谐函数.

进一步，如果利用特殊函数，我们有连带勒让德函数

$$\mathrm{P}_\ell^m(x) = \frac{1}{2^\ell\ell!}(1-x^2)^{|m|/2}\left(\frac{\mathrm{d}}{\mathrm{d}x}\right)^{\ell+|m|}(x^2-1)^\ell. \tag{6.29}$$

将其代入式 (6.28) 就有

$$\mathrm{Y}_{\ell m}(\theta,\phi) = (-1)^m\sqrt{\frac{(2\ell+1)(\ell-m)!}{4\pi(\ell+m)!}}\mathrm{P}_\ell^m(\cos\theta)\mathrm{e}^{\mathrm{i}m\phi}. \tag{6.30}$$

其实，如果仔细观察式 (6.25)，不难发现对 θ 和 ϕ 的求导算符是互相分离的. 因此，我们也可以直接利用分离变量法求解这个二阶偏微分方程. 设

$$Y(\theta, \phi) = \mathrm{Y}_{\ell m}(\theta, \phi) = \Theta(\theta)\Phi(\phi), \tag{6.31}$$

代入原方程 (6.25)，化简可得

$$\left\{ \frac{1}{\Theta}\left[\sin\theta \frac{\mathrm{d}}{\mathrm{d}\theta}\left(\sin\theta \frac{\mathrm{d}\Theta}{\mathrm{d}\theta} \right) \right] + \ell(\ell+1)\sin^2\theta \right\} = -\frac{1}{\Phi}\frac{\partial^2\Phi}{\partial\phi^2}. \tag{6.32}$$

与前面类似，上式等号左边仅为极角 θ 的函数，右边仅为方位角 ϕ 的函数，于是当且仅当两边等于同一常数时方程成立，我们设该常数为 m^2 $(m \in \mathbb{C})$，从而有

$$\frac{1}{\Theta}\left[\sin\theta \frac{\mathrm{d}}{\mathrm{d}\theta}\left(\sin\theta \frac{\mathrm{d}\Theta}{\mathrm{d}\theta} \right) \right] + \left[\ell(\ell+1)\sin^2\theta \right]\Theta = m^2, \tag{6.33}$$

$$\frac{1}{\Phi}\frac{\partial^2\Phi}{\partial\phi^2} = -m^2. \tag{6.34}$$

很容易求出方程 (6.34) 的解[①]

$$\Phi(\phi) = \mathrm{e}^{\mathrm{i}m\phi}. \tag{6.35}$$

显然波函数都是单值函数，因此有周期性条件

$$\Phi(\phi + 2\pi) = \Phi(\phi). \tag{6.36}$$

代入解 (6.35) 可得 $\mathrm{e}^{2\pi\mathrm{i}m} = 1$，故 m 只能取整数，即

$$m = 0, \pm 1, \pm 2, \pm 3, \cdots .$$

而对方程 (6.33)，记 $x = \cos\theta$，方程化为

$$(1-x^2)\frac{\mathrm{d}^2\Theta}{\mathrm{d}x^2} - 2x\frac{\mathrm{d}\Theta}{\mathrm{d}x} + \left[\ell(\ell+1) - \frac{m^2}{1-x^2} \right]\Theta = 0. \tag{6.37}$$

这称为连带勒让德方程. 在自然边界条件，即要求解在 $x = \pm 1$ (即 $\theta = 0, \pi$) 处有限的条件下，ℓ 只能取零或正整数[②]. 于是方程的解为

$$\Theta(\theta) = A\mathrm{P}_\ell^m(x) = A\mathrm{P}_\ell^m(\cos\theta), \tag{6.38}$$

其中，A 为常数，$\mathrm{P}_\ell^m(x)$ 就是上面提到的连带勒让德函数

$$\mathrm{P}_\ell^m(x) = (1-x^2)^{|m|/2}\left(\frac{\mathrm{d}}{\mathrm{d}x} \right)^{|m|}\mathrm{P}_\ell(x), \tag{6.39}$$

---

① 事实上方程 (6.34) 的解为 $\mathrm{e}^{\mathrm{i}m\phi}$ 和 $\mathrm{e}^{-\mathrm{i}m\phi}$ 的线性组合. 但对于 $\mathrm{e}^{-\mathrm{i}m\phi}$，可认为其对应于 m 取 $-m$ 的情况；而对于常系数，可将其合并入 Θ，从而在这里直接取 1.

② 详细的求解过程将在数学物理方法课程中学习，这里只引用结果.

其中 $P_\ell(x)$ 是 ℓ 阶勒让德多项式

$$P_\ell(x) = \frac{1}{2^\ell \ell!} \left(\frac{\mathrm{d}}{\mathrm{d}x} \right)^\ell (x^2 - 1)^\ell.\tag{6.40}$$

注意式 (6.40) 是一个 ℓ 次多项式，求导超过 ℓ 次就为零. 所以为了得到非零的波函数，必须要求 $|m| \leqslant \ell$. 将式 (6.35) 和式 (6.38) 代回式 (6.31)，得到方程 (6.25) 的解为

$$Y_{\ell m}(\theta, \phi) = (-1)^m \sqrt{\frac{(2\ell+1)(\ell-m)!}{4\pi(\ell+m)!}} P_\ell^m(\cos\theta) \mathrm{e}^{\mathrm{i}m\phi}.$$

这与我们此前求得的解 (6.30) 一致.

球谐函数 $Y_{\ell m}(\theta, \phi)$ 的具体形式通常可以通过查表 5.1 得到，这里列举了几个简单的情况，分别是 ℓ、m 取 0、1、2 时的解

$$Y_{00}(\theta, \phi) = \frac{1}{2}\sqrt{\frac{1}{\pi}},$$

$$Y_{1,-1}(\theta, \phi) = \frac{1}{2}\sqrt{\frac{3}{\pi}}\mathrm{e}^{-\mathrm{i}\phi}\sin\theta,$$

$$Y_{10}(\theta, \phi) = \frac{1}{2}\sqrt{\frac{3}{\pi}}\cos\theta,$$

$$Y_{11}(\theta, \phi) = -\frac{1}{2}\sqrt{\frac{3}{\pi}}\mathrm{e}^{\mathrm{i}\phi}\sin\theta,$$

$$Y_{2,-2}(\theta, \phi) = \frac{1}{4}\sqrt{\frac{15}{2\pi}}\mathrm{e}^{-2\mathrm{i}\phi}\sin^2\theta,$$

$$Y_{2,-1}(\theta, \phi) = \frac{1}{2}\sqrt{\frac{15}{2\pi}}\mathrm{e}^{-\mathrm{i}\phi}\sin\theta\cos\theta,$$

$$Y_{20}(\theta, \phi) = \frac{1}{4}\sqrt{\frac{5}{2\pi}}(3\cos^2\theta - 1),$$

$$Y_{21}(\theta, \phi) = -\frac{1}{2}\sqrt{\frac{15}{2\pi}}\mathrm{e}^{\mathrm{i}\phi}\sin\theta\cos\theta,$$

$$Y_{22}(\theta, \phi) = \frac{1}{4}\sqrt{\frac{15}{2\pi}}\sin^2\theta\mathrm{e}^{2\mathrm{i}\phi}.$$

根据球谐函数的一般形式，也可以推导一些基本性质，例如

$$Y_{\ell,-m}(\theta, \phi) = (-1)^m Y_{\ell m}^*(\theta, \phi).$$

根据波函数的统计解释，对本节求得的球谐函数平方积分，即可得到有心力场中粒子的角分布，也就是我们通常所说的"电子云". 几种简单的"电子云"如图 6.1 所示.

6.5 *薛定谔方程的求解：径向方程

6.4 节中我们求解了氢原子薛定谔方程的角度部分，由于该部分与势能 $U(r)$ 无关，因而适用于任何球对称系统. 因而，对具体的物理问题，我们通常只需求解径向方程即可.

现在我们回到氢原子的径向方程

$$\frac{\mathrm{d}}{\mathrm{d}r}\left(r^2\frac{\mathrm{d}R}{\mathrm{d}r}\right) - 2m_\mathrm{e}r^2\left[U(r) - E\right]R = \ell(\ell+1)R. \tag{6.24}$$

记 $u(r) = rR(r)$ 并代入库仑势 $U(r) = -\dfrac{\alpha}{r}$，则方程化为

$$-\frac{1}{2m_\mathrm{e}}\frac{\mathrm{d}^2u}{\mathrm{d}r^2} + \left[-\frac{\alpha}{r} + \frac{1}{2m_\mathrm{e}}\frac{\ell(\ell+1)}{r^2}\right]u = Eu. \tag{6.41}$$

令

$$\kappa = \sqrt{-2m_\mathrm{e}E},$$

得到

$$\frac{1}{\kappa^2}\frac{\mathrm{d}^2u}{\mathrm{d}r^2} - \left[1 + \frac{\alpha\kappa}{E}\frac{1}{(\kappa r)} + \frac{\ell(\ell+1)}{(\kappa r)^2}\right]u = 0.$$

定义无量纲量

$$\rho = \kappa r, \tag{6.42}$$

并令

$$\rho_0 = \frac{\alpha\kappa}{E}, \tag{6.43}$$

原方程化为

$$\frac{\mathrm{d}^2u}{\mathrm{d}\rho^2} - \left[1 + \frac{\rho_0}{\rho} + \frac{\ell(\ell+1)}{\rho^2}\right]u = 0. \tag{6.44}$$

考察该方程在 $\rho \to +\infty$ 时的渐近行为[①]，该极限下方程变为

$$\frac{\mathrm{d}^2u}{\mathrm{d}\rho^2} = u,$$

有通解

$$u(\rho) = A\mathrm{e}^{-\rho} + B\mathrm{e}^{\rho},$$

---

① 这里我们讨论两个极限情况以简化计算. 事实上，如果在 $\rho \to +\infty$ 后不讨论 $\rho \to 0$ 的渐近行为，而是将 u 写成 $u(\rho) = \mathrm{e}^{-\rho}f(\rho)$ 的形式代入式 (6.44) 中，亦可用正则奇点的级数解法解出方程，对此感兴趣的同学可以自行验算；再或者，不讨论渐近行为，直接解方程 (6.44)，也能计算出最终的正确结果.

其中 A、B 为待定系数. 对波函数来说，显然有 $\lim\limits_{\rho \to +\infty} u(\rho) \to 0$，于是立即得 $B = 0$，此时的渐近解为 $Ae^{-\rho}$. 再考虑方程在 $\rho \to 0$ 时的渐近行为，此时方程变为

$$\frac{\mathrm{d}^2 u}{\mathrm{d}\rho^2} = \frac{\ell(\ell+1)}{\rho^2} u.$$

这是个欧拉方程，其通解为

$$u(\rho) = C\rho^{\ell+1} + D\rho^{-\ell}.$$

由于当 $\rho \to 0$ 时，$\rho^{-\ell} \to +\infty$，故波函数的条件要求 $D = 0$，此时的渐近解为 $C\rho^{\ell+1}$.

根据以上的渐近解，可设 u 的形式为

$$u(\rho) = \rho^{\ell+1}\mathrm{e}^{-\rho}v(\rho), \tag{6.45}$$

其中 $v(\rho)$ 为待求函数. 容易证明式 (6.45) 在 $\rho^{-\ell} \to 0$ 和 $\rho^{-\ell} \to +\infty$ 两个极限下退化为对应的渐近解. 代入方程 (6.44)，整理得

$$\rho\frac{\mathrm{d}^2 v}{\mathrm{d}\rho^2} + 2(\ell+1-\rho)\frac{\mathrm{d}v}{\mathrm{d}\rho} + [\rho_0 - 2(\ell+1)]\,v = 0. \tag{6.46}$$

采用级数法求解，设[①]

$$v(\rho) = \sum_{j=0}^{+\infty} c_j \rho^j, \tag{6.47}$$

代入式 (6.46)，经过一系列代数计算，可得到如下系数递推关系:

$$c_{j+1} = \frac{2(j+\ell+1) - \rho_0}{(j+1)(j+2\ell+2)} c_j. \tag{6.48}$$

分析以上递推式，注意到，若存在一个非负整数 $j_{\max}$ 使

$$2(j_{\max} + \ell + 1) - \rho_0 = 0,$$

则 $j_{\max}$ 就是使 $c_j \neq 0$ 成立的 j 的最大取值，也即 $v(\rho)$ 将退化为 $j_{\max}$ 次多项式. 于是我们定义主量子数

$$n = j_{\max} + \ell + 1, \quad n \in \mathbb{N}^+,$$

则

$$\rho_0 = 2n. \tag{6.49}$$

从式 (6.42) 和式 (6.43) 可知，能量 E 由 ρ_0 所确定，即

$$4n^2 = \frac{\alpha^2\kappa^2}{E^2} = -\frac{2m_\mathrm{e}\alpha^2}{E},$$

---

① 值得注意的是，$v(\rho)$ 的级数展开是从 $j = 0$ 开始的，这是因为前面讨论的 $\rho \to 0$ 渐近解 $\rho \sim C\rho^{\ell+1}$ 保证了 $v(\rho)$ 可以有常数项.

也即

$$E_n = -\frac{m_e \alpha^2}{2n^2}, \quad n = 1, 2, 3, \cdots$$

这与式 (6.16) 一致.

回到径向方程的解, 由式 (6.42) 和式 (6.45) 得到

$$R_{n\ell}(r) = \frac{1}{r} u(r) = \kappa^{\ell+1} r^\ell \mathrm{e}^{-\kappa r} v(\kappa r), \quad \kappa = \frac{m_e \alpha}{n}, \tag{6.50}$$

其中 $\kappa = m\alpha/n$. 或可写成

$$R_{n\ell}(r) = N_{n\ell} \frac{1}{a_n r} \mathrm{e}^{-\frac{1}{2} a_n r} \mathrm{L}_{n+\ell}^{2\ell+1}(a_n r),$$

其中 $N_{n\ell}$ 为归一化系数, $a_n = \sqrt{8m \mid E_n \mid}$, 而

$$\mathrm{L}_{q-p}^p(x) = (-1)^p \left(\frac{\mathrm{d}}{\mathrm{d}x}\right)^p \mathrm{L}_q(x), \tag{6.51}$$

$$\mathrm{L}_q(x) = \mathrm{e}^x \left(\frac{\mathrm{d}}{\mathrm{d}x}\right)^q \left(\mathrm{e}^{-x} x^q\right) \tag{6.52}$$

分别为关联拉盖尔 (Laguerre) 多项式和拉盖尔多项式.

至此, 我们用求解薛定谔方程的方法得到了氢原子的能级

$$E_n = -\frac{m_e \alpha}{2n^2}, \quad n = 1, 2, 3, \cdots \tag{6.16}$$

和波函数

$$\psi_{n\ell m}(r, \theta, \phi) = R_{n\ell}(r) \mathrm{Y}_{\ell m}(\theta, \phi), \tag{6.53}$$

其中

$$R_{n\ell}(r) = \frac{1}{r} u(r) = \kappa^{\ell+1} r^\ell \mathrm{e}^{-\kappa r} v(\kappa r), \quad \kappa = \frac{m_e \alpha}{n}, \tag{6.50}$$

$$\mathrm{Y}_{\ell m}(\theta, \phi) = (-1)^m \sqrt{\frac{(2\ell+1)(\ell-m)!}{4\pi(\ell+m)!}} \mathrm{P}_\ell^m(\cos\theta) \mathrm{e}^{\mathrm{i}m\phi}. \tag{6.30}$$

6.6   原子磁偶极矩

在经典的原子模型中, 电子绕核转动会产生磁效应. 考虑一个质量为 m_q、电荷为 q 的带电粒子在半径为 r 的圆周上以速率 v 运动. 该粒子可以产生一个环形的有效电流, 有

$$I = \frac{1}{2\pi r \mathrm{d}s} qv \, \mathrm{d}s = \frac{qv}{2\pi r},$$

其中 $\mathrm{d}s$ 为垂直于带电粒子运动方向的横截面面元. 这种环形电流会产生磁偶极矩

$$\boldsymbol{M} = \frac{1}{2} \oint \boldsymbol{r} \times I \mathrm{d}\boldsymbol{l} = \frac{q}{4\pi r} \oint \boldsymbol{r} \times v \mathrm{d}\boldsymbol{l} = \frac{1}{2} q \boldsymbol{r} \times \boldsymbol{v}, \tag{6.54}$$

简称磁矩，或可写成

$$\boldsymbol{M} = \frac{1}{2} \oint \boldsymbol{r} \times I \mathrm{d}\boldsymbol{l} = I A \boldsymbol{e}_z, \tag{6.55}$$

其中，A 为环形电流围成的面积，$\boldsymbol{e}_z$ 为垂直于该平面的单位矢量.

而由带电粒子的角动量

$$\boldsymbol{J} = \boldsymbol{r} \times m_q \boldsymbol{v},$$

对照式 (6.54) 易知磁矩可写成如下形式:

$$\boldsymbol{M} = \gamma \boldsymbol{J}, \quad \gamma = \frac{q}{2m_q}, \tag{6.56}$$

其中 γ 称为旋磁比.

现在我们考虑量子力学的情况. 以氢原子为例，核外电子以波函数

$$\psi_{n\ell m}(r, \theta, \phi) = R_{n\ell}(r) \mathrm{Y}_{\ell m}(\theta, \phi) \tag{6.53}$$

来描述. 容易理解，在波函数的概率解释下，电子运动形成的电流密度与式 (4.25) 定义的概率流密度有如下关系:

$$\boldsymbol{J}_{\mathrm{e}} = -e \boldsymbol{J} = -\frac{\mathrm{i}e}{2m_{\mathrm{e}}} \left(\psi_{n\ell m} \nabla \psi_{n\ell m}^* - \psi_{n\ell m}^* \nabla \psi_{n\ell m} \right), \tag{6.57}$$

或写成分量形式

$$J_r = -\frac{\mathrm{i}e}{2m_{\mathrm{e}}} \left(\psi_{n\ell m} \frac{\partial}{\partial r} \psi_{n\ell m}^* - \psi_{n\ell m}^* \frac{\partial}{\partial r} \psi_{n\ell m} \right), \tag{6.58}$$

$$J_\theta = -\frac{\mathrm{i}e}{2m_{\mathrm{e}}} \frac{1}{r} \left(\psi_{n\ell m} \frac{\partial}{\partial \theta} \psi_{n\ell m}^* - \psi_{n\ell m}^* \frac{\partial}{\partial \theta} \psi_{n\ell m} \right), \tag{6.59}$$

$$J_\phi = -\frac{\mathrm{i}e}{2m_{\mathrm{e}} r \sin\theta} \left(\psi_{n\ell m} \frac{\partial}{\partial \phi} \psi_{n\ell m}^* - \psi_{n\ell m}^* \frac{\partial}{\partial \phi} \psi_{n\ell m} \right). \tag{6.60}$$

注意到 $\psi_{n\ell m}(r, \theta, \phi)$ 是关于 r 和 θ 的实函数，因此式 (6.58) 和式 (6.59) 中共轭项的存在直接使 $J_r = J_\theta \equiv 0$，即电流只存在于与 z 轴垂直的平面里；又注意到

$$\varPhi(\phi) = \mathrm{e}^{\mathrm{i}m\phi}, \tag{6.35}$$

因而容易验证式 (6.60) 中 $\psi_{n\ell m}$ 与 $\psi_{n\ell m}^*$ 中的 $\mathrm{e}^{\pm im\phi}$ 项将相消, 于是电流大小与 ϕ 无关, 只是 r 和 θ 的函数. 代回 6.5 节末得到的 $\psi_{n\ell m}$ 的完整表达式, 我们有[①]

$$J_{\mathrm{e}} = J_{\phi} = -\frac{em}{m_{\mathrm{e}} r \sin\theta} R_{n\ell}^2(r) \mathrm{P}_{\ell}^m(\cos\theta)^2 = -\frac{em}{m_{\mathrm{e}} r \sin\theta} |\psi_{n\ell m}|^2. \tag{6.61}$$

我们借用半经典的图像来理解式 (6.61) 所表示的结果, 如图 6.2 所示, 在 (r, θ, ϕ) 处取垂直于电子运动方向的面元 $\mathrm{d}s$, 则电流强度为

$$\mathrm{d}I = J_{\mathrm{e}}\mathrm{d}s.$$

由该电流产生的磁矩, 与电流平面垂直, 沿 z 方向, 其形式为

$$\mathrm{d}M_z = A\mathrm{d}I = \pi r^2 \sin^2\theta J_{\mathrm{e}}\mathrm{d}s,$$

其中 A 为电流包围的面积. 积分后得到

$$M_z = -\frac{e}{2m_{\mathrm{e}}} m \int |\psi_{n\ell m}|^2 \mathrm{d}\tau = -\frac{e}{2m_{\mathrm{e}}} m = -\mu_{\mathrm{B}} m, \tag{6.62}$$

其中 $\mathrm{d}\tau = 2\pi r \sin\theta \mathrm{d}s$. μ_{B} 称为玻尔磁子[②],

$$\mu_{\mathrm{B}} = \frac{e\hbar}{2m_{\mathrm{e}}} = \frac{\sqrt{\alpha}}{2m_{\mathrm{e}}} \sim 5.79 \times 10^{-11}\ \mathrm{MeV/T}. \tag{6.63}$$

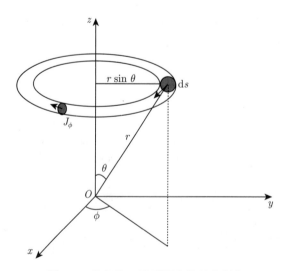

图 6.2　垂直于 z 轴平面内的环形电流

[①] 注意区分式 (6.61) 中的 m_{e} 与 m, 后者是角动量 $\hat{J}_z$ 的本征值.

[②] 上面推导中使用的是自然单位制 $(\hbar = c = 1)$, 现在为了得到 μ_{B} 的值, 在下式中我们转换回标准单位制.

因为 m 是算符 $\hat{J}_z$ 的本征值，

$$\hat{J}_z |n\ell m\rangle = m |n\ell m\rangle, \quad m = 0, \pm 1, \pm 2, \pm 3, \cdots,$$

所以式 (6.62) 表明氢原子磁矩 M_z 和轨道角动量 z 方向分量 J_z 一样具有分立的取值，但方向相反，关系如下[①]:

$$\frac{M_z}{J_z} = -\mu_{\mathrm{B}} = -\frac{e\hbar}{2m_{\mathrm{e}}}. \tag{6.64}$$

在自然单位制下 $\hbar = 1$，并且对电子来说 $q = -e$，于是式 (6.64) 就回到了式 (6.56) 中的经典旋磁比. 也就是说，我们可以定义氢原子中的磁矩算符

$$\hat{M}_z = \gamma \hat{J}_z, \quad \gamma = -e/(2m_{\mathrm{e}}) = -\mu_{\mathrm{B}}. \tag{6.65}$$

原子磁矩的存在使中性原子在磁场中显现出新的物理现象，由此带来了重要的物理发现. 在 6.7 节和 7.1 节中，我们将介绍与之有关的两个经典实验——塞曼效应 (Zeeman effect) 和施特恩–格拉赫 (Stern-Gerlach) 实验，前者关系着对称性破缺和简并态分裂，后者则导致了自旋的发现.

6.7 对称性与简并

在 4.6 节中我们已经知道，对算符 $\hat{F}$，若

$$[\hat{H}, \hat{F}] = 0,$$

则 $\hat{F}$ 对应一个守恒量. 设 $\hat{H}$ 的本征态为 $|E\rangle$，即

$$\hat{H} |E\rangle = E |E\rangle,$$

容易有

$$\hat{H}\hat{F} |E\rangle = \hat{F}\hat{H} |E\rangle = E\hat{F} |E\rangle,$$

即 $\hat{F} |E\rangle$ 也是 $\hat{H}$ 的本征态. 这时有两种可能性，一种是 $\hat{F} |E\rangle = c |E\rangle$ $(c \neq 0)$，即二者是同一个本征态；另一种是 $\hat{F} |E\rangle$ 与 $|E\rangle$ 线性无关但对应同一个本征值 E，此时根据 4.4 节的讨论，这两个态为简并态.

---

① 一般地，我们定义磁矩和角动量的关系为

$$\frac{M_z}{J_z} = -g\mu_{\mathrm{B}},$$

g 称为朗德因子 (Landé factor). 在这里 $g = 1$，但并不是所有情况下 g 都等于 1，例如在 7.6 节我们就看到对自旋来说 $g = 2$.

下面我们简单讨论如何判断简并态是否存在. 假设系统存在两个守恒量算符 $\hat{F}$ 和 $\hat{G}$, 即

$$[\hat{H}, \hat{F}] = [\hat{H}, \hat{G}] = 0,$$

且满足

$$[\hat{F}, \hat{G}] \neq 0,$$

令 $\hat{H}$ 和 $\hat{F}$ 的共同本征态为 $|f\rangle$, 则有

$$\hat{H}|f\rangle = E|f\rangle, \quad \hat{F}|f\rangle = f|f\rangle,$$

可以证明

$$\hat{H}\hat{G}|f\rangle = \hat{G}\hat{H}|f\rangle = E\hat{G}|f\rangle,$$

因此 $\hat{G}|f\rangle$ 也是 $\hat{H}$ 的一个本征态. 但由于

$$\hat{F}\hat{G}|f\rangle \neq \hat{G}\hat{F}|f\rangle = f\hat{G}|f\rangle,$$

所以 $\hat{G}|f\rangle$ 不是算符 $\hat{F}$ 对应本征值为 f 的本征态, 于是 $\hat{G}|f\rangle \neq c|f\rangle$. 因此, $|f\rangle$ 和 $\hat{G}|f\rangle$ 作为 $\hat{H}$ 的本征态就构成了二重简并. 一般地, 如果我们能找到两个不对易的守恒量算符, 就能找到至少二重的简并.

我们以一个球对称系统来看简并存在的例子. 根据 6.6 节可知, 球对称系统的哈密顿量可以写成

$$\hat{H} = \frac{\hat{p}_r^2}{2m_0} + \frac{\hat{J}^2}{2m_0 r^2} + U(r).$$

因为球对称系统势能不显含角度, 所以

$$[\hat{J}_i, U(r)] = 0,$$

因此

$$[\hat{J}_i, \hat{H}] = 0, \quad [U(r), \hat{H}] = 0.$$

这时角动量的各分量均为守恒量, 且系统在转动变换下不变, 故系统有 $SO(3)$ 对称性. 但是我们知道角动量各分量之间不对易, 即

$$[\hat{J}_i, \hat{J}_j] = \mathrm{i}\epsilon_{ijk}\hat{J}_k,$$

所以对 $\hat{J}^2$ 和 $\hat{J}_z$ 的共同本征态 $|j, m\rangle$, 有

$$\hat{J}^2|j, m\rangle = j(j+1)|j, m\rangle, \quad \hat{J}^2\hat{J}_x|j, m\rangle = j(j+1)\hat{J}_x|j, m\rangle,$$

但是

$$\hat{J}_z\hat{J}_x|j, m\rangle \neq \hat{J}_x\hat{J}_z|j, m\rangle = m\hat{J}_x|j, m\rangle.$$

因此，虽然 $\hat{J}_x|j,m\rangle$ 和 $|j,m\rangle$ 同为 $\hat{J}^2$ 的本征态，对应同样的本征值，但却是两个不同的态，即简并态. 从另一个角度来看，我们知道 $\hat{J}^2$ 的本征值 $j(j+1)$ 显然不含 m，然而却有

$$m = -j, -j+1, \cdots, j-1, j$$

共 $2j+1$ 个本征态 $|j,m\rangle$ 对应同样的 $\hat{J}^2$ 本征值. 因此，一个有 $SO(3)$ 转动对称性的系统对应有 $2j+1$ 的简并度.

　　回到氢原子，由于平方反比力 (即 $1/r$ 势) 引入了新的守恒量，即龙格–楞次矢量 $\hat{R}_i$，且

$$[\hat{J}_i, \hat{J}_j] \neq 0, \quad [\hat{J}_i, \hat{R}_j] \neq 0, \quad [\hat{R}_i, \hat{R}_j] \neq 0,$$

这样，系统就有六个不对易的守恒量. 因此，氢原子系统具有了更高的 $SO(4)$ 对称性，也就具有比一般有心力场的 $SO(3)$ 对称系统更高的简并度. 6.3 节我们已经知道，氢原子能级 E_n 为

$$E_n = -\frac{m_e \alpha^2}{2n^2},$$

只与 n 有关，而对给定的 n 有

$$j = n-1, n-2, \cdots, 1, 0. \tag{6.17}$$

由此得到氢原子能级的简并度为

$$\sum_{j=0}^{n-1}(2j+1) = n^2.$$

此外，第 7 章中我们将看到，自旋会带来额外的二重简并，这样氢原子系统就具有 $2n^2$ 的简并度.

　　回到 6.6 节讨论过的原子磁矩. 在恒定磁场

$$\boldsymbol{B} = B_0 \boldsymbol{e}_z$$

中，磁矩会给氢原子的哈密顿量带来修正，新的哈密顿量为

$$H_1 = H_0 - \boldsymbol{M}_z \cdot \boldsymbol{B} = H_0 - \gamma B_0 J_z,$$

写成算符的形式为

$$\hat{H}_1 = \hat{H}_0 - \gamma B_0 \hat{J}_z, \tag{6.66}$$

其中 $\hat{H}_0$ 是原来氢原子的哈密顿量. 鉴于 $\hat{J}_z$ 是守恒量，满足 $[\hat{J}_z, \hat{H}_0] = 0$. 利用算符的性质容易得到

$$[\hat{H}_1, \hat{H}_0] = 0,$$

所以 $\hat{H}_1$ 和 $\hat{H}_0$ 两个算符有共同的本征态，即 $|n\ell m\rangle$ 也是 $\hat{H}_1$ 的本征态.

在 6.2 节和 6.3 节中，我们讨论了无外加磁场的氢原子系统的守恒量. 我们发现该系统中有 $\hat{J}_i$ 和 $\hat{R}_i$ 共六个守恒量算符，满足

$$[\hat{R}_i, \hat{H}_0] = 0, \quad [\hat{J}_i, \hat{H}_0] = 0.$$

由此系统具有 $SO(4)$ 对称性. 但对于有外加磁场的新系统，由于

$$[\hat{R}_i, \hat{J}_j] = \mathrm{i}\epsilon_{ijk}\hat{R}_k,$$

所以有

$$[\hat{R}_i, H_1] \neq 0,$$

$$[\hat{J}_i, H_1] \neq 0, \quad i = x, y,$$

$$[\hat{J}_z, H_1] = 0.$$

因而系统只剩下 $\hat{J}_z$ 一个守恒量，相应地对称性也从原本的 $SO(4)$ 对称破缺到 $SO(2)$ 对称[1]，这是一个典型的对称性破缺效应.

考虑本征态 $|n\ell m\rangle$，设其在新哈密顿量下的本征值为 E，即

$$\hat{H}_1 |n\ell m\rangle = (\hat{H}_0 - \gamma B_0 \hat{J}_z) |n\ell m\rangle = E |n\ell m\rangle.$$

而在未加磁场的哈密顿量下

$$\hat{H}_0 |n\ell m\rangle = E_0 |n\ell m\rangle,$$

因此

$$\Delta E = E - E_0 = -\left\langle n\ell m | \gamma B_0 \hat{J}_z | n\ell m \right\rangle = \mu_{\mathrm{B}} B_0 m,$$

其中利用了氢原子中旋磁比 $\gamma = -\mu_{\mathrm{B}}$. 我们看到，外加磁场使得原来 m 简并的能级发生了分裂. 例如，当电子从 $\ell = 1$ 跃迁到 $\ell = 0$ 态时，原本单一的光谱会因为外加磁场分裂为三条谱线，分别对应 $m = -1, 0, +1$. 这种现象首先被荷兰物理学家塞曼在研究钠光源在磁场中的行为时发现，因此被称为塞曼效应[2].

至此，我们看到了对称性与简并度的对应关系，如表 6.1 所示. 在 7.6 节和第 8 章中我们还将看到，氢原子的 $SO(4)$ 对称性会因为相对论修正和自旋轨道耦合等被破缺为 $SO(3)$ 对称性.

表 6.1　对称性与简并度

势能	有心力场	$1/r$ 势	塞曼效应
对称性	$SO(3)$	$SO(4)$	$SO(2)$
简并度	$2j + 1$	$\sum\limits_{j=0}^{n-1}(2j + 1)$	无简并

---

① 请回顾我们在 3.2 节讨论的 $SO(2)$ 变换.

② 事实上，因为电子自旋的存在，在部分情况下谱线会发生进一步的分裂，但历史上塞曼刚开始发现塞曼效应时并没有观察到这种分裂. 后来，人们把无自旋的塞曼效应称为正常塞曼效应，而把有自旋的塞曼效应称为反常塞曼效应. 有关反常塞曼效应的内容我们将在 8.4 节讨论.

第6章习题

6.1 在经典力学系统中，对于有心力场 $U(r) = k/r$，其中 $r = \sqrt{\boldsymbol{r} \cdot \boldsymbol{r}}$，其 LRL 矢量 $\boldsymbol{R}$ 可以写成 (注意保证第二项的正负号自洽)

$$\boldsymbol{R} = \frac{1}{m}\boldsymbol{p} \times \boldsymbol{L} + k\frac{\boldsymbol{r}}{r},$$

证明 $\boldsymbol{R}$ 是守恒量，即

$$\frac{\mathrm{d}\boldsymbol{R}}{\mathrm{d}t} = 0\,,$$

并证明

$$\boldsymbol{R} \cdot \boldsymbol{L} = 0\,.$$

6.2 对于

$$H = \frac{p_i{}^2}{2m} - \frac{\alpha}{r},$$

量子力学中的 $\boldsymbol{R}$ 为

$$\boldsymbol{R} = \frac{1}{2m}(\boldsymbol{p} \times \boldsymbol{L} - \boldsymbol{L} \times \boldsymbol{p}) - \alpha\hat{r}.$$

证明其厄米性 $R^{\dagger} = R$，并利用第 4 章习题 17 的结果，证明 $[R, H] = 0$.

6.3 计算上题中的 R^2，并根据 $N_{\pm} = (J \pm R')/2$ 计算 N_+^2 和 N_-^2.

6.4 设 N_+^2 的本征值为 n_+，令 $n = 2n_+ + 1$，给出能级的形式，对给定的 n，求角动量 J^2 本征值 j 的取值范围及简并度 (不考虑自旋).

6.5 由氢原子能级形式，在自然单位制下，计算氢原子光谱的里德伯常量和基态氢原子 (即 $n = 1$ 时) 的半径.

第 7 章 自 旋

前面我们已经完成了对氢原子能级的讨论，然而，新的实验事实表明氢原子的能级还存在上述理论无法解释的简并. 为了解释这一现象，1925 年，乌伦贝克 (G. E. Uhlenbeck) 和古兹密特 (S. A. Goudsmit) 率先提出了自旋角动量的假设. 在非相对论量子力学框架下，通过引入两分量旋量的泡利方程可以描述自旋，但并不能理解自旋的起源. 另外，从场论观点出发，所有在时空中传播的粒子必然是时空对称群的某种表示，自旋作为一种内禀性质与此密切相关. 电子的自旋正是作为四维闵可夫斯基时空的旋量表示被理解. 因此，本章我们将延续使用前面章节的群论工具，聚焦于相对论量子力学的讨论. 为此，本章将首先介绍一种直接推导相对论性波动方程的简单方法，即通过相对论能动量关系导出克莱因–戈尔登方程 (Klein-Gordon equation，K-G 方程). 我们将逐步介绍洛伦兹群及其旋量表示，并最终导出能完美解释自旋的狄拉克方程. 最后，我们会在非相对论极限的视角下讨论狄拉克方程，这将回到非相对论量子力学对自旋的描述，同时也进一步确认了电子自旋源于狄拉克方程. 然而克莱因–戈尔登方程并不使人满意，其中存在的负能态的问题迫使我们从更深刻的视角上发现相对论量子力学其实并非一个自洽的理论，需要从量子场论来理解，这将在 9.5 节中详细介绍.

7.1 自旋的发现

容易知道，一个磁矩 M 在外加磁场中具有势能

$$U = -\boldsymbol{M} \cdot \boldsymbol{B},$$

由此，在非均匀磁场中磁矩将受到外力

$$\boldsymbol{F} = -\nabla U = \nabla \left(\boldsymbol{M} \cdot \boldsymbol{B} \right).$$

而回到 6.6 节得到的原子磁矩

$$\hat{M}_z = \gamma \hat{J}_z, \quad \gamma = -e/(2m_{\mathrm{e}}) = -\mu_{\mathrm{B}}, \tag{6.65}$$

因而，如果磁场仅沿 z 方向不均匀，就有

$$F_z = M_z \frac{\partial B_z}{\partial z}.$$

这说明，当磁矩不为零的原子垂直匀速进入非均匀磁场时，会在磁场梯度方向受力而产生偏移. 因此，我们可以通过测量粒子路径的偏移来研究磁矩. 历史上，施特恩和格拉赫就是利用这种思想来研究原子性质的，这一实验称为施特恩–格拉赫实验. 实验的具体设计是通过控制加热炉的温度得到特定速率分布的中性粒子，并让粒子垂直进入磁场区域，穿过非均匀磁场后射在真空室内的屏上，如图 7.1 所示.

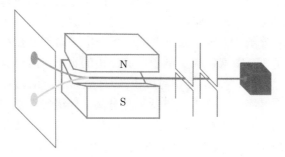

图 7.1　施特恩–格拉赫实验装置示意图

这样，通过测量屏上斑纹的距离，就可以算出原子磁矩. 施特恩和格拉赫起初使用银原子作为入射粒子[①]，在屏上看到了分立的斑纹，这成为角动量量子化的有力证据. 然而与预期不符的是，实验中斑纹的数量始终是偶数个，这与角动量理论预言的 $2j+1$ 个不符. 后来，人们用基态氢原子重复施特恩–格拉赫实验，看到斑纹分裂为两条，这仍然与理论预言不符[②].

回到 5.2 节的讨论，我们知道 $j = \frac{1}{2}$ 的情况对应于二重态

$$\left|\frac{1}{2}, \frac{1}{2}\right\rangle, \quad \left|\frac{1}{2}, -\frac{1}{2}\right\rangle, \tag{5.22}$$

这与基态氢原子的施特恩–格拉赫实验结果正好相符. 因此，我们可以大胆猜测氢原子中的电子具有一个值为 $\frac{1}{2}$ 的内禀角动量. 1925 年，受到包括施特恩–格拉赫实验在内的一系列实验的启发，乌伦贝克和古兹密特首先提出了这一内禀角动量的假设，并将其称为电子的自旋. 鉴于这是一个二重态系统，有时我们也将自旋二重态简写成

$$|\chi\rangle = |+\rangle, \ |-\rangle \quad \text{或} \quad |\chi\rangle = |\uparrow\rangle, \ |\downarrow\rangle, \tag{7.1}$$

其中 $|\chi\rangle$ 称为自旋态波函数. 一般地，自旋角动量为

$$\hat{S}_i = \frac{1}{2}\sigma_i, \tag{7.2}$$

---

① 有趣的是，据施特恩回忆，他常常在做实验时抽雪茄，但时任玻恩助理的他收入微薄，只能购买质量较差、含有大量硫的雪茄. 当他无意中将含硫的烟吐在实验用的屏上时，沉积的银原子与硫结合形成了灰黑色的硫化银，从而在屏上显现出来. 这成为该实验现象的最早发现. 参见 Friedrich B, Herschbach D. Stern and Gerlach: How a bad cigar helped reorient atomic physics. Physics Today, 2016, 56: 12.

② 显然，基态氢原子 $j = 0$, $m = 0$, 理论上不应存在磁矩，因而斑纹不应分裂. 详细的实验内容见 Phipps T E, Taylor J B. The magnetic moment of the hydrogen atom. Phys. Rev., 1927, 29: 309.

其中 σ_i 是泡利矩阵.

　　通过类似的实验, 我们也能证实质子存在 1/2 的自旋[①]. 最早用于施特恩–格拉赫实验的银原子由一个原子核和 47 个核外电子构成, 其价电子排布为 $4d^{10}5s^1$, 由于泡利不相容原理[②], 银原子中 46 个内层电子以自旋两两相反的状态填满了内壳层, 于是它们总的自旋磁矩贡献为零, 则银原子的磁矩仅由 5s 电子和原子核贡献. 又因为磁矩与质量成反比, 显然在银原子磁矩中占主导地位的是 5s 电子的贡献, 因此银原子的施特恩–格拉赫实验显示出的主要是电子的自旋磁矩. 要使用类似的实验探究质子自旋, 首先想到的就是利用以单个质子为原子核的氢原子, 但显然氢原子的磁矩也由电子主导, 所以必须设法消除电子自旋磁矩的贡献. 考虑到泡利不相容原理要求处于同一能级的两个电子自旋相反, 当两个氢原子通过共价键形成氢分子 H_2 时, 共价键中的两个电子自旋必然相反, 因而总的磁矩贡献为零, 这样在氢分子 H_2 中就消除了电子自旋磁矩的贡献. 而对氢分子中的两个质子来说, 其自旋有同向和反向两种情况, 分别对应正氢/仲氢 (orthohydrogen/parahydrogen) 两种自旋异构体, 可以通过物理化学方法进行纯化分离. 仲氢的总核自旋显然为 0, 而若质子自旋为 1/2, 正氢的核自旋则应为 1. 历史上, 施特恩与合作者正是利用氢分子束通过施特恩–格拉赫实验中的非均匀磁场测量出了质子的磁矩[③], 他们在实验中观测到了三重态分布, 容易理解这对应于

$$|1,1\rangle, \quad |1,0\rangle, \quad |1,-1\rangle,$$

即自旋角动量为 1 的情况, 这也就意味着每个质子的自旋是 1/2.

　　尽管自旋的概念在提出时借用了 "自转" 的经典图像, 但必须指出的是, 自旋是粒子的内禀量子数, 是一个没有经典对应的物理量. 从更深层次的物理来讲, 所有在时空中传播的粒子都属于其对应时空群的某种表示, 所以所有在四维闵可夫斯基时空中传播的粒子都属于洛伦兹群的某个表示. 自旋为 1/2 的粒子属于洛伦兹群的旋量表示, 其运动方程遵循狄拉克方程. 不过要注意的是, 自然界中没有任何依据一定要求自旋为 1/2 的粒子存在, 只是说洛伦兹群的旋量表示可以自洽地描述自旋为 1/2 粒子[④]. 下面的讨论仅聚焦在相对论量子力学.

7.2　克莱因–戈尔登方程

　　将相对论引入量子力学的一个最简单直接的方法是从相对论的能动量关系出发, 利用力学量与算符的对应关系将其量子化 (即 4.6 节提到的正则量子化). 根据狭义相对论的结果, 自然单位制下的能动量关系为

[①] 中子的自旋也可以通过施特恩–格拉赫实验确认: 通过中子磁镜 (中子与铁磁材料作用的全反射) 的临界波长筛选出的极化中子在非均匀磁场中给出了显著的二重态分布证据, 这说明中子也存在 1/2 的自旋. 详见 Sherwood J, Stephenson T, Bernstein S. Stern-Gerlarch experiment on polarized neutrons. Phys. Rev., 1954, 96: 1546.

[②] 有关价电子和泡利不相容原理的详细讨论见 9.3 节和 9.5 节.

[③] Estermann I, Simpson O, Stern O. The Magnetic moment of the proton. Phys. Rev., 1937, 52: 535. 施特恩等还利用氢–氘等组成的分子态进行了进一步测量, 得到质子的旋磁比中的朗德因子 $g_p \approx 5.586$. 对比 7.6 节的讨论可以看出, 这与狄拉克方程的预言有显著差异, 这事实上也是质子并非基本粒子的证据之一.

[④] 这和自旋为 1 的情况是不同的, 一个自洽的自旋为 1 的量子场论理论和规范对称性是紧密相连的, 这是在量子场论或者粒子物理中讨论的问题.

$$E^2 = m^2 + p^2, \tag{7.3}$$

其中, m 是物体的静质量;E 是总能量;p 是动量. 而根据量子力学, 能动量与算符具有对应关系

$$E \sim \mathrm{i}\frac{\partial}{\partial t}, \quad \boldsymbol{p} \sim -\mathrm{i}\nabla, \tag{7.4}$$

将其代入式 (7.3), 就得到

$$\frac{\partial^2}{\partial t^2}\phi = \nabla^2\phi - m^2\phi. \tag{7.5}$$

这就是相对论性的波动方程, 即克莱因–戈尔登方程. 该方程的解为平面波

$$\phi = N_0 \mathrm{e}^{\mathrm{i}px - \mathrm{i}Et}, \tag{7.6}$$

其中 N_0 为待定实常数. 很容易发现平面波解 ϕ 的共轭 ϕ^* 也是克莱因–戈尔登方程的一个解, 即有

$$\frac{\partial^2}{\partial t^2}\phi^* = \nabla^2\phi^* - m^2\phi^*. \tag{7.7}$$

将式 (7.5) 左乘 ϕ^*, 式 (7.7) 左乘 ϕ, 两式相减后可得

$$\phi^*\frac{\partial^2}{\partial t^2}\phi - \phi\frac{\partial^2}{\partial t^2}\phi^* = \phi^*\nabla^2\phi - \phi\nabla^2\phi^*, \tag{7.8}$$

整理后得到

$$\frac{\partial}{\partial t}\left(\phi^*\frac{\partial}{\partial t}\phi - \phi\frac{\partial}{\partial t}\phi^*\right) = \nabla \cdot (\phi^*\nabla\phi - \phi\nabla\phi^*). \tag{7.9}$$

对照式 (4.26) 可以看出, 这是一个流守恒方程, 其中概率密度 ρ 和概率流密度 $\boldsymbol{j}$ 分别为

$$\rho = \mathrm{i}\left(\phi^*\frac{\partial}{\partial t}\phi - \phi\frac{\partial}{\partial t}\phi^*\right), \tag{7.10}$$

$$\boldsymbol{j} = -\mathrm{i}\,(\phi^*\nabla\phi - \phi\nabla\phi^*), \tag{7.11}$$

其中的虚数 i 是为了保证 ρ 和 $\boldsymbol{j}$ 都是实的. 由于是在相对论下讨论, 我们将其写成四维概率流矢量的形式

$$J^\mu = (\rho, \boldsymbol{j}) = \mathrm{i}(\phi^*\partial^\mu\phi - \phi\partial^\mu\phi^*), \tag{7.12}$$

其中

$$\partial^\mu = \left(\frac{\partial}{\partial t}, \ -\nabla\right) \tag{7.13}$$

称为四维逆变求导算符，区别于四维协变求导算符[①]

$$\partial_\mu = \left(\frac{\partial}{\partial t}, \nabla \right).$$ (7.14)

这样，流守恒方程 (7.9) 就可写成

$$\partial_\mu J^\mu = 0.$$

对于平面波解 (7.6)，概率密度和概率流密度分别为

$$\rho = J^0 = 2|N_0|^2 E,$$ (7.15)

$$\boldsymbol{j} = 2|N_0|^2 \boldsymbol{p}.$$ (7.16)

由式 (7.15) 可见，相对论情况下的概率密度 ρ 与 E 成正比，这事实上是相对论尺缩效应的结果：设一个束缚在边长为 a、体积为 $V = a^3$ 的三维无限深方势阱中的粒子，根据概率守恒有

$$\iiint_V \rho \mathrm{d}x \mathrm{d}y \mathrm{d}z = 1.$$ (7.17)

如果该立方体空间沿 x 轴做高速运动，沿 y、z 方向不动，则其 x 轴方向的边长会发生洛伦兹变换，收缩为[②]

$$\frac{a}{\gamma} = a\frac{m}{E},$$

因而归一化条件 (7.17) 中的积分体积变为

$$V \to V' = \frac{V}{\gamma} = V\frac{m}{E}.$$

为了保证该归一化条件仍成立，概率密度 ρ 必须与 E 成正比.

另外我们注意到，由相对论的能动量关系可得

$$E = \pm\sqrt{p^2 + m^2}.$$

[①] 对矢量或张量，根据坐标变换的不同，有逆变 (contravariant，通常写作上指标) 和协变 (covariant，通常写作下指标) 的区别. 其中逆变矢量 $\boldsymbol{v}$ 的变换是我们熟悉的，即在坐标变换 $x \to x'$ 下有

$$\boldsymbol{v} \to \boldsymbol{v}': \ v'^\nu = \frac{\partial x'^\nu}{\partial x^\mu} v^\mu,$$

而协变矢量则刚好相反，即

$$\boldsymbol{\omega} \to \boldsymbol{\omega}': \ \omega'_\nu = \frac{\partial x^\mu}{\partial x'^\nu} \omega_\mu.$$

这样我们就能比较方便地定义如式 (7.22) 的内积，使其在坐标变换下保持不变. 协变矢量 $\boldsymbol{\omega}$ 实际上可以看作是线性空间 $V(v \in V)$ 上的对偶矢量 (dual vector)，它代表一个 $V \to \mathbb{R}$ 的线性映射 (通常我们将对矢量的讨论限定在实数域上)，对此有兴趣的同学可参考微分几何、微分流形等教材.

[②] 这里仍然使用自然单位制，因而相对论因子 γ 可以写成较为简洁的形式

$$\gamma = \frac{E}{m}.$$

在经典力学中, $E < 0$ 的态没有任何物理意义, 可以直接排除. 然而在量子力学中, 粒子由波函数描述, E 只表示粒子处在 e^{-iEt} 的状态下. 为了保证量子态的完备性, $E < 0$ 的情况并不能直接排除. 而如果我们直接求解克莱因–戈尔登方程, 由于这是一个二阶方程, 存在 $E < 0$ 的解也是不可避免的. 在非相对论量子力学中, 由于 $\rho = |\psi|^2 \geqslant 0$, E 的正负取值并不影响概率密度的半正定性. 然而在相对论量子力学中, $E < 0$ 将直接导致概率密度为

$$\rho = 2E < 0.$$

这显然不符合物理规律. 历史上, 正是克莱因–戈尔登方程中出现的负能量态促使狄拉克提出了空穴理论, 该理论认为真空是被电子占满的带正电的空穴, 符合泡利不相容原理. 由此他预言了正电子的存在并被实验证实, 这成为人们对反物质的初步认识. 其实自洽地理解上述理论要求引入量子场论的概念, 从此描述微观世界的理论从量子力学过渡到了量子场论. 我们将在 9.5 节详细讨论这个问题.

7.3 洛伦兹群

7.2 节中我们看到, 作为一种 "直接" 的相对论量子力学理论, 克莱因–戈尔登方程不可避免地存在负能量解的问题, 进而将导致与物理事实不符的负概率密度. 事实上负能量解的问题最终导致了量子场论的诞生, 但在该问题被彻底解决之前, 通过引入狄拉克方程的方法, 负概率密度问题可以被独立解决, 同时电子自旋磁矩等现象也将在这一理论中获得解释. 本节中我们将开始介绍狄拉克方程的理论.

在牛顿力学里, 时间作为空间坐标的参数进入到每个物体的运动方程之中, 这意味着时间和空间并不处在等价的地位. 爱因斯坦在狭义相对论中首次将时间和空间进行了统一, 提出了时空的概念. 在相对论框架下, 现实中的每一个物体都处在时空中, 由一维时间坐标和三维空间坐标来描述其运动状态, 这种平直的时空称为四维闵可夫斯基时空, 简记为 M_4, 对应几何则是四维闵可夫斯基几何.

在牛顿力学中, 惯性参考系之间的坐标变换为伽利略变换 (Galilean transformation). 在伽利略变换下空间距离 r 保持不变, 其中

$$r^2 = x^2 + y^2 + z^2.$$

而在狭义相对论中, 惯性参考系之间的坐标变换为洛伦兹变换. 在洛伦兹变换下, 对应的不变量则是时空间隔 s, 定义为

$$s^2 = c^2 t^2 - (x^2 + y^2 + z^2). \tag{7.18}$$

考虑到四维闵可夫斯基时空中, 时间和空间坐标具有等价的地位, 因此我们可以将其写成一个四维矢量. 在自然单位制下, 定义四维协变矢量和四维逆变矢量分别为

$$x_\mu = (x_0, x_1, x_2, x_3) = (t, -x, -y, -z), \tag{7.19}$$

$$x^\mu = (x^0, x^1, x^2, x^3) = (t, x, y, z). \tag{7.20}$$

3.2 节例题 3.2 中我们讨论了二维闵可夫斯基空间 M_2，我们定义 M_4 中的度规 g 为

$$g = g_{\mu\nu} = g^{\mu\nu} = \begin{pmatrix} 1 & 0 & 0 & 0 \\ 0 & -1 & 0 & 0 \\ 0 & 0 & -1 & 0 \\ 0 & 0 & 0 & -1 \end{pmatrix}, \tag{7.21}$$

则

$$x_\mu = g_{\mu\nu} x_\nu.$$

因此时空间隔 s 可以写成两个四维矢量的内积

$$s^2 = x^\mu x_\mu = g_{\mu\nu} x^\mu x^\nu = g^{\mu\nu} x_\mu x_\nu = t^2 - x^2 - y^2 - z^2. \tag{7.22}$$

第 3 章中我们讨论过几何与变换群之间的关系，发现 E_2、E_3 和 M_2 空间中保持内积不变的变换分别对应着 $SO(2)$、$SO(3)$ 和 $SO(1,1)$ 群. 按照同样的思路，我们再来讨论 M_4 空间中保持时空间隔 $\mathrm{d}s$ 不变的洛伦兹变换. 设在变换

$$\Lambda: x^\beta \to x'^\alpha = \Lambda^\alpha_\beta x^\beta$$

下时空间隔 s 不变，即

$$s^2 = g_{\mu\nu} x^\mu x^\nu = g_{\alpha\beta} x'^\alpha x'^\beta = g_{\alpha\beta} \Lambda^\alpha_\mu x^\mu \Lambda^\beta_\nu x^\nu = s'^2,$$

整理后得到

$$g_{\mu\nu} = g_{\alpha\beta} \Lambda^\alpha_\mu \Lambda^\beta_\nu, \tag{7.23}$$

或写成矩阵形式

$$\Lambda^{\mathrm{T}} g \Lambda = g.$$

设 Λ 的无穷小变换为

$$\Lambda^\mu_\nu = I^\mu_\nu + \epsilon^\mu_\nu,$$

代入式 (7.23) 可得

$$g_{\alpha\nu} \epsilon^\alpha_\mu = -g_{\mu\beta} \epsilon^\beta_\nu,$$

写成矩阵形式为

$$g\epsilon = -\epsilon^{\mathrm{T}} g.$$

考虑到 $g^2 = g^{\mu\nu} g_{\mu\nu} = 1$，于是

$$g\epsilon g = -\epsilon^{\mathrm{T}}. \tag{7.24}$$

为了确定矩阵 ϵ 中独立参数的个数，设

$$\epsilon = \begin{pmatrix} \delta_{11} & \delta_{12} & \delta_{13} & \delta_{14} \\ \delta_{21} & \delta_{22} & \delta_{23} & \delta_{24} \\ \delta_{31} & \delta_{32} & \delta_{33} & \delta_{34} \\ \delta_{41} & \delta_{42} & \delta_{43} & \delta_{44} \end{pmatrix},$$

其中 δ_{ij} 均为实数. 代入式 (7.24) 可得

$$\begin{pmatrix} \delta_{11} & -\delta_{12} & -\delta_{13} & -\delta_{14} \\ -\delta_{21} & \delta_{22} & \delta_{23} & \delta_{24} \\ -\delta_{31} & \delta_{32} & \delta_{33} & \delta_{34} \\ -\delta_{41} & \delta_{42} & \delta_{43} & \delta_{44} \end{pmatrix} = - \begin{pmatrix} \delta_{11} & \delta_{21} & \delta_{31} & \delta_{41} \\ \delta_{12} & \delta_{22} & \delta_{32} & \delta_{42} \\ \delta_{13} & \delta_{23} & \delta_{33} & \delta_{43} \\ \delta_{14} & \delta_{24} & \delta_{34} & \delta_{44} \end{pmatrix}.$$

观察可知

$$\delta_{ii} = 0, \quad i = 1,2,3,4;$$

$$\delta_{1j} = \delta_{j1}, \quad j = 2,3,4;$$

$$\delta_{kl} = -\delta_{lk}, \quad k,l = 2,3,4, \quad \text{且} k \neq l.$$

这说明 ϵ 中只有 6 个独立参数. 若设

$$\delta_1 = \delta_{12}, \quad \delta_2 = \delta_{13}, \quad \delta_3 = \delta_{14},$$

$$\delta_4 = \delta_{34}, \quad \delta_5 = \delta_{42}, \quad \delta_6 = \delta_{23},$$

则可以不失一般性地将 ϵ 写成

$$\epsilon = \sum_{i=1}^{6} \delta_i X_i = \begin{pmatrix} 0 & \delta_1 & \delta_2 & \delta_3 \\ \delta_1 & 0 & \delta_6 & -\delta_5 \\ \delta_2 & -\delta_6 & 0 & \delta_4 \\ \delta_3 & \delta_5 & -\delta_4 & 0 \end{pmatrix},$$

其中 δ_i 和 X_i 分别是洛伦兹变换的 6 个独立参数和 6 个生成元，其中

$$X_1 = \begin{pmatrix} 0 & 1 & 0 & 0 \\ 1 & 0 & 0 & 0 \\ 0 & 0 & 0 & 0 \\ 0 & 0 & 0 & 0 \end{pmatrix}, \quad X_2 = \begin{pmatrix} 0 & 0 & 1 & 0 \\ 0 & 0 & 0 & 0 \\ 1 & 0 & 0 & 0 \\ 0 & 0 & 0 & 0 \end{pmatrix},$$

$$X_3 = \begin{pmatrix} 0 & 0 & 0 & 1 \\ 0 & 0 & 0 & 0 \\ 0 & 0 & 0 & 0 \\ 1 & 0 & 0 & 0 \end{pmatrix}, \quad X_4 = \begin{pmatrix} 0 & 0 & 0 & 0 \\ 0 & 0 & 0 & 0 \\ 0 & 0 & 0 & 1 \\ 0 & 0 & -1 & 0 \end{pmatrix},$$

$$X_5 = \begin{pmatrix} 0 & 0 & 0 & 0 \\ 0 & 0 & 0 & -1 \\ 0 & 0 & 0 & 0 \\ 0 & 1 & 0 & 0 \end{pmatrix}, \quad X_6 = \begin{pmatrix} 0 & 0 & 0 & 0 \\ 0 & 0 & 1 & 0 \\ 0 & -1 & 0 & 0 \\ 0 & 0 & 0 & 0 \end{pmatrix}.$$

与第 3 章的方法类似, 可以导出有限参数变换 $\Lambda(\varphi_i)$ 和 $\Lambda(\theta_i)$, 其中

$$\varphi_i = N\delta_i, \quad \theta_i = N\delta_{i+3}, \quad i = 1, 2, 3.$$

以 $i = 1$ 为例, 因为 $\forall n \in \mathbb{Z}^+$, 有

$$X_1^{2n} = I, \quad X_1^{2n+1} = X_1;$$
$$X_4^{2n} = (-1)^n I, \quad X_4^{2n+1} = (-1)^n X_4.$$

于是

$$\Lambda(\varphi_1) = \lim_{N \to +\infty} \left(I + \frac{\varphi_1}{N} X_1 \right)^N = \mathrm{e}^{\varphi_1 X_1}$$

$$= \begin{pmatrix} \cosh\varphi_1 & \sinh\varphi_1 & 0 & 0 \\ \sinh\varphi_1 & \cosh\varphi_1 & 0 & 0 \\ 0 & 0 & 1 & 0 \\ 0 & 0 & 0 & 1 \end{pmatrix},$$

$$\Lambda(\theta_1) = \lim_{N \to +\infty} \left(I + \frac{\theta_1}{N} X_4 \right)^N = \mathrm{e}^{\theta_1 X_4}$$

$$= \begin{pmatrix} 1 & 0 & 0 & 0 \\ 0 & 1 & 0 & 0 \\ 0 & 0 & \cos\theta_1 & \sin\theta_1 \\ 0 & 0 & -\sin\theta_1 & \cos\theta_1 \end{pmatrix}.$$

容易发现, 如果只看一维时间和一维空间, 则 $\Lambda(\varphi_1)$ 就回到式 (3.10), 即 M_2 空间中保持内积不变的变换; 而如果只看三个空间维, $\Lambda(\theta_1)$ 就回到式 (3.20), 即 E_3 中绕 x 轴的转动变换. 类似地, 我们算出剩余独立参数对应的有限变换

$$\Lambda(\varphi_2) = \begin{pmatrix} \cosh\varphi_2 & 0 & \sinh\varphi_2 & 0 \\ 0 & 1 & 0 & 0 \\ \sinh\varphi_2 & 0 & \cosh\varphi_2 & 0 \\ 0 & 0 & 0 & 1 \end{pmatrix}, \quad \Lambda(\varphi_3) = \begin{pmatrix} \cosh\varphi_3 & 0 & 0 & \sinh\varphi_3 \\ 0 & 1 & 0 & 0 \\ 0 & 0 & 1 & 0 \\ \sinh\varphi_3 & 0 & 0 & \cosh\varphi_3 \end{pmatrix}.$$

$$\Lambda(\theta_2) = \begin{pmatrix} 1 & 0 & 0 & 0 \\ 0 & \cos\theta_2 & 0 & -\sin\theta_2 \\ 0 & 0 & 1 & 0 \\ 0 & \sin\theta_2 & 0 & \cos\theta_2 \end{pmatrix}, \quad \Lambda(\theta_3) = \begin{pmatrix} 1 & 0 & 0 & 0 \\ 0 & \cos\theta_3 & \sin\theta_3 & 0 \\ 0 & -\sin\theta_3 & \cos\theta_3 & 0 \\ 0 & 0 & 0 & 1 \end{pmatrix}.$$

从中我们发现，$\Lambda(\theta_i)$ 都只与三维空间分量有关，事实上它们就是 M_4 中的空间转动变换；而每个 $\Lambda(\varphi_i)$ 都将时间维度和一个空间维度联系起来，这是闵可夫斯基空间中一种特殊的变换，我们称之为"洛伦兹 boost"，简称 boost. 而 $\Lambda(\varphi_1)$、$\Lambda(\varphi_2)$ 和 $\Lambda(\varphi_3)$ 分别称为沿 x 轴、y 轴和 z 轴的 boost. 如果令

$$B_i = \Lambda(\varphi_i), \quad R_i = \Lambda(\theta_i),$$

则有

$$K_i = -\mathrm{i}\frac{\partial B_i}{\partial \varphi_i}\bigg|_{\varphi_i=0} = -\mathrm{i}X_i,$$

$$J_i = -\mathrm{i}\frac{\partial R_i}{\partial \theta_i}\bigg|_{\theta_i=0} = -\mathrm{i}X_{i+3},$$

其中 $i = 1, 2, 3$. 因此，我们可将任意的洛伦兹变换 $\Lambda(\boldsymbol{\theta}, \boldsymbol{\varphi})$ 写成

$$\Lambda(\boldsymbol{\theta}, \boldsymbol{\varphi}) = \mathrm{e}^{\sum\limits_{i=1}^{3}(\theta_i X_{i+3} + \varphi_i X_i)} = \mathrm{e}^{\mathrm{i}(\boldsymbol{\theta}\cdot\boldsymbol{J} + \boldsymbol{\varphi}\cdot\boldsymbol{K})}. \tag{7.25}$$

容易证明这 6 个生成元满足

$$[K_i, K_j] = -\mathrm{i}\epsilon_{ijk}J_k,$$

$$[J_i, K_j] = \mathrm{i}\epsilon_{ijk}K_k, \tag{7.26}$$

$$[J_i, J_j] = \mathrm{i}\epsilon_{ijk}J_k.$$

因此它们构成一个封闭的代数结构. 这就是 $so(3,1)$ 李代数，而由这 6 个生成元生成的群就是 $SO(3,1)$ 群，也称为洛伦兹群. 值得注意的是，其中的角动量算符 J_i 构成了封闭的 $so(3)$ 代数[1]，但 boost 算符 K_i 却不能构成封闭的代数结构，也就是说 M_4 空间中单纯的 boost 变换不成群，这和 M_2 的情况是完全不同的.

如果定义

$$N_i^{\pm} = \frac{1}{2}(J_i \pm \mathrm{i}K_i), \tag{7.27}$$

容易验证 $N_i^{\pm}$ 满足

$$[N_i^-, N_j^-] = \mathrm{i}\epsilon_{ijk}N_k^-,$$

$$[N_i^+, N_j^+] = \mathrm{i}\epsilon_{ijk}N_k^+, \tag{7.28}$$

$$[N_i^+, N_j^-] = 0.$$

因此它们构成了两个 $su(2)$ 代数，这说明洛伦兹群的代数与两个 $SU(2)$ 群代数的直积同构，即

$$so(3,1) \cong su(2) \otimes su(2).$$

---

① 也就是说 $SO(3)$ 是 $SO(3,1)$ 的一个子群.

这类似于我们在 6.3 节中讨论过的 $SO(4)$ 群与 $SO(3)$ 群的关系. 同时也说明了洛伦兹群的表示可以通过 $SU(2)$ 的表示来构造, 我们将在 7.4 节进一步探讨这一问题.

有了以上洛伦兹群有限变换的形式, 我们就可以将狭义相对论中的洛伦兹变换改写成双曲函数的形式. 以沿 x 轴的 boost 为例, 设坐标系运动速度为 v, 则相对论因子

$$\gamma = \frac{1}{\sqrt{1 - v^2/c^2}}, \quad \beta = \frac{v}{c}.$$

对应的洛伦兹变换为

$$t' = \gamma(t + \beta x),$$

$$x' = \gamma(x + \beta t),$$

$$y' = y,$$

$$z' = z,$$

写成矩阵形式即

$$\begin{pmatrix} t' \\ x' \\ y' \\ z' \end{pmatrix} = \begin{pmatrix} \gamma & \gamma\beta & 0 & 0 \\ \gamma\beta & \gamma & 0 & 0 \\ 0 & 0 & 1 & 0 \\ 0 & 0 & 0 & 1 \end{pmatrix} \begin{pmatrix} t \\ x \\ y \\ z \end{pmatrix}.$$

由于

$$\gamma^2 - \beta^2\gamma^2 = 1, \tag{7.29}$$

所以可定义

$$\gamma = \cosh\varphi, \quad \gamma\beta = \sinh\varphi, \tag{7.30}$$

其中 φ 满足

$$\varphi = \frac{1}{2}\ln\frac{1+\beta}{1-\beta}. \tag{7.31}$$

于是洛伦兹变换矩阵就成为

$$\begin{pmatrix} \gamma & \gamma\beta & 0 & 0 \\ \gamma\beta & \gamma & 0 & 0 \\ 0 & 0 & 1 & 0 \\ 0 & 0 & 0 & 1 \end{pmatrix} = \begin{pmatrix} \cosh\varphi & \sinh\varphi & 0 & 0 \\ \sinh\varphi & \cosh\varphi & 0 & 0 \\ 0 & 0 & 1 & 0 \\ 0 & 0 & 0 & 1 \end{pmatrix}.$$

类似地, 我们还可以定义除时空坐标外其他的四维协变、逆变矢量, 例如四维动量[①]

$$p_\mu = (E, -\boldsymbol{p}), \quad p^\mu = (E, \boldsymbol{p}). \tag{7.32}$$

---

① 我们仍然采用自然单位制.

于是相对论能动量关系 (7.3) 就可写成

$$m^2 = p_\mu p^\mu = g_{\mu\nu} p^\mu p^\nu,$$

相应地在洛伦兹 boost 下也有 (仍以 x 轴变换为例)

$$\begin{pmatrix} E' \\ p'_x \\ p'_y \\ p'_z \end{pmatrix} = \begin{pmatrix} \gamma & \gamma\beta & 0 & 0 \\ \gamma\beta & \gamma & 0 & 0 \\ 0 & 0 & 1 & 0 \\ 0 & 0 & 0 & 1 \end{pmatrix} \begin{pmatrix} E \\ p_x \\ p_y \\ p_z \end{pmatrix}.$$

如果假设物体初始为静止状态 $\boldsymbol{p} = 0$,则其四维动量为

$$p_\mu = p^\mu = (m, 0, 0, 0).$$

将物体沿 x 轴方向进行洛伦兹 boost 变换,让它获得动量 $|\boldsymbol{p}| = p_x$,即

$$\begin{pmatrix} E \\ p_x \\ 0 \\ 0 \end{pmatrix} = \begin{pmatrix} \gamma & \gamma\beta & 0 & 0 \\ \gamma\beta & \gamma & 0 & 0 \\ 0 & 0 & 1 & 0 \\ 0 & 0 & 0 & 1 \end{pmatrix} \begin{pmatrix} m \\ 0 \\ 0 \\ 0 \end{pmatrix}. \tag{7.33}$$

于是有

$$\gamma = \frac{E}{m} = \cosh\varphi,$$

$$\beta\gamma = \frac{p_x}{m} = \sqrt{\frac{E^2}{m^2} - 1} = \sinh\varphi.$$

这样我们就从洛伦兹 boost 的角度导出了相对论因子 γ 与物体总能量 E 和静质量 m 的关系.

7.4 $SU(2)$ 与旋量

从 3.5 节的讨论我们已经知道,$SU(2)$ 与 $SO(3)$ 的李代数同构,本节我们将进一步探讨 $SU(2)$ 与 $SO(3)$ 群之间的关系. 由此引入的旋量概念将在 7.5 节的狄拉克方程中有重要应用.

考虑到 $SU(2)$ 的群元为二维复空间中的特殊幺正变换 U,设其为

$$U = \begin{pmatrix} a & b \\ c & d \end{pmatrix}.$$

U 必然满足 $SU(2)$ 变换的基本性质，即

$$U^\dagger U = I, \quad \det U = 1.$$

于是我们发现 U 事实上仅有两个独立参数，且有

$$U = \begin{pmatrix} a & b \\ -b^* & a^* \end{pmatrix}, \qquad |a|^2 + |b|^2 = 1. \tag{7.34}$$

定义实矩阵 $S^* = S$，

$$S = \begin{pmatrix} 0 & -1 \\ 1 & 0 \end{pmatrix},$$

可以证明

$$U = SU^* S^{-1}.$$

对二维复空间中任意矢量

$$\boldsymbol{\xi} = \begin{pmatrix} \xi_1 \\ \xi_2 \end{pmatrix},$$

可以构造另一矢量

$$\boldsymbol{\chi} = S\boldsymbol{\xi}^* = \begin{pmatrix} -\xi_2^* \\ \xi_1^* \end{pmatrix},$$

在幺正变换 U 下有

$$\boldsymbol{\chi} \to \boldsymbol{\chi}' = SU^* S^{-1} S\boldsymbol{\xi}^* = US\boldsymbol{\xi}^* = U\boldsymbol{\chi}.$$

这说明 $\boldsymbol{\chi}$ 和 $\boldsymbol{\xi}$ 在 $SU(2)$ 下的变换具有相同的形式. 如果定义

$$h = \boldsymbol{\xi}\boldsymbol{\chi}^\dagger = \begin{pmatrix} -\xi_1\xi_2 & \xi_1^2 \\ -\xi_2^2 & \xi_1\xi_2 \end{pmatrix}, \tag{7.35}$$

考虑到在变换 U 下

$$\boldsymbol{\xi} \to U\boldsymbol{\xi}, \quad \boldsymbol{\chi}^\dagger \to \boldsymbol{\chi}^\dagger U^\dagger,$$

易得在该变换下有

$$h \to UhU^\dagger.$$

容易验证

$$\mathrm{Tr}(h) = 0,$$
$$\det(UhU^\dagger) = \det h.$$

另外，我们可以利用三维实空间中的矢量 $\boldsymbol{r} = (x, y, z)$ 构造一个矩阵 H，使之满足以上两条性质. 并且考虑到 $\det h$ 是一个变换 U 下的不变量，我们自然地想到三维实空间中的转动不变量 r(或 r^2). 参照式 (3.30)，容易构造出

$$H = \boldsymbol{\sigma} \cdot \boldsymbol{r} = \begin{pmatrix} z & x - \mathrm{i}y \\ x + \mathrm{i}y & -z \end{pmatrix}. \tag{7.36}$$

显然该 H 满足

$$\mathrm{Tr}(H) = 0,$$
$$\det(UHU^\dagger) = \det(H) = x^2 + y^2 + z^2 = r^2,$$

其中 $\boldsymbol{\sigma}$ 为 $SU(2)$ 的生成元，即泡利矩阵

$$\sigma_x = \begin{pmatrix} 0 & 1 \\ 1 & 0 \end{pmatrix}, \quad \sigma_y = \begin{pmatrix} 0 & -\mathrm{i} \\ \mathrm{i} & 0 \end{pmatrix}, \quad \sigma_z = \begin{pmatrix} 1 & 0 \\ 0 & -1 \end{pmatrix}.$$

对照式 (7.35) 和式 (7.36)，我们可以构造映射 $(\xi_1, \xi_2) \mapsto (x, y, z)$ 如下：

$$\begin{aligned} x &= \frac{1}{2}(\xi_1^2 - \xi_2^2), \\ y &= \frac{\mathrm{i}}{2}(\xi_1^2 + \xi_2^2), \\ z &= -\xi_1 \xi_2. \end{aligned} \tag{7.37}$$

反解可得

$$\begin{aligned} \xi_1 &= \pm\sqrt{x - \mathrm{i}y}, \\ \xi_2 &= \pm\sqrt{-x - \mathrm{i}y}. \end{aligned} \tag{7.38}$$

一般地，我们称二维复矢量 $(\xi_1, \xi_2)^{\mathrm{T}}$ 为旋量.

注意到在二维特殊幺正变换 U 下保持 $\det(H) = x^2 + y^2 + z^2$，即三维实空间中的矢量距离不变. 这说明二维特殊幺正变换 U 与三维正交变换 R 之间也存在某种映射关系. 为了找出这种关系，我们设

$$\boldsymbol{\xi}' = U\boldsymbol{\xi}, \quad \text{即} \begin{pmatrix} \xi_1' \\ \xi_2' \end{pmatrix} = \begin{pmatrix} a & b \\ -b^* & a^* \end{pmatrix} \begin{pmatrix} \xi_1 \\ \xi_2 \end{pmatrix},$$

结合式 (7.38)，代入式 (7.37) 可得

$$x' = \frac{1}{2}(a^2 + a^{*2} - b^2 - b^{*2})x - \frac{\mathrm{i}}{2}(a^2 - a^{*2} + b^2 - b^{*2})y - (a^*b^* + ab)z,$$
$$y' = \frac{\mathrm{i}}{2}(a^2 - a^{*2} - b^2 + b^{*2})x + \frac{1}{2}(a^2 + a^{*2} + b^2 + b^{*2})y + \mathrm{i}(a^*b^* - ab)z,$$

$$z' = (ab^* + ba^*)x + \mathrm{i}(ba^* - ab^*)y + (|a|^2 - |b|^2)z,$$

写成矩阵形式即

$$
\begin{pmatrix} x' \\ y' \\ z' \end{pmatrix} = R \begin{pmatrix} x \\ y \\ z \end{pmatrix},
$$

其中

$$
R = \begin{pmatrix} \dfrac{1}{2}(a^2 + a^{*2} - b^2 - b^{*2}) & -\dfrac{\mathrm{i}}{2}(a^2 - a^{*2} + b^2 - b^{*2}) & -(a^*b^* + ab) \\[2mm] \dfrac{\mathrm{i}}{2}(a^2 - a^{*2} - b^2 + b^{*2}) & \dfrac{1}{2}(a^2 + a^{*2} + b^2 + b^{*2}) & \mathrm{i}(a^*b^* - ab) \\[2mm] ab^* + ba^* & \mathrm{i}(ba^* - ab^*) & |a|^2 - |b|^2 \end{pmatrix}. \tag{7.39}
$$

可以验证在 R 矩阵的变换下确实有 $x'^2 + y'^2 + z'^2 = x^2 + y^2 + z^2$，它是一个三维正交变换. 鉴于 a、b 均为复数，设 $a = A\mathrm{e}^{\mathrm{i}\frac{\alpha}{2}}$，$b = B\mathrm{e}^{\mathrm{i}\frac{\beta}{2}}$，由式 (7.34) 有

$$A^2 + B^2 = 1.$$

代入式 (7.39)，可以证明 $\det R = 1$(证明过程留作习题)，这说明 R 不仅是正交变换，并且是特殊正交变换，即 $R \in SO(3)$. 这样我们便找到了

$$SU(2) \mapsto SO(3)$$

的一个具体的映射关系. 即对每一组 a、b 值对应的变换 U、R 矩阵的具体形式也相应地给出. 例如：

(1) 取 $a = \mathrm{e}^{\mathrm{i}\frac{\alpha}{2}}$，$b = 0$，有

$$
U = \begin{pmatrix} \mathrm{e}^{\mathrm{i}\frac{\alpha}{2}} & 0 \\ 0 & \mathrm{e}^{-\mathrm{i}\frac{\alpha}{2}} \end{pmatrix} \leftrightarrow R = \begin{pmatrix} \cos\alpha & \sin\alpha & 0 \\ -\sin\alpha & \cos\alpha & 0 \\ 0 & 0 & 1 \end{pmatrix}.
$$

回顾之前讨论过的 $SU(2)$ 和 $SO(3)$ 生成元，上式等价于

$$U = \mathrm{e}^{\mathrm{i}\sigma_z \frac{\alpha}{2}} \leftrightarrow R = \mathrm{e}^{\mathrm{i}J_z \alpha}.$$

(2) 取 $a = \cos\dfrac{\beta}{2}$，$b = \sin\dfrac{\beta}{2}$，有

$$
U = \begin{pmatrix} \cos\dfrac{\beta}{2} & \sin\dfrac{\beta}{2} \\ -\sin\dfrac{\beta}{2} & \cos\dfrac{\beta}{2} \end{pmatrix} \leftrightarrow R = \begin{pmatrix} \cos\beta & 0 & -\sin\beta \\ 0 & 1 & 0 \\ \sin\alpha & 0 & \cos\beta \end{pmatrix},
$$

即

$$U = \mathrm{e}^{\mathrm{i}\sigma_y \frac{\beta}{2}} \leftrightarrow R = \mathrm{e}^{\mathrm{i}J_y\beta}.$$

(3) 取 $a = \cos\dfrac{\gamma}{2}$, $b = \mathrm{i}\sin\dfrac{\gamma}{2}$, 有

$$U = \begin{pmatrix} \cos\dfrac{\gamma}{2} & \mathrm{i}\sin\dfrac{\gamma}{2} \\ \mathrm{i}\sin\dfrac{\gamma}{2} & \cos\dfrac{\gamma}{2} \end{pmatrix} \leftrightarrow R = \begin{pmatrix} 1 & 0 & 0 \\ 0 & \cos\gamma & \sin\gamma \\ 0 & -\sin\gamma & \cos\gamma \end{pmatrix},$$

即

$$U = \mathrm{e}^{\mathrm{i}\sigma_x \frac{\gamma}{2}} \leftrightarrow R = \mathrm{e}^{\mathrm{i}J_x\gamma}.$$

如上所述，我们找到了一个 $SU(2) \mapsto SO(3)$ 的对应关系. 然而对任意的 $SU(2)$ 变换 U，如果取

$$U' = \mathrm{e}^{\mathrm{i}\pi}U = -U,$$

根据式 (7.39) 易得 U' 与 U 对应同一个 R，即

$$\forall U \in SU(2), \quad U\text{和}-U \mapsto R.$$

或者从转动的角度理解，幺正矩阵 U 中任意一个转动角 θ 对应正交矩阵 R 中的转动角 2θ. 我们知道正交矩阵 R 转动 2π 相当于恒等变换，而这对应到幺正矩阵 U 却只转动了 π，刚好反号. 也就是说，每一个 $SO(3)$ 群元对应着两个 $SU(2)$ 群元，并且每个 $SU(2)$ 群元也都有 $SO(3)$ 群元与之对应，这种对应关系就称为同态.

7.5 狄拉克方程与自旋

7.3 节中我们找到了 $SO(3,1)$ 的 6 个生成元，并发现通过重新定义

$$N_i^{\pm} = \frac{1}{2}(J_i \pm \mathrm{i}K_i), \tag{7.27}$$

可使 N_i^+ 和 N_i^- 分别构成各自封闭的 $su(2)$ 代数，即

$$\begin{aligned} [N_i^-, N_j^-] &= \mathrm{i}\epsilon_{ijk}N_k^-, \\ [N_i^+, N_j^+] &= \mathrm{i}\epsilon_{ijk}N_k^+, \\ [N_i^+, N_j^-] &= 0. \end{aligned} \tag{7.28}$$

如果我们将 N^+ 看成是 $SU(2)_A$ 群的生成元，将 N^- 看成是 $SU(2)_B$ 群的生成元，则式 (7.28) 其实是 $su(2)_A \otimes su(2)_B$ 的李代数，而由它们生成的群就是 $SU(2)_A \otimes SU(2)_B$ 群.

7.4 节中我们引入了在 $SU(2)$ 群下变换的二维复矢量——旋量. 设 ϕ_A、ϕ_B 分别是 $SU(2)_A$ 群和 $SU(2)_B$ 群的旋量, 按照定义, ϕ_A 在 $SU(2)_A$ 下变换, 但在 $SU(2)_B$ 下不变; 而 ϕ_B 在 $SU(2)_B$ 下变换, 但在 $SU(2)_A$ 下不变, 即

$$\phi_A \to \mathrm{e}^{\mathrm{i}\boldsymbol{\alpha}_A \cdot \boldsymbol{N}^+}\phi_A, \quad \phi_A \to \mathrm{e}^{\mathrm{i}\boldsymbol{\alpha}_B \cdot \boldsymbol{N}^-}\phi_A = \phi_A.$$
$$\phi_B \to \mathrm{e}^{\mathrm{i}\boldsymbol{\alpha}_A \cdot \boldsymbol{N}^+}\phi_B = \phi_B, \quad \phi_B \to \mathrm{e}^{\mathrm{i}\boldsymbol{\alpha}_B \cdot \boldsymbol{N}^-}\phi_B.$$

现在我们基于此来构造 $SU(2)_A \otimes SU(2)_B$ 群的旋量. 考虑

$$\mathrm{e}^{\mathrm{i}\boldsymbol{\alpha}_A \cdot \boldsymbol{N}^+}\phi_B = \sum_{n=0}^{\infty}\frac{1}{n!}(\mathrm{i}\boldsymbol{\alpha}_A \cdot \boldsymbol{N}^+)^n\phi_B = \phi_B,$$

$$\mathrm{e}^{\mathrm{i}\boldsymbol{\alpha}_B \cdot \boldsymbol{N}^-}\phi_A = \sum_{n=0}^{\infty}\frac{1}{n!}(\mathrm{i}\boldsymbol{\alpha}_B \cdot \boldsymbol{N}^-)^n\phi_A = \phi_A.$$

由于上式对任意参数都成立, 则必然要求

$$N_i^+\phi_B = 0 \Rightarrow J_i\phi_B = -\mathrm{i}K_i\phi_B,$$
$$N_i^-\phi_A = 0 \Rightarrow J_i\phi_B = \mathrm{i}K_i\phi_A.$$

由于 ϕ_A 和 ϕ_B 都是二维复空间中按照 $SU(2)$ 群变换的旋量, 又根据第 5 章中的讨论, J_i 作为转动变换生成元对应于角动量算符, 而二维角动量表示空间中角动量算符刚好就对应 $SU(2)$ 群的生成元 (泡利矩阵), 即

$$J_i = \frac{\sigma_i}{2}, \quad i = 1, 2, 3. \tag{5.23}$$

于是对 ϕ_A 有

$$K_i = -\mathrm{i}J_i = -\mathrm{i}\frac{\sigma_i}{2},$$

对 ϕ_B 有

$$K_i = \mathrm{i}J_i = \mathrm{i}\frac{\sigma_i}{2}.$$

将 $\boldsymbol{J}$ 和 $\boldsymbol{K}$ 的具体表示代入式 (7.25), 可以得到旋量 ϕ_A 和 ϕ_B 的洛伦兹变换形式

$$\begin{aligned}\phi_A &\to \mathrm{e}^{\frac{1}{2}\boldsymbol{\sigma}\cdot(\boldsymbol{\theta}-\mathrm{i}\boldsymbol{\varphi})}\phi_A, \\ \phi_A^\dagger &\to \phi_A^\dagger \mathrm{e}^{-\frac{1}{2}\boldsymbol{\sigma}\cdot(\boldsymbol{\theta}+\mathrm{i}\boldsymbol{\varphi})}.\end{aligned} \tag{7.40}$$

$$\begin{aligned}\phi_B &\to \mathrm{e}^{\frac{1}{2}\boldsymbol{\sigma}\cdot(\boldsymbol{\theta}+\mathrm{i}\boldsymbol{\varphi})}\phi_B, \\ \phi_B^\dagger &\to \phi_B^\dagger \mathrm{e}^{-\frac{1}{2}\boldsymbol{\sigma}\cdot(\boldsymbol{\theta}-\mathrm{i}\boldsymbol{\varphi})}.\end{aligned} \tag{7.41}$$

从式 (7.33) 我们看到，一个静止不动的物体可以通过洛伦兹 boost 变换为具有动量 p 的状态. 那么如果一个物体用旋量 ϕ_A 表示，其静止状态为 $\phi_A(0)$，具有动量 p 的状态为 $\phi_A(p)$，其中 p 表示动量大小，方向为 $\hat{p}$，则对应的洛伦兹 boost 变换为

$$\phi_A(p) = e^{\boldsymbol{\sigma} \cdot \frac{\boldsymbol{\varphi}}{2}} \phi_A(0),$$

其中 $\boldsymbol{\varphi}$ 沿 $\hat{p}$ 方向，即 $\boldsymbol{\varphi} = \varphi \hat{p}$. 利用式 (3.34) 有

$$(\boldsymbol{\sigma} \cdot \boldsymbol{\varphi})^2 = (\boldsymbol{\varphi} \cdot \boldsymbol{\varphi}) = | \boldsymbol{\varphi} |^2,$$

所以

$$\begin{aligned}
e^{\boldsymbol{\sigma} \cdot \frac{\boldsymbol{\varphi}}{2}} &= \sum_{n=0}^{\infty} \frac{1}{(2n)!} \left(\boldsymbol{\sigma} \cdot \frac{\boldsymbol{\varphi}}{2} \right)^{2n} + \sum_{n=0}^{\infty} \frac{1}{(2n+1)!} \left(\boldsymbol{\sigma} \cdot \frac{\boldsymbol{\varphi}}{2} \right)^{2n+1} \\
&= \sum_{n=0}^{\infty} \frac{1}{(2n)!} \left(\frac{\varphi}{2} \right)^n + \boldsymbol{\sigma} \cdot \hat{p} \sum_{n=0}^{\infty} \frac{1}{(2n+1)!} \left(\frac{\varphi}{2} \right)^{2n+1} \\
&= \cosh \frac{\varphi}{2} + \boldsymbol{\sigma} \cdot \hat{p} \sinh \frac{\varphi}{2}.
\end{aligned}$$

利用双曲函数的性质

$$\begin{aligned}
\cosh \left(\frac{\varphi}{2} \right) &= \sqrt{\frac{\gamma+1}{2}}, \\
\sinh \left(\frac{\varphi}{2} \right) &= \sqrt{\frac{\gamma-1}{2}},
\end{aligned} \tag{7.42}$$

并代入

$$\gamma = \frac{E}{m},$$

$$\hat{p} = \frac{\boldsymbol{p}}{|p|} = \frac{\boldsymbol{p}}{\sqrt{E^2 - m^2}} = \frac{\boldsymbol{p}}{m\sqrt{\gamma^2 - 1}},$$

可得

$$\begin{aligned}
\phi_A(p) &= \left(\cosh \frac{\varphi}{2} + \boldsymbol{\sigma} \cdot \hat{p} \sinh \frac{\varphi}{2} \right) \phi_A(0) \\
&= \left(\sqrt{\frac{\gamma+1}{2}} + \frac{\boldsymbol{\sigma} \cdot \boldsymbol{p}}{m\sqrt{\gamma^2 - 1}} \sqrt{\frac{\gamma-1}{2}} \right) \phi_A(0) \\
&= \frac{m(\gamma+1) + \boldsymbol{\sigma} \cdot \boldsymbol{p}}{\sqrt{2m^2(\gamma+1)}} \phi_A(0) \\
&= \frac{E + m + \boldsymbol{\sigma} \cdot \boldsymbol{p}}{\sqrt{2m(E+m)}} \phi_A(0).
\end{aligned} \tag{7.43}$$

同理对于 ϕ_B，可得

$$\phi_B(p) = \frac{E + m - \boldsymbol{\sigma} \cdot \boldsymbol{p}}{\sqrt{2m(E + m)}} \phi_B(0). \tag{7.44}$$

考虑到静止状态下 $\boldsymbol{p} = 0$，因而 $\boldsymbol{\varphi} = 0$，回到式 (7.40) 和式 (7.41)，我们发现 ϕ_A 和 ϕ_B 满足相同的变换，这就意味着对静止的粒子，我们无法区分其到底由哪个旋量描述，也即

$$\phi_A(0) = \phi_B(0), \tag{7.45}$$

故联立式 (7.43) 和式 (7.44)，可得 ϕ_A 与 ϕ_B 的关系

$$
\begin{aligned}
\phi_A(p) &= \frac{E + m + \boldsymbol{\sigma} \cdot \boldsymbol{p}}{E + m - \boldsymbol{\sigma} \cdot \boldsymbol{p}} \phi_B(p) \\
&= \frac{(E + m + \boldsymbol{\sigma} \cdot \boldsymbol{p})^2}{(E + m)^2 - (\boldsymbol{\sigma} \cdot \boldsymbol{p})^2} \phi_B(p) \\
&= \frac{(E + m)^2 + p^2 + 2\boldsymbol{\sigma} \cdot \boldsymbol{p}(E + m)}{(E + m)^2 - p^2} \phi_B(p) \\
&= \frac{E + \boldsymbol{\sigma} \cdot \boldsymbol{p}}{m} \phi_B(p).
\end{aligned} \tag{7.46}
$$

同理

$$\phi_B(p) = \frac{E - \boldsymbol{\sigma} \cdot \boldsymbol{p}}{m} \phi_A(p). \tag{7.47}$$

联立以上两式，有

$$
\begin{cases}
(E - \boldsymbol{\sigma} \cdot \boldsymbol{p})\phi_A(p) - m\phi_B(p) = 0, \\
(E + \boldsymbol{\sigma} \cdot \boldsymbol{p})\phi_B(p) - m\phi_A(p) = 0.
\end{cases} \tag{7.48}
$$

写成矩阵的形式即

$$
\begin{pmatrix}
-m & E + \boldsymbol{\sigma} \cdot \boldsymbol{p} \\
E - \boldsymbol{\sigma} \cdot \boldsymbol{p} & -m
\end{pmatrix}
\begin{pmatrix}
\phi_A(p) \\
\phi_B(p)
\end{pmatrix} = 0. \tag{7.49}
$$

由此我们可以定义一个四维旋量

$$\boldsymbol{\psi} = \begin{pmatrix} \phi_A \\ \phi_B \end{pmatrix},$$

这称为狄拉克旋量. 并且我们定义 γ 矩阵

$$\gamma^0 = \begin{pmatrix} 0 & I \\ I & 0 \end{pmatrix}, \quad \gamma^i = \begin{pmatrix} 0 & -\sigma_i \\ \sigma_i & 0 \end{pmatrix}, \tag{7.50}$$

其中 σ_i 是泡利矩阵，$i = 1, 2, 3$. 则方程 (7.48) 可写为

$$(\gamma^0 E + \gamma^i p_i - m)\psi(p) = 0,$$

或直接写成四维形式

$$(\gamma^\mu p_\mu - m)\psi(p) = 0. \tag{7.51}$$

回到经典量子力学 (E_3 空间) 中能动量与算符的对应关系

$$E \sim \mathrm{i}\frac{\partial}{\partial t}, \quad \boldsymbol{p} \sim -\mathrm{i}\nabla, \tag{7.4}$$

而根据四维动量和四维协变、逆变求导算符的定义 (7.32)、(7.14)、(7.13)，容易看出在 M_4 空间中

$$p_\mu \to \mathrm{i}\partial_\mu, \quad p^\mu \to \mathrm{i}\partial^\mu,$$

因此方程 (7.51) 在量子力学中的表述为

$$(\mathrm{i}\gamma^\mu\partial_\mu - m)\psi = 0, \tag{7.52}$$

这便是狄拉克方程.

注意到，因为

$$\gamma_0^\dagger = \gamma^0, \quad \gamma_i^\dagger = -\gamma^i,$$

所以狄拉克方程 (7.52) 的厄米共轭形式为

$$\psi^\dagger(-\mathrm{i}\gamma^0\partial_0 + \mathrm{i}\gamma^i\partial_i - m) = 0. \tag{7.53}$$

因为 $\gamma^i\gamma^0 = -\gamma^0\gamma^i$，所以可定义

$$\overline{\psi} = \psi^\dagger\gamma^0. \tag{7.54}$$

则方程 (7.53) 可写为

$$\overline{\psi}(\mathrm{i}\gamma^\mu\partial_\mu + m) = 0. \tag{7.55}$$

与式 (7.12) 类似，定义四维概率流矢量

$$J^\mu = (\rho, \boldsymbol{j}) = \overline{\psi}\gamma^\mu\psi,$$

容易证明

$$\partial_\mu J^\mu = 0, \tag{7.56}$$

且概率密度

$$\rho = J^0 = \psi^\dagger\psi \geqslant 0. \tag{7.57}$$

即狄拉克方程定义的概率密度半正定，这样就解决了克莱因–戈尔登方程中出现负概率密度的问题.

对 γ 矩阵 (7.50)，通过计算可得以下性质[①]：

$$\{\gamma^\mu, \gamma^\nu\} = \gamma^\mu\gamma^\nu + \gamma^\nu\gamma^\mu = 2g^{\mu\nu}, \tag{7.58}$$

---

① 这里我们记 $\{A, B\} = AB + BA$，注意区别其与第 2 章中的泊松括号.

$$\gamma_0^2 = 1, \tag{7.59}$$

$$\gamma_i^2 = -1, \tag{7.60}$$

$$\gamma^\mu \gamma^\nu = -\gamma^\nu \gamma^\mu, \quad \mu \neq \nu. \tag{7.61}$$

如果将 $(\mathrm{i}\gamma^\nu \partial_\nu)$ 作用于原狄拉克方程 (7.52),

$$(\mathrm{i}\gamma^\nu \partial_\nu)(\mathrm{i}\gamma^\mu \partial_\mu - m)\psi = 0,$$

即

$$(\gamma^\nu \gamma^\mu \partial_\nu \partial_\mu + m^2)\psi = 0. \tag{7.62}$$

鉴于 $\partial_\nu \partial_\mu$ 对称, 我们可以把方程 (7.62) 改写为

$$\begin{aligned}
(\gamma^\nu \gamma^\mu \partial_\nu \partial_\mu + m^2)\psi &= \frac{1}{2}\{\gamma^\mu, \gamma^\nu\}(\partial_\nu \partial_\mu + m^2)\psi \\
&= (g^{\mu\nu} \partial_\nu \partial_\mu + m^2)\psi \\
&= (\partial^\mu \partial_\mu + m^2)\psi = 0. \tag{7.63}
\end{aligned}$$

注意到

$$\partial^\mu \partial_\mu = \frac{\partial^2}{\partial t^2} - \nabla^2,$$

将其代入式 (7.63), 就得到了克莱因–戈尔登方程 (7.5).

由此我们可以从另一个角度理解 γ 矩阵的性质: 为了保证一阶微分方程——狄拉克方程在 "平方" 后能得到克莱因–戈尔登方程, 而克莱因–戈尔登方程并没有交叉项, 因此必然要求 γ 矩阵具有反对称性质

$$\{\gamma^\mu, \gamma^\nu\} = \gamma^\mu \gamma^\nu + \gamma^\nu \gamma^\mu = 2g^{\mu\nu}. \tag{7.58}$$

这样的反对称代数又称为克利福德代数 (Clifford algebra), 它与旋量的很多性质都紧密相连.

7.5.1 自旋角动量

如果将狄拉克方程

$$(\mathrm{i}\gamma^\mu \partial_\mu - m)\psi = 0 \tag{7.52}$$

或

$$(\gamma^\mu p_\mu - m)\psi(p) = 0 \tag{7.51}$$

写成

$$\mathrm{i}\frac{\partial \psi}{\partial t} = \hat{H}\psi$$

的形式，则要求

$$\hat{H} = \boldsymbol{\alpha} \cdot \hat{\boldsymbol{p}} + \beta m,$$

其中 $\hat{\boldsymbol{p}} = -\mathrm{i}\nabla$ 是动量算符，而

$$\alpha_i = \gamma^0 \gamma^i, \quad \beta = \gamma^0.$$

对角动量算符

$$\hat{L}_i = \epsilon_{ijk} x_j \hat{p}_k,$$

计算其与 $\hat{H}$ 的对易关系可得

$$[\hat{H}, \hat{L}_i] = -\mathrm{i}\epsilon_{ijk}\alpha_j \hat{p}_k,$$

即

$$[\hat{H}, \hat{\boldsymbol{L}}] = -\mathrm{i}\boldsymbol{\alpha} \times \hat{\boldsymbol{p}}.$$

如果定义一个新算符 $\hat{\boldsymbol{\Sigma}}$，它的矩阵表示为

$$\hat{\Sigma}_i = \Sigma_i = \begin{pmatrix} \sigma_i & 0 \\ 0 & \sigma_i \end{pmatrix},$$

则 $\hat{\Sigma}_i$ 满足

$$[\hat{\Sigma}_i, \beta] = 0,$$

$$[\hat{\Sigma}_i, \alpha_j] = 2\mathrm{i}\epsilon_{ijk}\alpha_k,$$

$$[\hat{\Sigma}_i, \hat{p}_j] = [\hat{\Sigma}_i, m] = 0.$$

利用以上性质可以计算 $\hat{\boldsymbol{\Sigma}}$ 与 $\hat{H}$ 的对易关系为

$$[\hat{H}, \hat{\Sigma}_i] = 2\mathrm{i}\epsilon_{ijk}\alpha_j \hat{p}_k,$$

即

$$[\hat{H}, \hat{\boldsymbol{\Sigma}}] = 2\mathrm{i}\boldsymbol{\alpha} \times \hat{\boldsymbol{p}}.$$

这说明

$$[\hat{H}, \hat{\boldsymbol{L}}] + \frac{1}{2}[\hat{H}, \hat{\boldsymbol{\Sigma}}] = 0.$$

由此我们可以构造新的守恒量

$$\hat{\boldsymbol{J}} = \hat{\boldsymbol{L}} + \frac{1}{2}\hat{\boldsymbol{\Sigma}},$$

其中，$\hat{\boldsymbol{L}}$ 为轨道角动量；$\hat{\boldsymbol{J}}$ 为总角动量. 不难证明剩下的 $\hat{\boldsymbol{\Sigma}}$ 算符满足

$$\left[\frac{\Sigma_i}{2}, \frac{\Sigma_j}{2}\right] = \mathrm{i}\epsilon_{ijk}\frac{\Sigma_k}{2}.$$

这满足角动量 $j = 1/2$ 的代数，可见狄拉克方程自动要求系统有额外的 $j = 1/2$ 的角动量 $\boldsymbol{\Sigma}$ 才能保证总角动量 $\boldsymbol{J}$ 守恒，这正是自旋角动量.

7.5.2　螺旋度

如果我们考察角动量在动量方向的投影 (鉴于轨道角动量与动量正交, 所以只需要考虑自旋角动量在动量方向的投影), 则得到

$$\hat{h} = \boldsymbol{J} \cdot \boldsymbol{p} = \frac{1}{2} \boldsymbol{\Sigma} \cdot \boldsymbol{p}.$$

算符 $\hat{h}$ 称为螺旋度 (helicity) 算符. 可以证明螺旋度算符与哈密顿量对易

$$[H, \hat{h}] = \left[H, \frac{1}{2} \boldsymbol{\Sigma} \cdot \boldsymbol{p} \right] = 0, \tag{7.64}$$

因而螺旋度算符与哈密顿量具有共同本征态, 且对应一个守恒量.

回到狄拉克方程

$$\begin{pmatrix} -m & E + \boldsymbol{\sigma} \cdot \boldsymbol{p} \\ E - \boldsymbol{\sigma} \cdot \boldsymbol{p} & -m \end{pmatrix} \begin{pmatrix} \phi_A(p) \\ \phi_B(p) \end{pmatrix} = 0, \tag{7.49}$$

取零质量极限, 则有

$$\begin{pmatrix} 0 & |\boldsymbol{p}| + \boldsymbol{\sigma} \cdot \boldsymbol{p} \\ |\boldsymbol{p}| - \boldsymbol{\sigma} \cdot \boldsymbol{p} & 0 \end{pmatrix} \begin{pmatrix} \phi_A(p) \\ \phi_B(p) \end{pmatrix} = 0.$$

也就是说在零质量极限下, ϕ_A 和 ϕ_B 变成了两个独立的二维旋量, 这称为外尔 (Weyl) 旋量. 而狄拉克方程也变为

$$\begin{cases} \boldsymbol{\sigma} \cdot \hat{\boldsymbol{p}} \, \phi_A = +1 \phi_A, \\ \boldsymbol{\sigma} \cdot \hat{\boldsymbol{p}} \, \phi_B = -1 \phi_B. \end{cases}$$

这说明 ϕ_A 和 ϕ_B 是算符 $\boldsymbol{\sigma} \cdot \hat{\boldsymbol{p}}$ 的本征态, 对应的本征值为 ± 1. 考虑到对应于二维旋量的自旋角动量为 $\boldsymbol{\sigma}/2$, 所以 $\boldsymbol{\sigma} \cdot \hat{\boldsymbol{p}}$ 事实上可看成自旋在运动方向的投影算符, 也称为螺旋度算符[①], 其本征值 ± 1 称为螺旋度. 而螺旋度为 $+1$ 的本征态 ϕ_A 通常称为右手态; 螺旋度为 -1 的本征态 ϕ_B 称为左手态. ϕ_A 和 ϕ_B 统称手征旋量 (chiral spinor). 螺旋度最早由我国科学家周光召引入[②].

当然, 由于螺旋度算符与哈密顿量对易的性质, 即使不在零质量极限, 螺旋度仍然是守恒量, 我们仍然可以定义螺旋度本征态, 这在各类问题计算中都有着重要应用. 我们将在 11.2 节利用螺旋度振幅讨论高能散射, 可以帮助我们建立直观的物理图像.

[①] 不难区分, $\boldsymbol{\sigma} \cdot \hat{\boldsymbol{p}}$ 是一个二维算符, 而前面同样称为螺旋度算符的 $\hat{h}$ 则是一个四维算符.

[②] Chou K C, Shirokov M I. Soviet Physics JETP, 1958, 34: 1230-1239.

　　Chou K C. Soviet Physics JETP, 1960, 39: 703-712.

7.6 狄拉克方程的标准表示及非相对论极限

至此，我们对狄拉克方程的讨论都是基于其在手征旋量表示下的形式. 事实上狄拉克方程的形式并不唯一. 在给定度规 $g_{\mu\nu}$ 的情况下，它可以有不同的表示. 下面我们来看它的另一种表示形式，即 "标准表示".

在非相对论量子力学中，描述自旋态的泡利方程 (见下文式 (7.77)) 是一个二维旋量方程. 因此在非相对论极限下，狄拉克方程的四维狄拉克旋量解 ψ 应该退化为二维旋量. 但在手征旋量表示下，我们认为静止的物体无法区分其左右手态，即

$$\phi_A(0) = \phi_B(0). \tag{7.45}$$

因此，手征表示下的四维狄拉克旋量不可能在非相对论极限下约化成二维旋量. 因此，我们需要引入一个变换，使变换后的狄拉克旋量满足非相对论极限的退化要求. 一个简单的变换是

$$S = \frac{1}{\sqrt{2}} \begin{pmatrix} 1 & 1 \\ 1 & -1 \end{pmatrix}.$$

定义

$$\begin{pmatrix} \chi_1 \\ \chi_2 \end{pmatrix} = S \begin{pmatrix} \phi_A \\ \phi_B \end{pmatrix} = \frac{1}{\sqrt{2}} \begin{pmatrix} \phi_A + \phi_B \\ \phi_A - \phi_B \end{pmatrix},$$

这样在 $\boldsymbol{p} = 0$ 时，很自然地就有 $\chi_2 = 0$，于是变换后的 $\psi = (\chi_1, \chi_2)^{\mathrm{T}}$ 就退化为一个二维旋量. 在变换 S 下，反解出

$$\phi_A = \frac{1}{\sqrt{2}}(\chi_1 + \chi_2),$$

$$\phi_B = \frac{1}{\sqrt{2}}(\chi_1 - \chi_2),$$

代回到手征表示下的狄拉克方程 (7.49)，可得

$$(E + \boldsymbol{\sigma} \cdot \boldsymbol{p} - m)\chi_1 - (E + \boldsymbol{\sigma} \cdot \boldsymbol{p} + m)\chi_2 = 0,$$

$$(E - \boldsymbol{\sigma} \cdot \boldsymbol{p} - m)\chi_1 + (E - \boldsymbol{\sigma} \cdot \boldsymbol{p} + m)\chi_2 = 0.$$

以上两式分别相加和相减，整理后得

$$(E - m)\chi_1 - \boldsymbol{\sigma} \cdot \boldsymbol{p}\chi_2 = 0, \tag{7.65}$$

$$-\boldsymbol{\sigma} \cdot \boldsymbol{p}\chi_1 + (E + m)\chi_2 = 0. \tag{7.66}$$

联立以上两式，便得到了新的标准表示下的狄拉克方程. 写成矩阵形式为

$$\begin{pmatrix} E - m & -\boldsymbol{\sigma} \cdot \boldsymbol{p} \\ -\boldsymbol{\sigma} \cdot \boldsymbol{p} & E + m \end{pmatrix} \begin{pmatrix} \chi_1 \\ \chi_2 \end{pmatrix} = 0. \tag{7.67}$$

容易证明

$$\chi_2 = \frac{\boldsymbol{\sigma} \cdot \boldsymbol{p}}{E + m} \chi_1.$$

在非相对论极限下，$|\boldsymbol{p}| \ll m$，$E \approx m$，于是

$$\frac{\boldsymbol{p}}{m} \to 0 \quad \Rightarrow \quad \chi_2 \approx \frac{|\boldsymbol{p}|}{2m} \boldsymbol{\sigma} \cdot \hat{\boldsymbol{p}} \chi_1 \to 0,$$

即 $(\chi_1, \chi_2)^{\mathrm{T}}$ 退化为二维旋量.

至此，我们讨论的都是在真空中运动的物体或粒子. 现在，我们考虑一个在电磁场中运动的带单位电荷 e 的粒子，于是其四维动量变为

$$p_\mu \to p_\mu - eA_\mu,$$

其中 A_μ 为四维协变电磁势

$$A_\mu = (\varphi, \ -\boldsymbol{A}), \tag{7.68}$$

其中，φ 表示标量电势，$\boldsymbol{A}$ 表示磁矢势，相应地也有四维逆变电磁势

$$A^\mu = (\varphi, \ \boldsymbol{A}).$$

带电粒子参加电磁相互作用的四维动量形式是 2.3 节中关于广义动量 $\boldsymbol{p} - e\boldsymbol{A}$ 的直接推广，我们也可以通过电场和磁场在规范变换下的不变性进一步阐述该形式的合理性. 鉴于动量具有了微分算符的属性，在量子力学框架下，规范不变性的表现形式相对于经典理论也要做出修改. 我们首先讨论非相对论量子力学框架下电磁场中的带电粒子.

$$\mathrm{i} \frac{\partial}{\partial t} \psi = \hat{H} \psi = \left[\frac{(\boldsymbol{p} - e\boldsymbol{A})^2}{2m} + e\varphi \right] \psi$$

对磁矢势和电势的规范变换

$$\boldsymbol{A} \to \boldsymbol{A} + \nabla \lambda, \quad \varphi \to \varphi - \frac{\partial \lambda}{\partial t},$$

哈密顿量变换成

$$\hat{H} \to \frac{(\boldsymbol{p} - e\boldsymbol{A} - e\nabla \lambda)^2}{2m} + e\varphi - e\frac{\partial \lambda}{\partial t}.$$

为了保证薛定谔方程的不变性，还需定义作用在波函数上的幺正变换

$$\psi \to \mathrm{e}^{\mathrm{i}e\lambda(\boldsymbol{x},t)} \psi = U(\boldsymbol{x}, t)\psi.$$

鉴于 U 变换是 $(\boldsymbol{x}, t)$ 的函数，U 变换与动量算符 $\boldsymbol{p}$ 不对易，

$$[\boldsymbol{p}, U(\boldsymbol{x}, t)] = e\nabla \lambda(\boldsymbol{x}, t) U(\boldsymbol{x}, t),$$

进而可以得到

$$U^{-1} \boldsymbol{p} U = \boldsymbol{p} + e\nabla \lambda, \tag{7.69}$$

所以容易证明电磁场中的带电粒子的非相对论量子力学薛定谔方程在规范变换

$$\begin{aligned}
A &\rightarrow A' = A + \nabla\lambda \\
\varphi &\rightarrow \varphi' = \varphi - \frac{\partial\lambda}{\partial t} \\
\psi &\rightarrow \psi' = \mathrm{e}^{\mathrm{i}e\lambda(\boldsymbol{x},t)}\psi
\end{aligned}$$

下形式不变. 同样对于有电磁相互作用的狄拉克方程,

$$[\gamma^\mu(p_\mu - eA_\mu) - m]\psi = 0 \tag{7.70}$$

在规范变换

$$\begin{aligned}
A_\mu &\rightarrow A'_\mu = A_\mu + \partial_\mu\lambda(x_\mu), \\
\psi &\rightarrow \psi' = \mathrm{e}^{\mathrm{i}e\lambda(x_\mu)}\psi
\end{aligned}$$

下也是不变的. 我们也通过规范变换不变性进一步阐明了用 $p_\mu - eA_\mu$ 的耦合形式描述电磁相互作用的合理性. 事实上, 规范对称性在理解基本相互作用的性质中有决定性的作用. 在标准表示下, 描述电磁场中带电粒子运动状态的狄拉克方程为

$$\begin{cases} (E - e\varphi - m)\chi_1 = \boldsymbol{\sigma} \cdot (\boldsymbol{p} - e\boldsymbol{A})\chi_2, \\ (E - e\varphi + m)\chi_2 = \boldsymbol{\sigma} \cdot (\boldsymbol{p} - e\boldsymbol{A})\chi_1. \end{cases} \tag{7.71}$$

在非相对论极限下[①]

$$\chi_2 \approx \frac{\boldsymbol{\sigma} \cdot (\boldsymbol{p} - e\boldsymbol{A})}{2m}\chi_1, \tag{7.72}$$

代入上面第一个方程可得

$$[\boldsymbol{\sigma} \cdot (\boldsymbol{p} - e\boldsymbol{A})]^2\chi_1 = 2m(E - e\varphi - m)\chi_1. \tag{7.73}$$

有相互作用时, 总能量等于机械能 E_0 加静能 (静质量 m), 即

$$E = E_0 + m,$$

故对式 (7.73) 右边有

$$2m(E - e\varphi - m)\chi_1 = 2m(E_0 - e\varphi)\chi_1. \tag{7.74}$$

再看左边, 利用

$$(\boldsymbol{\sigma} \cdot \boldsymbol{A})(\boldsymbol{\sigma} \cdot \boldsymbol{B}) = \boldsymbol{A} \cdot \boldsymbol{B} + \mathrm{i}\boldsymbol{\sigma} \cdot (\boldsymbol{A} \times \boldsymbol{B}), \tag{3.34}$$

可得

$$[\boldsymbol{\sigma} \cdot (\boldsymbol{p} - e\boldsymbol{A})]^2 = (\boldsymbol{p} - e\boldsymbol{A})^2 + \mathrm{i}\boldsymbol{\sigma} \cdot (\boldsymbol{p} - e\boldsymbol{A}) \times (\boldsymbol{p} - e\boldsymbol{A}).$$

---

① 注意这里假设了 $e\varphi$ 是微扰, 因此在旋量中直接忽略了该项贡献. 事实上如果 φ 是坐标的函数, 和 $\boldsymbol{p}$ 并不对易, 因此该项会产生额外的修正, 我们将在本节的最后回到这个修正.

其中第二项展开为

$$(\boldsymbol{p} - e\boldsymbol{A}) \times (\boldsymbol{p} - e\boldsymbol{A}) = -e(\boldsymbol{p} \times \boldsymbol{A} + \boldsymbol{A} \times \boldsymbol{p}),$$

另外

$$(\boldsymbol{p} \times \boldsymbol{A} + \boldsymbol{A} \times \boldsymbol{p})_k = \epsilon_{kij} p_i A_j + \epsilon_{kij} A_i p_j = \epsilon_{kij}(p_i A_j - A_j p_i),$$

由于 $\boldsymbol{p}$ 对应空间求导算符 $-\mathrm{i}\nabla$，因此

$$\begin{aligned}
[p_i, A_j] &= p_i A_j - A_j p_i \\
&= -\mathrm{i}\partial_i A_j + \mathrm{i}A_j \partial_i \\
&= -\mathrm{i}(\partial_i A_j) - \mathrm{i}A_j \partial_i + \mathrm{i}A_j \partial_i \\
&= -\mathrm{i}(\partial_i A_j),
\end{aligned}$$

所以有

$$(\boldsymbol{p} \times \boldsymbol{A} + \boldsymbol{A} \times \boldsymbol{p})_k = -\mathrm{i}\epsilon_{kij}\partial_i A_j,$$

写成矢量形式为

$$(\boldsymbol{p} \times \boldsymbol{A} + \boldsymbol{A} \times \boldsymbol{p}) = -\mathrm{i}\nabla \times \boldsymbol{A} = -\mathrm{i}\boldsymbol{B},$$

故式 (7.73) 左边为

$$[\boldsymbol{\sigma} \cdot (\boldsymbol{p} - e\boldsymbol{A})]^2 = (\boldsymbol{p} - e\boldsymbol{A})^2 - e\boldsymbol{\sigma} \cdot \boldsymbol{B}. \tag{7.75}$$

于是方程 (7.73) 最终化为

$$[(\boldsymbol{p} - e\boldsymbol{A})^2 - e\sigma \cdot \boldsymbol{B} + 2me\varphi]\chi_1 = 2mE_0\chi_1, \tag{7.76}$$

写成定态薛定谔方程的形式即

$$\hat{H}\chi_1 = E_0\chi_1, \quad \hat{H} = \frac{1}{2m}(\boldsymbol{p} - e\boldsymbol{A})^2 + e\varphi - \frac{e}{2m}\boldsymbol{\sigma} \cdot \boldsymbol{B}. \tag{7.77}$$

这就是著名的泡利方程，其中

$$\boldsymbol{\mu}_{\mathrm{s}} = \frac{e}{2m}\boldsymbol{\sigma}, \tag{7.78}$$

称为自旋磁矩. 注意到这里自旋角动量为 $\dfrac{\sigma}{2}$，所以如果对自旋定义旋磁比，就有

$$\gamma = \frac{\boldsymbol{\mu}_{\mathrm{s}}}{\boldsymbol{\sigma}/2} = \frac{e}{m} = -2\mu_{\mathrm{B}},$$

即自旋的朗德因子 $g = 2$，这与式 (6.65) 中轨道角动量的旋磁比不同. 事实上，人们进一步研究发现电子自旋的朗德因子稍大于 2，这正是我们在第 1 章中提到过的 "反常磁矩"，其中包含量子场论辐射修正的部分，而反常磁矩也是现代粒子物理重要的研究课题之一.

回顾上述推导过程，一方面，在非相对论极限下再次证明对狄拉克方程而言，轨道角动量本身并不守恒，必须和自旋角动量结合才构成守恒量；另一方面，通过非相对论极限，我们从带电粒子在电磁场中运动的狄拉克方程出发，回到了非相对论量子力学中的定态薛定谔方程，得到了对应的哈密顿量，并发现了自旋磁矩项，这更进一步确认了电子自旋源于狄拉克方程.

现在我们回到氢原子模型，在引入自旋的基础上讨论该模型中电子的运动. 我们知道，原子核的存在引入了一个库仑势 $U = -\dfrac{\alpha}{r}$，受到该库仑势的影响，狄拉克方程中的总能量 E 要替换为 $E + U$，因此标准表示的狄拉克方程变为

$$\begin{pmatrix} E - U - m & -\boldsymbol{\sigma} \cdot \boldsymbol{p} \\ -\boldsymbol{\sigma} \cdot \boldsymbol{p} & E - U + m \end{pmatrix} \begin{pmatrix} \chi_1 \\ \chi_2 \end{pmatrix} = 0. \tag{7.79}$$

可以证明

$$\chi_2 = \frac{\boldsymbol{\sigma} \cdot \boldsymbol{p}}{E - U + m} \chi_1.$$

与前面类似，将其代入式 (7.79) 的第一个方程

$$(E - U - m)\chi_1 = \boldsymbol{\sigma} \cdot \boldsymbol{p} \chi_2,$$

得到

$$(E - U - m)\chi_1 = \boldsymbol{\sigma} \cdot \boldsymbol{p} \frac{1}{E - U + m} \boldsymbol{\sigma} \cdot \boldsymbol{p} \chi_1. \tag{7.80}$$

注意到这里 U 是坐标的函数，而 $\boldsymbol{p}$ 对应空间求导算符 $-\mathrm{i}\nabla$，因此 $\dfrac{1}{E - U + m}$ 与 $\boldsymbol{p}$ 并不对易，这就是我们在式 (7.72) 中舍弃的修正项，现在我们来详细计算它.

有相互作用时，总能量 $E = E_0 + m$. 考虑非相对论极限下 $E_0 \ll m$，即 $E \approx m$，将 $\dfrac{1}{E - U + m}$ 展开至 E_0 的一阶项，有

$$\frac{1}{E - U + m} = \frac{1}{2m + E_0 - U} = \frac{1}{2m}\left(1 + \frac{E_0 - U}{2m}\right)^{-1}$$

$$\approx \frac{1}{2m}\left(1 - \frac{E_0 - U}{2m}\right),$$

于是方程 (7.80) 化为

$$(E_0 - U)\chi_1 = \boldsymbol{\sigma} \cdot \boldsymbol{p} \frac{1}{2m}\left(1 - \frac{E_0 - U}{2m}\right)\boldsymbol{\sigma} \cdot \boldsymbol{p}\chi_1,$$

整理后得到

$$E_0\chi_1 = \left[\frac{(\boldsymbol{\sigma} \cdot \boldsymbol{p})^2}{2m} + U - \frac{\boldsymbol{\sigma} \cdot \boldsymbol{p}(E_0 - U)\boldsymbol{\sigma} \cdot \boldsymbol{p}}{4m^2}\right]\chi_1$$

$$= \left[\frac{|\boldsymbol{p}|^2}{2m} + U - \frac{\boldsymbol{\sigma} \cdot \boldsymbol{p}(E_0 - U)\boldsymbol{\sigma} \cdot \boldsymbol{p}}{4m^2}\right]\chi_1.$$

根据定态薛定谔方程，得到静电场中带电粒子的哈密顿量

$$\hat{H} = \frac{|\boldsymbol{p}|^2}{2m} + U - \frac{\boldsymbol{\sigma} \cdot \boldsymbol{p}(E_0 - U)\boldsymbol{\sigma} \cdot \boldsymbol{p}}{4m^2}.$$

针对上式中最后一项，我们有

$$(E_0 - U)\boldsymbol{\sigma} \cdot \boldsymbol{p} = \boldsymbol{\sigma} \cdot \boldsymbol{p}(E_0 - U) + \boldsymbol{\sigma} \cdot [E_0 - U, \boldsymbol{p}]$$
$$= \boldsymbol{\sigma} \cdot \boldsymbol{p}(E_0 - U) + \boldsymbol{\sigma} \cdot [\boldsymbol{p}, U],$$

由于 $E_0 - U = E_k = \dfrac{|\boldsymbol{p}|^2}{2m} = \dfrac{p^2}{2m}$，即动能，所以有

$$\boldsymbol{\sigma} \cdot \boldsymbol{p}(E_0 - U)\boldsymbol{\sigma} \cdot \boldsymbol{p} = (\boldsymbol{\sigma} \cdot \boldsymbol{p})^2 \frac{p^2}{2m} + (\boldsymbol{\sigma} \cdot \boldsymbol{p})(\boldsymbol{\sigma} \cdot [\boldsymbol{p}, U])$$
$$= \frac{p^4}{2m} + (\boldsymbol{\sigma} \cdot \boldsymbol{p})(\boldsymbol{\sigma} \cdot [\boldsymbol{p}, U]). \tag{7.81}$$

再次利用式 (3.34)，可得

$$(\boldsymbol{\sigma} \cdot \boldsymbol{p})(\boldsymbol{\sigma} \cdot [\boldsymbol{p}, U]) = \boldsymbol{p} \cdot [\boldsymbol{p}, U] + \mathrm{i}\boldsymbol{\sigma} \cdot (\boldsymbol{p} \times [\boldsymbol{p}, U]). \tag{7.82}$$

鉴于 $\boldsymbol{p} \to -\mathrm{i}\nabla$，

$$[\boldsymbol{p}, U] = -\mathrm{i}\nabla U,$$

将库仑势的具体形式 $U = -\alpha/r$ 代入，有

$$[\boldsymbol{p}, U] = \mathrm{i}\alpha\nabla\frac{1}{r} = -\frac{\mathrm{i}\alpha}{r^3}\boldsymbol{r},$$

因此式 (7.82) 中第二项贡献为

$$\mathrm{i}\boldsymbol{\sigma} \cdot (\boldsymbol{p} \times [\boldsymbol{p}, U]) = \mathrm{i}\frac{\mathrm{i}\alpha}{r^3}\boldsymbol{\sigma} \cdot (\boldsymbol{p} \times \boldsymbol{r}) = \frac{\alpha}{r^3}\boldsymbol{\sigma} \cdot \boldsymbol{L}. \tag{7.83}$$

这里利用了

$$\boldsymbol{p} \times \boldsymbol{r} = -\boldsymbol{L},$$
$$[\boldsymbol{L}, r^n] = 0.$$

而式 (7.82) 中第一项的贡献为

$$\boldsymbol{p} \cdot [\boldsymbol{p}, U] = \mathrm{i}\alpha\boldsymbol{p} \cdot \frac{\boldsymbol{r}}{r^3}. \tag{7.84}$$

注意该项并不是厄米的，因此将导致

$$\int |\chi_1|^2 \, \mathrm{d}^3\boldsymbol{r} \neq \text{不含时常数}.$$

这其实是显然的，因为在非相对论极限下我们完全舍弃了旋量 χ_2，而狄拉克方程告诉我们 $\psi = (\chi_1, \chi_2)^{\mathrm{T}}$ 才是完整描述粒子的波函数，满足

$$\int \psi^\dagger \psi \mathrm{d}^3\boldsymbol{r} = \int (|\chi_1|^2 + |\chi_2|^2)\mathrm{d}^3\boldsymbol{r} = \text{不含时常数}.$$

这也从另一个角度说明以上的旋量 χ_1 在 E_0 一阶近似下并不是薛定谔方程的一个好的波函数. 注意到

$$\chi_2 = \frac{1}{E - U + m}\boldsymbol{\sigma} \cdot \boldsymbol{p}\chi_1 = \frac{1}{2m + E_0 - U}\boldsymbol{\sigma} \cdot \boldsymbol{p}\chi_1,$$

如果认为 $E_0, U \ll m$，则

$$\chi_2 \approx \frac{1}{2m}\boldsymbol{\sigma} \cdot \boldsymbol{p}\chi_1,$$

且

$$|\chi_2|^2 = \chi_1^\dagger \frac{(\boldsymbol{\sigma} \cdot \boldsymbol{p})^2}{4m^2}\chi_1 = \chi_1^\dagger \frac{p^2}{4m^2}\chi_1,$$

因此有

$$\int \psi^\dagger \psi \mathrm{d}^3\boldsymbol{r} = \int (\mid \chi_1 \mid^2 + \mid \chi_2 \mid^2)\mathrm{d}^3\boldsymbol{r}$$

$$= \int \chi_1^\dagger \left(1 + \frac{p^2}{4m^2}\right)\chi_1 \mathrm{d}^3\boldsymbol{r}$$

$$\approx \int \left[\left(1 + \frac{p^2}{8m^2}\right)\chi_1\right]^\dagger \left(1 + \frac{p^2}{8m^2}\right)\chi_1 \mathrm{d}^3\boldsymbol{r}$$

$$= 不含时常数.$$

约等号表示 $\mathcal{O}(p^4/m^4)$ 阶成立. 因此，薛定谔方程的波函数可以选为

$$\chi_s = \left(1 + \frac{p^2}{8m^2}\right)\chi_1. \tag{7.85}$$

上面这种非厄米的项被称为 Darwin 项，其贡献相当于在基态能级上增加的常数项[1].

将以上所有计算结果代入哈密顿量中可得

$$\hat{H} = \frac{p^2}{2m} + U - \frac{p^4}{8m^3} - \frac{\alpha}{4m^2r^3}\boldsymbol{\sigma} \cdot \boldsymbol{L} - \mathrm{i}\frac{\alpha}{4m^2r^3}\boldsymbol{p} \cdot \boldsymbol{r}, \tag{7.86}$$

其中第三项

$$-\frac{p^4}{8m^3} \tag{7.87}$$

为相对论动能修正. 第四项在定义 $\boldsymbol{S} = \boldsymbol{\sigma}/2$ 后可改写为

$$-\frac{\alpha}{4m^2r^3}\boldsymbol{\sigma} \cdot \boldsymbol{L} = -\frac{\alpha}{2m^2r^3}\boldsymbol{S} \cdot \boldsymbol{L}. \tag{7.88}$$

---

[1] 具体的讨论可以参考 Shankar R. Principles of Quantum Mechanics. New York: Plenum Press, 1994: 571-573.

这就是自旋轨道耦合，或称托马斯 (Thomas) 耦合. 从前面讨论的自旋磁矩，我们已经看到自旋完全起源于狄拉克方程，是相对论量子力学的预言，而自旋-轨道耦合更是一个相对论效应. 电子在原子核质心系中只存在静电场 $\boldsymbol{E} = e\boldsymbol{r}/r^3$，但是在电子质心系中，如果不考虑非惯性系，原电场通过洛伦兹变换后成为

$$\boldsymbol{B}' = \boldsymbol{v} \times \boldsymbol{E} = \boldsymbol{v} \times \frac{e\boldsymbol{r}}{r^3} = -\frac{e}{m_{\mathrm{e}} r^3} \boldsymbol{L} \ .$$

再因为自旋磁矩的存在，所以定性地理解自旋-轨道耦合的图像. 托马斯在 1926 年仔细考虑了圆周运动进动效应修正后才最终得到正确的系数. 在第 8 章中，我们将在非相对论极限的定态微扰论框架下具体讨论这些修正项对能级的贡献.

❧ 第7章习题 ❧

7.1　证明由二维特殊幺正变换 U 映射成的三维正交变换 R 的行列式为 1，即式 (7.39) 的行列式为 1.

7.2　对于 $SO(1,1)$ 群，矢量 $\boldsymbol{v} = (x, y)^{\mathrm{T}}$ 的长度定义为

$$|v|^2 = v^{\mathrm{T}} g v, \quad g = \begin{pmatrix} 1 & 0 \\ 0 & -1 \end{pmatrix},$$

在变换 $\varLambda$ 下保持不变

$$v \to v' = \varLambda v \quad \longrightarrow \quad \varLambda^{\mathrm{T}} g \varLambda = g,$$

对于无穷小变换 $\varLambda_\delta$

$$\varLambda_\delta = I + \delta X$$

推导 X 的形式，并对于有限参数 η，推导 $\varLambda_\eta$ 的具体形式.

7.3　对一个实验室参考系中，质量为 m_0、能量为 E、动量为 $|p|$ 的粒子，证明其质心系与实验室系之间洛伦兹变换的快度 φ 为

$$\varphi = \frac{1}{2} \ln \frac{E + |p|}{E - |p|}$$

7.4　对二维复空间矢量 ξ 做幺正变换 U，

$$\xi' = U\xi, \quad U^\dagger U = I, \quad \det U = 1.$$

(1) 证明对矢量 χ

$$\chi = \begin{pmatrix} 0 & -1 \\ 1 & 0 \end{pmatrix} \xi^*$$

也有

$$\chi' = U\chi.$$

(2) 定义

$$H = \xi \chi^\dagger,$$

证明幺正变换后 $\det H' = \det H$.

(3) 另外，如果有

$$H = \boldsymbol{\sigma} \cdot \boldsymbol{r} = \begin{pmatrix} z & x - \mathrm{i}y \\ x + \mathrm{i}y & -z \end{pmatrix},$$

证明该映射有

$$x = \frac{1}{2}(\xi_2^2 - \xi_1^2), \quad y = \frac{1}{2\mathrm{i}}(\xi_1^2 + \xi_2^2), \quad z = \xi_1\xi_2$$

的关系，并计算 $x^2 + y^2 + z^2$.

7.5 假设对二维复空间矢量 ξ 有幺正变换

$$\xi' = U\xi, \quad \xi = \begin{pmatrix} \xi_1 \\ \xi_2 \end{pmatrix}, \quad U = \begin{pmatrix} \mathrm{e}^{\mathrm{i}\alpha/2} & 0 \\ 0 & \mathrm{e}^{-\mathrm{i}\alpha/2} \end{pmatrix},$$

按照映射

$$x = \frac{1}{2}(\xi_2^2 - \xi_1^2), \quad y = \frac{1}{2\mathrm{i}}(\xi_1^2 + \xi_2^2), \quad z = \xi_1\xi_2,$$

找出变换后得到的 (x', y', z') 的具体形式.

7.6 已知泡利矩阵有 $\sigma_i^2 = 1, [\sigma_i, \sigma_j] = 2\mathrm{i}\epsilon_{ijk}\sigma_k$.

(1) 计算 $\sigma_i\sigma_j$.

(2) 假设 $[A, \sigma] = 0, [B, \sigma] = 0$，证明

$$(\boldsymbol{\sigma} \cdot \boldsymbol{A})(\boldsymbol{\sigma} \cdot \boldsymbol{B}) = \boldsymbol{A} \cdot \boldsymbol{B} + \mathrm{i}\boldsymbol{\sigma} \cdot (\boldsymbol{A} \times \boldsymbol{B}).$$

注意该式的一个特例为

$$(\boldsymbol{\sigma} \cdot \boldsymbol{A})^2 = |\boldsymbol{A}|^2.$$

(3) A 与 σ 对易，证明

$$\boldsymbol{\sigma}(\boldsymbol{\sigma} \cdot \boldsymbol{A}) - \boldsymbol{A} = \mathrm{i}\boldsymbol{A} \times \boldsymbol{\sigma}.$$

(4) θ 与 σ 对易，证明

$$\left(1 - \frac{\mathrm{i}}{2}\boldsymbol{\sigma} \cdot \boldsymbol{\theta}\right)\boldsymbol{\sigma}\left(1 + \frac{\mathrm{i}}{2}\boldsymbol{\sigma} \cdot \boldsymbol{\theta}\right) = \boldsymbol{\sigma} - \boldsymbol{\theta} \times \boldsymbol{\sigma}.$$

7.7 经典力学系统中一个电磁场中的带电粒子拉格朗日量为

$$L = \frac{1}{2}m\dot{\boldsymbol{x}}^2 - e\varphi + e\dot{\boldsymbol{x}} \cdot \boldsymbol{A}.$$

(1) 给出运动方程并和已知的洛伦兹力形式作对比.

(2) 根据规范变换下 A 和 φ 的变换形式，给出 L 的变换形式.

(3) 计算哈密顿量的具体形式.

(4) 利用上式结果在哈密顿力学体系下给出运动方程，并与第 (1) 小题的结果作对比.

7.8 对哈密顿量

$$\hat{H} = \boldsymbol{\alpha} \cdot \hat{p} + \beta m, \quad \alpha_i = \gamma^0\gamma^i, \quad \beta = \gamma^0,$$

且

$$\Sigma_i = \begin{pmatrix} \sigma_i & 0 \\ 0 & \sigma_i \end{pmatrix}, \quad J_i = L_i + \frac{\Sigma_i}{2},$$

计算 $[\hat{H}, J_i]$.

7.9　证明螺旋度算符和哈密顿算符对易，即

$$[H, \hat{h}] = \left[H, \frac{1}{2} \boldsymbol{\Sigma} \cdot \boldsymbol{p} \right] = 0. \tag{7.64}$$

7.10　由电磁场中粒子的狄拉克方程

$$(E - e\varphi - m)\chi_1 = \sigma \cdot (\boldsymbol{p} - e\boldsymbol{A})\chi_2,$$

$$(E - e\varphi + m)\chi_2 = \sigma \cdot (\boldsymbol{p} - e\boldsymbol{A})\chi_1,$$

完整推导出非相对论极限情况下的哈密顿量形式.

7.11　一个球对称势场 $V(r)$，通过下面的狄拉克方程:

$$\begin{pmatrix} E - V(r) - m & -\boldsymbol{\sigma} \cdot \boldsymbol{p} \\ -\boldsymbol{\sigma} \cdot \boldsymbol{p} & E - V(r) + m \end{pmatrix} \begin{pmatrix} \chi_1 \\ \chi_2 \end{pmatrix} = 0$$

完整推导非相对论极限下的自旋角动量–轨道角动量的耦合形式.

第 8 章 定态微扰论与精细结构

第 7 章的最后一节 (7.6 节) 我们讨论了相对论量子力学描述的氢原子在非相对论极限下会出现相对论动能修正和自旋轨道耦合两个修正，并给出了修正后哈密顿量的具体形式. 实验上，能级的修正将带来光谱的变化，而由上述修正带来的谱线变化就称为原子光谱的精细结构.

在 6.7 节对塞曼效应的计算中，由于磁矩与恒定磁场的作用项本身是一个守恒量且与轨道角动量 $\hat{L}_z$ 对易，所以 $|n\ell m\rangle$ 是二者的共同本征态，可以完整描述系统所处的状态，因此我们只需要计算对应状态的本征值即可. 然而，一般来说修正算符并不一定是原系统的守恒量，因而必然会出现新的本征态波函数，因此这种计算方法并不具有一般性. 另外，尽管我们原则上总可以通过写出哈密顿量、求解薛定谔方程的方法来研究一个量子力学系统，但事实上仅有一阶氢原子、简谐振子等简单模型可以精确求解. 因此，对量子力学系统的研究不可避免地要用到各种近似方法. 本章中，我们将介绍一种常用的近似方法，即定态微扰论，并利用这一方法进一步研究原子光谱的精细结构.

当然，如果进一步考虑原子核的自旋，其与轨道角动量的耦合将使能级进一步分裂. 而由于磁矩与质量成反比，核自旋与轨道耦合的修正比电子自旋轨道耦合即托马斯耦合要小三个量级，因此，由原子核自旋带来的谱线分裂被称为原子光谱的超精细结构.

8.1 定态微扰论

6.7 节，我们通过在哈密顿量中引入修正项 H_1，将新的哈密顿量写成 $H = H_0 + H_1$ 的方法研究了角动量本征态的 m 简并及其在外加磁场下的消除，即塞曼效应. 那里我们遇到的修正项是一个守恒量，这简化了我们的计算. 但如果修正项不是守恒量，新的波函数就必须根据新的哈密顿量重新求解. 一般来说，含有修正项的哈密顿量形式较为复杂，精确求得解析解可能十分困难或完全不可能. 但实际问题中，哈密顿量的修正项往往是小量，因此利用微扰展开的方法，我们可以很容易地求出其近似解.

前面我们已经多次用到无穷小变换的概念，事实上这种方法就蕴含着微扰论的思想. 一般地，对一个物理量 A，如果用参数 ϵ 表征与 A 演化相关的一个参量，则可将 A 按 ϵ 级数展开，即

$$A = A_0(\epsilon^0) + A_1(\epsilon^1) + A_2(\epsilon^2) + \cdots . \tag{8.1}$$

这便是微扰展开. 当然，微扰展开的前提是参量 ϵ 是无量纲的小量 ($\epsilon \ll 1$). 下面我们通过一个具体的例子熟悉微扰论思想在量子力学中的应用.

> **例题 8.1**　哈密顿量一阶微扰对能级的修正.
>
> 　　对于一个不显含时间的系统，我们在哈密顿量中引入一个以参数 ϵ 表示的微小修正，设未修正的原哈密顿量为 $\hat{H}_0 = \hat{H}_0(\epsilon^0)$，则修正后的哈密顿量
>
> $$\hat{H} = \hat{H}_0(\epsilon^0) + \hat{H}_1(\epsilon^1),$$
>
> 其中 $\hat{H}_1(\epsilon^1)$ 表示与 ϵ 有关的修正部分. 设未修正算符 $\hat{H}_0$ 的本征态为 $|n^{(0)}\rangle$,
>
> $$\hat{H}_0 \left|n^{(0)}\right\rangle = E_n^{(0)} \left|n^{(0)}\right\rangle, \tag{8.2}$$
>
> 而修正后算符 $\hat{H}$ 的本征态为 $|n\rangle$,
>
> $$\hat{H} |n\rangle = E_n |n\rangle. \tag{8.3}$$
>
> 由于 $|n\rangle$ 只是在 $|n^{(0)}\rangle$ 基础上做了小的修正，因此可以对 $|n\rangle$ 做微扰展开
>
> $$|n\rangle = \left|n^{(0)}\right\rangle (\epsilon^0) + \left|n^{(1)}\right\rangle (\epsilon^1) + \cdots. \tag{8.4}$$
>
> 并且对可观测量能量也可以做微扰展开
>
> $$E_n = E_n^{(0)}(\epsilon^0) + E_n^{(1)}(\epsilon^1) + E_n^{(2)}(\epsilon^2) + \cdots,$$
>
> 代入式 (8.3) 即有
>
> $$\left(\hat{H}_0 + \hat{H}_1\right) \left(\left|n^{(0)}\right\rangle + \left|n^{(1)}\right\rangle + \cdots\right) = \left(E_n^{(0)} + E_n^{(1)} + \cdots\right) \left(\left|n^{(0)}\right\rangle + \left|n^{(1)}\right\rangle + \cdots\right).$$
>
> 对比上式等式两边同阶 ϵ 项可以发现，ϵ 的零次项就是未修正的薛定谔方程
>
> $$H_0 \left|n^{(0)}\right\rangle = E_n^{(0)} \left|n^{(0)}\right\rangle. \tag{8.2}$$
>
> 而对 ϵ 的一阶和二阶项，则有
>
> $$\epsilon^1: \quad H_0 \left|n^{(1)}\right\rangle + H_1 \left|n^{(0)}\right\rangle = E_n^{(1)} \left|n^{(0)}\right\rangle + E_n^{(0)} \left|n^{(1)}\right\rangle,$$
> $$\epsilon^2: \quad H_0 \left|n^{(2)}\right\rangle + H_1 \left|n^{(1)}\right\rangle = E_n^{(0)} \left|n^{(2)}\right\rangle + E_n^{(1)} \left|n^{(1)}\right\rangle + E_n^{(2)} \left|n^{(0)}\right\rangle.$$
>
> 　　将一阶方程与 $\langle n^{(0)}|$ 做内积，由于
>
> $$\left\langle n^{(0)}|\hat{H}_0|n^{(1)}\right\rangle = E_n^{(0)} \left\langle n^{(0)} \mid n^{(1)}\right\rangle, \tag{8.5}$$
>
> 可得一阶能级修正
>
> $$E_n^{(1)} = \left\langle n^{(0)}|\hat{H}_1|n^{(0)}\right\rangle. \tag{8.6}$$

上式说明一阶的能级修正是修正项在原本征态下的期待值,与本征态修正项 $|n^{(1)}\rangle$ 无关.

同理,将二阶方程与 $\langle n^{(0)}|$ 做内积,利用

$$\langle n^{(0)}|\hat{H}_0|n^{(2)}\rangle = E_n^{(0)}\langle n^{(0)}\mid n^{(2)}\rangle,$$

可得二阶能级修正

$$E_n^{(2)} = \langle n^{(0)}|\hat{H}_1|n^{(1)}\rangle - E_n^{(1)}\langle n^{(0)}|n^{(1)}\rangle. \tag{8.7}$$

可见 $E_n^{(2)}$ 与波函数的一阶修正项 $|n^{(1)}\rangle$ 有关,因此要得到 $E_n^{(2)}$,就必须解出 $|n^{(1)}\rangle$ 的表达式. 为此,我们将其用已知的 $\{|n^{(0)}\rangle\}$ 完全集展开:设 $\left|n_\perp^{(1)}\right\rangle$ 和 $\left|n_{/\!/}^{(1)}\right\rangle$ 分别为与 $|n^{(0)}\rangle$ 正交和平行的分量,于是

$$|n^{(1)}\rangle = \left|n_\perp^{(1)}\right\rangle + \left|n_{/\!/}^{(1)}\right\rangle. \tag{8.8}$$

将一个和 $|n^{(0)}\rangle$ 正交的态 $\langle m^{(0)}|$ ($m \neq 0$, $\langle m^{(0)}| \in \{\langle n^{(0)}|\}$) 与 ϵ 的一阶修正方程做内积

$$\langle m^{(0)}|\left(\hat{H}_0\left|n^{(1)}\right\rangle + \hat{H}_1\left|n^{(0)}\right\rangle\right) = \langle m^{(0)}|\left(E_n^{(1)}\left|n^{(0)}\right\rangle + E_n^{(0)}\left|n^{(1)}\right\rangle\right),$$

利用 $\langle m^{(0)}\mid n^{(0)}\rangle = 0$ 和 $\langle m^{(0)}|\hat{H}_0|n^{(1)}\rangle = E_m^{(0)}\langle m^{(0)}\mid n^{(1)}\rangle$,可得

$$\langle m^{(0)}\mid n^{(1)}\rangle = \frac{\langle m^{(0)}\mid \hat{H}_1\mid n^{(0)}\rangle}{E_n^{(0)} - E_m^{(0)}}.$$

这就给出了 $|n^{(1)}\rangle$ 态中与 $|n^{(0)}\rangle$ 正交的分量 $\left|n_\perp^{(1)}\right\rangle$ 的系数. 因此

$$\left|n_\perp^{(1)}\right\rangle = \sum_{m \neq n} \frac{|m^{(0)}\rangle\langle m^{(0)}\mid \hat{H}_1\mid n^{(0)}\rangle}{E_n^{(0)} - E_m^{(0)}}. \tag{8.9}$$

对于与 $|n^{(0)}\rangle$ 平行的分量 $\left|n_{/\!/}^{(1)}\right\rangle$,根据 $\langle n\mid n\rangle = 1$,有

$$\left(\langle n^{(0)}| + \left\langle n_{/\!/}^{(1)}\right| + \left\langle n_\perp^{(1)}\right| + \cdots\right)\left(|n^{(0)}\rangle + \left|n_{/\!/}^{(1)}\right\rangle + \left|n_\perp^{(1)}\right\rangle + \cdots\right) = 1,$$

而根据定义,$\left\langle n_\perp^{(1)}\mid n^{(0)}\right\rangle = 0$,又知 $\langle n^{(0)}\mid n^{(0)}\rangle = 1$,可得

$$\left\langle n_{/\!/}^{(1)}\mid n^{(0)}\right\rangle + \left\langle n^{(0)}\mid n_{/\!/}^{(1)}\right\rangle + \left\langle n_{/\!/}^{(1)}\mid n_{/\!/}^{(1)}\right\rangle + \left\langle n_\perp^{(1)}\mid n_\perp^{(1)}\right\rangle = 0.$$

由于

$$\left\langle n_{/\!/}^{(1)}\mid n_{/\!/}^{(1)}\right\rangle \sim \left\langle n_\perp^{(1)}\mid n_\perp^{(1)}\right\rangle \sim \mathcal{O}(\epsilon^2),$$

因此在一阶近似下, 这两项可以舍去, 故得到

$$\left\langle n_{//}^{(1)} \mid n^{(0)} \right\rangle + \left\langle n^{(0)} \mid n_{//}^{(1)} \right\rangle = 0.$$

鉴于 $\left\langle n_{//}^{(1)} \mid n^{(0)} \right\rangle$ 和 $\left\langle n^{(0)} \mid n_{//}^{(1)} \right\rangle$ 互为共轭, 因此该式等于零要求每一项必为纯虚数. 设

$$\left\langle n^{(0)} \mid n_{//}^{(1)} \right\rangle = \mathrm{i}\alpha, \quad \alpha \in \mathbb{R},$$

其中 α 是与 ϵ 同阶的小量. 于是得到

$$\left| n_{//}^{(1)} \right\rangle = \mathrm{i}\alpha \left| n^{(0)} \right\rangle. \tag{8.10}$$

由 $|n\rangle$ 的微扰展开式 (8.4) 和 (8.8), 代入式 (8.9) 和式 (8.10), 在 ϵ 的一阶近似下有

$$
\begin{aligned}
|n\rangle &= \left| n^{(0)} \right\rangle + \left| n_{//}^{(1)} \right\rangle + \left| n_{\perp}^{(1)} \right\rangle + \cdots \\
&= \left| n^{(0)} \right\rangle + \mathrm{i}\alpha \left| n^{(0)} \right\rangle + \left| n_{\perp}^{(1)} \right\rangle + \cdots \\
&\approx \left| n^{(0)} \right\rangle \mathrm{e}^{\mathrm{i}\alpha} + \left| n_{\perp}^{(1)} \right\rangle + \cdots,
\end{aligned}
$$

其中最后一步利用了指数函数的级数展开的一阶近似 $\mathrm{e}^{\mathrm{i}\alpha} = 1 + \mathrm{i}\alpha$. 4.1 节中我们提到, 波函数总可以相差一个相因子. 因此, 如果将上式乘以相因子 $\mathrm{e}^{-\mathrm{i}\alpha}$, 并不会带来物理上的改变, 于是 $\left| n_{//}^{(1)} \right\rangle$ 可以通过相因子的重新定义被吸收进 $|n^{(0)}\rangle$ 中, 即有

$$
\begin{aligned}
\left| n^{(1)} \right\rangle &= \left| n_{\perp}^{(1)} \right\rangle \\
&= \sum_{m \neq n} \frac{\left| m^{(0)} \right\rangle \left\langle m^{(0)} \mid \hat{H}_1 \mid n^{(0)} \right\rangle}{E_n^{(0)} - E_m^{(0)}}. \tag{8.11}
\end{aligned}
$$

将式 (8.11) 代回式 (8.7) 中, 可得

$$
\begin{aligned}
E_n^{(2)} &= \left\langle n^{(0)} | \hat{H}_1 | n^{(1)} \right\rangle \\
&= \sum_{m \neq n} \frac{\left\langle n^{(0)} \mid H_1 \mid m^{(0)} \right\rangle \left\langle m^{(0)} \mid \hat{H}_1 \mid n^{(0)} \right\rangle}{E_n^{(0)} - E_m^{(0)}} \\
&= \sum_{m \neq n} \frac{\left| \left\langle n^{(0)} \mid \hat{H}_1 \mid m^{(0)} \right\rangle \right|^2}{E_n^{(0)} - E_m^{(0)}}. \tag{8.12}
\end{aligned}
$$

这便是二阶的能级修正, 可以看到它只与原本征态 $\left| n^{(0)} \right\rangle$ 和哈密顿量的微扰项 $\hat{H}_1$ 有关.

至此我们找到了从哈密顿量的微扰导出能级修正项的基本方法, 下面 8.2 节和 8.3 节中我们将采用微扰论的方法, 依次求解相对论动能修正和托马斯耦合对能级的修正.

8.2 相对论动能修正

已知无修正项的氢原子哈密顿量

$$\hat{H}_0 = \frac{\hat{p}^2}{2m} - \frac{\alpha}{r}, \tag{8.13}$$

其本征态为 $|n\ell m\rangle$.

前面, 我们利用狄拉克方程取非相对论极限的方法导出了哈密顿量中的相对论动能修正

$$-\frac{p^4}{8m^3}. \tag{7.87}$$

事实上一个简单的做法是对相对论动能做展开, 很容易发现

$$K = \sqrt{p^2 + m^2} - m = m\sqrt{1 + \frac{p^2}{m^2}} - m \approx \frac{p^2}{2m} - \frac{p^4}{8m^3},$$

式中 K 为相对论动能, 而结果的第二项就是相对论动能修正.

从理论上讲, 氢原子波函数 $|n\ell m\rangle$ 中角动量量子数和磁量子数 ℓ、m 属于简并态, 原则上应该使用简并微扰论来处理, 但是相对论动能修正是一个特殊的情形, 可以利用非简并微扰论处理. 我们首先介绍一个定理: 若 A 为厄米算符, 且与 H_0、H_1 均对易, 则

$$[A, H_0] = 0, \quad [A, H_1] = 0 \,.$$

如果 H_0 的本征函数 ψ_a^0 和 ψ_b^0 同样也是 A 的具有不同本征值的本征函数, 即

$$A|\psi_a\rangle = a|\psi_a^0\rangle, \quad A|\psi_b\rangle = b|\psi_b^0\rangle, \quad a \neq b,$$

则

$$\langle \psi_a^0 \mid H_1 \mid \psi_b^0 \rangle = 0.$$

其证明如下, 鉴于 $[A, H_1] = 0$,

$$0 = \langle \psi_a^0 \mid [A, H_1] \mid \psi_b^0 \rangle = \langle \psi_a^0 \mid AH_1 \mid \psi_b^0 \rangle - \langle \psi_a^0 \mid H_1 A \mid \psi_b^0 \rangle$$

$$= \langle A\psi_a^0 \mid H_1\psi_b^0 \rangle - b\langle \psi_a^0 \mid H_1 \mid \psi_b^0 \rangle = (a-b)\langle \psi_a^0 \mid H_1 \mid \psi_b^0 \rangle.$$

鉴于 p^4 项符合 $SO(3)$ 对称性,

$$[p^4, J^2] = 0, \quad [p^4, J_z] = 0.$$

因此氢原子波函数 $|n\ell m\rangle$ 对于修正项 p^4 是一个 "好" 波函数, 因为简并波函数带来的非对角项修正均不存在. 因此, 我们在这里就不展开讨论简并微扰论, 将直接利用非简并微扰来求解相对论动能修正问题.

由式 (8.13)，修正项的能量可以表示成

$$\left\langle n\ell m \left| \frac{p^4}{8m^3} \right| n\ell m \right\rangle = \frac{1}{2m} \left\langle \left(\frac{p^2}{2m} \right)^2 \right\rangle_{n\ell m} = \frac{1}{2m} \left\langle \left(H_0 + \frac{\alpha}{r} \right)^2 \right\rangle_{n\ell m},$$

所以能级的修正变成了计算下面的表达式：

$$\frac{1}{2m} \left[(E_n^{(0)})^2 + 2E_n^{(0)} \left\langle \frac{\alpha}{r} \right\rangle_{n\ell m} + \left\langle \frac{\alpha^2}{r^2} \right\rangle_{n\ell m} \right]. \tag{8.14}$$

如果氢原子径向波函数 $R_{n\ell}(r)$ 的具体形式已知，则可利用克拉默斯 (Kramers) 关系

$$\frac{s+1}{n^2} \left\langle r^s \right\rangle - (2s+1)a \left\langle r^{s-1} \right\rangle + \frac{s}{4}[(2\ell+1)^2 - s^2]a^2 \left\langle r^{s-2} \right\rangle = 0$$

计算一般幂次的 r^s 对 $R_{n\ell}(r)$ 的平均值. 因此，如果已知氢原子波函数 $|n\ell m(r,\theta,\phi)\rangle$ 的具体形式，得到不同阶 $\langle n\ell m \mid r^{-s} \mid n\ell m \rangle$ 的期待值仅是一个积分问题. 但由于本书并不要求直接求解微分方程，这里我们介绍一个不依赖于波函数具体表达式的求解方法.

首先介绍一个简单的关系：赫尔曼–费恩曼定理 (Hellmann-Feynman theorem，HF 定理). 对任意哈密顿量中的任意参数 λ，有

$$H(\lambda) |E(\lambda)\rangle = E(\lambda) |E(\lambda)\rangle,$$

于是容易有

$$
\begin{aligned}
\frac{\mathrm{d}E(\lambda)}{\mathrm{d}\lambda} &= \frac{\mathrm{d}}{\mathrm{d}\lambda} \langle E(\lambda) \mid H(\lambda) \mid E(\lambda)\rangle \\
&= \left\langle E(\lambda) \left| \frac{\mathrm{d}H(\lambda)}{\mathrm{d}\lambda} \right| E(\lambda) \right\rangle + \frac{\mathrm{d}\langle E(\lambda)|}{\mathrm{d}\lambda} H(\lambda) |E(\lambda)\rangle \\
&\quad + \langle E(\lambda) \mid H(\lambda)| \frac{\mathrm{d}|E(\lambda)\rangle}{\mathrm{d}\lambda} \\
&= \left\langle E(\lambda) \left| \frac{\mathrm{d}H(\lambda)}{\mathrm{d}\lambda} \right| E(\lambda) \right\rangle + E(\lambda) \frac{\mathrm{d}}{\mathrm{d}\lambda} \langle E(\lambda) \mid E(\lambda)\rangle \\
&= \left\langle E(\lambda) \left| \frac{\mathrm{d}H(\lambda)}{\mathrm{d}\lambda} \right| E(\lambda) \right\rangle. \tag{8.15}
\end{aligned}
$$

这一结论是一般性的数学关系，并不依赖于 λ 的具体性质. 下面我们将利用这一定理计算 $\langle n\ell m \mid r^{-s} \mid n\ell m \rangle$ 的期望值.

对于 $\langle n\ell m \mid r^{-1} \mid n\ell m \rangle$，由

$$H_0 = \frac{p^2}{2m_{\mathrm{e}}} - \frac{\alpha}{r}$$

对 α 求导

$$\frac{\mathrm{d}H_0}{\mathrm{d}\alpha} = -\frac{1}{r},$$

因此有

$$\left\langle \frac{1}{r} \right\rangle = \left\langle -\frac{\mathrm{d}H_0}{\mathrm{d}\alpha} \right\rangle = -\frac{\mathrm{d}E_n^{(0)}}{\mathrm{d}\alpha} = \frac{m_\mathrm{e}\alpha}{n^2} = \frac{-2E_n}{\alpha}. \tag{8.16}$$

这其实就是位力定理

$$\left\langle \hat{H}_0 \right\rangle = -\left\langle \frac{\alpha}{2r} \right\rangle = E_n.$$

同理对 $\left\langle r^{-2} \right\rangle$, 还是从原哈密顿量出发, 由

$$H_0 = \frac{p_r^2}{2m} + \frac{\ell(\ell+1)}{2mr^2} - \frac{\alpha}{r},$$

可见

$$\frac{\mathrm{d}H_0}{\mathrm{d}\ell} = \frac{2\ell+1}{2m}\frac{1}{r^2},$$

因此

$$\left\langle \frac{1}{r^2} \right\rangle = \frac{2m}{2\ell+1}\frac{\mathrm{d}E_n^{(0)}}{\mathrm{d}\ell} = \frac{2m}{2\ell+1}\frac{\mathrm{d}E_n^{(0)}}{\mathrm{d}n}\frac{\mathrm{d}n}{\mathrm{d}\ell}. \tag{8.17}$$

又因为量子数 n 和 ℓ 的线性关系 $n = k + \ell + 1$, 所以 $\mathrm{d}n/\mathrm{d}\ell = 1$. 因此

$$\left\langle \frac{1}{r^2} \right\rangle = \frac{2m}{2\ell+1}\frac{m\alpha^2}{n^3} = \frac{4n}{(\ell+1/2)\alpha^2}\left(E_n^{(0)}\right)^2. \tag{8.18}$$

将式 (8.18) 和式 (8.16) 代回式 (8.14), 整理可得相对论动能修正的能级

$$\Delta_{nl}^{(1)} = \frac{m\alpha^4}{2}\left[-\frac{3}{4n^4} + \frac{1}{n^3(\ell+1/2)}\right]. \tag{8.19}$$

6.3 节我们已经求出未加修正的能级

$$E_n^{(0)} = -\frac{m\alpha^2}{2n^2},$$

合并整理可得包含相对论动能修正的能级

$$E_n = E_n^{(0)}\left[1 + \alpha^2\left(-\frac{3}{4n^2} + \frac{1}{n(\ell+1/2)}\right) + \cdots\right]. \tag{8.20}$$

我们看到, 这里的能级以 α(或依式 (8.1) 定义, α^2) 为微扰展开参数, 最低阶是 α^2 项. 我们知道在原子物理中,

$$\alpha = \frac{1}{137}, \tag{8.21}$$

所以 $\alpha^2 \sim 10^{-4}$, 因此这里修正的贡献在万分之一量级, 而反映在波长为数百纳米量级的氢原子光谱上, 就是约 0.1 nm 量级的修正, 这便是氢原子光谱的精细结构, 而 α 被称为精细结构常数.

不过，值得注意的是，α 其实并不是一个常数. 在 7.2 节中我们曾提到相对论量子力学预言了反粒子的存在，而反粒子的存在会导致真空极化，即光子在传播过程中会变成正负电子形成的偶极子. 由此，在测量电荷的过程中，真空会被极化，偶极子的重新分布形成了所谓的屏蔽效应，进而会使耦合常数随着能标变化而变化，这就是重正化群效应.

在量子场论中，α 作为量子电动力学的耦合常数，会随着能量的提高而变大. 我们通常所说的 $\alpha \sim \dfrac{1}{137}$ 对应于原子物理的能标，即氢原子电离能所在的 $\mathcal{O}(10)$ eV 量级，而在高能散射，例如 Z 粒子质量能标 $M_Z = 91$ GeV 时，α 的取值就变成

$$\alpha(M_Z) \sim \frac{1}{129}. \tag{8.22}$$

当然，并不是所有的耦合常数都会随着能量增加而变大，例如，在强相互作用中，由于胶子的自相互作用，强耦合参数 α_s 会随着能标变大而变小，这称为渐近自由效应. 事实上，自然界中除了引力之外的三种相互作用，即强、弱、电磁对应的耦合常数，经过重正化群效应的演化，最终会在约 $\mathcal{O}(10^{16})$ GeV 处接近重合，让部分物理学家相信自然界中这三种基本相互作用可以在一个统一的规范理论框架下描述.

8.3　自旋轨道耦合

8.2 节我们讨论了相对论动能修正，本节我们讨论式 (7.86) 中的另一个修正项——自旋轨道耦合，又称托马斯耦合. 前面已经得到氢原子哈密顿量中的托马斯耦合项为

$$-\frac{\alpha}{4m^2r^3}\boldsymbol{\sigma} \cdot \boldsymbol{L} = -\frac{\alpha}{2m^2r^3}\boldsymbol{S} \cdot \boldsymbol{L}, \tag{7.88}$$

现在我们利用微扰论的方法计算其对能级的修正.

设电子处在态 $|n\ell m\rangle$ 上，具有轨道角动量 $\hat{L}$、自旋角动量 $\hat{S}$ 和总角动量 $\hat{J} = \hat{L} + \hat{S}$. 注意到 $\hat{L}$ 和 $\hat{S}$ 是不同希尔伯特空间上的算符，因此 $[\hat{L}, \hat{S}] = 0$. 简单计算后可得

$$\hat{L} \cdot \hat{S} = \frac{1}{2}\left(\hat{J}^2 - \hat{L}^2 - \hat{S}^2\right). \tag{8.23}$$

显然，互相对易的一组算符

$$\hat{H}, \ \hat{J}^2, \ \hat{L}^2, \ \hat{S}^2, \ \hat{J}_z$$

具有共同的本征态，设为 $|JM\rangle$，它是希尔伯特空间的一组完备基，事实上这就是总角动量的耦合表象，具体地我们有

$$\hat{J}^2 |JM\rangle = j(j+1) |JM\rangle,$$

$$\hat{J}_z |JM\rangle = M |JM\rangle,$$

$$\hat{L}^2 |JM\rangle = \ell(\ell+1) |JM\rangle,$$

$$\hat{S}^2 |JM\rangle = s(s+1) |JM\rangle.$$

同理，考虑到

$$\hat{L}^2, \ \hat{L}_z, \ \hat{S}^2, \ \hat{S}_z$$

也互相对易，设其共同本征态为 $|\ell m\rangle \otimes |s\chi\rangle$，其中 $|\ell m\rangle$ 和 $|s\chi\rangle$ 分别为轨道角动量和自旋角动量的本征态，这就构成了总角动量的未耦合表象，具体地有

$$\hat{L}^2 |\ell m\rangle \otimes |\chi\rangle = \ell(\ell+1) |\ell m\rangle \otimes |s\chi\rangle,$$

$$\hat{S}^2 |\ell m\rangle \otimes |\chi\rangle = s(s+1) |\ell m\rangle \otimes |s\chi\rangle,$$

$$\hat{L}_z |\ell m\rangle \otimes |\chi\rangle = m |\ell m\rangle \otimes |s\chi\rangle,$$

$$\hat{S}_z |\ell m\rangle \otimes |\chi\rangle = \chi |\ell m\rangle \otimes |s\chi\rangle.$$

注意到 $\hat{L}_z$ 和 $\hat{S}_z$ 都不与 $\hat{L} \cdot \hat{S}$ 对易，因此未耦合表象 $|\ell m\rangle \otimes |s\chi\rangle$ 并不是修正后哈密顿量的本征态. 但根据角动量理论，我们总可以把耦合表象按未耦合表象展开，即 $|JM\rangle$ 可以写成 $|\ell m\rangle \otimes |s\chi\rangle$ 的线性组合

$$|JM\rangle = \sum_{m,\chi} C_{m,\chi} |\ell m\rangle \otimes |s\chi\rangle,$$

其中 $C_{m,\chi}$ 就是 5.4 节介绍的 CG 系数.

考虑到自旋只能取 $\chi = \pm 1/2$，因此这是一个 $j_1 = \ell$，$j_2 = s = 1/2$ 的系统. 首先，我们有

$$M = m \pm \chi = m \pm \frac{1}{2} \quad \rightarrow \quad m = M \mp \frac{1}{2},$$

于是利用式 (5.44)，可得

$$|JM\rangle = C_+ \left| \ell, M - \frac{1}{2} \right\rangle_1 \otimes \left| \frac{1}{2}, \frac{1}{2} \right\rangle_2 + C_- \left| \ell, M + \frac{1}{2} \right\rangle_1 \otimes \left| \frac{1}{2}, -\frac{1}{2} \right\rangle_2. \tag{8.24}$$

对 $j = \ell + 1/2$，有

$$C_+ = \sqrt{\frac{\ell + M + \frac{1}{2}}{2\ell + 1}}, \quad C_- = \sqrt{\frac{\ell - M + \frac{1}{2}}{2\ell + 1}}.$$

而对 $j = \ell - 1/2$，有

$$C_+ = -\sqrt{\frac{\ell - M + \frac{1}{2}}{2\ell + 1}}, \quad C_- = \sqrt{\frac{\ell + M + \frac{1}{2}}{2\ell + 1}}.$$

由式 (8.23)，显然 $|JM\rangle$ 也是 $\hat{L} \cdot \hat{S}$ 的本征态，即

$$\hat{L} \cdot \hat{S} |JM\rangle = \frac{1}{2} \left[j(j+1) - \ell(\ell+1) - \frac{3}{4} \right] |JM\rangle,$$

这里已经将 $s = 1/2$ 代入.

取 $\hat{H}_0$ 的径向波函数为 $R_{n\ell}^{(0)}(r)$, 于是有

$$|n\ell JM\rangle = R_{n\ell}^{(0)}(r)\,|JM\rangle,$$

则托马斯耦合项对能级的一阶修正

$$E_n^{(1)} = \left\langle n\ell JM|\hat{H}_1|n\ell JM\right\rangle = \frac{1}{4m^2}\left[j(j+1) - \ell(\ell+1) - \frac{3}{4}\right]\left\langle\frac{1}{r}\frac{\mathrm{d}U}{\mathrm{d}r}\right\rangle_{n\ell}. \qquad (8.25)$$

其中角动量部分的本征值为

$$\begin{cases} j(j+1) - \ell(\ell+1) - \dfrac{3}{4} = \ell, & j = \ell + \dfrac{1}{2}, \\[2mm] j(j+1) - \ell(\ell+1) - \dfrac{3}{4} = -(\ell+1), & j = \ell - \dfrac{1}{2}. \end{cases}$$

这样能级的计算就完全变成了对氢原子径向波函数 $R_{n\ell}(r)$ 求期待值.

考虑到库仑势 $U(r) = -\alpha/r$, 于是

$$\left\langle\frac{1}{r}\frac{\mathrm{d}U}{\mathrm{d}r}\right\rangle_{n\ell} = \left\langle\frac{\alpha}{r^3}\right\rangle_{n\ell}.$$

对于任意算符 $\hat{A}$, 如果计算其与 $\hat{H}_0$ 的对易子在 $\hat{H}_0$ 本征态下的期望值, 根据本征态的性质很容易得到

$$\left\langle[\hat{H}_0,\ \hat{A}]\right\rangle_{n\ell} = 0.$$

我们取

$$\hat{A} = \hat{p}_r = -\mathrm{i}\left(\frac{\partial}{\partial r} + \frac{1}{r}\right),$$

因此有

$$\left\langle\left[\frac{\ell(\ell+1)}{2mr^2} - \frac{\alpha}{r},\ \hat{p}_r\right]\right\rangle_{n\ell} = 0.$$

计算该对易子, 即得

$$\left\langle-\frac{\ell(\ell+1)}{mr^3} + \frac{\alpha}{r^2}\right\rangle_{n\ell} = 0.$$

于是

$$\left\langle\frac{1}{r^3}\right\rangle_{n\ell} = \frac{m}{\ell(\ell+1)}\left\langle\frac{\alpha}{r^2}\right\rangle_{n\ell}.$$

而 8.3 节已经给出

$$\left\langle\frac{1}{r^2}\right\rangle_{n\ell} = \frac{2m}{2\ell+1}\frac{m\alpha^2}{n^3},$$

所以我们有

$$\left\langle \frac{1}{r^3} \right\rangle_{n\ell} = -\frac{2m^2\alpha^2}{n\ell(\ell+1)\left(\ell+\frac{1}{2}\right)}E_n^{(0)}. \tag{8.26}$$

最终我们得到的修正能级为

$$E_n^{(1)} = \begin{cases} \dfrac{\alpha^2}{2n(\ell+1)\left(\ell+\frac{1}{2}\right)}E_n^{(0)}, & j=\ell+\frac{1}{2}, \\[4mm] -\dfrac{\alpha^2}{2n\ell\left(\ell+\frac{1}{2}\right)}E_n^{(0)}, & j=\ell-\frac{1}{2}. \end{cases} \tag{8.27}$$

这就是托马斯耦合对能级的修正.

图 8.1 给出了氢原子精细结构莱曼系 α 线结构即是自旋轨道耦合的结果.

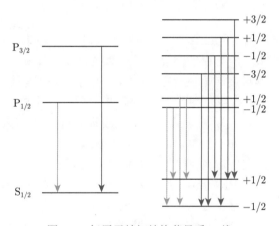

图 8.1 氢原子精细结构莱曼系 α 线

8.4 反常塞曼效应

6.7 节中我们讨论过本征态 $|n\ell m\rangle$ 中的 m 简并可以通过外加恒定磁场来消除, 而实验上在恒定磁场 $\boldsymbol{B} = \hat{z}B_0$ 中由原子磁矩导致的能级分裂被称为塞曼效应. 作为一个新引入的角动量, 自旋也带来了磁矩, 因此自旋磁矩也会导致磁场中额外的能级分裂, 这种现象被称为反常 (anomalous) 塞曼效应.

由于总角动量可以写成各角动量之和, 对 z 方向我们有

$$\hat{J}_z = \hat{L}_z + \hat{S}_z,$$

类似我们讨论过的塞曼效应情形, 考虑自旋后磁矩对哈密顿量的修正项可写为[1]

$$\hat{H}_1 = -\mu_B B_0(\hat{L}_z + 2\hat{S}_z).$$

---

[1] 在第 7 章中, 通过对狄拉克理论取非相对论极限得到了自旋磁矩, 我们已经知道对电子自旋, 磁矩的定义有 $g=2$.

鉴于 $\hat{L}_z$ 和 $\hat{S}_z$ 均与总角动量算符对易，所以

$$|JM\rangle = |\ell m\rangle \otimes \left(C_+ \left| +\frac{1}{2} \right\rangle + C_- \left| -\frac{1}{2} \right\rangle \right),$$

也是 $\hat{H}_1$ 的本征态. 因此可计算 $\hat{J}_z$ 和 $\hat{S}_z$ 在 $|JM\rangle$ 下的期望值

$$\left\langle \hat{J}_z \right\rangle = \langle JM| \hat{J}_z |JM\rangle = m,$$

$$\left\langle \hat{S}_z \right\rangle = \left\langle JM|\hat{S}_z|JM \right\rangle = \frac{1}{2} \left(|C_+|^2 - |C_-|^2 \right).$$

代入 $C_\pm$ 的具体形式 (5.45) 和 (5.46)，可得

$$\left\langle \hat{S}_z \right\rangle = \frac{1}{2} \frac{1}{2\ell+1} \left[\left(\ell \pm m + \frac{1}{2} \right) - \left(\ell \mp m + \frac{1}{2} \right) \right] = \pm \frac{m}{2\ell+1}.$$

所以考虑自旋后的能级修正为

$$\Delta E = -\mu_{\mathrm{B}} B_0 m \left(1 \pm \frac{1}{2\ell+1} \right). \tag{8.28}$$

对比式 (6.67)，可见自旋磁矩导致原子的能级发生了进一步分裂，这就是反常塞曼效应.

需要指出的是，并不是所有原子都会有反常塞曼效应，对核外电子总自旋为零的原子 (例如镉，48 号元素)，其自旋磁矩也为零，因而不会有反常塞曼效应，而只表现出正常的塞曼效应. 而反常塞曼效应被称为 "反常" 只是历史的原因. 历史上，正常和反常塞曼效应在 1896 年和 1897 年相继被发现[1]. 其中，塞曼起初研究的是钠光源，我们现在知道作为碱金属元素，钠的总电子自旋并不为零，因而必然存在反常塞曼效应，但因为塞曼的实验设备分辨率不足，他并没有发现由自旋磁矩带来的谱线分裂；反常塞曼效应的发现归功于另一位物理学家普雷斯顿 (T. Preston). 那时人们对原子的认识还停留在汤姆孙的 "葡萄干蛋糕" 模型，在这一模型下洛伦兹给出了对正常塞曼效应的解释 (尽管在今天看来并不正确)，但反常塞曼效应在之后的二十多年里一直没有得到合理的解释，因此那时人们才把它称为 "反常".

如图 8.2 所示，给出了没有自旋的塞曼效应和考虑自旋的塞曼效应之间的对比.

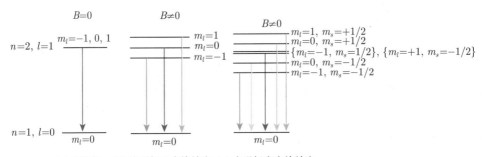

(a) 无磁场　(b) 有磁场无自旋效应　(c) 有磁场有自旋效应

图 8.2　正常塞曼效应与反常塞曼效应

---

① 塞曼起初研究的是钠光源，我们现在知道作为碱金属元素，钠的总电子自旋并不为零，因而必然存在反常塞曼效应，但因为塞曼的实验设备分辨率不足，他并没有发现由自旋磁矩带来的谱线分裂；反常塞曼效应的发现归功于另一位物理学家普雷斯顿 (T. Preston).

～ 第8章习题 ～

8.1 对氢原子哈密顿量

$$H_0 = \frac{p_r^2}{2m} + \frac{\ell(\ell+1)}{2mr^2} - \frac{\alpha}{r},$$

已知其本征态为 $|nlm\rangle$，本征值为 $E_n^{(0)}$，即

$$H_0 |nlm\rangle = E_n^0 |nlm\rangle.$$

(1) 分别利用库仑力有心力场位力定理 $\langle \alpha/r \rangle = -\langle 2H_0 \rangle$ 等计算

$$\left\langle \frac{1}{r} \right\rangle, \ \left\langle \frac{1}{r^2} \right\rangle, \ \left\langle \frac{1}{r^3} \right\rangle$$

的具体形式.

(2) 计算相对论动能项修正及自旋轨道耦合对能级的修正项，并将氢原子能级写成 $E_n = E_n^{(0)}(1 + \alpha^\lambda \Delta_\lambda + \cdots)$ 的形式，λ 为 α 的阶数.

8.2 通过球旋量 $|JM\rangle$ 给出自旋磁矩在 z 方向恒定磁场 B_0 中的能级分裂形式.

第 9 章 多电子原子

至此，我们以含有单个核外电子的氢原子系统为例，阐述了相关的单粒子量子力学基本原理. 作为一个两体问题，氢原子问题是量子力学中仅有的几个可以有一阶精确解的问题之一. 而对于比氢原子复杂得多的电子原子系统，则不可避免地用到各种近似甚至数值计算. 一般地，一个多电子原子系统涉及的相互作用可以分为以下几类：

- 各个电子与原子核之间的库仑相互作用.
- 多电子之间的库仑相互作用.
- 各个电子自旋与轨道角动量之间的托马斯耦合.
- 多电子之间的自旋磁矩的耦合.
- 原子核自旋磁矩、原子核非点状形态等的贡献.

其中前两项的贡献占绝对主导地位，而后面三项则要在精细结构与超精细结构上才能体现出来. 如果一般性地写出前两项的哈密顿量，则有

$$H = \sum_i \left(-\frac{1}{2m}\Delta_i - \frac{Z\alpha}{r_i} + \sum_{j>i} \frac{\alpha}{r_{ij}} \right), \tag{9.1}$$

其中 i, j 对应第 i, j 个电子. 式中最后一项就是电子之间的相互作用，该项的出现会使问题变得非常复杂. 在 9.1 节和 9.2 节中，我们将分别以氦原子和碱金属原子为例，展示近似求解这一系统的两种方法.

另外，在多电子原子系统中，电子作为全同粒子的特性将对系统的物理性质产生重要影响，这对我们理解元素周期律至关重要. 因此，9.3 节将回到 4.5 节介绍过的全同性原理，并利用泡利不相容原理对元素周期表中的部分规律给出解释. 这些对多电子系统的讨论会应用于 9.4 节，来处理更复杂的分子的能级和结构. 最后，9.5 节将站在场论视角下对量子多体系统进行深入研究，以探寻泡利不相容原理背后更深层次的物理机制.

9.1 氦原子

氦原子是结构最简单的多电子原子，它的原子核中含有两个质子、一个或两个中子[①]，核外有两个电子. 与氢原子类似，由于原子核的质量是电子的数千倍，我们可将其看成是

[①] 氦的天然同位素有 ^{3}He 和 ^{4}He 两种，其中 ^{4}He 占绝大多数.

原子核不动、两个电子绕原子核运动的库仑势场问题. 考虑电子与原子核的相互作用, 其哈密顿量可写成

$$\hat{H}_0 = -\frac{1}{2m}(\Delta_1 + \Delta_2) - 2\alpha\left(\frac{1}{r_1} + \frac{1}{r_2}\right),$$

而对电子间的相互作用, 有哈密顿量

$$\hat{H}_1 = \frac{\alpha}{r_{12}} = \frac{\alpha}{|\boldsymbol{r}_1 - \boldsymbol{r}_2|},$$

总的哈密顿量为

$$\hat{H} = \hat{H}_0 + \hat{H}_1.$$

这样, 我们很自然地想到 8.1 节讲到的微扰论方法, 即首先对未修正的哈密顿量求解薛定谔方程

$$\hat{H}_0 \left|n^{(0)}\right\rangle = E_n^{(0)} \left|n^{(0)}\right\rangle, \tag{8.2}$$

由于此时未计入电子间相互作用哈密顿量 $\hat{H}_1$, 因而相当于两个电子独立地在库仑势场中运动, 于是该方程可直接分离变量, 则对每个电子均有

$$-\left(\frac{1}{2m}\Delta_i + \frac{2\alpha}{r_i}\right)\left|n^{(0)}\right\rangle = E_n^{(0)}\left|n^{(0)}\right\rangle, \tag{9.2}$$

这与氢原子的薛定谔方程形式一致, 只不过势能项的 α 换成了 $Z\alpha$ $(Z = 2)$, 于是对基态有[①]

$$E_{1i}^{(0)} = 4 \times (-13.6)\text{eV} = -54.4\text{eV},$$

$$\left|100^{(0)}\right\rangle_i = \sqrt{\frac{m^3(2\alpha)^3}{\pi}}\,\mathrm{e}^{-m(2\alpha)r_i}. \tag{9.3}$$

则对两个电子的系统, 基态能量为

$$E_1^{(0)} = \sum_i E_{1i}^{(0)} = -108.8\text{eV}, \tag{9.4}$$

本征态为

$$\left|100^{(0)}\right\rangle = \prod_i \left|100^{(0)}\right\rangle_i = \frac{m^3(2\alpha)^3}{\pi}\,\mathrm{e}^{-m(2\alpha)(r_1+r_2)}. \tag{9.5}$$

将电子间相互作用视作一阶微扰, 则能级修正 (具体计算留作习题)

---

① 请回顾 6.4 节和 6.5 节得到的氢原子波函数. 为了简单, 本节我们只计算氦原子的基态和电离能, 但其他能级事实上也可以用类似方法求解.

$$E_1^{(1)} = \left\langle 100^{(0)} | \hat{H}_1 | 100^{(0)} \right\rangle$$

$$= \left[\frac{m^3 (2\alpha)^3}{\pi} \right]^2 \int \frac{\alpha \mathrm{e}^{-2m(2\alpha)(r_1 + r_2)}}{|\boldsymbol{r}_1 - \boldsymbol{r}_2|} \mathrm{d}^3 \boldsymbol{r}_1 \mathrm{d}^3 \boldsymbol{r}_2 = 34\mathrm{eV}, \tag{9.6}$$

因此一阶微扰近似下的基态能量为

$$E_1 = E_1^{(0)} + E_1^{(1)} = -74.8\mathrm{eV}.$$

实验上测得氦原子的基态能量为 $-78.98\mathrm{eV}$，可见微扰论的近似结果并不十分理想——其实对比 8.2 节和 8.3 节的讨论我们容易发现，本例中相比于 $\hat{H}_0$，被视作微扰的电子间相互作用哈密顿量 $\hat{H}_1$ 并不足够小[①]，因此微扰论的近似方法似乎并不适用于这里的情况.

为了求出氦原子的基态能量，这里介绍一种新的近似方法——变分法. 变分法的基本原理[②]是：在任意归一化的态 $|\psi\rangle$ 下，$\hat{H}$ 的期望值可以给出基态能量 E_1 的一个上限，即

$$E_1 \leqslant \left\langle \psi | \hat{H} | \psi \right\rangle. \tag{9.7}$$

证明：记 $\hat{H}$ 一组正交归一的本征态为 $|\psi_n\rangle$ $(n \in \mathbb{N}^+)$，即

$$\hat{H} |\psi_n\rangle = E_n |\psi_n\rangle,$$

$|\psi_n\rangle$ 必然构成一组完全集，则任意归一化的态 $|\psi\rangle$ 均可表示为

$$\psi = \sum_n c_n \psi_n, \quad \langle \psi | \psi \rangle = \sum_n |c_n|^2 = 1,$$

于是

$$\left\langle \psi | \hat{H} | \psi \right\rangle = \left\langle \sum_m c_m \psi_m | \hat{H} \sum_n c_n \psi_n \right\rangle$$

$$= \sum_{m,n} c_m^* c_n E_n \left\langle \psi_m | \psi_n \right\rangle = \sum_n |c_n|^2 E_n.$$

由于在 $\hat{H}$ 的本征值 E_n 中基态能量最低，所以

$$\langle H \rangle = \sum_n |c_n|^2 E_n \geqslant \sum_n |c_n|^2 E_1 = E_1,$$

即式 (9.7). 显然当且仅当 $|\psi\rangle = |\psi_1\rangle$ 时等号成立. □

---

① 这从 $E_0^{(1)}$ 和 $E_1^{(0)}$ 的大小差异也能看出，这里二者只差了约 3 倍，而前述相对论动能修正 (式 (8.20)) 和托马斯耦合修正 (式 (8.27)) 则都差了约 4 个数量级 (即差了一个 α^2).

② 有时称为变分原理.

由于式 (9.7) 对一切归一化的态都成立，而态 $|\psi\rangle$ 在给定表象下表现为一个波函数，不难理解 $\langle \hat{H} \rangle$ 事实上是波函数 $|\psi\rangle$ 的一个泛函，而求基态能量则成为一个泛函极值问题，可通过变分法来求解[①].

而变分原理也给了我们一种近似求解的思路：在不知道真实波函数的情况下，如果我们选取一个"适当"的波函数 $|\psi\rangle$，给出的 $\langle \psi | \hat{H} | \psi \rangle$ 作为 E_1 的上限就能非常接近于 E_1 的精确值. 这样，问题的关键就转化为如何选择一个"适当"的波函数. 通常采用的方法是，选择一个包含若干可调参数 ϕ_i 的波函数 $|\psi(\phi_1, \phi_2, \cdots)\rangle$ 作为试探波函数，这样 $\langle \hat{H} \rangle$ 就变为参数 ϕ_i 的函数，而极值条件就变成

$$\delta \langle \hat{H} \rangle = \sum_i \frac{\partial \langle \hat{H} \rangle}{\partial \phi_i} \delta \phi_i = 0.$$

由此就能很容易地解出参数 ϕ_i，并代回求出 $\langle \hat{H} \rangle$ 的最小值作为 E_1 的近似值. 而试探波函数的形式往往要根据对所研究问题的物理图像的定性和半定量分析，借助类似问题的解的形式来选取[②].

回到对氦原子的讨论，容易发现，前述微扰论的方法事实上也可看成是变分法近似，即选取 $\hat{H}_0$ 的本征态 $|100^{(0)}\rangle$ 作为试探波函数，求出

$$\langle 100^{(0)} | \hat{H} | 100^{(0)} \rangle = E_1^0 + E_1^{(1)} = -74.8\text{eV},$$

以此作为基态能量 E_1 的估计值. 但事实上，完全忽略两个电子间相互作用的波函数显然不是很好的试探波函数. 注意到我们前面求出的基态波函数 (9.5) 实际上是

$$\left| 100^{(0)}_{(Z)} \right\rangle_i = \sqrt{\frac{m^3(Z\alpha)^3}{\pi}} \mathrm{e}^{-m(Z\alpha)r_i}, \quad Z = 2.$$

这里的 Z 是由原子核的库仑势引入的，而当研究某个电子时，如果考虑另一个电子对原子核正电荷的屏蔽效应，原子核的"有效电荷数"应该小于 Z. 由此，我们自然地想到用上式作为试探波函数，并保留 Z 为可变参数，即

$$\left| 100^{(0)}(Z) \right\rangle_i = \sqrt{\frac{m^3(Z\alpha)^3}{\pi}} \mathrm{e}^{-m(Z\alpha)r_i}. \tag{9.8}$$

不难注意到，对这个新的波函数有

$$\left(-\frac{1}{2m}\Delta_i - \frac{Z\alpha}{r_i} \right) \left| 100^{(0)}(Z) \right\rangle_i = -\frac{m(Z\alpha)^2}{2} \left| 100^{(0)}(Z) \right\rangle_i$$

[①] 事实上，如果将 $\langle \psi | \hat{H} | \psi \rangle$ 看成 $|\psi\rangle$ 的一个泛函，薛定谔方程本身也可以看成是一个变分问题：由于满足归一化条件 $\langle \psi | \psi \rangle = 1$，由拉格朗日不定乘子法，可将变分条件写为 $\delta \langle \psi | \hat{H} | \psi \rangle - \lambda \delta \langle \psi | \psi \rangle = 0$，该条件可简化为 $(H - \lambda)|\psi\rangle = 0$，这正是薛定谔方程 $H|\psi\rangle = E|\psi\rangle$，而不定乘子 λ 就是能量 E.

[②] 在氦原子的例子中我们会看到这一点.

$$= Z^2 \times (-13.6\text{eV}) \left| 100^{(0)}(Z) \right\rangle_i.$$

那么，如果我们把氦原子的哈密顿量写成

$$\hat{H} = \sum_i \left(-\frac{1}{2m}\Delta_i - \frac{Z\alpha}{r_i} \right) + \sum_i \frac{(Z-2)\alpha}{r_i} + \frac{\alpha}{|\boldsymbol{r}_1 - \boldsymbol{r}_2|}, \tag{9.9}$$

则在新的试探波函数下就有

$$\left\langle \hat{H} \right\rangle = 2Z^2 \times (-13.6\text{eV}) + 2(Z-2)\alpha \left\langle \frac{1}{r} \right\rangle + \left\langle \frac{\alpha}{|\boldsymbol{r}_1 - \boldsymbol{r}_2|} \right\rangle.$$

与式 (8.16) 类似，这里得到 $\langle 1/r \rangle = mZ\alpha$，于是就得到了第二项；而第三项

$$\left\langle \frac{\alpha}{|\boldsymbol{r}_1 - \boldsymbol{r}_2|} \right\rangle = \left[\frac{m^3(Z\alpha)^3}{\pi} \right]^2 \int \frac{\alpha e^{-2m(Z\alpha)(r_1+r_2)}}{|\boldsymbol{r}_1 - \boldsymbol{r}_2|} \mathrm{d}^3\boldsymbol{r}_1 \mathrm{d}^3\boldsymbol{r}_2 = \frac{5Zm\alpha^2}{8}. \tag{9.10}$$

具体计算与式 (9.6) 类似，最终我们得到

$$\left\langle \hat{H} \right\rangle = \left(Z^2 - \frac{27Z}{8} \right) m\alpha^2. \tag{9.11}$$

容易得到，当 $Z = 27/16$ 时 $\left\langle \hat{H} \right\rangle$ 取最小值，此时有

$$E_1 \approx \left\langle \hat{H}_{\min} \right\rangle = -77.5\text{eV}.$$

这进一步接近了氦原子基态能量的实验值. 可见，如果能选取较为合适的试探波函数，变分法就可以给出相当好的近似. 不过值得注意的是，变分法只能给出所求能量的近似值，却不能从理论上推知所求近似值 $\langle H \rangle$ 的近似程度. 另外，变分法通常也并不适用于估算激发态的能量[①].

前面我们讨论的氢原子只有一个核外电子，因而其电离能就是 $-E_1$. 但对氦原子来说，由于电子有两个，并且电离第一个电子的情况和电离第二个电子的情况显然是不同的 (前者需要考虑电子-电子相互作用，而后者只是单个电子与原子核的相互作用)，所以不能直接由基态能量得到电离能. 但注意到，对已经电离第一个电子的氦 (即一价氦离子 He[+])，其结构和氢原子几乎一致，即在原子核的库仑势场中有唯一的核外电子. 因此，我们很容易想到可以套用氢原子模型来研究 He[+].

回到第 6 章中氢原子的定态薛定谔方程

$$\hat{H} |E\rangle = \left[-\frac{1}{2m_e}\Delta + U(\boldsymbol{x}) \right] |E\rangle = E |E\rangle. \tag{6.1}$$

---

① 特别地，如果能确定选取的试探波函数 $|\psi\rangle$ 与所有 $n < i$ 的本征态正交，则可用变分法估算 E_i 的上限，证明留作习题.

这同样适用于 He^+，只不过其中的势能要变为 $U(\boldsymbol{x}) = -\dfrac{1}{4\pi\epsilon_0}\dfrac{Ze^2}{r} = -2\alpha/r$. 不难发现这实际上回到了式 (9.2)，即氢核库仑势场中无电子间相互作用的薛定谔方程，其解也自然与式 (9.3) 相同，即

$$E_1(He^+) = -54.4eV.$$

这样，代入我们用变分法计算出的氦原子基态能量 $E_1(He) = -77.5eV$，就得到了氦原子中第一个电子的电离能 (即 "第一电离能") 为

$$E_1(He^+) - E_1(He) = 23.1eV.$$

实验测得电离氦原子中一个电子的电离能是 24.58eV. 注意到我们的估算值与实验值的差别完全是由 $E_1(He)$ 的变分法近似引入的. 事实上，如果不考虑精细结构和超精细结构，套用氢原子模型对 He^+ 的计算结果是精确的.

此外，Li^{2+}、Be^{3+} 等离子也满足核外只有一个电子的性质，它们统称为类氢离子，都可以套用氢原子模型来计算.

9.2 碱金属原子

9.1 节中，我们利用变分法近似得到了氦原子的基态能量，并以一价氦离子为例简单介绍了类氢离子的求解. 这些是多电子原子中最简单的情况. 本节我们将介绍另一种较为简单的情况：碱金属原子.

碱金属元素指除氢以外的第一主族元素，即 Li、Na、K、Rb、Cs、Fr 等. 对这些元素的原子来说，其最外层只有一个电子[1]，因此一种简单的处理方式是把内层电子和原子核看成一个整体，这样，碱金属原子的结构就与氢原子的结构相近，于是我们就可以套用氢原子模型近似地计算出电离最外层电子的电离能. 这种近似称为 "原子实" 模型或屏蔽效应近似[2]. 然而，在量子力学的图像下，电子在空间中按 $|\psi|^2$ 的概率密度分布，而正像图 6.1 中氢原子的电子云显示的那样，所谓的 "最外层电子" 并不总是处于最远离原子核的位置上. 换言之，所谓的 "最外层电子" 有一定概率 "贯穿" 到 "原子实" 内部. 显然，这为屏蔽效应近似带来了相当大的误差.

---

[1] 核外电子的壳层结构将在 9.3 节中详细介绍.

[2] 因为这相当于认为内层电子将原子核的一部分正电荷 "屏蔽" 掉了. 有时我们会用 "有效核电荷数"Z_{eff} 来唯象地描述这种屏蔽效应的强度，即将实验数据代入原子实模型的能级表达式

$$E_n = -\frac{(mZ_{eff}\alpha)^2}{2n^2},$$

从而反推出合适的 Z_{eff} 值. 另一些时候，我们会将能级表达式改写为

$$E_n = -\frac{(mZ\alpha)^2}{2(n-\Delta)^2},$$

即将这种屏蔽效应以 "量子数亏损"Δ 的形式呈现出来. 显然，Z_{eff} 和 Δ 并没有本质区别，因为它们都只是为了方便理解和近似计算所做的数学处理，其背后都是半经典的物理图像.

回到本章开头提到的多电子原子一般性的哈密顿量

$$H = \sum_i \left(-\frac{1}{2m}\Delta_i - \frac{Z\alpha}{r_i} + \sum_{j>i} \frac{\alpha}{r_{ij}} \right), \tag{9.1}$$

式中最后一项就是很难处理的电子–电子相互作用. 然而, 对碱金属原子来说, 由于里面的几个壳层均被电子填满, 其电子云具有很好的球对称性, 因此我们有理由认为内层所有电子对最外层电子的作用实际上是一个中心力场, 具有仅与 r 有关的中心势. 由此, 对最外层电子来说, 哈密顿量可改写为

$$H \approx -\frac{1}{2m}\Delta + V_{\mathrm{CF}}(r),$$

其中, 中心势

$$V_{\mathrm{CF}}(r) = -\frac{Z\alpha}{r} + S(r)$$

的两项分别为原子核和其他电子形成的势. 这种认为内层所有电子对外层电子的作用是一个中心力的近似称为中心力场近似, 是多电子原子中常用的近似方法.

根据前面的分析容易知道, 在远离原子核处, 即当 $r \to \infty$ 时, 在中心力场近似的条件下, "原子实" 模型可以很好地成立; 而在靠近原子核处, 即当 $r \to 0$ 时, 根据电磁学知识可知, "最外层电子" 相当于只受到原子核的作用. 因此, 我们有

$$\lim_{r\to\infty} V_{\mathrm{CF}}(r) = -\frac{\alpha}{r},$$

$$\lim_{r\to 0} V_{\mathrm{CF}}(r) = -\frac{Z\alpha}{r},$$

$$-\frac{Z\alpha}{r} < V_{\mathrm{CF}}(r) < -\frac{\alpha}{r}.$$

由此我们定性地得到了中心势 V_{CF} 的大致图像, 如图 9.1(a) 所示. 这一图像实际上表明, 最外层电子 "感受到" 的 "有效核电荷数" Z_{eff} 在 1 和实际电荷数 Z 之间, 并随着 r 的增大而减小.

中心力场近似保留了系统的球对称特性, 因此我们可以像 6.4 节和 6.5 节中对氢原子方程所做的那样, 将系统的薛定谔方程分解为有心力场部分和径向部分. 与式 (6.41) 类似, 我们得到径向部分

$$-\frac{1}{2m_{\mathrm{e}}}\frac{\mathrm{d}^2 u}{\mathrm{d}r^2} + \left[V_{\mathrm{CF}}(r) + \frac{1}{2m_{\mathrm{e}}}\frac{\ell(\ell+1)}{r^2} \right] u = Eu,$$

其中 $u(r) = rR(r)$. 结合前面对 V_{CF} 的分析, 不难得到径向方程中总的势函数 $V_{\mathrm{CF}}(r) + \dfrac{1}{2m_{\mathrm{e}}}\dfrac{\ell(\ell+1)}{r^2}$ 的大致图像, 如图 9.1(b) 所示. 这种势函数的图像是我们非常熟悉的, 它与氢原子的大致相似, 这意味着碱金属原子的最外层电子具有与氢原子核外电子相似的行为.

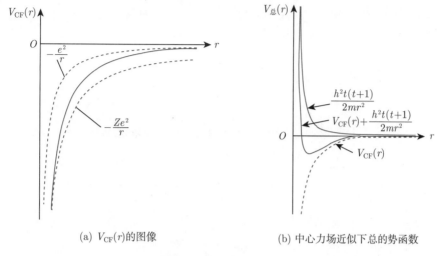

(a) $V_{CF}(r)$ 的图像

(b) 中心力场近似下总的势函数

图 9.1 中心势 $V_{CF}(r)$

然而, 至此我们仍然没有获得关于内层电子所形成的中心势 $S(r)$ 的任何信息. 事实上, 这也很难通过量子力学的分析精确获得: 由于 $S(r)$ 表示的是电子-电子相互作用, 自然就会依赖于电子所处的位置, 而电子的位置又依赖于上述含有 $S(r)$ 项的薛定谔方程解出的波函数, 这样就形成了一个循环. 不过, 借助这个循环, 我们可以发展出一套迭代的方法进行数值求解, 即首先假设一个较为合理的中心势 $S_0(r)$ 作为 "试探势", 代入薛定谔方程中求出电子的波函数 Ψ_0, 再由这个波函数导出中心势 $S_1(r)$(不难想象 $S_1(r)$ 应该比 $S_0(r)$ 更接近真实的 $S(r)$), 再代入薛定谔方程求出新的波函数 Ψ_1······这样循环求解下去, 得到的 $S_i(r)$ 和 Ψ_i 将会逐渐逼近真实的情况. 这种迭代的数值求解方法称为哈特里–福克 (Hartree-Fock) 方法, 广泛应用于原子分子物理的前沿领域和量子化学中[①].

图 9.2 展示了 H、Li、Na 的各个能级. 回到表 6.1, 对氢原子, 由于库仑势是 $1/r$ 的形式, 满足 $SO(4)$ 对称性, 因而存在 ℓ 简并, 各能级的能量就只与 n 有关. 但对碱金属来说, $S(r)$ 项即电子-电子相互作用的存在使基于 $1/r$ 势的 $SO(4)$ 对称破缺, ℓ 简并被解除, 因而我们在图中看到, 同一主量子数的能级发生分裂, ℓ 较大的能级相比 ℓ 较小的能级有所抬升[②].

以上是对碱金属原子能级的讨论. 在实验上, 跃迁光谱是我们研究原子结构和能级的主要手段. 根据选择定则, 跃迁应满足 $\Delta\ell = \pm 1$, 于是就能得到碱金属原子的光谱. 这里以 Na 为例.

(1) 锐线系: $n\mathrm{S} \to 3\mathrm{P}$, $n = 4, 5, 6, \ldots$

(2) 主线系: $n\mathrm{P} \to 3\mathrm{S}$, $n = 3, 4, 5, \ldots$

[①] 哈特里–福克方法的具体计算超出了本书的范围, 这里不再展开讨论, 对此有兴趣的同学可阅读量子化学的教材, 例如, 徐光宪, 黎乐民, 王德民. 量子化学. 北京: 科学出版社, 2009; Levine I N. Quantum Chemistry. Pearson, 2014.

[②] 人们把 n 和 ℓ 均相同的电子称为同科电子, 也称为等效电子 (equivalent electron). 历史上, 跃迁光谱是研究原子结构的主要手段, 人们按跃迁初态的角量子数将价电子跃迁到基态的光谱分为四个线系: 初态角量子数 $\ell = 0, 1, 2, 3$ 的光谱系分别称为锐线系 (sharp series)、主线系 (principal series)、漫线系 (diffuse series) 和基线系 (fundamental series). 后来, 人们就沿用四个线系的首字母代表对应角量子数的态, 即 S、P、D、F. 对 $\ell > 3$ 的态, 则按 F 之后的英文字母顺序依次使用 G、H 等.

(3) 漫线系：$n\mathrm{D} \to 3\mathrm{P}$, $n = 3, 4, 5, \ldots$

(4) 基线系：$n\mathrm{F} \to 3\mathrm{D}$, $n = 4, 5, 6, \ldots$

其中最著名的是被大家称为 "钠 D 线" 的 $3\mathrm{P} \to 3\mathrm{S}$ 线，其波长为 589.3nm，属于可见光的黄色波段.

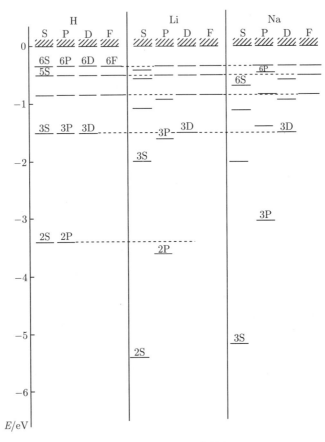

图 9.2　H、Li、Na 的能级

如果对 Na 光谱进行更高精度的观测，就会发现上述每条光谱都是双线或三线结构. 例如，最著名的 "钠 D 线" 其实包括 589.0nm 的 $\mathrm{D_1}$ 线和 589.6nm 的 $\mathrm{D_2}$ 线. 基于 7.6 节和 8.3 节的讨论，我们不难理解这种分裂来源于自旋轨道耦合即托马斯耦合：3S 态，由于 $\ell = 0$，能级没有分裂；但 $3\mathrm{P}(\ell = 1)$ 态，根据 $j = \ell \pm \dfrac{1}{2}$，则会分裂为两个能级，这样，由 3P 向 3S 跃迁的谱线也就分裂为两条. 同理，所有 P 和 S 之间跃迁的谱线 (即主线系和锐线系) 都成为双线结构.

除 P 态外，对 D、F 等所有 $\ell \neq 0$ 的态，在自旋的影响下都会分裂为两个能级. 不过，由于选择规则同时要求 $\Delta j = 0, \pm 1$，并不是每两个能级之间都能发生跃迁. 例如对漫线系，$j = 5/2$ 的 D 能级就不能跃迁至 $j = 1/2$ 的 P 能级，因而漫线系只产生三条跃迁谱线 (而不是四条)；同理，基线系也为三线结构.

19 世纪，德国物理学家夫琅禾费 (J. von Fraunhofer) 通过对太阳光谱的观察，发现光

谱中存在许多暗线 (图 9.3),其中就包含两条钠 D 线——夫琅禾费当时按字母顺序从右到左标记这些暗线,这也是钠 D 线名称的由来. 后来,基尔霍夫 (G. R. Kirchhoff) 和本生 (R. W. Bunsen) 推测这些暗线是由太阳大气中的原子跃迁时吸收能量造成的,进而由此获得了关于太阳大气中元素组成的信息. 时至今日,光谱仍然是天文学上研究天体化学组成和运动状态的重要手段[1].

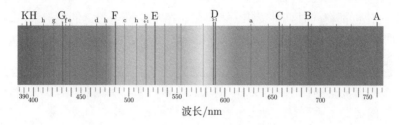

图 9.3 夫琅禾费线

9.3 全同粒子与元素周期表

在 4.5 节中我们已经知道,全同性原理即全同粒子不可区分,是量子力学基本假设之一. 全同粒子的不可区分性对物理有着深刻的影响. 本节我们将看到,全同性原理决定着多电子原子的结构和元素周期律.

设两个粒子 1、2 是全同粒子,其波函数为 $|X_1, X_2\rangle$,其中 X_1 和 X_2 是分别对应于粒子 1 和粒子 2 的参量[2]. 由于全同粒子不可区分,若对这两个粒子做交换,物理系统保持不变,即交换前后的波函数只差一个相因子;而如果对该系统做两次交换,显然系统将回到初始状态. 因此,如果定义交换算符 $\hat{P}_{12}$,就有

$$\hat{P}_{12}|X_1, X_2\rangle = |X_2, X_1\rangle = \mathrm{e}^{\mathrm{i}\alpha}|X_1, X_2\rangle,$$

$$\hat{P}_{12}^2|X_1, X_2\rangle = \mathrm{e}^{\mathrm{i}2\alpha}|X_1, X_2\rangle = |X_1, X_2\rangle.$$

这样就得到 $\mathrm{e}^{\mathrm{i}\alpha} = \pm 1$,即

$$\hat{P}_{12}|X_1, X_2\rangle = \pm|X_1, X_2\rangle.$$

由此,我们可以定义两种波函数 $|X_1, X_2\rangle_\Phi$ 和 $|X_1, X_2\rangle_\Psi$,分别满足

$$\hat{P}_{12}|X_1, X_2\rangle_\Phi = |X_2, X_1\rangle_\Phi = |X_1, X_2\rangle_\Phi,$$

$$\hat{P}_{12}|X_1, X_2\rangle_\Psi = |X_2, X_1\rangle_\Psi = -|X_1, X_2\rangle_\Psi.$$

(9.12)

---

① 例如 "红移" 就是指天体的光谱向红色端移动 (即波长变长),红移的可能原因包括天体自身远离观察者、宇宙膨胀和引力红移等;蓝移则相反.

② 给粒子编上 "$1, 2, \cdots$" 这样的编号并不违背全同性原理,该原理只是表明,无法确定我们给定的某个编号对应于物理上的哪个粒子.

即对两个粒子做交换时，波函数 $|X_1, X_2\rangle_\Phi$ 不变，或称该波函数是交换对称的；而波函数 $|X_1, X_2\rangle_\Psi$ 则在粒子交换作用下产生一个额外的负号，或者说该波函数是交换反对称的. 交换对称的波函数对应的粒子称为玻色子，而交换反对称的波函数对应的粒子称为费米子[①]. 不难发现，交换反对称的性质要求两个费米子不能处于同一个量子态，这就是泡利不相容原理.

历史上，泡利不相容原理在 1925 年作为一个唯象规律被提出，费米–狄拉克统计和玻色–爱因斯坦统计也都在同时期被提出. 然而在非相对论量子力学的框架下，这些性质的起源不可能被理解. 直到 1939 年费尔兹 (M. Fierz) 给出了自旋统计定理，阐述了粒子自旋与所遵循的统计规律的对应关系，即

- 由整数自旋全同粒子 (自旋 0，1，2，3 等) 组成的系统波函数在任意两个粒子交换的情况下不变. 这种波函数交换对称的粒子被称为玻色子.
- 由半整数自旋全同粒子 (自旋 1/2, 3/2, 5/2 等) 组成的系统波函数在任意两个粒子交换的情况下产生一个负号. 这种波函数交换反对称的粒子被称为费米子，符合泡利不相容原理.

次年，泡利在相对论量子场论框架下给出了证明，泡利不相容原理和量子统计性质的起源至此才获得了解释. 后来，施温格 (J. S. Schwinger) 和费恩曼在不同框架下研究过这一问题. 有关自旋统计定理的物理起源，我们将在 9.5 节中以相对主流的相对论量子场论框架进行探讨.

泡利不相容原理对费米子系统的波函数给出了极强限制. 例如对两费米子体系来说，如果不考虑自旋轨道耦合，定态波函数就可以分离变量为

$$|\boldsymbol{x}_1, s_1; \boldsymbol{x}_2, s_2\rangle = |\boldsymbol{x}_1, \boldsymbol{x}_2\rangle_\varphi |s_1, s_2\rangle_\chi, \tag{9.13}$$

其中，$|\boldsymbol{x}_1, \boldsymbol{x}_2\rangle_\varphi$ 为空间部分，$|s_1, s_2\rangle_\chi$ 为自旋部分. 在交换算符作用下有

$$\hat{P}_{12} |\boldsymbol{x}_1, s_1; \boldsymbol{x}_2, s_2\rangle = |\boldsymbol{x}_2, \boldsymbol{x}_1\rangle_\varphi |s_2, s_1\rangle_\chi = - |\boldsymbol{x}_1, \boldsymbol{x}_2\rangle_\varphi |s_1, s_2\rangle_\chi,$$

因此只有两种可能，一种是空间部分交换对称、自旋部分交换反对称

$$\begin{cases} \hat{P}_{12} |\boldsymbol{x}_1, \boldsymbol{x}_2\rangle_\varphi = |\boldsymbol{x}_2, \boldsymbol{x}_1\rangle_\varphi, \\ \hat{P}_{12} |s_1, s_2\rangle_\chi = - |s_2, s_1\rangle_\chi. \end{cases} \tag{9.14}$$

另一种是空间部分交换反对称、自旋部分交换对称

$$\begin{cases} \hat{P}_{12} |\boldsymbol{x}_1, \boldsymbol{x}_2\rangle_\varphi = - |\boldsymbol{x}_2, \boldsymbol{x}_1\rangle_\varphi, \\ \hat{P}_{12} |s_1, s_2\rangle_\chi = |s_2, s_1\rangle_\chi. \end{cases} \tag{9.15}$$

[①] 玻色子和费米子的名称源于由它们构成的全同粒子系统分别满足玻色–爱因斯坦统计和费米–狄拉克统计. 由波函数的对称和反对称性质导出对应的统计规律是量子统计物理学的内容，这里不再展开讨论，对此有兴趣的读者可参考统计物理学的教材.

由于电子是费米子,上述讨论可以应用于两电子体系. 由 5.4 节的讨论可知,两电子体系 $(s_1 = 1/2,\ s_2 = 1/2)$ 的自旋波函数有四个本征态,在耦合表象和非耦合表象下分别表示为[①]

$$|1, 1\rangle_\chi = |\uparrow\uparrow\rangle,$$

$$|1, 0\rangle_\chi = \frac{1}{\sqrt{2}} \left(|\uparrow\downarrow\rangle + |\downarrow\uparrow\rangle \right),$$

$$|1, -1\rangle_\chi = |\downarrow\downarrow\rangle, \tag{9.16}$$

$$|0, 0\rangle_\chi = \frac{1}{\sqrt{2}} \left(|\uparrow\downarrow\rangle - |\downarrow\uparrow\rangle \right).$$

容易发现前三个态对两个电子是交换对称的,因而其对应的空间部分波函数必然交换反对称;而态 $|0, 0\rangle_\chi$ 对两个电子交换反对称,则其对应的空间部分波函数必然是交换对称的[②].

进一步地,将泡利不相容原理应用于多电子原子系统,可以导出核外电子的 "壳层结构". 对多电子原子系统中的电子状态 $|n, \ell, m_\ell, m_s\rangle$,每组给定的 n 和 ℓ 对应有 $2(2\ell + 1)$ 个态,也就是常见的

$$s^2\ (\ell = 0),\quad p^6\ (\ell = 1),\quad d^{10}\ (\ell = 2)\ , f^{14}\ (\ell = 3),\ \cdots$$

而对给定的 n,由 $0 \leqslant \ell \leqslant n - 1$,则有

$$\sum_{\ell=0}^{n-1} 2(2\ell + 1) = 2n + 4 \sum_{\ell=0}^{n-1} = 2n^2.$$

即给定 n 的一个能级包含 $2n^2$ 个态,根据泡利不相容原理,也就是说一个能级上最多排布 $2n^2$ 个电子. 一个 n 对应的能级称为壳层,排满 $2n^2$ 个电子的情况称为满壳层;而给定的一组 n 和 ℓ 对应的态则称为子壳层. 一般情况下,随着原子序数的增加,核外电子会优先排布在 n 较小的壳层,排满当前壳层后则会向下一个壳层排布.

上述电子排布的规则对原子序数 $Z \leqslant 18$ 的元素是完全适用的. 不过,对 $Z \geqslant 19$ 的元素,由于复杂的电子–电子相互作用的影响,情况会有所不同. 受此影响,对同一壳层来说,原本 $1/r$ 中心势下对 ℓ 简并的能级将产生分裂,ℓ 较大的子壳层能量将升高,因此同一壳层的电子通常从 s 态开始排布,直到排满该壳层;另外,对部分子壳如 3d 来说,因为受到电子相互作用的影响较大,能量升高也就较大,以致超过了原本更 "外层" 的 4s 态的能量,因此电子在填满 3p 后将率先填充 4s 态,而后再填充 3d 态. 有关核外电子排布的经

---

① 这里使用式 (7.1) 的写法,并记 $|\uparrow\uparrow\rangle \equiv |\uparrow\rangle \otimes |\uparrow\rangle$,其他以此类推.

② 回顾 9.1 节对氦原子的讨论,那时我们仅简单地考虑了原子核–电子和电子–电子间的库仑相互作用,并未考虑电子的费米子特性. 而氦原子中的两个电子显然正符合这里讨论的二电子体系. 因而,我们会发现,若对两个电子做交换,系统的能量将保持不变,因此能级应该是简并的 (通常称为交换简并). 而进一步,根据泡利不相容原理,两电子的自旋耦合会对空间波函数产生影响:当体系的空间波函数交换反对称时,必然对应式 (9.16) 中总自旋为 1 的三个自旋波函数,这实际上构成了一个三重态;而当体系的空间波函数交换对称时,则对应 $|0, 0\rangle_\chi$ 的自旋单态. 实验中人们也的确发现氦存在单态和三重态两组光谱,并且由于历史原因,通常把单态的氦称为仲氦 (parahelium),而把三重态的氦称为正氦 (orthohelium). 不过,由于基态下两电子都处在最低能态,体系的空间波函数显然是交换对称,因而此时必为单态,而不存在三重态的情况. 这一部分的详细计算需要使用简并态微扰论的方法,这里不再展开.

验规律由马德隆 (Madelung) 规则给出[①]:

(1) 电子按 $(n+\ell)$ 递增的顺序填充进各子壳层;

(2) 对 $(n+\ell)$ 相同的子壳, 按 n 递增的顺序填充.

或者更直观地, 马德隆规则由图 9.4 表示.

	$\ell=0$	$\ell=1$	$\ell=2$	$\ell=3$	$\ell=4$	$\ell=5$
$n=1$	1s					
$n=2$	2s	2p				
$n=3$	3s	3p	3d			
$n=4$	4s	4p	4d	4f		
$n=5$	5s	5p	5d	5f	5g	
$n=6$	6s	6p	6d	6f	6g	6h
$n=7$	7s	7p	7d		...	

图 9.4　马德隆核外电子填充规则

通常, 我们将原子中被电子占据的壳层和该壳层填充的电子数称为原子的电子组态, 例如, 各惰性气体原子的电子组态分别为

$$_2\mathrm{He} \qquad\qquad\qquad 1\mathrm{s}^2$$

$$_{10}\mathrm{Ne} \qquad\qquad\qquad 1\mathrm{s}^2 2\mathrm{s}^2 2\mathrm{p}^6$$

$$_{18}\mathrm{Ar} \qquad\qquad\qquad 1\mathrm{s}^2 2\mathrm{s}^2 2\mathrm{p}^6 3\mathrm{s}^2 3\mathrm{p}^6$$

$$_{36}\mathrm{Kr} \qquad\qquad 1\mathrm{s}^2 2\mathrm{s}^2 2\mathrm{p}^6 3\mathrm{s}^2 3\mathrm{p}^6 3\mathrm{d}^{10} 4\mathrm{s}^2 4\mathrm{p}^6$$

$$_{54}\mathrm{Xe} \qquad 1\mathrm{s}^2 2\mathrm{s}^2 2\mathrm{p}^6 3\mathrm{s}^2 3\mathrm{p}^6 3\mathrm{d}^{10} 4\mathrm{s}^2 4\mathrm{p}^6 4\mathrm{d}^{10} 5\mathrm{s}^2 5\mathrm{p}^6$$

$$_{86}\mathrm{Rn} \quad 1\mathrm{s}^2 2\mathrm{s}^2 2\mathrm{p}^6 3\mathrm{s}^2 3\mathrm{p}^6 3\mathrm{d}^{10} 4\mathrm{s}^2 4\mathrm{p}^6 4\mathrm{d}^{10} 4\mathrm{f}^{14} 5\mathrm{s}^2 5\mathrm{p}^6 5\mathrm{d}^{10} 6\mathrm{s}^2 6\mathrm{p}^6$$

任何其他元素的电子组态通常都包含着上一周期惰性气体元素的组态, 因此其电子组态可参考惰性气体元素进行简写, 例如铝的电子组态就可写作 $[\mathrm{Ne}]3\mathrm{s}^2 3\mathrm{p}^1$, 其中 $[\mathrm{Ne}]$ 表示 Ne 的电子组态; 而惰性气体组态之外的电子称为价电子, 价电子的排布通常决定了元素的化学性质.

9.1 节讨论了 He 的第一电离能. 事实上, 第一电离能对元素的化学性质有着重要影响: 电离能越小的原子越容易在化学反应中失去电子, 因而表现出较强的还原性. 图 9.5 给出了原子第一电离能随原子序数变化图像, 从中可见明显的周期性结构, 特别是惰性气体元素的第一电离能都比较大, 而碱金属元素的第一电离能则通常很小. 第一电离能的变化可以用屏蔽效应近似来理解: 从前面给出的惰性气体的电子组态可以看出, 惰性气体原子最外层的 s 和 p 子壳总是填满的[②], 如果将内层电子和原子核视为一个等效的带正电荷的 "原子实", 则外层电子将受到 8 个正电荷的吸引, 因而电离所需的能量相对较大; 而对碱金属元素如 $\mathrm{Na}(1\mathrm{s}^2 2\mathrm{s}^2 2\mathrm{p}^6 3\mathrm{s}^1)$ 来说, 其最外层只有 1 个电子, 考虑屏蔽效应后仅受到 1 个正电荷的吸

---

① 该规则最早由亚内特 (C. Janet) 于 1929 年提出, 后被马德隆在 1936 年重新发现. 1961 年, V. M. Klechkovskii 利用托马斯–费米模型和 Tietz 近似给出了该规则的一种证明. 由于这一近似条件下的证明非常烦琐, 且马德隆规则本身仍存在例外情况, 这里不再展开, 感兴趣的读者可参考 (Madelung E. Mathematische Hilfsmittel des Physikers. 3rd ed. Berlin: Springer, 1936) 和 (Klechkowskii V M. Soviet physics. JETP, 1962, 14(2): 334-335).

② 当然, 氢原子基态没有 p 子壳.

引，电离所需的能量就相对较小. 因此，惰性气体元素的化学性质通常极为稳定. 我们也可以从对称性的角度来理解：填满的子壳层显然拥有最大的空间对称性，因而当所有有电子填充的子壳层都被填满时，该组态的能量最低 (即电离能最高)；反之，当某一子壳层只填充少量电子时，它就拥有较小的对称性，组态能量也就较高. 这也是 IIB 族元素 (即 Zn、Cd、Hg 等) 第一电离能相对较高的原因——它们的价电子都填满了相应的 d 和 s 子壳层.

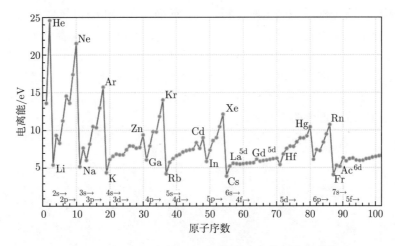

图 9.5　原子第一电离能随原子序数变化的周期性结构

至此我们看到，不同于玻色子可以聚集于同一量子态，费米子的泡利不相容原理限制了原子的每个能级可容纳电子的数目，由此导致了上述壳层结构的产生. 进一步地，如果结合自旋轨道耦合的修正，我们就能对元素周期表 (图 9.6) 给出较为完整的解释.

族→ 1	2	3	4	5	6	7	8	9	10	11	12	13	14	15	16	17	18
↓周期																	
1 H 氢																	2 He 氦
3 Li 锂	4 Be 铍											5 B 硼	6 C 碳	7 N 氮	8 O 氧	9 F 氟	10 Ne 氖
11 Na 钠	12 Mg 镁											13 Al 铝	14 Si 硅	15 P 磷	16 S 硫	17 Cl 氯	18 Ar 氩
19 K 钾	20 Ca 钙	21 Sc 钪	22 Ti 钛	23 V 钒	24 Cr 铬	25 Mn 锰	26 Fe 铁	27 Co 钴	28 Ni 镍	29 Cu 铜	30 Zn 锌	31 Ga 镓	32 Ge 锗	33 As 砷	34 Se 硒	35 Br 溴	36 Kr 氪
37 Rb 铷	38 Sr 锶	39 Y 钇	40 Zr 锆	41 Nb 铌	42 Mo 钼	43 Tc 锝	44 Ru 钌	45 Rh 铑	46 Pd 钯	47 Ag 银	48 Cd 镉	49 In 铟	50 Sn 锡	51 Sb 锑	52 Te 碲	53 I 碘	54 Xe 氙
55 Cs 铯	56 Ba 钡	镧系	72 Hf 铪	73 Ta 钽	74 W 钨	75 Re 铼	76 Os 锇	77 Ir 铱	78 Pt 铂	79 Au 金	80 Hg 汞	81 Tl 铊	82 Pb 铅	83 Bi 铋	84 Po 钋	85 At 砹	86 Rn 氡
87 Fr 钫	88 Ra 镭	锕系	104 Rf 𬬻	105 Db 𬭊	106 Sg 𬭳	107 Bh 𬭛	108 Hs 𬭶	109 Mt 鿏	110 Ds 𫟼	111 Rg 𬬭	112 Cn 鿔	113 Nh 鿭	114 Fl 𫓧	115 Mc 镆	116 Lv 𫟷	117 Ts 鿬	118 Og 鿫

镧系元素	57 La 镧	58 Ce 铈	59 Pr 镨	60 Nd 钕	61 Pm 钷	62 Sm 钐	63 Eu 铕	64 Gd 钆	65 Tb 铽	66 Dy 镝	67 Ho 钬	68 Er 铒	69 Tm 铥	70 Yb 镱	71 Lu 镥
锕系元素	89 Ac 锕	90 Th 钍	91 Pa 镤	92 U 铀	93 Np 镎	94 Pu 钚	95 Am 镅	96 Cm 锔	97 Bk 锫	98 Cf 锎	99 Es 锿	100 Fm 镄	101 Md 钔	102 No 锘	103 Lr 铹

图 9.6　元素周期表

除了理解元素周期表外，量子力学的全同性原理对散射问题等的讨论也十分重要，不过这超出了本书的讨论范围，对此感兴趣的读者可以查阅关于量子力学的教材.

9.4　分子能级与分子结构

光谱是研究物质内部结构的重要途径之一. 前面，我们主要以氢原子为例，通过量子力学的方法导出了氢原子光谱的结构. 更一般地，现实世界中的大多数物质由分子组成. 同样地，我们也能通过研究分子光谱来探究物质分子的结构. 不过，由于分子中通常包含多个原子核和电子，其中的相互作用和运动比单个原子中的复杂得多，因此分子光谱通常比原子光谱复杂得多. 图 9.7 显示了氢分子 H_2 的光谱，可以看出，氢分子的谱线数量比氢原子多得多，呈现出近乎连续的光谱带.

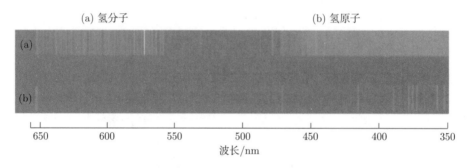

图 9.7　氢分子和氢原子光谱对比

氢分子 H_2 是最简单的双原子分子，包含两个质子 (原子核) 和一对成共价键的电子. 容易推测，因为质子的质量比电子大得多，质子在氢分子内的位置应该相对固定，只在平衡位置附近发生振动. 事实上，中子衍射实验[①]为我们的猜想提供了证据：实验表明，氢分子两个质子的间距维持在 0.074nm 附近. 因此，我们可以初步猜测，在研究分子能级和结构时，将原子核运动和电子运动分别进行处理，或许可以构成一个较好的近似.

为了进一步确定这一近似是否合理，我们可以借助不确定关系对各运动的能量作出简单估计. 根据上述实验结果，取氢分子的尺度 $R_0 \approx 0.1\text{nm}$，也即价电子的位置不确定度 $\Delta x \approx 0.1\text{nm}$. 于是根据不确定原理

$$\Delta x \Delta p \sim 1,$$

就能求出价电子动量的不确定度，进而求出其能量

$$E_\text{e} = \frac{p^2}{2m_\text{e}} \sim \frac{(\Delta p)^2}{2m_\text{e}} \approx 1 \sim 10\text{eV}.$$

---

①　由于中子不带电，不与电子发生相互作用，而仅通过核力与原子核相互作用，我们容易使用中子来探测原子核在分子中的位置.

再考虑原子核在平衡位置附近的振动. 容易理解, 原子核的振动是由其与运动的电子的相互作用引起的, 因而若设该振动的频率为

$$\nu_{\mathrm{N}} = \frac{1}{2\pi}\sqrt{k/M},$$

其中 k 为核与电子相互作用的简谐力系数. 这样, 对电子就有

$$\nu_{\mathrm{e}} = \frac{1}{2\pi}\sqrt{k/m_{\mathrm{e}}},$$

再由能量 $E = h\nu$, 就得到原子核振动能量与电子运动能量的比值

$$\frac{E_{\mathrm{N}}}{E_{\mathrm{e}}} = \sqrt{\frac{m_{\mathrm{e}}}{M}} \approx 10^{-2},$$

也即原子核振动的能量在 $0.1 \sim 1\mathrm{eV}$ 附近.

对原子核来说, 除了在平衡位置附近的振动外, 还有两个原子核近似构成的 "刚体" 作为整体的平动和转动. 显然平动可以通过选取质心系来消除, 而对转动, 容易知道在质心系下其转动惯量 $I = \dfrac{MR_0^2}{2}$, 若设其角动量为 $L \approx 1$, 就有转动动能

$$E_{\mathrm{R}} = \frac{L^2}{2I} \sim \frac{1}{MR_0^2} \approx 10^{-3}\mathrm{eV}.$$

从以上估算中可以看出, 原子核振动和转动的能量比价电子运动的能量小得多, 或者说原子核的运动速度比价电子慢得多. 这一方面进一步证明了我们近似的合理性, 另一方面也解释了分子光谱的复杂性: 在价电子能级的基础上, 量子化的核运动能量使能级发生分裂, 形成了间隔很小的较为精细的结构. 当然, 氢分子只是分子中最简单的情况, 对多电子原子组成的分子, 由于内层电子的存在, 情况可能更为复杂. 不过幸运的是, X 射线光谱学的实验证据表明, 在多电子原子组成分子时, 内层电子几乎不受影响, 因此我们对此不再展开讨论.

经过讨论, 我们有足够的理由相信, 分子中电子的运动和原子核的运动在能量上相差几个数量级, 因此我们可以将两者的运动分离开来, 在计算电子运动时假设原子核不动, 在计算原子核运动时将电子等效为一个平均势. 这种近似方法称为玻恩–奥本海默 (Born-Oppenheimer) 近似, 广泛应用于分子问题中[①]. 接下来, 我们将首先从量子力学的角度介绍这种近似, 然后借助它讨论分子中的化学键, 再讨论分子的转动和振动带来的能级分裂; 最后, 我们将使用这些讨论的结果, 简单介绍分子光谱及其应用.

---

① 原始文献见 Born M, Oppenheimer R. Ann. Physik, 1927, 84: 457. 该文献并未涉及前述各半经典模型, 而是直接将分子系统的哈密顿量对 $(m/M)^{1/4}$ 做展开, 然后逐级求解, 得到核振动对应于二阶项、分子转动对应四阶项的结论. 对此有兴趣的读者可查阅该文献. 另外, 在当代的前沿研究中, 随着研究的不断深入和高分辨率光谱技术的发展, 玻恩–奥本海默近似逐渐不足以满足人们对计算精度的需求. 为了满足研究的需要, 人们发展出一些新的近似计算方法, 例如等效哈密顿量方法等, 不过这超出了本书的范围, 对此有兴趣的读者可以参考原子分子光物理的相关教材, 例如, 颜波. 原子分子与光物理. 北京: 高等教育出版社, 2023; Brown J M, Carrington A. Rotational Spectroscopy of Diatomic Molecules. Cambridge: Cambridge University Press, 2003.

9.4.1 玻恩–奥本海默近似

对一般的双原子分子，设其有 n 个电子，则系统的哈密顿量可写为

$$H = H_N + H_e \tag{9.17}$$

其中，H_N 和 H_e 分别为原子核部分和电子部分的哈密顿量. 具体地有

$$H_N = -\frac{\Delta_A}{2m_A} - \frac{\Delta_B}{2m_B} + \frac{Z_A Z_B \alpha}{R}, \tag{9.18}$$

$$H_e = \sum_i \left(-\frac{\Delta_i}{2m_e} - \frac{Z_A \alpha}{r_{Ai}} - \frac{Z_B \alpha}{r_{Bi}} + \sum_{j>i} \frac{\alpha}{r_{ij}} \right). \tag{9.19}$$

其中，A、B 标记了两个原子核，而 i、j 标记了电子. 若在玻恩–奥本海默近似下处理电子的运动，即将原子核视为不动，则式 (9.18) 中的动能项就自动消除，势能项成为常数，不会影响电子的波函数，因此我们只需考虑式 (9.19) 的哈密顿量. 这样，电子的方程就成为与多电子原子类似的形式，可以用相似的方法进行数值求解.

而对原子核来说，根据玻恩–奥本海默近似，电子的运动可以等效为一个平均势 $E_e(R)$(它可以通过求解电子部分的方程获得)，因而原子核方程中的哈密顿量简化为

$$H = H_N + E_e(R),$$

核的薛定谔方程即为

$$H\Psi_N = \left[-\frac{\Delta_A}{2m_A} - \frac{\Delta_B}{2m_B} + U(R) \right] \Psi_N(\boldsymbol{R}_A, \boldsymbol{R}_B) = E\Psi_N(\boldsymbol{R}_A, \boldsymbol{R}_B), \tag{9.20}$$

其中，$U(R) = Z_A Z_B \alpha/R + E_e(R)$. 注意到在忽略电子运动的情况下，双原子分子的核运动实际上成为一个两体问题，一种常用的处理方法是采用质心系. 设两原子核的质量和为 $M = m_A + m_B$，折合质量为 $\mu = m_A m_B/M$，容易写出质心系下的原子核方程[①]

$$\left[-\frac{\Delta_{\boldsymbol{R}}}{2\mu} + U(R) \right] \Psi_N(\boldsymbol{R}) = E\Psi_N(\boldsymbol{R}). \tag{9.21}$$

这同样也成为我们熟悉的形式.

9.4.2 化学键

分子是多个原子通过电磁相互作用形成的一种束缚态，这种电磁相互作用称为化学键. 在组成分子时，化学键主要由原子的价电子参与构成，而内壳层电子由于被原子核束缚较紧，几乎不受影响. 常见的化学键分为离子键、共价键和金属键三种.

---

① 注意到方程 (9.20) 中的动能项在质心系下应改写为

$$-\frac{\Delta_A}{2m_A} - \frac{\Delta_B}{2m_B} = -\frac{\Delta_C}{2M} - \frac{\Delta_R}{2\mu},$$

右边第一项是质心动能项，对应于分子整体的平动，按此前讨论可以直接忽略.

9.3 节已经说到, 核外电子排布, 尤其是价电子构型的不同, 很大程度上决定了元素的化学性质. 当化学性质较活泼的原子组成分子时, 由于其价电子层得失电子非常容易, 分子中某一原子的价电子就很容易转移给另一个原子, 进而两个原子都形成惰性气体的电子组态, 分子得以稳定存在. 由于在这样的分子中, 原子通过得到或失去电子而带有负或正电荷, 从而成为阴或阳离子, 这样由电子转移形成的化学键称为离子键. 而当化学性质相对不太活泼的原子组成分子时, 因为得失电子并不太容易, 原子之间通常不会形成离子键, 而是通过形成共用价电子对的形式结合, 这种共用价电子对称为共价键. 共价键中的一对价电子被两个原子 "共享", 使每个原子都能具有惰性气体的电子组态.

前面我们还提到, 第一电离能标志着原子通过电离失去一个电子而成为一价阳离子的容易程度, 因而是元素化学性质的重要反映, 例如 IA 族的碱金属原子和 IIA 族的碱土金属原子, 它们具有很小的第一电离能, 很容易失去电子形成阳离子, 化学性质就非常活泼. 然而, 原子俘获电子的容易程度并不能通过电离能直观地反映出来. 为了反映这一特性, 我们需要引入一个类似的概念: 电子亲和势, 是指一个基态的中性原子俘获一个电子成为一价负离子而释放出的能量. 不难理解, 这个能量越大, 该原子俘获电子的能力就越强, 化学性质也就越活泼. 元素周期表中 VIIA 族和 VIA 族的原子通常具有较高的电子亲和势, 就很容易通过得到电子而形成阴离子. 而位于元素周期表中部的大部分元素, 其第一电离能较大、电子亲和势又较小, 就相对较难形成离子.

1932 年, 鲍林 (L. C. Pauling) 通过引入电负性的概念, 对原子得到电子的能力给出了统一的描述. 他将 Li 原子的电负性定义为 1, 将 F 原子的电负性定义为 4, 其他原子的电负性通过实验测得的键能[1]数据标度出来. 电负性越大, 原子俘获电子的能力越强. 这样, 当电负性差别很大的原子形成分子时, 其中一个原子就更容易 "夺走" 另一个原子的价电子, 从而形成离子键 (例如 NaCl); 而当电负性差别很小的原子形成分子时, 它们对电子的争夺就 "陷入僵局", 从而形成共享电子的共价键 (例如 H_2 这种相同元素组成的双原子分子).

下面我们以熟悉的 NaCl 分子为例, 对离子键的情况作简单讨论. 我们知道, Na 的第一电离能为 5.14eV, Cl 的电子亲和势为 3.62eV, 也就是说, 对具有一个 Na 原子和一个 Cl 原子的系统, 在仅考虑价电子层得失电子而不考虑其他相互作用的情况下, 要使其形成 Na^+ 和 Cl^-, 还要为系统输入 1.52eV 的能量. 换言之, 含有孤立[2]的 Na^+ 和 Cl^- 各一个的系统, 其具有 1.52eV 的基础势能. 如果我们考虑系统的势能函数 $E(r)$, 其中 r 是两个离子的间距, 再考虑库仑引力的作用, 容易写出

$$E(r) = -\frac{\alpha}{r} + 1.52\text{eV}.$$

不过, 上式只适用于离子间距较远的情况, 这时无须考虑两离子的电子之间的相互作用[3]. 而当离子间距很小的时候, 由于两个离子的电子波函数发生重叠, 泡利不相容原理会迫使原本在各自系统中具有相同量子数的两个电子之一跃迁到更高能级, 这就导致系统的势能

---

[1] 我们将两个原子通过某个化学键结合时释放的能量称为键能, 它是一种结合能.

[2] 即不考虑二者的相互作用, 也可以等效地理解为两个离子相距无穷远.

[3] 当然, 随着离子间距持续减小, 理论上总会进入两个原子核之间核力的作用范围, 不过核力的作用尺度与离子键的尺度差了几个数量级, 我们对此暂不做讨论.

升高, 相当于形成了一种斥力的效果, 有时我们也将其称为泡利斥力. 泡利斥力的势能 E_P 不容易通过理论计算, 通常由实验数据获得.

　　基于上述讨论, 完整的二离子系统势能可写为

$$E(r) = -\frac{\alpha}{r} + E_P + 1.52\mathrm{eV},$$

或者更一般地写成

$$E(r) = -\frac{\alpha}{r} + E_P + E_i - E_a,$$

其中, E_i 和 E_a 分别为阳离子原子的电离能和阴离子原子的电子亲和势. 图 9.8 给出了 NaCl 分子的势能曲线. 该曲线表明: NaCl 分子通过离子键形成了束缚态; 平衡位置的离子间距为 $R_0 = 0.24\mathrm{nm}$, 这个距离也称为该离子键的键长; 此时系统的势能为 $-4.26\mathrm{eV}$, 即形成一个 NaCl 离子键时系统将释放 $4.26\mathrm{eV}$ 的能量, 也即该离子键的键能为 $4.26\mathrm{eV}$.

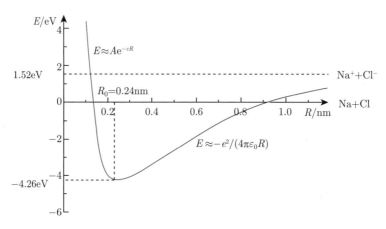

图 9.8　NaCl 分子的势能曲线

　　相比于离子键, 共价键的情况更为复杂. 下面我们选取氢分子 H_2 作为最简单的例子来理解共价键的形成. 按照玻恩–奥本海默近似, H_2 分子中电子的哈密顿量为

$$H_e = \left[-\frac{\Delta_1 + \Delta_2}{2m_e} - Z_A\alpha\left(\frac{1}{r_{A1}} + \frac{1}{r_{A2}}\right) - Z_B\alpha\left(\frac{1}{r_{B1}} + \frac{1}{r_{B2}}\right) + \frac{\alpha}{r_{12}} \right].$$

可以看出, 这个双电子体系的哈密顿量类似于氢原子的情况, 只是两个原子核的存在使其更为复杂. 因此, 借鉴 9.1 节对氢原子的处理, 我们可以使用变分法来近似求解氢分子的方程.

　　H_2 分子如图 9.9所示. 当两个氢原子核间距 R 很大时, 两原子间的相互作用可以忽略, 则分子基态的波函数可以近似看成是两个氢原子基态波函数的乘积, 这样, 我们就可以用

$$|\psi(\lambda)\rangle_{Xi} = |100^{(0)}(\lambda)\rangle_{Xi} = \sqrt{\frac{m^3(\lambda\alpha)^3}{\pi}}\mathrm{e}^{-m(\lambda\alpha)r_{Xi}} \tag{9.22}$$

作为试探波函数, 其中 $X = A, B$ 是原子核的标记, $i = 1, 2$ 是电子的标记 (当然, 当 $R \to \infty$ 时 Xi 只有 $A1$ 和 $B2$ 两个组合). 事实上这与式 (9.8) 完全一致, 只是将前面的 "有效核电荷数"Z 变成了变分参数 λ.

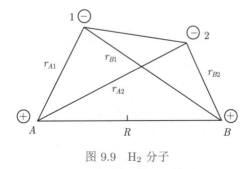

图 9.9　H_2 分子

当原子间距 R 不为无穷大时, 我们必须考虑两点: 一是每个电子 i 都受到 A、B 两个原子核的作用, 二是两电子体系应满足泡利不相容原理. 因此, 若按 9.3 节的讨论, 将两电子的波函数写成

$$|\Psi\rangle = |\boldsymbol{x}_1, s_1; \boldsymbol{x}_2, s_2\rangle = |\boldsymbol{x}_1, \boldsymbol{x}_2\rangle_\varphi |s_1, s_2\rangle_\chi, \tag{9.13}$$

进而如式 (9.16), 自旋部分必然有交换反对称的单态和交换对称的三重态, 分别对应交换对称和交换反对称的空间部分. 容易想到, 空间部分波函数可以如下形式构造[①]:

$$|\boldsymbol{x}\rangle_g = C_g \left(|\psi_{A1}\psi_{B2}\rangle + |\psi_{A2}\psi_{B1}\rangle\right),$$

$$|\boldsymbol{x}\rangle_u = C_u \left(|\psi_{A1}\psi_{B2}\rangle - |\psi_{A2}\psi_{B1}\rangle\right).$$

其中, C_g 和 C_u 为归一化常数. 注意到式中每个 $|\psi\rangle_{Xi}$ 都是 λ 的函数, 进而也就是 R 的函数, 所以按变分原理, 代入上述试探波函数可以求出对应的能量[②]

$$E(\lambda)_{g,u} = \frac{\alpha}{R} + \langle \Psi_{g,u} | H_e | \Psi_{g,u} \rangle.$$

通过详细的计算我们可以得到如图 9.10 所示的能量曲线[③], 从中可以看到三重态波函数 (即自旋对称、空间反对称) 对应的能量没有最小值, 这意味着无法找到一个稳定的原子核间距, 也即无法形成稳定的化学键. 这种不能成键的情况称为反键态. 而单态波函数 (自旋反对称、空间对称) 对应的能量将在 R_0 处取极小值, 构成稳定的状态, 即共价键. 这种情况称为成键态, 而 R_0 也就是共价键的键长.

1928 年, 我国科学家王守竞以这种试探波函数给出了很好的计算结果[④], 他得到的 H_2 分子共价键长 $R_0 = 0.075\text{nm}$, 与实验值的 0.074nm 已经非常接近了.

---

　　① 这种形式的试探波函数称为海特勒–伦敦 (Heitler-London) 近似, 参见 Heitler W, London F. Zeit. Physik, 1927, 44: 455. 式中的下标 g、u 来自德语 "偶"(gerade) 函数和 "奇"(ungerade) 函数.

　　② 详细的计算过程较为烦琐, 这里略去. 可参考曾谨言的《量子力学 (卷 I)(第五版)》486~492 页, 或海特勒–伦敦近似的原始文献 (见脚注①).

　　③ 当然, 直接对 $E(\lambda)$ 使用极值条件 $\dfrac{\partial E}{\partial \lambda} = 0$ 就可以得到这些结论.

　　④ 见 Wang S C. Phys. Rev., 1928, 31: 573.

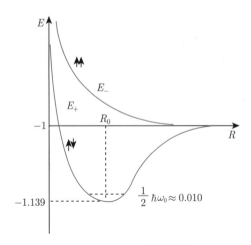

图 9.10　H_2 分子能量曲线

　　不过, 上述计算给出的键能约为 3.5eV, 只有实验值 (4.5eV) 的约 80%, 不甚理想. 回顾我们对试探波函数的构造, 其基础是对每个电子使用氢原子基态波函数的形式, 这实际上几乎忽略了分子这一紧密束缚态对电子波函数形态的影响, 因而这一试探波函数显得过于粗略了. 一种最简单的考虑是, H_2 分子中并不排除离子构型 ($H^+ + H^-$) 的存在, 此时两个电子都进入同一个氢原子的束缚态中, 这显然与我们选取试探波函数时的考虑完全不同[①]. 更精确的计算表明, 离子构型对键能实测值的贡献占了约 5%. 这反过来也提示我们, 离子键和共价键并没有明确的界限——在量子力学的图像下, 价电子在分子中的位置仍然遵循 "电子云" 给出的概率描述, 所谓 "电子转移" 和 "电子共用" 只是两种极端的理想情况, 而实际的情况更可能是价电子被两个成键的原子不同程度地共享.

　　后来的三十年间, 科学家们考虑了各种复杂的相互作用, 最终在 1958 年得到了 H_2 键能的精确结果. 不过, 考虑到这些计算极为复杂, 而且我们对 H_2 分子物理图像的解释已经较为清晰 (结合下面对核运动的讨论), 本书的介绍暂且止步于此[②].

　　与离子键和共价键这种价电子被紧密束缚的形态不同, 在金属原子的结合中, 价电子更容易脱离原子核的束缚, 而在几乎整个金属晶体中相对自由地运动, 从而使金属晶体呈现为失去价电子而形成的正离子分布在相对广域的电子云中的物理图像. 这种金属原子之间的结合方式称为金属键[③]. 容易理解, 金属离子除了与自由电子之间存在库仑引力外, 与其他金属离子之间还存在库仑斥力, 并且当离子间距减小时, 不仅会出现与离子键讨论中

---

　　① 如果我们先考虑只含一个电子的氢分子离子 H_2^+, 同样以氢原子基态波函数的形式 (式 (9.22)) 作为试探波函数, 再考虑到该情况下两个氢原子核对电子来说具有交换对称性, 合理的试探波函数自然地就写为 (这种以原子波函数的线性组合的形式作为试探波函数的方法较为常见, 又称为原子轨道的线性组合近似, 简称 LCAO, 即 linear combination of atomic orbital) 近似

$$\psi_\pm = c_\pm \, |\psi\rangle_{A1} \pm |\psi\rangle_{B1}.$$

如果同理设出第二个电子的试探波函数, 在离子构型中占主导的项自然应为 $|\psi_{A1}\psi_{A2}\rangle$ 或 $|\psi_{B1}\psi_{B2}\rangle$, 这与我们先前取的试探波函数完全不同.

　　② 完整的计算见 James H M, Coolidge A S. J. Chem. Phys., 1933, 1: 825 和 Pekeris C L. Phys. Rev., 1958, 112: 1649. 鲍林对 H_2 分子的研究历史给出了清晰的综述, 见 Pauling L. The Nature of the Chemical Bond. 3rd ed. New York: Cornell University Press, 1960: 14-27.

　　③ 并不是所有金属原子的结合形式都是金属键, 有时金属原子之间也能形成共价键.

类似的泡利斥力，自由电子密度的增加也会影响它们的能量. 因而，这些相互作用也将形成一个平衡，这就形成了稳定的金属晶体. 不过，由于金属中含有大量自由电子，我们通常需要用统计物理的手段来描述其行为，这超出了本书的范围，我们对此不做详细讨论[①].

9.4.3 分子的转动和振动

前面我们已经借助玻恩–奥本海默近似得到了质心系下双原子分子的核运动方程

$$\left[-\frac{\Delta_{\boldsymbol{R}}}{2\mu} + U(R) \right] \Psi_{\mathrm{N}}(\boldsymbol{R}) = E\Psi_{\mathrm{N}}(\boldsymbol{R}). \tag{9.21}$$

注意到 $U(R)$ 只是 R 的函数，因此是一个有心力场问题，仿照 6.4 节的处理，分离变量后就有

$$\Psi(\boldsymbol{R}) = \Phi(R)Y(\theta, \phi),$$

$$\frac{\mathrm{d}}{\mathrm{d}R}\left[R^2 \frac{\mathrm{d}\Phi(R)}{\mathrm{d}R} \right] - 2\mu R^2 \left[U(r) - E \right] \Phi(R) = J(J+1)\Phi(R),$$

$$\hat{J}^2 Y(\theta, \phi) = J(J+1)Y(\theta, \phi),$$

其中 J 为分子转动的角动量量子数. 因此，两原子核做刚性转动的能量

$$E = \frac{\hat{J}^2}{2I} = \frac{J(J+1)}{2\mu R^2} \approx \frac{J(J+1)}{2\mu R_0^2}, \tag{9.23}$$

其中最后一步是以两原子核的平衡间距 R_0 代替间距 R，由于分子中原子核的振动位移相比间距是小量，这一近似是合理的[②].

类似 6.5 节，设 $\chi(R) = R\Phi(R)$，对径向方程稍作整理，可得

$$-\frac{1}{2\mu}\frac{\mathrm{d}^2\chi}{\mathrm{d}R^2} + \left[U(R) + \frac{J(J+1)}{2\mu R^2} \right]\chi = E\chi, \tag{9.24}$$

其中原本的势能 $U(R)$ 和转动方程引入的能量项共同构成了新的势能，设

$$V(R) = U(R) + \frac{J(J+1)}{2\mu R^2},$$

对该势能在平衡位置附近作展开

$$V(R) = V(R_0) + \frac{\mathrm{d}V(R)}{\mathrm{d}R}\bigg|_{R=R_0} (R - R_0) + \frac{\mathrm{d}^2 V(R)}{\mathrm{d}R^2}\bigg|_{R=R_0} \frac{(R - R_0)^2}{2} + \cdots,$$

---

① 对金属中价电子的一个粗糙描述是将其视为在晶体内部可完全自由运动的"电子气"，从而以费米气理论 (它也用在原子核的描述中，将在 10.2 节中介绍) 描述. 而更精细的处理需要考虑金属晶体内部的周期场对电子的影响. 以上两部分内容可分别参考统计物理和固体物理的相关教材或资料.

② 前面我们对转动和振动能量的估算也能表明这一近似的合理性. 在更精确的处理中，可以计及分子转动导致的平衡距离增加，这称为离心变形 (centrifugal distortion). 离心变形将为转动能级引入一个正比于 $[J(J+1)]^2$ 的修正项，不过这一修正比转动能量本身小了约 6 个数量级，只在精度要求极高的研究和计算中才需要计及.

并注意到由平衡条件 (势能取极值, 一阶导为零), 一阶项自然为零, 因此保留到二阶项. 如果再将原子核的振动近似看成简谐振动, 设简谐系数

$$
k = \frac{\mathrm{d}^2 V(R)}{\mathrm{d}R^2}\bigg|_{R=R_0},
$$

就有

$$
V(R) = V(R_0) + k\frac{(R-R_0)^2}{2},
$$

代回方程 (9.24), 解得本征能量

$$
E_n = \left(n + \frac{1}{2}\right)\sqrt{\frac{k}{\mu}}, \quad n = 0, 1, 2, \cdots.
$$

这样我们就得到了简谐近似下分子振动的能级.

然而, 在实际应用中, 简谐振动对分子振动来说并不是一个好的近似[1]. 在实际应用中, 有时我们会选用一些更好的势函数作为近似, 例如包含两个经验参数的莫尔斯 (Morse) 势

$$
V_M(R) = D_{\mathrm{e}}\left[1 - \mathrm{e}^{-a(R-R_0)}\right]^2,
$$

其中, D_{e} 为势阱深度, 也即解离能, 可由实验测得; 经验参数 a 也可由实验测得的光谱数据反推出来, 而在数学上它确定了势阱的 "宽度". 莫尔斯势将给出如下的振动能级[2]:

$$
E_n = \left(n + \frac{1}{2}\right)\omega - \left(n + \frac{1}{2}\right)^2\omega x, \tag{9.25}
$$

其中

$$
\omega = \sqrt{\frac{a^2 D_{\mathrm{e}}}{2\pi^2\mu}}, \quad \omega x = \frac{\omega^2}{4 D_{\mathrm{e}}}. \tag{9.26}
$$

例如对氢分子 H_2, 实验测得 $\omega \approx 4.4 \times 10^3 \mathrm{cm}^{-1}$, 解离能 $D_{\mathrm{e}} \approx 4.5\mathrm{eV}$, 代回式 (9.26) 就能反解出 $a \approx 2 \times 10^8 \mathrm{cm}^{-1}$.

至此, 我们在玻恩--奥本海默近似下独立讨论了双原子分子的转动和原子核振动. 在实际的分子中, 振动和转动当然也存在耦合, 在有些精度要求较高的讨论中, 就需要计算这一耦合带来的修正. 此外, 大多数分子中包含超过两个原子, 它们的情况将更为复杂. 不过对本书内容来说, 当前的讨论已经足够, 对更复杂的分子能级的讨论, 我们不再深入介绍.

---

[1] 显然分子势能是不对称的, 在 $R < R_0$ 一侧, 通常势能增长比简谐势更快, 而在 $R > R_0$ 一侧, 势能增长则更慢. 图 9.8就可以作为一个例证.

[2] 具体的计算见 Morse P M. Phys. Rev. 1929, 34: 57. 实际上, Morse 能级相当于对简谐能级添加了一个高阶的修正项, 式中第二项的影响对 n 较大的情况更加显著.

9.4.4 分子光谱及其应用

前面我们对氢分子的电子运动、双原子分子 (自然也适用于氢分子) 的转动和原子核振动进行了简单的讨论, 由此可以获得对氢分子能级的大致理解. 由图 9.10 的结果和讨论, 我们看到由电子运动计算出的键能为 3.5eV; 而若将氢分子的约化质量和平衡距离代入式 (9.23), 可得转动能量在 10^{-2}eV 量级; 而通过将实验数据代入式 (9.25) 则得振动能量在 10^{-1}eV 量级. 可见, 氢分子的能级可以看作在电子运动所形成的能级上增加振动和转动的修正[1]. 也就是说, 分子能级可写为

$$E = E_e + E_v + E_J,$$

其中, E_e 是电子运动能级, E_v 是原子核振动能级, E_J 是分子转动能级.

有了对分子能级的理解, 图 9.7 中这种近乎连续的光谱带就能得到解释. 显然跃迁光谱的能量为

$$\Delta E = \Delta E_e + \Delta E_v + \Delta E_J.$$

容易估算出, 对纯转动光谱 (即分子只在转动能级之间跃迁, 而电子运动能级和核振动能级都不改变) 和振转光谱 (即分子在核振动和转动能级之间跃迁, 电子运动能级不变) 来说, 由于能量较低, 其谱线一般都落在红外波段[2]. 而对于电子运动能级之间的跃迁, 振动和转动造成的能级分裂使能级数大大增加, 符合选择定则[3]

$$\Delta J = \pm 1 \quad \text{或} \quad \Delta J = 0 \text{ 但 } J \neq 0$$

的跃迁就有很多可能, 因而会产生大量的跃迁谱线, 呈现出带状的跃迁光谱.

当然, 对具体光谱的详细解释还需要精确和烦琐的推导计算. 此外, 在实验测得的分子光谱信息中, 除了谱线的频率, 还包含跃迁强度, 这通常能反映物质中的分子在各能级上的分布情况 (称为 "布居"), 并常常与物质的温度有关. 由此, 对分子光谱的研究为我们提供了确定物质成分、分子构型和物体温度等的一种重要途径, 不仅在原子分子光物理和化学等领域的研究中十分重要, 还广泛应用于地质学、医学、工业等行业. 对这些内容我们不再展开介绍.

本节中, 我们在玻恩–奥本海默近似的框架下对双原子分子的情况进行了简单讨论, 展示了量子力学在分子物理中的基本应用. 我们选用的 NaCl 和 H_2 已经是最简单的例子, 实际的分子大都比这两者复杂得多. 尤其是对共价键多原子分子来说, 我们不得不考虑同一原子参与形成多个共价键时键与键之间的相互影响, 问题将变得更加复杂[4]. 本节旨在借助量子力学的工具阐明分子中基本的物理图像, 并以分子结构和能级为例展示量子力学在解

---

[1] 这些计算和实验结果也印证了玻恩–奥本海默近似的合理性.

[2] 值得注意的是, 只有极性双原子分子才有振动和转动光谱; 对 H_2 这种非极性分子, 由于两原子核电荷相等, 其电偶极矩为零, 不会发生振动和转动的电偶极跃迁, 也就没有振动和转动光谱.

[3] 注意对纯转动和振转跃迁, $\Delta J = 0$ 的所有情况因为分子宇称不变而被禁止.

[4] 从量子力学的图像出发, 这实际上构成了一个极为复杂的多体相互作用的束缚态, 需要在哈密顿量中考虑多个原子核之间和多个来自不同原子的价电子的相互作用. 1931 年, 鲍林在量子力学的基础上提出了较为简洁清晰的杂化理论, 很好地解释了一些多原子分子的空间结构, 在化学上被广泛应用.

释实际问题中的应用，因而对这些更为复杂和实际的例子不再进行深入研究. 对此有兴趣的读者可选择分子物理和量子化学领域的参考资料进行进一步学习.

9.5　*自旋统计定理与泡利不相容原理

从 9.3 节中我们看到，费米子的泡利不相容原理决定了原子壳层结构，进而对物质结构、化学反应等都有着决定性的影响. 但泡利不相容原理背后的物理机制在经典量子力学下并没有得到解释. 直到 1939 年费尔兹提出自旋统计定理，并在 1940 年由泡利在量子场论框架下给出证明之后，泡利不相容原理的物理本质才真正得到理解.

本节中我们将简单讨论 "自旋统计定理" 背后的物理起源. 一方面，我们将回到第 7 章介绍的相对论量子力学中：第 7 章中我们已经看到，狄拉克方程解释了电子的自旋，也解决了将量子力学 "直接相对论化" 的克莱因–戈尔登方程无法解释的负概率密度问题；但狄拉克方程并没有直接解决负能量的问题，负能量解在狄拉克方程中仍然存在. 而本节我们将看到，狄拉克对负能量态的解释不仅预言了反物质，也成为量子场论诞生的一个重要原因. 另外，尽管 "自旋统计定理" 是相对论量子场论的结果，但量子场论本身并不要求必须具有相对论性，在本节中，我们也将对非相对论量子场论作简单介绍. 我们将看到，量子场论在某种意义上可以被理解为多体量子力学的等价描述，但场论可以描述无穷多自由度的系统，比多体量子力学更加深刻和强大.

当然，量子场论的发展动机是多方面的. 如果回顾早期驱动量子力学发展的物理现象(如黑体辐射、光电效应、康普顿效应等)，不难发现这些都绕不开 "光子" 的概念，然而量子力学其实并没有讨论光子究竟是什么——对电子参与电磁相互作用这一物理图像，我们只给出了电子的量子力学描述，而电磁相互作用则直接以势能形式定义在哈密顿量中，对吸收或释放辐射的过程缺少进一步的讨论. 事实上，在经典量子力学体系中，内在地包含着流守恒关系的波函数描述也并不适用于光子——流守恒关系意味着粒子数守恒[1]，而从前述光电效应等几个典型过程中，我们不难发现光子在量子过程中往往并不守恒. 另外，如果回溯到更早的对 "波粒二象性" 的讨论，我们会发现，光的波粒二象性和电子等物质的波粒二象性在逻辑上也并不相同——电子从经典物理中的粒子概念过渡到物质波假说，是 "粒子的波动化" 的过程；而光从经典物理中的电磁波过渡到光子概念，则是 "波的粒子化" 过程. 如此种种围绕 "光子" 概念的疑问也成为量子场论诞生最重要的原因.

在量子场论框架下，电磁场是一个自旋为 1 的矢量场，而光子实际上是电磁场的量子(或者说是电磁相互作用的 "传播子[2]")，所以不同于我们前面以正则量子化条件

$$\{\ ,\ \} \to \frac{1}{i\hbar}[\ ,\ ] \tag{4.75}$$

对力学系统所做的量子化，对光子的描述实际上要求对场本身做量子化[3]. 当然，由于自洽

---

[1] 电子等物质粒子的确遵循一种有时被称为费米子数守恒的基本性质.

[2] 传播子 (propagator) 是量子场论图像下基本相互作用的媒介粒子.

[3] 因为历史原因，我们常把力学系统的量子化称为 "一次量子化"，而将场的量子化称为 "二次量子化".

的自旋为 1 的无质量场论必然要求规范对称性, 因此完整描述电磁场量子化需要用到规范场论, 这大大超出了本书讨论的主题和范围. 本节中, 我们仅以基础的量子场论内容服务于自旋统计定理的物理解释, 而不再详细介绍光子和光子–电子相互作用的量子场论描述, 对此感兴趣的读者可以在标准量子场论教材中找到相关的内容.

为了更好地理解 "场", 我们将首先介绍经典场论, 并以经典谐振子阵列通过连续化极限得到经典场论的方法为启发, 类比到由量子谐振子阵列取连续化极限得到量子场论的过程, 再从非相对论量子场论过渡到相对论量子场论, 以克莱因–戈尔登场和狄拉克旋量场的量子化过程证明自旋统计定理背后的物理图像.

9.5.1   经典场论

"场" 的概念和相关理论起源于法拉第、麦克斯韦等先驱对电磁相互作用的研究. 在数学上, 场可以看成是一种空间函数, 例如一个确定的电场或磁场通常可以确定地告诉我们试探电荷 q 在场中任何一点上所受的力; 但我们知道, 电磁场本身具有能量, 因而其本质上是物质的一种存在形式, 只不过和我们熟悉的质点、刚体等系统的区别是, 电磁场是一个连续的、具有无穷多自由度的系统.

由此我们看到, 无穷维自由度的系统是场的一个突出特性. 在经典力学系统中, 我们知道, 三维空间中一个 N 粒子系统的运动状态可由坐标 $(\boldsymbol{x}_1, \cdots, \boldsymbol{x}_N, \boldsymbol{p}_1, \cdots, \boldsymbol{p}_N)$ 描述, 计及每个 $\boldsymbol{x}_i$ 和 $\boldsymbol{p}_i$ 的三个分量, 就构成了一个 $6N$ 维自由度的系统. 那么, 如果对其取连续性极限, 令粒子数 $N \to \infty$, 粒子间距 $\epsilon \to 0$, 就构成了一个无穷维自由度的系统. 因此, 我们可以按照这个思路构建一个经典场的模型.

设有一个一维谐振子阵列, 其中第 i 个粒子的质量为 m_i, 且该粒子所处位置与对应平衡位置的相对坐标为 x_i, 平衡状态下的质点间距 (即单个弹簧长度) 为 ϵ. 容易知道质点间的弹簧形变量为 $x_i - x_{i+1}$, 则系统的拉格朗日量为

$$L = \sum_{i=1}^{N} \left[\frac{1}{2} m_i \dot{x}_i^2 - \frac{1}{2} k (x_i - x_{i+1})^2 \right]$$

$$= \sum_{i=1}^{N} \frac{\epsilon}{2} \left[\frac{m_i}{\epsilon} \dot{x}_i^2 - k\epsilon \left(\frac{x_i - x_{i+1}}{\epsilon} \right)^2 \right].$$

如果取连续性极限, 即令质点间距 ϵ 趋向无穷小, 则上式中的参数将作如下替换:

$$\epsilon \ \to \ \mathrm{d}x, \qquad \frac{m}{\epsilon} \ \to \ \text{质量线密度 } \mu,$$

$$k\epsilon \ \to \ \text{杨氏模量 } Y, \qquad x_i \ \to \ \text{质点位移分布 } \phi(x, t).$$

至此, $\phi(x, t)$ 便成了一个描述位移分布的以空间、时间为变量的函数, 描述一个无穷多自由度的系统.

因此，拉格朗日量变为积分形式

$$L = \int \mathrm{d}x \left[\frac{\mu}{2} \left(\frac{\partial \phi}{\partial t} \right)^2 - \frac{Y}{2} \left(\frac{\partial \phi}{\partial x} \right)^2 \right] = \int \mathcal{L} \mathrm{d}x,$$

其中

$$\mathcal{L} = \left[\frac{\mu}{2} \left(\frac{\partial \phi}{\partial t} \right)^2 - \frac{Y}{2} \left(\frac{\partial \phi}{\partial x} \right)^2 \right]$$

为拉格朗日密度. 回到 2.1 节提到的作用量

$$S = \int L \mathrm{d}t = \iint \mathcal{L} \mathrm{d}x \mathrm{d}t,$$

容易看到，在这个一维系统中，时间 $\mathrm{d}t$ 和空间 $\mathrm{d}x$ 具有等价的地位，因此拉格朗日力学很容易推广到相对论性的理论[①]. 根据作用量原理，有

$$\delta S = \delta \iint \mathcal{L} \mathrm{d}x \mathrm{d}t = \iint (\delta \mathcal{L}) \mathrm{d}x \mathrm{d}t,$$

而

$$\begin{aligned}
\delta \mathcal{L} &= \frac{\partial \mathcal{L}}{\partial \phi} \delta \phi + \frac{\partial \mathcal{L}}{\partial (\partial_t \phi)} \delta(\partial_t \phi) + \frac{\partial \mathcal{L}}{\partial (\partial_x \phi)} \delta(\partial_x \phi) \\
&= \left[\frac{\partial \mathcal{L}}{\partial \phi} - \frac{\partial}{\partial t} \left(\frac{\partial \mathcal{L}}{\partial (\partial_t \phi)} \right) - \frac{\partial}{\partial x} \left(\frac{\partial \mathcal{L}}{\partial (\partial_x \phi)} \right) \right] \delta \phi \\
&\quad + \frac{\partial}{\partial t} \left(\frac{\partial \mathcal{L}}{\partial (\partial_t \phi)} \delta \phi \right) + \frac{\partial}{\partial x} \left(\frac{\partial \mathcal{L}}{\partial (\partial_x \phi)} \delta \phi \right).
\end{aligned}$$

与式 (2.12) 类似，可得到欧拉–拉格朗日方程

$$\frac{\partial \mathcal{L}}{\partial \phi} - \frac{\partial}{\partial t} \left(\frac{\partial \mathcal{L}}{\partial (\partial_t \phi)} \right) - \frac{\partial}{\partial x} \left(\frac{\partial \mathcal{L}}{\partial (\partial_x \phi)} \right) = 0, \tag{9.27}$$

代入拉格朗日密度计算即得运动方程

$$\frac{\partial^2 \phi}{\partial x^2} - \frac{\mu}{Y} \frac{\partial^2 \phi}{\partial t^2} = 0.$$

这就是我们熟知的达朗贝尔方程. 至此，我们从一维谐振子阵列出发，通过连续性极限构造了一个无穷维自由度系统，并应用拉格朗日力学得到了其运动方程. 这就是经典的场论. 一般地，类似于经典力学中通过构造拉格朗日量、代入欧拉–拉格朗日方程导出系统的运动方程，要研究一个场的动力学，核心就是构造出场的拉格朗日密度，将拉格朗日密度代入场的欧拉–拉格朗日方程，就能得到场的运动方程.

----

① 相反，哈密顿力学中时间和空间坐标不具有对称性. 因而为了能更方便地推广到相对论性理论，相对论性场论框架通常以拉格朗日力学为出发点.

对欧拉--拉格朗日方程 (9.27), 我们很容易将其推广到四维闵可夫斯基时空 M_4. 在 M_4 中, 系统的作用量 S 定义为

$$S = \int \mathcal{L} \mathrm{d}^4 x. \tag{9.28}$$

由最小作用量原理

$$\delta S = \int \mathrm{d}^4 x \left[\frac{\partial \mathcal{L}}{\partial \phi} \delta \phi + \frac{\partial \mathcal{L}}{\partial (\partial_\mu \phi)} \delta (\partial_\mu \phi) \right]$$
$$= \int \mathrm{d}^4 x \left\{ \left[\frac{\partial \mathcal{L}}{\partial \phi} - \frac{\partial}{\partial x_\mu} \left(\frac{\partial \mathcal{L}}{\partial (\partial_\mu \phi)} \right) \right] + \frac{\partial}{\partial \mu} \left(\frac{\partial \mathcal{L}}{\partial (\partial_\mu \phi)} \delta \phi \right) \right\} = 0,$$

即得

$$\frac{\partial \mathcal{L}}{\partial \phi} - \frac{\partial}{\partial x_\mu} \left(\frac{\partial \mathcal{L}}{\partial (\partial_\mu \phi)} \right) = 0. \tag{9.29}$$

这就是 M_4 中的欧拉--拉格朗日方程.

回到我们熟悉的电磁场, 如果在 M_4 中考虑, 第 7 章已经提到四维电磁势和流密度定义分别为

$$A^\mu = (\phi, \boldsymbol{A}), \quad J^\mu = (\rho, \boldsymbol{J}), \tag{9.30}$$

对应磁场和电场分别为

$$\boldsymbol{B} = \nabla \times \boldsymbol{A}, \quad \boldsymbol{E} = -\nabla \phi - \frac{\partial \boldsymbol{A}}{\partial t}. \tag{9.31}$$

于是可以立即得到

$$\nabla \cdot \boldsymbol{B} = 0, \tag{9.32}$$

$$\nabla \times \boldsymbol{E} = -\frac{\partial \boldsymbol{B}}{\partial t}. \tag{9.33}$$

而在四维框架下, 我们可以构造张量

$$F^{\mu\nu} = \partial^\mu A^\nu - \partial^\nu A^\mu, \tag{9.34}$$

于是有

$$F^{0i} = \partial^0 A^i - \partial^i A^0 = \left(\frac{\partial \boldsymbol{A}}{\partial t} + \nabla \phi \right)_i = -E^i,$$

$$F^{ij} = \partial^i A^j - \partial^j A^i = -\epsilon^{ijk} B^k,$$

即电场和磁场 (9.31) 成为 $F^{\mu\nu}$ 的分量, 写成矩阵形式为

$$F^{\mu\nu} = \begin{pmatrix} 0 & -E^1 & -E^2 & -E^3 \\ E^1 & 0 & -B^3 & B^2 \\ E^2 & B^3 & 0 & -B^1 \\ E^3 & -B^2 & B^1 & 0 \end{pmatrix}. \tag{9.35}$$

根据矢量 A_μ、J_μ 和张量 $F_{\mu\nu}$ 在洛伦兹变换下的性质，从洛伦兹不变性原则出发，可以构造电磁场的拉格朗日密度[①]

$$\mathcal{L} = -\frac{1}{4} F_{\mu\nu} F^{\mu\nu} - J_\alpha A^\alpha, \tag{9.36}$$

代入场的欧拉–拉格朗日方程 (9.29)，就可以得到运动方程

$$\partial_\mu F^{\mu\nu} = J^\nu.$$

对于 $\nu = 0$，我们得到

$$\partial_1 F^{10} + \partial_2 F^{20} + \partial_3 F^{30} = J^0,$$

即

$$\nabla \cdot \boldsymbol{E} = \rho. \tag{9.37}$$

而对 $\nu = i$，得到

$$\partial_0 F^{0i} + \partial_2 F^{2i} + \partial_3 F^{3i} = J^i,$$

即

$$-\frac{\partial E^i}{\partial t} + \epsilon_{ijk} \partial_j B^k = J^i,$$

也即

$$\nabla \times \boldsymbol{B} = \boldsymbol{J} + \frac{\partial \boldsymbol{E}}{\partial t}. \tag{9.38}$$

式 (9.32)、式 (9.33)、式 (9.37) 和式 (9.38) 就是麦克斯韦方程组. 至此，我们就从场的欧拉–拉格朗日方程出发，得到了电磁场的运动方程. 由于 A^μ 是洛伦兹变换下的矢量，我们通常将其称为 "矢量场".

9.5.2　谐振子与占有数表象

现在我们回到本节一开始提到的光的量子化问题，这实际上就是将一个单一频率的连续电磁场变成分立的、能量均为 $E = \omega$ 的粒子[②]. 鉴于光子之间不存在相互作用，多个光子的能量就只是单个光子能量的线性叠加. 若设光子数为 n，则系统就变成了一个多体量子力学系统 $|n\rangle$，并有

$$\hat{H} |n\rangle = n\omega |n\rangle. \tag{9.39}$$

在上面这个例子中，$|n\rangle$ 表示在某一个状态下有 n 个粒子，这样的对多粒子体系的描述称为占有数表象. 更一般地，我们可以将占有数表象推广到多个粒子占据不同状态的系统. 例如对一个三维无限深势阱[③]，我们有驻波解 $p_n = 2\pi n/L$，如果系统中总共有 N 个粒子分

---

①　容易理解拉格朗日密度中应包含动能项和相互作用项：其中动能项应为速度的二次项，可以证明仅有 $F_{\mu\nu} F^{\mu\nu}$ 满足洛伦兹不变；而参考电磁场中带电粒子拉格朗日量 (式 (2.27)) 的形式，可将相互作用项写为 $J_\alpha A^\alpha$.

②　我们仍然使用自然单位制，所以自然有 $E = h\nu = \omega$.

③　这是一个最简单的束缚态模型.

布在状态 $|n_{p_1}\rangle, |n_{p_2}\rangle, \cdots, |n_{p_n}\rangle$ 上，其中第 k 个状态 $|p_k\rangle$ 上有 n_{p_k} 个粒子 $\left(\sum_k n_{p_k} = N\right)$，在占据数表象下就可以将系统的状态记为 $|n_{p_1} n_{p_2} n_{p_3} \cdots n_{p_k}\rangle$. 而如果 $|p_k\rangle$ 态对应的能量为 E_{p_k}，自然就有

$$\hat{H} |n_{p_k}\rangle = n_{p_k} E_{p_k} |n_{p_k}\rangle, \quad k = 1, 2, \cdots, n,$$

进而

$$\hat{H} |n_{p_1} n_{p_2} n_{p_3} \cdots n_{p_k}\rangle = \sum_k n_{p_k} E_{p_k} |n_{p_1} n_{p_2} n_{p_3} \cdots n_{p_k}\rangle, \quad \sum_k n_k = N,$$

即系统的总能量为

$$E = \sum_k n_{p_k} E_{p_k}.$$

注意到式 (9.39) 在数学上与量子力学的谐振子系统

$$\hat{H} |n\rangle = \left(n + \frac{1}{2}\right) \omega |n\rangle$$

有着类似的形式[①]，这种形式上的对应性提示我们，正像前面研究经典场论时所做的那样，量子谐振子模型或许也可以成为研究量子多体系统的一个切入点[②].

与角动量理论和氢原子问题类似，谐振子问题也是一个代数方法应用的重要例子. 首先，对一维谐振子，其哈密顿量为

$$\hat{H} = \frac{\hat{p}^2}{2m} + \frac{1}{2} m \omega^2 \hat{x}^2. \tag{9.40}$$

按照一般量子力学步骤，求解定态薛定谔方程

$$(\hat{H} - E_n) |n\rangle = 0,$$

可得一个厄米多项式解

$$|n\rangle = \frac{1}{\sqrt{2^n n!}} \left(\frac{m\omega}{\pi}\right)^{1/4} H_n(\xi) \mathrm{e}^{-\xi^2/2}, \tag{9.41}$$

其中 $\xi = m\omega x$，而本征值为

$$E_n = \left(n + \frac{1}{2}\right) \omega. \tag{9.42}$$

注意到哈密顿量具有二次齐次多项式 $(\hat{p}^2 + \hat{x}^2)$ 的形式，若令系数 $m = \omega = 1$，则哈密顿量可写为

$$\hat{H} = \frac{1}{2}(\hat{p}^2 + \hat{x}^2) = \frac{1}{2}(\hat{p}^2 + \hat{x}^2 - 1) + \frac{1}{2}$$

---

① 唯一的区别是谐振子系统具有一个非零的基态能量 $\omega/2$.

② 值得注意的是，式 (9.39) 仅是一个单频 (单能量) 多光子系统，对具有不同能量态的多体系统，我们可以用多个不同频谐振子的系统与之对应. 例如在三维无限深势阱中，就可设存在 N 个谐振子，每一个 $|p_k\rangle$ 态的粒子用一个频率为 $\omega_k = E_{p_k}$ 的谐振子与之对应. 下文中取连续化极限后写出的带有 $\mathrm{d}k$ 积分形式的平面波解实际上就是如此.

$$= \frac{1}{2}(\hat{p}^2 + \hat{x}^2 + \mathrm{i}[\hat{x}, \hat{p}]) + \frac{1}{2}$$

$$= \frac{1}{2}(\hat{x} - \mathrm{i}\hat{p})(\hat{x} + \mathrm{i}\hat{p}) + \frac{1}{2}.$$

如果定义算符 $\hat{a}$ 及其共轭

$$\hat{a} = \frac{1}{\sqrt{2}}(\hat{x} + \mathrm{i}\hat{p}), \quad \hat{a}^\dagger = \frac{1}{\sqrt{2}}(\hat{x} - \mathrm{i}\hat{p}), \tag{9.43}$$

则哈密顿量 (9.40) 可被重新写为

$$\hat{H} = \hat{a}^\dagger \hat{a} + \frac{1}{2} = \hat{N} + \frac{1}{2}, \tag{9.44}$$

其中 $\hat{N} = \hat{a}^\dagger \hat{a}$. 容易看出该哈密顿量对任意态的平均值都是正定的

$$\left\langle \psi \mid \hat{H} \mid \psi \right\rangle = \left\langle \psi \mid \hat{a}^\dagger \hat{a} \mid \psi \right\rangle + \frac{1}{2} = |\hat{a} \mid \psi\rangle|^2 + \frac{1}{2} \geqslant \frac{1}{2}.$$

对基态 $|0\rangle$, 由式 (9.42) 可知 $E_0 = 1/2$(前面已经令 $\omega = 1$), 那么回到定态薛定谔方程并代入式 (9.44), 则有

$$\left(\hat{H} - \frac{1}{2}\right)|0\rangle = \hat{N}|0\rangle = \hat{a}^\dagger \hat{a}|0\rangle = 0. \tag{9.45}$$

因此, 基态 $|0\rangle$ 可由

$$\hat{a}|0\rangle = 0 \tag{9.46}$$

定义[①].

回到前面定义的 $\hat{a}$、$\hat{a}^\dagger$ 和 $\hat{N}$, 计算对易关系可得

$$[\hat{a}, \hat{a}^\dagger] = \frac{1}{2}[\hat{x} + \mathrm{i}\hat{p}, \hat{x} - \mathrm{i}\hat{p}] = \frac{1}{2}(-\mathrm{i}[\hat{x}, \hat{p}] + \mathrm{i}[\hat{p}, \hat{x}]) = 1, \tag{9.47}$$

$$[\hat{N}, \hat{a}] = [\hat{a}^\dagger \hat{a}, \hat{a}] = -\hat{a}; \quad [\hat{N}, \hat{a}^\dagger] = [\hat{a}^\dagger \hat{a}, \hat{a}^\dagger] = \hat{a}^\dagger. \tag{9.48}$$

注意到式 (9.48) 在形式上与角动量升降算符的对易关系 (5.4)、(5.5) 相似. 进一步, 将 $\hat{a}$ 和 $\hat{a}^\dagger$ 算符作用在本征态 $|n\rangle$ 上, 有

$$\hat{N}\hat{a}|n\rangle = \hat{a}(\hat{N} - 1)|n\rangle = (n - 1)\hat{a}|n\rangle,$$

---

① 我们可以在坐标表象下求解微分方程 $\hat{a}|0\rangle = 0$ 得到基态的具体形式

$$\langle x \mid \hat{a} \mid 0 \rangle = \langle x \mid (\hat{x} + \mathrm{i}\hat{p}) \mid 0 \rangle = x + \mathrm{i}(-\mathrm{i})\frac{\mathrm{d}}{\mathrm{d}x}\langle x \mid 0 \rangle$$

$$= x + \frac{\mathrm{d}}{\mathrm{d}x}\langle x \mid 0 \rangle = 0,$$

该方程的通解为

$$\langle x \mid 0 \rangle = A\mathrm{e}^{-x^2/2}.$$

这正是厄米多项式解 (9.41) 的第一项.

$$\hat{N}\hat{a}^\dagger |n\rangle = \hat{a}^\dagger (\hat{N} + 1) |n\rangle = (n + 1)\hat{a}^\dagger |n\rangle,$$

其中 $\hat{N} |n\rangle = n |n\rangle$ 与式 (9.45) 同理. 又因为 $\hat{N} |n \pm 1\rangle = (n \pm 1) |n \pm 1\rangle$，与以上两式联立可得

$$\hat{a}^\dagger |n\rangle = b |n + 1\rangle, \quad \hat{a} |n\rangle = c |n - 1\rangle,$$

其中系数 b 和 c 可以通过以下两式计算：

$$\langle n | \hat{a}^\dagger \hat{a} | n \rangle = |c|^2 \langle n - 1 | n - 1 \rangle = \langle n | \hat{N} | n \rangle = n,$$

$$\langle n | \hat{a}\hat{a}^\dagger | n \rangle = |b|^2 \langle n + 1 | n + 1 \rangle = \langle n | (1 + \hat{N}) | n \rangle = n + 1.$$

最终得到 $\hat{a}$ 和 $\hat{a}^\dagger$ 算符作用在态 $|n\rangle$ 的具体形式

$$\hat{a}^\dagger |n\rangle = \sqrt{n + 1} |n + 1\rangle, \quad \hat{a} |n\rangle = \sqrt{n} |n - 1\rangle. \tag{9.49}$$

回到式 (9.45)，$\hat{N} |0\rangle = 0 |0\rangle$ 意味着，对算符 $\hat{N}$ 来说，基态对应的本征值为 0，因此我们也称这个基态 $|0\rangle$ 为真空态.

用多个算符 $\hat{a}^\dagger$ 连续作用于真空态 $|0\rangle$，就可以产生所有的激发态

$$\hat{a}^\dagger |0\rangle = |1\rangle,$$

$$\hat{a}^\dagger |1\rangle = (\hat{a}^\dagger)^2 |0\rangle = \sqrt{2} |2\rangle,$$

$$\hat{a}^\dagger |2\rangle = \frac{1}{\sqrt{2}} (\hat{a}^\dagger)^3 |0\rangle = \sqrt{3} |3\rangle,$$

$$\cdots\cdots$$

$$\hat{a}^\dagger |n - 1\rangle = \frac{1}{\sqrt{(n - 1)!}} (\hat{a}^\dagger)^n |0\rangle = \sqrt{n} |n\rangle.$$

即任意一个态 $|n\rangle$ 可通过 $\hat{a}^\dagger$ 作用在基态上 n 次得到

$$|n\rangle = \frac{1}{\sqrt{n!}} (\hat{a}^\dagger)^n |0\rangle, \tag{9.50}$$

因此我们将 $\hat{a}^\dagger$ 称为产生算符. 与之相对地，由 $\hat{a} |n\rangle = \sqrt{n} |n - 1\rangle$ 递推可得

$$\hat{a}^n |n\rangle = \sqrt{n!} \, |0\rangle, \tag{9.51}$$

即任意一个态 $|n\rangle$ 可通过 $\hat{a}$ 对其作用 n 次使之变为真空态，因而我们将算符 $\hat{a}$ 称为湮灭算符. 而同时我们发现

$$\hat{N} |n\rangle = n |n\rangle, \tag{9.52}$$

即 $\hat{N}$ 具有自然数的本征值，结合本小节一开始提到的量子谐振子与量子多体系统的对应关系[①]，可以将其称为粒子数算符. 由此，产生、湮灭算符和粒子数算符的定义都可以直接应用到量子多体系统的描述中，具有直观的物理意义.

----

① 最直接的就是对应到式 (9.39)，那里 n 具有直观的粒子数的物理意义.

现在我们回到拉格朗日力学中. 根据产生和湮灭算符的定义 (9.43) 易得

$$\hat{x} = \frac{1}{\sqrt{2}}(\hat{a} + \hat{a}^\dagger), \tag{9.53}$$

$$\hat{p} = -\frac{\mathrm{i}}{\sqrt{2}}(\hat{a} - \hat{a}^\dagger). \tag{9.54}$$

代入拉格朗日量和哈密顿量的关系, 有

$$\begin{aligned}
L &= \hat{p}\dot{\hat{x}} - \hat{H} \\
&= -\mathrm{i}\frac{1}{2}(\hat{a} - \hat{a}^\dagger)(\dot{\hat{a}} + \dot{\hat{a}}^\dagger) - \left(\hat{a}^\dagger\hat{a} + \frac{1}{2}\right) \\
&= \mathrm{i}\hat{a}^\dagger\dot{\hat{a}} - \hat{a}^\dagger\hat{a} - \left[\frac{1}{2} + \frac{\mathrm{i}}{4}\frac{\mathrm{d}}{\mathrm{d}t}\left(\hat{a}^2 + 2\hat{a}\hat{a}^\dagger - \hat{a}^{\dagger^2}\right)\right].
\end{aligned}$$

在第 2 章式 (2.31) 中已经证明过时间全导数项不影响欧拉--拉格朗日方程, 因此我们可以把上式中该项舍去, 如果一并舍去常数项 1/2, 就得到一个简化的拉格朗日量

$$L = \mathrm{i}\hat{a}^\dagger\dot{\hat{a}} - \hat{a}^\dagger\hat{a}.$$

这一拉格朗日量可认为是以 $(\hat{a}, \dot{\hat{a}})$ 作为参数的函数, 其中 $\hat{a}$ 为广义坐标, $\dot{\hat{a}}$ 为广义速度, 则广义动量就是

$$\frac{\partial L}{\partial \dot{\hat{a}}} = \mathrm{i}\hat{a}^\dagger,$$

因此哈密顿量为

$$H(\hat{a}, \mathrm{i}\hat{a}^\dagger) = \mathrm{i}\hat{a}^\dagger\dot{\hat{a}} - L(\hat{a}, \dot{\hat{a}}) = \hat{a}^\dagger\hat{a}.$$

这与式 (9.44) 一致 (舍去常数项). 而按照 4.6 节所讲的正则量子化条件

$$[\hat{x}_i, \hat{p}_j] = \mathrm{i}\delta_{ij},$$

对该系统有

$$[\hat{a}, \mathrm{i}\hat{a}^\dagger] = \mathrm{i}.$$

这与式 (9.47) 一致. 因此, 从这个意义上来说这一简化的拉格朗日量是自洽的.

另外, 值得一提的是, 如果把算符 $\hat{a}$ 代入海森伯方程 (4.77), 即

$$\mathrm{i}\frac{\mathrm{d}}{\mathrm{d}t}\hat{a} = [\hat{a}, \hat{H}] = \omega[\hat{a}, \hat{a}^\dagger]\hat{a} = \omega\hat{a},$$

解得

$$\hat{a}(t) = \mathrm{e}^{-\mathrm{i}\omega t}\hat{a}(0),$$

就是 $\hat{a}$ 随时间的演化.

9.5.3 一维阵列

设有一个一维的量子谐振子阵列,我们将每个谐振子的位置称为一个"格子",并设格子的长度 (即谐振子的间距) 为 d,第 i 个格子上的产生、湮灭算符分别为 $\hat{a}_i^\dagger$ 和 $\hat{a}_i$. 显然,由于全同粒子的特性,对应于不同格子的产生、湮灭算符是互相对易的,即有

$$[\hat{a}_m, \hat{a}_n] = 0, \quad [\hat{a}_m^\dagger, \hat{a}_n^\dagger] = 0, \quad [\hat{a}_m, \hat{a}_n^\dagger] = \delta_{mn}. \tag{9.55}$$

例如,如果要求在第 2、5、6、7 个格子上各产生一个粒子,则可以将对应的产生算符逐个作用在真空态 $|0\rangle$ 上,即 $\hat{a}_2^\dagger \hat{a}_5^\dagger \hat{a}_6^\dagger \hat{a}_7^\dagger |0\rangle$;当然也可以写作 $\hat{a}_5^\dagger \hat{a}_2^\dagger \hat{a}_6^\dagger \hat{a}_7^\dagger |0\rangle$,效果是相同的. 换言之这是一个对称交换的系统.

根据前面对单个谐振子的讨论,容易写出这个一维阵列的哈密顿量

$$\hat{H} = \omega \sum_n \hat{a}_n^\dagger \hat{a}_n. \tag{9.56}$$

这里已经舍去了作为常数的基态能量[1]. 现在,我们设粒子可以在这个一维阵列中"传递",即某一粒子可以从第 n 个格子转移到第 $n-1$ 或第 $n+1$ 个. 显然,我们需要修改哈密顿量以允许这种传递. 事实上,容易发现一个粒子从第 n 个格子转移到第 $n+1$ 个格子的过程,也就相当于在第 n 个格子中湮灭一个粒子,再在第 $n+1$ 个格子中产生一个粒子,因而利用产生和湮灭算符就可以将"传递算符"写成

$$\hat{a}_{n+1}^\dagger \hat{a}_n.$$

注意到这个算符不是厄米的,又考虑到在一维格子中粒子的传递可以有两个方向,因此容易想到完整的传递算符可写成

$$\hat{a}_{n+1}^\dagger \hat{a}_n + \hat{a}_n^\dagger \hat{a}_{n+1}.$$

因此,计入粒子的传递后,我们就可将哈密顿量改写为

$$\hat{H} = \sum_n \left[\omega \hat{a}_n^\dagger \hat{a}_n - A(\hat{a}_{n+1}^\dagger \hat{a}_n + \hat{a}_n^\dagger \hat{a}_{n+1}) \right], \tag{9.57}$$

其中 A 为待定系数.

设一个一维阵列上有平面波

$$|k\rangle = \sum_n e^{iknd} \hat{a}_n^\dagger |0\rangle,$$

其中,$\hat{a}_n^\dagger |0\rangle$ 即在第 n 个格子产生一个粒子,e^{iknd} 即传统的平面波项 e^{ikx}. 将加入传递项后的哈密顿量 (9.57) 作用于 $|k\rangle$ 上

$$\hat{H} |k\rangle = \sum_n \left[\omega \hat{a}_n^\dagger \hat{a}_n - A(\hat{a}_{n+1}^\dagger \hat{a}_n + \hat{a}_n^\dagger \hat{a}_{n+1}) \right] \sum_\ell e^{ik\ell d} \hat{a}_\ell^\dagger |0\rangle. \tag{9.58}$$

---

[1] 值得注意的是,非零的基态能量 $E_0 = \omega/2$ 意味着真空状态具有能量,这被称为零点能. 零点能背后的物理并不平庸,例如学界的一种观点认为,现代宇宙学理论中导致宇宙加速膨胀的暗能量就来自于真空零点能.

由式 (9.46) 和式 (9.55)，有

$$\hat{a}_n \hat{a}_\ell^\dagger |0\rangle = (\hat{a}_\ell^\dagger \hat{a}_n + \delta_{n\ell}) |0\rangle = \delta_{n\ell} |0\rangle,$$

代回式 (9.58)，得到

$$
\begin{aligned}
\hat{H} |k\rangle &= \sum_\ell \left[\omega \hat{a}_\ell^\dagger - A(\hat{a}_{\ell+1}^\dagger + \hat{a}_{\ell-1}^\dagger) \right] \mathrm{e}^{\mathrm{i}k\ell d} |0\rangle \\
&= \sum_\ell \left[\omega \mathrm{e}^{\mathrm{i}k\ell d} - A(\mathrm{e}^{\mathrm{i}k(\ell-1)d} + \mathrm{e}^{\mathrm{i}k(\ell+1)d}) \right] \hat{a}_\ell^\dagger |0\rangle \\
&= \omega |k\rangle - A \left(\mathrm{e}^{\mathrm{i}kd} + \mathrm{e}^{-\mathrm{i}kd} \right) |k\rangle \\
&= (\omega - 2A \cos kd) |k\rangle.
\end{aligned}
\tag{9.59}
$$

其中第二个等号是因为对哑指标 ℓ 可以作 $\ell \pm 1 \to \ell$ 的代换. 对自由粒子[①] 来说，其哈密顿量的本征值应为动能项，即有

$$\hat{H} |k\rangle = \frac{k^2}{2m} |k\rangle.$$

回到式 (9.59)，可设待定系数 $A = \omega/2$，如果对一维阵列中格子的尺寸取无穷小极限，即 $d \to 0$，进而也有 $kd \to 0$，以此做泰勒级数展开，就得到

$$\hat{H} |k\rangle = 2A(1 - \cos kd) |k\rangle = Ak^2 d^2 |k\rangle + \mathcal{O}(k^4) |k\rangle \approx Ak^2 d^2 |k\rangle,$$

因此我们有

$$A = \frac{\omega}{2} = \frac{1}{2md^2},$$

因此，哈密顿量可以写成

$$\hat{H} = \frac{1}{2md^2} \sum_n (2\hat{a}_n^\dagger \hat{a}_n - \hat{a}_{n+1}^\dagger \hat{a}_n - \hat{a}_n^\dagger \hat{a}_{n+1}),$$

对应的拉格朗日量则为

$$L = \sum_n \left[\mathrm{i}\hat{a}_n^\dagger \dot{\hat{a}}_n - \frac{1}{2md^2} \sum_n (2\hat{a}_n^\dagger \hat{a}_n - \hat{a}_{n+1}^\dagger \hat{a}_n - \hat{a}_n^\dagger \hat{a}_{n+1}) \right].
\tag{9.60}
$$

9.5.4　连续化极限及薛定谔场论

前面我们已经对一维量子谐振子阵列取了无穷小格子极限 $d \to 0$，得到了拉格朗日量 (9.60). 现在我们进一步取连续化极限

---

① 这里的自由粒子是指粒子之间没有耦合. 事实上，在量子场论图像下，势场已经被进一步量子化成场源即某个粒子，因而我们不再像经典量子力学中那样以势函数的观点来考虑问题.

$$\sum_n d \to \int \mathrm{d}x, \quad \hat{a}_n \to \sqrt{d}\,\hat{\psi},$$

代入式 (9.60)，并由 $L = \int \mathcal{L}\mathrm{d}x$ 得到该一维系统的拉格朗日密度[①]

$$\mathcal{L} = \left[\mathrm{i}\hat{\psi}^\dagger(x)\dot{\hat{\psi}}(x) - \frac{1}{2m}\nabla_x \hat{\psi}^\dagger(x)\nabla_x \hat{\psi}(x) \right].$$

回到经典场论的欧拉–拉格朗日方程 (9.27)，代入上述拉格朗日密度可得

$$0 = \partial_0 \left(\frac{\partial \mathcal{L}}{\partial_0 \hat{\psi}} \right) + \partial_x \left(\frac{\partial \mathcal{L}}{\partial_x \hat{\psi}} \right) - \frac{\partial \mathcal{L}}{\partial \hat{\psi}}$$
$$= \left(\mathrm{i}\frac{\partial}{\partial t} - \frac{1}{2m}\nabla_x^2 \right)\hat{\psi}^\dagger$$

和

$$0 = \partial_0 \left(\frac{\partial \mathcal{L}}{\partial_0 \hat{\psi}^\dagger} \right) + \partial_x \left(\frac{\partial \mathcal{L}}{\partial_x \hat{\psi}^\dagger} \right) - \frac{\partial \mathcal{L}}{\partial \hat{\psi}^\dagger}$$
$$= \left(\mathrm{i}\frac{\partial}{\partial t} + \frac{1}{2m}\nabla_x^2 \right)\hat{\psi}.$$

这表明 ψ 和 $\psi^\dagger$ 遵循同一个运动方程

$$\mathrm{i}\frac{\partial}{\partial t}\hat{\psi} + \frac{1}{2m}\nabla_x^2 \hat{\psi} = 0, \tag{9.61}$$

这正是我们熟悉的薛定谔方程[②]，因此这个系统也被称为薛定谔场论，是一个非相对论量子场论.

写出方程 (9.61) 的平面波通解

$$\hat{\psi} = \int \frac{\mathrm{d}k}{2\pi}\hat{a}(k)\mathrm{e}^{\mathrm{i}kx - \mathrm{i}\omega_k t}, \quad \omega_k = \frac{k^2}{2m}, \tag{9.62}$$

容易得到正则动量

$$\hat{\pi} = \frac{\partial \mathcal{L}}{\partial(\partial_0 \hat{\psi})} = \mathrm{i}\hat{\psi}^\dagger = \mathrm{i}\int \frac{\mathrm{d}k}{2\pi}\hat{a}^\dagger(k)\mathrm{e}^{-\mathrm{i}kx + \mathrm{i}\omega_k t}. \tag{9.63}$$

其中的 $\hat{a}$ 和 $\hat{a}^\dagger$ 可由傅里叶变换从 $\hat{\psi}$ 和 $\hat{\psi}^\dagger$ 求出，即

$$\hat{a}(k) = \int \mathrm{d}x\,\hat{\psi}\mathrm{e}^{-\mathrm{i}kx + \mathrm{i}\omega_k t}, \quad \hat{a}^\dagger(k) = \int \mathrm{d}x\,\hat{\psi}^\dagger \mathrm{e}^{\mathrm{i}kx - \mathrm{i}\omega_k t}. \tag{9.64}$$

---

① 这里定义 $\nabla_x = \partial_x$，由此可以将一维系统的结果直接推广到三维系统.

② 需要指出的是，这里的方程是无相互作用的自由场方程；如果存在相互作用，则该场的运动方程将变成一个非线性方程，而并非原来含势能项的薛定谔方程.

而正则量子化条件 (4.78) 对应到这个薛定谔场论中，成为

$$[\hat{\psi}(x), \hat{\pi}(y)] = \mathrm{i}\delta(x - y). \tag{9.65}$$

结合式 (9.63) 和式 (9.64) 可得

$$
\begin{aligned}
[\hat{a}(k_1), \hat{a}^\dagger(k_2)] &= \int \mathrm{d}x_1 \mathrm{d}x_2\ \mathrm{e}^{-\mathrm{i}k_1 x_1 + \mathrm{i}\omega_1 t}\mathrm{e}^{\mathrm{i}k_2 x_2 - \mathrm{i}\omega_2 t}[\hat{\psi}, \hat{\psi}^\dagger] \\
&= \int \mathrm{d}x_1 \mathrm{d}x_2\ \mathrm{e}^{-\mathrm{i}k_1 x_1 + \mathrm{i}\omega_1 t}\mathrm{e}^{\mathrm{i}k_2 x_2 - \mathrm{i}\omega_2 t}\delta(x_1 - x_2) \\
&= 2\pi\delta(k_1 - k_2).
\end{aligned}
\tag{9.66}
$$

同理易得

$$[\hat{a}(k_i), \hat{a}(k_j)] = [\hat{a}^\dagger(k_i), \hat{a}^\dagger(k_j)] = 0. \tag{9.67}$$

这与一维阵列的情况 (9.55) 类似.

　　另外，有了正则动量，我们就可以计算哈密顿密度

$$
\begin{aligned}
\mathcal{H} &= \hat{\pi}\partial_0\hat{\psi} - \mathcal{L} = \frac{1}{2m}\nabla_x\hat{\psi}^\dagger\nabla_x\hat{\psi} \\
&= \int \frac{\mathrm{d}k_1}{2\pi}\frac{\mathrm{d}k_2}{2\pi}\frac{k_1 k_2}{2m}\mathrm{e}^{\mathrm{i}(k_1 - k_2)x - \mathrm{i}(\omega_1 - \omega_2)t}\hat{a}^\dagger(k_2)\hat{a}(k_1).
\end{aligned}
\tag{9.68}
$$

将其对空间积分，即得哈密顿量

$$H = \int \mathcal{H}\mathrm{d}x = \int \frac{\mathrm{d}k}{2\pi}\omega_k\hat{a}^\dagger(k)\hat{a}(k),$$

积分过程中利用了 δ 函数的傅里叶积分

$$\delta(k) = \frac{1}{2\pi}\int \mathrm{e}^{\mathrm{i}kx}\mathrm{d}x.$$

　　定义粒子数算符

$$\hat{N} = \int \frac{\mathrm{d}k}{2\pi}\hat{a}^\dagger(k)\hat{a}(k), \tag{9.69}$$

由式 (9.66) 易得

$$[\hat{N}, \hat{a}(k)] = -\hat{a}(k), \quad [\hat{N}, \hat{a}^\dagger(k)] = \hat{a}^\dagger(k), \tag{9.70}$$

这与式 (9.48) 类似. 于是，我们可以借用单个谐振子问题中对产生、湮灭算符的讨论，首先对真空态 $|0\rangle$，根据式 (9.45) 和式 (9.46) 有

$$\hat{a}(k)|0\rangle = 0, \quad \hat{N}|0\rangle = \int \frac{\mathrm{d}k}{2\pi}\hat{a}^\dagger(k)\hat{a}(k)|0\rangle = 0|0\rangle,$$

即真空态对应的粒子数为零. 进而定义单粒子态和双粒子态分别为

$$|1_{\text{particle}}\rangle = \int \frac{\mathrm{d}k}{2\pi} f(k) \hat{a}^\dagger(k) |0\rangle ,$$

$$|2_{\text{particle}}\rangle = \int \frac{\mathrm{d}k_1}{2\pi} \frac{\mathrm{d}k_2}{2\pi} f(k_1, k_2) \hat{a}^\dagger(k_1) \hat{a}^\dagger(k_2) |0\rangle ,$$

可以证明

$$\hat{N} |1_{\text{particle}}\rangle = +1 |1_{\text{particle}}\rangle , \quad \hat{N} |2_{\text{particle}}\rangle = +2 |2_{\text{particle}}\rangle . \tag{9.71}$$

而根据式 (9.67)，不同的 $\hat{a}^\dagger$ 可对易，因此一个 n 粒子的态就可以写为

$$|n_{\text{particle}}\rangle = \int f(k_1, \cdots, k_n) \prod_{i=1}^{n} \frac{\mathrm{d}k_i}{2\pi} \hat{a}^\dagger(k_i) |0\rangle . \tag{9.72}$$

至此，我们通过对一维量子谐振子阵列取连续化极限，得到了薛定谔场论下 n 粒子态的表示.

在非相对论的量子力学中，多体系统通常以波函数 $\Phi(x_1, x_2, \cdots, x_n)$ 来描述. 对多体自由粒子系统来说，该波函数显然满足薛定谔方程

$$\left(\mathrm{i}\frac{\partial}{\partial t} + \sum_{i=1}^{n} \frac{1}{2m} \nabla_{x_i}^2 \right) \Phi(x_1, x_2, \cdots, x_n, t) = 0 , \tag{9.73}$$

且与场论图像下的 n 粒子态 $|n_{\text{particle}}\rangle$ 的关系为

$$\Phi(x_1, x_2, \cdots, x_n, t) = \langle x_1, x_2, \cdots, x_n \mid n_{\text{particle}}\rangle .$$

将式 (9.64) 代入式 (9.72)，可得

$$|n_{\text{particle}}\rangle = \int \left(\prod_{i=1}^{n} \mathrm{d}x_i \right) |S(x_1, x_2, \cdots, x_n)\rangle \tilde{f}(x_1, \cdots, x_n, t), \tag{9.74}$$

其中

$$|S(x_1, x_2, \cdots, x_n)\rangle = \left(\prod_{i=1}^{n} \hat{\psi}^\dagger(x)_i \right) |0\rangle , \tag{9.75}$$

$$\tilde{f}(x_1, \cdots, x_n, t) = \int \frac{\mathrm{d}k_i}{2\pi} \mathrm{e}^{\mathrm{i}k_i x_i - \mathrm{i}\omega_i t} \tilde{f}(k_1, \cdots, k_n) . \tag{9.76}$$

容易验证 $\Phi(x_1, \cdots, x_n, t) = \tilde{f}(x_1, \cdots, x_n, t)$ 满足薛定谔方程 (9.73)，因此

$$\tilde{f}(x_1, \cdots, x_n, t) = \Phi(x_1, x_2, \cdots, x_n, t) = \langle x_1, x_2, \cdots, x_n \mid n_{\text{particle}}\rangle \tag{9.77}$$

就是多自由粒子系统的波函数.

如果将式 (9.64) 代回式 (9.74)，就得到

$$|n_{\text{particle}}\rangle = \int \left(\prod_{i=1}^{n} \mathrm{d}x_i \right) |S(x_1, x_2, \cdots, x_n)\rangle \langle x_1, x_2, \cdots, x_n \mid n_{\text{particle}}\rangle ,$$

这意味着

$$\int \left(\prod_{i=1}^{n} \mathrm{d}x_i \right) |S(x_1, x_2, \cdots, x_n)\rangle \langle x_1, x_2, \cdots, x_n| = I,$$

因此有

$$|x_1, x_2, \cdots, x_n\rangle = |S(x_1, x_2, \cdots, x_n)\rangle = \left(\prod_{i=1}^{n} \hat{\psi}^\dagger(x_i) \right) |0\rangle. \tag{9.78}$$

这样，将式 (9.72) 和式 (9.78) 代回式 (9.77)，就能得到以薛定谔场算符或产生、湮灭算符表示的多自由粒子系统波函数. 从而我们发现，量子场论事实上可以作为多体量子力学的一个等价描述. 特别值得注意的是，从式 (9.12) 中我们看到，以多体量子力学的视角写波函数 $\Phi(x_1, x_2, \cdots, x_n, t)$ 时，需要特别注意波函数应满足的统计性质 (或对称、反对称性质)；但下面我们将看到，如果以场论视角构造波函数，则全同粒子的这些信息都包含在场算符 $\hat{\psi}^\dagger(x_i)$ 之间的关系中.

9.5.5　克莱因–戈尔登场论中的粒子能量与正规序

前面我们导出了非相对论量子场论即薛定谔场论，接下来我们讨论相对论性量子场论. 沿用第 7 章的思路，我们首先从克莱因–戈尔登场入手.

前面我们曾以电磁场为例讨论了如何构造一个场的拉格朗日密度并推导出运动方程. 类似地，对于一个实标量场 ϕ，我们可以构造洛伦兹不变的拉格朗日密度[①]

$$\mathcal{L} = \frac{1}{2}(\partial_\mu \phi)(\partial^\mu \phi) - \frac{1}{2}m^2\phi^2. \tag{9.79}$$

代入欧拉–拉格朗日方程 (9.29)，容易验证其满足克莱因–戈尔登方程[②]

$$(\partial^2 + m^2)\phi = 0, \tag{9.80}$$

因而式 (9.79) 就是克莱因–戈尔登场的拉格朗日密度.

根据定义可得广义动量

$$\pi = \frac{\partial \mathcal{L}}{\partial(\partial_0 \phi)} = \partial_0 \phi,$$

进而可得哈密顿密度

$$\mathcal{H} = \pi \partial_0 \phi - \mathcal{L} = \frac{1}{2}\left[(\partial_0\phi)^2 + (\nabla\phi)^2 + m^2\phi^2\right].$$

---

① 出于简洁性的考虑，对实标量场 ϕ，我们首先考虑拉格朗日密度是 ϕ 及其一阶导数 $\partial_\mu\phi$ 的函数. 容易验证在洛伦兹变换下 ϕ^2 和 $(\partial_\mu\phi)(\partial^\mu\phi)$ 都是不变量，且分别对应质量项和动能项，由此构造的拉格朗日密度可以得到克莱因–戈尔登方程的形式，因而我们认为这就是克莱因–戈尔登场的拉格朗日密度.

② 方程 (9.80) 与方程 (7.5) 相同，仅是写法上的区别，这里 $\partial^2 = \partial_\mu\partial^\mu = \dfrac{\partial^2}{\partial t^2} - \nabla^2$.

对方程 (9.80)，设其洛伦兹不变的通解为

$$\phi(x^\mu) = \int \frac{\mathrm{d}^4 k}{(2\pi)^4} \left[f(k)\mathrm{e}^{-\mathrm{i}kx} + f^*(k)\mathrm{e}^{\mathrm{i}kx} \right], \quad kx = k_\mu x^\mu,$$

代回方程可得

$$\phi(x^\mu) = \int \frac{\mathrm{d}^4 k}{(2\pi)^4} (m^2 - l^2)[f(k)\mathrm{e}^{-\mathrm{i}kx} + f^*(k)\mathrm{e}^{\mathrm{i}kx}] = 0.$$

于是

$$f(k) = (2\pi)\delta(k^2 - m^2)c(k), \quad f^*(k) = (2\pi)\delta(k^2 - m^2)c^*(k),$$

代回得到

$$\phi(x^\mu) = \int \frac{\mathrm{d}^4 k}{(2\pi)^3} \delta(k^2 - m^2)[c(k)\mathrm{e}^{-\mathrm{i}kx} + c^*(k)\mathrm{e}^{\mathrm{i}kx}]. \tag{9.81}$$

而由相对论质能关系

$$k^2 = k_\mu k^\mu = k_0^2 - |\,\boldsymbol{k}\,|^2 = m^2 \quad \rightarrow \quad k_0 = \pm\sqrt{|\,\boldsymbol{k}\,|^2 + m^2},$$

记 $\sqrt{|\,\boldsymbol{k}\,|^2 + m^2} = \omega_k$，则可将式 (9.81) 中的 δ 函数写成[1]

$$\delta(k^2 - m^2) = \delta(k_0^2 - \omega_k^2) = \frac{\delta(k_0 - \omega_k) + \delta(k_0 + \omega_k)}{2\omega_k},$$

代回式 (9.81) 即得

$$\phi(x^\mu) = \int \frac{\mathrm{d}^3 \boldsymbol{k}}{(2\pi)^3 2\omega_k} \bigg[c(\omega_k, \boldsymbol{k})\mathrm{e}^{\mathrm{i}\boldsymbol{k}\cdot\boldsymbol{x} - \mathrm{i}\omega_k t} + c(-\omega_k, \boldsymbol{k})\mathrm{e}^{\mathrm{i}\boldsymbol{k}\cdot\boldsymbol{x} + \mathrm{i}\omega_k t}$$
$$+ c^*(\omega_k, -\boldsymbol{k})\mathrm{e}^{-\mathrm{i}\boldsymbol{k}\cdot\boldsymbol{x} - \mathrm{i}\omega_k t} + c^*(-\omega_k, -\boldsymbol{k})\mathrm{e}^{-\mathrm{i}\boldsymbol{k}\cdot\boldsymbol{x} + \mathrm{i}\omega_k t} \bigg].$$

对中括号内的四项，通过将积分变量中 $\boldsymbol{k}$ 替换为 $-\boldsymbol{k}$ 可以合并首尾两项，而通过取共轭可以合并中间两项. 如果定义

$$a(k) = c(\omega_k, \boldsymbol{k}) + c^*(-\omega_k, -\boldsymbol{k}),$$

我们就得到

$$\phi(x^\mu) = \int \frac{\mathrm{d}^3 \boldsymbol{k}}{(2\pi)^3 2\omega_k} \left[a(k)\mathrm{e}^{\mathrm{i}\boldsymbol{k}\cdot\boldsymbol{x} - \mathrm{i}\omega_k t} + a^\dagger(k)\mathrm{e}^{-\mathrm{i}\boldsymbol{k}\cdot\boldsymbol{x} + \mathrm{i}\omega_k t} \right]. \tag{9.82}$$

将这一解代回哈密顿量，可得

$$H = \int \mathcal{H}\mathrm{d}^3\boldsymbol{x} = \int \frac{\mathrm{d}^3 \boldsymbol{k}}{(2\pi)^3 2\omega_k} \frac{\omega_k}{2} [a^\dagger(k)a(k) + a(k)a^\dagger(k)]. \tag{9.83}$$

---

[1] 后一步利用了复合 δ 函数的性质，即当 $f(x) = 0$ 的实根 $x_n (n = 1, 2, \cdots)$ 均为单根时，有
$$\delta[f(x)] = \sum_n \frac{\delta(x - x_n)}{|f'(x)|}.$$

与式 (9.65) 一样，有正则量子化条件

$$[\phi(\boldsymbol{x}_1, t),\ \pi(\boldsymbol{x}_2, t)] = i\delta^3(\boldsymbol{x}_2 - \boldsymbol{x}_1). \tag{9.84}$$

另外，有

$$
\begin{aligned}
a(k) &= i \int d^3\boldsymbol{x}\ e^{-i\boldsymbol{k}\cdot\boldsymbol{x}+i\omega t}[\pi(x) - i\omega_k\phi(x)], \\
a^\dagger(k) &= -i \int d^3\boldsymbol{x}\ e^{i\boldsymbol{k}\cdot\boldsymbol{x}-i\omega t}[\pi(x) + i\omega_k\phi(x)].
\end{aligned}
\tag{9.85}
$$

利用正则量子化条件 (9.84) 可得

$$[a(k_1), a^\dagger(k_2)] = (2\pi)^3 2\omega_{k_1}\delta^3(\boldsymbol{k}_1 - \boldsymbol{k}_2), \tag{9.86}$$

同理有

$$[a(k_i), a(k_j)] = [a^\dagger(k_i), a^\dagger(k_j)] = 0. \tag{9.87}$$

与薛定谔场论中式 (9.69) 类似，定义粒子数算符

$$N = \int \frac{d^3\boldsymbol{k}}{(2\pi)^3 2\omega_k} a^\dagger(k)a(k), \tag{9.88}$$

容易验证其与产生、湮灭算符的对易关系也与薛定谔场论中式 (9.70) 一致，即

$$[N, a(k)] = -a(k), \quad [N, a^\dagger(k)] = +a^\dagger(k). \tag{9.89}$$

类似式 (9.55) 的讨论，这是一个交换对称的系统，克莱因–戈尔登场对应自旋为零的量子场，服从玻色–爱因斯坦统计. 由真空态 $|0\rangle$，满足

$$a(k)|0\rangle = 0, \quad N|0\rangle = 0|0\rangle,$$

而一个 m 粒子的体系 $|m\rangle$ 就可以写成

$$|m\rangle = \prod_{i=1}^{m} a^\dagger(k_i)|0\rangle, \quad N|m\rangle = m|m\rangle.$$

现在考虑一个动量为 p 的单粒子系统，显然有[①]

$$|p\rangle = a^\dagger(p)|0\rangle, \quad N|p\rangle = +1|p\rangle.$$

将哈密顿算符作用于该单粒子态上，有

$$H|p\rangle = \int \frac{d^3\boldsymbol{k}}{(2\pi)^3 2\omega_k} \frac{\omega_k}{2} \left[a^\dagger(k)a(k) + a(k)a^\dagger(k)\right]|p\rangle$$

---

① 注意这里态矢量记号中的 p 为单粒子动量，而非粒子数.

$$= \int \frac{\mathrm{d}^3 \boldsymbol{k}}{(2\pi)^3 2\omega_k} \frac{\omega_k}{2} \left\{ 2a^\dagger(k)a(k) + [a(k), a^\dagger(k)] \right\} |p\rangle$$

$$= \int \frac{\mathrm{d}^3 \boldsymbol{k}}{(2\pi)^3 2\omega_k} \frac{\omega_k}{2} [2a^\dagger(k)a(k) + (2\pi)^3 2\omega_k \delta^3(0)] |p\rangle. \tag{9.90}$$

注意到第一项中包含一个粒子数算符 N，因此式 (9.77) 可化简为

$$H |p\rangle = \left(\omega_p + \delta^3(0) \int \mathrm{d}^3 \boldsymbol{k} \frac{\omega_k}{2} \right) |p\rangle.$$

注意到式中的第二项出现了无穷大. 事实上，容易验证它来自于真空能量

$$\delta^3(0) \int \mathrm{d}^3 \boldsymbol{k} \frac{\omega_k}{2} = \langle 0 | H | 0 \rangle.$$

容易证明

$$[H, a^\dagger(k_i)] = +\omega(k_i)a^\dagger(k_i),$$

因此对多粒子态，就有

$$H |p_1, \cdots, p_m\rangle = \left(\sum_{i=1}^m \omega_i + \langle 0 | H | 0 \rangle \right) |p_1, \cdots, p_m\rangle,$$

即上述无穷大的真空能量同样存在. 考虑到我们关心的只是能量的相对值，通常定义

$$: H : \ = H - \langle 0 | H | 0 \rangle, \tag{9.91}$$

这样就从哈密顿量中去除了无穷大项.

回到式 (9.77)，我们发现真空能量项是对易子项 $[a(k), a^\dagger(k)]$ 的贡献，因此

$$: H : \ = H - \int \frac{\mathrm{d}^3 \boldsymbol{k}}{(2\pi)^3 2\omega_k} \frac{\omega_k}{2} [a(k), a^\dagger(k)]$$

$$= \int \frac{\mathrm{d}^3 \boldsymbol{k}}{(2\pi)^3 2\omega_k} \omega_k a^\dagger(k)a(k). \tag{9.92}$$

这种从守恒量算符中减去真空期待值的过程称为正规编序 (normal ordering), 简称为正规序.

9.5.6 反粒子与量子场论

7.2 节中我们提到，作为一个二阶方程，克莱因–戈尔登方程存在能量 $E < 0$ 的解，这将导致负概率密度问题. 通过引入狄拉克理论，这一问题在 7.5 节中得到了解决. 然而，狄拉克方程

$$(\mathrm{i}\gamma^\mu \partial_\mu - m)\psi = 0 \tag{7.52}$$

并没有从本质上解决负能量的问题[①]. 而如果存在负能量态, 由于其能量更低, 显然电子将向负能量态跃迁并发生电磁辐射; 然而由于

$$E = -\sqrt{p^2 + m^2} \to -\infty$$

并不被禁止, 能量基态将不复存在, 电子将持续向更低能级跃迁并发出辐射, 这显然是违背物理现实的.

狄拉克从泡利不相容原理出发, 对负能量解给出了解释: 他假设所有负能量态均已被电子填满, 这样, 根据泡利不相容原理, 正能量的电子就不能跃迁到负能态上. 这种填满了电子的负能量态被称为 "狄拉克海". 随之带来的有趣结果是, 如果对应于负能态 $-|E|$ 产生了一个 "空穴", 则一个具有正能量 $|E|$ 的电子会自然地跃迁以填补该空穴, 并释放 $2|E|$ 的能量, 即发生如下过程:

$$e^- + \text{"空穴"} \longrightarrow \gamma(2\,|\,E\,|).$$

因此 "空穴" 应具有 $+e$ 的电荷和 $|E|$ 的能量, 容易推知这就是后来被发现的正电子. 正电子于两年后由安德森 (C.D.Anderson) 在宇宙线中发现[②], 事实上, 正电子与电子湮灭在更早时便被我国科学家赵忠尧发现[③]. 因此, 狄拉克的这一理论也成了对反物质的预言.

在狄拉克对负能量的解释中, 基态 (真空态) 变成了排满正反粒子的 "狄拉克海", 使得遵守泡利不相容原理的电子不会衰变到基态, 但由此付出的代价是必须将一个单粒子的量子力学问题变成无穷多粒子的多体量子力学系统即量子场论, 才可能保证理论的自洽性. 因此, 量子场论也成为保证相对论量子力学的自洽性的一个自然选择.

从洛伦兹变换不变性出发, 可构造拉格朗日密度[④]

$$\mathcal{L} = i\overline{\psi}\gamma^\mu \overset{\leftrightarrow}{\partial}_\mu \psi - m\overline{\psi}\psi$$

$$= \frac{i}{2}[\overline{\psi}\gamma^\mu(\partial_\mu \psi) - (\partial_\mu\overline{\psi})\gamma^\mu \psi] - m\overline{\psi}\psi, \tag{9.93}$$

其中 γ 矩阵和 $\overline{\psi}$ 的定义分别见式 (7.50) 和式 (7.54), 代入欧拉–拉格朗日方程 (9.29), 就可以得到狄拉克方程. 因此, 我们构造的拉格朗日密度即狄拉克场的拉格朗日密度.

与前面的思路相同, 我们从拉格朗日密度出发计算广义动量

$$\boldsymbol{\pi} = \frac{\partial \mathcal{L}}{\partial \dot{\psi}} = i\overline{\psi}\gamma^0 = i\psi^\dagger,$$

则哈密顿密度为

---

　① 一个简单的例子是, 当粒子处于静止状态 (即 $p_i = 0, i = 1, 2, 3$) 时, 狄拉克方程成为

$$\gamma^0 p_0 \psi = m\psi, \quad \gamma^0 = \begin{pmatrix} 0 & I \\ I & 0 \end{pmatrix},$$

可解得能量的本征值为 $\pm m$, 即存在负能量解.

　② Phys. Rev., 1933, 43: 491.

　③ PNAS, 1930, 16(6): 431-433; Phys. Rev., 1930, 36: 1519.

　④ 根据式 (7.40) 和式 (7.41) 中给出的旋量在洛伦兹变换下的性质, 可以证明 $\overline{\psi}\psi$ 构成一个标量, 显然为洛伦兹不变量; 而 $\overline{\psi}\gamma^\mu\psi$ 在洛伦兹变换下按矢量变换, 因而与另一个按矢量变换的 ∂_μ 可以构成洛伦兹不变的内积; 还可证明其他项 (如 $\psi^\dagger\psi$ 等) 不具有洛伦兹不变性. 证明留作习题.

$$\mathcal{H} = \pi\partial_0\psi - \mathcal{L} = \psi^\dagger\gamma^0(-\mathrm{i}\gamma^i\partial_i + m)\psi.$$

将狄拉克方程 (7.52) 代入上式，得到

$$\mathcal{H} = \psi^\dagger\gamma^0(\mathrm{i}\gamma^0\partial_0\psi) = \psi^\dagger\mathrm{i}\frac{\partial}{\partial t}\psi. \tag{9.94}$$

容易看到，由式 (9.81) 将得到 $\omega\psi^\dagger\psi$ 的形式，该形式并不具有半正定性 (负的 ω 将导致整个结果为负)，因此从这里也能看出，负能量解的问题并没有从狄拉克场中直接得到解决.

9.5.7 狄拉克方程的解

为了讨论场的量子化，我们首先需要求解狄拉克方程. 回到标准表示下自由粒子的狄拉克方程

$$\begin{pmatrix} E - m & -\boldsymbol{\sigma}\cdot\boldsymbol{p} \\ -\boldsymbol{\sigma}\cdot\boldsymbol{p} & E + m \end{pmatrix}\begin{pmatrix} \chi_1 \\ \chi_2 \end{pmatrix} = 0, \tag{7.67}$$

或写成哈密顿本征方程 $H\psi = E\psi$ 的形式，则有

$$H = \begin{pmatrix} m & \boldsymbol{\sigma}\cdot\boldsymbol{p} \\ \boldsymbol{\sigma}\cdot\boldsymbol{p} & -m \end{pmatrix}. \tag{9.95}$$

与式 (9.82) 类似，该方程具有一般解[①]

$$\psi(x) = \int\frac{\mathrm{d}^3p}{(2\pi)^3}\frac{1}{2E}\left[a(p)\psi_+(p) + b^\dagger(p)\psi_-(p)\right],$$

其中

$$\psi_+(p) = u(p)\mathrm{e}^{-\mathrm{i}p_\mu x^\mu} = u(p)\mathrm{e}^{\mathrm{i}\boldsymbol{p}\cdot\boldsymbol{x} - \mathrm{i}Et}, \tag{9.96}$$

$$\psi_-(p) = v(p)\mathrm{e}^{\mathrm{i}p_\mu x^\mu} = v(p)\mathrm{e}^{-\mathrm{i}\boldsymbol{p}\cdot\boldsymbol{x} + \mathrm{i}Et} \tag{9.97}$$

分别对应方程的正能量解和负能量解，$u(p)$ 和 $v(p)$ 为旋量部分.

7.5 节中我们已经知道，在零质量极限下，手征表示下的狄拉克方程 (7.49) 变成两个解耦合的螺旋度本征方程

$$\boldsymbol{\sigma}\cdot\boldsymbol{p}\,\chi_\pm(\boldsymbol{p}) = \pm p\chi_\pm(\boldsymbol{p}), \quad p = |\,\boldsymbol{p}\,|, \tag{9.98}$$

其解 $\chi_\pm$ 是二分量的外尔旋量，分别对应于本征值为 $\pm p$ 的情况. 因此，不失一般性，如果在球坐标系中定义一个动量

$$\boldsymbol{p} = p(\sin\theta\cos\phi, \sin\theta\sin\phi, \cos\theta),$$

---

① 其中利用了四维闵可夫斯基空间中的关系

$$p_\mu x^\mu = Et - \boldsymbol{p}\cdot\boldsymbol{x}, \quad E = \sqrt{p^2 + m^2}.$$

则

$$\boldsymbol{\sigma} \cdot \boldsymbol{p} = p \begin{pmatrix} \cos\theta & \mathrm{e}^{-\mathrm{i}\phi}\sin\theta \\ \mathrm{e}^{\mathrm{i}\phi}\sin\theta & -\cos\theta \end{pmatrix},$$

代入式 (9.98)，就可以解得对应于动量 $\boldsymbol{p}$ 的两个本征态

$$\chi_+(\boldsymbol{p}) = \begin{pmatrix} \cos\dfrac{\theta}{2} \\ \mathrm{e}^{\mathrm{i}\phi}\sin\dfrac{\theta}{2} \end{pmatrix}, \quad \chi_-(\boldsymbol{p}) = \begin{pmatrix} -\mathrm{e}^{-\mathrm{i}\phi}\sin\dfrac{\theta}{2} \\ \cos\dfrac{\theta}{2} \end{pmatrix}. \tag{9.99}$$

由于螺旋度与哈密顿量对易 (式 (7.64))，我们可以很方便地从以上螺旋度本征态出发构造哈密顿量本征态，即狄拉克方程的解.

注意到将式 (9.98) 代入哈密顿算符 (9.95)，对正能量解 (9.96) 可得

$$H u_\pm(p) = \begin{pmatrix} m & \pm p \\ \pm p & -m \end{pmatrix} u_\pm(p) = E u_\pm(p),$$

解得[①]

$$u_+ = \begin{pmatrix} \sqrt{E+m}\,\chi_+(p) \\ \sqrt{E-m}\,\chi_+(p) \end{pmatrix}, \quad u_- = \begin{pmatrix} \sqrt{E+m}\,\chi_-(p) \\ -\sqrt{E-m}\,\chi_-(p) \end{pmatrix},$$

代入外尔旋量，将上式写成四分量的形式就是

$$u_+ = \begin{pmatrix} \sqrt{E+m}\cos\dfrac{\theta}{2} \\ \sqrt{E+m}\sin\dfrac{\theta}{2}\mathrm{e}^{\mathrm{i}\phi} \\ \sqrt{E-m}\cos\dfrac{\theta}{2} \\ \sqrt{E-m}\sin\dfrac{\theta}{2}\mathrm{e}^{\mathrm{i}\phi} \end{pmatrix}, \quad u_- = \begin{pmatrix} -\sqrt{E+m}\sin\dfrac{\theta}{2}\mathrm{e}^{-\mathrm{i}\phi} \\ \sqrt{E+m}\cos\dfrac{\theta}{2} \\ \sqrt{E-m}\sin\dfrac{\theta}{2}\mathrm{e}^{-\mathrm{i}\phi} \\ -\sqrt{E-m}\cos\dfrac{\theta}{2} \end{pmatrix}. \tag{9.100}$$

同理，对于负能量解 (9.97) 有[②]

$$H v_\pm(p) = \begin{pmatrix} m & \mp p \\ \mp p & -m \end{pmatrix} v_\pm(p) = -E v_\pm(p),$$

解得

$$v_+ = \begin{pmatrix} \sqrt{E-m}\,\chi_+(p) \\ \sqrt{E+m}\,\chi_+(p) \end{pmatrix}, \quad v_- = \begin{pmatrix} -\sqrt{E-m}\,\chi_-(p) \\ \sqrt{E+m}\,\chi_-(p) \end{pmatrix},$$

---

① 这里我们已经考虑了归一化系数，使 $u^\dagger u$ 归一化到 $2E$；若不考虑归一化，则解总可以相差一个系数.

② 注意到，由于 $\boldsymbol{p} = -\mathrm{i}\nabla$，作用在负能量解的平面波部分 $(\mathrm{e}^{-\mathrm{i}\boldsymbol{p}\cdot\boldsymbol{x}+\mathrm{i}Et})$ 时会额外产生一个负号.

即

$$
v_+ = \begin{pmatrix} \sqrt{E-m}\cos\dfrac{\theta}{2} \\[2mm] \sqrt{E-m}\sin\dfrac{\theta}{2}\mathrm{e}^{\mathrm{i}\phi} \\[2mm] \sqrt{E+m}\cos\dfrac{\theta}{2} \\[2mm] \sqrt{E+m}\sin\dfrac{\theta}{2}\mathrm{e}^{\mathrm{i}\phi} \end{pmatrix}, \quad v_- = \begin{pmatrix} \sqrt{E-m}\sin\dfrac{\theta}{2}\mathrm{e}^{-\mathrm{i}\phi} \\[2mm] -\sqrt{E-m}\cos\dfrac{\theta}{2} \\[2mm] -\sqrt{E+m}\sin\dfrac{\theta}{2}\mathrm{e}^{-\mathrm{i}\phi} \\[2mm] \sqrt{E+m}\cos\dfrac{\theta}{2} \end{pmatrix}. \tag{9.101}
$$

至此, 我们以螺旋度本征态为基础给出了狄拉克方程的解中所有旋量的具体形式. 进一步计算可以得到

$$
\chi_+\chi_+^\dagger = \frac{1}{2}\begin{pmatrix} 1+\cos\theta & \sin\theta\mathrm{e}^{-\mathrm{i}\phi} \\ \sin\theta\mathrm{e}^{\mathrm{i}\phi} & 1-\cos\theta \end{pmatrix} = \frac{1}{2}(I_2 + \boldsymbol{\sigma}\cdot\boldsymbol{p}),
$$

$$
\chi_-\chi_-^\dagger = \frac{1}{2}\begin{pmatrix} 1-\cos\theta & \sin\theta\mathrm{e}^{-\mathrm{i}\phi} \\ \sin\theta\mathrm{e}^{\mathrm{i}\phi} & 1+\cos\theta \end{pmatrix} = \frac{1}{2}(I_2 - \boldsymbol{\sigma}\cdot\boldsymbol{p}),
$$

进而

$$
\begin{aligned} \sum_\pm u_\pm \overline{u}_\pm &= \sum_\pm u_\pm u_\pm^\dagger \gamma^0 \\ &= \begin{pmatrix} (E+m)I_2 & \boldsymbol{\sigma}\cdot\boldsymbol{p} \\ -\boldsymbol{\sigma}\cdot\boldsymbol{p} & -(E-m)I_2 \end{pmatrix} \\ &= \gamma^\mu p_\mu + m * I_4. \end{aligned} \tag{9.102}
$$

同理有

$$
\sum_\pm v_\pm \overline{v}_\pm = \gamma^\mu p_\mu - m * I_4. \tag{9.103}
$$

式 (9.102) 和式 (9.103) 是一般性的结果, 这被称为自旋求和定理, 在量子场论中可以给出详细的证明.

在以上计算中我们已经初步发现了螺旋度的作用. 事实上, 在散射振幅的计算中, 螺旋度振幅的方法具有多方面的优势: 例如在高能极限情况下, 螺旋度本征态就是手征旋量态, 因而从螺旋度进行计算可以给出清晰的物理直观; 并且, 通过随机生成的相空间, 可以直接计算螺旋度振幅的数值权重, 这非常适合使用蒙特卡罗方法进行数值计算. 由于具有这些优势, 螺旋度振幅方法被广泛使用.

9.5.8　狄拉克场的量子化与泡利不相容原理

前面我们已经得到了自由粒子狄拉克方程的一般解[①]

$$
\psi(x) = \int \frac{\mathrm{d}^3 p}{(2\pi)^3} \frac{1}{2E} \sum_{\pm} \left[a_{\pm}(p) u_{\pm}(p) \mathrm{e}^{-\mathrm{i} p \cdot x} + b_{\pm}^{\dagger}(p) v_{\pm}(p) \mathrm{e}^{\mathrm{i} p \cdot x} \right],
$$

其中，a 是正能量态的湮灭算符，$b^{\dagger}$ 是负能量态的产生算符. 类比之前对薛定谔场的讨论，不难理解上式是狄拉克场的湮灭算符，它反映了反粒子产生和粒子湮灭的对应，而其共轭场算符即产生算符为

$$
\psi^{\dagger}(x) = \int \frac{\mathrm{d}^3 p}{(2\pi)^3} \frac{1}{2E} \sum_{\pm} \left[a_{\pm}^{\dagger}(p) u_{\pm}^{\dagger}(p) \mathrm{e}^{\mathrm{i} p \cdot x} + b_{\pm}(p) v_{\pm}^{\dagger}(p) \mathrm{e}^{-\mathrm{i} p \cdot x} \right],
$$

而作为狄拉克方程解的 $\overline{\psi}$ 为

$$
\overline{\psi}(x) = \psi^{\dagger} \gamma^0 = \int \frac{\mathrm{d}^3 p}{(2\pi)^3} \frac{1}{2E} \sum_{\pm} \left[a_{\pm}^{\dagger}(p) \overline{u}_{\pm}(p) \mathrm{e}^{\mathrm{i} p \cdot x} + b_{\pm}(p) \overline{v}_{\pm}(p) \mathrm{e}^{-\mathrm{i} p \cdot x} \right].
$$

将上述结果代入式 (9.94)，可得哈密顿量

$$
\begin{aligned}
H &= \int \mathrm{d}^3 \boldsymbol{x} \mathcal{H} = \int \mathrm{d}^3 \boldsymbol{x} \psi^{\dagger}(x) \mathrm{i} \frac{\partial}{\partial t} \psi(x) \\
&= \int \mathrm{d}^3 \boldsymbol{x} \sum_{\alpha, \alpha'} \frac{\mathrm{i}}{2} \iint \frac{\mathrm{d}^3 q}{(2\pi)^3} \frac{1}{2E} \frac{\mathrm{d}^3 k}{(2\pi)^3} \frac{1}{2E'} \\
&\quad \times \Big\{ [a_{\alpha}^{\dagger} u_{\alpha}^{\dagger}(q) \mathrm{e}^{\mathrm{i} q x} + b_{\alpha'} v_{\alpha'}^{\dagger}(k) \mathrm{e}^{-\mathrm{i} k x}] \\
&\quad \times [a_{\alpha'}(k) u_{\alpha}(k)(-\mathrm{i} E') \mathrm{e}^{-\mathrm{i} k x} + b_{\alpha'}^{\dagger}(k) v_{\alpha'}(k)(\mathrm{i} E') \mathrm{e}^{\mathrm{i} k x}] \\
&\quad - [a_{\alpha}^{\dagger}(q) u_{\alpha}^{\dagger}(q)(\mathrm{i} E) \mathrm{e}^{\mathrm{i} q x} + b_{\alpha}(q) v_{\alpha}^{\dagger}(q)(-\mathrm{i} E) \mathrm{e}^{-\mathrm{i} q x}] \\
&\quad \times [a_{\alpha'}(k) u_{\alpha'}(k) \mathrm{e}^{-\mathrm{i} k x} + b_{\alpha'}^{\dagger}(k) v_{\alpha'}(k) \mathrm{e}^{\mathrm{i} k x}] \Big\} \\
&= \int \frac{\mathrm{d}^3 k}{(2\pi)^3} \frac{m}{E} E \sum_{\alpha} [a_{\alpha}^{\dagger}(k) a_{\alpha}(k) - b_{\alpha}(k) b_{\alpha}^{\dagger}(k)],
\end{aligned}
$$

其中 $\alpha, \alpha' = \pm$. 如果按照传统的量子化条件，这个形式的哈密顿量并不能保证是正定的，因为正规序后第二项将变成 $-b^{\dagger}b$，仍然贡献负能量. 为了保证哈密顿量的正定性，必须引入新的量子化条件.

定义反对易子[②]

$$
\{A, B\} = AB + BA. \tag{9.104}
$$

---

① 为了方便，我们在此略去四维矢量的指标.
② 其实我们在式 (7.58) 中已经见过这种写法.

类比于式 (9.66) 和式 (9.86)，如果我们要求

$$\{a_\alpha(q), a_{\alpha'}^\dagger(k)\} = \{b_\alpha(q), b_{\alpha'}^\dagger(k)\} = \frac{E}{m}(2\pi)^3\delta^3(\boldsymbol{q}-\boldsymbol{k})\delta_{\alpha\alpha'},$$

且

$$\{a_\alpha(q), a_{\alpha'}(k)\} = \{a_\alpha^\dagger(q), a_{\alpha'}^\dagger(k)\} = 0,$$
$$\{b_\alpha(q), b_{\alpha'}(k)\} = \{b_\alpha^\dagger(q), b_{\alpha'}^\dagger(k)\} = 0.$$

这样，根据式 (9.92) 的正规序操作，我们有

$$: H : = \int \frac{\mathrm{d}^3k}{(2\pi)^3} \frac{m}{E} E \sum_\alpha [a_\alpha^\dagger(k)a_\alpha(k) + b_\alpha^\dagger(k)b_\alpha(k)]. \tag{9.105}$$

这就得到了一个正定的哈密顿量.

注意到，反对易关系 $\{b_\alpha^\dagger, b_\alpha^\dagger\} = 0$ 事实上要求 $b_\alpha^\dagger b_\alpha^\dagger = 0$，即

$$b_\alpha^\dagger b_\alpha^\dagger |0\rangle = 0, \tag{9.106}$$

表明不能有两个狄拉克场的粒子处于同一状态，这便是泡利不相容原理.

另外，根据旋量求和关系 (9.102) 和 (9.103)，我们还可以得到场湮灭算符和场产生算符的反对易关系，即

$$\{\psi_i(x), \psi_j^\dagger(x')\} = \delta^3(\boldsymbol{x}-\boldsymbol{x}')\delta_{ij}, \tag{9.107}$$
$$\{\psi_i(x), \psi_j(x')\} = \{\psi_i^\dagger(x), \psi_j^\dagger(x')\} = 0 . \tag{9.108}$$

至此我们看到，泡利不相容原理 (或自旋统计定理) 是相对论量子场论的自然结果.

❧ 第9章习题 ❧

9.1 验算式 (9.6) 和式 (9.10).

9.2 设系统哈密顿量 $\hat{H}$ 具有本征态 $|\psi_n\rangle$ $(n \in \mathbb{N})$. 试证明对归一化态 $|\psi\rangle$，如果其满足 $\forall n < i, \langle\psi|\psi_n\rangle = 0$，则

$$\langle\psi|\hat{H}|\psi\rangle \geqslant E_i,$$

即我们可以用变分法估算 E_i 的上限.

9.3 证明式 (9.67) 和式 (9.71).

9.4 推导式 (9.85).

9.5 试证明狄拉克场的拉格朗日密度 (9.93) 具有洛伦兹不变性，而 $\psi^\dagger\psi$ 项不具有洛伦兹不变性.

第 10 章　亚原子：核物理基础

通过前面几章，我们系统介绍了原子系统的物理. 正如前言中提到的，原子是由带正电的原子核及带负电的电子通过电磁相互作用组成的量子系统. 原子物理主要研究电子在原子核形成的库仑势场中的行为，而原子光谱 (核外电子在不同能级间跃迁所伴随的电磁辐射) 是检验理论的主要实验手段. 同时也简单介绍了分子物理，分子是原子通过电磁相互作用组成的束缚态，电子跃迁导致分子光谱. 原子分子物理推动了量子力学的起源和发展，也因量子力学框架的完善和新技术 (如激光) 的发明等，进一步发展成为原子分子光物理[①].

卢瑟福通过 α 粒子与重核散射实验发现了原子核的存在，后又在与轻核的 α 粒子散射实验中实现了人工核反应. 人们逐步发现原子核存在内部结构，其是由质子和中子通过核力结合而成的，正式开启了亚原子物理领域的研究. 加速器的发明和中子的发现进一步推进了核物理的发展. 随着量子力学理论框架的完善，原子核作为一个非微扰的量子多体系统被更清楚地理解. 利用宇宙线和高能加速器探索更小德布罗意波长的微观世界，开启了基本粒子物理研究的大门，确认了质子、中子的内部结构[②]. 至今，粒子物理的标准模型已被实验所证实. 无论是原子核物理还是粒子物理都有非常丰富的物理内容，也分别对应着两门独立的专业课. 下面将分两章内容简单介绍核物理和粒子物理的基本概念，为后续专业课学习打下基础.

10.1　从原子核到中子的发现

化学反应中元素是不变的，而核反应是改变元素的反应，是真正的 "炼金术". 事实上，人类观测到核反应的历史远远超过现代核物理的发源，许多天体物理现象本身就是核反应导致的. 例如，太阳本身就是核反应现象，但是由于受到观测手段的限制，因此一直缺乏短期定量变化的可观测数据，直到贝特 (H. Bethe) 从热核聚变出发提出了标准太阳模型，巴克尔 (J. N. Bahcall) 提出了测量太阳中微子的理论预言，并在戴维斯 (R. Davis) 测量出太阳中微子等直接证据时，才逐步理解太阳上发生的具体反应类型，这个过程还涉及了

---

① 本书的前半部分可作为本科高年级或研究生低年级专业课——原子分子光物理的导论.

② 事实上，质子存在内部结构的间接证据已经在第 7 章介绍过，1937 年，施特恩等将分离出的正氢/仲氢自旋异构体的氢分子束打入非均匀磁场，确认了质子自旋，又经过氢–氘等组成的分子态进行了进一步测量，得到质子的旋磁比中的朗德因子 $g_p \approx 5.586$. 对比狄拉克方程非相对论极限得到的电子朗德因子，已经证明了质子不同于电子，并非基本粒子.

中微子的振荡反应, 直到麦克唐纳 (A. B. McDonald) 的萨德伯里中微子观测站 (Sudbury Neutrino Observatory, SNO) 实验才最终解决了所有疑团, 我们将在下面章节具体介绍相关内容. 超新星 (supernova) 爆发也是剧烈的核反应过程, 早在 16 世纪, 超新星爆发就被第谷 (Tycho Brahe) 和开普勒 (J. Kepler) 观测到亮度随时间的变化, 但是却没有其他途径可以知晓其发生的实际物理过程其实与 ^{56}Ni 和 ^{56}Co 两种放射性核素的半衰期相关联, 更不可能导致核物理现象的发现.

我们看到太阳和超新星是核物理现象, 但除了光学观测外, 尚缺乏其他测量手段, 不可能导致核物理的发现. 现代科学意义上的原子核物理起源于 1896 年, 贝可勒尔 (A. H. Becquerel) 在硫化铀晶体边的底片上发现了曝光现象, 天然放射性核素被发现, 打开了研究核物理的第一扇窗. 随后居里 (Curie) 夫妇发现了一系列天然放射性核素, 拓展了天然放射性的研究, 同时也为后续研究原子核物理的实验提供了宝贵放射源, 包括卢瑟福发现原子核的 α 粒子和金箔的散射实验 (1911 年). 卢瑟福和汤姆孙通过研究带电粒子性质, 分别将带正、负、中性电的射线命名成 α、β、γ 三种.

卢瑟福散射实验给出了原子核存在的证据, 也可以测得原子核的尺寸. 核半径可以被归为一种经验公式

$$R \approx r_0 A^{\frac{1}{3}}, \tag{10.1}$$

其中 $r_0 \approx 1.2$ fm. 当然, 不同粒子的散射也只是反映了某种特定相互作用下的原子核半径. 原子核的密度非常高, 其尺度是原子尺度的 $10^{-4} \sim 10^{-5}$, 但占了原子的主要质量, 所以其密度是原子密度的 $10^{12} \sim 10^{15}$, 按照一般物质的密度 10^4 kg/m^3, 原子核密度为 $10^{16} \sim 10^{19}$ kg/m^3. 自然界中就存在这种核物质, 最典型的就是中子星, 通常是太阳质量 10^{30} kg 的 1~2 倍, 半径为 10~20 km, 估算出来的密度约为 10^{18} kg/m^3.

10.1.1 α 粒子与早期核物理

若不能完全剥离核外电子, β 射线 (电子) 或者 γ 射线 (光子) 首先与电子反应, 在能量不足够高的情况下, 根本不可能达到原子核的尺度. 只有居里夫妇发现的镭、钋等天然放射性元素衰变产生的大量 α 粒子是电子的近万倍, 可以轻松穿透核外电子的屏蔽, 因而这些放射性元素的发现为卢瑟福散射创造了前提. 因此, 在加速器发明以前, 这些天然 α 衰变的放射源直接充当了开创核物理研究的工具, 为卢瑟福的散射实验、原子核的发现, 以及后来的人工核反应的发现提供了有力的支持. 为了定量阐述这一问题, 我们首先引入一个反应能 Q 的概念, 定义为末态动能减去初态动能, 又因为系统的能动量守恒有

$$K_{\mathrm{F}} + \sum m_{\mathrm{F}} = K_{\mathrm{I}} + \sum m_{\mathrm{I}},$$

所以, 反应能可以描述初、末态的核质量差, 即所谓质量亏损. 另外, 鉴于所有的核反应过程重子数是守恒的, 所以有时也定义一个质量数 A 和核子质量的差值 μ, 反应前后的 A 不变, 因此 $m = A + \mu = A + \Delta/\epsilon$,

$$Q = K_{\mathrm{F}} - K_{\mathrm{I}} = \sum m_{\mathrm{I}} - \sum m_{\mathrm{F}} = \Delta_{\mathrm{I}} - \Delta_{\mathrm{F}}, \tag{10.2}$$

而对应同位素的 μ 值可以通过核数据库，例如美国国家核数据中心 (National Nuclear Data Center，NNDC) 等直接查询. 例如，要计算镭的衰变

$$^{226}_{88}\text{Ra} \longrightarrow {}^{222}_{86}\text{Rn} + \alpha$$

可以通过查表得知

$$\Delta(^{226}_{88}\text{Ra}) = 23.669 \text{ MeV},$$

$$\Delta(^{222}_{86}\text{Rn}) = 16.374 \text{ MeV},$$

$$\Delta(^{4}_{2}\text{He}) = 2.425 \text{ MeV},$$

可以得到

$$Q = \Delta(^{226}_{88}\text{Ra}) - \Delta(^{222}_{86}\text{Rn}) - \Delta(^{4}_{2}\text{He}) = 4.87 \text{ MeV},$$

反应能远远小于核质量，根据非相对论条件下的能动量守恒得到 α 粒子的动能

$$K_\alpha = \frac{Q}{1 + m_\alpha/m_{\text{Pb}}} \approx 4.78 \text{ MeV}.$$

另一个常用的 α 粒子源是钋，衰变反应能 $Q = 5.407$ MeV，可以计算出 α 粒子动能约为 5.3 MeV.

$$^{210}_{84}\text{Po} \longrightarrow {}^{206}_{82}\text{Pb} + \alpha.$$

在发明加速器以前，如果要使 α 粒子到核力作用范围的 10^{-15} m，比如卢瑟福做的第一次实验，以铂为例，α 粒子到核力作用范围内发生核反应，则要求克服库仑势垒

$$E = \frac{1}{4\pi\epsilon_0} \frac{Z_\alpha Z_{\text{Pt}} e^2}{r_{\text{Pt}} + r_\alpha} \approx 26 \text{ MeV}. \tag{10.3}$$

而卢瑟福并没有"粒子加速器"，库仑势垒大大超出了卢瑟福所用的 α 粒子的能量，因而该实验中并没有核反应发生，完全是一个库仑势场的散射问题. 只有当将靶原子换成氮这样原子序数较小的原子时，天然 α 粒子的能量才足以穿透势垒并引发核反应. 1919 年，卢瑟福用 α 粒子轰击氮，发现反应中释放出了氢原子核. 考虑到氢核已经是已知最轻的原子核，且其他较重的原子核质量都接近其整数倍，不难想到，氢核可能是原子核的一个基本组成单位. 于是卢瑟福把氢核称为质子. 事实上，卢瑟福实验中发生的反应为

$$\alpha + {}^{14}_{7}\text{N} \longrightarrow \text{p} + {}^{17}_{8}\text{O},$$

其中 p 就是质子. 该反应也可以简写成

$$^{14}_{7}\text{N}(\alpha, \text{p})^{17}_{8}\text{O},$$

式中第一个元素代表被轰击的元素，最后一个元素代表产生的元素，圆括号中的粒子由左到右分别表示入射粒子和产生粒子. 卢瑟福的这次实验是历史上首次实现人工核反应的实

验. 而世界上第一个加速器核反应实验是在 1930 年左右, 在静电加速器和回旋加速器发明之后. 所有的带电原子核, 只要到核力作用范围内都可以发生核反应, 因此加速器技术的诞生对核物理及更深层的粒子物理 (有时候又统称亚原子物理) 至关重要. 光子虽然是电中性粒子, 但是参加电磁相互作用, 因此如果要用光子作为探针研究原子核, 首先需要克服壳层电子的影响. 另外, 在现代加速器技术下, 高能电子与原子核散射的深度非弹性散射实验已经成为研究原子核内部结构的重要手段.

10.1.2 中子的发现

前面讨论了 $\mathcal{O}(\mathrm{MeV})$ 的 α 粒子对早期核物理的作用. 但一个例外是呈电中性且不参加电磁相互作用的粒子——中子, 可以以非常低的动能接近原子核发生反应. 而中子的发现, 又一次向我们展示了科学方法论的重要性.

质子被发现后的相当长一段时间里, 人们曾认为原子核由质子和电子组成, 但这一观点与一些已有的实验和理论明显不符. 例如考虑氘核 $^2_1\mathrm{H}$, 如果它是由质子和电子组成的, 则应包含两个质子和一个电子, 如此它必定是一个费米子系统, 而实验测量却发现氘核是玻色子. 而从另一个角度看, 原子核的尺度为 10^{-15} m 量级, 要把电子束缚在这个尺度上, 根据海森伯的不确定性原理

$$\Delta x \Delta p \sim 1,$$

可以估算出该电子必然有非常大的动量

$$\lambda \approx 10^{-15} \text{ m} \Rightarrow E_\mathrm{e} \approx p_\mathrm{e} \approx 1.25 \text{ GeV},$$

这远远超过了当前尺度下的库仑势能, 因此这一假设下的电子不可能是原子核内的束缚态.

直到 1930 年, 德国物理学家博特 (W. Bothe) 在实验中发现

$$\alpha + {}^9_4\mathrm{Be} \longrightarrow {}_6\mathrm{C} + {}_0\mathrm{X},$$

其中 X 为一个电中性粒子. 次年, 约里奥–居里 (Joliot-Curie) 夫妇重复该实验, 并以 X 去轰击石蜡 (一种富氢的烷烃类化合物), 竟然从中打出了质子. 然而遗憾的是, 约里奥–居里夫妇并没有认真地对这一发现进行理论计算, 而是简单地利用康普顿散射对其进行解释, 认为 X 是一个光子, 从而错过了中子的发现. 事实上只要稍加计算就能发现, 针对质子的康普顿散射过程

$$\gamma + \mathrm{p} \longrightarrow \mathrm{p}^* + \gamma^*,$$

利用相对论的能动量守恒

$$E_\gamma = E'_\gamma + \sqrt{2m_\mathrm{p} K'_\mathrm{p}},$$

$$E_\gamma + m_\mathrm{p} = K'_\mathrm{p} + m_\mathrm{p} + E'_\gamma,$$

可得打出质子需要的光子能量远远超过了轰击铍所能产生光子的能量. 1932 年, 查德威克 (J. Chadwick) 发现, 只有当该中性粒子 X 的质量与质子相当时, 才能自洽解释所有数据,

并将该中性粒子称为中子. 由于中子是电中性的，也不像光子那样参加电磁相互作用，因此可以以非常低的动能接近原子核并发生核反应，因而成了核物理研究中的另一个重要的"实验工具".

10.1.3　核结合能与核力

现在我们知道，原子核由质子和中子组成，它们统称为核子，将核子结合成原子核的力称为核力. 显然，由于原子核是束缚态，自由核子结合成原子核的时候会释放出能量，这部分能量称为原子核的结合能

$$B(A, Z) = Zm_{\mathrm{p}} + (A - Z)m_{\mathrm{n}} - m(A, Z),$$

其中，A 表示原子核的质量数 (也即核子数)，Z 表示原子序数 (也即质子数). 从定义中可见，原子核、质子和中子质量的精确测量是核结合能测量的关键. 核素的比结合能如图 10.1 所示. 对于带电粒子质子和原子核本身，都可以通过质谱仪或者离子阱等实验仪器测量到非常高的精度，即 10^{-8} MeV. 然而，中子为电中性，而且寿命只有 $\mathcal{O}(800\text{ s})$，质谱仪等方法很显然不再适用. 现代的实验是通过质子俘获低能中子的过程测量中子质量，如果已知氘核结合能、质子和氘核质量，则中子质量为

$$m_{\mathrm{n}} = B(2, 1) - m_{\mathrm{p}} + m_{\mathrm{D}}.$$

因此需要一种独立的测量氘核结合能的方法，具体如下：一个动能极低的中子，被静止的质子俘获，产生氘核，同时释放出 γ 射线，

$$\mathrm{n} + \mathrm{p} \longrightarrow {}^{2}_{1}\mathrm{D} + \gamma.$$

再取中子动能 $E_{\mathrm{k}} \to 0$ 极限，可以得到

$$B(2, 1) = E_{\gamma}\left(1 + \frac{E_{\gamma}}{2m_{\mathrm{D}}}\right),$$

核结合能测量是研究核力的重要途径.

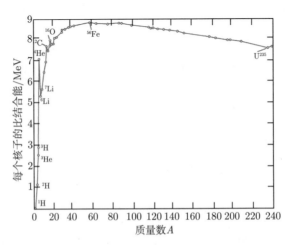

图 10.1　核素的比结合能

就测量给出大部分原子核而言，核的结合能约和质量数 (即核子数)A 成正比. 对长程力而言，在一个原子核中每个核子两两都有相互作用的情况下，有组合因子

$$C_A^2 = A(A-1)/2. \tag{10.4}$$

这说明核力与核子数平方成正比. 这跟核结合能与核子数成正比相矛盾. 因此得到推论：只有相邻核子之间才有核力，核力是短程力.

从现代观点看，一个短程力的存在是因为传递势的力场是有质量的. 为了定性理解其形式的起源，我们首先以静电场理论为例子. 我们已知，对于点电荷的静电势，根据高斯定理有

$$\nabla^2 \phi(r) = -q\delta r, \tag{10.5}$$

静电势结构为

$$\phi(r) = \frac{q}{r}, \tag{10.6}$$

前面的高斯定理来自于麦克斯韦方程, 而四维闵可夫斯基时空的麦克斯韦方程是克莱因–戈尔登方程的无质量极限, 如果从有质量的克莱因–戈尔登方程出发, 写出对应的点源形成的静态势, 我们可以得到下面这个方程

$$(\nabla^2 - m^2)V(r) = -g\delta r. \tag{10.7}$$

麦克斯韦方程对应的是无质量的光子传递相互作用的系统，当传递势能的粒子有质量 m 时，这便是我们的新的势能方程

$$V(r) = \frac{g}{r}\mathrm{e}^{-mr}. \tag{10.8}$$

这个势场通常定义为汤川势. 核力的唯象模型是汤川秀树提出的, 这里传递核力的 “光子” 便是所谓的介子. 当然在现代理论中其实已经理解原子核是作为束缚态存在的, 而原子核内部的强相互作用由胶子传递, 胶子是无质量的, 但是强相互作用的耦合常数是符合渐近自由的, 随着能量变小, 耦合常数变大, 而且会在 100MeV 以下变成非微扰区间. 100MeV 左右被定义为 Λ_{QCD}, 也是形成强子的能标.

核结合能的测量本身也可以间接测量一些原子核的性质, 例如氚核与氦-3 核都是由三个核子组成, 从核力角度是一样的, 但是因为氦-3 有两个质子, 有额外的库仑排斥势能贡献, 所以可以通过两个原子核的核结合能差计算氦-3 中两个质子的距离, 进一步计算核子半径.

10.1.4　核子自旋

通过类似的实验，我们也能证实质子存在 1/2 的自旋. 最早用于施特恩–格拉赫实验的银原子由一个原子核和 47 个核外电子构成，其价电子排布为 $4d^{10}5s^1$，由于泡利不相容原理[1]，银原子中 46 个内层电子以自旋两两相反的状态填满了内壳层，于是它们总的自旋磁矩贡献为零，则银原子的磁矩仅由 5s 电子和原子核贡献. 又因为磁矩与质量成反比，显

---

　① 有关价电子和泡利不相容原理的详细讨论见 9.3节和 9.5节.

然在银原子磁矩中占主导地位的是 5s 电子的贡献, 因此银原子的施特恩–格拉赫实验显示出的主要是电子的自旋磁矩. 要使用类似的实验探究质子自旋, 首先想到的就是利用以单个质子为原子核的氢原子, 但显然氢原子的磁矩也由电子主导, 所以必须设法消除电子自旋磁矩的贡献. 考虑到泡利不相容原理要求处于同一能级的两个电子自旋相反, 当两个氢原子通过共价键形成氢分子 H_2 时, 共价键中的两个电子自旋必然相反, 因而总的磁矩贡献为零, 这样在氢分子 H_2 中就消除了电子自旋磁矩的贡献. 而对氢分子中的两个质子来说, 其自旋有同向和反向两种情况, 分别对应正氢/仲氢两种自旋异构体, 可以通过物理化学方法进行纯化分离. 仲氢的总核自旋显然为 0; 而若质子自旋为 1/2, 正氢的核自旋则应为 1. 历史上, 施特恩与合作者正是利用氢分子束通过施特恩–格拉赫实验中的非均匀磁场测量出了质子的磁矩[①], 他们在实验中观测到了三重态分布, 容易理解这对应于

$$|1,1\rangle, \ |1,0\rangle, \ |1,-1\rangle,$$

即自旋角动量为 1 的情况, 这就意味着每个质子的自旋是 1/2.

中子的施特恩–格拉赫实验到了 20 世纪 50 年代才实现. 通过中子磁镜 (中子与铁磁材料作用的全反射) 的临界波长筛选出的极化中子在非均匀磁场中给出了显著的二重态分布证据, 这说明中子也存在 1/2 的自旋[②].

10.2　核模型

核结合能是原子核物理中可以被精确测量的物理量, 通过理论预言和实验测量的对比, 结合能成为检验各类原子核模型的重要物理量. 通过各种散射实验的数据分析, 我们得到了核子内部质量密度几乎是一个常数, 也就是说核子在内部是均匀分布的, 因此描述核内部的势能应该是一个常数.

10.2.1　库仑势

我们首先从电磁相互作用这一已经被理解清楚的物理出发, 讨论原子核中的 Z 个质子之间的库仑排斥势. 这一项是导致原子核不稳定的因素, 对结合能有负的贡献.

电磁相互作用是长程力, 因此一个原子序数为 Z 的原子核, 其中有 Z 个质子, 所有的质子之间都有库仑势, 共有 $C_Z^2 = Z(Z-1)/2$ 个组合. 我们首先定义一个平均电荷距离

$$\frac{1}{\langle r \rangle} = \frac{1}{Q} \int_0^R \frac{\mathrm{d}q}{r}.$$

---

① Estermann I, Simpson O, Stern O. The magnetic moment of the proton. Phys. Rev., 1937, 52: 535. 施特恩等还利用氢–氘等组成的分子态进行了进一步测量, 得到质子的旋磁比中的朗德因子 $g_p \approx 5.586$. 对比 7.6 节的讨论可以看出, 这与狄拉克方程的预言有显著差异, 这事实上也是质子并非基本粒子的证据之一.

② 详见 Sherwood J, Stephenson T, Bernstein S. Stern-Gerlarch experiment on polarized neutrons. Phys. Rev., 1954, 96: 1546.

对于重核而言, 电荷是均匀分布

$$\rho = \frac{Q}{4\pi R^3/3} = \frac{q}{4\pi r^3/3} \Rightarrow \mathrm{d}q = \rho 4\pi r^2 \mathrm{d}r,$$

因此, 平均电荷距离为

$$\frac{1}{\langle r \rangle} = \frac{1}{Q} \int_0^R \rho 4\pi r \mathrm{d}r = \frac{3}{2R}.$$

利用经验公式 $R = c_0 A^{1/3}$, 可以得到原子核中的库仑势

$$E_{\mathrm{C}} = -a_{\mathrm{C}} \frac{Z(Z-1)}{A^{1/3}}, \tag{10.9}$$

其中

$$a_{\mathrm{C}} = \frac{3e^2}{4c_0} \approx 0.71 \ \mathrm{MeV}. \tag{10.10}$$

10.2.2 费米气体模型

核子包括质子和中子[①]: 它们的电荷不同, 是不同的粒子. 当然也有一种做法是将质子和中子作为全同粒子, 将它们统称为核子, 而将它们的差别当成同位旋 (isospin, 类似自旋) 来处理. 我们暂时先将质子和中子分开讨论. 前面我们讲过原子核是一个非微扰量子多体物理问题, 本节我们要讨论的是无相互作用的自由费米气体模型. 能用自由费米气体模型描述原子核性质的原因是什么? 我们先以中子为例来简单讨论, 中子存在核力, 且是费米子, 符合泡利不相容原理. 我们前面说过原子核的势能结构应该用一个三维方势阱问题来描述. 鉴于每个势阱里的能级只能填充两个自旋不同的全同粒子, 从基态到最高态每个轨道都排满了. 如果有两个不同能级的中子发生相互作用, 其本质只是交换量子态, 而中子又是全同粒子不可区分, 事实上造成的结果和中子之间没有相互作用是一样的, 因此我们可以假设在原子核里中子是自由粒子.

核子被束缚在原子核内, 我们以一个三维无限深势阱中的粒子近似描述一个束缚态行为

$$\psi_n = \sqrt{\left(\frac{2}{L}\right)^3} \sin\left(\frac{n\pi}{\ell_x}x\right) \sin\left(\frac{l\pi}{\ell_y}y\right) \sin\left(\frac{m\pi}{\ell_z}z\right). \tag{10.11}$$

在动量空间中看, 动量空间的三个分量为

$$k_x = \frac{\pi}{\ell_x}, \quad k_y = \frac{\pi}{\ell_y}, \quad k_z = \frac{\pi}{\ell_z},$$

动量空间一个单位体积为

$$k_x k_y k_z = \frac{\pi^3}{\ell_x \ell_y \ell_z} = \frac{\pi^3}{V}.$$

---

① 原子核中除了单独的核子, 也可能以其他束缚形式存在, 例如超子等强子束缚态.

鉴于粒子是费米子且服从泡利不相容原理，两个全同费米子填满一个能级，所以 N 个粒子排满，占了 $N/2$ 个态. 从动量空间看，这些态填满了一个半径为 k_{F} 的球体的 $1/8$，即所谓的费米球. 而每一个态占单位体积 π^3/V，因此我们有

$$\left(\frac{N}{2}\right)\frac{\pi^3}{V} = \frac{1}{8}\left(\frac{4\pi}{3}k_{\mathrm{F}}^3\right). \tag{10.12}$$

由此可以计算出该费米球的半径 k_{F} 为

$$k_{\mathrm{F}} = \left[\left(\frac{N}{V}\right)3\pi^2\right]^{\frac{1}{3}} = (3\pi^2\rho)^{\frac{1}{3}}, \tag{10.13}$$

而对应的费米能为

$$E_{\mathrm{F}} = \frac{k_{\mathrm{F}}^2}{2m} = \frac{1}{2m}(3\pi^2\rho)^{\frac{2}{3}}. \tag{10.14}$$

如果分别计算一个原子核中质子和中子的费米能，就会发现对于 Z 比较大的核，质子数小于中子数，所以中子的费米能更高. 这是因为质子互相排斥，会贡献一个库仑势能. 以铀-238 为例，原子序数 $Z = 92$，因此中子数 $N = 146$，从原子数角度做一个近似，即

$$Z \approx 0.4A, \quad N \approx 0.6A, \tag{10.15}$$

可以计算中子数密度约为

$$\rho = \frac{N}{V} \approx \frac{0.6A}{4\pi(r_0 A^{1/3})^3/3} = \frac{0.6}{4\pi r_0^3/3}, \tag{10.16}$$

因此可以计算中子的费米能为

$$E_{\mathrm{F}}^{\mathrm{n}} = \frac{1}{2m_{\mathrm{n}}}\left(3\pi^2\frac{0.6}{4\pi r_0^3/3}\right)^{\frac{2}{3}} \approx 40\ \mathrm{MeV}. \tag{10.17}$$

用同样方法计算质子的费米能 $E_{\mathrm{F}}^{\mathrm{p}} \approx 30\ \mathrm{MeV}$.

对于铀-238 的原子核，正是质子的平均库仑势能带来了 10 MeV 的差别，如图 10.2 所示，

$$\frac{E_{\mathrm{C}}}{Z} \approx -a_{\mathrm{C}}\frac{Z-1}{A^{\frac{1}{3}}} \sim 10\ \mathrm{MeV}. \tag{10.18}$$

费米能的计算可以定性用来判断原子核的 β 不稳定性，即如果中子能级高于质子平均库仑势能修正后的费米能，中子有较大的概率发生 β 衰变 (前提是有足够衰变的运动学相空间).

例如，如果要对比硼同位素的 β 稳定性问题，可以看到 $_{5}^{12}\mathrm{B}$ 系中子能量更高，会发生 β 衰变，如图 10.3 所示，

$$_{5}^{12}\mathrm{B} \longrightarrow {}_{6}^{12}\mathrm{C} + \mathrm{e}^- + \bar{\nu}_{\mathrm{e}}.$$

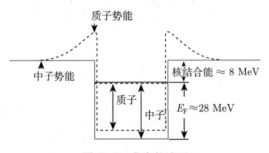

图 10.2 费米能演示

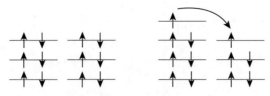

图 10.3 从硼-12 衰变到碳-12

我们看到利用费米气体模型可以解释核的 β 稳定性问题，现在将利用费米气体模型计算核结合能. 假设原子核是一个三维刚性方盒，其宽度是 ℓ_0. 当然这不是一个好的近似，一个处于基态的原子核各向同性，应该具有球对称性，三维刚性方盒近似可能会有一定几何因子的差别. 我们希望以这个最简单的可以解的模型得到一个半定量的对原子核结合能行为的预言. 在 k 空间中，量子态的密度为

$$\frac{\mathrm{d}k_x}{\pi/\ell_0}\frac{\mathrm{d}k_y}{\pi/\ell_0}\frac{\mathrm{d}k_z}{\pi/\ell_0} = \ell_0^3 \frac{\mathrm{d}^3 k}{\pi^3}, \tag{10.19}$$

鉴于只在第一象限，积分去掉角度后，可以得到

$$\mathrm{d}n(k) = \frac{1}{8}4\pi k^2 \mathrm{d}k \left(\frac{\ell_0}{\pi}\right)^3 = \frac{V}{2\pi^2}k^2\mathrm{d}k. \tag{10.20}$$

另外，在 k 空间中，所有 $k_x, k_y, k_z = 0$ 的状态其实是禁止的，因为波函数为零，因此在计算态密度时，需要扣掉在 k 平面上的态. 对于所有 $k_x = 0$ 的态，即 (k_y, k_z) 平面上的状态，其态密度为

$$\mathrm{d}N_x = \frac{1}{4}\frac{\ell_0^2 \mathrm{d}k_y \mathrm{d}k_z}{\pi^2} = \frac{S 2\pi k \mathrm{d}k}{24\pi^2} = \frac{S}{12\pi}k\mathrm{d}k, \tag{10.21}$$

同理可得 $\mathrm{d}N_y$ 和 $\mathrm{d}N_z$. 因此，扣除表面项的态密度为

$$\mathrm{d}n(k) = \left(\frac{V}{2\pi^2}k^2 - \frac{S}{4\pi}k\right)\mathrm{d}k, \tag{10.22}$$

首先可得粒子数 A 为

$$A = \int_0^{k_\mathrm{F}} \left(\frac{V}{2\pi^2}k^2 - \frac{S}{4\pi}k\right)\mathrm{d}k = \frac{V}{6\pi^2}k_\mathrm{F}^3 - \frac{S}{8\pi}k_\mathrm{F}^2, \tag{10.23}$$

而平均动能项为

$$
\begin{aligned}
\langle T \rangle &= \frac{1}{2m}\bar{p}^2 = \frac{1}{A}\frac{1}{2m}\int_0^{k_{\mathrm F}} k^2 \mathrm{d}n(k) \\
&= \frac{1}{2mA}\int_0^{k_{\mathrm F}}\left(\frac{V}{2\pi^2}k^4 - \frac{S}{\pi}k^3\right)\mathrm{d}k \\
&= \frac{1}{2mA}\left(\frac{V}{10\pi^2}k_{\mathrm F}^5 - \frac{S}{16\pi}k_{\mathrm F}^4\right) \\
&\approx \frac{3}{5}\frac{1}{2m}\left(1 + \frac{\pi}{8}\frac{S}{V}\frac{1}{k_{\mathrm F}} + \cdots\right).
\end{aligned}
\tag{10.24}
$$

根据前面给出的原子核半径的经验公式 $R \approx r_0 A^{1/3}$ 可以得到

$$
\frac{S}{V} \approx \frac{4\pi r_0^2 A^{2/3}}{3\pi r_0^3 A/3} = \frac{4}{r_0}A^{-1/3},
\tag{10.25}
$$

进一步得到平均动能项

$$
\langle T \rangle = \frac{3}{5}E_{\mathrm F} - \frac{9}{40}E_{\mathrm F}\frac{\pi}{r_0 k_{\mathrm F}}A^{-1/3} + \cdots.
\tag{10.26}
$$

因此，我们可以得到结合能中与体积及面积成正比的贡献

$$
B(A, Z) \propto a_{\mathrm V}A + a_{\mathrm S}A^{2/3}.
\tag{10.27}
$$

另外，原子核由质子和中子组成，我们定义 x 为原子核中质子的比例，则

$$
x = \frac{Z}{A}, \quad 1 - x = \frac{A - Z}{A},
\tag{10.28}
$$

因此，对核子数密度有

$$
\rho_0 = \frac{A}{V}, \quad \rho_{\mathrm p} = \frac{Z}{A}\rho_0 = x\rho_0, \quad \rho_{\mathrm n} = \frac{N}{A}\rho_0 = (1-x)\rho_0,
\tag{10.29}
$$

质子和中子动能分别为

$$
\begin{aligned}
T_{\mathrm p} &= Z\frac{3}{5}\frac{1}{2m}(3\pi\rho_{\mathrm p})^{2/3} = \frac{3}{5}AE_{\mathrm F}^0 x^{5/3}, \\
T_{\mathrm n} &= Z\frac{3}{5}\frac{1}{2m}(3\pi\rho_{\mathrm n})^{2/3} = \frac{3}{5}AE_{\mathrm F}^0(1-x)^{5/3}.
\end{aligned}
\tag{10.30}
$$

得到原子核费米能 $E_{\mathrm F}^0$ 为

$$
E_{\mathrm F}^0 = \frac{1}{2m}(3\pi\rho_0)^{2/3}.
\tag{10.31}
$$

在 $Z=N$ 时, $x=1/2$, 我们以此为零点, 做展开 $\delta x = x - 1/2 = (Z-N)/2A$, 则有

$$x^{5/3} \approx \frac{1}{2^{5/3}} + \frac{5}{3}\frac{1}{2^{2/3}}\delta x + \frac{10}{9}2^{1/3}\frac{\delta x^2}{2}$$

$$(1-x)^{5/3} \approx \frac{1}{2^{5/3}} - \frac{5}{3}\frac{1}{2^{2/3}}\delta x + \frac{10}{9}2^{1/3}\frac{\delta x^2}{2} \tag{10.32}$$

因此动能项贡献了

$$T_{\mathrm{p}} + T_{\mathrm{n}} = \frac{3}{5}AE_{\mathrm{F}}^0[x^{5/3} + (1-x)^{5/3}], \tag{10.33}$$

即

$$T = T_{\mathrm{p}} + T_{\mathrm{n}} = T_0 + \frac{10}{9}2^{1/3}\frac{3}{5}AE_{\mathrm{F}}^0\frac{(Z-N)^2}{4A^2}, \tag{10.34}$$

所以我们得到一个正比于 $(Z-A)^2/A$ 的贡献项, 称为不对称项.

以上通过费米气体模型得到了一个半定量的结合能公式, 也可以利用结合能测量数据拟合一个唯象公式, 即贝特–魏茨泽克 (Bethe-Weizsäcaker) 公式

$$B(A,Z) = a_{\mathrm{V}}A - a_{\mathrm{S}}A^{2/3} - a_{\mathrm{C}}\frac{Z(Z-1)}{A^{1/3}} - a_{\mathrm{A}}\frac{(N-Z)^2}{A} + \Delta E_{\mathrm{P}}. \tag{10.35}$$

其中每一项贡献系数为

$$\text{体积能}\quad a_{\mathrm{V}} = 15.85~\mathrm{MeV},$$

$$\text{表面能}\quad a_{\mathrm{S}} = 18.34~\mathrm{MeV},$$

$$\text{库仑能}\quad a_{\mathrm{C}} = 0.71~\mathrm{MeV},$$

$$\text{对称能}\quad a_{\mathrm{A}} = 23.21~\mathrm{MeV},$$

$$\text{成对能}\quad a_{\mathrm{P}} = 12~\mathrm{MeV}. \tag{10.36}$$

事实上该公式的体积能、表面能、库仑能三项可以被最早的核模型——液滴模型描述.

对结合能更精确的测量显示, 更精细的壳层结构对结合能有 $\mathcal{O}(0.1~\mathrm{MeV})$ 的修正. 如果考虑原子核的角动量, 可以类似于原子中的电子轨道得到一个原子核的壳层模型. 图 10.4 给出了 $^{208}\mathrm{Pb}$ 的表面能和 $^{78}\mathrm{Ni}$、$^{132}\mathrm{Sn}$、$^{208}\mathrm{Pb}$ 的比结合能.

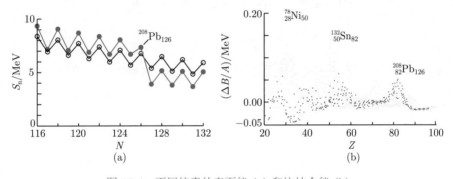

图 10.4　不同核素的表面能 (a) 和比结合能 (b)

10.3　放射性衰变

前面我们已经提到，卢瑟福散射实验中使用的 α 粒子由天然放射性元素衰变产生. 一般地，一个不稳定核素释放出粒子，然后变为其他核素的过程就称为衰变，衰变释放出的粒子也称为射线[①]；而不稳定核素可以进行衰变的性质称为放射性.

作为一个量子系统，原子核的衰变是一个量子跃迁过程，因而也是量子力学随机性的典型表现之一：我们不知道一个原子核何时会发生衰变，但其发生衰变的概率是确定的，因而大量原子核的衰变就服从统计规律. 按照统计方法，设 t 时刻有 N 个放射性原子核，每个原子核在单位时间内发生衰变的概率为 λ，则在 $\mathrm{d}t$ 时间内因衰变而产生的原子核数目变化 $\mathrm{d}N$ 可以表示成

$$\mathrm{d}N = -\lambda N \mathrm{d}t,$$

这里负号表示原子核数目减少. 容易解得

$$N(t) = N_0 \mathrm{e}^{-\lambda t}, \tag{10.37}$$

其中，N_0 为初始时刻的原子核数，λ 为衰变宽度. 如果求从 $t = 0$ 时刻起所有原子核衰变前 "存活" 时间的平均值，则有

$$\tau = \frac{1}{N_0} \int_0^{N_0} t \mathrm{d}N = \frac{1}{\lambda}, \tag{10.38}$$

这称为粒子的寿命. 而单位时间内原子核的衰变次数

$$A = \frac{\mathrm{d}N}{\mathrm{d}t} = \lambda N_0 \mathrm{e}^{-\lambda t} = \lambda N \tag{10.39}$$

称为放射性强度. 放射性强度的常用单位有居里 (Ci)、贝可勒尔 (Bq) 和卢瑟福 (Rd)

$$1 \text{ Ci} = 3.7 \times 10^{10} \text{ 次衰变/秒},$$

$$1 \text{ Bq} = 2.7 \times 10^{-11} \text{ Ci} = 1 \text{ 次衰变/秒},$$

$$1 \text{ Rd} = 10^6 \text{ 次衰变/秒},$$

其中 Ci 的定义来自于 $^{226}\mathrm{Ra}$ 衰变数据. 另外，设 $t = T$ 时刻原子核数减少到初始时刻的一半，代入式 (10.37) 可得

$$T = \frac{\ln 2}{\lambda}, \tag{10.40}$$

T 称为此核素的半衰期.

---

①　天然放射性衰变产生的射线主要有三种，即通常所说的 α、β、γ 射线，分别对应于 α 粒子 (即氦核)、电子和光子.

放射性强度为测量元素的半衰期和寿命提供了一个间接方法. 例如对 1 mg 的 ^{238}U,实验测得其衰变强度为

$$A = 740 \ \text{次/min},$$

代入式 (10.39) 立即可得

$$\lambda = 4.87 \times 10^{-18}\text{s}.$$

由此计算其半衰期为 4.5×10^9 年.

容易理解, 要测量的粒子寿命越长, 需要的粒子数就越多. 例如质子是非常稳定的粒子 (宏观宇宙的稳定性已经向我们证明了这一点), 现有理论对其寿命的估计下限大约是 6×10^{34} 年. 测量质子寿命的实验是利用一个超大的注满数万吨水的切连科夫探测器进行的[1]. 在这样的实验装置中, 水罐周围布满光电管, 如果质子发生衰变, 由于其衰变释放的正电子 e^+ 等相对论性粒子速度可能超过水中的光速 $(0.75c)$, 光电管就能捕捉到其发出的切连科夫辐射, 从而探测到质子的衰变, 进而计算出质子的寿命. 不过, 迄今为止我们仍未在实验中观测到有质子发生衰变.

相对论的时间延缓效应在某些情况下对测量极短寿命的粒子也是有帮助的. 例如, 一个质量为 $m_0 =1$ GeV 的粒子, 如果其能量为 100 GeV, 根据相对论质能关系

$$E \approx \frac{m_0}{\sqrt{1 - v^2/c^2}},$$

可以知道该粒子速度约等于光速 c. 如果质心系中该粒子寿命为 10^{-12} s, 则粒子的运动距离为

$$L \approx \frac{E}{m_0}c\tau \sim 3 \times 10^8 \times 100 \times 10^{-12} \ \text{m} = 3 \times 10^{-2} \ \text{m}.$$

若该粒子带电, 则可以在径迹探测器中测量到一个 3 cm 长的粒子运动轨迹. 当然, 如果有质量和能量信息, 也可以反过来通过这个轨迹测量寿命.

放射性与衰变是核物理研究中的重要部分, 在核科学技术中有着众多应用. 早期核武器的中子点火装置是利用炸药将 ^{210}Po 与 ^{9}Be 混合, 再通过 ^{210}Po 衰变产生的 α 粒子与铍反应产生中子[2]. 核电池一直在深空探测等特殊应用场景中扮演着重要角色. 核电池是利用 ^{238}Pu 等放射性核素的自发衰变产生的热量, 结合半导体热电偶发电.

除了在核科学技术领域, 放射性与衰变在其他领域也有着广泛的应用. 例如, 人们对地球年龄的估算就是通过测量锆晶体中的铅含量完成的. 从化学上看, 锆的化学性质与铅并不相似, 但锆晶体中却有铅混入. 人们经过研究发现, 铀与锆有相似的化学性质, 因此其同位素容易混杂在一起, 而锆晶体中的铅其实来自铀的自发衰变. 这样, 通过对比测量陨石和地球岩石中锆晶体的铅含量, 就能反推出地球的年龄.

人们还广泛使用 ^{14}C 测定古生物或文物的年代. 碳是一种在自然界广泛存在的元素, 生物和人类活动 (比如呼吸、烧制瓷器等) 都会涉及碳. 自然界中碳的天然同位素有 ^{12}C、

---

[1] 目前在日本的超级神冈中微子探测实验 (Super-Kamioka Neutrino Detection Experiment，Super-K) 中进行, 该实验装置正准备进一步升级成 Hyper-K.

[2] 现代核武器中, 静电加速氘氚聚变的中子管已经成为主流.

^{13}C 和 ^{14}C 三种，其中 ^{12}C 占 98.89%，是一个稳定的核素，而 ^{14}C 则具有放射性，会自发衰变为 ^{14}N，其半衰期约为 5730 年. 自然界中的 ^{14}C 起源于宇宙线中的质子打在大气原子核上而产生的中子，这些中子被大气中的 ^{14}N 吸收，即

$$n + ^{14}_{7}N \longrightarrow \ ^{14}_{6}C + p.$$

在一定时间尺度内，如果忽略核试验等对全世界范围内 ^{14}C 的影响[①]，就可以认为自然界中的 ^{14}C 处在动态平衡；但如果古生物的遗骸或烧制的瓷器等被埋在地下，则其中的碳没有代谢，只有 ^{14}C 的自发衰变，^{14}C 的含量就会减少. 因此，^{14}C 测龄技术的核心便是测量 ^{14}C 和 ^{12}C 含量之比，即

$$\rho = \frac{N_{^{14}C}}{N_{^{12}C}}.$$

如果将自然界中处于动态平衡的 ρ 记为 ρ_0，则被埋在地下的文物或遗骸经过时间 t 后，其 ρ 值应变成

$$\rho = \rho_0 e^{-\lambda t}, \tag{10.41}$$

其中 λ 是 ^{14}C 的衰变宽度. 这样，我们就能通过测量 ρ 值获得文物或古生物距今的时间 t. 下面介绍 α 衰变与 WKB 方法.

　　α 粒子的结合能很大，粒子结构很稳定. 因此一个重核内部除了有核子的运动，也可能存在 α 粒子作为一个集合体在核内运动. 盖革与合作者测量了 α 衰变中 α 粒子动能与半衰期的定量关系. 以镭的同位素为例，如表 10.1 所示，可以看到随着 α 粒子动能增加，半衰期在减少，存在某种非线性关系.

表 10.1　镭的同位素 α 衰变中的 α 粒子动能和半衰期

同位素	α 粒子动能	半衰期
镭-226	4.78 MeV	1600 年
镭-220	7.45 MeV	18 ms
镭-216	9.35 MeV	0.18 μs

　　经过大量的测量，盖革总结出了一个定量的关系

$$\ln T \propto \frac{1}{\sqrt{E_\alpha}}. \tag{10.42}$$

这被称为盖革–努塔尔 (Geiger-Nuttall) 定律[②].

　　我们在前面已经讨论过，一个 α 粒子进入如金、铂等重核的核力范围需要克服约 25MeV 的库仑势垒. 而一个典型的 α 衰变反应能大约为 5 MeV，这意味着 α 粒子要变成自由粒子也需要克服一个势垒，这是一个典型的量子力学势垒贯穿问题. 从一维方势垒问题出发，我们很容易得到一个定性的透射率与势垒宽度的关系

$$|T|^2 \sim e^{-2kL}$$

---

　　① 由于产生 ^{14}C 的反应是中子反应，部分地区的 ^{14}C 含量可能因核试验而发生变化. 例如大洋洲和南美洲地区的 ^{14}C 含量就因为美国、法国两国在太平洋的大量核试验有所增加.

　　② 任中洲等提出的新盖革-努塔尔定律计入了量子数变化，能更好地描述原子核阿尔法衰变寿命和衰变能变化的关系，参见 Ren Y J，Ren Z Z.New Geiger-Nuttall law for α decay of heavy nuclei.Phys.rev.C, 2012, 85(4): 1-6.

WKB(Wentzel-Kramers-Brillouin) 近似是一个半经典方法, 而 α 衰变是 WKB 近似的一个经典应用. 我们先讨论一下 WKB 近似的理论构造, 再讨论其适用范围及在 α 衰变问题中的应用. 鉴于本节近似涉及 $\hbar$ 展开, 我们将保留 $\hbar$, 而不是简单地取自然单位制. 对于一个定态薛定谔方程

$$-\hbar^2 \frac{\mathrm{d}^2}{\mathrm{d}x^2}\psi(x) = p^2(x)\psi(x) = 2m[E - V(x)]\psi(x), \tag{10.43}$$

我们假设其通解可以写成如下 $\psi(x)$ 形式:

$$\psi(x) \sim \mathrm{e}^{\mathrm{i}\frac{1}{\hbar}S(x)}, \quad \psi'(x) = \mathrm{i}\frac{1}{\hbar}S'(x)\psi(x) \tag{10.44}$$

这个写法具有一般性, 即要求 $S(x)$ 是复函数即可.

二阶导数的结果为

$$\psi''(x) = \left(\mathrm{i}\frac{1}{\hbar}\right)^2 [S'(x)]^2\psi(x) + \mathrm{i}\frac{1}{\hbar}S''(x)\psi(x), \tag{10.45}$$

将上式代入原薛定谔方程, 可得

$$[S'(x)]^2 - \mathrm{i}\hbar S''(x) = p^2(x). \tag{10.46}$$

至此, 我们没有做任何近似, 只是把薛定谔方程进行了改写, 从一个线性微分方程变成了非线性微分方程.

我们取一个有这类解形式的特殊情况, 如果系统势能为常数 $V_0 < E$, 则薛定谔方程的是平面波, 有

$$\psi(x) = \mathrm{e}^{\frac{\mathrm{i}}{\hbar}p_0 x}, \quad p_0 = \sqrt{2m(E - V_0)}. \tag{10.47}$$

在这个例子中

$$S(x) = p_0 x = \sqrt{2m(E - V_0)}x. \tag{10.48}$$

因此一阶导数是常数, 二阶导数为零, 即

$$S'(x) = p_0, \quad S''(x) = 0. \tag{10.49}$$

对于方程 (10.46), 左边第二项不贡献, 而第一项的贡献是 $S'(x) = p(x) = p_0$. 由此得出结论: 如果 $V(x)$ 是常数, 则 $\mathrm{i}\hbar S''(x)$ 项不贡献. 基于以上结论, 我们猜测, 如果 $V(x)$ 缓慢变换, 则 $\mathrm{i}\hbar S''$ 项贡献可以忽略. 故可以将 $\hbar$ 作为微扰展开参数

$$S(x) = S_0(x) + \hbar S_1(x) + \hbar^2 S_2(x) + \mathcal{O}(\hbar^3) + \cdots. \tag{10.50}$$

代入方程 (10.46) 后, 根据微扰展开原则, 我们可以以 $\hbar$ 的阶数来分类, 分别得到 $\hbar$ 的零阶和一阶的等式, 即

$$\hbar^0 : \quad [S_0'(x)]^2 = p^2(x); \tag{10.51}$$

$$\hbar^1: \quad \mathrm{i}\hbar S_0''(x) - 2\hbar S_0'(x)S_1'(x) = 0.$$

因此我们得到

$$S_0'(x) = \pm p(x) = \pm\sqrt{2m[E - V(x)]},$$

和

$$S_1'(x) = \frac{\mathrm{i}}{2}\frac{S_0''}{S_0'} = \frac{\mathrm{i}}{2}\frac{\mathrm{d}}{\mathrm{d}x}(\ln S_0') = \frac{\mathrm{i}}{2}\frac{\mathrm{d}}{\mathrm{d}x}[\ln p(x)]. \tag{10.52}$$

因此，我们可以有

$$S_0(x) = \pm\int_{x_0}^x p(y)\mathrm{d}y$$

和

$$S_1(x) = \frac{\mathrm{i}}{2}\ln p(x) + C,$$

其中 C 为待定常数. 最终代入 $\psi(x)$ 中有

$$\psi(x) = \frac{1}{\sqrt{p(x)}}\exp\left[\frac{\mathrm{i}}{\hbar}\int_{x_0}^x p(y)\mathrm{d}y\right], \tag{10.53}$$

由这个波函数，我们可以得到量子隧穿的透射概率为

$$|T| \approx \exp\left\{-2\int_a^b \mathrm{d}x\sqrt{2m[V(x) - E]}\right\}. \tag{10.54}$$

WKB 近似成立的条件是

$$\hbar S''(x) \ll [S'(x)]^2,$$

即

$$\frac{\hbar S''(x)}{[S'(x)]^2} = \frac{\mathrm{d}}{\mathrm{d}x}\frac{\hbar}{S'(x)} = \frac{\mathrm{d}}{\mathrm{d}x}\frac{\hbar}{p(x)} \ll 1, \tag{10.55}$$

而 $p = \hbar k = 2\pi\hbar/\lambda$，因此

$$\frac{1}{2\pi}\frac{\mathrm{d}\lambda}{\mathrm{d}x} \ll 1,$$

即波长变化不大，因为波长和 $E - V(x)$ 有关，因此也可以说 $V(x)$ 是缓慢变化的.

在 α 衰变中，一个 α 粒子动能为 E，可以通过量子隧穿效应穿透库仑势 $V(r)$，我们定义 r_2 为该粒子穿出库仑势垒束缚区域，如图 10.5所示，

$$V(r) = \frac{Z_1 Z_2\alpha}{r} = \frac{2Z\alpha}{r}, \quad E = \frac{2Z\alpha}{r_2},$$

其中 Z 为衰变后核的原子序数. 令 $r = r_2\sin^2 u$，WKB 的透射概率的指数部分为

$$\int_{r_1}^{r_2}\mathrm{d}r\sqrt{2m\left(\frac{2Z\alpha}{r} - E\right)} = \sqrt{2mE}\int_{r_1}^{r_2}\mathrm{d}r\sqrt{\frac{r_2}{r} - 1}$$

$$= \sqrt{2mE} \left[r_2 \left(\frac{\pi}{2} - \arcsin\sqrt{\frac{r_1}{r_2}} \right) - \sqrt{r_1(r_2 - r_1)} \right].$$

当 $r_1 \ll r_2$ 时

$$\gamma \approx \sqrt{2mE} \left(\frac{\pi}{2} r_2 - 2\sqrt{r_1 r_2} \right) = K_1 \frac{Z}{\sqrt{E}} - K_2 \sqrt{Z r_1}, \tag{10.56}$$

其中 $K_1 \approx 1.980 \text{ MeV}^{\frac{1}{2}}$，$K_2 \approx 1.485 \text{ fm}^{-\frac{1}{2}} r_1$. 核尺度是 fm 量级，如果取 $r_1 \to 0$ 极限，可得寿命 τ 约为

$$\tau \propto \exp\left(2K_1 \frac{Z}{\sqrt{E}} \right) \tag{10.57}$$

这便是盖革–努塔尔定律里的关系，伽莫夫对 α 衰变的计算成为 WKB 近似的经典例子. 我们下面还会看到 WKB 近似的另一个重要应用场景——热核反应.

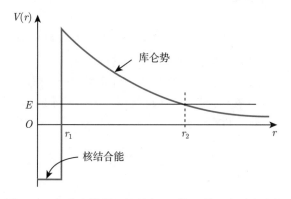

图 10.5　伽莫夫模型，能量为 E 的 α 粒子穿透库仑势

10.4　核反应与低能散射

从卢瑟福散射、中子的发现到裂变等中子核反应，都是一个初态两体的散射问题. 事实上，从近代物理的发展历史看，散射是研究相互作用的基本实验手段，无论原子核的发现还是后来众多新粒子的发现，散射实验均起了不可替代的作用. 卢瑟福散射的定量描述是什么？产生中子的轻核反应是如何发生的？在裂变反应中，为什么热中子区的反应截面会比快中子区大两个数量级？这些背后的物理，都属于散射理论研究的范畴.

首先，我们以质子 (氢原子核) 为例来说明散射的分类. 作为一个由夸克通过强相互作用组成的束缚态粒子，质子与质子的散射反应末态依赖于碰撞的质心能量. 可以分为

$$
\begin{aligned}
&\text{p} + \text{p} &\longrightarrow\quad &\text{p} + \text{p}; \\
&\text{p} + \text{p} &\longrightarrow\quad &\text{p} + \text{p} + \pi^0, \pi^\pm; \\
&\text{p} + \text{p} &\longrightarrow\quad &\text{e}^+ + \text{e}^- + \text{X}, \text{t} + \bar{\text{t}} + \text{X}, \text{W}^+ + \text{W}^- + \text{X}, \text{H} + \text{X}.
\end{aligned}
$$

对于质子动能很低的情况，如果动能低于两个质子在核力范围内的库仑排斥能的话，则只是库仑散射，完全不涉及核力交换，我们称这类散射为弹性散射，即初态和末态粒子一致．随着动能增加，两个质子可以到核力的作用范围内，质子之间可以交换 π 介子，甚至产生 π 介子，动能继续提高，则可以看到质子的内部结构，散射将会是夸克或者胶子之间的散射，此时将涉及强相互作用和电弱相互作用等，这类初、末态粒子不同的散射称为非弹性散射[①]．可以看出，卢瑟福散射是典型的弹性散射，中子慢化过程也是一个弹性散射的例子，而核反应包括重核裂变、轻核聚变等，则是非弹性散射．

在亚原子物理领域，不同散射质心能量也对应不同的理论框架．通常的核反应，粒子动能在 $\mathcal{O}(\mathrm{MeV})$，而核子质量为 $\mathcal{O}(\mathrm{GeV})$，这是一个非常典型的非相对论量子力学的散射问题．现代的加速器已经可以把质子加速到 $\mathcal{O}(\mathrm{TeV})$，把电子加速到 $\mathcal{O}(100\ \mathrm{GeV})$，此时相对论效应需要在量子场论的框架下讨论．本章我们将聚焦在用非相对论量子力学散射理论研究原子核反应过程，而第 11 章将讨论相对论极限下的高能物理问题．

10.4.1　从宏观到微观

从核物理层次理解卢瑟福散射类的打靶实验、中子在核材料中链式反应及恒星中的热核聚变过程，都有一个从宏观现象到微观物理的过程，包括粒子在宏观材料中的输运和微观层面的散射．首先，我们以固定靶实验为例，简单回顾一下平均自由程、反应率及微观反应截面等的物理意义．有些概念最早出现在气体分子运动论的相关课程中．

在宏观材料中，原子核的数密度为

$$n = \frac{\rho}{A} N_{\mathrm{A}},$$

其中，ρ 是材料密度，A 为核质量数，N_{A} 为阿伏伽德罗常量．我们假设粒子束流强度为 I_0，通过一个截面为 a、厚度为 x 的物质，与原子核反应．将该物质等分为 N 份，每份宽度为 $\delta x = x/N$．体积 $a\delta x$ 乘以 n 得到每份物质内原子核的数目，而每个原子核与该粒子的反应截面为 σ，则粒子束流穿过深度为 δx 的物质，未发生反应的概率是

$$P_{\delta x} = 1 - \sigma n \delta x,$$

穿过整个 x 宽度后，未发生反应的概率 (泄漏的粒子数) 为

$$P_x = \lim_{N \to \infty} \left(1 - \sigma n \frac{x}{N}\right)^N = \mathrm{e}^{-\sigma n x},$$

则没有参加反应的粒子数为

$$N_{\text{泄漏}} = N_0 \mathrm{e}^{-\sigma n x}.$$

如果反应截面 $\sigma = 0$，即不发生反应，则 $N_{\text{泄漏}} = N_0$，所有入射粒子全部泄漏．

---

① 这一分类方式也可以用于由质子产生的光子，可将其分为弹性光子和非弹性光子．顾名思义，弹性光子就是质子本身发出的光子，而非弹性光子则对应质子中夸克发出的光子．

在该一维问题中，平均自由程定义为该粒子反应前走的距离，假设从 x 到 $x + \mathrm{d}x$ 区间内的反应粒子数为

$$\mathrm{d}N = N_x - N_{x+\mathrm{d}x} = N_0 \mathrm{e}^{-\sigma nx}(1 - \mathrm{e}^{\sigma n \mathrm{d}x}) \approx N_0 \mathrm{e}^{-\sigma nx}\sigma n \mathrm{d}x.$$

而根据平均自由程定义，代入未反应概率可以得到

$$\langle x \rangle = \frac{1}{N_{\text{total}}} \int_{N_0 \mathrm{e}^{-\sigma nL}}^{N_0} \mathrm{d}N = \frac{1}{N_0(1 - \mathrm{e}^{-\sigma nL})} \int_0^L \mathrm{d}x N_0 n \sigma x \mathrm{e}^{-\sigma nx}$$

$$= \frac{1}{\sigma n} \frac{\mathrm{e}^{-\sigma nL}(1 + \sigma nL)}{1 - \mathrm{e}^{-\sigma nL}}.$$

如果该材料为无穷长，取极限 $L \to \infty$ 可以得到

$$\lim_{L \to \infty} \langle x \rangle = \frac{1}{\sigma n}. \tag{10.58}$$

另外，反应时间 τ 定义为该粒子反应前走的时间，反应率 λ 为反应时间的倒数，有

$$\tau = \frac{\langle x \rangle}{\bar{v}}, \quad \lambda = \frac{1}{\tau} = \bar{v}\sigma n. \tag{10.59}$$

根据以上定义，我们可以对中子在纯铀-235 材料中的输运进行估算，金属铀的密度为 $\rho = 18.95 \text{ g/cm}^3$，$n$ 大约为 $5 \times 10^{22} \text{ cm}^{-3}$，裂变产生中子约 1 MeV，其对应裂变反应截面大约为 $1 \text{ b} \sim 10^{-24} \text{ cm}^2$. 因此有

$$\langle x \rangle = \frac{1}{\sigma n} \approx \frac{1}{10^{-24} \times 5 \times 10^{22}} \approx 20 \text{ (cm)}.$$

事实上，这和通常的核武器装料尺寸相当，因此，边界效应等非常明显. 而通常的商用核反应堆中，经过慢化的热中子反应截面可以达到 10^3b 量级，意味着平均自由程 $\langle x \rangle$ 只有 $\mathcal{O}(0.01 \text{ cm})$，所以通常的商用反应堆计算可以采用菲克近似 (扩散近似).

10.4.2 散射振幅

在核物理中主要有两类相互作用，一类是核力，对此前面已经讨论过，是短程力，只在 10^{-15} m 范围内才发生作用；还有一类是电磁相互作用，它是长程力. 幸运的是在真实的散射问题中，入射粒子都是与原子散射，所以壳层电子可以屏蔽远程的电磁相互作用，使得实际的带电粒子只与原子核反应，因此可以认为是有限力程的散射. 鉴于我们这里讨论的都是有限力程的散射，一个自由粒子进入一个有限范围的相互作用势中，发生相互作用，最后离开范围又变成一个自由粒子，直到到达探测器. 因此，我们将利用有限力程近似进行讨论[①].

---

① 我们在讨论量子力学问题时，所有物理问题可分为束缚态问题和散射问题，束缚态的定义是在无穷远处粒子波函数趋于零，而散射是无穷远处是自由粒子状态.

一个最简单的散射问题是一维方形势垒，自由粒子 (平面波) 在一个有限范围内相互作用发生势散射. 在该例中，有入射波、反射波、透射波三种. 按照现在的观点，则可以分为入射波 ϕ_I 和散射波 ϕ_S 两类，即

$$\phi_I = e^{ikx}, \quad \phi_S = Te^{ikx} + Re^{-ikx},$$

其中散射波 ϕ_S 包括原来的透射和反射两部分. 计算得到 $|T|^2 + |R|^2 = 1$，即粒子数守恒.

我们定义入射方向为 $\hat{z}$，因此入射波为

$$\phi_I = e^{ikz}.$$

在三维球坐标下，当 $V(r) = 0$ 时，定态薛定谔方程为

$$(\nabla^2 + k^2)\phi_S = 0,$$

其出射波解是一个球面波. 另外，经过散射，必然存在角度相关因子，我们将与 θ、ϕ 角度相关因子定义为 $f(\theta, \varphi)$，乘以原球面波解，得到波函数为

$$\phi(r) = \phi_I + \phi_S = e^{ikz} + f(\theta, \varphi)\frac{1}{r}e^{ikr}, \tag{10.60}$$

其中 $f(\theta, \varphi)$ 表示原入射波 ϕ_I 经过相互作用势 $V(r)$ 散射后的角度分布，完全反映 $V(r)$ 的信息，被称为散射振幅. 下面进一步讨论 $f(\theta, \varphi)$ 的意义. 首先定义微分散射截面

$$d\sigma = \frac{1}{J_I}\frac{dn}{dt}, \tag{10.61}$$

即散射后在某个特定体积微元内的粒子数密度变化率与散射后粒子束流密度的比 (鉴于粒子数守恒关系，$J_I = J_S$). 微分散射截面表示入射波经过 $V(r)$ 后被散射到某个角度的概率. 对于入射平面波 $\phi_I = e^{ikz}$，计算入射束流密度

$$J_I = \frac{1}{2mi}(\phi^*\nabla\phi - \phi\nabla\phi^*) = \frac{k}{m}\hat{z}. \tag{10.62}$$

速率 v 可以写成 $v = dr/dt = k/m$，因此 $dt = (m/k)dr$，则有

$$\frac{dn}{dt} = \phi_S^*(r)\phi_S(r)dV\frac{1}{dt} = \phi_S^*(r)\phi_S(r)r^2 d\Omega dr\frac{1}{dt} = \frac{k}{m}|f(\theta, \varphi)|^2 d\Omega,$$

其中 $d\Omega$ 表示立体角，因此得到微分截面为

$$d\sigma = \frac{(k/m)|f(\theta, \varphi)|^2 d\Omega}{k/m},$$

或者说截面对立体角的微分分布，即散射振幅的模平方

$$\frac{d\sigma}{d\Omega} = |f(\theta, \varphi)|^2. \tag{10.63}$$

10.4.3 分波法与低能散射

我们介绍一个近似方法——分波法,是描述低能散射的重要方法. 如果一个系统有 $SO(3)$ 的球对称性,即相互作用势 $V(\boldsymbol{r}) = V(r)$ 与 θ、φ 无关,我们得到方程

$$\left[-\frac{1}{2m}(\nabla^2 + k^2) + V(r)\right]\phi(\boldsymbol{r}) = 0.$$

对于远离相互作用范围 $r \gg a$ 的自由粒子,$V(r) = 0$,

$$-\frac{1}{2m}(\nabla^2 + k^2)\phi(\boldsymbol{r}) = 0,$$

波函数总可以按照分离变量法写成径向函数和球谐函数

$$\phi(\boldsymbol{r}) = \frac{u_{E\ell}(r)}{r}\mathrm{Y}_{\ell m}(\Omega),$$

其中径向方程变为

$$\left[-\frac{1}{2m}\frac{\mathrm{d}^2}{\mathrm{d}r^2} + \frac{\ell(\ell+1)}{2mr^2} - \frac{k^2}{2m}\right]u_{E\ell}(r) = 0.$$

定义 $\rho = kr$,上式变为

$$\left[-\frac{\mathrm{d}^2}{\mathrm{d}\rho^2} + \frac{\ell(\ell+1)}{\rho^2}\right]u = u. \tag{10.64}$$

该方程的解为球贝塞尔函数 (有时称汉克尔函数),

$$u(r) = A_\ell \rho j_\ell(\rho) + B_\ell \rho n_\ell(\rho),$$

其中,$j_\ell(\rho)$、$n_\ell(\rho)$ 分别称为第一类、第二类球贝塞尔函数. 在远离散射中心,当 $\rho \gg 1$ 时,该特殊函数近似为

$$j_\ell(\rho) \approx \frac{1}{\rho}\sin\left(\rho - \frac{\ell\pi}{2}\right),$$

$$n_\ell(\rho) \approx -\frac{1}{\rho}\cos\left(\rho - \frac{\ell\pi}{2}\right).$$

入射波 $\mathrm{e}^{\mathrm{i}kz}$ 总可以利用上面的特殊函数做展开,但考虑到 $\rho \to 0$ 时,$n_\ell(\rho)$ 发散,另外 $\hat{z}$ 与 φ 无关,所以展开时取 $m = 0$,有

$$\mathrm{e}^{\mathrm{i}kz} = \sum_{\ell=0}^{\infty} a_\ell j_\ell(\rho)\mathrm{Y}_{\ell 0}(\Omega) = \sum_{\ell=0}^{\infty} \mathrm{i}^\ell(2\ell+1)j_\ell(kr)\mathrm{P}_\ell(\cos\theta)$$

$$= \sum_{\ell=0}^{\infty} \mathrm{i}^\ell(2\ell+1)\mathrm{P}_\ell(\cos\theta)\frac{1}{kr}\frac{1}{2\mathrm{i}}[\mathrm{e}^{\mathrm{i}(kr-\ell\pi/2)} - \mathrm{e}^{-\mathrm{i}(kr-\ell\pi/2)}] \tag{10.65}$$

式 (10.65) 被称为瑞利公式. 根据这个结果，一个平面波可以被理解成两个沿着相反方向运动的球面波的叠加.

如果考虑一个一维散射的简单图像，设系统存在刚性壁 $V(x \leqslant 0) = \infty$，入射波向 x 负方向运动，定态薛定谔方程的解为

$$\phi(x) = \sin x = \frac{1}{2i}(e^{ikx} - e^{-ikx}),$$

可以分为入射波与反射波两种形式

$$\phi_{\mathrm{I}} = \frac{1}{2i}e^{-ikx}, \quad \phi_{\mathrm{S}} = \frac{1}{2i}e^{ikx}.$$

鉴于 $V(x \leqslant 0) = \infty$，这是全反射情况，反射波和入射波的振幅相同、能量相同. 当在 $x \leqslant a$ 区间存在有限势能 $V(x)$ 时，因为能量守恒，入射波仍然为上式中的 ϕ_{I}，在 $x > a$ 区域的平面波解仍然处于 $k^2/(2m)$ 的本征态上，而且粒子数守恒要求反射波流密度等于入射波流密度，因此振幅必须也是一样的，为 e^{ikx}. 故 $V(0 < x < a)$ 存在的结果便是在反射波 (散射波) 上产生了一个相位移 (phase shift)δ，如 $e^{ikx+2i\delta_k}$，即相互作用 $V(x)$ 的信息被反映在相位移 (δ) 上. 回到讨论的球对称问题，对照瑞利公式 (10.65)，得到散射波形式

$$\phi(\boldsymbol{r}) = e^{ikz} + f(\theta)\frac{e^{ikr}}{r}$$

$$\approx \sum_{\ell=0}^{\infty} i^{\ell}(2\ell+1)P_{\ell}(\cos\theta)\frac{1}{kr}\frac{1}{2i}\left[e^{i\left(kr-\frac{\ell\phi}{2}\right)} - e^{-i\left(kr-\frac{\ell\phi}{2}\right)}\right] + f(\theta)\frac{1}{r}e^{ikr}$$

$$= \sum_{\ell=0}^{\infty} i^{\ell}(2\ell+1)P_{\ell}(\cos\theta)\frac{1}{kr}\frac{1}{2i}\left[e^{i\left(kr-\frac{\ell\phi}{2}\right)+2i\delta_{\ell}} - e^{-i\left(kr-\frac{\ell\phi}{2}\right)}\right]$$

类比之前的一维刚性壁的全反射问题，我们已经把入射波 e^{ikz} 写为两个相对运动的球面波，因为有势能的出现，散射波 $f(\theta)$ 项包含了相互作用 $V(r)$ 的信息，现在又被重新参数化为相位移 δ_k 项，即

$$f(\theta) = \frac{1}{k}\sum_{\ell=0}^{\infty}(2\ell+1)e^{i\delta_{\ell}}\sin\delta_{\ell}P_{\ell}(\theta) \tag{10.66}$$

将式 (10.66) 代入截面表达式，并利用勒让德多项式的正交性质可以得到

$$\sigma = \int \mid f(\theta) \mid^2 d\Omega = \int \sum_{\ell,\ell'} f_{\ell'}^{\dagger}(\theta)f_{\ell}(\theta)d\Omega$$

$$= \frac{4\pi}{k^2}\sum_{\ell}(2\ell+1)\sin^2\delta_{\ell} = \sum_{\ell}\sigma_{\ell}$$

可见散射截面可以被分解为不同角动量量子数 ℓ 的求和，这种分解方法又被称为分波法，其中的分波截面为

$$\sigma_{\ell} = \frac{4\pi}{k^2}(2\ell+1)\sin^2\delta_{\ell}.$$

因此，一个散射势能 $V(r)$ 的信息传递到了散射振幅 $f(\theta, \varphi)$，又在分波散射截面中变成了相位移 δ_ℓ. 对于一般的径向方程

$$\left[-\frac{1}{2m}\frac{\mathrm{d}^2}{\mathrm{d}r^2} + V(r) + \frac{\ell(\ell+1)}{2mr^2} \right] u_{n,\ell}(r) = \frac{k^2}{2m} u_{n,\ell}(r),$$

分别求作用力程范围以内 $(r < r_0)$ 且 $V(r) \neq 0$ 和超出作用力程 $(r > r_0)$ 的解，通过势能边界的波函数连续性条件的对应 (matching) 确定相位移 δ_ℓ.

分波法看似只是把散射振幅 $f(\theta)$ 做了级数展开，并不实际解决问题，下面我们将讨论低能散射的分波近似以说明分波法的优势. 考虑一个中心势 $V(r)$ 散射，粒子入射路径与势中心 $r = 0$ 的距离被称为碰撞参数 (impact parameter) b，角动量 ℓ 定义为 $\ell = b \mid p \mid$. 势能的有限作用范围为 r_0，当 $r > r_0$ 时没有相互作用，即 $V(r) = 0$，因此没有散射发生，$\sigma_\ell = 0$. 这称为高能情况，此时角动量 $\ell > r_0|p|$. 因此，分波法主要应用在低能散射中，甚至很多只有 S 波的情况，也就是 $\ell = 0$ 贡献 σ_0.

作为框架，分波法为我们研究散射问题提供了一个重要工具. 下面我们介绍两类推广情况，即前向散射的光学定理和共振散射. 如果我们取 $\theta = 0$ 极限，即所谓的前向散射 (forward scattering) 极限，

$$f(\theta = 0) = \frac{1}{k} \sum_{\ell=0}^{\infty} \mathrm{e}^{\mathrm{i}\delta_\ell} \sin \delta_\ell,$$

取其虚部，得到

$$\mathrm{Im}[f(\theta = 0)] = \frac{1}{k} \sum_{\ell=0}^{\infty} \sin^2 \delta_\ell.$$

因此散射截面又可以写成

$$\sigma = \frac{4\pi}{k} \mathrm{Im}[f(\theta = 0)]. \tag{10.67}$$

这说明总散射截面与前向散射的散射振幅相关，又被称为光学定理.

我们再讨论另一个推广，即散射过程中截面的最大值的性质. 如果将散射振幅写成以下形式：

$$f(\theta) = \frac{1}{k} \sum_{\ell=0}^{\infty} (2\ell+1)\mathrm{e}^{\mathrm{i}\delta_\ell} \sin \delta_\ell \mathrm{P}_\ell(\theta) = \sum_{\ell} (2\ell+1) f_\ell(k) \mathrm{P}_\ell(\cos \theta),$$

其中 $f_\ell(k)$ 可以写为

$$f_\ell(k) = \frac{1}{k}\mathrm{e}^{\mathrm{i}\delta_k} \sin \delta_k = \frac{1}{k} \frac{\sin \delta_k}{\cos \delta_k - \mathrm{i} \sin \delta_k} = \frac{1}{k \cot \delta_k - \mathrm{i}k}.$$

如果取 $\delta_\ell(E = E_0) = \frac{c\pi}{2}$，我们可以得到 $f(k)$ 的最大值. 在 $E = E_0$ 附近展开，可以得到 $\lim\limits_{E \to E_0} \sin \delta(E) \to 1$，而

$$\cos \delta(E) = \cos \delta(E_0) - \sin \delta(E_0) \frac{\mathrm{d}\delta}{\mathrm{d}E}\bigg|_{E=E_0} (E - E_0) + \cdots$$

$$\approx -\frac{\mathrm{d}\delta}{\mathrm{d}E}\Big|_{E=E_0}(E-E_0) = -c(E-E_0).$$

我们定义 $\dfrac{\mathrm{d}\delta}{\mathrm{d}E}\Big|_{E=E_0} = c = \dfrac{2}{\Gamma}$. 因此，我们可以得到 $f_\ell(k)$ 在 $E = E_0$ 附近的形式

$$f_\ell(k) = -\frac{1}{k}\frac{\Gamma/2}{(E-E_0)+\mathrm{i}\Gamma/2}, \tag{10.68}$$

对应的截面变成了

$$\sigma_\ell = \frac{\pi}{k^2}(2\ell+1)\left[\frac{\Gamma^2}{(E-E_0)^2+\dfrac{\Gamma^2}{4}}\right]. \tag{10.69}$$

这是一个非常重要的结论，称为共振散射，由布雷特 (G. Breit) 和维格纳 (E. Wigner) 在研究中子吸收核反应时提出[1]. 式 (10.68) 中的 Γ 可理解为在能量上的一个变换，反映到量子态上变成了时间衰减因子，

$$E \to E - \mathrm{i}\frac{\Gamma}{2} \Rightarrow \psi \to \psi \mathrm{e}^{-\frac{\Gamma t}{2}}$$

出现在 $\rho = |\psi|^2$ 上，即 $\rho \mathrm{e}^{-\Gamma t}$，也就是前面讨论的衰变宽度概念. 这说明这种共振态出现在两体散射时，是先形成一个束缚态，而这个束缚态是一个非稳态，具有衰变宽度 Γ，再衰变成反应末态. 例如，为了研究天体核物理氦燃烧产生氧的过程，有一系列测量 α 粒子与碳靶的散射实验 ($^{12}\mathrm{C}(\alpha,\gamma)^{16}\mathrm{O}$[2])，实验中会产生 $^{16}\mathrm{O}$ 核的共振态，如图 10.6 所示.

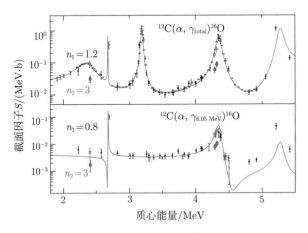

图 10.6　$^{12}\mathrm{C}(\alpha,\gamma)^{16}\mathrm{O}$ 对应 $^{16}\mathrm{O}$ 核的共振态

　　在我国氢弹理论研究阶段，于敏先生领导小组进行了氢弹原理调研. 当时，氢弹原理还在高度保密中，只能从新闻中知道氢弹是利用核聚变反应释放能量. 何祚庥院士从梅镇

① Breit G, Wigner E. Physical Review, 1936, 49: 7.

② DeBoer R, et al. Rev. Mod. Phys., 2017, 89: 035007.

岳编的《原子核物理》教科书中查到，氘氚反应截面的理论值 (这一数据来自美国权威杂志《现代物理评论》) 是 15 b，是氘氚反应的 3 倍. 于敏先生对此抱怀疑态度，开始昼夜论证计算. 很快，他就从核反应的基本理论出发，依据共振散射的布雷特–维格纳公式推导出所有轻核反应的截面均不可能超过 5 b[①].

10.4.4　热核聚变：恒星核合成

我们已经在量子力学散射理论框架下初步讨论了微观核反应，介绍了微观的反应截面、共振态等概念. 研究从微观过程到宏观现象的物理则属于非平衡态统计物理的范畴，通常称为输运理论. 如发现核裂变反应后，要计算链式反应的临界体积，就是要研究中子在核燃料中的输运. 本节将聚焦于一类元素合成——恒星核合成过程，这本质上也属于输运问题，这种过程的反应率定义如下. 图 10.7 是 a 粒子束流轰击固定靶 X 的示意图.

图 10.7　固定靶 X 被 a 粒子束流轰击

当束流中粒子速率分布为 $f(v)$ 时，其反应率为

$$\lambda_{aX} = N_a N_X \int_0^\infty v\sigma(v)f(v)\mathrm{d}v = N_a N_X \langle \sigma v \rangle, \tag{10.70}$$

$\langle \sigma v \rangle$ 是相对速度与截面乘积的平均值.

核物理是真正的 "炼金术"，决定了元素的合成. 现代宇宙学研究表明元素的合成即核合成 (nucleosynthesis) 过程可以分为以下三类：太初核合成、恒星核合成 (核聚变)、超新星爆发等导致中子俘获的过程. 太初核合成指大爆炸后的从夸克状态到质子和轻核的核合成过程. 恒星核合成是除了氢、氦外，铁以下众多元素通过核聚变反应产生的过程. 第三类过程是指超新星爆发或者中子星合并的天体物理过程释放出大量的中子，被原子核俘获并通过与中微子散射而形成重核的过程. 第一类过程指从夸克到原子核形成的过程，超出了我们现在讨论的低能核物理的范畴. 而第三类过程与电子中微子的密度有着密切关系. 中微子质量谱在宇宙学计算中至关重要，目前仍然是现代高通量中微子振荡实验的测量目标，我们对此不再展开讨论. 在低能核物理中可以理解的是第二类过程，本节就简单介绍热核反应的基本框架.

与前述的 α 粒子与轻核反应类似，轻核聚变反应需要足够的动能克服库仑排斥才能发生. 恒星中的环境通常为高温热平衡态的等离子体态，我们称这类处于热平衡态的聚变反应为热核聚变. 因此，热核聚变过程需要考虑三类物理过程，即

---

① 见何祚庥回忆采访.

(1) 轻核的热运动；

(2) 核与核之间的库仑相互作用；

(3) 两核在核力作用范围发生的核反应.

等离子体作为电离气体，具有电磁相互作用的长程性质，因此存在一些集体行为，如电磁波与等离子体的相互作用等. 一方面，我们将假设平衡态原子核运动分布遵循麦克斯韦分布，即

$$f(v)\mathrm{d}^3v = \left(\frac{m}{2\pi k_\mathrm{B}T}\right)^{\frac{3}{2}} \mathrm{e}^{-\frac{mv^2}{2k_\mathrm{B}T}}\mathrm{d}^3v.$$

另外，鉴于原子核的质量远远大于电子质量，电子运动要远比原子核剧烈，电子的电磁辐射能损占比远远大于原子核的辐射，因此，不能简单地用麦克斯韦分布描述电子的运动. 事实上，在等离子体环境中，电子的屏蔽效应也会影响我们对库仑排斥能的计算，对此感兴趣的读者可以通过等离子体物理课程学习相关知识. 下面，我们将以原子核遵循麦克斯韦分布来讨论两类核子处于热平衡态发生的核聚变反应. 假设核反应发生在质量为 m_1、速度为 $\boldsymbol{v}_1$ 的原子核 A 和质量为 m_2、速度为 $\boldsymbol{v}_2$ 的原子核 B 之间，但是对于大量的原子核 A 与原子核 B 的反应，每次反应 $\boldsymbol{v}_1$ 与 $\boldsymbol{v}_2$ 均不同，而我们对微观核反应过程的描述是在质心系中. 如果两类原子核分别遵循麦克斯韦分布，则速率分布为

$$N_1(\boldsymbol{v}_1)\mathrm{d}v_{1x}\mathrm{d}v_{1y}\mathrm{d}v_{1z}N_2(\boldsymbol{v}_2)\mathrm{d}v_{2x}\mathrm{d}v_{2y}\mathrm{d}v_{2z}$$

$$= N_1N_2\frac{(m_1m_2)^{3/2}}{(2\pi k_\mathrm{B}T)^3}\exp\left(-\frac{m_1v_1^2 + m_2v_2^2}{2k_\mathrm{B}T}\right)\mathrm{d}^3\boldsymbol{v}_1\mathrm{d}^3\boldsymbol{v}_2. \tag{10.71}$$

根据动量守恒 $m_1\boldsymbol{v}_1 + m_2\boldsymbol{v}_2 = M\boldsymbol{v}$，其中 $M = m_1 + m_2, \boldsymbol{v} = \boldsymbol{v}_1 - \boldsymbol{v}_2$. 质心系中粒子 1 与粒子 2 的相对质心速度有

$$m_1(\boldsymbol{v}_1 - \boldsymbol{V}) = \frac{m_1m_2}{m_1 + m_2}(\boldsymbol{v}_1 - \boldsymbol{v}_2) = \mu\boldsymbol{v},$$

$$m_2(\boldsymbol{v}_2 - \boldsymbol{V}) = -\mu\boldsymbol{v},$$

其中，$\boldsymbol{V}$ 是质心速度，μ 是约化质量，$\boldsymbol{v}$ 是相对速度，且

$$\mu = \frac{m_1m_2}{m_1 + m_2}, \quad \boldsymbol{v} = \boldsymbol{v}_1 - \boldsymbol{v}_2.$$

因此每个原子核的速度也可以用质心系速度和相对速度来表示

$$\boldsymbol{v}_1 = \boldsymbol{V} + \frac{m_2}{m_1 + m_2}\boldsymbol{v},$$

$$\boldsymbol{v}_2 = \boldsymbol{V} - \frac{m_1}{m_1 + m_2}\boldsymbol{v}.$$

之前的两类核的速度分布可以写为质心系速度和相对速度. 积分变量由 $\mathrm{d}^3\boldsymbol{v}_1\mathrm{d}^3\boldsymbol{v}_2$ 变成 $\mathrm{d}^3V\mathrm{d}^3v$，需要计算雅可比行列式，我们以 x 分量为例进行计算，

$$\begin{vmatrix} \dfrac{\partial v_{1x}}{\partial V_x} & \dfrac{\partial v_{1x}}{\partial v_x} \\ \dfrac{\partial v_{2x}}{\partial V_x} & \dfrac{\partial v_{2x}}{\partial v_x} \end{vmatrix} = \begin{vmatrix} 1 & \dfrac{m_2}{M} \\ 1 & -\dfrac{m_1}{M} \end{vmatrix} = -1 \tag{10.72}$$

因此速度分布 (10.71) 可以写为

$$N_1(\boldsymbol{v}_1)\mathrm{d}v_{1x}\mathrm{d}v_{1y}\mathrm{d}v_{1z}N_2(\boldsymbol{v}_2)\mathrm{d}v_{2x}\mathrm{d}v_{2y}\mathrm{d}v_{2z}$$

$$= N_1N_2\frac{(m_1m_2)^{3/2}}{(2\pi k_\mathrm{B}T)^3}\exp\left(-\frac{MV^2}{2k_\mathrm{B}T}\right)\exp\left(\frac{-\mu v^2}{2k_\mathrm{B}T}\right)\mathrm{d}^3\boldsymbol{V}\mathrm{d}^3\boldsymbol{v}. \tag{10.73}$$

可见质心系本身和相对速度都符合麦克斯韦分布, 而质心系速度 V 与反应无关, 所以可以利用

$$\iiint_0^\infty\left(\frac{M}{2\pi k_\mathrm{B}T}\right)^{\frac{3}{2}}\mathrm{e}^{-\frac{MV^2}{2k_\mathrm{B}T}}\mathrm{d}^3V = 1$$

将其消去, 再利用 $\mathrm{d}^3\boldsymbol{v} = v^2\mathrm{d}v\mathrm{d}\Omega$, 可得到反应率为

$$\lambda = \langle\sigma v\rangle = 4\pi\left(\frac{\mu}{2\pi k_\mathrm{B}T}\right)^{\frac{3}{2}}\int_0^\infty v^3\sigma(v)\mathrm{e}^{\frac{-\mu v^2}{2k_\mathrm{B}T}}\mathrm{d}v. \tag{10.74}$$

下一步就是给出 $\sigma(v)$ 的形式. 这里既包括核物理的散射, 也包括穿透库仑势垒

$$V(r) = \frac{Z_1Z_2\alpha}{r} \tag{10.75}$$

的透射率. 类似于 α 问题, 这里仍然利用 WKB 近似来处理, 则库仑透射概率为

$$P \propto \exp\left[-2\int_R^b\sqrt{2\mu[V(r)-E]}\,\mathrm{d}r\right],$$

其中

$$\frac{Z_1Z_2\alpha}{b} = E.$$

如果定义

$$u = \frac{E}{V(r)} = \frac{Er}{Z_1Z_2\alpha} \Rightarrow \begin{cases} \mathrm{d}u = \dfrac{E}{Z_1Z_2\alpha}\mathrm{d}r, \\ u_{r=b} = 1 \end{cases}$$

则 WKB 积分变为

$$\int_{u_{\min}}^1\sqrt{2\mu E\left[\frac{V(r)}{E}-1\right]}\frac{Z_1Z_2\alpha}{E}\mathrm{d}u = Z_1Z_2\alpha\sqrt{\frac{2\mu}{E}}\int_{u_{\min}}^1\sqrt{u^{-1}-1}\,\mathrm{d}u$$

取 $u_{\min}\to 0$ 极限, 可得

$$\int_0^1\sqrt{u^{-1}-1}\mathrm{d}u = \frac{\pi}{2}.$$

这使得 WKB 的透射概率变成

$$\exp\left(-2\sqrt{\frac{2\mu}{E}}\frac{\pi}{2}Z_1Z_2\alpha\right) = \mathrm{e}^{-\sqrt{\frac{E_\mathrm{B}}{E}}},$$

其中，E_B 是与原子核有关的参数. 通过原子质量 M_u 定义约化原子质量数 A，可得

$$E_B = 2\pi^2 \mu Z_1^2 Z_2^2 \alpha^2 \to b = \sqrt{E_B} = 31.28 Z_1 Z_2 \sqrt{A}, \quad A = \frac{\mu}{M_u}.$$

另外，考虑到截面的几何因子，由粒子德布罗意波长定义

$$\sigma_g = \pi \lambda_B^2 \sim \left(\frac{1}{p}\right)^2 \sim \frac{1}{E},$$

可得

$$\sigma(E) = \frac{S(E)}{E} e^{-\sqrt{\frac{E_B}{E}}}. \tag{10.76}$$

上式把核物理的反应截面与库仑排斥 WKB 的透射概率分开，将所有核物理信息保存在 $S(E)$ 中. 利用式 (10.76)，以及 $E = \mu v^2 / 2$ 和 $dE = \mu v dv$，可以把之前由速率定义的反应率改写为能量的变量

$$\begin{aligned}
\langle \sigma v \rangle &= 4\pi \left(\frac{\mu}{2\pi k_B T}\right)^{\frac{3}{2}} \int_0^\infty v^3 \sigma(v) \exp\left(-\frac{\mu v^2}{2 k_B T}\right) dv \\
&= \sqrt{\frac{8}{\pi \mu (k_B T)^3}} \int_0^\infty E \sigma(E) \exp\left(\frac{-E}{k_B T}\right) dE \\
&= \sqrt{\frac{8}{\pi \mu (k_B T)^3}} \int_0^\infty S(E) \exp\left(-\sqrt{\frac{E_B}{E}} - \frac{E}{k_B T}\right) dE.
\end{aligned} \tag{10.77}$$

在式 (10.77) 中，e 指数函数上两个 E 相关函数，一个递增一个递减. 因此存在一个最大值，即物理上的麦克斯韦分布主要在低能区，而更容易透射穿过库仑势垒的是高能区的粒子，只能存在于麦克斯韦分布的尾部. 我们计算其极值点

$$\frac{d}{dE}\left(\frac{E}{k_B T} + \frac{b}{\sqrt{E}}\right)_{E=E_0} = \frac{1}{k_B T} - \frac{1}{2} b E_0^{-\frac{3}{2}} = 0, \quad b = \sqrt{E_B},$$

可以得到极值出现在

$$E_0 = \left(\frac{b k_B T}{2}\right)^{\frac{2}{3}} = 1.220 \text{ keV} \sqrt{Z_1^2 Z_2^2 A T_0^2}.$$

其中温度为百万摄氏度量级，该能量为最有效热核反应能，如图 10.8 所示. 图中的峰有时也被称为伽莫夫峰. 反应率的函数形式为 $\int dx g(x) e^{-f(x)}$，我们在 $f(x)$ 极值 $f'(x_0) = 0$ 附近展开到二阶，得到

$$f(x) = f(x_0) + f'(x_0)(x - x_0) + f''(x_0) \frac{(x - x_0)^2}{2} + \cdots,$$

所以

$$\int dx g(x) e^{-f(x)} = g(x_0) e^{-f(x_0)} \int \exp\left[-f''(x_0) \frac{(x - x_0)^2}{2}\right] dx,$$

$S(E)$ 可以通过核物理实验测量给出，例如图 10.9 给出了标准太阳模型中的碳氮氧循环过程中的一类核反应 $^{12}\text{C}(\text{p}, \gamma)^{13}\text{N}$[①].

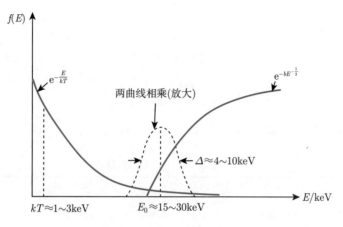

图 10.8　能量函数极值

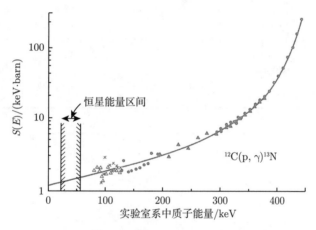

图 10.9　$^{12}\text{C}(\text{p}, \gamma)^{13}\text{N}$ 反应的截面因子 $S(E)$

　　如果不在共振散射区，$S(E)$ 是一个缓慢变化的函数. 利用上述展开方法，如果取 $S(E) = S(E_0)$，则

$$\langle \sigma v \rangle = \sqrt{\frac{8}{\pi \mu (k_\text{B} T)^3}} S(E_0) \exp\left(-\sqrt{\frac{E_\text{B}}{E_0}} - \frac{E_0}{k_\text{B} T}\right) \int_0^\infty \exp\left[-\left(\frac{E - E_0}{\Delta}\right)^2\right] \text{d}E, \quad (10.78)$$

其中 Δ 来自二阶导数

$$\Delta = \frac{2}{\sqrt{3}} \sqrt{E_0 k_\text{B} T}.$$

① Herbbard D F, Vogl J. Nucl. Phys., 1960, 21: 652. 详细讨论可以参考 Clayton D. Principles of Stellar Evolution and Nucleosynthesis. University of Chicago Press, 1983.

将上述方法与实验结合，可以得到一个反应率 $\langle \sigma v \rangle$ 与温度的拟合结果，如一些典型的聚变反应截面和反应率可以被拟合为[①]

$$\langle \sigma v \rangle = C_1 \zeta^{-\frac{5}{6}} \xi^2 \exp\left(-3\zeta^{\frac{1}{3}}\xi\right), \tag{10.79}$$

其中的参数为

$$\xi = C_0 T^{-\frac{1}{3}},$$

$$\zeta = 1 - \frac{C_2 T + C_4 T^2 + C_6 T^3}{1 + C_3 T + C_5 T^2 + C_7 T^3}.$$

对应拟合参数的表格见表 10.2，可以得到反应率随着温度变化的曲线，如图 10.10 所示.

表 10.2　反应率拟合参数表

反应		T(d,n)α	D(d,p)T	D(d,n)^{3}He	^{3}He(d,p)α	^{11}B(p,α)2α
拟合		1.62	1.62	1.62	1.62	1.65
C_0	keV$^{1/3}$	6.6610	6.2696	6.2696	10.572	17.708
$C_1 \times 10^{16}$	cm^3/s	643.41	3.7212	3.5741	151.16	6382
$C_2 \times 10^3$	keV^{-1}	15.136	3.4127	5.8577	6.4192	-59.357
$C_3 \times 10^3$	keV^{-1}	75.189	1.9917	7.6822	-2.0290	201.65
$C_4 \times 10^3$	keV^{-2}	4.6064	0	0	-0.019108	1.0404
$C_5 \times 10^3$	keV^{-2}	13.500	0.010506	-0.002964	0.13578	2.7621
$C_6 \times 10^3$	keV^{-3}	-0.10675	0	0	0	-0.0091653
$C_7 \times 10^3$	keV^{-3}	0.01366	0	0	0	0.00098305
T 范围	keV	0.2~100	0.2~100	0.2~100	0.5 ~ 190	50 ~ 500
误差		<0.25%	<0.35%	<0.3%	<2.5%	<1.5%

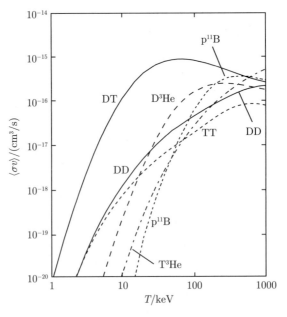

图 10.10　反应率拟合参数表

① Bosch H, Hale G. Improved formulas for fusion cross-sections and thermal reactivities. Nucl. Fus., 1992, 32: 611-631.

〜〜〜 第10章习题 〜〜〜

10.1　以一个钋-210 自发衰变产生的 α 粒子轰击铂，只是发生了库仑散射，并没有发生核反应，而轰击氮核却会发生核反应.

(1) 已知钋 α 衰变的反应能为 $Q = 5.407$ MeV[①]，计算 α 粒子的动能.

(2) 估算 α 粒子与铂核的库仑势垒 (对核半径估算，利用经验公式 $r = r_0 A^{1/3}$, $r_0 \sim 1.2$ fm).

(3) 钋-210 的半衰期为 138 天，计算钋-210 的衰变强度 (早期核武器里的中子点火装置通常利用钋-210 作为 α 源与铍反应，释放中子).

10.2　已知钚-238 通过 α 衰变的反应能 $Q = 5.593$ MeV，半衰期约为 88 年，计算 1 kg 钚-238 衰变的发热功率 (太空探测中，在部分太阳能不能使用的区域内，利用钚-238 衰变发热加半导体的热电偶发电，被称为核电池).

10.3　如果原子核由质子和电子组成，设电子的德布罗意波长为原子核尺度 1fm，分别按照非相对论和相对论形式给出束缚在原子核中的电子的动能.

10.4　利用 www.nndc.bnl.gov 查询 Δ 值，计算氚核与氦-3 核 (两个 A 相同的核称为同量异位素 (isobar)) 的结合能差，该差别起源于氦-3 核两个质子的库仑排斥势能，并且以此估算核子半径.

10.5　以一个钋自发衰变产生的 α 粒子轰击铂，只是发生了库仑势中散射，并没有发生核反应，而轰击氮核却会发生核反应. 计算钋 α 衰变的 α 粒子动能，并分别计算 α 与铂核的库仑势垒 (对核半径估算，经验公式 $r = r_0 A^{1/3}$, $r_0 \sim 1.2$ fm，对 α 粒子估算差别在 10% 左右).

10.6　由以上题中的 α 源，计算居里夫妇实验 (错误假说)

$$\alpha + {}_4^9\text{Be} \longrightarrow {}_6^{13}\text{C} + \gamma$$

中的光子能量 (反应能的计算请通过 www.nndc.bnl.gov 查询 Δ 值). 如果以康普顿散射打出富氢化合物中的质子，计算需要的光子能量.

10.7　一个冷中子 (动能极低的中子，可以忽略动能) 被一个静止质子俘获，形成了氘核，并释放出光子，给出氘核的核结合能 $B(2,1)$ 的表达形式 (以光子能量和氘核质量表示)，并进一步给出中子质量的形式.

10.8　用核结合能写出 α 衰变和 β 衰变的反应能.

10.9　一个粒子在三维刚性立方体势阱中运动，边长为 ℓ_0，求波函数的具体形式 (含归一化系数) 和能级的具体形式. 如果有 N 个费米子，计算系统的费米能.

10.10　从上述三维刚性立方体内的自由费米气体模型出发，

(1) 给出扣除费米球表面项 ($k_{x,y,z}$ 三个平面上的状态) 的态密度；

(2) 计算该模型结合能中体积项、表面项；

(3) 计算库仑排斥能及不对称能项.

10.11　在费米气体模型中，假设存在同质异位素 ${}^7\text{H}$、${}^7\text{He}$、${}^7\text{Li}$、${}^7\text{Be}$、${}^7\text{B}$、${}^7\text{C}$，分别画出质子/中子谱分布图，找出其中最稳定的元素.

10.12　对类似 ${}_{92}^{238}\text{U}$ 的重核，中子数大约占原子数的 60%，质子数占 40%，以 $N = 0.6A, Z = 0.4A$，计算该类原子核的中子和质子的费米能，并在数值上给出两种费米能差 $E_\text{F}^n - E_\text{F}^p$ 的解释 (在液滴模型中计算每个质子的平均库仑能贡献.)

10.13　对于给定 A 的所有同量异位素，求其中稳定元素的 Z(利用量子修正后的液滴模型结合能形式，找出不同 Z 对应的结合能 E_B 最大值). 对 $A = 24$，找出最稳定的元素.

---

① 有关核反应的数据可以在 www.nndc.bnl.gov 中查询.

第 11 章 亚原子：粒子物理简介

在第 10 章中我们介绍了亚原子的原子核物理及其应用的部分基础知识. 在介绍质子磁矩测量时，曾提到 1937 年施特恩通过用氢、氘组成的自旋异构分子进行施特恩–格拉赫实验得到的质子磁矩朗德因子

$$g_{\mathrm{p}} = 5.5856946893(16),$$

其与磁场中电子的狄拉克方程取非相对论极限时得到的 2 显著不同. 这为证明质子有内部结构而非基本粒子提供了最早的间接证据. 1956 年霍夫施塔特 (Hofstadter) 观测到质子电荷与磁矩分布在有限空间，直接证实了质子有内部结构[①]. 那质子的内部结构是什么呢？

探究物质结构的基本方法是散射实验，第 10 章中我们看到 α 粒子源在发现原子核的库仑散射过程和轻核反应、发现中子等人工核反应过程中扮演了重要角色. 20 世纪 30 年代，刚被发明出来的加速器 (静电加速器和回旋加速器) 很快在核物理中发挥了重要作用，如钚-240 最早就是在伯克利的回旋加速器上产生的. 粒子的能量越高，对应的德布罗意波波长越短，同时也对应着更深层次的微观结构. 这种比原子核层次更微观的物理被称为基本粒子物理，有时又被称为 "高能物理". 第二次世界大战后，鉴于众多高能物理学家在曼哈顿计划中的决定性作用，美国政府大力投入高能物理，加速器技术迎来了巨大发展. 20 世纪 50 年代初，一大批强子[②]如 Λ、Σ、Θ、Δ 等在加速器上被发现. 1959 年我国科学家王淦昌先生领导团队在苏联杜布纳联合原子核研究所发现了反西格玛负超子 $\overline{\Sigma}^-$，这是在杜布纳加速器上最重要的科学发现之一[③]. 但是如此之多的粒子必然不可能都是基本粒子.

为了研究强子态的规律，坂田昌一 (Sakata Shyoichi) 做了最早的努力，他解释了部分介子的构成，但在解释重子时遇到了困难. 1961 年盖尔曼 (M. Gell-Mann) 和尼曼 (Y. Ne'eman) 利用群表示论将已发现的强子填入 $SU(3)$ 群的八重态、十重态等表示，并成功预言了质量为 1672 MeV 的 Ω^- 超子的存在，Ω^- 于 1964 年在布鲁克海文国家实验室中被发现. 该强子分类方法被称为八重法 (eightfold way)，这是群表示论在继续选择定则后在物理学的又一次重大成功.

1964 年盖尔曼[④]提出了 $SU(3)$ 夸克模型. 同期，茨威格 (G. Zweig) 提出了一个类似概

---

① McAllister R W, Hofstadter R. Phys. Rev., 1956, 102: 851; Chambers E, Hofstadter R. Phys. Rev.,1956, 103: 1454; McAllister R W. Phys. Rev.,1956, 104:1494.

② 即参加强相互作用的粒子.

③ Wang K C, Veksler V, et al. Production of a $\overline{\Sigma}^-$ Hyperon by negative pions. Technical Report, 1960. Joint Inst. for Nuclear Research, Dubna, U. S. S. R. Lab. of High Energy.

④ Gell-Mann M. Phys. Lett., 1964,8:214.

念，我国物理学家朱洪元、胡宁、何祚庥、戴元本、汪容等也提出了 "层子模型" 用于解释强子谱的 $SU(3)$ 结构. 盖尔曼认为质子和中子分别由 (uud) 和 (udd) 三个夸克组成，并通过引入味 (flavor) 对称性赋予每个夸克新的量子数，解释了八重法需要的 $SU(3)_{\mathrm{F}}$ 对称性. 后来又发现对于某些强子态，还需要引入新的色 (color) 对称性，通过空间、自旋、味对称性和色对称性，盖尔曼才正确解释了夸克的自旋统计性质. 鉴于夸克具有在自然界中从未观测到的分数电荷，盖尔曼当时只认为夸克是某种数学结构.

1967 年斯坦福直线加速器中心 (SLAC) 利用高能电子打靶质子的深度非弹性散射 (deep in-elastic scattering，DIS) 实验 SLAC-MIT，发现了核子结构函数的标度现象，即随着电子散射角增大，DIS 截面与电子和硬散射中心散射的截面行为类似[1]. 1968 年布约肯 (J. D. Bjorken) 利用盖尔曼的流代数方法提出了核子结构函数标度律的预言[2]. SLAC-MIT 的深度非弹实验数据证明高能电子探测到质子内部大量自旋为 1/2 的自由运动的点电荷，这导致了费曼 (R. P. Feymann) 的部分子模型 (parton model) 的建立[3]. 费曼把质子看成是由部分子组成的束缚态，高能电子–质子的深度非弹性散射被解释为电子与部分子间发生的弹性散射. 部分子模型能够从理论上解释前面观测的标度现象. 人们发现盖尔曼提出的夸克满足费曼提出的部分子所需满足的性质.

核子结构函数的标度现象说明核子内部的部分子在大动量转移过程中可以看成是准自由的粒子，如果将夸克认定为部分子，那么夸克之间的相互作用随着转移动量的增大而减弱，这个现象称为渐近自由. 在量子电动力学中，由真空中产生的正负电子虚粒子对组成的偶极子会在电磁场下产生位移，这导致了真空极化，它的一个直接结果是需要对电荷进行重正化 (renormalization)，因为偶极子的屏蔽效应，能量越高，电磁相互作用越强. 因此，SLAC-MIT 实验观测到的渐近自由成为一个严重的理论挑战.

1973 年，格罗斯 (D. J. Gross) 和维尔切克 (F. Wilczek) 小组与波利策 (H. D. Politzer) 小组分别用重正化群方法研究发现 $SU(3)$ 非阿贝尔规范场具有渐近自由的性质[4]，最终导致了强相互作用的 $SU(3)$ 理论被正式确立. 夸克之间的强相互作用通过胶子 (gluon) 传递，称为量子色动力学 (quantum chromo dynamics，QCD). 作为非阿贝尔规范理论，带色荷的胶子存在自耦合行为是强相互作用与电磁相互作用行为不同的核心原因. 自 20 世纪 70 年代以来，量子色动力学的理论经历了无数实验的检验，图 11.1 给出了各类实验对强耦合常数 α_{s} 的测量，展示了随着能量变化的渐近自由性质. 微扰量子色动力学在正在进行的大型强子对撞机实验上起到了决定性作用.

盖尔曼的模型中已经解释了质子、中子、K 介子由 u、d 和 s 三种夸克及其反夸克组成. 由低能介子的 CP 破坏实验发展出来的 CKM 理论又预言了第三代夸克的存在. 随后几年，又有三种夸克被实验确认.

(1) 1974 年丁肇中等在布鲁克海文国家实验室中发现了 J/Ψ 粒子，确认为粲夸克 c 组

---

① Panofsky W K H. Proc. of the 14th International Conf. on High Energy Phys., Vienna, Austria, 1968: 23; Friedman J I, Kendall H W. Ann. Rev. Nucl. Sci., 1972, 22: 203.

② Bjorken J D, Paschos E A. Phys. Rev., 1969, 185: 1975.

③ Feynman R P. Phys. Rev. Lett., 1969, 23: 1415.

④ Politzer H D. Phys. Rev. Lett., 1973, 30: 1346; Gross D J, Wilczer F. Phys. Rev. Lett., 1973, 30: 1343.

成的介子束缚态 (c$\bar{\text{c}}$)[1].

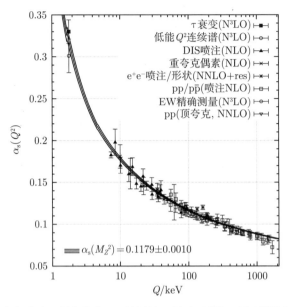

图 11.1　各类实验对强耦合常数 α_s 的测量，展示了强相互作用渐近自由的性质

(2) 1977 年莱德曼 (L. M. Lederman) 利用费米实验室的质子打靶实验，发现了 Υ 粒子，确认为底夸克 b 的介子 b$\bar{\text{b}}$[2].

(3) 1995 年在费米实验室的质子–反质子对撞机上 (Tevatron) 实验发现了质量为 175 GeV 的顶夸克 t. 顶夸克是最重的基本粒子[3]，为理解基本粒子质量起源起了重要作用.

至此，我们已经确认了六种夸克，以下组合中上面的夸克带 +2/3 的电荷，下面的夸克带 −1/3 的电荷. 三个组合被称为代 (generation)，除了质量，其他的量子数都和对应的夸克相同.

$$\begin{pmatrix} \text{u} \\ \text{d} \end{pmatrix} \begin{pmatrix} \text{c} \\ \text{s} \end{pmatrix} \begin{pmatrix} \text{t} \\ \text{b} \end{pmatrix}$$

另一类不参加强相互作用的基本粒子，被称为轻子. 第一代，包括电子和中微子. 汤姆孙发现的电子是最早被发现的基本粒子[4]. 20 世纪 30 年代在 β 衰变实验中，为了解释电子能谱的连续性，在保证微观过程能动量守恒的前提下，泡利提出了中微子假说. 中微子 (neutrino) 由费米命名，意为电中性的微小粒子. 他同时提出了弱作用的费米理论[5]. 鉴于中微子不带电，只参加弱作用，确认中微子存在的实验成为一个挑战. 1941 年在抗日战争中西迁贵州的浙江大学任教的王淦昌先生首次提出了利用 K 层电子俘获的核反冲验证中微子的存在[6]，并于次年由美国物理学家艾伦完成. 这是世界上第一个中微子存在的间接证

① Aubert J J, et al. Phys. Rev. Lett., 1974, 33: 1404; Augustin J E, et al. Phys. Rev.Lett., 1974, 33: 1406.
② Herb S W, et al. Phys. Rev. Lett., 1977, 39: 252; Innes W R, et al. Phys. Rev. Lett., 1977, 39: 1240.
③ CDF Collaboration. Phys. Rev. Lett., 1995, 74: 2626.
④ Thomson J J. Phil. Mag., 1897, 44 (5): 293.
⑤ Fermi E. Zeitschrift für, Physik A, 1934, 88: 161-177.
⑥ Wang K C. Phys. Rev., 1942, 61: 97.

据. 中微子的直接探测一直到人类有了高通量中微子源——核反应堆以后才得以实现. 通过反应堆中微子与核的弱过程散射产生电子，正式证实了中微子的存在[①]. 现代中微子物理除了为理解天体物理提供重要手段，中微子振荡实验也成为检验超越标准模型物理的实验手段之一，也可以为大统一理论提供理论动机，我们将在后续对其进行详细讨论.

在加速器实验能量还不是特别高时，宇宙线一直是高能粒子的源，正电子也是通过宇宙线实验发现的. 1947 年，人类在宇宙线中观测到了缪子 $\mu^{\pm}$，质量为 107 MeV. 因为质量与 π 介子相近，当时也被误认为是介子. 后来确认缪子并不参加强相互作用，才发现是一种与电子量子数相同，只是质量不同的轻子. 我国科学家张文裕为确认 μ 子是轻子起了关键作用[②]. 在强子物理大发展的同时，人们也没有停下寻找更重的轻子的脚步，1975 年佩尔 (M. Perl) 领导的实验组在 SLAC 的正负电子对撞实验中发现了 τ 轻子，其质量为 1.7 GeV.

在欧洲核子研究中心 (CERN) 的大型正负电子对撞机 (large electron-positron collider, LEP) 上，通过 $Z^0 \longrightarrow \nu + \bar{\nu}$ 过程发现只有三类中微子，即 ν_e、ν_μ 和 ν_τ. 我们得到了所有的轻子谱

$$\begin{pmatrix} \nu_e \\ e \end{pmatrix} \begin{pmatrix} \nu_\mu \\ \mu \end{pmatrix} \begin{pmatrix} \nu_\tau \\ \tau \end{pmatrix}$$

至此，组成物质世界的基本粒子已经完整地列在上面. 自然界还有强、弱、电几种基本相互作用来解释这些基本粒子之间的动力学演化. 和电磁相互作用类似，强弱两种相互作用也是通过自旋为 1 的矢量场传递的. 本章的目的是介绍基本粒子及其相互作用的基本性质，即①费米子场双线性型项与矢量场的耦合结构，②相互作用的规范对称性和粒子物理的标准模型，③规范对称性的自发破缺和基本粒子质量起源、中微子质量与大统一理论. 受篇幅所限，本章不可能覆盖所有粒子物理内容，不得不舍弃一些非常重要的粒子物理问题，如强子结构、弱作用中的味改变、CP 破缺、规范理论的重正化等[③].

11.1 量子电动力学：从经典到量子

11.1.1 经典力学中的规范对称性

在电磁相互作用理论中，电场和磁场分别为

$$\boldsymbol{E} = -\nabla\phi - \frac{\partial \boldsymbol{A}}{\partial t}, \quad \boldsymbol{B} = \nabla \times \boldsymbol{A},$$

磁矢势和电势在以下变换下保持不变：

$$\boldsymbol{A} \to \boldsymbol{A} + \nabla\lambda, \quad \varphi \to \varphi - \frac{\partial \lambda}{\partial t}.$$

---

① Cowan C, et al. Science, 1956, 124: 103-104.

② Rev. Mod. Phys., 1949, 21: 166.

③ 我国 21 世纪出版的两本粒子物理教材分别为杜东生、杨茂志所著的《粒子物理导论》和肖振军、吕才典所著的《粒子物理学导论》，均为科学出版社出版，四位老师都是重味物理领域的著名学者，这两本教材着重补充上述不能展开讨论的内容.

推广到相对论时空 M_4 中，上述的标量电势 φ 和磁矢势 $\boldsymbol{A}$ 被写为四维协变和逆变电磁势形式

$$A^\mu = (\varphi,\ \boldsymbol{A}),\quad A_\mu = (\varphi,\ -\boldsymbol{A}),$$

而电磁场张量为

$$F^{\mu\nu} = \partial^\mu A^\nu - \partial^\nu A^\mu = -F^{\nu\mu},$$

具有反对称性质. 利用其反对称性质很容易验证电磁场张量 $F^{\mu\nu}$ 在规范变换

$$A^\mu(\boldsymbol{x}) \to A^\mu(\boldsymbol{x}) + \partial^\mu\lambda(\boldsymbol{x})$$

下不变.

　　规范变换不变的性质其实不只存在于电磁相互作用中，在经典力学中，带电粒子的拉格朗日量为

$$L = \frac{1}{2}m\dot{\boldsymbol{x}}^2 - e\phi + e\dot{\boldsymbol{x}} \cdot \boldsymbol{A},$$

前述的规范变换即对拉格朗日量做如下变换：

$$L \to L + e\frac{\partial\lambda}{\partial t} + e\dot{\boldsymbol{x}} \cdot \nabla\lambda = L + e\frac{\mathrm{d}\lambda}{\mathrm{d}t}.$$

而事实上，对拉格朗日量做变换

$$L \to L + \frac{\mathrm{d}f(q,t)}{\mathrm{d}t},$$

欧拉–拉格朗日方程形式总是不变的. 因此，电磁相互作用中的规范对称性实质是欧拉–拉格朗日方程规范不变的一个特殊形式. 在下面的讨论中也会看到，该变换对应到量子理论中，直接变成了一个与坐标相关的相因子.

11.1.2　从哈密顿–雅可比理论到薛定谔方程

　　在非相对论量子力学框架下，鉴于动量具有了微分算符的属性，规范不变性的表现形式相对于经典理论也要做出修改. 在上述规范变换下，对于薛定谔方程

$$\mathrm{i}\frac{\partial}{\partial t}\psi = \hat{H}\psi = \left[\frac{(\boldsymbol{p} - e\boldsymbol{A})^2}{2m} + e\varphi\right]\psi$$

中的哈密顿量，变换后成为

$$\hat{H} \to \frac{(\boldsymbol{p} - e\boldsymbol{A} - e\nabla\lambda)^2}{2m} + e\varphi - e\frac{\partial\lambda}{\partial t},$$

与原哈密顿量相比多出了不可被消除的 λ 相关项.

　　如果要保持薛定谔方程的不变性，需要定义作用在波函数上的幺正变换

$$\psi \to \mathrm{e}^{\mathrm{i}e\lambda(\boldsymbol{x},t)}\psi = \hat{U}(\boldsymbol{x},t)\psi.$$

鉴于 $\hat{U}(\boldsymbol{x}, t)$ 变换是 $(\boldsymbol{x}, t)$ 的函数，$\hat{U}(\boldsymbol{x}, t)$ 变换与动量算符 $\boldsymbol{p}$ 不对易

$$[\boldsymbol{p}, \hat{U}(\boldsymbol{x}, t)] = e\nabla\lambda(\boldsymbol{x}, t)\hat{U}(\boldsymbol{x}, t),$$

进而可以得到

$$\hat{U}(\boldsymbol{x}, t)^{-1}\boldsymbol{p}\hat{U}(\boldsymbol{x}, t) = \boldsymbol{p} + e\nabla\lambda,$$

所以容易证明电磁场中的带电粒子的非相对论量子力学薛定谔方程在规范变换

$$\boldsymbol{A} \to \boldsymbol{A}' = \boldsymbol{A} + \nabla\lambda,$$

$$\varphi \to \varphi' = \varphi - \frac{\partial\lambda}{\partial t},$$

$$\psi \to \psi' = \hat{U}(\boldsymbol{x}, t)\psi = \mathrm{e}^{\mathrm{i}e\lambda(\boldsymbol{x}, t)}\psi$$

下形式不变. 在相对论性量子力学中，电场磁场中的带电粒子的四维动量形式是 2.3 节中关于广义动量 $\boldsymbol{p} - e\boldsymbol{A}$ 的直接推广

$$p_\mu \to p_\mu - eA_\mu,$$

同样对于有电磁相互作用的相对论量子力学狄拉克方程

$$[\gamma^\mu(p_\mu - eA_\mu) - m]\psi = 0,$$

在规范变换

$$A_\mu \to A'_\mu = A_\mu + \partial_\mu\lambda(x_\mu),$$

$$\psi \to \psi' = \hat{U}(x_\mu)\psi = \mathrm{e}^{\mathrm{i}e\lambda(x_\mu)}\psi$$

下也是不变的.

这个局域相因子变换 $\hat{U}(\boldsymbol{x}, t)$(或者说四维理论中的 $\hat{U}(x_\mu)$) 到底是如何起源的？即如何从经典力学中对作用量的规范变换理解量子力学中的局域相因子？我们在讨论薛定谔方程时，已经看到如果对波函数做常数相因子变换 (即某种 $U(1)$ 幺正变换)

$$\psi \to \mathrm{e}^{\mathrm{i}\alpha}\psi,$$

则概率密度、概率流密度和力学量的期望值均不变，该变换不变性也对应概率流守恒条件. 常数的相因子变换不依赖于空间坐标，作用于整个系统，因此该变换不变性被称为整体对称性. 在量子力学框架下，量子态的演化本身也可以用 $\mathrm{e}^{\mathrm{i}\hat{H}t}$ 来描述，指数上哈密顿量与时间构成的其实是作用量量纲[①]. 而在经典力学体系中，作用量作为时间演化的生成函数其实是经典力学的另一种等价表述：哈密顿–雅可比 (Hamilton-Jacobi) 理论. 事实上，非相对论量子力学中的薛定谔方程的经典极限就回到了哈密顿–雅可比方程.

我们以一维系统讨论哈密顿–雅可比方程的起源，回到作用量的定义可以马上得到

$$S = \int_{t_1}^{t_2} \mathrm{d}t L(q, \dot{q}, t) \to \frac{\mathrm{d}S}{\mathrm{d}t} = L.$$

---

① 另一种，我们没有提及的量子化方法——路径积分量子化，在形式上就是利用作用量作为演化的生成函数.

根据最小作用量原理，对所有固定了起点 $q(t_1)$ 和终点 $q(t_2)$ 的可能路径 $q(t)$，已知作用量在真实路径取极小值 $\delta S = 0$.

如果换一个角度，我们取真实路径时的作用量 S，比较有相同初始位置但 t_2 时刻通过不同位置的 S 值，计算从真实路径变到相邻的其他路径时的作用量变分. 鉴于真实路径符合欧拉–拉格朗日方程，故第一项为零

$$\delta S = \int_{t_1}^{t_2} \mathrm{d}t \left[\frac{\partial L}{\partial q} - \frac{\mathrm{d}}{\mathrm{d}t}\left(\frac{\partial L}{\partial \dot{q}} \right) \right]^{0} \delta q(t) + \left[\frac{\partial L}{\partial \dot{q}} \delta q(t) \right]_{t_1}^{t_2} = p \delta q \Big|_{t_1}^{t_2},$$

其中第二项，设相同初始位置 $\delta q(t_1) = 0$，对于末态变量，我们记 $q(t_2)$ 为变量 q，得到

$$\delta S = \frac{\partial L}{\partial \dot{q}} \delta q = p \delta q \Rightarrow \frac{\partial S}{\partial q} = p. \tag{11.1}$$

另外，利用作用量的时间全导数为拉格朗日量，我们得到

$$L = \frac{\mathrm{d}S}{\mathrm{d}t} = \frac{\partial S}{\partial t} + \frac{\partial S}{\partial q}\dot{q} = \frac{\partial S}{\partial t} + p\dot{q}.$$

因此，我们通过哈密顿量的定义得到了哈密顿–雅可比方程[①]，即

$$\frac{\partial S}{\partial t} = L - p\dot{q} = -H\left(\boldsymbol{q}, \frac{\partial S}{\partial \boldsymbol{q}}, t \right). \tag{11.2}$$

下面我们来理解薛定谔方程的经典极限. 首先，我们假设波函数满足

$$\psi = \psi_0 \mathrm{e}^{\mathrm{i}S/\hbar},$$

代入非相对论量子力学的薛定谔方程

$$\frac{\hbar^2}{2m}\nabla^2 \psi - U\psi = \frac{\hbar}{\mathrm{i}}\frac{\partial \psi}{\partial t},$$

得到

$$\frac{1}{2m}\left(\nabla S \right)^2 + U + \frac{\partial S}{\partial t} = \frac{\mathrm{i}\hbar}{2m}\nabla^2 S. \tag{11.3}$$

该方程的经典极限，即 $\hbar \to 0$ 时，方程回归到了哈密顿–雅可比方程 (11.2)[②]

$$\frac{1}{2m}\left(\nabla S \right)^2 + U = H = -\frac{\partial S}{\partial t}. \tag{11.4}$$

---

① 本节将利用最小作用量原理推导哈密顿–雅可比理论，然而另一种思路是利用正则变换母函数方法推导. 鉴于我们关注的是极小正则变换生成函数与变换群生成元的对应，所以并没有讨论母函数方法. 因此，我们在正文中没有讨论从正则变换出发推导哈密顿–雅可比方程以及利用哈密顿–雅可比方程解决具体物理问题的例子，在标准的理论力学课程中这是一个重要组成.

② 在路径积分量子化方案中，作用量相因子 $\mathrm{e}^{\mathrm{i}S}$ 描述波函数的时间演化.

而且可以看到这个 S 实质上就对应自然单位制下的作用量. 对该相因子中的作用量做规范变换

$$L \to L + \frac{\mathrm{d}\lambda}{\mathrm{d}t} \Rightarrow S \to S + \lambda(\boldsymbol{x}, t).$$

相当于波函数的局域相因子变换

$$\psi \to \psi_0 \mathrm{e}^{\mathrm{i}S + \mathrm{i}\lambda(\boldsymbol{x},t)} = \hat{U}(\boldsymbol{x}, t)\psi. \tag{11.5}$$

因此，我们看到量子力学波函数的局域相因子即为规范变换.

11.1.3　量子电动力学与 $U(1)$ 规范对称性

我们首先需要得到量子电动力学的拉格朗日密度 $\mathcal{L}$. 容易看到狄拉克方程

$$(\mathrm{i}\gamma^\mu \partial_\mu - m)\psi = 0$$

是利用场论的欧拉–拉格朗日方程

$$\frac{\partial \mathcal{L}}{\partial \overline{\psi}} - \partial_\mu \left(\frac{\partial \mathcal{L}}{\partial(\partial_\mu \overline{\psi})} \right) = 0$$

和拉格朗日密度

$$\mathcal{L} = \mathrm{i}\overline{\psi}\gamma^\mu \partial_\mu \psi - m\overline{\psi}\psi$$

推导出来的. 考虑与电磁相互作用耦合时，拉格朗日密度变为[①]

$$\mathcal{L} = \overline{\psi}(x)\gamma^\mu(\mathrm{i}\gamma^\mu D_\mu - m)\psi(x) - \frac{1}{4}F^{\mu\nu}F_{\mu\nu}$$

其中

$$D_\mu(x) \equiv \partial_\mu + \mathrm{i}eA_\mu(x).$$

这便是量子电动力学的拉格朗日密度，描述了狄拉克场与电磁场的耦合.

我们前面已经知道电磁相互作用对应的是 $U(1)$ 规范变换 $\hat{U}(x) = \mathrm{e}^{\mathrm{i}e\lambda(x)}$，即

$$\psi(x) \to \mathrm{e}^{\mathrm{i}e\lambda(x)}\psi(x),$$
$$A_\mu(x) \to A_\mu(x) - \partial_\mu \lambda(x).$$

我们熟知电磁场张量在规范变换下不变

$$F_{\mu\nu} \to \partial_\mu A_\nu - \partial_\nu A_\mu - \partial_\mu \partial_\nu \lambda(x) + \partial_\mu \partial_\nu \lambda(x) = F_{\mu\nu},$$

局域的相因子变换贡献了额外项

$$\partial_\mu \psi(x)' = \mathrm{e}^{\mathrm{i}e\lambda(x)}(\mathrm{i}e\partial_\mu \lambda(x) + \partial_\mu \psi(x)),$$

---

① 在下面的讨论中，将四矢量时空坐标 x_μ 简写为 x.

与 A_μ 的相应变换项相抵消. 因此, 拉格朗日密度在 $U(1)$ 规范变换下不变, 即

$$
\begin{aligned}
\mathcal{L}' &= \overline{\psi}'(\mathrm{i}\gamma^\mu D'_\mu - m)\psi' \\
&= \bar{\psi}\mathrm{e}^{-\mathrm{i}e\lambda(x)}\big\{\mathrm{i}\gamma^\mu[\partial_\mu + \mathrm{i}e(A_\mu - \partial_\mu\lambda(x))] - m\big\}\mathrm{e}^{\mathrm{i}e\lambda(x)}\psi \\
&= \overline{\psi}[\mathrm{i}\gamma^\mu(\partial_\mu + \mathrm{i}eA_\mu) - m]\psi \\
&= \overline{\psi}(\mathrm{i}\gamma^\mu D_\mu - m)\psi \\
&= \mathcal{L}.
\end{aligned}
$$

11.1.4　纵向极化与规范冗余

我们讨论了经典系统和量子系统的规范变换不变性, 可以看到规范变换不变性与转动、平移等是有本质区别的. 那么规范对称性的本质是什么? 为什么需要规范对称性? 下面就将从电磁场或者一般的无质量矢量场出发讨论规范变换不变性.

麦克斯韦方程可写为

$$
\partial_\mu F^{\mu\nu} = J^\nu,
$$

鉴于 $F^{\mu\nu}$ 的反对称性质, 可以直接得到流守恒 (电荷守恒) 条件

$$
\partial_\nu J^\nu = \partial_\nu\partial_\mu F^{\mu\nu} = 0,
$$

根据诺特定理, 这说明存在某种严格的整体对称性. 事实上, 一个有严格的整体对称性的体系才可以有局域规范对称性. 真空中的麦克斯韦方程, 无源即 $J^\nu = 0$, 所以有

$$
\partial_\mu F^{\mu\nu} = \partial_\mu\partial^\mu A^\nu - \partial_\mu\partial^\nu A^\mu = 0.
$$

这个方程的解有一定的任意性, 需要制订规范条件来减少自由度. 如果我们取库仑规范 (或辐射规范, radiation gauge), 可得

$$
A^0 = 0, \quad \nabla \cdot \boldsymbol{A} = 0 \Rightarrow \boldsymbol{\epsilon} \cdot \boldsymbol{q} = 0, \tag{11.6}
$$

可以看到只存在与动量方向垂直的极化, 即横向极化, 这对应电磁波是横波的物理结果.

然而, 库仑规范只是一种选择, 并没有一般性. 一般而言 A_μ 可以有三个极化, 即两个横向极化和一个纵向极化, 这和电磁波是横波的物理事实是冲突的. 必须有一个机制让非物理的纵向极化不贡献在物理过程中, 正是规范对称性严格保证了这点. 下面, 我们以另一个常用的规范即洛伦兹规范为例来进行阐述. 在洛伦兹规范 $\partial_\mu A^\mu = 0$ 下, 我们得到达朗贝尔方程

$$
\partial_\nu\partial^\nu A^\mu = 0 \Rightarrow \left(\nabla^2 - \frac{\partial^2}{\partial t^2}\right) A^\mu = 0.
$$

不失一般性, 我们取一个沿着 $\hat{z}$ 方向的平面波, 即 $q^\mu = (q, 0, 0, q)$ [①],

$$
A^\mu = \epsilon^\mu \mathrm{e}^{\mathrm{i}q_\nu x^\nu}.
$$

---

① 为简化问题, 我们提前假设自然单位制下的光子关系 $\omega = q$.

洛伦兹规范条件给出

$$\partial_\mu A^\mu = 0 \Rightarrow q_\mu \epsilon^\mu = 0,$$

该约束条件去掉了一个极化，还剩下三个极化

$$\epsilon^1 = (0,1,0,0), \quad \epsilon^2 = (0,0,1,0), \quad \epsilon^3 = (1,0,0,1),$$

其中前两个与 q^μ 正交，是横向极化，而第三个沿着传播方向，属于纵向极化. 对于规范变换 $A^\mu \to A^\mu + \partial^\mu \lambda(x^\nu)$，用洛伦兹规范条件可得

$$\partial_\mu \partial^\mu \lambda = 0.$$

因此，我们看到 λ 也是一个波动解，可以取

$$\lambda = \mathrm{e}^{\mathrm{i}q^\mu x_\mu} \Rightarrow \partial^\mu \lambda = \mathrm{i}q^\mu \lambda.$$

因此，纵向极化和规范变换额外增加的项是成正比的，我们可以把规范变换写成给极化态增加一个任意纵向极化

$$\epsilon^3 \propto q^\mu \propto \partial^\mu \lambda \Rightarrow \epsilon^\mu \to \epsilon^\mu + \alpha q^\mu. \tag{11.7}$$

鉴于纵向极化与动量成正比，将纵向极化 $A_L^\mu = \epsilon_L^\mu \mathrm{e}^{\mathrm{i}q^\nu x_\nu}$ 分量代入电磁场张量 $F^{\mu\nu}$ 中，可见

$$F_L^{\mu\nu} = \partial^\mu A_L^\nu - \partial^\nu A_L^\mu \propto q^\mu q^\nu - q^\nu q^\mu = 0 , \tag{11.8}$$

即纵向极化不贡献在电磁场张量中. 这和我们说纵向极化可以被归为规范变换的讨论是自洽的. 上述讨论中，极化态增加任意纵向极化却对应同样的物理结果，这称为规范冗余 (gauge redundancy). 这是规范变换与平移、旋转等变换对称性的显著区别之一.

在量子场论框架下，我们以电子辐射一个光子过程为例讨论规范对称性，其矩阵元可以写成

$$\mathrm{i}\mathcal{M} = \mathrm{i}\mathcal{M}^\mu(q)\epsilon_\mu^*(q) = -\mathrm{i}e\langle J^\mu(q)\rangle \epsilon_\mu^*(q),$$

其中 ϵ_μ 对应辐射光子的极化. 从流守恒条件出发，利用动量的算符性可以得到

$$q_\mu \langle J^\mu(q)\rangle = 0.$$

假设辐射光子沿着 $\hat{z}$ 方向，即其四动量为 $q^\mu = (q,0,0,q)$. 因此，矩阵元中 $\mathcal{M}^0 = \mathcal{M}^3$，而光子辐射的矩阵元平方 (辐射概率与此成正比) 为

$$|\mathcal{M}^1|^2 + |\mathcal{M}^2|^2 + |\mathcal{M}^3|^2 - |\mathcal{M}^0|^2 = |\mathcal{M}^1|^2 + |\mathcal{M}^2|^2 . \tag{11.9}$$

可见只有前两项横波极化有物理贡献，而沿着传播方向的纵向极化并没有物理贡献，这个严格的消除正是规范对称性保证的，对应着我们已经提到的纵向极化和动量成正比，纵向极化不贡献到物理过程中，即

$$q_\mu \mathcal{M}^\mu = 0. \tag{11.10}$$

这个结论在量子场论框架下被严格证明，称为华德恒等式 (Ward identity). 这意味着除了物理的极化状态，可以增加任意新的纵向极化态，新得到的解符合方程但是并不贡献到物理过程中. 因此，规范变换不变性与我们前面讲的转动不变性等对称性不同，它其实并不是系统的对称性，而是为了保证零质量矢量场论的自洽性，确保正确的物理结果而存在的. 强、弱、电三种自然界的基本相互作用都是矢量场，均存在规范对称性，并且深刻影响着人们对这些基本相互作用的理解[1].

11.2　高能对撞实验与相互作用

11.2.1　散射截面

第 10 章中我们已经在非相对论量子力学的框架下讨论了一些散射问题，散射截面作为一个重要的可观测量，可以用来探测一些关键的物理量. 例如，卢瑟福通过 α 粒子与金箔的碰撞，测量被散射的 α 粒子数并计算散射截面，从而预估了原子核半径. 实际上，这种涉及散射问题的实验统称为散射实验. 散射实验是一种探测基本粒子行为的实验，特别是在相对论情况下. 最常见的散射实验是粒子束对撞实验，如图 11.2 所示.

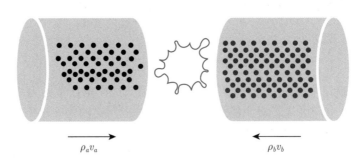

$$\rho_a v_a \qquad\qquad\qquad \rho_b v_b$$

图 11.2　粒子束对撞实验

考虑 1 和 2 两种类型的粒子束分别以速度 $\boldsymbol{v}_a$ 和 $\boldsymbol{v}_b$ 对撞，其束流密度分别为 ρ_a 和 ρ_b. 假设对撞时总束流密度 $\rho_{ab} = \rho_a \rho_b V$，则实验的散射截面 σ 可定义为[2]

$$\sigma = \frac{N_s}{T \rho_{ab} |\boldsymbol{v}_a - \boldsymbol{v}_b|} = \frac{1}{T} \frac{1}{\varPhi} N_s, \tag{11.11}$$

其中，T 是实验时间；$\varPhi = \rho_{ab} |\boldsymbol{v}_a - \boldsymbol{v}_b|$ 称为入射通量，也称为瞬时亮度；N_s 是被散射的粒子数，可以看到定义的散射截面具有面积量纲. 许多不同过程的截面可能与单个散射实验

---

① 甚至广义相对论理论也可以被写成某种广义的规范变换理论，见 Utiyama R. Invariant theoretical interpretation of interaction. Phys. Rev., 1956, 101: 1597-1607.

② 有些书中也会定义为

$$\sigma = \frac{N_s}{N_a N_b} A,$$

其中 N_a 和 N_b 分别是两种束流中时间 T 内对撞粒子个数，A 是对撞束流横截面.

有关. 例如, 对于正负电子对撞实验, 我们可以测量正负缪子、正负陶子和双光子等产生的散射截面. 一般来说, 实验中不仅需要关注散射末态粒子类型, 更重要的是确定末态粒子的分布. 在这种情况下, 需引入微分散射截面 $d\sigma/d\Omega$, 它表示被散射到某一确定立体角 $d\Omega$ 内的末态粒子数.

在量子力学中我们知道, 微观粒子以物质波的形式存在, 我们无法完全确定某一粒子的 "运动轨迹", 其空间位置只是一种概率分布的描述. 因此, 散射截面的概念也应该进行数学上的概率化, 即它表示入射粒子发生散射的概率. 同理, 微分散射截面 $d\sigma$ 表示末态粒子被散射到某一给定区域内的概率. 若假设 $\rho_a = N_a/V$, $\rho_b = N_b/V$, N_a 和 N_b 分别是两种束流中时间 T 内对撞粒子的个数, V 是总体积, 则式 (11.11) 可以改写为

$$\sigma = \frac{V}{T} \frac{1}{|\boldsymbol{v}_a - \boldsymbol{v}_b|} \frac{N_s}{N_a N_b}, \tag{11.12}$$

其中 $N_s/(N_a N_b)$ 是发生散射的经典概率. 在量子力学中我们可以计算不同态的波函数之间转化的概率, 记为 dP, 因此微分散射截面可写为

$$d\sigma = \frac{V}{T} \frac{1}{|\boldsymbol{v}_a - \boldsymbol{v}_b|} dP, \tag{11.13}$$

这里微分量 $d\sigma$ 和 dP 都是运动学变量上的微分, 例如末态粒子的角度和能量的微分, 且满足

$$\sigma = \int d\sigma. \tag{11.14}$$

11.2.2 如何计算散射截面

我们知道量子力学中通过希尔伯特空间中的内积可定义不同量子态之间的转化概率

$$\left| \langle \psi^S(t_f) \mid \phi^S(t_i) \rangle \right|^2,$$

其中, $|\phi^S(t_i)\rangle$、$|\psi^S(t_f)\rangle$ 分别表示在 t_i 时刻的初态和一段时间后 t_f 时刻的末态, 为了简化后续表达, 分别简记为

$$|\phi^S(t_f)\rangle = |i;\ t_i\rangle, \quad |\psi^S(t_f)\rangle = |f;\ t_f\rangle.$$

因此实验测量的微分散射截面值应该具有以下形式:

$$d\sigma \sim \langle f;\ t_f \mid i;\ t_i \rangle^2. \tag{11.15}$$

但要注意的是, 这里 $\langle f;\ t_f \mid i;\ t_i \rangle$ 是在薛定谔绘景下的表示, 而在实际计算中通常采取海森伯绘景. 为了将微分散射截面应用于对撞散射实验, 我们将动量本征态从 $t = -\infty$ 演化到 $t = +\infty$, 则有

$$\langle f;\ +\infty \mid i;\ -\infty \rangle = \lim_{T \to \infty} \left\langle f;\ +\frac{T}{2} \middle| i;\ -\frac{T}{2} \right\rangle$$

$$= \lim_{T \to \infty} \left\langle f | e^{-i\hat{H}T} | i \right\rangle$$

$$\equiv \left\langle f \mid \hat{S} \mid i \right\rangle, \tag{11.16}$$

其中的时间演化算符有一个特殊名称：散射矩阵 (S 矩阵)，它记录了散射过程中从初态演化到末态的所有信息. S 矩阵的定义中假设了在 $t = \pm\infty$ 时粒子处于自由态，散射发生在有限时间间隔内. 在 $t = \pm\infty$ 时的自由态也称为渐近态，所以由 S 矩阵计算得到的微分散射截面也称为渐近形式的微分散射截面. S 矩阵具有以下性质：

(1) 如果不存在相互作用，S 矩阵退化为单位算符；

(2) 即使存在相互作用，粒子也可能不发生散射，因此 S 矩阵中必定包含单位算符部分.

由此我们可以将 S 矩阵中涉及相互作用的部分分离出来，即

$$\hat{S} = \hat{I} + i\hat{\mathcal{T}}, \tag{11.17}$$

其中 $\hat{I}$ 是单位算符，$\hat{\mathcal{T}}$ 称为转换矩阵 (或称为 T 矩阵). 考虑到能量动量守恒，除非初态和末态具有完全相同的四动量[①]，否则 T 矩阵中总是存在一个保证四动量守恒的 δ 函数，

$$\hat{\mathcal{T}} = (2\pi)^4 \delta^4 \left(\sum p_i^\mu - \sum p_f^\mu \right) \hat{\mathcal{M}} \equiv (2\pi)^4 \delta^4 \left(\sum p \right) \hat{\mathcal{M}}, \tag{11.18}$$

这里 $\sum p = \sum p_i^\mu - \sum p_f^\mu$. 当 $|i\rangle \neq |f\rangle$ 时

$$\left\langle f \mid \hat{S} \mid i \right\rangle = \left\langle f \mid i\hat{\mathcal{T}} \mid i \right\rangle$$

$$= i(2\pi)^4 \delta^4 \left(\sum p \right) \left\langle f \mid \hat{\mathcal{M}} \mid i \right\rangle$$

$$\equiv i(2\pi)^4 \delta^4 \left(\sum p \right) \mathcal{M}_{i \to f}, \tag{11.19}$$

其中 $\mathcal{M}_{i \to f} = \left\langle f \mid \hat{\mathcal{M}} \mid i \right\rangle$ 称为矩阵元或散射振幅. 因此, 计算散射问题就是计算散射振幅.

不失一般性，如图 11.3 所示，我们考虑初态 $|i\rangle$ 为两个粒子，末态 $|f\rangle$ 为 n 个粒子的情况[②]

$$p_a + p_b \to \{p_j\}.$$

取动量本征态进行计算，为了简便，本章计算都在自然单位制[③]下进行

$$|i\rangle = |p_a\rangle |p_b\rangle, \quad |f\rangle = \prod_j |p_j\rangle. \tag{11.20}$$

---

① 在相对论中我们将能量 E 和动量 $\boldsymbol{p}$ 组合构成闵可夫斯基空间中的四维矢量——四动量，也就是第 9 章中出现的 $p^\mu = (E, \boldsymbol{p})$，有时也简写为 p.

② 从实际考虑，不可能在同一时间对撞两个以上的粒子.

③ $\hbar = c = 1$.

根据之前的定义，$\mathrm{d}P$ 表示不同态的波函数之间转化的概率. 利用 S 矩阵的定义，在量子力学框架下初态 $|i\rangle$ 转变为末态 $|f\rangle$ 的概率为

$$\mathrm{d}P_{i\to j} = \frac{\left|\left\langle f\,|\,\hat{S}\,|\,i\right\rangle\right|^2}{\langle f\,|\,f\rangle\langle i\,|\,i\rangle}\mathrm{d}\Pi, \tag{11.21}$$

其中，分母 $\langle f\,|\,f\rangle\langle i\,|\,i\rangle$ 来源于归一化贡献，$\mathrm{d}\Pi$ 表示关心的末态动量相空间区间，正比于 $\mathrm{d}^3\boldsymbol{p}_j$，即

$$\mathrm{d}\Pi = \prod_j \frac{V}{(2\pi)^3}\mathrm{d}^3\boldsymbol{p}_j, \tag{11.22}$$

上式实际上可以看成是动量为 $\{\boldsymbol{p}_j\}$ 的一系列末态粒子的态密度.

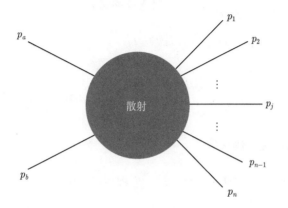

图 11.3 两个粒子散射到 n 个粒子示意图

正如本章一开始所说，散射实验很多情况下都是极端高能的相对论粒子进行对撞，因此散射截面的计算需要在相对论情况下也成立，即截面大小不依赖于参考系，需要满足洛伦兹不变性. 但是注意到 $\mathrm{d}\Pi$ 中的微分元 $\mathrm{d}^3\boldsymbol{p}_j$ 并不是洛伦兹不变的，因此需要进行修正

$$\mathrm{d}^3\boldsymbol{p}_j \to \frac{\mathrm{d}^3\boldsymbol{p}_j}{2E_j},$$

其中，E_j 是粒子能量，满足相对论质能关系 $E_j = \sqrt{|\boldsymbol{p}_j| + m_j}$，$m_j$ 是粒子静质量. 为了证明修正后的微分元是洛伦兹不变的，我们考虑一个沿坐标轴 z 方向的洛伦兹变换，在此变换下 $\mathrm{d}^3\boldsymbol{p}$ 变为 $\mathrm{d}^3\boldsymbol{p}'$，即

$$\mathrm{d}^3\boldsymbol{p}' \equiv \mathrm{d}p'_x\mathrm{d}p'_y\mathrm{d}p'_z = \mathrm{d}p_x\mathrm{d}p_y \cdot \frac{\mathrm{d}p'_z}{\mathrm{d}p_z}\mathrm{d}p_z = \frac{\mathrm{d}p'_z}{\mathrm{d}p_z}\mathrm{d}^3\boldsymbol{p}. \tag{11.23}$$

粒子能量和动量的 z 方向洛伦兹变换为

$$\begin{cases} p'_z = \gamma(p_z - \beta E), \\ E' = \gamma(E - \beta p_z), \end{cases}$$

其中 γ 是洛伦兹变换因子，$\beta = v/c$，c 是光速，$\gamma = 1/\sqrt{1 - \beta^2}$，代入式 (11.23) 中，可得

$$\frac{\mathrm{d}p_z'}{\mathrm{d}p_z} = \gamma \left(1 - \beta \frac{\partial E}{\partial p_z} \right) = \gamma \left(1 - \beta \frac{p_z}{E} \right) = \frac{1}{E} \gamma \left(E - \beta p_z \right) = \frac{E'}{E},$$

所以有

$$\frac{\mathrm{d}^3 \boldsymbol{p}'}{E'} = \frac{\mathrm{d}^3 \boldsymbol{p}}{E},$$

$\mathrm{d}^3\boldsymbol{p}/E$ 是洛伦兹不变的. □

因此我们将 $\mathrm{d}\Pi$ 修正为

$$\mathrm{d}\Pi \to \mathrm{d}\Pi' = \prod_j \frac{V}{(2\pi)^3} \frac{\mathrm{d}^3 \boldsymbol{p}}{2E_j},$$

因子 2 是定义习惯. 相应地，$\mathrm{d}P_{i \to f}$ 可以改写为

$$\mathrm{d}P_{i \to f} = \frac{\left| \left\langle f \mid \hat{S} \mid i \right\rangle \right|^2}{\langle f \mid f \rangle \langle i \mid i \rangle} \prod_j 2E_j \mathrm{d}\Pi'. \tag{11.24}$$

回顾第 9 章中定义的产生、湮灭算符

$$a^\dagger(p) \mid 0 \rangle = \mid p \rangle, \quad a(p) \mid 0 \rangle = 0, \tag{11.25}$$

存在对易关系

$$[a(p_i), a^\dagger(p_j)] = (2\pi)^3 2E_i \delta^3(\boldsymbol{p}_i - \boldsymbol{p}_j), \tag{11.26}$$

和

$$[a(p_i), a(p_j)] = [a^\dagger(p_i), a^\dagger(p_j)] = 0.$$

由此我们可以计算 $\langle p \mid p \rangle$ 为

$$\begin{aligned}
\langle p \mid p \rangle &= \langle 0 \mid a(p) a^\dagger(p) \mid 0 \rangle \\
&= \left(\langle 0 \mid [a(p), a^\dagger(p)] \mid 0 \rangle + \langle 0 \mid a^\dagger(p) a(p) \mid 0 \rangle \right) \\
&= (2\pi)^3 2E \delta^3(\boldsymbol{p} - \boldsymbol{p}) \\
&= (2\pi)^3 2E \delta^3(0).
\end{aligned} \tag{11.27}$$

$\delta^3(0)$ 在形式上可以根据 δ 函数的积分定义[①]写成

$$\delta^3(0) = \frac{1}{(2\pi)^3} \lim_{\boldsymbol{p} \to 0} \int \mathrm{e}^{\mathrm{i}\boldsymbol{p} \cdot \boldsymbol{x}} \mathrm{d}^3 x = \frac{V}{(2\pi)^3}. \tag{11.28}$$

---

① $\delta^3(p) = \dfrac{1}{(2\pi)^3} \displaystyle\int \mathrm{e}^{\mathrm{i}\boldsymbol{p} \cdot \boldsymbol{x}} \mathrm{d}^3 x.$

同理

$$\delta^4(0) = \delta(E - E)\delta^3(\boldsymbol{p} - \boldsymbol{p}) = \frac{V}{(2\pi)^4} \lim_{E \to 0} \int e^{iEt} dt = \frac{TV}{(2\pi)^4}, \tag{11.29}$$

这里 T 和 V 分别表示所研究问题的总时间和总体积，于是

$$\langle p \mid p \rangle = 2EV. \tag{11.30}$$

因此我们可以计算

$$\langle i \mid i \rangle = \langle p_a \mid p_a \rangle \langle p_b \mid p_b \rangle = (2E_a V)(2E_b V),$$

$$\langle f \mid f \rangle = \prod_j \langle p_j \mid p_j \rangle = \prod_j (2E_j V). \tag{11.31}$$

这反映了在相对论情况下，洛伦兹不变性要求波函数不能归一化到 1，而是 $2E$. 接下来计算 $\left| \left\langle f \mid \hat{S} \mid i \right\rangle \right|^2$，这里我们进行一定的简化. 根据散射振幅的定义 (11.19)，最后表达式中会出现两个 δ^4 函数的乘积. 考虑到会对末态粒子四动量相空间进行积分，因此其中一个 δ^4 函数保留了下来以保证能量动量守恒，另一个在形式上可以写为 $\delta^4(0)$. 利用式 (11.29) 可得

$$\left| \left\langle f|\hat{S}|i \right\rangle \right|^2 = TV\delta^4\left(\sum p\right)(2\pi)^4 |\mathcal{M}_{i \to f}|^2. \tag{11.32}$$

将式 (11.31) 和式 (11.32) 代入式 (11.24) 可得

$$\begin{aligned}
\mathrm{d}P_{i \to j} &= \frac{(2\pi)^4 \delta^4\left(\sum p\right) TV}{(2E_a V)(2E_b V)} \frac{1}{\prod_j (2E_j V)} |\mathcal{M}_{i \to f}|^2 \prod_j 2E_j \mathrm{d}\Pi' \\
&= \frac{T}{V} \frac{1}{(2E_a)(2E_b)} |\mathcal{M}_{i \to f}|^2 \mathrm{d}\Pi_{\text{LIPS}}, \tag{11.33}
\end{aligned}$$

其中，$\mathrm{d}\Pi_{\text{LIPS}}$ 称为洛伦兹不变相空间

$$\mathrm{d}\Pi_{\text{LIPS}} = \prod_j \frac{\mathrm{d}^3 \boldsymbol{p}_j}{(2\pi)^3 2E_j} (2\pi)^4 \delta^4\left(\sum p\right). \tag{11.34}$$

最后将式 (11.33) 代入式 (11.13) 中得到最终的表达式

$$\mathrm{d}\sigma = \frac{1}{4E_a E_b |\boldsymbol{v}_a - \boldsymbol{v}_b|} |\mathcal{M}_{i \to f}|^2 \mathrm{d}\Pi_{\text{LIPS}}. \tag{11.35}$$

可以看到上式中 V 和 T 完全消失了，因此微分散射截面不依赖于散射过程发生的空间和时间，可以取 $V, T \to \infty$，这正是我们所期望的. 对于质心系中 $2 \to 2$ 的散射过程

$$\boldsymbol{p}_1 + \boldsymbol{p}_2 \to \boldsymbol{p}_3 + \boldsymbol{p}_4, \tag{11.36}$$

有 $\boldsymbol{p}_1 = -\boldsymbol{p}_2 = \boldsymbol{p}_i$，$\boldsymbol{p}_3 = -\boldsymbol{p}_4 = \boldsymbol{p}_f$，$E_1 + E_2 = E_3 + E_4 = E_{\mathrm{CM}}$，$E_{\mathrm{CM}}$ 是质心系中的总能量，是一个常数.

$$\mathrm{d}\Pi_{\mathrm{LIPS}} = (2\pi)^4 \delta^4\left(\sum p\right) \frac{\mathrm{d}^3\boldsymbol{p}_3}{(2\pi)^3} \frac{1}{2E_3} \frac{\mathrm{d}^3\boldsymbol{p}_4}{(2\pi)^3} \frac{1}{2E_4}$$

$$= \frac{1}{16\pi^2 E_3 E_4} \mathrm{d}\Omega \int \mathrm{d}|\boldsymbol{p}_f| |\boldsymbol{p}_f|^2 \delta(E_3 + E_4 - E_{\mathrm{CM}}), \tag{11.37}$$

其中，$\mathrm{d}\Omega$ 表示 $\boldsymbol{p}_f$ 的立体角. 引入新的变量 $W = E_3 + E_4 - E_{\mathrm{CM}}$，并利用 $E_3 = \sqrt{|\boldsymbol{p}_f|^2 + m_3^2}$ 和 $E_4 = \sqrt{|\boldsymbol{p}_f|^2 + m_4^2}$，则存在以下变量替换关系：

$$\frac{\mathrm{d}W}{\mathrm{d}|\boldsymbol{p}_f|} = \frac{\mathrm{d}(E_3 + E_4 - E_{\mathrm{CM}})}{\mathrm{d}|\boldsymbol{p}_f|} = \frac{E_3 + E_4}{E_3 E_4} |\boldsymbol{p}_f|. \tag{11.38}$$

因此有

$$\mathrm{d}\Pi_{\mathrm{LIPS}} = \frac{1}{16\pi^2} \mathrm{d}\Omega \int_{m_3+m_4-E_{\mathrm{CM}}}^{\infty} \mathrm{d}x \frac{|\boldsymbol{p}_f|}{E_{\mathrm{CM}}} \delta(x)$$

$$= \frac{1}{16\pi^2} \mathrm{d}\Omega \frac{\mathrm{d}|\boldsymbol{p}_f|}{E_{\mathrm{CM}} \theta(E_{\mathrm{CM}} - E_3 - E_4)}, \tag{11.39}$$

其中 $\theta(E_{\mathrm{CM}} - E_3 - E_4)$ 是阶跃函数，当 $x > 0$ 时，$\theta(x) = 1$，否则 $\theta(x) = 0$. 注意到在自然单位制下速度、动量和能量满足以下关系：

$$\boldsymbol{v} = \frac{\boldsymbol{p}}{E},$$

因此有

$$|\boldsymbol{v}_1 - \boldsymbol{v}_2| = \left| \frac{|\boldsymbol{p_1}|}{E_1} + \frac{|\boldsymbol{p_2}|}{E_2} \right| = p_i \frac{E_{\mathrm{CM}}}{E_1 E_2}. \tag{11.40}$$

将式 (11.39) 和式 (11.40) 代入微分散射截面 $\mathrm{d}\sigma$ 的定义式 (11.35) 中，得到质心系中 $2 \to 2$ 散射过程的微分截面表达式

$$\left(\frac{\mathrm{d}\sigma}{\mathrm{d}\Omega}\right)_{\mathrm{CM}} = \frac{1}{64\pi^2 E_{\mathrm{CM}}^2} \frac{|\boldsymbol{p}_f|}{|\boldsymbol{p}_i|} |\mathcal{M}_{i \to f}|^2 \theta(E_{\mathrm{CM}} - m_3 - m_4). \tag{11.41}$$

当初始入射粒子质量相同时，上式进一步简化为

$$\left(\frac{\mathrm{d}\sigma}{\mathrm{d}\Omega}\right)_{\mathrm{CM}} = \frac{1}{64\pi^2 E_{\mathrm{CM}}^2} |\mathcal{M}_{i \to f}|^2. \tag{11.42}$$

计算微分散射截面 $\mathrm{d}\sigma$ 的关键在于计算散射振幅 $\mathcal{M}_{i\to f}$. 而散射振幅又是 S 矩阵中体现相互作用的部分, 依赖于时间演化

$$\mathcal{M}_{i\to f} \sim \left\langle f \mid \hat{S} \mid i \right\rangle = \lim_{T\to\infty} \left\langle f \mid \mathrm{e}^{-\mathrm{i}\hat{H}T} \mid i \right\rangle,$$

其中 $\hat{H}$ 是系统的哈密顿量, 下面简记为 H. 通常 $\mathrm{e}^{-\mathrm{i}\hat{H}T}$ 无法直接写成产生、湮灭算符的形式, 因此我们采用微扰论进行计算. 微扰展开可以被费曼提出的图形方法形象地描述, 并发展出了一套费曼规则. 下面的讨论将基于费曼规则展开, 但是这部分推导相对复杂, 为了保持内容紧凑连贯, 我们将费曼规则的推导放在附录 B 中, 读者可先从附录 B 开始学习费曼规则, 再进入 11.2.3 节的讨论.

11.2.3 $\mathrm{e}^+ + \mathrm{e}^- \longrightarrow \mu^+ + \mu^-$

接下来我们以正负电子对散射到正负缪子对为例, 计算其在量子电动力学 (quantum electrodynamics, QED) 理论中高能极限[①]下最低阶的散射截面, 其散射过程如图 11.4 所示.

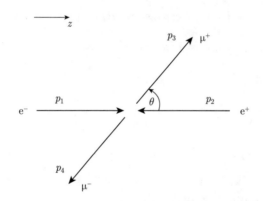

图 11.4 $\mathrm{e}^+ + \mathrm{e}^- \longrightarrow \mu^+ + \mu^-$ 质心系中散射图示

我们在电子对质心系中进行计算. 设电子沿坐标系 z 方向入射, 初态电子和正电子分别携带四动量 p_1 和 p_2, 分别为

$$p_1 = (E, 0, 0, E),$$
$$p_2 = (E, 0, 0, -E).$$

末态缪子和正缪子分别携带四动量 p_3 和 p_4, 分别为

$$p_3 = (E, E\sin\theta, 0, E\cos\theta),$$
$$p_4 = (E, -E\sin\theta, 0, -E\cos\theta).$$

---

① 即 $E \gg m$, 这种情况下可以令 $m = 0$.

散射过程的费曼图如图 11.5 所示，利用 QED 的费曼规则，我们可以写出如下散射振幅：

$$\mathrm{i}\mathcal{M} = [\overline{v}(p_2, s_2)\,(\mathrm{i}e\gamma^\mu)\,u(p_1, s_1)]\left[\frac{-\mathrm{i}g_{\mu\nu}}{(p_1 + p_2)^2}\right][\overline{u}(p_3, s_3)\,(\mathrm{i}e\gamma^\nu)\,v(p_4, s_4)]. \tag{11.43}$$

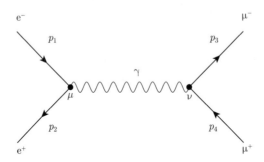

图 11.5　$\mathrm{e}^+ + \mathrm{e}^- \longrightarrow \mu^+ + \mu^-$ QED 理论下最低阶散射过程费曼图

这里我们选取了费曼规范消去了规范参数 ξ. 定义电子流 J_e 和缪子流 J_μ 分别为

$$\begin{aligned}
(J_\mathrm{e})^\mu &= \overline{v}(p_2, s_2)\gamma^\mu u(p_1, s_1), \\
(J_\mu)^\nu &= \overline{u}(p_3, s_3)\gamma^\nu v(p_4, s_4),
\end{aligned} \tag{11.44}$$

则散射振幅 $\mathcal{M}$ 可以写成

$$\mathcal{M} = -\frac{e^2}{s}(J_\mathrm{e})^\mu g_{\mu\nu}(J_\mu)^\nu = -\frac{e^2}{s}J_\mathrm{e} \cdot J_\mu \tag{11.45}$$

其中，$s = (p_1 + p_2)^2$ 是曼德尔施塔姆变量. 利用第 9 章得到的螺旋度本征态 (式 (9.87) 和式 (9.88))，可以写出高能极限下狄拉克方程解中的旋量 u、v 部分，为计算简便，我们假设散射发生在方位角 $\phi = 0$ 的平面内，则有

$$u(p_1, +) = \sqrt{E}\begin{pmatrix} 1 \\ 0 \\ 1 \\ 0 \end{pmatrix}, \quad u(p_1, -) = \sqrt{E}\begin{pmatrix} 0 \\ 1 \\ 0 \\ -1 \end{pmatrix}; \tag{11.46}$$

$$v(p_2, +) = \sqrt{E}\begin{pmatrix} 0 \\ 1 \\ 0 \\ 1 \end{pmatrix}, \quad v(p_2, -) = \sqrt{E}\begin{pmatrix} 1 \\ 0 \\ -1 \\ 0 \end{pmatrix}; \tag{11.47}$$

$$u(p_3, +) = \sqrt{E} \begin{pmatrix} \cos\dfrac{\theta}{2} \\[4pt] \sin\dfrac{\theta}{2} \\[4pt] \cos\dfrac{\theta}{2} \\[4pt] \sin\dfrac{\theta}{2} \end{pmatrix}, \quad u(p_3, -) = \sqrt{E} \begin{pmatrix} -\sin\dfrac{\theta}{2} \\[4pt] \cos\dfrac{\theta}{2} \\[4pt] \sin\dfrac{\theta}{2} \\[4pt] -\cos\dfrac{\theta}{2} \end{pmatrix}; \tag{11.48}$$

$$v(p_4, +) = \sqrt{E} \begin{pmatrix} -\sin\dfrac{\theta}{2} \\[4pt] \cos\dfrac{\theta}{2} \\[4pt] -\sin\dfrac{\theta}{2} \\[4pt] \cos\dfrac{\theta}{2} \end{pmatrix}, \quad v(p_4, -) = \sqrt{E} \begin{pmatrix} \cos\dfrac{\theta}{2} \\[4pt] \sin\dfrac{\theta}{2} \\[4pt] -\cos\dfrac{\theta}{2} \\[4pt] -\sin\dfrac{\theta}{2} \end{pmatrix}. \tag{11.49}$$

其中 $\pm$ 分别表示特征值为 ± 1 的螺旋度本征态, 同时也对应着不同的自旋状态, 因此写在括号中表示自旋 s 的位置处. 在高能极限下, 螺旋度本征态与手征本征态一一对应, 对于正态粒子 u, $+$ 对应右手本征态 R, $-$ 对应左手本征态 L; 对于反态粒子 v, $+$ 对应左手本征态 L, $-$ 对应右手本征态 R. 因此整个 $e^+ + e^- \longrightarrow \mu^+ + \mu^-$ 中, 每个粒子都有两种可能的螺旋度本征态. 对于初态的 e^+e^-, 它们结合可以产生四种螺旋度本征态, 即 RL、RR、LL、LR, 同理对于末态的 $\mu^+\mu^-$, 也有 RL、RR、LL、LR 四种螺旋度本征态. 这样从初态到末态, 根据螺旋度本征态的不同就形成了理论上的 16 种物理过程组合, 并且这 16 种过程是互相独立的, 如图 11.6 所示.

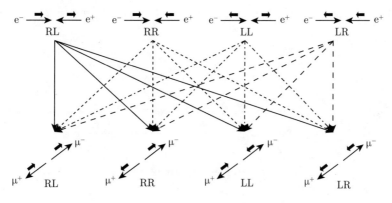

图 11.6　16 种螺旋度本征态的初末粒子散射过程

将电子流和缪子流分解成不同的手征流, 并计算出如下结果:

$$(J_e)^\mu_{RR} = \overline{v}(p_2, -)\gamma^\mu u(p_1, +) = (0, 0, 0, 0),$$

$$(J_e)^\mu_{RL} = \overline{v}(p_2, +)\gamma^\mu u(p_1, +) = 2E(0, 1, i, 0),$$

$$(J_e)_{LR}^{\mu} = \overline{v}(p_2, -)\gamma^{\mu}u(p_1, -) = 2E(0, -1, i, 0),$$

$$(J_e)_{LL}^{\mu} = \overline{v}(p_2, +)\gamma^{\mu}u(p_1, -) = (0, 0, 0, 0),$$

$$(J_\mu)_{RR}^{\nu} = \overline{u}(p_3, -)\gamma^{\mu}v(p_4, +) = (0, 0, 0, 0),$$

$$(J_\mu)_{RL}^{\nu} = \overline{u}(p_3, +)\gamma^{\mu}v(p_4, +) = 2E(0, \cos\theta, -i, -\sin\theta),$$

$$(J_\mu)_{LR}^{\nu} = \overline{u}(p_3, +)\gamma^{\mu}v(p_4, -) = 2E(0, -\cos\theta, -i, \sin\theta),$$

$$(J_\mu)_{LL}^{\nu} = \overline{u}(p_3, -)\gamma^{\mu}v(p_4, -) = (0, 0, 0, 0).$$

将以上结果代入式 (11.45) 中，只有 4 种振幅不为零，分别为

$$\mathcal{M}_{RL \to RL} = \mathcal{M}_{LR \to LR} = -4E^2(1 + \cos\theta),$$
$$\mathcal{M}_{RL \to LR} = \mathcal{M}_{LR \to RL} = -4E^2(1 - \cos\theta). \tag{11.50}$$

考虑到这些过程相互独立，于是

$$|\mathcal{M}|^2 = \frac{1}{4}\left(|\mathcal{M}_{RL \to RL}|^2 + |\mathcal{M}_{LR \to LR}|^2 + |\mathcal{M}_{RL \to LR}|^2 + |\mathcal{M}_{LR \to RL}|^2\right)$$
$$= (4\pi\alpha)^2(1 + \cos^2\theta),$$

其中 α 为精细结构常数

$$\alpha = \frac{e^2}{4\pi}.$$

最后将 $|\mathcal{M}|^2$ 代入入射粒子质量相同情况下 $2 \to 2$ 散射过程的微分截面表达式 (11.42) 中，可得

$$\frac{d\sigma}{d\Omega} = \frac{1}{64\pi^2 E_{CM}^2}|\mathcal{M}|^2 = \frac{\alpha^2}{4s}(1 + \cos^2\theta).$$

上式利用了 $E_{CM}^2 = (p_1 + p_2)^2 = s$，这便是 $e^+ + e^- \longrightarrow \mu^+ + \mu^-$ 过程最低阶的微分散射截面. 对立体角进行全空间积分，可以得到对应的总散射截面为

$$\sigma = \int \frac{\alpha^2}{4s}(1 + \cos^2\theta)d\Omega = \frac{4\pi\alpha^2}{3s}. \tag{11.51}$$

我们可以更直观地理解振幅分为式 (11.50) 所示形式. 容易证明电子与光子的耦合

$$\overline{\psi}\gamma^{\mu}\psi A_{\mu} = J^{\mu}A_{\mu}$$

中 $\overline{\psi}\gamma^{\mu}\psi$ 在洛伦兹变换下均按照矢量变换，对应自旋为 1，和矢量场 A_{μ} 耦合自洽. 取螺旋度本征态时，只有自旋为 1 的组合才不为零. 可以看到所有为零的态，其自旋均为 0. 因

此，这个散射问题的初态和末态总自旋均为 1，从初态到末态相当于在三维空间中对自旋为 1 的系统做旋转

$$d_{1,1}^{(1)}(\theta) \propto (1 + \cos\theta),$$
$$d_{1,-1}^{(1)}(\theta) \propto (1 - \cos\theta),$$

(11.52)

因此我们可以把式 (11.50) 中的螺旋度振幅理解成维格纳转动函数 $d_{1,1}^{(1)}(\theta)$ 或 $d_{1,-1}^{(1)}(\theta)$.

事实上，极化的散射振幅告诉了我们更多的信息. 在相对论极限下，手征态即螺旋度本征态. 对于粒子而言，手征左手对应螺旋度 $-$，而手征右手对应螺旋度 $+$，反粒子需要将动量设为反方向，因此手征左手的反粒子螺旋度为 $+$，手征右手的反粒子螺旋度为 $-$. 我们已知对于该矢量耦合，可以分解为手征左手、右手，即

$$\overline{\psi}\gamma^\mu\psi = \overline{\psi}\gamma^\mu\left(\frac{1+\gamma^5}{2}\psi + \frac{1-\gamma^5}{2}\psi\right) = \overline{\psi}_{\mathrm{R}}\gamma^\mu\psi_{\mathrm{R}} + \overline{\psi}_{\mathrm{L}}\gamma^\mu\psi_{\mathrm{L}},$$

因此一个确定的手征态不会通过矢量耦合变换成另一种手征态. 如果只存在一种手征态参与相互作用，可以发现只有一种极化振幅

$$|\mathcal{M}|^2 = (1 \pm \cos\theta)^2,$$

这导致截面与前面 $1 + \cos^2\theta$ 行为截然不同，而是

$$1 + \cos^2\theta \pm 2\cos\theta.$$

一个显著的区别为 $|\mathcal{M}|^2$ 在变换

$$\theta \to \pi - \theta$$

(11.53)

下出现不对称行为. 不难看出，式 (11.53) 实质是一个镜像变换 (宇称变换)，$|\mathcal{M}|^2$ 对于相同比例的手征左手和右手耦合是宇称变换不变，但是如果只有一种手征则不是. 图 11.7 给出了大型正负电子对撞机对于产生正负缪子对时的 $\cos\theta$ 测量值.

我们可以在正负电子对撞机上定义正反不对称性 A_{FB} 测量相互作用的宇称性质，从而测量相互作用的手征性

$$A_{\mathrm{FB}} = \frac{N_{\mu^-}(\cos\theta > 0) - N_{\mu^-}(\cos\theta < 0)}{N_{\mu^-}(\cos\theta > 0) + N_{\mu^-}(\cos\theta < 0)},$$

我们称量子电动力学这类手征左手和手征右手同样多的相互作用为矢量相互作用 (vector interaction) 或矢量耦合，而称手征左手和手征右手不同比例的手征相互作用为 $V - A$ 耦合，其一般形式可以写为

$$\overline{\psi}\gamma^\mu(g_V - g_A\gamma_5)\psi$$

(11.54)

其中 γ_V 和 γ_A 为耦合常数. 在下面的讨论中将看到量子电动力学和量子色动力学均为矢量耦合，而弱作用则是 $V - A$ 耦合.

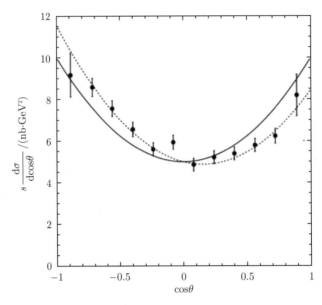

图 11.7　大型正负电子对撞机 LEP 产生正负缪子对时的 $\cos\theta$ ($1\mathrm{b} = 10^{-28}\mathrm{m}^2$)

　　至此, 我们通过螺旋度振幅展示了散射物理问题. 值得指出的是螺旋度在散射振幅研究方面有重要的应用, 我国科学家在该领域做出了一系列有重要影响的贡献. 我国科学家徐湛、张达华、张礼在 20 世纪 80 年代中期, 对多胶子散射等非阿贝尔规范场论中散射振幅, 利用无质量粒子的在壳 (on-shell) 关系, 将动量构造为两个旋量, 自动保证在壳条件, 这套利用旋量–螺旋度变量的旋量演算方法在国际上被称为 "中国魔术"[1]. 2004 年威腾 (E. Witten) 提出扭量 (twistor) 方法后, 我国科学家罗民兴、朱传界带领学生迅速在该领域开展了前沿研究, 并取得了一系列进展[2]. 我国科学家冯波与威腾等合作提出了散射振幅的递推关系 BCF/BCFW 定理[3]. 何颂、袁野与合作者也将散射振幅与拓扑空间的几何进行对应提出了 CHY 构造[4].

11.3　非阿贝尔规范理论与量子色动力学

　　前两节最重要的结论是规范变换不变性保证了零质量矢量场的自洽性, 证明了电磁相互作用具有 $U(1)$ 规范变换不变性, 规范群 $U(1)$ 是可交换的阿贝尔群. 在电磁相互作用的 $U(1)$ 规范变换

$$\psi(x) \to \hat{U}\psi(x) = \mathrm{e}^{\mathrm{i}e\lambda(x)}\psi(x)$$

---

　　[1] Xu Z, Zhang D H, Chang L. Nucl. Phys. B, 1987, 291: 392-428.

　　[2] 如 JHEP, 2005, 3: 4; Phys. Rev. D, 2005, 71: 091501; JHEP, 2004, 9: 63 等.

　　[3] Britto R, Cachazo F, Feng B, et al. Phys. Rev. Lett., 2005, 94: 181602; Britto R, Cachazo F, Feng B. Nucl. Phys. B, 2005, 715: 499-522.

　　[4] Cachazo F, He S, Yuan E Y. Phys. Rev. Lett., 2014, 113(17): 171601; JHEP, 2014, 7: 33.

中，相因子上的 e 对应着 $\psi(x)$ 所带的电荷. 实验显示参与强相互作用的基本粒子夸克场 $\psi(x)$ 本身带有更多的荷，必须用多维的规范群描述. 因此，我们下面将从重新构造量子电动力学的拉格朗日体系出发，讨论 $SU(N)$ 规范理论. $SU(N)$ 是一个典型的非阿贝尔群，因此，被称为非阿贝尔规范理论，我们将讨论其一般性质. 最后，我们将这种拓展理论应用于量子色动力学，它是描述夸克间强相互作用的 $SU(3)$ 非阿贝尔规范理论. 从理论结构上来讲，量子色动力学只是量子电动力学的非阿贝尔推广，另外，弱作用虽然也是一个非阿贝尔规范理论，但涉及规范对称性的自发破缺和宇称不守恒等特殊性质，我们将在 11.4 节再对其进行讨论.

11.3.1　非阿贝尔规范理论 $SU(N)$

首先定义 $\psi_i(x)$ 是一个带荷的物质场

$$\psi_i \to U_{ij}\psi_j(x) = \mathrm{e}^{-iT_{ij}^a\lambda^a(x)}\psi_j(x),$$

其中，T^a 为 $SU(N)$ 群的生成元. 根据类似量子电动力学中的最小耦合规则，定义 D_μ 及其分量形式如下：

$$D_\mu = \partial_\mu - \mathrm{i}gT^aG_\mu^a, \quad D_\mu^{ij} = \delta_{ij} - \mathrm{i}gT_{ij}^aG_\mu^a.$$

$SU(N)$ 规范理论中物质耦合项的拉格朗日密度为

$$\begin{aligned}
\mathcal{L} &= \overline{\psi}_i(x)(\mathrm{i}\gamma^\mu D_\mu^{ij} - m\delta_{ij})\psi_j(x) \\
&= \overline{\psi}(\mathrm{i}\gamma^\mu D_\mu - m)\psi,
\end{aligned} \tag{11.55}$$

在规范变换 U 下

$$\psi \to U\psi, \quad \overline{\psi} \to \overline{\psi}U^\dagger.$$

鉴于 $U^\dagger U = UU^\dagger = I$，如果要保证拉格朗日密度不变，必须要求

$$\overline{\psi}U^\dagger(\mathrm{i}\gamma^\mu D_\mu' U\psi) - m\overline{\psi}U^\dagger U\psi \Rightarrow D_\mu'\psi' = UD_\mu.\psi \tag{11.56}$$

根据这个条件，我们可以推导规范场本身的变换规则. 将式 (11.56) 展开得到

$$\begin{aligned}
D_\mu'\psi' &= (\partial_\mu - \mathrm{i}gT^aG_\mu'^a)U\psi \\
&= (U\partial_\mu + \partial_\mu U - \mathrm{i}gT^aG_\mu'^a U)\psi \\
&= UD_\mu\psi = U(\partial_\mu - \mathrm{i}gT^aG_\mu^a)\psi.
\end{aligned}$$

从上式可发现矢量场 G_μ^a 必须符合

$$T^aG_\mu'^a = UT^aG_\mu^a U^\dagger - \frac{\mathrm{i}}{g}(\partial_\mu U)U^\dagger.$$

根据 $U = \mathrm{e}^{-iT^a\lambda^a(x)}$ 的定义，我们可以得到矢量场 G_μ^a 在规范变换下的变换要求

$$T^aG_\mu^a \to UT^a\left[G_\mu^a + \frac{1}{g}\partial_\mu\lambda^a(x)\right]U^\dagger.$$

另外，除了证明相互作用项的拉格朗日密度在 $SU(N)$ 规范变换下不变之外，还需要证明拉格朗日密度中的规范场场强贡献项的不变性. 类似电磁场张量 $F_{\mu\nu}$，矢量场 G_μ^a 也有对应的场强张量. 量子电动力学中的电磁场的场强张量 $F_{\mu\nu} = \partial_\mu A_\nu - \partial_\nu A_\mu$. 利用 $D_\mu = \partial_\mu + \mathrm{i}eA_\mu$，可得

$$
\begin{aligned}
[D_\mu, D_\nu] &= [\partial_\mu + \mathrm{i}eA_\mu, \partial_\nu + \mathrm{i}eA_\nu] \\
&= [\partial_\mu, \partial_\nu]^{\,0} + \mathrm{i}e(\partial_\mu A_\nu - \partial_\nu A_\mu) - e^2 [A_\mu, A_\nu]^{\,0} \\
&= \mathrm{i}e F_{\mu\nu}.
\end{aligned}
\tag{11.57}
$$

则类比电磁场张量，可以定义非阿贝尔规范场的场强张量如下：

$$
[D_\mu, D_\nu] = -\mathrm{i}g T^a F_{\mu\nu}^a.
\tag{11.58}
$$

类似式 (11.57) 的计算，可得非阿贝尔规范场中

$$
[D_\mu, D_\nu] = -\mathrm{i}g T^a (\partial_\mu A_\nu^a - \partial_\nu A_\mu^a) - g^2 [T^a G_\mu^a, T^b G_\nu^b].
$$

作为 $SU(N)$ 的生成元 T^a 有李代数关系

$$
[T^a, T^b] = \mathrm{i}f^{abc} T^c,
\tag{11.59}
$$

可以得到

$$
-g^2 [T^a G_\mu^a, T^b G_\nu^b] = -\mathrm{i}g^2 f^{abc} T^c G_\mu^a G_\nu^b.
$$

最终得到 $SU(N)$ 规范场的场强张量为

$$
F_{\mu\nu} = \partial_\mu A_\nu^a - \partial_\nu A_\mu^a + g f^{abc} G_\mu^b G_\nu^c.
\tag{11.60}
$$

要证明拉格朗日密度中的场强贡献项的规范不变性，必须先理解场强张量的变换规则. 首先，$D_\mu' \psi' = D_\mu' U\psi = U D_\mu \psi$，对于任意 ψ 成立，所以有

$$
D_\mu' U = U D_\mu \Rightarrow D_\mu' = U D_\mu U^\dagger.
$$

根据场强张量定义式 (11.58)，在规范变换 U 下，我们有

$$
\begin{aligned}
-\mathrm{i}g T^a F_{\mu\nu}'^a &= [D_\mu', D_\nu'] = [U D_\mu U^\dagger, U D_\nu U^\dagger] \\
&= U[D_\mu, D_\nu]U^\dagger = -\mathrm{i}g U T^a F_{\mu\nu}^a U^\dagger,
\end{aligned}
$$

从而得到场强张量 $F_{\mu\nu}^a$ 在 U 下的变换形式为

$$
T^a F_{\mu\nu}'^a = U T^a F_{\mu\nu}^a U^\dagger.
\tag{11.61}
$$

鉴于 $\mathrm{Tr}[T^a T^b] = \delta_{ab}/2$，规范场的动能项为

$$
-\frac{1}{4} F_{\mu\nu}^a F^{a\mu\nu} = -\frac{1}{2} \mathrm{Tr}[T^a F_{\mu\nu}^a T^b F^{b\mu\nu}],
$$

因此, 在规范变换式 (11.61) 下, 规范场动能项的变换如下:

$$-\frac{1}{2}\operatorname{Tr}[T^a F'^a_{\mu\nu} T^b F'^{b\mu\nu}] = -\frac{1}{2}\operatorname{Tr}[U T^a F^a_{\mu\nu} U^\dagger U T^b F^{b\mu\nu} U^\dagger]$$

$$= -\frac{1}{2}\operatorname{Tr}[T^a F^a_{\mu\nu} T^b F^{b\mu\nu}],$$

或者写成

$$-\frac{1}{4}F'^a_{\mu\nu} F'^{a\mu\nu} = -\frac{1}{4}F^a_{\mu\nu} F^{a\mu\nu}.$$

至此, 我们得到了非阿贝尔规范变换群 $SU(N)$ 变换下不变的拉格朗日密度和场强张量, 总结如下:

$$\begin{aligned}
\mathcal{L} &= -\frac{1}{4}F^a_{\mu\nu} F^{a\mu\nu} + \overline{\psi}(i\gamma^\mu D_\mu - m)\psi, \\
D_\mu &= \partial_\mu - igT^a G^a_\mu, \\
F_{\mu\nu} &= \partial_\mu A^a_\nu - \partial_\nu A^a_\mu + gf^{abc}G^b_\mu G^c_\nu.
\end{aligned} \tag{11.62}$$

11.3.2　强相互作用与色量子数

通过规范变换不变性的要求, 我们构造了非阿贝尔规范场论的框架. 下面就从真实的物理出发讨论基本相互作用的非阿贝尔规范结构. 本节将聚焦于强相互作用的 $SU(3)$ 规范理论.

在强子物理发展过程中, 为了理解重子自旋统计关系, 引入了色量子数. 一个重子态的波函数包括了

$$\psi_{空间}\psi_{自旋}\psi_{味量子数}\psi_{色量子数},$$

引入全反对称的 $\epsilon_{\alpha\beta\gamma}q^\alpha q^\beta q^\gamma$ 才保证了理论与实验的吻合. 若知道量子色动力学是一个 $SU(N_c)$ 理论, 则 N_c 的确认需要找到合适的物理过程与观测量. 第一个对 $N_c = 3$ 的确认是 $\pi^0 \longrightarrow \gamma + \gamma$ 衰变. π^0 是一个由正反夸克通过强相互作用组成的强子 (介子) 束缚态, 可以衰变为两个光子, 即 $\pi^0 \longrightarrow \gamma + \gamma$. 在该过程中, 夸克作为中间态, 其振幅与色自由度 N_c 成正比, 即衰变宽度与 N_c^2 成正比. 通过对比 $N_c = 3$ 理论预言的 $\Gamma_{\text{th}} = 7.6\text{eV}$ 和实验测量值 $\Gamma_{\text{exp}} = (7.48 \pm 0.33)\text{eV}$, 我们可以得出 $N_c = 3$ 的结论. 另一个类似的过程是

$$e^+ + e^- \longrightarrow q + \bar{q},$$

该散射过程初态是不含色的, 末态需要对夸克的色量子数求和, 所以该反应截面必然和 N_c 成正比. 为了得到 N_c 信息, 可以将夸克末态截面与同一散射能量的正负缪子 $e^+ + e^- \longrightarrow \mu^+ + \mu^-$ 的截面做对比, 这个截面比被定义为 R 值. 正负电子对撞机上的 R 值定义为

$$R = \frac{\sigma(e^+ + e^- \longrightarrow 所有强子态)}{\sigma(e^+ + e^- \longrightarrow \mu^+ + \mu^-)} \equiv N_c \sum_{i=1}^{n_f} Q_i^2,$$

纯量子电动力学过程理论预言的 R 值与夸克电荷平方以及 N_c 成正比，并对所有可能夸克求和，而在不同能区的 R 值则随着可以产生的夸克种类变化. 例如对撞质心能量 $\sqrt{s} <$ 3GeV 时，不能成对产生粲夸克[①]，只需要对 u、d、s 三种夸克求和，故有

$$R_0 = N_c(Q_u^2 + Q_d^2 + Q_s^2) = 3\left[\left(\frac{2}{3}\right)^2 + \left(-\frac{1}{3}\right)^2 + \left(-\frac{1}{3}\right)^2\right] = 2.$$

随着能量提高到一定阈值，若 c 和 b 夸克可以产生，则有

$$R = R_0 + N_c Q_c^2 = \frac{10}{3}, \quad R = R_0 + N_c Q_c^2 + N_c Q_b^2 = \frac{11}{3}.$$

可见正负电子对撞机在研究强相互作用方面有着重要的作用. 20 世纪 80 年代，李政道先生推动并促成了我国第一台对撞机——北京正负电子对撞机的建设，北京正负电子对撞机实验在 τ 轻子质量测量、R 值测量以及后续的强子物理领域都做出了重要贡献，在世界粒子物理领域具有重要地位. 21 世纪初，我国科学家赵政国领导的北京谱仪 (BES) 合作组测量了不同对撞质心能量的 R 值，如图 11.8所示，其结果对 $N_c = 3$ 提供了直接的支持[②].

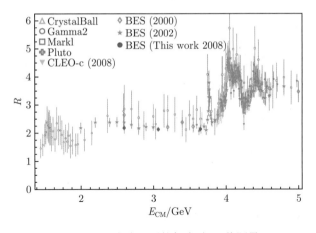

图 11.8　正负电子对撞机实验 R 值测量

传递夸克间强相互作用的粒子 G_μ^a 被称为胶子,胶子存在的直接证据来自于正负电子对撞机上的三喷注事例. 事实上，正负电子对撞机产生正反夸克后，在 $1/\Lambda_{QCD} \sim \mathcal{O}(10^{-25}\ s)$ 的时间尺度内就发生了强子化，这个现象又被称为夸克禁闭，这本身是强相互作用渐近自由的结果，即强耦合常数 $\alpha_s(\Lambda_{QCD})$ 在这个能标以下变成非微扰效应，形成夸克束缚态——强子. 唯一的例外是最重的夸克——顶夸克 (寿命在 10^{-26} s). 在强子化以前，顶夸克可以作为一个独立夸克发生弱衰变. 夸克的强子化过程，在高能夸克产生过程中十分复杂. 高能夸克将辐射胶子，胶子既可能劈裂成夸克–反夸克对，又可能辐射胶子，而产生出

---

①粲夸克形成的介子态 J/ψ 粒子 (cc̄) 质量为 3.1GeV，由丁肇中领导团队在布鲁克海文国家实验室的质子对撞机上首次发现. Aubert J J, et al. Phys. Rev. Lett., 1974, 33: 1404; Augustin J E, et al. Phys. Rev. Lett., 1974, 33: 1406.

②BES Collaboration. R value measurements for e^+e^- annihilation at 2.60, 3.07 and 3.65 GeV. Phys. Lett. B, 2009, 677: 239.

的夸克–反夸克对也会辐射胶子, 继而出现一连串夸克、反夸克和胶子, 最后它们会凝结成质子、中子、介子等各类强子, 呈喷射状的粒子团. 作为渐近自由的结果, 大量能量和动量转移的辐射极少, 以软或者共线 (soft or colinear) 辐射为主, 因此, 所有粒子趋向于朝同一方向运动, 导致会在一个狭窄的锥形空间内观察到许多强子的轨迹, 这个锥形粒子团被称为喷注 (jet). 根据能动量守恒可知喷注中所有粒子的能动量的和就是初始夸克的能动量. 形成喷注过程是混乱而复杂的, 也是渐近自由的直接结果. 实验上, 这些喷注将在径迹探测器和强子量能器中留下信息, 虽然夸克和胶子本身不能孤立存在, 但是喷注携带了初始的夸克胶子的物理信息, 因此可以用喷注替代夸克和胶子进行研究. 现在, 研究喷注内部结构信息已经成为精确检验量子色动力学基本定律的重要一环.

正负电子对撞机的三喷注事例

$$e^+ + e^- \longrightarrow q + \bar{q} + g$$

是检验胶子存在的实验. 量子色动力学与量子电动力学的一个显著区别就是胶子 G^a_μ 本身带色量子数, 胶子也在强子化过程中变成了喷注. 图 11.9[①] 给出了 TASSO 实验和 CELLO 实验分别测量正负电子对撞机上三喷注事例的角关联分布, 展示了矢量耦合和标量耦合的区别, 确认了胶子的存在.

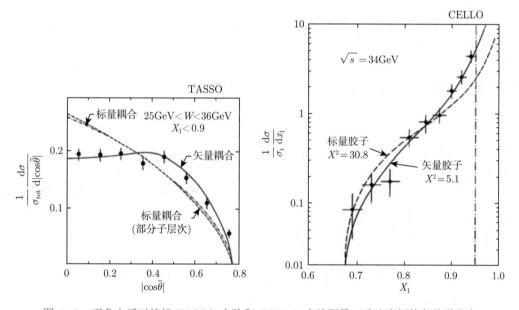

图 11.9 正负电子对撞机 TASSO 实验和 CELLO 实验测量三喷注事例的角关联分布

20 世纪 70 年代末, 我国科学家唐孝威带领团队参与丁肇中领导的 Mark-J 实验, 在三喷注事例研究中做出过重要贡献, 这是我国科学家自改革开放后第一次参与大科学工程的国际合作组.

最后, 若确认了量子色动力学的 $SU(3)_C$ 结构, 就可以进行系统的计算. $SU(3)$ 群共

① 综述见 Wu S L. Phys. Rep., 1984, 107: 59; CELLO Collaboration. Phys. Lett. B, 1982, 110: 329.

有 8 个生成元，被称为盖尔曼矩阵，即

$$\lambda_1 = \begin{pmatrix} 0 & 1 & 0 \\ 1 & 0 & 0 \\ 0 & 0 & 0 \end{pmatrix}, \quad \lambda_2 = \begin{pmatrix} 0 & -\mathrm{i} & 0 \\ \mathrm{i} & 0 & 0 \\ 0 & 0 & 0 \end{pmatrix}, \quad \lambda_3 = \begin{pmatrix} 1 & 0 & 0 \\ 0 & -1 & 0 \\ 0 & 0 & 0 \end{pmatrix},$$

$$\lambda_4 = \begin{pmatrix} 0 & 0 & 1 \\ 0 & 0 & 0 \\ 1 & 0 & 0 \end{pmatrix}, \quad \lambda_5 = \begin{pmatrix} 0 & 0 & -\mathrm{i} \\ 0 & 0 & 0 \\ \mathrm{i} & 0 & 0 \end{pmatrix},$$

$$\lambda_6 = \begin{pmatrix} 0 & 0 & 0 \\ 0 & 0 & 1 \\ 0 & 1 & 0 \end{pmatrix}, \quad \lambda_7 = \begin{pmatrix} 0 & 0 & 0 \\ 0 & 0 & -\mathrm{i} \\ 0 & \mathrm{i} & 0 \end{pmatrix}, \quad \lambda_8 = \frac{1}{\sqrt{3}} \begin{pmatrix} 1 & 0 & 0 \\ 0 & 1 & 0 \\ 0 & 0 & -2 \end{pmatrix},$$

可见其包括了泡利矩阵的一部分. 而盖尔曼矩阵的李代数为

$$[\lambda_a, \lambda_b] = 2\mathrm{i} f^{abc} \lambda_c, \quad \{\lambda_a, \lambda_b\} = \frac{4}{3} \delta_{ab} I + 2 d^{abc} \lambda_c,$$

其中结构常数 f^{abc} 和 d^{abc} 分别为

$$f^{abc} = -\frac{1}{4}\mathrm{i}\,\mathrm{Tr}(\lambda_a[\lambda_b, \lambda_c]), \quad d^{abc} = \frac{1}{4}\mathrm{Tr}(\lambda_a[\lambda_b, \lambda_c])$$

它们是 $SU(2)$ 的结构常数 ϵ_{ijk} 的推广. 以此为基础，计算强相互作用中散射，如正反夸克对湮灭到胶子再产生夸克对的过程

$$q + \bar{q} \longrightarrow Q + \bar{Q}.$$

在运动学和洛伦兹结构上，均与量子电动力学中的 $\mathrm{e}^+ + \mathrm{e}^- \longrightarrow \mu^+ + \mu^-$ 类似，只是有两个区别.

第一个区别是夸克并非孤立粒子，不可能发生夸克之间的对撞，通常的强子对撞机是利用质子之间的对撞[①]，而质子对撞实质是夸克胶子之间的反应，所以需要考虑部分子分布函数 (parton distribution function，PDF) $f_{q/p_1}(x_1)$，因此对撞总截面为

$$\sigma(p_1 + p_2) = \iint \mathrm{d}x_1 \mathrm{d}x_2 f_{q/p_1}(x_1) f_{\bar{q}/p_2}(x_2) \sigma(q + \bar{q}),$$

其中 PDF 数据库依赖于深度非弹性散射、强子对撞等实验数据和量子色动力学理论计算，由董无极 (W. K. Tong) 建立并由袁简鹏 (C. P. Yuan) 发展的 CTEQ 数据库为费米实验室亿万电子伏特加速器 (Tevatron) 实验和大型强子对撞机实验的精确计算奠定了基础. 从上面的讨论可见，每次碰撞部分子 (夸克、胶子) 所携带的能量并不一样，并没有绝对的质心系. 实际散射反应中的质心系会沿着质子对撞方向运动，导致原来定义的 $\cos\theta$ 等运动学

---

① 重核对撞，可以产生夸克胶子等离子体，是中高能核物理研究的重要手段. 美国布鲁克海文国家实验室的相对论重离子对撞机 (relativistic heavy ion collider，RHIC) 实验由李政道先生推动，我国科学家在其中起了重要作用.

变量都必须根据每次对撞做洛伦兹变换，而不是不变量. 但快度 $\Delta\eta$ 作为与角度相关的运动学量仍是一个洛伦兹不变量，而原来的立体角 Ω 则变成了

$$\Delta R = \sqrt{\Delta\eta^2 + \Delta\phi^2}.$$

第二个区别来自色的 $SU(3)$ 代数. 强相互作用顶点为

$$g_s \bar{q}_i \gamma^\mu \lambda_{ij}^a q_j G_\mu^a,$$

其中夸克属于 $SU(3)$ 基础表示, $i = 1, 2, 3$, 而胶子 G_μ^a 总是伴随生成元, 共有 8 个. 鉴于胶子 G_μ^a 本身携带色量子数, 截面会有额外的色因子 (color factor) 贡献, 包括末态色求和和初态色平均

$$\frac{1}{3} \cdot \frac{1}{3} \cdot \mathrm{Tr}(\lambda^a \lambda^b) \mathrm{Tr}(\lambda^a \lambda^b) = \frac{2}{9}.$$

今天的强相互作用研究前沿包括奇异强子态实验寻找和理论研究、中高能核物理研究中产生的夸克胶子等离子体以及高能散射中的微扰 QCD 计算、格点规范理论等. 在这些领域, 我国科学家已经在国际上占有重要地位. 除了已经提到的在强子物理领域做出了诸多贡献的北京谱仪实验, 2015 年高原宁领导的我国 LHCb 实验团队在国际上首次发现了五夸克态的重子态[1], 2017 年高原宁团队又首次发现了含有双粲的重子[2]. 在强子物理理论研究方面, 赵光达、黄涛、邹冰松、朱世琳等在强子态相关的 QCD 理论计算领域取得了一系列重要成果, 为北京谱仪实验提供了坚实的理论基础. 马余刚领导的团队[3]在重离子对撞实验 RHIC 上参与发现了首个反物质超核–反超氚核, 并主导了反氦-4 核[4]的首次发现, 实现了反物质相互作用的测量. 王新年与梁作堂对重离子对撞实验上产生的极化夸克胶子等离子体做了一系列理论研究并取得了重要成果[5]. 李重生、马文淦、司宗国、杨李林、朱华星等长期在微扰量子色动力学领域工作, 为大型强子对撞机的精确计算做出了重要贡献[6]. 在格点规范理论研究方面, 季向东、马建平、刘川、袁峰等均做出了一系列有重要影响的工作. 季向东早期在核自旋分解的贡献[7]和近年提出的大动量有效理论[8]均对量子色动力学领域发展有重要影响. 针对质子内部结构, 韩良等在 Tevatron 实验中首次实现了质子价夸克分布函数的测量, 该测量显示质子内可能存在轻介子[9].

① LHCb Collaboration. Phys. Rev. Lett., 2015, 115: 072001.

② LHCb Collaboration. Phys. Rev. Lett. 2017, 119(11): 112001.

③ Ma Y G. J. Phys.: Conf. Ser., 2013, 420: 012036.

④ STAR Collaboration. Science, 2010, 328: 58; STAR Collaboration. Nature, 2011, 473: 353.

⑤ Phys. Rev. Lett., 2005, 94: 102301; Phys. Rev. Lett. 2006, 96: 039901 (erratum).

⑥ Bernreuther W, Brandenburg A, Si Z, et al. Nucl. Phys. B, 2004, 690: 81-137; Zhu H X, Li C S, Li H T, et al. Phys. Rev. Lett., 2013, 110(8): 082001.

⑦ Phys. Rev. Lett., 1997, 78: 610-613.

⑧ Phys. Rev. Lett., 2013. 110: 262002; Sci. China Phys. Mech. Astron., 2014, 57: 1407-1412; Rev. Mod. Phys., 2021, 93: 035005.

⑨ Phys. Rev. D., 2023, 107(5): 054008. 另外, 相关信息可参考 http://arxiv.org/pdf/2403.09331.

11.4　弱作用与对称性破缺：标准模型

11.4.1　弱相互作用

在核物理发展早期 β 衰变就作为一种放射性被发现. 最早的 β 衰变实验现象是原子核的质子数增加，质量数不变，并且释放出一个电子的过程

$$_{Z}^{A}\mathrm{X} \longrightarrow {}_{Z+1}^{A}\mathrm{Y} + \mathrm{e}^{-}, \tag{11.63}$$

这是一个两体衰变，通过能动量守恒，由 X、Y 和 e^{-} 质量可以直接解出电子 e^{-} 的动能. 过程中电子动能是唯一确定的，但是测量发现 β 衰变的电子能谱却是一个连续谱. 例如，图 11.10 给出了 $^{210}\mathrm{Bi}$ 的 β 衰变的电子能谱[①]. 这个发现困扰了当时很多物理学家，玻尔等甚至提出在微观尺度放弃能动量守恒. 为了解决这一问题，泡利提出衰变产物中有一个电中性的粒子[②]，费米根据这个粒子质量很小，将其命名为中微子 (neutrino)[③].

$$_{Z}^{A}\mathrm{X} \longrightarrow {}_{Z+1}^{A}\mathrm{Y} + \mathrm{e}^{-} + \bar{\nu}_{\mathrm{e}}. \tag{11.64}$$

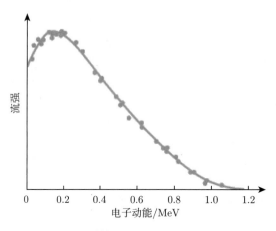

图 11.10　$^{210}\mathrm{Bi}$ 的 β 衰变的电子能谱

在很长一段时间内，因为缺乏实验证据，中微子只是作为假说. 中微子存在的第一个间接验证方法由我国科学家王淦昌先生提出[④]. 他建议以铍的 K 层电子俘获实验，

$$^{7}\mathrm{Be} + \mathrm{e}_{\mathrm{K}}^{-} \longrightarrow {}^{7}\mathrm{Li} + \nu_{\mathrm{e}}$$

---

① Neary G J. Roy. Phys. Soc. (London), 1940, A175: 71.

② 泡利首先在 1930 年给迈特纳 (Meitner) 通信中提出，1933 年正式发表. Pauli W. Proc. Solvay Congr., 1933: 324.

③ 中微子在弱作用发展史中至关重要，本节简单介绍中微子相关的弱作用实验事实和唯象理论. 中微子振荡为中微子质量提供了证据，成为超越标准模型新物理的重要依据，将在 11.5 节介绍中微子振荡及统一理论.

④ Wang K C. A suggestion on the detection of the neutrino. Phys. Rev., 1942, 61: 97.

将原来的三体衰变问题变成两体到两体的散射. 通过测量锂-7 核的反冲，证明一个有动量的电中性粒子产生了，从而验证了微观过程 β 衰变中的能动量守恒[①].

描述弱相互作用的理论框架最早是费米提出的四费米子理论[②]

$$H = \frac{G_{\mathrm{F}}}{\sqrt{2}} \overline{\psi}_{\mathrm{p}} \gamma^{\mu} \psi_{\mathrm{n}} \overline{\psi}_{\mathrm{e}} \gamma_{\mu} \psi_{\nu_{\mathrm{e}}}, \tag{11.65}$$

其中弱作用常数 G_{F}[③]为

$$G_{\mathrm{F}} = 1.166 \times 10^{-5} \ \mathrm{GeV}^{-2}. \tag{11.66}$$

该理论使用两个矢量流耦合的四费米子顶点解释初态末态核自旋均为零的 β 衰变，但是伽莫夫和泰勒发现费米理论并不能解释初态和末态核自旋不同而中微子和电子总角动量为 1 的体系[④]，需要引入额外轴矢量流 $\overline{\psi}\gamma_{\mu}\gamma_{5}\psi$.

除了 β 衰变，从 20 世纪 40 年代末开始，宇宙线实验发现了大量奇异粒子，它们也有弱相互作用，其中两个粒子 θ^{+} 和 τ^{+} 质量几乎相同，但是存在两种在宇称变换下性质截然不同的衰变，即

$$\theta^{+} \longrightarrow \pi^{+} + \pi^{0},$$
$$\tau^{+} \longrightarrow \pi^{+} + \pi^{+} + \pi^{-},$$

被称为 "τ-θ 之谜". 李政道与杨振宁于 1956 年系统分析了已有的弱作用实验，发现并没有任何证据表明弱相互作用中宇称是守恒的，而 "τ-θ 之谜" 恰恰说明弱作用中宇称是不守恒的[⑤]，该理论提出后很快被吴健雄领导的实验所证实. 在吴健雄的实验中，一个钴-60 的原子核被置于均匀恒定磁场中发生 β 衰变，已知钴-60 的核自旋为 1，而镍-60 的核自旋为 0(镍-60 在 β 衰变后是激发态，通过 γ 衰变方式跃迁到基态)，因此钴-60 自旋方向和电子–中微子总自旋方向相同，

$$^{60}\mathrm{Co} \longrightarrow {}^{60}\mathrm{Ni} + \mathrm{e}^{-} + \bar{\nu}_{\mathrm{e}} + 2\gamma. \tag{11.67}$$

图 11.11 给出了吴健雄观测到的不对称性. 电子沿着钴-60 极化反方向就意味着电子处于螺旋度 − 的态[⑥]，即电子为手征左手态. 吴健雄实验确认了弱相互作用中的宇称不守恒，李政道与杨振宁因此获得了 1957 年诺贝尔物理学奖.

---

① 因为电中性和弱相互作用导致极难探测，中微子的直接实验验证需要一个大量产生中微子的源，在过去的核物理实验中其实是不存在的. 直到在 20 世纪 50 年代，核反应堆的发明，才有了直接利用反应堆中微子做 Reines-Cowan 实验，最终有了中微子存在的直接证据.

② Fermi E. Z Phys., 1934, 88: 161.

③ 实际上，因为夸克质量混合，u、d 夸克间跃迁会涉及混合角的贡献.

④ Gamov G, Teller E. Phys. Rev., 1936, 49: 895.

⑤ Lee T D, Yang C N. Phys. Rev., 1956, 104: 254.

⑥ Wu C S, et al. Phys. Rev., 1957, 105: 1413. 吴健雄实验测量的钴-60 原子核 β 衰变出的电子运动方向与钴-60 核自旋方向的关联. 将电子探测器固定，通过改变磁场方向来操控钴-60 核自旋，观察电子数的变化. 作为对比，实验中逐步提高温度让磁场消失，钴-60 核自旋逐步由单一方向变成各向同性，探测到的电子数处于磁场向上和向下时的平均. 另外，实验还在水平和竖直两个方向放置碘化钠探测器，测量镍-60 核激发态释放的光子来监测核的极化.

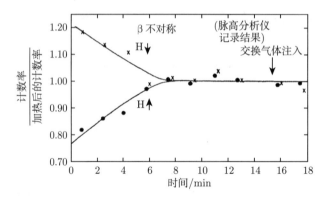

图 11.11　吴健雄实验中钴-60 的 β 不对称性

确认了弱相互作用的宇称不守恒性质后，只有手征左手粒子参加弱相互作用成为共识. 因此，1957 年马沙克 (G. Marchak) 和苏达山 (E. Sudarshan)[1]首先提出了弱相互作用的 $V - A$ 结构对四费米子理论做了修改，例如缪子弱衰变 $\mu^- \longrightarrow e^- + \bar{\nu}_e + \nu_\mu$ 过程可以写为

$$\frac{G_{\mathrm{F}}}{\sqrt{2}} \bar{e} \gamma^\alpha (1 - \gamma_5) \nu_e \bar{\nu}_\mu \gamma_\alpha (1 - \gamma_5) \mu, \quad \alpha = 0, 1, 2, 3,$$

$V - A$ 理论被广泛用于低能弱衰变研究.

弱作用的手征性质对于理解物理有着重要影响，例如在 π 介子的轻子衰变过程中

$$\pi^- \longrightarrow l^- + \bar{\nu}_l,$$

其中相空间允许的轻子 l^- 末态为 μ^- 和 e^- 两类. π^- 介子自旋为零，在介子质心系中反中微子与轻子 l^- 动量背对背，总自旋为 0[2]. 参加弱作用的反中微子的螺旋度为 +，所以 l^- 螺旋度必然是 +，在相对论极限下对应手征右手态. 然而，在弱相互作用中 l^- 是手征左手，所以该衰变末态需要经历从手征左手到手征右手的转变

$$m\overline{\psi}\psi = m\overline{\psi}_{\mathrm{L}}\psi_{\mathrm{R}} + \overline{\psi}_{\mathrm{R}}\psi_{\mathrm{L}}$$

因此，衰变振幅必然与轻子质量 m_l 成正比，所以两个道衰变宽度的比为

$$\frac{\Gamma(\pi^- \longrightarrow \mu^- + \bar{\nu}_\mu)}{\Gamma(\pi^- \longrightarrow e^- + \bar{\nu}_e)} \approx \left(\frac{m_\mu}{m_e}\right)^2 \sim \mathcal{O}(4 \times 10^4).$$

虽然到 e^- 末态的相空间最大，但弱作用的手征性导致 μ^- 占了绝对主导. 这种电子被压低的反应被称为螺旋度压低效应 (helicity suppression). 在解释介子稀有衰变过程中，螺旋度压低与圈图压低 (loop suppression) 是最典型的效应[3].

---

① 该结果在帕多瓦–威尼斯介子与新发现粒子研讨会上首先公布，后发表论文 Marchak G, Sudarshan E. Phys. Rev., 1958, 109: 1860, 费曼在盖尔曼转述苏达山的会议报告的初步结果后，也系统分析了弱作用实验数据，发表论文 Feynman R, Gell-Mann. Phy. Rev., 1958, 109: 193.

② 该过程是通过 W^- 规范玻色子传递，不在壳 (off-shell) 的极化中有自旋 0 分量.

③ 这在味物理中非常常见，例如作者本人与合作者朱国怀曾建议通过味物理过程与质量产生机制的对应研究新物理，其核心思想也是利用弱作用的手征性讨论 $b \to s\gamma$ 过程的螺旋度反转, Wang K, Zhu G H. Higgs precision measurements and flavor physics: a supersymmetric example. Sci. Bull., 2014, 59: 3703-3708.

在低能弱过程中，从费米提出的四费米子理论开始，包括后来拓展的轴矢量流理论和真正的 $V-A$ 理论，都认为弱作用是一个点作用，和量子电动力学的规范玻色子传递相互作用图像显著不同，且 G_F 本身有质量平方反比量纲. 20 世纪 60 年代初，李政道和杨振宁发现按照 $V-A$ 理论计算高能的中微子散射问题会破坏幺正性的结果，进一步说明四费米子理论只是低能有效理论[1]. 以中微子与电子的 t 道散射为例，$\nu_\mu + e^- \longrightarrow \mu^- + \nu_e$，只计算 s 波贡献得到的散射截面为

$$\sigma = \frac{8}{\pi} G_F^2 k^2.$$

这个散射截面随着能量提高而增加，破坏了概率流守恒的幺正极限 (unitarity limit)，在超过 300GeV 后破坏了概率流守恒. 因此，弱相互作用必须以交换中间规范玻色子 $W^\pm$ 来传递[2]. 在这个框架下，β 衰变过程，涉及 u、d 夸克与 W^- 的耦合，可以写为

$$\mathcal{M} \propto \frac{g^2}{8} \bar{u} \gamma_\mu (1-\gamma_5) d \frac{1}{p^2 - m_W^2} \bar{e} \gamma^\mu (1-\gamma_5) \nu. \tag{11.68}$$

因此，在低能衰变中，取动量交换极低的 $p^2 \to 0$ 极限，便可得到费米的理论. 这解释了费米耦合 G_F 有质量平方反比量纲的原因

$$\frac{G_F}{\sqrt{2}} = \frac{g^2}{8 m_W^2}.$$

弱相互作用之所以很弱，是因为 $m_W \sim \mathcal{O}(80\text{GeV})$. 在 11.4.2 节，我们再系统讨论 m_W 的自发规范对称性破缺起源.

本节最后介绍一类在低能介子物理中非常重要的现象——味改变中性流 (flavor changing neutral current，FCNC). 这类重味物理的稀有过程可以通过圈图效应检验更高能标的物理. 一个典型的例子是中性 K 介子衰变

$$K^0 \longrightarrow \mu^+ + \mu^-,$$

中性 K 介子由 d、s 两代的夸克 $s\bar{d}$ 或 $d\bar{s}$ 组成，实验观测到了极少的 K 介子衰变到 $\mu^+ + \mu^-$ 的末态，这意味着 s 和 d 两代夸克间的跃迁存在中性流过程，而这个过程在纯规范理论中并不存在. 卡比博 (N. Cabibbo) 提出了质量本征态和弱作用规范本征态间存在旋转变换矩阵[3]，格拉肖 (S. Glashow)、伊洛泊洛斯 (J. Iliopoulos) 和麦阿尼 (L. Maiani) 提出了粲夸克 c 预言[4]，并利用 d、s 的卡比波转动

$$\begin{pmatrix} d' \\ s' \end{pmatrix} = \begin{pmatrix} \cos\theta_c & \sin\theta_c \\ -\sin\theta_c & \cos\theta_c \end{pmatrix} \begin{pmatrix} d \\ s \end{pmatrix} \tag{11.69}$$

---

[1] Lee T D, Yang C N. Phys. Rev., 1962, 126: 2239-2248.

[2] 该想法是量子电动力学的自然推广，也多次被提出，确认弱作用字称不守恒后的文章如 Lee T D, Yang C N. Phys. Rev., 1957, 108: 1611; Schwinger J. Ann. Phys., 1957, 2: 407.

[3] Cabibbo N. Phys. Rev. Lett., 1963, 10: 531.

[4] Glashow S, Iliopoulos J, Maiani L. Phys. Rev. D, 1970, 2: 1285.

指出中性 K 介子衰变到 $\mu^+\mu^-$ 的过程是通过 c 和 u 两类夸克的弱带电流过程实现的, 如图 11.12 所示, 因为转动角度出现在耦合里, u 和 c 两种夸克的贡献相反

$$g^4\left(\frac{m_{\mathrm{c}}^2 - m_{\mathrm{u}}^2}{m_{\mathrm{W}}^2}\right) \sim \frac{\alpha^2 m_{\mathrm{c}}^2}{m_{\mathrm{W}}^2} \tag{11.70}$$

同时圈图效应也压低了这个过程.

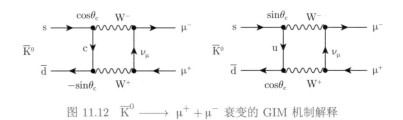

图 11.12　$\overline{\mathrm{K}}^0 \longrightarrow \mu^+ + \mu^-$ 衰变的 GIM 机制解释

　　鉴于两代卡比波混合矩阵中不能存在描述 CP 破坏的复数相因子, 小林诚 (Kobayashi) 和益川敏英 (Maskawa) 为理解重味物理中的 CP 破坏现象而预言了第三代费米子的存在[①]. 我国科学家杜东生在 20 世纪 80 年代利用 B-B̄ 混合成功预言了顶夸克质量[②]. 今天作为高亮度前沿, 重味物理仍然在标准模型的精确检验和寻找超越标准模型新物理领域扮演着重要角色. 我国科学家张肇西、吴岳良、肖振军、吕才典、陈裕启、杨亚东、朱国怀等均曾在重味物理理论研究领域取得了一系列重要成果.

11.4.2　规范对称性的自发破缺

　　量子电动力学和量子色动力学的规范对称性非常好地描述了电磁相互作用和强相互作用. 传递电磁相互作用的光子和传递强相互作用的胶子都是无质量的矢量场, 也被称为规范玻色子. 然而, 从前面的弱作用讨论出发, 可以看出弱作用应该是一种有质量的规范玻色子, 所以介绍弱作用的规范理论框架前, 我们首先引入规范对称性自发破缺的概念, 即希格斯机制. 在 11.4.3 节, 我们将把希格斯机制应用于电弱理论.

　　如果量子电动力学中的电磁场有质量 m, 则拉格朗日密度变成了斯特科贝尔克 (Stückelberg) 理论

$$\mathcal{L}_{\mathrm{EM}} = -\frac{1}{4}F^{\mu\nu}F_{\mu\nu} + \frac{1}{2}m^2 A^\mu A_\mu, \tag{11.71}$$

其场方程为

$$\partial_\mu F^{\mu\nu} + m^2 A^\nu = 0,$$

求导 ∂_ν 后得到

$$m^2 \partial_\nu A^\nu = 0,$$

符合克莱因–戈尔登场方程

$$(\partial^2 + m^2)A^\nu = 0.$$

① Kobayashi M, Maskawa T. Prog. Theor. Phys., 1973, 49: 652.

② Du D, Dunietz I, Wu D. Phys. Rev. D, 1986, 34: 3414.

但是在原来的规范变换 $A_\mu(x) \to A_\mu(x) - \partial_\mu \lambda(x)$ 下，质量项 $m^2 A^\mu A_\mu$ 并非不变量. 这种拉格朗日层次的对称性破缺属于明显对称性破缺 (explicit symmetry breaking)，例如前面所述的塞曼效应，因为外加磁场的存在，原子物理系统的球对称和动力学对称性被破坏了. 我们已经讨论过，矢量场自洽性与规范对称性密切相连，在不存在任何规范对称性条件下，其实是不存在矢量流耦合的，这与弱作用的事实不符，因此必须保留规范对称性. 而为了解决规范对称性下规范玻色子的质量问题，我们引入规范对称性自发破缺 (spontaneous symmetry breaking) 机制.

我们假设有一个复标量场 ϕ 与电磁场 A_μ 耦合，其拉格朗日密度为

$$\mathcal{L} = (\partial_\mu + \mathrm{i}eA_\mu)\phi(\partial^\mu - \mathrm{i}eA^\mu)\phi^* - m^2\phi^*\phi - \lambda(\phi^*\phi)^2 - \frac{1}{4}F_{\mu\nu}F^{\mu\nu}. \tag{11.72}$$

其中势能项

$$V(\phi) = m^2\phi^*\phi + \lambda(\phi^*\phi)^2.$$

很容易验证拉格朗日密度式 (11.72) 在 $U(1)$ 规范变换

$$\phi(x) \to \mathrm{e}^{\mathrm{i}e\Lambda(x)}\phi(x) \tag{11.73}$$

下是不变的. 一个物理系统的基态即势能的最小值. 因此，为了寻找式 (11.72) 标量电动力学的基态，我们要求势能的一阶导数为零，二阶导数大于零，即

$$\frac{\partial V}{\partial \phi} = m^2\phi^* + 2\lambda\phi^*(\phi^*\phi). \tag{11.74}$$

可见，对 $m^2 > 0$，最小值取在 $\phi = \phi^* = 0$，而对 $m^2 < 0$，最小值取在

$$|\phi| = a = \sqrt{-\frac{m^2}{2\lambda}}.$$

此时基态 $\langle\phi\rangle_0 = a$ 不再具有 $U(1)$ 变换不变性了，即

$$\langle\phi\rangle_0 \to \mathrm{e}^{\mathrm{i}e\Lambda(x)}\langle\phi\rangle_0 \neq \langle\phi\rangle_0. \tag{11.75}$$

基态的对称性与系统对称性不同,这样的情况被称为自发对称性破缺. 如果基态处在 $\langle\phi\rangle_0 = 0$，则作为一个平庸的态，是永远保持对称性的.

为了讨论自发对称性破缺带来的物理结果，首先从一个没有 A_μ 耦合的复标量场出发，讨论自发对称性破缺机制中的南部–戈德斯通 (Nambu-Goldstone) 定理[1]. 复标量场的拉格朗日密度为

$$\mathcal{L} = (\partial_\mu\phi)(\partial^\mu\phi^*) - m^2\phi^*\phi - \lambda(\phi^*\phi)^2. \tag{11.76}$$

---

[1] Goldstone J. Field theories with superconductor solutions. Nuovo Cim., 1961, 19: 154-164; Goldstone J, Salam A, Weinberg S. Broken symmetries. Phys. Rev., 1962, 127: 965-970; Nambu Y, Jona-Lasinio G. Dynamical model of elementary particles based on an analogy with superconductivity. Phys. Rev., 1961, 122: 345-358; Phys. Rev., 1961, 124: 246-254.

将物理场在基态 (有时也被称为真空点) 附近做展开[①]

$$\phi(x) = a + \frac{\phi_1(x) + i\phi_2(x)}{\sqrt{2}}, \tag{11.77}$$

将式 (11.77) 代入上面的复标量场的拉格朗日密度中得到

$$\mathcal{L} = \frac{1}{2}(\partial_\mu \phi_1)^2 + \frac{1}{2}(\partial_\mu \phi_2)^2 - 2\lambda a^2 \phi_1^2 - \sqrt{2}\lambda \phi_1(\phi_1^2 + \phi_2^2) - \frac{1}{4}(\phi_1^2 + \phi_2^2)^2, \tag{11.78}$$

可以发现其中 ϕ_1 场有非零质量 λa^2，但是 ϕ_2 场没有质量项. 该系统在如下的 $U(1)$ 整体对称性变换下不变，但是基态 $\langle\phi\rangle_0$ 并非不变

$$\phi \to e^{i\alpha}\phi, \quad \langle\phi\rangle_0 \to e^{i\alpha}a \neq \langle\phi\rangle_0. \tag{11.79}$$

当 $U(1)$ 整体对称性发生自发对称性破缺时，会出现一个零质量的标量场，称为南部–戈德斯通定理. 南部阳一郎利用该定理解释了夸克凝聚成介子的过程. 对于零质量自由费米场，按照手征旋量理论，手征态分为左手和右手，即

$$\psi = \frac{1 + \gamma_5}{2}\psi + \frac{1 - \gamma_5}{2}\psi = \psi_R + \psi_L$$

代入零质量自由费米场得到

$$\mathcal{L} = \overline{\psi}\gamma^\mu \partial_\mu \psi = \overline{\psi}_L \gamma^\mu \partial_\mu \psi_L + \overline{\psi}_R \gamma^\mu \partial_\mu \psi_R.$$

因此可以分别对左手手征态和右手手征态做整体相因子变换

$$\psi_L \to e^{i\alpha_L}\psi_L, \quad \psi_R \to e^{i\alpha_R}\psi_R.$$

保持拉格朗日密度不变. 可见零质量自由费米场具有 $U(1)_L \times U(1)_R$ 手征对称性 (chiral symmetry). 当夸克发生凝聚过程，通过非微扰区间的强相互作用形成的介子态如 π^0 等是由正反夸克组成 $\langle \overline{u}u + \overline{d}d + \overline{s}s_0\rangle$. 因此，以上面的自由费米场为例，在这种夸克凝聚过程下形成了

$$\overline{\psi}\psi = \overline{\psi}_L \psi_R + \overline{\psi}_R \psi_L.$$

这实质上破坏了上述的 $U(1)_L \times U(1)_R$ 整体对称性. 实际介子形成过程涉及多个夸克，并不是简单的 $U(1)$ 对称性，但是物理思想类似. 南部阳一郎正是利用了夸克凝聚过程中的整体手征对称性破缺，将 π 介子理解成零质量南部–戈德斯通粒子来解释为什么 π 介子的质量很小[②]. 需要指出的是对 π 介子的理解前期，我国科学家周光召提出的部分守恒轴矢流 (partially conserved axial current, PCAC) 为理解强子的手征理论起到了奠基作用[③].

---

① 另一种展开形式是 $\phi(x) = [\rho(x) + a]e^{i\theta(x)}$，展开后可以得到 ρ 的质量项 $4\lambda a^2$，但没有 θ 的质量项.

② 事实上，鉴于电弱规范理论本身也是手征理论，左手夸克和右手夸克的变换行为不同，因此，形成介子的过程本身破坏了原来的电弱规范对称性，可以产生规范玻色子质量.

③ Chou K C. Soviet Physics JETP, 1961 12: 492.

我们看到在没有规范相互作用的理论中，整体对称性的自发破缺导致了无质量的南部–戈德斯通粒子的产生. 下面，我们在有 A_μ 相互作用的理论中再讨论自发对称性破缺. 鉴于式 (11.72) 是一个 $U(1)$ 规范变换不变的理论，因此此时发生的对称性破缺是规范对称性的自发破缺. 按照同样的思路，我们在基态附近做物理场的展开，代入式 (11.72) 的拉格朗日密度后得到

$$\mathcal{L} = -\frac{1}{4} F_{\mu\nu} F^{\mu\nu} + e^2 a^2 A_\mu A^\mu + \frac{1}{2}(\partial_\mu \phi_1)^2 + \frac{1}{2}(\partial_\mu \phi_1)^2$$
$$- 2\lambda a^2 \phi_1^2 + \sqrt{2} e a A^\mu \partial_\mu \phi_2 + \mathcal{O}(\phi^3, \phi^4). \tag{11.80}$$

这里仍然只有 ϕ_1^2 没有 ϕ_2^2 项，即 ϕ_2 是零质量，可以被看成是之前提到的戈德斯通粒子. 其中一项混合项 $A^\mu \partial_\mu \phi_2$ 表明光子传播过程可以变为 ϕ_2，说明 ϕ_2 并非真实的物理态. 鉴于理论存在规范对称性，两个标量场在极小规范变换下 (展开 $\mathrm{e}^{\mathrm{i}\Lambda}$ 到 Λ 一阶)

$$\phi_1 \to \phi_1 - \Lambda \phi_2,$$
$$\phi_2 \to \phi_2 + \Lambda \phi_1 + \sqrt{2} \Lambda a. \tag{11.81}$$

通过选取特定规范条件，可以得到 $\phi_2 = 0$. 从而得到

$$\mathcal{L} = -\frac{1}{4} F_{\mu\nu} F^{\mu\nu} + e^2 a^2 A_\mu A^\mu + \frac{1}{2}(\partial_\mu \phi_1)^2 - 2\lambda a^2 \phi_1^2 + \mathcal{O}(\phi^3, \phi^4),$$

以上拉格朗日密度中只有两个物理场，即 ϕ_1 和 A_μ，而 $\phi_2 = 0$ 消失了. 另一个与纯标量场理论显著不同的物理结果是出现了 $e^2 a^2 A_\mu A^\mu$，即规范场的质量项. 这个质量项的出现，深刻地改变了这里的性质. 之前提到过零质量的矢量场是横波，仅有两个物理极化. 质量项的出现使得纵向极化变成了物理的极化

$$\epsilon_{\mathrm{L}}^\mu(q) = \left(\frac{E}{m}, 0, 0, \frac{q}{m} \right),$$

其中符合相对论能动量关系 $E^2 = q^2 + m^2$. 因此，一个规范对称性自发破缺过程并没有戈德斯通粒子，这个物理自由度其实变成了矢量场新增的纵向极化自由度，这被称为希格斯机制 (Higgs mechanism)[①]，其中 ϕ_1 被称为希格斯粒子 [②]. 前面的沃尔德恒等式在自发对称性破缺情况下被称为戈德斯通等效原理.

11.4.3 电弱统一：标准模型

量子电动力学告诉我们电磁相互作用 $U(1)_{\mathrm{EM}}$ 是一个严格规范对称性，然而上文中关于弱作用 $V - A$ 结构和高能中微子散射的讨论表明弱相互作用中的 β 衰变是由带电的规

[①] Higgs P W. Phys. Lett., 1964, 12: 132-133; Phys. Rev. Lett., 1964, 13: 508-509; Phys. Rev., 1966, 145: 1156-1163.

[②] 李灵峰在 20 世纪 70 年代研究了规范对称性的自发破缺，讨论了 $SU(N)$ 和 $SO(N)$ 的规范对称性被不同表示的标量场势能破缺时的剩余对称性，对超越标准模型的模型构造有借鉴意义. Li L F. Group theory of the spontaneously broken gauge symmetries. Phys. Rev. D, 1974, 9: 1723-1739.

范玻色子 $W^{\pm}$，即式 (11.68) 中的手征相互作用形成的

$$g^2\bar{u}\gamma_\mu(1-\gamma_5)d\frac{1}{p^2-m_W^2}\bar{e}\gamma^\mu(1-\gamma_5)\nu.$$

从费曼图角度，一个 β^+ 衰变过程如图 11.13 所示. 位于欧洲核子研究中心的强子对撞 SPS 实验，UA1 合作组[①] 和 UA2 合作组 [②] 在质心能量为 540 GeV 的正反质子对撞中发现了 W 粒子和 Z 粒子，测量到其质量分别为 $m_W = 80$ GeV 和 $m_Z = 91$ GeV. 基于规范对称性的自发破缺理论，W/Z 粒子得到了质量，格拉肖、温伯格和萨拉姆[③]在 20 世纪 60 年代构造了电弱理论，而 $U(1)_{EM}$ 是作为电弱对称性破缺的产物，我们本节将介绍电弱统一的规范理论. 电弱理论与量子色动力学一起构成了现代粒子物理的标准模型.

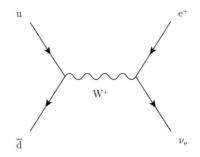

图 11.13　W 规范玻色子传递 β^+ 衰变

首先，弱作用是一个手征左手参加的相互作用，而电磁相互作用是矢量相互作用 (即左手右手各占 50%). 为构造图 11.13 的 β 弱过程，定义手征左手 ψ_L 构成 $SU(2)_L$ 的二重态，其中下标 L 即指代手征左手. 每一代左手费米子包括了夸克和轻子态，$\psi_L = Q_L, \ell_L$(共有三代费米子)，

$$Q_L = \begin{pmatrix} u \\ d \end{pmatrix}_L, \quad \ell_L = \begin{pmatrix} \nu_e \\ e \end{pmatrix}_L.$$

不参加弱作用的右手手征费米子被定义为

$$\psi_R = u_R, d_R, e_R,$$

只参加电磁相互作用. 为了解决 $SU(2)_L$ 二重态的左手费米子参加 $U(1)_{EM}$ 电磁相互作用的问题，温伯格等定义了超荷 $U(1)_Y$. 我们下面将从另一个视角——规范反常出发，讨论

① UA1 Collaboration. Experimental observation of isolated large transverse energy electrons with associated missing energy at $\sqrt{s} = 540$GeV. Phys. Lett. B, 1983, 122: 103-116; Experimental observation of lepton pairs of invariant mass around 95GeV at the CERN SPS Collider. Phys. Lett. B, 1983, 126: 398-410.

② UA2 Collaboration. Observation of single isolated electrons of high transverse momentum in events with missing transverse energy at the CERN anti-p p collider. Phys. Lett. B, 1983, 122: 476-485; Evidence for $Z^0 \longrightarrow e^+ + e^-$ at the CERN p$\bar{\text{p}}$ collider, Phys. Lett. B, 1983, 129: 130-140.

③ Glashow S L. Partial-symmetries of weak interactions. Nucl. Phys., 1961, 22: 579-588; Weinberg S. A model of leptons. Phys. Rev. Lett., 1967, 19: 1264-1266; Salam A. Elementary Particle Physics: Relativistic Groups and Analyticity. Eighth Nobel Symposium. Stockholm: Almquvist and Wiksell, 1968: 367.

电弱理论的构造，同时将解释为什么会存在分数电荷[①].

一个树图物理过程的对称性被高阶圈图过程破坏被称为反常. 如前所述，标准模型的规范对称群为 $SU(3)_C \times SU(2)_L \times U(1)_Y$. 其中三个规范群分别对应的三类规范玻色子之间没有耦合项，这是规范对称性的要求. 然而标准模型中的夸克、轻子等物质粒子可以同时与不同的规范玻色子耦合，因此物质粒子可以传递三类规范玻色子之间的耦合，这种过程破坏了原标准模型的规范对称性，被称为规

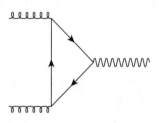

图 11.14 规范反常的费曼图

范反常. 一个好的规范对称性不应该存在规范反常. 图 11.14 即为一类规范反常的费曼图. 部分过程如 $SU(3)_C[U(1)_Y]^2$(一个胶子和两个 $U(1)$ 的 B_μ) 中，鉴于 $U(1)$ 不携带色量子数，所以该过程与 $SU(3)_C$ 的生成元的迹 $\mathrm{Tr}\,\lambda_i = 0$ 成正比，总是为零. 因此，只有三类过程不是自动为零，即 $[SU(3)_C]^2 U(1)_Y$，$[SU(2)_L]^2 U(1)_Y$ 和 $[U(1)_Y]^3$，还有一类是引力反常与 $\mathrm{Tr}\,U(1)_Y$ 成正比.

如果假设已知非阿贝尔的规范部分 $SU(3)_C \times SU(2)_L$ 计算 $U(1)$，而其中 $U(1)$ 荷为表 11.1 所示，其中手征右手的粒子定义为其反粒子的荷.

表 11.1 $U(1)$ 荷

	Q_L	u_R^C	d_R^C	ℓ_L	e_R^C
$U(1)$	q	u	d	ℓ	e

$U(1)$ 荷相关的规范反常消除条件要求

$$
\begin{aligned}
A_{[SU(3)_C]^2 U(1)_Y} &= 2q + u + d = 0, \\
A_{[SU(2)_L]^2 U(1)_Y} &= 3q + \ell = 0, \\
A_{[U(1)_Y]^3} &= 6q^3 + 3u^3 + 3d^3 + 2\ell^3 + e^3 = 0, \\
A_{\mathrm{Tr}\,U(1)_Y} &= 6q + 3u + 3d + 2\ell + e = 0.
\end{aligned}
\tag{11.82}
$$

联立以上四式，解得

$$
q = -\frac{1}{6}e, \quad u = -\frac{2}{3}e, \quad d = \frac{1}{3}e, \quad \ell = -\frac{1}{2}e.
$$

可见所有物质粒子的 $U(1)$ 荷除了一个归一化因子 e 外，其比例均被确定，即电荷量子化被精确预言[②]. 而归一化因子可以在更大的规范群，如大统一理论中被解释. 当然，该结果还说明，在已有的标准模型物质粒子谱下，$U(1)_Y$ 是唯一的规范对称性，不存在额外的 $U(1)$ 规范对称性，任何对 $U(1)$ 对称性的拓展，需要引入额外的新自由度 [③].

① 另一种可以预言电荷量子化的方式为大统一理论，我们将在本章的最后讨论.

② 由我国科学家耿朝强与合作者最早在国际上提出. Geng C Q, Marshak R E. Phys. Rev. D, 1989, 39: 693.

③ 例如，如果存在右手中微子，则意味着需要引入一个新的规范对称性 $U(1)_{B-L}$；如果将味对称性引入，则可以得到 $L_e - L_\mu$ 类的新 $U(1)$ 规范对称性等.

至此，我们通过规范反常消除条件得到了标准模型规范群，$SU(3)_C \times SU(2)_L \times U(1)_Y$ 的完整定义. 下面，我们给出电弱理论构造中，手征费米子与规范玻色子的具体耦合

$$\overline{\psi}_L \gamma^\mu \left(\partial_\mu - \mathrm{i}g \frac{\sigma^j}{2} W_\mu^j - \mathrm{i}\frac{g'}{2} Y B_\mu \right) \psi_L + \overline{\psi}_R \gamma^\mu \left(\partial_\mu - \mathrm{i}\frac{g'}{2} Y B_\mu \right) \psi_R,$$

其中 g、g' 是耦合参数；Y、B_μ 是 $U(1)_Y$ 规范群的生成元和生成场；σ^j 和 W_μ^j 是 $SU(2)_L$ 群的生成元和规范场

$$\mathrm{i}g \frac{\sigma^j}{2} W_\mu^j - \mathrm{i}\frac{g'}{2} Y B_\mu = \frac{\mathrm{i}}{2} \begin{pmatrix} gW_\mu^3 + Yg'B_\mu & g(W_\mu^1 - \mathrm{i}W_\mu^2) \\ g(W_\mu^1 + \mathrm{i}W_\mu^2) & -gW_\mu^3 + Yg'B_\mu \end{pmatrix}.$$

定义电弱混合角 θ_W，其实验测量值 $\sin^2 \theta_W \approx 0.23$，

$$\sin \theta_W = \frac{g'}{\sqrt{g^2 + g'^2}}, \quad \cos \theta_W = \frac{g}{\sqrt{g^2 + g'^2}}. \tag{11.83}$$

可以重新定义规范玻色子为

$$\begin{aligned} A_\mu &= \cos \theta_W B_\mu + \sin \theta_W W_\mu^3, \\ Z_\mu &= -\sin \theta_W B_\mu + \cos \theta_W W_\mu^3, \\ W^\pm &= \frac{W_\mu^1 \mp \mathrm{i}W_\mu^2}{\sqrt{2}}. \end{aligned} \tag{11.84}$$

定义电荷 e 为 $e = g \sin \theta_W$，可以得到物质费米子与规范玻色子的耦合，其中电磁相互作用的光子耦合与电荷成正比

$$e \left(-\overline{l_i} \gamma^\mu l_i + \frac{2}{3} \overline{u_i} \gamma^\mu u_i - \frac{1}{3} \overline{d_i} \gamma^\mu d_i \right) A_\mu,$$

$$l_i = \mathrm{e}, \mu, \tau; \quad u_i = \mathrm{u}, \mathrm{c}, \mathrm{t}; \quad d_i = \mathrm{d}, \mathrm{s}, \mathrm{b}.$$

而 $W^\pm$ 耦合，即带电流过程为

$$\frac{g}{2\sqrt{2}} \left[\overline{l_i} \gamma^\mu (1 - \gamma_5) \nu_i + \overline{d_i} \gamma^\mu (1 - \gamma_5) u_i \right] W_\mu^-,$$

$$\frac{g}{2\sqrt{2}} \left[\overline{\nu_i} \gamma^\mu (1 - \gamma_5) l_i + \overline{u_i} \gamma^\mu (1 - \gamma_5) d_i \right] W_\mu^+.$$

Z 耦合中性流过程为

$$\frac{g}{4 \cos \theta_W} \overline{\psi}_i \gamma^{mu} g_\psi \psi_i, \quad g_\psi = g_V - g_A \gamma_5,$$

其中耦合常数 g_ψ 对于不同费米子分别为

$$g_\nu = 1 - \gamma_5,$$

$$g_l = -(1 - 4\sin^2\theta_{\mathrm{W}}) + \gamma_5,$$

$$g_u = \left(1 - \frac{8}{3}\sin^2\theta_{\mathrm{W}}\right) - \gamma_5,$$

$$g_d = -\left(1 - \frac{4}{3}\sin^2\theta_{\mathrm{W}}\right) + \gamma_5.$$

　　传递弱作用的 $W^{\pm}$ 和 Z 粒子是有质量的，其质量通过 11.4.1 节介绍的规范对称性自发破缺的希格斯机制得到，即实际上发生了电弱规范对称性 $SU(2)_{\mathrm{L}} \times U(1)_{\mathrm{Y}}$ 发生自发破缺到 $U(1)_{\mathrm{EM}}$ 电磁对称性的过程. 这个对称性破缺过程是通过一个希格斯粒子实现的，其为 $SU(2)_{\mathrm{L}}$ 二重态

$$\Phi(x) = \begin{pmatrix} \phi^+(x) \\ \phi^0(x) \end{pmatrix},$$

具有相互作用项

$$\mathcal{L} = (D_\mu \Phi)^\dagger (D^\mu \Phi) + \mu^2 \Phi^\dagger \Phi + \lambda (\Phi^\dagger \Phi)^2, \tag{11.85}$$

其真空态 (基态) 为

$$\Phi_{\min} = \langle \Phi \rangle_0 = \frac{1}{\sqrt{2}} \begin{pmatrix} 0 \\ v \end{pmatrix}, \tag{11.86}$$

其中 v 为真空势能，在真空附近展开得到

$$\Phi(x) = \begin{pmatrix} \phi^+(x) \\ \dfrac{1}{\sqrt{2}} v + H(x) + \mathrm{i}\chi(x) \end{pmatrix} = \langle \Phi \rangle_0 + \varphi,$$

其中

$$\varphi = \begin{pmatrix} \phi^+(x) \\ \dfrac{H(x) + \mathrm{i}\chi(x)}{\sqrt{2}} v + H(x) + \mathrm{i}\chi(x) \end{pmatrix}.$$

希格斯场在规范变换下按以下形式变换：

$$\Phi(x) \to U_1 U_2 \Phi(x) = \mathrm{e}^{\mathrm{i}g'Y\alpha(x)/2} \mathrm{e}^{\mathrm{i}g T^j \beta^j(x)} \Phi(x),$$

计算 $\Phi^\dagger \Phi$ 可以得到

$$\Phi^\dagger \Phi = \varphi^\dagger \varphi + \langle \Phi \rangle_0^\dagger \varphi + \varphi^\dagger \langle \Phi \rangle_0 + \frac{v^2}{2}$$

$$= \phi^+ \phi^- + \frac{1}{2}(H^2 + \chi^2) + vH + \frac{1}{2}v^2.$$

由上式可知 $\varphi^{\dagger}\langle\Phi\rangle_0$ 及其共轭项在 $SU(2)_{\mathrm{L}}\times U(1)_{\mathrm{Y}}$ 规范变换下并非不变量，而势能

$$V(\Phi) = \mu^2 H^2 + 2v\lambda\left(\phi^+\phi^- + \frac{1}{2}H^2 + \frac{1}{2}\chi^2\right)H$$

$$+ \lambda\left(\phi^+\phi^- + \frac{1}{2}H^2 + \frac{1}{2}\phi^2\right)^2 + \frac{1}{4}\lambda v^4 - \frac{1}{2}\mu^2 v^2$$

中有四个标量场 H、$\phi^{\pm}$ 和 χ，其中仅 H 场有质量项，其他三个场均为无质量，这对应着前面提到的戈德斯通粒子. 因此，如果讨论物理过程时，我们只选取物理场而忽略戈德斯通粒子 (这就是所谓的幺正规范)，则有

$$(D_\mu\Phi)^{\dagger}(D^\mu\Phi) = \left|D_\mu\begin{pmatrix}0\\\dfrac{v+H}{\sqrt{2}}\end{pmatrix}\right|^2$$

$$= \frac{1}{4}g^2 v^2 W_\mu^+ W^{-\mu} + \frac{1}{8}v^2(g^2 A_\mu^3 A^{3\mu} - 2gg' A_\mu^3 B^\mu + g'^2 B_\mu B^\mu)$$

$$= \frac{1}{4}g^2 v^2 W_\mu^+ W^{-\mu} + \frac{1}{8}v^2(g^2 + g'^2)Z_\mu Z^\mu$$

$$+ \frac{1}{2}g^2 v W_\mu^+ W^{-\mu}H + \frac{1}{4}g^2 W_\mu^+ W^{-\mu}H^2 + \frac{g^2 v}{4\cos^2\theta}Z_\mu Z^\mu H.$$

这就得到了带有质量 m_{W} 和 m_{Z} 的规范玻色子 W 和 Z，实现了 $SU(2)_{\mathrm{L}}\times U(1)_{\mathrm{Y}} \to U(1)_{\mathrm{EM}}$ 的规范对称性自发破缺.

希格斯机制解释了 W/Z 粒子质量起源的同时，标准模型中的费米子质量也在希格斯机制中产生. 我们前面已经介绍过费米子质量项

$$\overline{\psi}\psi = \overline{\psi}_{\mathrm{L}}\psi_{\mathrm{R}} + \overline{\psi}_{\mathrm{R}}\psi_{\mathrm{L}}$$

是破坏了整体的手征对称性. 鉴于标准模型中 $SU(2)_{\mathrm{L}}$ 的手征性，标准模型中费米子的质量必然破坏电弱对称性. 因此，标准模型中所有费米子质量是整体手征对称性

$$U(3)_{Q_{\mathrm{L}}}\times U(3)_{u_{\mathrm{R}}}\times U(3)_{d_{\mathrm{R}}}\times U(3)_{\ell_{\mathrm{L}}}\times U(3)_{e_{\mathrm{R}}}$$

和电弱规范对称性 $SU(2)_{\mathrm{L}}\times U(1)_{\mathrm{Y}}$ 共同破缺的结果. 例如，我们要得到顶夸克质量，需要第三代左手费米子 $Q^3 = (t_{\mathrm{L}}, b_{\mathrm{L}})^{\mathrm{T}}$ 和 t_{R} 通过与标量场构造出规范不变的汤川耦合项 $Y_{\mathrm{t}}\overline{Q}_{\mathrm{L}}t_{\mathrm{R}}\tilde{\Phi}$，在电弱对称性破缺时得到

$$\frac{Y_{\mathrm{t}}v}{\sqrt{2}} = m_{\mathrm{t}}$$

与上述耦合类似，标准模型中的所有费米子的汤川耦合项为

$$\mathcal{L}_{\mathrm{Yukawa}} = -Y_i^e \bar{e}_{\mathrm{R}}^i \Phi \ell_{\mathrm{L}}^i - Y_i^d \bar{d}_{\mathrm{R}}^i \Phi Q_{\mathrm{L}}^i - Y_i^u \bar{u}_{\mathrm{R}}^i \Phi Q_{\mathrm{L}}^i + \mathrm{h.c.}$$

可见希格斯粒子与费米子的汤川耦合与费米子质量成正比.

11.4.4 希格斯机制的检验

上文中我们已经利用规范对称性的自发破缺构造了 $SU(2)_L \times U(l)_Y$ 电弱统一规范理论，结合强相互作用的量子色动力学理论，构成了粒子物理的标准模型. 目前标准模型在各类实验得到了系统检验. 例如，欧洲核子研究中心的大型正负电子对撞机实验，测量了电弱耦合的混合角等各种参数，对电弱理论做了精确检验.

顶夸克是最重的基本粒子，其质量是电弱对称性破缺的结果，所以顶夸克的精确测量一直是检验电弱理论的重要一环，另一方面其也是检验微扰量子色动力学理论计算的关键过程. 顶夸克质量和 W 粒子质量均是电弱对称性破缺的结果，因此顶夸克与戈德斯通粒子的耦合，即顶夸克的汤川耦合强度 λ_t 与其质量 m_t 成正比，而当 W 粒子获得质量 m_W 后，其纵向极化等效于戈德斯通粒子的自由度. 如果取戈德斯通粒子质量为零，可以计算得到顶夸克衰变宽度为

$$\Gamma = \frac{\lambda_t^2}{32\pi} m_t = \frac{g^2}{64\pi} \frac{m_t^3}{m_W^2}, \quad \frac{\lambda_t^2}{g^2} = \frac{m_t^2}{2m_W^2},$$

这个结果与在标准模型预言的顶夸克衰变宽度

$$\Gamma = \frac{g^2}{64\pi} \frac{m_t^3}{m_W^2} \left(1 - \frac{m_W^2}{m_t^2} \right)^2 \left(1 + 2\frac{m_W^2}{m_t^2} \right)$$

的零头阶结果一致. 因此，顶夸克中 W 极化的测量实质是希格斯机制的实验验证，反映了 W 纵向极化与戈德斯通粒子之间的等效性 (有时也称为戈德斯通等效原理). 等效原理的一个相关过程是关于 WW 散射过程的幺正性计算. 我国科学家邝宇平、李小源与何红建在等效原理严格证明方面做出了一系列重要工作[①].

如果从手征性图像考虑顶夸克衰变，顶夸克和底夸克均为手征左手，鉴于底夸克质量远远小于顶夸克质量，因此右手极化的 W^+ 并不存在，如图 11.15 所示.

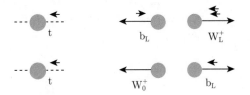

图 11.15 顶夸克的衰变 (m_b 趋于零极限)

事实上，计算表明 W^+ 的极化分布中，纵向极化 W_0^+ 占 70% 左右，而左手极化 W_L^+ 占 30% 左右. W 极化测量可以通过 W 衰变后轻子在 W 运动方向的夹角 θ 来反映，如图 11.16 所示. 其中纵向极化为 $\sin^2\theta$ 贡献，而横向为 $(1 \pm \cos\theta)^2$. 图 11.17 给出了 ATLAS 实验组对顶夸克衰变中 W 轻子衰变的极化测量结果.

① Phys. Rev. Lett., 1992, 69: 2619-2622; Phys. Rev. D, 1994, 49: 4842-4872; Phys. Lett. B, 1994, 329: 278-284.

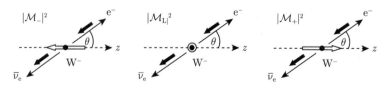

图 11.16　W 轻子衰变极化的角关联

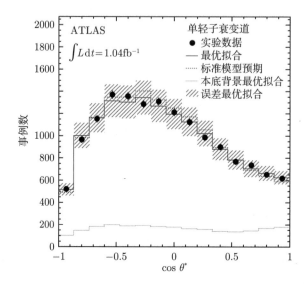

图 11.17　顶夸克衰变中的 W 粒子极化测量——希格斯机制的验证

　　希格斯机制中的另一个重要预言是一个额外的标量粒子——希格斯粒子的存在. 该粒子于 20 世纪 60 年代被预言, 直到 2012 年大型强子对撞机实验才正式发现了希格斯粒子. 至此, 标准模型中的所有粒子均被发现[①]. 在大型强子对撞机实验上, 高能的质子对撞中胶子部分子分布函数占主导. 同时, 胶子聚合过程如图 11.18 所示, 顶夸克汤川耦合 $\lambda_t \bar{t_L} t_R H$ 中, 胶子与顶夸克的耦合是同一种手征, 所以胶子聚合产生振幅与顶夸克汤川耦合 λ_t 和顶夸克质量 m_t 成正比, 这是希格斯粒子在强子对撞机上的主要产生过程.

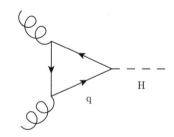

图 11.18　大型强子对撞机希格斯粒子的聚合产生过程

　　在复杂的强子环境中, 希格斯粒子衰变到底夸克的末态会被淹没在庞杂的背景中, 衰

① ATLAS Collaboration. Phys. Lett., 2012, B716: 1-29; CMS Collaboration. Phys. Lett., 2012, B716: 30-61.

变到轻子和光子的末态最容易从背景中被分离出来，因此双光子和四轻子道是发现希格斯粒子的主要衰变末态. 图 11.19 给出了大型强子对撞机发现希格斯粒子的不变质量例图.

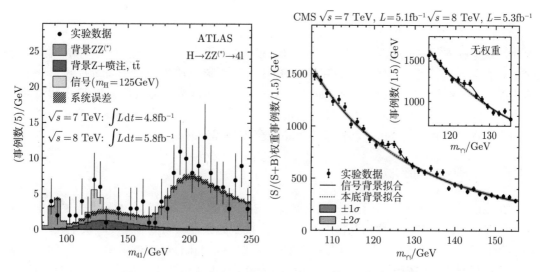

图 11.19　大型强子对撞机发现希格斯粒子的不变质量例图

ATLAS 和 CMS 国际合作组分别得到四轻子和双光子道的结果

11.5　中微子振荡与统一理论

11.4 节讨论了基本粒子物理的标准模型，其中中微子只有左手的二重态 ℓ_L 而没有右手中微子，因而没有右手的中微子参与的汤川耦合项. 中微子也没有在电弱对称性破缺过程中得到质量. 然而从 20 世纪末开始，一系列实验已经明确表明中微子是有质量的，因此，标准模型必须得到拓展. 中微子质量是存在超越标准模型物理 (physics beyond the standard model) 的第一个直接证据.

另外，我们在 11.4 节中，从所有标准模型粒子参与的规范反常消除条件出发，在标准模型规范对称性 $SU(3)_C \times SU(2)_L \times U(1)_Y$ 中，可以解出除了一个归一化系数外所有物质粒子的 $U(1)_Y$ 超荷，也可以说预言了标准模型中的电荷量子化，进一步显示了标准模型强大的预言性和理论的自洽性. 然而，如果存在右手中微子且其超荷不为零，这会导致标准模型失去了电荷量子化的预言. 事实上，右手中微子的超荷，即中微子电荷在实验天体物理中有很强的限制. 在 β 衰变反应中

$$\mathrm{n} \longrightarrow \mathrm{p} + \mathrm{e}^- + \bar{\nu}_e,$$

如果中微子电荷不为零，在中子电中性的条件下，质子和电子电荷元的和会不严格为零，即

$$Q_\mathrm{p} + Q_{\mathrm{e}^-} = Q_\nu \neq 0,$$

此时原子也存在一个微小电荷，以至于星体都不会呈电中性. 鉴于库仑力是长程相互作用，如果星体带电，则星体轨道计算中必须考虑库仑相互作用. 通过这个约束，可以得到右手中微子超荷，或者中微子电荷的上限[①]为

$$Q_{\nu} < 1.3 \times 10^{-19} Q_{e} \approx 2.1 \times 10^{-38} \text{ C}.$$

因此，从电荷量子化的预言性角度结合实验观测，右手中微子应该是一个标准模型单态 $(1, 1, 0)$，且超荷为零. 中微子具有严格的电中性，而该性质为中微子质量打开了一个新的可能——马约拉纳质量，这也是 $SO(10)$ 大统一理论的自然结果. 因此，中微子质量的存在也是 $SO(10)$ 大统一理论的重要理论动机[②]. 本节将简单介绍中微子振荡实验及中微子质量的物理意义，并且重点讨论将标准模型拓展到统一理论的模型.

11.5.1 中微子振荡

在 10.4 节中，我们介绍了热核聚变和恒星核合成的关系，事实上太阳上发生的聚变反应伴随着强、弱、电磁三种相互作用. 标准太阳模型的预言，碳氮氧循环和质子-质子链反应，都伴随着中微子的产生，所以对标准太阳模型 (standard solar model, SSM) 的直接实验验证就是对太阳中微子 (solar neutrino) 的测量. 标准太阳模型由贝塔 (H. Bethe) 提出，之后巴克尔 (J. Bachall) 根据标准太阳模型计算了到达地球的电子中微子通量，并推动了戴维斯开展 Homestake 实验，测量从太阳来的电子中微子. 该中微子探测器的原理是以中微子与核散射的逆 β 过程

$$\nu_e + {}^{37}_{13}\text{Cl} \longrightarrow {}^{37}_{14}\text{Ar} + e^-$$

测量电子中微子通量. 为屏蔽宇宙线背景，该实验在一个地下矿井中进行，实验中使用了十万加仑 (1gal = 4.54609L) 的干洗剂，即富含氯-37 的强挥发性的溶剂 CCl_4，而测量的关键是化学分离产生的氩-37. 然而，当年的实验观测只测量到了巴克尔预言的 1/3 的电子中微子，被称为"太阳中微子之谜". 这个反常测量一直到 21 世纪初通过萨德伯里中微子观测站 (Sudbury neutrino observatory, SNO) 实验才被真正理解，并且发现了一个新的现象——中微子振荡 (neutrino oscillation).

SNO 实验由陈华生 (H. Chen)[③][④]提出并被麦克唐纳 (A. McDonald) 最终实施. 戴维斯的 Homestake 实验的中微子散射实验如果要发生，需要产生一个在壳的电子，而电子的静止质量是 0.511 MeV，再考虑核质量差别，中微子的能量至少要超过 0.814 MeV 才能发生反应. 另外，已知的两类中微子 (缪子中微子 ν_μ 和陶子中微子 ν_τ)，要参与类似的带电流散射 (通过弱作用规范玻色子 $W^\pm$ 传递)，产生在壳的 μ(质量 107 MeV) 或者 τ(质量 1.7 GeV) 需要非常高的能量，而太阳上聚变核反应产物 β 过程释放的能量远远低于其所需的要求.

① Studenikin A, Tokarev I. Nuclear and Particle Physics Proceedings, 2016, 273-275: 2332-2334.

② Babu K S, Pati J, Wilczek F. Fermion masses, neutrino oscillations, and proton decay in the light of Super-Kamiokande. Nucl. Phys. B, 2000, 566: 33-91.

③ 陈华生教授 1942 年出生于重庆，后分别在加州理工学院和普林斯顿大学完成了学士和博士学位，1968 年起在加州大学艾尔湾分校任教，长期从事中微子物理研究，独立提出并推动了 SNO 实验，1987 年因病去世. SNO 实验后续负责人麦克唐纳获得 2015 年诺贝尔物理学奖.

④ Chen H. Phys. Rev. Lett., 1985, 55: 1534.

图 11.20给出了标准太阳模型中预言的各类中微子能谱分布[1]，其中能量小于 0.8 MeV 的中微子主导，这种低能中微子不能被 Homestake 实验的氯-37 反应探测，只有通过专用的镓探测器才能测量. 可以与氯-37 发生 β 反应的中微子主要来自聚变产物硼-8(^{8}B) 的 β 衰变. SNO 实验探测器可以覆盖这个能谱的高能区，但是太阳中微子能量仍然远低于可以产生缪子的能量 (超过 107 MeV). 因此，陈华生提出了使用重水 (氘)，当缪子中微子能量超过氘 (D) 的结合能时，就可以通过中性流散射将氘核变成质子和中子

$$\nu_\mu + D \longrightarrow p + n + \nu_\mu,$$

而当中子被氘核俘获产生光子 (能量约 6 MeV)，光子与电子散射后，电子的运动速度将超过水中光速，产生切伦科夫辐射，从而被重水周围的光电倍增管探测到，而不需要通过产生缪子

$$\nu_\mu + n \longrightarrow p + \mu^-$$

的反应来确认中微子的存在. 通过这种方法可以探测的中微子能量要比产生在壳缪子的方法低一个数量级[2].

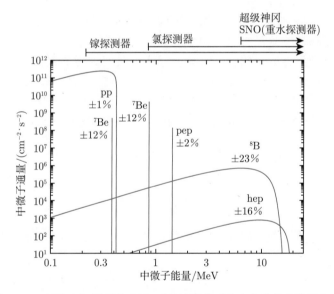

图 11.20　标准太阳模型中质子–质子链聚变反应中产生的中微子能谱

　　SNO 实验需要大量的重水，世界上最大的重水使用地是加拿大核电公司 CANDU 重水反应堆[3]. SNO 实验向 CANDU 公司借用了大量的重水做探测器，而且这种借用对于 CANDU 公司而言也并无损失，他们放在原存储地也会受到中微子的散射. 图 11.21是 SNO 实验的第二期 (Phase-II) 实验结果，证实了标准太阳模型的预言[4].

---

① Jelley N, McDonald A, Robertson R. Annu. Rev. Nucl. Part. Sci., 2009, 59: 431-465.

② 电子中微子与氘核散射，末态直接产生电子和两个质子，$\nu_e + D \longrightarrow p + p + e^-$，该电子在重水中也同样产生切伦科夫辐射，但以切伦科夫光反推出的能量和角度与缪子中微子过程产生的不一样，因此通过切伦科夫光的特征区别两类不同反应的事例.

③ 重水反应堆的原理见附录工程物理简介.

④ Jelley N, McDonald A, Robertson R. Annu. Rev. Nucl. Part. Sci., 2009, 59: 431-465.

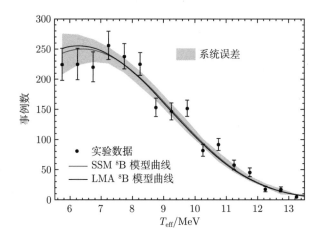

图 11.21　SNO 实验第二期结果与标准太阳模型的预言对比

　　SNO 实验发现了太阳产生的电子中微子和缪子中微子, 其总通量与巴克尔计算的标准太阳模型预言相吻合. 只是太阳产生的电子中微子在传递到地球的过程中变成了缪子中微子, 不能被 Homestake 实验的氯-37 反应发现, 我们称这种现象为中微子振荡.

　　另一个中微子振荡实验是大气中微子实验. 宇宙线中的高能质子进入大气层后被空气中原子核散射, 会产生大量 π 介子. 而 π 介子主要衰变到缪子末态

$$\pi^+ \longrightarrow \mu^+ + \nu_\mu, \quad \mu^+ \longrightarrow e^+ + \nu_e + \bar{\nu}_\mu,$$
$$\pi^- \longrightarrow \mu^- + \bar{\nu}_\mu, \quad \mu^- \longrightarrow e^- + \bar{\nu}_e + \nu_\mu.$$

因此在 π 介子的衰变末态中, 总有如下关系:

$$\frac{N_{\nu_e}}{N_{\nu_\mu}} = \frac{1}{2}.$$

宇宙线中的高能质子在大气中可以产生能量超过 GeV 的中微子, 产生的中微子与原子核散射 (逆 β 过程), 如

$$\nu_l + {}_Z^A X \longrightarrow {}_{Z+1}^A Y + l^-.$$

产生的相对论性在壳电子/缪子在水中的速度可以超过水中的光速, 并产生切伦科夫辐射. 切伦科夫辐射被光电管探测到后可以根据不同信号特性区分 ν_e 和 ν_μ 事例. 神冈实验中负责背景分析的永尾隆章[1], 在分析数据过程中发现, 从探测器上方和地球另外一侧产生并穿过整个地球到达探测器的两个方向的中微子 N_{ν_μ}/N_{ν_e} 比例不一样. 探测器正上方的中微子比例是预言的 1/2, 但是另一个方向的缪子中微子却消失了, 这被称为大气中微子反常. 图 11.22[2]给出了中微子比例与传播距离 L/中微子能量 E_ν 的关系, 可以看到当中微子传播距离很短时, 符合理论预期, 但当传播距离达数千米时, 缪子中微子明显变少, 这说明缪子

---

　　① 这类水切伦科夫探测器是作为检验质子衰变实验被提出的, 如神冈实验启动初期就发现了超新星 SN1987 爆发的高能中微子, 大气中微子测量是作为质子衰变实验的背景分析的一部分而启动的.

　　② Super-Kamiokande Collaboration. Phys. Rev. Lett., 1998, 81: 1562

中微子在这个传播过程中变成了其他类型中微子 (实际为 ν_τ). 事实上, 这是中微子振荡的第一个直接实验证据.

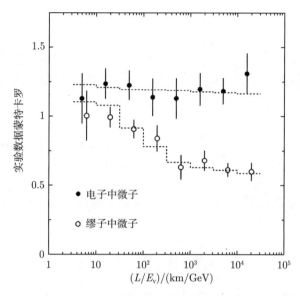

图 11.22 大气中微子测量中, 中微子事例测量与没有中微子振荡的理论之比

太阳中微子和大气中微子实验均证明了中微子振荡, 即不同代的中微子会在传播过程中转变成另一类中微子. 我们前面提过世界上最早的人造中微子源是核反应堆, 测量反应堆中微子的振荡效应也是一个重要的任务. 在反应堆中微子领域, 我国物理学家王贻芳领导的大亚湾实验[1]首次给出了显著度超过 5σ 的 $\theta_{13} \neq 0$ 的结果, 为理解中微子质量混合矩阵提供了重要依据, 这使得中微子存在大 CP 破坏成为可能, 为轻子数破缺产生宇宙正反物质不对称的机制 (Leptogensis)[2]提供了实验基础. 现在我国科学家正在建设下一代大型中微子探测器——江门中微子实验 (JUNO), 期望为中微子 CP 破坏测量提供更多重要信息.

还有类中微子振荡实验, 是利用质子加速器打靶产生 π 介子, 将 $\pi^\pm$ 介子收集在共振腔, 产生正反的缪子中微子、电子中微子, 并通过电荷控制 $\bar{\nu}_e$ 和 ν_e 源, 这类实验称为加速器中微子实验. 鉴于其有方向性通量优势, 也是验证中微子振荡的重要实验.

在过去的二十余年, 有大量的实验数据证实了中微子振荡现象的存在, 下面我们利用电子、缪子两类中微子组成的体系来讨论中微子振荡的物理意义. 类似卡比波转动, 我们假设中微子质量本征态为 (ν_1, ν_2), 对应本征值 $\hat{H} |\nu_i\rangle = E_i |\nu_i\rangle$, $i = 1, 2$; 规范本征态为 $\begin{pmatrix} \nu_e \\ \nu_\mu \end{pmatrix}$, 满足

$$\begin{pmatrix} \nu_e \\ \nu_\mu \end{pmatrix} = \begin{pmatrix} \cos\theta & -\sin\theta \\ \sin\theta & \cos\theta \end{pmatrix} \begin{pmatrix} \nu_1 \\ \nu_2 \end{pmatrix} = U_\theta \begin{pmatrix} \nu_1 \\ \nu_2 \end{pmatrix},$$

① Daya Bay Collaboration. Phys. Rev. Lett., 2012, 108: 171803.

② Fukugita M, Yanagida T. Baryogenesis without grand unification. Phys. Lett. B, 1986, 174: 45-47.

其中 θ 为混合角. 鉴于

$$i\frac{\partial}{\partial t}|\nu(\boldsymbol{x},t)\rangle = \hat{H}|\nu(\boldsymbol{x},t)\rangle,$$

传播过程的演化可以写为

$$\begin{pmatrix} |\nu_1(\boldsymbol{x},t)\rangle \\ |\nu_2(\boldsymbol{x},t)\rangle \end{pmatrix} = e^{i\boldsymbol{p}\cdot\boldsymbol{x}}\begin{pmatrix} e^{-iE_1 t} & 0 \\ 0 & e^{-iE_2 t} \end{pmatrix}\begin{pmatrix} |\nu_1(0)\rangle \\ |\nu_2(0)\rangle \end{pmatrix}.$$

如果从规范本征态来描述演化，上式变为

$$\begin{pmatrix} |\nu_e(x,t)\rangle \\ |\nu_\mu(x,t)\rangle \end{pmatrix} = e^{i\boldsymbol{p}\cdot\boldsymbol{x}}U_\theta\begin{pmatrix} e^{-iE_1 t} & 0 \\ 0 & e^{-iE_2 t} \end{pmatrix}U_\theta^{-1}\begin{pmatrix} |\nu_e(0)\rangle \\ |\nu_\mu(0)\rangle \end{pmatrix}.$$

可见，如果混合角 $\theta = 0$ 或者 $E_1 = E_2$ 都不可能发生振荡，根据上式的演化方程，我们可以得到传递过程中的振荡概率如下：

$$P(\nu_e \to \nu_\mu) = \sin^2 2\theta \sin^2 \frac{(E_2 - E_1)t}{2}.$$

假设中微子有静止质量 m_i，取相对论极限 $m_i^2/p^2 \to 0$，展开得到 $E_2 - E_1$ 形式如下：

$$E_2 - E_1 = \sqrt{m_2^2 + p^2} - \sqrt{m_1^2 + p^2} \approx \frac{m_2^2 - m_1^2}{2p}.$$

同样在相对论极限下，对传播距离 L，在自然单位制 $c = 1$ 下，有 $t \approx L$ 和 $p \approx E$，因此，振荡概率可写成

$$P(\nu_e \to \nu_\mu) = \sin^2 2\theta \sin^2 \frac{\Delta m^2 L}{4E}. \tag{11.87}$$

因此发生中微子振荡的条件为

$$\theta \neq 0, \quad \Delta m \neq 0,$$

其中第二个条件隐含了静止质量必须非零. 因此，我们从中微子振荡的实验事实中得到了中微子必须有静止质量的结论.

11.5.2 中微子质量、马约拉纳费米子与统一理论

自 20 世纪 90 年代末以来，大气中微子、太阳中微子、反应堆中微子和加速器中微子等一系列实验已经多次确认了中微子振荡的现象，而且我们对中微子的相关参数测量也取得了重大进展. 在量子力学框架下，可以看到非零的质量混合矩阵和非零的中微子静止质量是中微子振荡存在的条件. 然而中微子质量在标准模型中并不存在，因为标准模型中并没有右手的中微子参与的汤川耦合项，中微子不会在电弱对称性破缺过程中得到质量. 中微子质量成为存在超越标准模型新物理的直接证据之一.

如果简单地引入右手中微子，形成一个质量项 $\lambda_\nu \bar{\ell}_L \tilde{H} n_R$，在电弱对称性破缺过程中，可以得到 $m_\nu = \lambda_\nu v$，这种中微子质量称为狄拉克质量 m_D. 如果标准模型中最重的基本粒

子顶夸克和最轻的粒子中微子的质量均来自同一机制, 那么我们将会发现其汤川耦合参数有巨大差别

$$\frac{\lambda_\nu}{\lambda_t} = \frac{m_\nu}{m_t} \sim 10^{-14}.$$

在同一个理论框架下, 要解释参数存在跨越十几个数量级的差别, 并非一个自然的选择.

另外, 我们在 11.4 节中讨论了规范反常消除对电荷量子化的预言, 如果为了解释中微子质量而引入右手中微子, 假设右手中微子的电荷为 n, 则规范对称性的反常消除条件变为

$$A_{[SU(3)_C]^2 U(1)_Y} = 2q + u + d,$$
$$A_{[SU(2)_L]^2 U(1)_Y} = 3q + \ell,$$
$$A_{[U(1)_Y]^3} = 6q^3 + 3u^3 + 3d^3 + 2\ell^3 + e^3 + n^3,$$
$$A_{\mathrm{Tr}\, U(1)_Y} = 6q + 3u + 3d + 2\ell + e + n.$$

右手中微子作为 $SU(3)_C$ 和 $SU(2)_L$ 单态, 虽然不贡献 $[SU(3)_C]^2 U(1)$ 和 $[SU(2)_L]^2 U(1)$ 反常, 但仍然会影响 $[U(1)]^3$ 和 $\mathrm{Tr}[U(1)]$ 引力反常条件, 从而导致所有粒子的超荷均有一个相对于右手中微子超荷的平移, 即

$$q = \frac{1}{6}(e+n), \quad \ell = -\frac{1}{2}(e+n), \quad u/d = -\frac{1}{6}(e+n) \pm \frac{1}{2}(e+n).$$

因此, 为了保证规范反常消除条件对电荷量子化的预言, 必须要求中微子电荷严格为零, 即 $n = 0$. 作为一个严格的电中性粒子, 中微子可以被认为是另一种特殊的费米子, 即马约拉纳费米子 (Majorana fermion). 我国的暗物质直接探测实验 "熊猫" (PandaX) 在未来规划中 (该实验首位发言人为季向东, 现任发言人为刘江来) 也将利用无中微子双 β 衰变, 检验中微子的马约拉纳属性[①].

第 7 章已经介绍过 $SO(3,1)$ 与 $SU(2)_A \times SU(2)_B$ 同构. 如果 $\chi = \phi_B$. 根据式 (7.41), 在转动和洛伦兹 boost 变换下, 分别有

$$\chi \to e^{\frac{1}{2}\boldsymbol{\sigma}\cdot\boldsymbol{\theta}}\chi, \quad \chi \to e^{-\frac{1}{2}\boldsymbol{\sigma}\cdot\boldsymbol{\eta}}\chi.$$

如果上述转动或者洛伦兹 boost 变换定义为 $\chi \to M\chi$ 且 $\det M = 1$, 则在洛伦兹变换下

$$\chi^{\mathrm{T}}\epsilon\chi \to \chi^{\mathrm{T}}M^{\mathrm{T}}\epsilon M\chi, \tag{11.88}$$

其中 $\varepsilon = \mathrm{i}\epsilon$, 是 2×2 反对称矩阵. 计算 $M_\varepsilon^{\mathrm{T}} M$, 有

$$(M^{\mathrm{T}})_{\alpha\beta}\epsilon_{\beta\gamma}M_{\gamma\delta} = \epsilon_{\beta\gamma}M_{\beta\alpha}M_{\gamma\delta} = \epsilon_{\alpha\delta}\det M = \epsilon_{\alpha\delta}. \tag{11.89}$$

因此, 可以证明 $\chi^{\mathrm{T}}\epsilon\chi$ 是洛伦兹不变量. 同时二维复矩阵 M 的性质也说明洛伦兹群其实也与二维线性群 $SL(2,C)$ 同构. $\chi^{\mathrm{T}}\epsilon\chi$ 项是由外尔旋量构造的马约拉纳质量. 在 7.5 节已经

---

① Sci. China Phys. Mech. Astron., 2017, 60(6): 061011.

看到狄拉克旋量由两个外尔旋量 ϕ_A 和 ϕ_B 构成. 如果我们以一个外尔旋量构造一个四维旋量 ψ_{M}

$$\psi_{\mathrm{M}} = \begin{pmatrix} \chi \\ \epsilon\chi^* \end{pmatrix}. \tag{11.90}$$

则可以证明

$$\psi_{\mathrm{M}}^{\mathrm{C}} = C\gamma^0\psi_{\mathrm{M}}^* = \begin{pmatrix} -\epsilon & 0 \\ 0 & \epsilon \end{pmatrix}\begin{pmatrix} 0 & 1 \\ 1 & 0 \end{pmatrix}\begin{pmatrix} \chi^* \\ \epsilon\chi \end{pmatrix} = \begin{pmatrix} \chi \\ \epsilon\chi^* \end{pmatrix} = \psi_{\mathrm{M}},$$

即 ψ_{M} 的反粒子是其本身, 被称为马约拉纳旋量. 同时可以证明 ψ_{M} 的质量项

$$m\overline{\psi}_{\mathrm{M}}\psi_{\mathrm{M}} = m\overline{\psi}_{\mathrm{M}}^{\mathrm{C}}\psi_{\mathrm{M}},$$

即上文定义的马约拉纳质量. 鉴于上述关于外尔旋量构造马约拉纳质量的讨论, 对于狄拉克旋量的手征分量 $\psi = \psi_{\mathrm{L}} + \psi_{\mathrm{R}}$ (即由两个外尔旋量 ϕ_{A} 和 ϕ_{B} 分别构造的狄拉克旋量) 也可以写出类似结构, 符合洛伦兹不变性[①]

$$\overline{\psi}_{\mathrm{L}}^{\mathrm{C}}\psi_{\mathrm{L}} + \overline{\psi}_{\mathrm{R}}^{\mathrm{C}}\psi_{\mathrm{R}}.$$

有了以上准备, 我们可以引入具有马约拉纳质量 M_{R} 的右手中微子 n_{R}, 即

$$\lambda_\nu\overline{\ell_{\mathrm{L}}}\tilde{H}n_{\mathrm{R}} + \frac{1}{2}M_{\mathrm{R}}\overline{n}_{\mathrm{R}}^{\mathrm{C}}n_{\mathrm{R}}. \tag{11.91}$$

在电弱对称性破缺后, λ_ν 耦合给出了中微子的狄拉克质量项 $m_{\mathrm{D}} = \lambda_\nu v$, 因此中微子的质量矩阵为

$$\frac{1}{2}(\overline{\nu}_{\mathrm{L}} \quad \overline{n}_{\mathrm{R}}^{\mathrm{C}})\begin{pmatrix} 0 & m_{\mathrm{D}} \\ m_{\mathrm{D}} & M_{\mathrm{R}} \end{pmatrix}\begin{pmatrix} \nu_{\mathrm{L}}^{\mathrm{C}} \\ n_{\mathrm{R}} \end{pmatrix}.$$

该质量矩阵通过对角化以及相位变换后可以写成

$$\begin{pmatrix} 2m_{\mathrm{D}}^2/M_{\mathrm{R}} & 0 \\ 0 & M_{\mathrm{R}} + m_{\mathrm{D}}^2/M_{\mathrm{R}} \end{pmatrix}.$$

如果 λ_ν 是 $\mathcal{O}(1)$, 通过假设 $M_{\mathrm{R}} \sim 10^{16}$ GeV 可以得到正确的中微子质量 $\mathcal{O}(0.01\mathrm{eV})$. 这便是所谓的第一类跷跷板机制 (type-I see-saw mechanism)[②]. 在第一类跷跷板机制中, 首先引入了一个标准模型单态 $(1,1,0)$ 右手中微子 n_{R}, 又引入了一个新的物理能标 $M_{\mathrm{R}} \sim 10^{16}$ GeV. 这意味着, 如果对标准模型进行拓展, 一个自然的理论必须包括出现在相应能标的右手中微子. 从规范对称性拓展方面, 右手中微子的引入, 必然会引入一个新的自由度, 我们称之为 $U(1)_{B-L}$, 其对应的荷如表 11.2 所示, 容易验证重子数 B 和轻子数 L 均存在规范反常,

---

① 注意这个结构对一般的狄拉克旋量并不存在.

② Minkowski P. Phys. Lett., 1977, B 67: 421-428; Gell-Mann M, Ramond P, Slansky R. Conf. Proc. C, 1979, 790927: 315-321; Yanagida T. Conf. Proc. C, 1979, 7902131: 95-99.

但 $B-L$ 是一个没有规范反常的对称性，可以被写为一个规范理论[1]. 在上述讨论中，右手中微子 n_R 带荷，马约拉纳质量 M_R 破坏了轻子数守恒，也破坏了 $U(1)_{B-L}$. 因此，也可以通过某种希格斯机制破坏 $U(1)_{B-L}$. 如果 $U(1)_{B-L}$ 是一种规范相互作用，它从轻子数破缺机制出发传递到重子数破缺，便可以为解释宇宙正反物质不对称提供一种路径[2].

表 11.2　重子数 B、轻子数 L 和 $B-L$ 荷

对称性	Q_L	u_R^C	d_R^C	ℓ_L	e_R^C	n_R^C
B	$\frac{1}{3}$	$\frac{1}{3}$	$\frac{1}{3}$	0	0	0
L	0	0	0	1	1	1
$B-L$	$\frac{1}{3}$	$\frac{1}{3}$	$\frac{1}{3}$	-1	-1	-1

已有的标准模型中的物质粒子每一代中包括夸克 Q_L、u_R、d_R 均为 $SU(3)_C$ 的三重态，而其中 Q_L 是 $SU(2)_L$ 的二重态，轻子 ℓ_L 也是 $SU(2)_L$ 的二重态，加上右手的电子 e_R，一共有 6+3+3+2+1，即 15 维. 而新增的右手中微子作为标准模型单态，导致现有的物质粒子变成了 16 维. 根据群表示论，一个 $SO(10)$ 的群刚好存在 16 维旋量表示，可以分囊上述所有的物质粒子. 事实上，从群论角度，能包含标准模型规范对称群为子群的最小结构是 $SU(5)$ 群，而 $SU(5)$ 是 $SO(10)$ 的子群，即

$$SU(3)_C \otimes SU(2)_L \otimes U(1)_Y \subset SU(5),$$

$$SU(5) \otimes U(1)_{B-L} \subset SO(10).$$

当然 $SO(10)$ 的破缺并非唯一途径，如果破缺到 $SU(5)$，物质则对应

$$\underline{16} = 10 + \bar{5} + 1, \tag{11.92}$$

其中的 10 维和 5 维表示分别可以写为

$$10_L = \frac{1}{\sqrt{2}} \begin{pmatrix} 0 & u_3^C & -u_2^C & -u_1 & -d_1 \\ -u_3^C & 0 & u_1^C & -u_2 & -d_2 \\ u_2^C & -u_1^C & 0 & -u_3 & -d_3 \\ u_1 & u_2 & u_3 & 0 & -e^C \\ d_1 & d_2 & d_3 & e^C & 0 \end{pmatrix}, \quad \bar{5}_R = \begin{pmatrix} d_1 \\ d_2 \\ d_3 \\ e^C \\ -\nu_e^C \end{pmatrix}_R$$

将已有的标准模型物质粒子全部 (包括大统一理论) 通过希格斯机制破缺成标准模型，这个过程中产生的规范玻色子 X、Y 均在大统一理论自发对称性破缺能标下得到质量，如图 11.23 所示. 但是大统一理论预言了质子并非稳定粒子，可以发生衰变. 上文中测量到大气中微子反常的神冈实验便是为了测量质子寿命而建造的.

---

[1] 整体对称性 $B+L$ 也可以被称为费米子数 (Fermion number).

[2] Fukugita M, Yanagida T. Baryogenesis without grand unification. Phys. Lett. B, 1986, 174: 45-47.

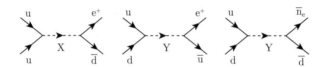

图 11.23　$SU(5)$ 大统一理论中的质子衰变

在图 11.23 中加入另外的夸克线可以得到

$$p \longrightarrow e^+ + \pi^0, \quad p \longrightarrow K^+ + \bar{\nu},$$

通过重正化群得到的能标，代入大统一理论计算得到的质子寿命事实上已经被神冈实验 $\tau_{p \to e^+ + \pi^0} > 2.4 \times 10^{34}$ 年所排除[①].

实际上 $SO(10)$ 大统一理论并没有被质子衰变实验完全排除，其对称性破缺机制有多种选择，如左右手模型 $SU(3)_C \times SU(2)_L \times SU(2)_R \times U(1)_{B-L}$ 等，我们这里不再展开，有兴趣的读者可以在标准的粒子物理教科书中找到相关讨论[②]. 大统一理论，从数学结构来看是一个很简洁的理论. 事实上，除了可以把标准模型物质粒子和右手中微子全部统一之外，还有两个更重要的物理现象，一是耦合常数的统一，二是 b-τ 质量统一. 这两类现象都是重正化群演化的结果，具体的物理细节，在这里不展开，简单总结一下结果.

图 11.24是我国科学家罗民兴与合作者计算的耦合常数重正化群演化结果[③]. 可以看到在标准模型中，从趋势上看，$SU(3)_C$、$SU(2)_L$ 和 $U(1)_Y$ 的耦合是趋向统一的，但并不严格统一. 在超对称理论框架下，通过假设超对称标准模型下耦合常数统一从而计算了电弱混合角 $\sin\theta_W$，其结果与 LEP 实验测量吻合. 另外，我们看到在 $SU(5)$ 理论中底夸克和轻子是属于同一个 $\bar{5}$ 的多重态，可以有统一的质量起源项，对于第三代费米子——底夸克 b 和陶轻子 τ，假设它们在高能标下质量相同，即 $m_b = m_\tau$，鉴于底夸克有强相互作用的贡献，会带来额外的在重正化群贡献，因此预言的低能下的 b 和 τ 质量比与实验测量一致. 以上的现象也许不能作为直接的实验证据，但仍是一种对于大统一理论的间接支持. 可以期待大统一理论仍然是一个有吸引力的物理理论，值得更多的实验进行寻找.

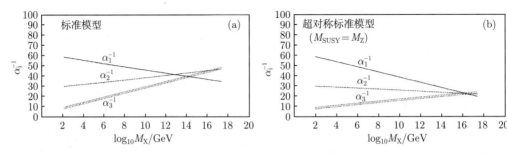

图 11.24　耦合常数的统一

① Super-Kamiokande Collaboration. Phys. Rev. D, 2020, 102(11): 112011.

② Mohapatra R N. Unification and Supersymmetry: The Frontiers of Quark-Lepton Physics. Springer, 2003.

③ Langacker P, Luo M X. Implications of precision electroweak experiments for M_t, ρ_0, $\sin\theta_W$ and grand unification. Phys. Rev. D, 1991, 44: 817-822.

当然标准模型目前仍然有许多需要解决的问题, 除了非微扰解析理论外, 还有许多超出标准模型的新问题, 例如为什么有三代费米子; 天体物理实验发现的暗物质是否有粒子物理属性; 引力理论能否纳入现代的量子场论框架等. 这些都需要一代代科学家的继续努力, 推进人类对自然界的基本相互作用的认识. 此外, 粒子物理与宇宙学的结合也为理解宇宙起源等基础科学问题提供了重要动力. 将大统一理论与宇宙学相结合, 针对例如宇宙中正反物质不对称、电弱相变等问题展开研讨. 我国科学家蔡荣根、张新民等在宇宙学研究领域都做出了一系列重要贡献. 今天引力波和高能宇宙线等新实验的筹建, 也为大统一理论的研究, 特别是与宇宙学交叉研究提供了新的检验工具. 未来几年中, 我国科学家吴岳良领导的 "太极"[①]和罗俊领导的 "天晴"[②]空间引力波实验, 曹臻领导的高能宇宙线探测实验 LHAASO[③]和张双南领导的 "慧眼" 空间天文卫星——硬 X 射线调制望远镜 HXMT 等均将启动, 一定会在探索自然界基本规律和宇宙奥秘的领域中取得重要进展.

① Hu W, Wu Y L. Natl. Sci. Rev., 2017, 4(5): 685-686.

② TianQin Collaboration, Luo J, et al. Class. Quant. Grav., 2016, 33(3): 035010.

③ LHAASO Collaboration. Chin. Phys. C, 2022, 46: 035001-035007.

附录 A 工程物理简介

核物理是一门特殊的学科, 在其发展早期便衍生出核武器、核反应堆等核能的工程应用. 地球的化石能源 (煤、炭、石油)、风能、水力等事实上均起源于太阳能, 而太阳能来自于核聚变反应. 当恒星核合成的物理机制被理解后, 便有人开始思考如何利用核能. 褐矮星存在一类质子–锂的核聚变反应

$$p + {}_3^7\mathrm{Li} \longrightarrow {}_4^8\mathrm{Be} \longrightarrow \alpha + \alpha .$$

在该反应启发下, 1932 年科克罗夫特 (J. D. Cockcroft) 和沃尔顿 (E. T. S. Walton) 提出质子通过质子加速器轰击锂靶可以产生能量. 两人的导师卢瑟福指出, 即使反应释放的能量超过输入能量, 有能量增益, 但受限于当时的加速器通量, 也将是一个低效率的利用方式, 并不具有现实的能源利用价值.

同年, 查德威克 (J. Chadwick) 发现中子, 齐拉 (L. Szilard) 迅速意识到中子与原子核反应没有库仑排斥问题, 不需要额外输入能量. 齐拉创造性地提出了链式反应的设想, 解决了将微观核物理反应变成宏观效应的问题. 1938 年年底, 哈恩发现的核裂变现象使得齐拉的想法成为可能. 在第二次世界大战的推动下, 核裂变现象被迅速应用, 之后发展出了核反应堆和原子弹, 极大地影响了世界格局. 在此之前, 从没有任何一门学科, 能够如此迅速地从基础科学发展至工程应用. 核物理应用衍生了核科学与技术这一工程的一级学科. 本附录将简单介绍核科学与技术相关应用 (有时也称为工程物理)①.

A.1 工程物理

工程物理一词来源于苏联, 苏联启动核能项目时, 为了保密, 将包括核武器在内的所有核能研究的项目统称为工程物理, 所以工程物理成为一个有保密性质的专有名词. 工程物理包含了工程与物理两个看似矛盾的体系, 如何将两个体系结合起来是值得讨论的. 首先, 工程是指以某组设想的目标为依据, 应用有关的科学知识和技术手段, 通过有组织的活动将某个现有实体转化为具有预期使用价值的人造产品的过程. 因此, 工程的根本驱动

---

① 本附录内容是基于作者开设 "工程物理导论" 课程的讲义绪论, 部分内容发表于《物理与工程》, 2023, 33(2): 60-72,80 (作者: 王凯, 矫金龙, 陈海. 题目: 浅谈工程物理). 现改写后作为亚原子物理中核物理章节的补充读物供读者参考.

力必须围绕着特定目标. 其中, 制造一种产品的系统知识称为技术. 其次, 物理是最典型的基础自然科学, 是研究物质最一般的运动规律和物质基本结构的学科. 物理学通常是以探索未知世界, 拓展人类认识深度等非功利目标为基本驱动力的. 近代工业革命的历史说明虽然科学的发展是非功利的, 但正是科学的发展才使工程技术进步成为可能. 另外, 技术提升对实验科学的发展是至关重要的, 由新技术衍生的新仪器对新的科学发现至关重要. 也存在以科学研究为目标而组织的大科学工程, 如粒子加速器、宇宙线探测器、天文望远镜等为人类在基础科学的认识拓展做出了重要贡献. 因此, 科学与工程技术之间是一个互相影响与共同发展的关系.

工程物理属于工程科学, 是围绕工程目标需求进行科学研究的. 面对工程需求, 如果只涉及已经存在的成熟科学和技术, 可以将其直接组织起来, 服务于工程目标, 那就是一个纯工程研究. 然而, 当工程目标需求超出已有的基础科学知识积累时, 需要围绕工程需求开展基础科学研究. 早期的核武器研发正是一个典型的工程科学的例子, 首先, 存在一些涉及基础科学的问题需要理解; 其次, 因为涉及国家安全, 相关的基础科学研究也成为高度保密的信息, 各国必须独立发展. 因此, 从曼哈顿计划开始, 便有大批从事基础科学研究的科学家参与这一工程, 发展出工程物理这一方向.

工程物理的主线是设计一种瞬间释放大量核结合能的高能量密度武器. 核结合能的释放是一个微观核物理过程, 而要得到宏观效应则要研究中子或等离子体的输运问题 (非平衡态统计物理), 具体可以分为辐射、粒子与物质相互作用 (核物理、原子物理)、中子输运、辐射输运、物态方程和流体力学等物理问题. 涉及的学科有核物理、原子物理、等离子体物理、计算物理等众多方向, 是一门典型的交叉学科. 本附录的目的便是沿着核武器研制这一主线, 介绍其所涉及的公开物理原理.

A.2 链式反应与原子弹

工程物理的研究目标是设计一种瞬间释放大量核结合能的高能量密度武器. 为达到这个目标, 首先, 需要找到能够释放结合能的核反应; 其次, 需要解决宏观释放能量的问题. 本节将围绕这两点, 展开讨论原子弹的设计原理.

A.2.1 核结合能的释放: 裂变与聚变

原子核是一个由质子、中子等核子通过短程强耦合的核力组成的束缚态, 是一个强关联量子多体系统. 当 Z 个质子和 $A-Z$ 个中子通过核力相互作用组成束缚态原子核时会释放出能量, 被称为结合能 $B(Z, A)$

$$B(A, Z) = Zm_{\mathrm{p}} + (A - Z)m_{\mathrm{n}} - m(A, Z)$$

其中, m_{p} 和 m_{n} 分别是自由质子和中子的质量, 而 $m(A, Z)$ 是组成的原子核质量. 因此, 对于一个给定核子数的系统, 结合能的大小直接影响了原子核的稳定性, 结合能越大, 核越稳定，反之则越不稳定. 为了更好地比较不同核子数系统，对于由 A 个核子组成的原子核可以定义比结合能 $\epsilon = B(A, Z)/A$，即结合能与核子数之比. 实验测量比结合能的结果如图 A.1 所示[①]. 从结合能几乎与核子数成正比变化的性质，可以推导出核力是短程力，事实上核力的作用范围大约是 10^{-15} m. 在图 A.1 中，虽然比结合能与核子数变化不大，但仍然可以看到原子序数处于中间铁元素附近的核素的比结合能最大，即最稳定，而从两端的核素向中间的核反应过程都伴随结合能的释放，分别被称为核裂变反应和核聚变反应. 其中，核裂变指较重的原子核产生两个质量相当的原子核，而核聚变反应指两个较轻的原子核聚合成一个结合能更高的原子核.

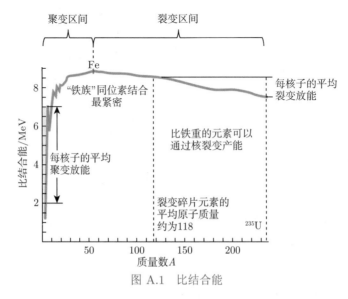

图 A.1　比结合能

核裂变可以自发发生，例如钚-240 等会裂变成两个质量相当的核素，同时释放中子. 还有一类物质被称为裂变材料，比如铀-233、铀-235 和钚-239 等，即吸收一个动能几乎为零的中子，变成铀-234、铀-236 和钚-240，然后再发生核裂变. 例如一个铀-235 的原子核吸收一个能量几乎为零的中子

$$n + {}^{235}_{92}U \longrightarrow {}^{141}_{56}Ba + {}^{92}_{36}Kr + 3n \qquad 202\ MeV$$

会同时释放 $2 \sim 3$ 个动能约为 $\mathcal{O}$ (MeV) 的中子，并以裂变后的原子核动能和辐射的形式释放约 200 MeV 的核结合能.

核反应作为一个非相对论量子力学的散射过程，当一个初态两体形成一个中间束缚态的过程时，散射截面有显著增强，即布雷特-维格纳 (Breit-Wigner) 共振散射区间. 在图 A.2 中[②]，在低能中子区的行为则对应共振散射区间，每一个共振峰均对应着铀-236 和钚-240 的激发态. 对于铀-238，吸收一个低能中子得到铀-239，但并不在易裂变的能级，因此只是发生吸收反应 (n, γ). 原子核作为一个束缚态总会因为高能粒子轰击而被打散，称为散裂反应. 对于铀-238 而言，需要中子能量达到较高的 $\mathcal{O}$ (10 MeV) 以上时，才会发生散裂性质的裂变反应.

① Nuclear binding energy. (2022, October 22). In Wikipedia.

② NEA: Plutonium Fuel: An Assessment. Paris: OECD Publishing, 1989.

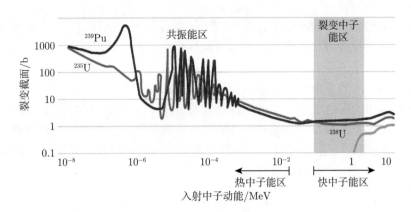

图 A.2 裂变反应截面

注：横纵坐标抽取对数坐标

图片来源: NEA, Plutonium fuel—an assessment (1989); Taube, Plutonium—a general survey (1974). 1MeV $=$ 1.6022×10^{-13} J

核聚变是指两个较轻的原子核靠近核力的作用范围，发生核反应并聚合成一个更重的原子核和其他产物的过程. 因为原子核带正电，要发生核聚变就必须克服原子核之间的库仑排斥，因而库仑势垒越小的反应越容易发生，其中最容易发生核聚变反应是氢的同位素氘、氚. 聚变反应的截面如图 A.3 所示.

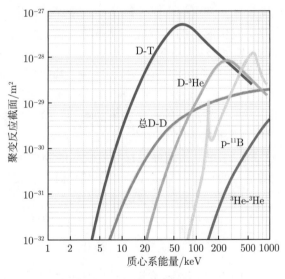

图 A.3 聚变反应截面

氘氚聚变产生一个 α 粒子和一个中子，总共释放 17.6 MeV 的能量. 鉴于中子的质量约是 α 粒子的 1/4，所以中子带走了 80% 的能量，大约 14.1 MeV.

$$^{2}_{1}\mathrm{D} + ^{3}_{1}\mathrm{T} \longrightarrow ^{4}_{2}\mathrm{He} + \mathrm{n} \quad 17.6 \text{ MeV} \tag{A.1}$$

1896 年贝可勒尔 (A. H. Becquerel) 偶然发现了铀的天然放射性，开启了原子核物理的新世纪. 随后，居里 (M. Curie) 夫妇发现镭、钋等更多放射性核素后，提供了稳定的 α

粒子源. 这些动能为 $\mathcal{O}$ (5 MeV) 左右的 α 粒子可以透过原子核外的电子直达原子核, 在卢瑟福散射、人工核反应等发现中均起到了决定性作用. 在卢瑟福散射过程中, α 粒子带正电荷 $+2e$, 而核力是短程力, 只在 10^{-15} m 范围内发生作用. 如果要使 α 粒子运动到金核的核力作用范围, 需要克服巨大的库仑排斥势能, 约 26 MeV, 所以卢瑟福散射只是 α 粒子在金核静电场中的库仑散射, 不涉及任何核反应. 只有当这些自发衰变的 α 与轻核反应时, 才可以发生真正的核反应. 随着各类轻核反应被发现, 人类对恒星核合成的理解才得以实现. 当人类意识到恒星的能量来自于轻核聚变反应后, 便有人开始思考如何利用核能. 褐矮星存在一类质子——锂的核聚变反应,

$$\mathrm{p} + {}^7_3\mathrm{Li} \longrightarrow {}^8_4\mathrm{Be} \longrightarrow \alpha + \alpha .$$

在该反应启发下, 1932 年科克罗夫特和沃尔顿提出质子通过质子加速器轰击锂靶产生能量. 两人的导师卢瑟福指出, 即使反应释放能量超过输入能量, 有能量增益, 受限于当时的加速器通量, 这仍将是一个低效率的利用方式, 并不具有现实的能源利用价值. 事实上, 高亮度质子束在加速器中面临严重的束流稳定性挑战, 现代技术也只能做到毫安量级. 可见, 虽然核反应释放的结合能远比化学反应要大, 但是要得到宏观效应并不容易.

直到 1932 年查德威克发现中子. 中子不带电, 会直接运动到核力作用范围, 因此, 中子参加的反应一定是核反应, 所以中子的发现在核物理中有着非常重要的意义. 1933 年齐拉首次意识到, 如果能利用中子轰击核素产生新的中子, 且每次释放的中子超过 1 个, 就会形成一个增殖的正反馈过程, 产生的中子逐级呈指数增加, 发生了雪崩效应, 从而产生大量的中子并轰击原子核, 发生海量的核反应, 这被称为链式反应. 当然, 当时不知道什么样的反应和核素可以用于链式反应.

1934 年费米开始研究利用中子轰击铀原子核, 发现了镎等新的核素, 并且发现了经过慢化的中子与铀发生共振散射, 极大地提高了反应截面. 之后, 化学家哈恩 (O. Hahn) 和核物理学家迈特纳 (L. Meitner) 在柏林开始重复费米的实验, 哈恩主要负责新核素的化学分离. 1938 年 12 月 19 日哈恩给迈特纳的信中介绍了在中子与铀的反应中产生了钡[①], 迈特纳和她的侄子费力奇 (D. Frish) 第一次解释了核裂变反应的物理机理[②]. 在液滴模型中, 结合能中表面能和库仑能均是负的贡献, 当原子核处于某种激发态发生形变的过程中时, 表面能变小, 库仑能变大, 可以通过库仑能与表面能的对比

$$\frac{E_\mathrm{C}}{E_\mathrm{S}} = \frac{a_\mathrm{C} Z^2 A^{-\frac{1}{3}}}{a_\mathrm{S} A^{\frac{2}{3}}} = \frac{1}{25.06} \frac{Z^2}{A}$$

研究发生核形变时, 核结合能中负的贡献变化, 从而理解核发生裂变的不稳定性. 如果形变过程中, 库仑能足够大, 就会因为库仑排斥导致核分裂成两大质量相当的核, 这便是裂变. 图 A.4 给出了各类元素不同的同位素核的自发裂变寿命, 可以很明显地看出 Z^2/A 越大, 原子核越容易发生裂变.

① Hahn O, Strassmann F. Nachweis der Entstehung aktiver Bariumisotope aus Uran und Thorium durch Neutronenbestrahlung; Nachweis weiterer aktiver Bruchstücke bei der Uranspaltung. Naturwissenschaften, 1939, 27(6): 89-95.

② Meitner L, Frisch O. Disintegration of uranium by neutrons: a new type of nuclear reaction. Nature, 1939, 143: 239-240.

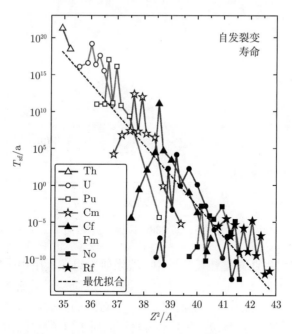

图 A.4　各类元素不同的同位素核的自发裂变的寿命

当 $Z^2/A > 50$ 时，就会发生瞬时裂变. 玻尔与惠勒[①]在液滴模型中对比铀-235 与铀-238，指出了哈恩实验中只有铀-235 发生了裂变.

裂变同时释放大量的核结合能，并且每次裂变释放的总能量约为 200 MeV，表 A.1 给出了铀发生裂变反应时释放的能量分类，其中裂变后核的动能占主导.

表 A.1　铀裂变时的能量分类

类别	能量/MeV
热 (碎裂核动能)	165 ± 5
光辐射	7 ± 1
中子动能	5 ± 0.5
β 电子	7 ± 1
β 反中微子	10
γ 衰变光子	6 ± 1
总计	200 ± 8.5

要测量核的激发态发生裂变所处的能级，还可以通过光致裂变测量直接得到，如图 A.5 给出了铀-238 的光致裂变截面. 可见铀-238 被 γ 激发到 6 MeV 左右的激发态就会发生裂变.

1939 年 2 月哈恩研究组首次预言裂变反应中会产生中子，因此裂变使得齐拉提出的链式反应成为可能. 铀-233、铀-235 和钚-239 是典型的裂变材料，通过吸收一个动能极低的

① Bohr N, Wheeler J. The mechanism of nuclear fission、Phys. Rev., 1939, 56: 426-450.

中子便会发生裂变①.

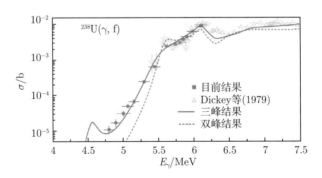

图 A.5　铀-238 的光致裂变截面

最早的链式反应发生在石墨核反应堆中. 费米研究组在利用中子轰击铀产生裂变的过程中，偶然发现了在木头桌子上的反应率大大提高，进而发现了低能中子与核反应处于共振散射区. 图 A.2 是核裂变反应的截面，低能中子对应的共振散射区域的裂变反应截面比裂变中子对应的截面高两个数量级. 当中子与较轻的原子核 (如石墨中的碳原子核) 发生弹性碰撞时，会逐步失去动能，这个过程被称为中子慢化过程，而石墨被称为减速剂或慢化剂②. 这成为第一座核反应堆的设计基础. 典型的可以用作反应堆慢化剂的是轻水、重水和石墨，而石蜡在早期实验中也经常被用作慢化材料. 齐拉一直致力于寻找链式反应的候选反应，当他得知裂变现象后，便启动了铀链式反应的研究，他和费米合作用石蜡慢化的中子轰击公斤级的铀，虽然没有达到自持，但实现了链式反应. 1942 年 12 月 2 日，费米和齐拉在芝加哥主持的世界第一个石墨慢化的核反应堆上第一次实现了自持链式反应③.

事实上，随着核裂变的消息放出，费米、约里奥–居里等科学家很快也都意识到铀的裂变可以用于齐拉提出的链式反应，不过齐拉担心链式反应的军事潜力被德国利用，劝说费米、约里奥–居里不发表关于裂变链式反应的想法. 齐拉同时告诉爱因斯坦对德国启动核计划的担心. 1939 年 8 月爱因斯坦受齐拉影响，致信美国总统罗斯福提出，为了与德国抗衡，美国政府应关注这一新的物理现象及潜在的军事应用，推动美国启动名为 "曼哈顿计划" 的核武器研制计划.

事实证明，德国科学家们也意识到核裂变链式反应的巨大军事潜力，也开始了核计划，由海森伯领导. 根据报告显示，海森伯等理论家早在 1941 年已经了解了完整的原子弹的设计原理. 德国科学家博特 (Bothe) 也做过类似实验，但是不了解硼的问题，从而错过了实

---

① 事实上只有铀-235 和钚-239 成为了主流的核武器燃料. 铀-233 虽然是裂变材料，但是通常不能用作武器. 铀-233 来自于钍-232 的吸收反应 (n, γ) 再经过两次 β 衰变，在反应中伴生由铀-231 产生的铀-232，铀-232 的自发衰变过程释放高能 γ 射线，对装备的电子器件和人员都有影响，并可能与装置中的铍反应产生中子，不利于装备安全. 武器级铀-233 中要求铀-232 含量低于 50 ppm (1 ppm=10^{-6})，这极大地提升了同位素分离的成本. 这些困难在商用核反应堆中并不突出，因此混合钍-232 的增殖堆对能源是可用的. 鉴于钍-232 不能低成本地被用来生产武器，从防止核武器扩散的角度，钍-232 反应堆具有显著的优点.

② 慢化的弹性碰撞过程延长了反应时间，因此核反应堆是一个相对缓慢的释放核能的装置，不符合武器设计中对装置紧凑性和瞬时释放大量能量的要求.

③ 石墨生成过程中的硼电极会导致石墨中含硼，而硼对中子的吸收能力很强. 齐拉有工程背景，了解石墨中的含硼，因此他要求美国核反应堆使用的石墨必须经过纯化去硼.

现链式反应. 海森伯领导的核项目中, 因为同位素分离项目耗电量巨大, 又错过了石墨反应堆, 而采用成本更高的重水反应堆, 遇到了更多的技术困难, 从而错过了钚-239 的生产, 没有实现原子弹的成功.

A.2.2 原子弹的设计原则

纯裂变装置即原子弹, 其利用核裂变反应来释放核结合能. 事实上, 每次裂变反应释放的约 200 MeV 的结合能, 只有 3×10^{-11} J, 从宏观上来看是微不足道的能量. 因此, 必须有大量的微观反应才能呈现出可观的宏观效果. 然而每次裂变反应都需要中子激发, 这意味着必须有足够大量的中子. 幸运的是, 每次裂变反应时会释放 2 ~ 3 个中子, 且裂变中子动能约 1 MeV, 远远超过需要激发的可裂变材料 (铀-233、铀-235 和钚-239) 所需的中子动能, 使得反应可以逐级进行下去变成链式反应[①]. 铀-235 等裂变材料的生产的核心在于同位素分离. 同位素指质子数相同, 而中子数不同的核素. 元素的化学性质由核外电子决定, 同位素的化学性质几乎是一样的. 鉴于铀-235 比铀-238 更容易衰变, 天然铀矿中铀-235 丰度只有约 0.7%, 这也是费米进行了多年实验只发现新产生的核素却没有发现裂变反应的原因. 原子核质量上约 1.2% 的差别来源于电子约化质量, 以及核自旋带来的自旋–轨道耦合上的细微差别, 只在超精细结构层次上可观测到, 所以通过普通的化学反应是无法将同位素分离的. 同位素分离是核武器生产环节中一个重要瓶颈, 是核武器制造过程中最大的工业项目. 同位素分离主要依赖于气体扩散法和离心机法两类, 都是针对同位素原子核质量的细微差别而设计的. 原子光谱超精细结构上的差别带来了同位素电离能的细微变化, 使得可以通过激光对其中一类核素先电离, 再通过电场分离同位素, 但是这种激光分离同位素的生产成本也是非常高的. 钚-239 主要来自于铀-238 吸收中子后的两次 β 衰变, 所以钚-239 的生产需要大量的中子. 通常利用核反应堆中的高通量中子生产钚-239, 再通过化工的后处理方式进行提纯, 得到纯钚-239. 第二次世界大战时, 美国在橡树岭国家实验室 (原称 "克林顿实验室") 同时开展离心机分离铀-235 和核反应堆生产钚-239 的工作[②]. 也正因此, 长期领导橡树岭国家实验室的维格纳在核反应堆物理的发展中发挥了重要作用. 我国发现铀矿后, 主要在兰州的气体扩散厂 (504 厂) 开展提纯铀-235 的工作. 苏联运来工厂部件后, 就撤走了全部专家, 统计物理学家王承书院士临危受命, 负责整个工厂的组建任务, 而生产钚-239 的核反应堆在嘉峪关外的 404 厂.

普通物质中其实充满了电子, 电中性的中子不与电子反应而只与原子核反应, 另外, 原子核尺度是原子尺度的万分之一, 因此, 中子在物质中的输运过程碰到原子核的概率是非常低的. 例如纯铀-235 中, 快中子的平均自由程接近 20 cm. 一旦中子逃逸出核材料, 便不能参加链式反应. 因此, 如果材料尺寸很小, 链式反应经过几代后绝大多数中子离开材料, 核反应便停止了, 我们称这种状态为次临界. 对于武器来说, 希望中子尽可能多地被用来参与裂变反应, 有几个重要的方法可以用来降低中子的逃逸概率.

(1) 增加材料尺寸以提高中子在逃逸前发生核反应的概率;

(2) 采用球形核燃料, 其面积–体积比最小, 对应中子逃逸概率最小;

---

① 该反应也是利用核反应堆生产氚的途径.

② 在曼哈顿计划中, 美国在哈特福德建设了 10 座高功率钚的生产堆.

(3) 加中子反射层让中子通过弹性碰撞返回核材料中;

(4) 压缩核燃料以增加材料密度, 提高中子发生核反应的概率.

能够实现自持链式反应的核材料尺寸被称为临界半径, 从而可以求解出临界质量. 从图 A.2 中可以看到, 在核裂变中子的能区 $\mathcal{O}$ (1 MeV), 裂变反应截面要小两个数量级, 因此需要大量高丰度的纯裂变材料, 如纯钚-239 的临界质量约在 10 kg, 而铀-235 则是 48 kg. 核武器设计的核心是在保证安全性的前提下, 尽可能地提高装置链式反应效率. 然而, 在链式反应发生过程中, 大量的能量被释放出来, 会导致核材料膨胀甚至气化、等离子体化, 密度的降低会让反应性迅速降低, 链式反应停止. 链式反应是指数增殖反应, 因此, 链式反应中止前最后几步是原子弹释放能量的决定性因素. 一旦裂变材料达到临界, 就需要进行中子点火, 中子点火的精准控制是一个重要环节. 如果在次临界状态点火, 那么链式反应就会很快停止, 会释放一定能量但不足以发生核爆炸, 这被称为过早点火. 裂变武器的设计可以被总结为以下几条.

(1) 次临界装配: 因为存在自发裂变等偶发的中子事例, 从安全角度考虑, 核武器必须处于次临界的存储状态, 以避免偶发中子引起的链式反应.

(2) 引爆前达到超临界: 让裂变材料快速达到超临界状态, 通常是通过化学爆轰反应将处于次临界的燃料块压缩至超临界. 在最优超临界状态, 通过中子发生装置释放中子启动裂变链式反应.

(3) 链式反应自持: 裂变链式反应开始后, 要尽可能延长材料完整的状态的时间, 以保证更多材料在物态变化导致链式反应停止前反应.

基于以上原则, 原子弹最早的设计可以分为枪式结构和内爆型结构, 曾用于实战的两枚原子弹就分别属于这两种结构.

(1) 枪式结构: 枪式结构是通过发射一块裂变材料与另一块裂变材料组成一个整体达到临界质量, 是最简单直接的想法, 也是原子弹最早的设计. 1945 年 8 月 6 日在日本广岛投放的 “小男孩” 原子弹便属于枪式结构. 枪式结构原子弹的优点是技术简单, 弹体直径较小, 但也存在一些明显的缺点. 首先是需要大量的核材料, 弹体设计长, 并且效率很低. 当一定比例的原子核裂变后, 原子核的动能迅速增加, 随着核材料的膨胀, 链式反应会很快停止. 原子弹 “小男孩” 使用了 64 kg 的 80% 丰度的铀-235 材料, 而裂变材料的使用效率只有约 1.5%. 其次, 枪式结构中两块核材料的超临界拼合是通过炸药推进完成的, 拼合时间大概在毫秒量级, 拼合时间过长, 存在过早点火的危险. 尤其是对于钚-239 材料, 其自发裂变半衰期比铀-235 低两个数量级, 更容易出现过早点火问题. 如果钚-239 中混入钚-240, 钚-240 有非常大的自发裂变强度, 问题会更加严重. 因此, 枪式结构的原子弹一般无法使用钚作为燃料. 另外, 枪式结构的原子弹虽然弹体直径较小, 但为了使核燃料快速组合, 需要一定的加速距离, 因此枪式结构的弹体需要做得很长.

(2) 内爆型结构: 内爆型结构的原子弹采用另一种设计思路, 即通过化学炸药产生的内爆冲击波压缩核材料, 增加核材料密度, 使核材料从次临界状态转变为超临界状态. 内爆型原子弹具有两个突出优点: ① 内爆压缩时间相比于枪式结构的核材料拼合时间大大缩短, 核材料从临界到高超临界状态只需要几微秒, 大大降低了过早点火的危险, 这也使得高自发裂变材料钚的使用成为可能. 1945 年 8 月 9 日在日本长崎投放的 “胖子” 就是一颗内爆型钚-239 装料的原子弹. ② 内爆压缩显著提高了核材料的密度, 大幅度降低了核材料的临界质量, 在节省核材料的同时还提高了核材料利用效率, 便于武器小型化设计. 今天所有现代核武器都是以内爆型为基础设计的. 我国的第一颗原子弹就直接采用了内爆型设计. 王淦昌先生是核武器试验工作的负责人, 领导团队在河北省怀来县官厅水库附近的工兵靶场 (被称为 "十七号工地") 开展爆轰试验. 王淦昌先生当时年近六十, 住帐篷, 和同事们一起熔炸药, 打了上千发炮, 研制出多种炸药平面波透镜和多种特种部件, 为我国的内爆型原子弹的成功试验打下了基础[①].

A.3 氢弹：突破临界

战略核武器的设计目标是减小尺寸、增加当量, 以保证运载工具可以携带更多弹头, 每个弹头有更大当量. 提升武器当量的最直接想法是增加核材料, 但核材料的临界质量问题给原子弹当量带来了限制. 在纯裂变的原子弹中, 为了防止包括自发裂变等偶发中子过程导致的过早点火问题, 核材料在点火之前必须处于次临界状态, 而增加装料必然受到保持次临界要求的限制, 同时也增加了内爆型装置防止过早点火的设计难度. 世界上最大的纯裂变装置核试验约为 50 万吨 TNT 当量 (美国 Ivy King 核试验, 1952 年 11 月 15 日).

因为临界质量对原子弹当量的限制, 进一步提升武器当量需要采用新的物理机制. 事实上, 在曼哈顿计划刚启动的 1942 年夏天, 加州大学举行了一次项目理论研讨会, 商议武器的设计原理, 鉴于当时大家觉得裂变武器原理似乎是顺理成章的, 会议议题就没有局限于裂变. 泰勒在会上提出了利用聚变能的想法, 首次提出了利用 TNT 炸药引爆氘氚聚变的设计, 但这个想法很快被贝特的计算完全否定[②].

前面提到, 鉴于核力是短程力, 要发生聚变反应, 两个原子核必须靠近到 10^{-15} m 尺度的核力作用范围. 氢的同位素需要克服的库仑排斥势能是最小的, 因此氘氚聚变是点火温度最低的核聚变反应, 其只需克服大约 0.4 MeV 的库仑排斥势能. 考虑量子散射问题中的量子隧穿效应和原子核速度分布函数的高能部分, 其实只需要千电子伏特的动能. 氘氚聚变反应会释放 17.6 MeV 的能量, 如果单纯看核反应的单位质量放能, 氘氚聚变是裂变的四倍, 有非常大的优势, 但是鉴于氘氚的密度非常小, 其单位体积放能其实是非常低的. 表 A.2 中给出了钚-239、铀-235 两种裂变材料的裂变反应与氘氚聚变反应中释放的反应能, 其中单位为吨TNT 当量每克 (tTNT/g)[③]. 可以看到, 即使以固体氘氚冰的高密度做比较, 也完全不具有优势[④].

另外, 氘氚聚变反应产物为中子与 α 粒子, 由于中子的质量是 α 粒子的 1/4, 因此反应能的 80% 将转换为中子的动能, 约 14 MeV, α 粒子动能约为 3.5 MeV. 虽然中子能量很高, 但若直接利用高能中子, 其杀伤的范围是有限的. 因此, 从发展小型化大当量武器的角度, 纯粹的氘氚聚变并没有优势. 当然, 如果从战术性核武器角度, 即不是简单强调大当

---

① 王淦昌. 王淦昌全集 (第 5 卷)——无尽的追问、论述文章. 石家庄: 河北教育出版社, 2004.

② Serber R. The Los Alamos Primer. California: University of California Press, 1992.

③ 单位 tTNT 指 "吨 TNT 当量", $1\text{tTNT} = 4.19 \times 10^9 \text{J}$.

④ 朱少平. 中国工程物理研究院研究生院课程讲义——"高能量密度物理".

量的目标时, 是可以利用聚变效应杀伤的. 比如, 中子弹就是典型的以高通量高能中子作为杀伤手段的战术核武器.

综上所述, 不应该只利用聚变反应来设计核武器. 那么聚变反应到底是如何在武器中应用的? 本节将展开讨论三种方式.

表 A.2　核反应放能

材料	单位质量放能/(T/g)	密度/(g/cm^3)	单位体积放能/(T/cm^3)
$^{239}_{94}$Pu	17.3	19.8	343
$^{235}_{92}$U	17.6	18.8	331
氘氚冰	81	0.255	21

A.3.1　聚变–裂变混合装置 (一)——聚变增强型原子弹

聚变增强型原子弹是最早利用聚变反应的核武器. 核裂变材料通过链式反应过程释放出巨大能量, 使核材料发生相变, 迅速膨胀, 导致材料密度大幅度降低, 中子平均自由程变长, 处于临界或者超临界的核材料会立刻变成次临界状态, 导致链式反应停止. 这极大地限制了原子弹的武器效率, 造成核装料的巨大浪费, 即内爆型原子弹的最高效率也只有 20%. 聚变增强型原子弹正是在这样的背景下被研发出来的.

聚变反应产生的高能中子的动能远远高于裂变中子, 这些高能中子对裂变反应有重要影响. 聚变中子相比于裂变中子, 其核材料的裂变反应截面可以提高约 2 倍, 显著增加了裂变反应概率. 同时, 聚变中子引起的裂变反应释放的次级中子数目明显增加. 例如, 聚变快中子轰击钚-239 平均产生 4.6 个中子, 比原裂变中子反应的 2.9 个中子提高了近 60%, 最终导致从裂变中子到聚变中子激发钚-239 裂变, 次级中子产率提高 8 倍, 这极大地提升了裂变反应效率, 聚变增强型原子弹的效率甚至可以超过 40%.

聚变增强型原子弹的设计是在内爆型原子弹的中心增加氘氚混合燃料, 通过裂变反应产生燃料的聚心压缩使氘氚发生聚变反应, 进而释放高能的快中子. 氘氚气体的量与产生的额外中子通量成正比, 因此武器的当量也可以通过控制充氘氚材料的量来控制.

A.3.2　聚变–裂变混合装置 (二)——氢弹

我们在本节开头提到可裂变材料的临界质量是限制纯裂变装置武器当量的主要因素, 因此需要寻找一种避开临界质量限制的方法.

突破临界质量限制的关键是绕开裂变材料的链式反应. 如果一种核材料, 当其被高能中子轰击时可以发生裂变, 但是产生的裂变中子不会进一步导致其发生裂变, 这样就不会发生链式反应, 也就没有临界质量的问题. 事实上, 高能中子轰击材料发生裂变类似于一个散裂过程, 很多重核元素都有这个性质. 我们以铀-238 为例, 要发生裂变反应的初态中子动能要超过 10 MeV, 远大于裂变反应产生的中子动能. 因此, 只要找到一种高通量的高能中子源, 就可以利用高能中子轰击铀-238 裂变, 释放核结合能. 铀-238 没有临界质量的问题, 所以装料的提高没有限制. 武器设计的关键变成了如何得到高通量的高能中子源, 而氘氚聚变恰好提供了这样一个快中子源. 基于上述原理, 产生了一种两级武器方案, 包括

"初级"和"次级". "初级"是一个裂变反应装置，可以产生高亮度辐射场，利用该辐射场压缩包含氘氚燃料的"次级"[①]，发生聚变反应，释放部分能量并产生大量快中子，快中子与包壳层的铀-238 反应，最终释放大量核裂变能. 由于铀-238 的装料不受临界质量限制，因此提高氘氚聚变产生快中子的通量成为提高武器当量的核心问题. 由于主要利用了氢的同位素氘氚的热核聚变反应，因此这种聚变–裂变混合装置被称为氢弹，也叫做热核武器.

氢弹中的氘氚燃料需要在很高的温度和密度条件才能发生充分的聚变反应，产生足够多的聚变快中子. 另外，虽然氢弹中的聚变反应是氘氚反应，但氚的半衰期只有约 12 年且生产成本高，氘氚材料密度较低. 为降低装备的存储和生产成本，氢弹中并不直接使用氚，而是由锂-6 吸收一个中子产生 ${}_3^6\mathrm{Li}(n, \alpha){}_1^3\mathrm{T}$ 反应

$$
{}_3^6\mathrm{Li} + n \longrightarrow {}_1^3\mathrm{T} + {}_2^4\mathrm{He} \tag{A.2}
$$

共振区间在 200 keV 左右，如图 A.6 所示. 因此，氢弹中采用的热核燃料为氘化锂，需要先通过初级裂变反应产生中子，再利用上述反应产生氘氚燃料. 根据公开解密资料，图 A.7 是美国 W88 弹头结构示意图[②].

这是一个典型的聚变–裂变混合装置，上半部分的"初级"是一个中心有氘氚混合材料的聚变增强型原子弹，下半部分是以氘化锂为燃料的"次级".

从图 A.7 中的"次级"结构中可以看到氘化锂燃料外层为铀-235 组成的推进层 (pusher). 从物理图像上不难猜到铀-235 的主要作用是"初级"产生的裂变中子激发链式反应，产生裂变中子将氘化锂转变为氘氚. 经过初步分析，"初级"引爆后对"次级"的作用包括如下内容.

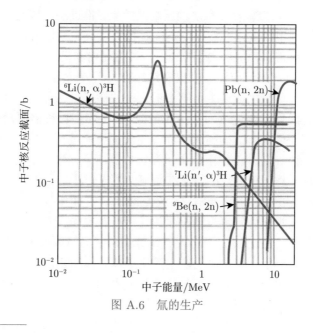

图 A.6 氚的生产

---

① 世界上第一颗氢弹 Mike 使用的是氘氚热核燃料，会先通过聚变产氚，而后续实战化氢弹使用的却是氘化锂，导致这两种武器的压缩机制并不完全相同. 我们在本节介绍氘化锂材料的压缩机制，下一部分的中子弹则直接使用氘氚燃料，我们会在该部分介绍烧蚀压缩机制.

② W88. (2022, November 9)——维基百科.

(1) 最早到达"次级"的辐射，以 X 射线为主；

(2) 裂变中子，动能 $\mathcal{O}$ (MeV)，速度 $\mathcal{O}(10^7 \text{ m/s})$，激发推进层的链式反应；

(3) 燃烧填充高分子材料的等离子体，对"次级"有等离子体压；

(4) 冲击波，对"次级"有破坏作用，热核反应必须在冲击波到达前完成.

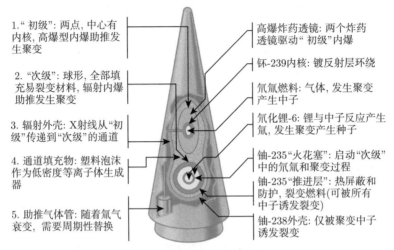

1."初级"：两点，中心有内核，高爆型内爆助推发生聚变

2. "次级"：球形，全部填充易裂变材料，辐射内爆助推发生聚变

3. 辐射外壳：X射线从"初级"传递到"次级"的通道

4. 通道填充物：塑料泡沫作为低密度等离子体生成器

5. 助推气体管：随着氚气衰变，需要周期性替换

高爆炸药透镜：两个炸药透镜驱动"初级"内爆

钚-239内核：镀反射层环绕

氘氚燃料：气体，发生聚变产生中子

氘化锂-6：锂与中子反应产生氚，发生聚变产生种子

铀-235"火花塞"：启动"次级"中的氘氚和聚变过程

铀-235"推进层"：热屏蔽和防护，裂变燃料(可被所有中子诱发裂变)

铀-238外壳：仅被聚变中子诱发裂变

图 A.7　美国 W88 弹头结构示意图

最早到达的 X 射线能量沉积于推进层表面，导致表面等离子体化，产生反冲的冲击波压缩推进层，可以提高核密度，该过程有时被称为烧蚀压缩[①]. 当中子到达推进层后，在 $\mathcal{O}(0.1 \text{ ns})$ 尺度引发链式反应，鉴于有烧蚀压缩的效果，推进层内核反应物质和辐射应主要向内膨胀，在这个过程中，氘化锂被压缩，同时推进层产生的链式反应中子也将氘化锂转化为氘氚，且产生的氚带有动能约 2.8 MeV. 在氘化锂内部仍有一个铀-235 的源被称为点火源 (sparkplug)，通过链式反应进一步提高氘氚等离子体的温度.

氘氚燃料需要充分反应才能产生足够多的聚变快中子，进而进一步提高武器当量. 因此，热核燃料的自持燃烧问题就成为其中的关键. 自持燃烧过程需要聚变产物沉积能量加热聚变材料，维持聚变反应所需的高温条件，使聚变反应过程维持下去. 氘氚燃料的聚变反应会产生高能中子和 α 粒子，但由于中子在氘氚等离子体中的平均自由程很长，大部分中子会离开氘氚等离子体，因此，α 粒子在氘氚等离子体中的能量沉积是维持自持燃烧的关键. 装置的最外层是铀-238 的包壳，这个辐射外壳一方面作为约束初级引爆时产生的 X 射线的黑腔，另一方面又作为氘氚聚变产生的快中子激发裂变的燃料. 由于铀-238 辐射外壳没有临界质量的限制，因此铀-238 是大当量氢弹的主要能量来源. "初级"、"次级"和辐射外壳之间填充有高分子材料，用于产生等离子体并传输 X 射线.

特勒 (E. Teller) 最早提出利用聚变能制造核武器的想法，之后乌拉姆 (S. M. Ulam) 通过反复计算提出利用辐射内爆来压缩氘氚材料产生聚变反应的方案，形成了所谓的特勒–乌拉姆构型. 氢弹原理和构型曾经是高度保密的，不过苏联、英国、中国、法国四国科学家也分别独立研究并掌握了氢弹设计. 特别值得提及的是我国和法国在氢弹研制领域的竞赛，

---

① 烧蚀压缩在以氘氚为主的次级体系起主要作用，会有专门的低 Z 材料组成的烧蚀层，将在 A.3.3 节中子弹部分详细讨论.

这是一场典型的大科学工程研究思路的比较. 表 A.3 中分别给出了中国和法国的核武器研制时间表.

表 **A.3** 中国和法国的核武器研制时间表

国家	原子弹研制成功时间	氢弹研制成功时间	原子弹和氢弹研制成功的间隔时间
中国	1964/10/16	1967/6/17	2 年零 8 个月
法国	1960/2/13	1968/8/24	8 年零 6 个月

我国在于敏先生的领导下率先掌握了氢弹的基本科学原理, 抓住了关键科学问题, 实现了理论设计突破; 之后在王淦昌先生的领导下, 于 1966 年 12 月 29 日成功实现氢弹原理实验, 由唐孝威院士小组确认了聚变快中子的产生. 科学原理上取得突破后, 工程上的结果便水到渠成. 而法国人一直试图优化如何在裂变材料中掺聚变材料, 以工程设计思路寄希望于结构优化, 没有意识到关键的科学问题是突破临界质量, 这让法国在这场竞赛中败给了中国. 而中国在这场竞争中制胜的原因则如于敏先生所总结的, 科学研究要做到 "知其然知其所以然" [1].

要做到这一点, 需要理论物理和实验物理的密切配合, 精确理解整个过程. 也正是由于理论与实验的密切协作, 我国仅通过 45 次核试验便掌握了核武器设计相关的诸多关键点, 为维护国家核武库的稳定及发展做出了重要贡献. 例如, 核试验中测得的 γ 射线波形等数据, 可以通过分析 γ 射线由哪种机制产生, 分别反映裂变和聚变的过程, 区分它们的变化规律, 研究裂变–聚变混合装置的反应情况. 再例如, 核试验的中子谱测量为中子输运过程的研究提供了更多信息, 对武器当量的计算至关重要. 在原子弹中, 存在部分中子被原子核吸收后又释放出来的非弹性散射过程, 虽然初末态与弹性散射过程一样, 但中间态不同导致了末态中子能谱的不同. 而氢弹中, "次级" 压缩氘氚燃料聚变产生高能中子能谱是预言铀-238 裂变放能的基础. 因为氘氚燃料密度极高导致聚变产生的中子密度极高, 中子与核的弹性散射不可忽略 (如氘、氚、锂-6 核), 部分中子动能甚至可以高达 25 MeV, 从而变成了一个典型的非线性中子输运过程 [2]. 这样的信息都需要通过中子飞行时间谱的数据分析来验证 [3].

最后需要指出的是, 前一节讨论的聚变增强型原子弹内部通常还是使用氘氚燃料. 其主要问题是中子氘化锂产氚过程赶不上裂变弹体解体过程. 同时, 这种增强型原子弹完全依赖裂变链式反应产生的直接辐射压, 没有辐射内爆中初级产生的 X 射线烧蚀压缩的贡献, 导致热核燃料的压缩不及氢弹 "次级", 相对低的密度也导致氘氚燃烧不如氢弹 "次级" 过程充分. 事实上, 在我国氢弹的研制历史中, 加了热核燃料的聚变增强型原子弹试验的当量并没有完全达到预期, 于敏先生也正是通过分析其中物理原因才真正抓住了氢弹原理的关键 [4].

A.3.3 聚变–裂变混合装置 (三)——战术核武器

氢弹的核心思想是利用聚变产生的快中子轰击没有临界质量限制的铀-238 等材料释放核裂变能, 从而达到提高当量的目的. 但是战略核武器的大当量也让这种武器不会被轻易

① 于敏. 于敏论文集. 北京：北京应用物理与计算数学研究所, 1996.
② 杜祥琬. 非线性中子输运问题的一个解法. 计算物理, 1984, 1(2): 226-236.
③ 吕敏. 最善于指导实验工作的理论家. 物理, 2006, 35(9): 758-759.
④ 蔡少辉. 铭记心底的激情时光. 物理, 2006, 35(9): 754-758.

投入战场, 因此, 千吨当量级的战术核武器有更大的可能性被用于实战. 中子弹便是一种直接利用聚变中子进行杀伤的战术核武器. 我们将以部分公开资料[①]的中子弹介绍, 讨论中子弹的可能原理.

中子弹是以千吨级当量的小型化裂变武器作为初级, 激发氘氚聚变, 产生大量高能中子. 由于整体放能不高, 因此冲击波的杀伤效果较小, 主要是以瞬时的高通量高能中子为杀伤手段. 较弱的冲击波对建筑物、装甲车辆等破坏较小, 而高能中子穿透性高, 可以杀伤建筑物和车辆中的人员. 由于中子弹的 "初级" 当量很小, 也没有 "次级" 中的裂变材料二次点火, 因此这类小当量核武器无法使用氘化锂作为热核材料, 通常大量采用氘氚混合液体或氘氚冰直接作为聚变材料, 所以需要低温保存.

"初级" 裂变装置的小当量对 X 射线压缩聚变 "次级" 的过程提出了挑战, 因此需要从设计上对辐射压缩过程进行增强, 但不能以铀-238 作为外层, 据美国网络资料, 可以采用高 Z 但没有快中子裂变的钨等金属作为包壳, 使得受激后释放更多辐射但不会与聚变快中子反应, 这类武器也被称为辐射增强弹. 另外, 氢弹中热核燃料氘化锂使用铀-235 作为推进层的主要原因是提高氘化锂向氘氚燃料的转变. 中子弹设计目标是减小当量, 提高中子产额, 不再使用铀-235 推进层, 因此, 根据猜测压缩过程也与氢弹 "次级" 压缩机制不同.

根据公开资料, 间接驱动惯性约束聚变 (indirect-drive inertial confinement fusion) 直接采用氘氚冰作为热核燃料, 外层有低 Z 的轻质材料组成的烧蚀层. 一个合理的猜测是战术中子弹与间接驱动惯性约束聚变过程有类似机制. 间接驱动惯性约束聚变氘氚燃料主要以烧蚀压缩为主[②]. 以此猜测, 中子弹小当量 "初级" 爆炸后产生 X 射线, 这些高温辐射传输到 "次级" 表面的低 Z 烧蚀层后沉积能量. X 射线一般无法直接将能量转移给原子核, 需要以电子作为媒介. X 射线主要通过光电效应将电子从原子的束缚态中电离出来, 这些电离电子随后通过不断地碰撞, 将能量传递给原子, 最终实现 X 射线在物质中的能量沉积, 以加热物质. "初级" 释放的 X 射线具有极高的通量, 可以显著电离 "次级" 物质, 形成等离子体状态, 并向外发生剧烈的喷射. 根据动量守恒, 向外喷射的等离子体会在 "次级" 中形成聚心的烧蚀压力, 压缩并加热 "次级" 中的氘氚燃料, 这极大地提高了氘氚的密度和温度, 从而达到聚变反应条件. 如前所述, 辐射与物质相互作用的本质是电子在物质中的输运, 物质中电子的输运过程远远慢于辐射输运, 这直接导致了辐射能量会在物质表层一定深度产生积累效应, 因此, 辐射能量沉积产生的反冲压力 (烧蚀压力) 要比直接由光子气产生的辐射压力高数个量级.

烧蚀压缩的另一个应用是太空反导. 导弹的弹头包层通常有碳、氢等低 Z 轻质材料在铝材外层, 类似于前面提到的烧蚀层材料. 在高空的真空环境中, 核武器杀伤不能依赖于冲击波, 80% 能量将以脉冲高亮度 X 射线场为主. 核武器产生的软 X 射线辐照导弹弹头后, 在弹头材料表面沉积能量, 使表面出现气化或等离子体化, 进而产生烧蚀冲击波在材料中传播, 对弹头进行物理破坏.

---

① 胡思得, 刘成安. 核技术的军事应用——核武器. 上海: 上海交通大学出版社, 2016.
② 间接驱动惯性约束聚变作为一类核武器模拟手段还会在后续内容中讨论.

A.4 核武器模拟

1996 年我国签署了《全面禁止核试验条约》, 之后不再开展真实的核武器爆炸试验. 为了继续维持核武库的安全性和可靠性, 需要发展一系列核武器模拟手段. 核武器模拟是指在实验室条件下对核爆炸过程进行物理分解研究. 根据前面的讨论, 裂变 "初级" 装置主要提供高亮度 X 射线, 通过烧蚀压缩过程, 为 "次级" 热核装置创造聚变反应所需的高温高压条件, 因此武器模拟试验的一个重要途径就是产生高亮度 X 射线源. 实验结果不仅可以加深对武器物理原理的理解, 还可以为数值模拟程序提供高精度物理参数, 校验模拟程序准确性. 实际上, 核武器模拟包含软件和硬件两部分, 即数值模拟和实验模拟. 下面分别介绍核爆炸数值模拟所涉及的计算物理内容, 以及用于核爆实验模拟的 Z 箍缩装置及激光惯性约束聚变装置.

A.4.1 计算物理

需要特别指出的是, 当应用于具体的构型设计时, 中子物理、爆轰物理、金属物理、弹体弹道等各个领域中都需要进行大量的计算, 其中所涉及的诸如中子输运方程、辐射输运方程、流体力学方程和物态方程等均为极复杂的非线性方程组. 即使在一定的近似下, 传统的分析方法求解也是不可能的. 按照冯·诺伊曼 (von Neumann) 当时的估计, 其计算量已经超过人类有史以来进行的全部算术操作的总和. 由于开发核武器和破译密码的需要, 计算机诞生之初就被应用于军事用途, 并且在一大批物理学家的推动和改进下, 电子计算机的性能也取得了飞速的发展, 例如冯·诺伊曼参与设计了著名的存储程序逻辑架构, 米特罗波利斯 (Metropolis) 领导建造的 Maniac 通过连续 60 天的计算验证了氢弹工程建造的可行性, 并发展了著名的蒙特卡罗方法, 如今已经是许多学科方向的基本数值模拟方法.

随着美国政府对曼哈顿计划的逐步解密, "计算物理" 一词首次正式出现在 1963 年出版的 *Methods in Computational Physics* 一书中[①]. 从最初的军事应用, 计算物理以席卷之势应用到统计物理、流体力学、高能物理、核物理、天体物理、等离子体物理、大气物理等各个领域, 催生了以离散数值计算为主要手段研究物理问题的新学科, 与理论物理、实验物理相辅相成, 共同发展, 成为现代物理学的三大分支之一.

我国的核武器研制计划同样离不开计算物理的贡献. 在当时一穷二白的工业基础, 以及苏联毁约的背景下, 理论计算成为独立自主研制核武器的突破口. 尽管当时我国已经研制了第一台 104 机型的电子计算机, 但它的算力非常低, 而且操作极其烦琐, 因此还需要大量使用手摇的模拟计算机. 1960 年, 为验证苏联专家提供的原子弹教学模型中的关键参数, 科研人员用特征线法求解流体力学方程, 用 4 台手摇计算机连续算了 9 次, 模拟从起爆到碰靶的物质运动的全过程, 否定了苏联专家教学中的数据, 史称 "九次计算". 它是我国第一颗原子弹理论突破的标志性历史事件, 为理解原子弹反应过程、掌握武器内爆规律奠定了坚实基础, 坚定了独立自主研制原子弹的信心. 1961 年, 周毓麟采用了冯·诺伊曼

---

① Berni A. Methods in Computational Physics. New York: Academic Press, 1963.

的"人为黏性法",在流体力学方程组中增加人为黏性项,将冲击波的间断面变成有限宽度的连续区,从而实现了上机编程运算,在短时间内就可以计算出模型结果,与"九次计算"中手摇计算机得到的结果一致.1961 年,秦元勋用自己提出的"人为次临界法",求解非定常中子输运方程,完成了核材料被压缩到超高临界后能量释放过程的总体计算.

1982 年,《原子弹氢弹设计原理中的物理力学数学理论问题》荣获国家自然科学一等奖,由于对署名作者的人数限制,只署名了 9 位科研集体的代表,其中分管领导理论研究的彭桓武先生位列第一,其余八位中,邓稼先、周光召、于敏、黄祖洽是物理学家,周毓麟、秦元勋、江泽培、何桂莲是数学家,他们都是我国现代计算物理学科的奠基人和开拓者.

A.4.2　Z 箍缩装置

Z 箍缩是一种产生强 X 射线源的重要方法. Z 箍缩利用瞬时的百万安培量级的电流通过柱形导体产生巨大的角向磁场,使等离子体内爆加速到每秒数百千米的速度,经过碰撞,将动能转化为等离子体内能,变成高温高密度的等离子体并辐射软 X 射线.

图 A.8 是美国桑迪亚 (Sandia) 国家实验室的 Z 装置 (Z-Machine),其电流达到 20 MA,利用丝阵 Z 箍缩产生的峰值 X 射线辐射功率超过 300 TW,辐射总能量输出达到 2 MJ[1].目前 Z 箍缩动态黑腔的辐射温度已经超过 200 eV[2]. 我国在 Z 箍缩方面的研究处于世界前列,中国工程物理研究院的"聚龙一号"装置,电流达到 10 MA,利用钨丝阵靶产生的 X射线总能量超过 0.5 MJ,辐射温度接近 100 eV[3].

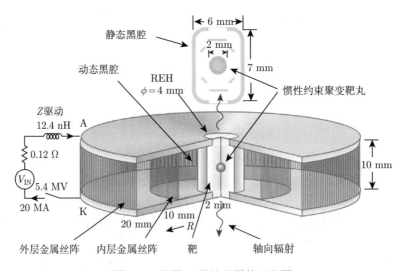

图 A.8　美国 Z 箍缩装置的示意图

① Jones M, Ampleford D, Cuneo M, et al. X-ray power and yield measurements at the refurbished Z machine. Review of Scientific Instruments, 2014, 85(8): 083501.

② Sanford T, Nash T, Olson R, et al. Progress in Z-pinch driven dynamic-hohlraums for high-temperature radiation-flow and ICF experiments at Sandia National Laboratories. Plasma Physics of Controlled Fusion, 2004, 46(12): B423-B433.

③ 黄显宾, 任晓东, 但加坤, 等. 基于聚龙一号的钨丝阵 Z 箍缩内爆辐射特性. 强激光与粒子束, 2016, 28(2): 025006. Huang X B, Ren X D, Dan J K, et al. Characteristics of tungsten wire array Z-pinch implosion radiation on PTS. High Power Laser and Particle Beams, 2016, 28(2): 025006.

钨丝阵动态黑腔主要结构包括上下电极板、重金属丝阵和内部的低密度泡沫及中心的聚变靶丸. 丝阵动态黑腔的 X 射线产生过程为: 初始储能的 Marx 发生器放电后, 在高原子序数的金属丝阵中形成数十兆安的电流, 金属丝在大电流加热下形成等离子体, 并在电流产生的环向磁场作用下, 加速内爆; 高速的内爆等离子体与泡沫碰撞, 形成高温冲击波, 发出强 X 射线辐射; 这些 X 射线会被丝阵等离子体俘获, 最终形成动态黑腔. 静态黑腔是一个高 Z 材料的空腔, 内部放置有聚变靶丸. 动态黑腔产生的高温 X 射线辐射通过静态黑腔壁上的开孔进入静态黑腔, 在黑腔内壁经过多次反射后, 形成温度均匀的辐射场.

A.4.3 激光惯性约束聚变装置

激光被发明后, 美国、苏联、中国三国均有科学家敏锐地意识到利用激光可以产生氘氚聚变, 鉴于当时处于高度保密状态, 都是独立提出的. 王淦昌先生于 1964 年 10 月 4 日在一份内部报告《利用大能量大功率的光激射器产生中子的建议》提出了这一想法, 开创了世界激光核物理领域, 是今天激光惯性约束聚变的雏形[1]. 王先生长期领导我国激光惯性约束聚变研究. 今天的惯性约束聚变可以分为直接驱动和间接驱动两种模式[2]. 直接驱动是利用高功率激光直接打靶, 当激光照射到聚变燃料球时, 材料表面迅速电离形成等离子体层, 激光在等离子体中传输, 不断沉积能量, 并在等离子体临界密度附近截止, 之后电子携带激光沉积的能量进入燃料球内部, 产生类似于前面提到的烧蚀压缩过程, 最终使燃料状态达到聚变反应条件. 直接驱动方式对激光的辐照均匀性要求非常高, 否则很容易导致氘氚燃料因为烧蚀过程的不稳定性而无法实现聚变燃烧. 20 世纪 70 年代后期提出的间接驱动方式, 放宽了对激光束辐照均匀性的要求, 并且降低了对流体不稳定性的敏感度, 因此成为目前主要的惯性约束聚变方案.

间接驱动方式是将激光转换为 X 射线, 然后用 X 射线辐照烧蚀聚变燃料球. 燃料球放置在一个高 Z 材料 (比如金) 的黑腔中, 多束激光从黑腔上的开孔入射到黑腔内壁, 烧蚀并激发 X 射线, 在黑腔中形成一个相对均匀的 X 射线黑体辐射场, 燃料球在 X 射线的烧蚀下发生内爆压缩, 最终达到热核聚变条件. 美国国家点火装置 (NIF) 主要开展间接驱动聚变方式的实验研究, 如图 A.9 所示, 目标是实现所谓的聚变点火, 即被压缩的聚变燃料不需要进一步的外部加热就可以保持热核聚变反应. NIF 有 192 路 351 nm 波长的高功率激光束, 峰值功率达到 500 TW, 目前可以输出 2.05 MJ 的激光能量[3]. 近年 NIF 取得了一些进展和突破, 2021 年 8 月 8 日 NIF 实现了 1.35 MJ 的聚变放能[4], 并认为该实验发次已经实现聚变点火[5]; 2022 年 12 月 5 日, NIF 首次实现聚变能"净增益", 即聚变放能

---

[1] 王淦昌. 王淦昌全集 (第 3 卷)——学术论文 (二). 石家庄: 河北教育出版社, 2004.

[2] 王淦昌. 王淦昌全集 (第 4 卷)——惯性约束核聚变. 石家庄: 河北教育出版社, 2004.

[3] https://www.llnl.gov/news/national-ignition-facility-achieves-fusion-ignition.

[4] Zylstra A B, Hurricane O A, Callahan D A, et al. Burning plasma achieved in inertial fusion. Nature, 2022, 601: 542-548.

[5] Indirect Drive ICF Collaboration. Lawson criterion for ignition exceeded in an inertial fusion experiment. Physical Review Letters, 2022, 129: 075001.

超过入射激光能量[1]. 我国位于四川省绵阳市的中国工程物理研究院建成的"神光 Ⅲ"激光装置，是继美国国家点火装置 (NIF)、法国兆焦耳激光装置 (LMJ) 之后的世界第三大高功率激光装置，目前的输出能力仅次于 NIF. "神光 Ⅲ"激光装置有 48 路 351 nm 波长的高功率激光束，峰值功率达到 60 TW，激光输出能量达到 180 kJ[2]. 目前正在四川绵阳建设的 "神光 Ⅳ"激光装置，其性能与 NIF 相当. 惯性约束聚变点火的最大挑战在于燃料内爆过程中的流体力学不稳定性[3]. 聚变燃料球由多层材料构成，最外层是低 Z 材料 (比如塑料或铍) 的烧蚀层，然后是薄的氘氚冰球壳，球壳内部充有氘氚气体. 在内爆过程的早期阶段 (即加速阶段)，X 射线辐照烧蚀层，烧蚀产生高压低密度的等离子体，在烧蚀压的驱动下，低密度的烧蚀等离子体推动较高密度的燃料层向内加速运动，形成密度梯度与压力梯度相反的条件，进而产生瑞利–泰勒 (Rayleigh-Taylor, RT) 不稳定性. RT 不稳定性的增长会破坏球壳内爆的飞行形状，显著降低燃料的压缩效果. 在内爆过程的晚期阶段 (即减速阶段)，燃料球中的低密度氘氚气体会顶住向内运动的稠密氘氚球壳，使之减速，再次出现密度梯度与压力梯度相反的情况，RT 不稳定性将会再次增长. 减速阶段的 RT 不稳定性不仅会降低燃料的压缩效果，还会出现烧蚀层物质与氘氚燃料的混合，进一步增加点火难度. 内爆过程中不仅存在 RT 不稳定性，当流体界面两侧存在切向速度时还会出现开尔文–亥姆霍兹 (Kelvin-Helmholtz) 不稳定性；当冲击波与物质界面作用时，还有可出现里奇特迈耶–梅什科夫 (Richtmyer-Meshkov) 不稳定性. 这些不稳定性均会影响氘氚燃料的内爆压缩和自持燃烧过程.

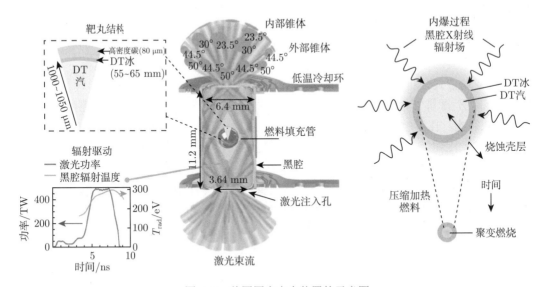

图 A.9　美国国家点火装置的示意图

---

① https://www.llnl.gov/news/national-ignition-facility-achieves-fusion-ignition.

② 郑万国，王成程. 神光-Ⅲ 激光装置项目管理. 北京: 机械工业出版社, 2018.

③ 张钧，常铁强. 激光核聚变靶物理基础. 北京: 国防工业出版社, 2004.

A.5 核反应堆简介

最后我们简单介绍一个可控的核能释放方式核裂变反应堆,简称核反应堆[①]. 核反应堆是和平利用核能的最重要方式,是一种低排放能源,其在国防领域的应用主要集中于核原料生产和提供动力两个方向. 裂变材料钚-239 和聚变用的氚均来自于生产堆. 其中钚-239来自于铀-238 吸收中子后,经过两次 β 衰变,而氚来自于锂-6 与中子核反应后产生. 如果要生产铀-233,也是通过钍-232 在反应堆中生产. 经过反应堆生产后,均需要通过化学的方法进行后处理,将这些特殊用途的核素进行提纯.

作为推进动力源,核反应堆以其能量密度高的优点应用于长期稳定供能的领域,对燃料补给要求大幅度降低,主要分为直接发热和通过热电转换发电两种,而应用场景包括了① 船用核动力: 需要长期隐蔽作战的核动力潜艇和驱动大型舰船,如航空母舰、破冰船等,世界五个核大国均有自研的核动力潜艇作为战略核打击的重要组成; ② 空间电源: 用于深空探测或者卫星等航天领域,苏联的 BES-5 和 TOPAZ 型核反应堆以数百千克重量输出千瓦电功率,共发射了约三十次,美国国家航空航天局 (NASA) 与洛斯阿拉莫斯 (Los Alamos)共同研发的轻量级裂变反应堆 (Kilopower) 也为深空探测提供了千瓦级电源候选,以替代传统以 α 衰变热发电的低功率同位素电池; ③ 核动力发动机: 冷战时期,美国和苏联均发展了直接在大气层内工作的核动力高速冲压发动机,可以推动巡航导弹等飞行器以 3 马赫长期巡航.

化学热机的功率上限由化学反应条件 (如进气量、燃料性质等) 决定. 核裂变链式反应核心是中子增殖. 裂变每次反应释放的有效中子数在 2 ~ 3 个,这个指数效应导致了裂变武器在很短时间释放巨大的能量. 然而,如果每一级反应增殖接近 1 就意味着反应释放的能量相对稳定,可以维持一个长时期的释放,这便是核反应堆的基本物理[②]. 从这个意义上讲,核反应堆与化学热机的核心区别是核反应堆的功率上限是 "核武器". 反应堆达到临界后的功率取决于裂变释放的反应热如何及时传出并利用,防止融堆.

前面已经提到高纯度裂变材料的成本非常高,因此从经济性角度考虑,低成本的低丰度材料利用显现了巨大优势. 在图 A.2 中已经看到,在裂变反应中,低能区的中子被铀-235 吸收后处在铀-236 的激发态上,发生了布雷特–维格纳共振散射,使得裂变反应截面比兆电子伏特裂变中子直接导致的裂变反应要高两个数量级. 而裂变反应截面的大幅度提高,使得链式反应中对铀-235 的丰度要求大幅度下降,对于石墨和重水等慢化反应堆而言,铀-235 丰度 0.7% 的天然铀即可以达到自持链式反应. 通常发电用的轻水反应堆的丰度在3%~5%. 在核反应堆设计中也分为利用慢化后中子的热中子堆和直接裂变中子的快中子反应堆两类. 中子与原子核反应时不存在库仑屏蔽,只要中子运动到核力的作用范围,就一定会发生核反应. 而中子核反应主要以弹性散射 σ_{el} 和吸收反应 $\sigma(\mathrm{n},\gamma)$ 为主. 研究中子在反应堆堆芯部分的输运是预言核反应堆运行的基础. 而反应堆的组件材料、裂变反应产物、反应堆燃料的消耗等都会影响到中子输运、链式反应的持续. 我们通过一个简化模型中的有效中子数 k 来估算反应堆的性质. 以铀-235 和铀-238 的混合燃料并有慢化剂的热中子堆

[①] 反应堆中子增殖不大的原因可能是空间中的中子溢出,也可能是其他材料对中子的吸收等.

[②] 例如空天应用的核反应堆,通常燃料丰度均在 90% 以上.

为例, 其中 f 定义为铀-235 燃料丰度

$$k = \bar{\nu}_{235} \frac{f\sigma_{\text{fis}}^{235}}{f(\sigma_{\text{fis}}^{235} + \sigma_{(\text{n},\gamma)}^{235}) + (1-f)\sigma_{(\text{n},\gamma)}^{238}}\delta, \quad \delta = \left(1 - \frac{\sigma_{(\text{n},\gamma)}^{\text{慢化}}}{\sigma_{(\text{n},\gamma)}^{\text{慢化}} + \sigma_{\text{el}}^{\text{慢化}}}\right)^{N_{\text{col}}} \tag{A.3}$$

其中, 慢化剂的中子存活率 δ 描述了中子在慢化到热中子过程中在不同的慢化剂中没有被吸收的概率.

一个裂变中子 2 MeV 变为热中子 0.025 eV, 需要和轻水碰撞 18 次, 所以这个过程的存活率为 76%, 但对于重水, 碰撞是 25 次, 存活率为 99.8%, 这个明显的差别使得如果要用轻水做慢化剂, 则要求 f 要大于重水做慢化剂的情况. 事实上, 重水 (和石墨) 作为慢化剂的反应堆可以利用 $f \approx 0.7\%$ 的天然铀达到自持反应, 但是对轻水而言, 至少要 $f > 2.5\%$ 的浓缩铀才可以. 对热中子堆而言, 中子平均自由程在毫米量级, 而堆的尺度在米量级, 因此可以通过扩散近似求解输运方程. 而一些特殊用途的微型反应堆, 为了提高能量密度, 大幅度提高燃料丰度[①], 直接利用裂变快中子, 也有的为了进一步提高截面, 利用特殊固体慢化剂 (如氢化锆、氢化钇等), 然而因为反应堆尺度与中子平均自由程相当, 会有对几何尺度非常敏感而丰富的物理效应.

反应堆需要及时将热量传出利用, 因此热工研究在反应堆工程中扮演着重要角色. 按照传热的介质分类, 反应堆可以分为水冷、气冷或者液态金属冷却等类型. 另外, 核反应截面通常是定义在原子核质心系, 而温度反映了原子核在晶格上的热振动, 因此实际核反应必须考虑原子核的运动, 这种效应被称为核反应的 "多普勒效应". 同时, 燃料在核反应后发生升温膨胀, 使得原子核密度变小, 中子平均自由程变大. 因此, 传热的热工与中子输运的反应堆物理之间需要协同研究, 也被称为多物理耦合. 以商用压水型热中子堆为例, 其中轻水同时作为慢化剂和冷却剂, 在 300℃ 时压强为 $\mathcal{O}$ (10MPa). 虽然有较大的压强, 燃料与水传热过程不可避免地有气化水的影响, 这里的传热问题本身就涉及了气相和液相的水, 被称为两相流 (多相流) 传热. 另外, 原子核的热振动温度与热中子能谱相当, 而核反应又恰好处在布雷特–维格纳共振散射区间, 对中子能谱非常敏感. 快中子反应堆中, 相对而言, 反应截面对温度并非特别敏感, 但是材料膨胀等仍然有较大影响. 近年来, 为了提高换热效率也有一部分新技术被提出, 例如温度压力的提高达到了气液混合相的超临界状态的水或者二氧化碳等, 既保持了液相高密度高换热效率, 又有气相的低黏滞系数、高扩散系数的特性; 再例如, 利用液态金属相变吸热, 气化后传热再液化循环的热管技术, 均可以以更紧凑的结构达到更高的换热效率. 另外, 在核反应堆的工程实践中, 也面临大量的抗辐照需求, 例如各类材料在高亮度中子的轰击下, 原子核被打离晶格, 会对材料带来严重的形变. γ 射线或者带电粒子打在半导体器件中, 会导致电子元件的损伤.

因此, 核反应堆工程是中子物理、热工、材料、核电子学等多个领域密切配合的一个大科学工程交叉学科.

---

① Voss S S. TOPAZ II system description. United States, 1994. https://www.osti.gov/servlets/purl/10120556.

A.5.1 反应堆核事故

核反应堆作为一种低排放的绿色能源, 但因为核事故的重大威胁, 在公众舆论中一直有一定争议. 我们简单回顾几起典型的反应堆事故, 有一部分是非核的事故, 有一部分却是实实在在的核反应事故, 当然在物理原理被充分理解的情况下已经可以从设计上避免. 因地震海啸而发生的日本福岛核电站事故是 21 世纪最严重的核电站事故, 其核心原因是突发海啸导致电站冷却循环系统停止工作, 引起反应堆散热故障, 堆芯温度升高, 而燃料包壳采用的锆合金材料与水蒸气在高温下发生的锆水反应, 释放了大量氢气, 导致反应堆爆炸. 美国三里岛核电站也因为冷却系统故障导致熔堆事故, 虽然造成了放射性物质污染, 但并非是核反应失控导致的事故.

英国温茨凯尔 (Windscale) 反应堆是一个石墨慢化二氧化碳气冷的军用生产堆, 在停堆后发生自燃火灾. 自燃意味着有氧气和高温环境. 作为一个石墨慢化, 并且用二氧化碳冷却的系统, 在高温下, 会发生还原反应, 产生一氧化碳和氧气. 另外, 石墨在反应堆中要与大量中子发生弹性碰撞, 而石墨的化学键远小于中子动能, 因此在碰撞过程中很容易离开晶格, 这种晶格位移带来了更大的势能. 当碳原子回到原来位置时, 释放的能量转化为热, 导致石墨升温, 这种现象被称为维格纳能. 停堆后的石墨慢化剂升温, 加上存在的氧气等综合因素, 最终导致该反应堆在停堆后发生了自燃事故. 这是世界上第一个核反应堆事故, 后来的气冷堆在设计时, 以化学性质更稳定的氢气等替代二氧化碳才真正避免了这些风险.

世界上影响最深远的核事故是苏联切尔诺贝利核事故. 切尔诺贝利核电站采用的是石墨慢化沸水冷却反应堆 (图 A.10), 与现行民用核电站广泛使用的压水型反应堆不同. 压水堆中, 水同时扮演着冷却剂和慢化剂角色, 一旦发生冷却剂水的流失, 核反应因为慢化剂缺失, 其效率会降低两个数量级. 虽然存在熔堆的风险, 但是从核反应的角度是可以控制的. 然而, 切尔诺贝利的石墨慢化沸水冷却反应堆并不具备这种性质.

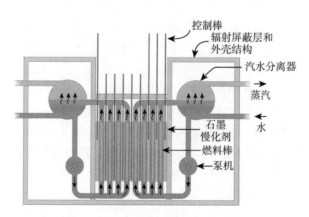

图 A.10 石墨慢化沸水冷却反应堆

切尔诺贝利核事故的起因是一种反应性控制条件的计算失误. 核裂变产物中, 碲-135 约占 6.1%, 而碲-135 的半衰期只有 19 s, 会通过 β 衰变变成碘-135, 碘-135 半衰期约 6.6 h, 之后会变成氙-135 这种对中子吸收截面非常高的核素. 在反应堆正常运转过程中, 因为有很高的中子通量, 会形成一个动态平衡. 然而当反应堆降低功率时, 积累的碲-135 因为中子通量的减少, 消耗变少, 加上氙-135 的衰变比碘-135 衰变成氙-135 要慢, 所以会有一个氙-135 增加的过程. 这个积累过程会导致中子吸收加大, 进一步降低反应性. 切尔诺贝利核电站正是因为在做降低反应堆功率的测试试验, 在氙-135 的峰值到来时, 反应堆功率极速下降, 试验人员错误理解了情况, 紧急提升控制棒. 然而该堆的控制棒下半部分是石墨, 所以在提升控制棒的过程中, 核反应产生的快中子被显著减速, 提高了热中子密度, 使得反应率迅速变大. 另外, 水在反应堆中作为冷却剂, 对核反应而言既有中子慢化剂效果 (该堆以石墨慢化为主), 又有比较大的中子吸收截面, 该堆中的水随着温度升高而流失, 对反应性也是正反馈. 正是在控制棒底部石墨和高温失水双重作用下, 核反应率大幅增加, 最终导致失控, 导致了人类历史上最大的核事故.

A.5.2　结语

1945 年 7 月 16 日在美国新墨西哥州的沙漠中开展了世界上第一次核试验——三位一体 (Trinity) 试验, 开启了核武器时代. 1945 年 8 月 6 日和 8 月 9 日, 美国又分别在日本广岛和长崎投放了两颗原子弹, 这两个装置是人类迄今为止仅有的用于实战的核武器. 能量密度超过化学炸弹百万倍, 两颗原子弹瞬间造成了两个城市的毁灭和数十万人伤亡, 但也促使日本无条件投降, 提前结束了第二次世界大战. 苏联、英国、法国等也在随后几年掌握了核武器的设计制造技术. 核武器对人类造成巨大威胁的同时, 其巨大的破坏性也变成了一种威慑, 某种程度上避免了核大国之间的热战. 核武器对第二次世界大战后的政治格局产生了深远的影响.

不同于美国、苏联、英国、法国等国家, 我国从 1840 年鸦片战争后至新中国成立的近百年一直处于半殖民地半封建社会, 国家蒙辱、人民蒙难、文明蒙尘, 中华民族遭受了前所未有的劫难. 新中国成立后, 我国屡次受到帝国主义国家的核讹诈, 为了保护国家安全, 民族独立, 党中央于 1955 年决定发展原子能事业并开始了铀矿勘探工作. 1958 年成立二机部九所, 启动核武器研制工作. 在苏联的帮助下, 于 401 所建设了我国第一座重水核反应堆和第一座回旋加速器. 后来又陆续启动了核工业 "五厂三矿" 建设 (五厂指的是衡阳铀水冶厂、包头核燃料元件厂、兰州铀浓缩厂、酒泉原子能联合企业、西北核武器研制基地 (二二一厂); 三矿指的是郴县铀矿、衡山火浦铀矿、上饶铀矿). 1959 年 6 月苏联撤走全部援华专家后, 我国的核武器研制事业走上了完全独立自主的道路, 我国一大批从事粒子物理、核物理等基础科研的科学家都毅然放弃了原有专业转入了核武器研究. 1964 年 10 月 16 日, 在新疆罗布泊核试验场, 我国成功试爆了第一颗原子弹, 约两万吨 TNT 当量. 1967 年 6 月 17 日成功通过空投方式试验了一颗 330 万吨 TNT 当量的氢弹, 领先法国实现了氢弹试验成功. 1999 年 9 月 18 日, 中共中央、国务院、中央军委在北京举行了表彰为研制 "两弹一星" 做出突出贡献的科技专家大会, 总结了 "两弹一星" 精神, 表彰了 23 位 "两弹一星功勋奖章" 获得者. 23 位两弹元勋中直接参加领导核武器事业的共 10 人, 按照姓氏笔画排序分别是于敏、王淦昌、邓稼先、朱光亚、陈能宽、周光召、郭永怀、钱三强、彭桓武、程开甲.

附录 B 费 曼 规 则

B.1 克莱因–戈尔登场费曼规则：ϕ^3 理论

计算微分散射截面 $\mathrm{d}\sigma$ 的关键在于如何计算散射振幅 $\mathcal{M}_{i \to f}$，而散射振幅又是 S 矩阵中体现相互作用的部分，依赖于时间演化

$$\mathcal{M}_{i \to f} \sim \left\langle f \mid \hat{S} \mid i \right\rangle = \lim_{T \to \infty} \left\langle f \mid \mathrm{e}^{-\mathrm{i}\hat{H}T} \mid i \right\rangle,$$

式中，$\hat{H}$ 是系统的哈密顿量，下面简记为 H. 通常 $\mathrm{e}^{-\mathrm{i}\hat{H}T}$ 无法直接写成产生、湮灭算符的形式，因此我们采用微扰论进行计算. 下面以标量粒子为例，由第 9 章中的克莱因–戈尔登场 ϕ 来描述，引入 ϕ^3 形式的相互作用，则系统的总拉格朗日密度可写为

$$\mathcal{L} = \mathcal{L}_0 + \mathcal{L}_{\mathrm{int}}, \tag{B.1}$$

$$\mathcal{L}_{\mathrm{int}} = -\frac{\mu}{6}\phi^3, \tag{B.2}$$

其中 $\mathcal{L}_0$ 是自由标量粒子的拉格朗日密度，即式 (9.79)；$\mathcal{L}_{\mathrm{int}}$ 是引入的相互作用项；μ 是表征相互作用大小的无量纲参数，称为耦合强度，是一个小量. 如果 $\mu = 0$，则系统回到自由场理论，没有散射发生. 1/6 是为了后续计算方便引入的人为因子，反映了 3 个克莱因–戈尔登场 ϕ 排列组合的贡献. 类似于第 9 章，我们可以计算系统此时的哈密顿量

$$H = H_0 + H_{\mathrm{int}}, \tag{B.3}$$

其中 H_0 是自由场理论的贡献，即式 (9.83)，而 H_{int} 表示相互作用哈密顿量

$$H_{\mathrm{int}} = -\int \mathrm{d}^3\boldsymbol{x}\mathcal{L}_{\mathrm{int}} = \frac{\mu}{6}\int \mathrm{d}^3\boldsymbol{x}\phi(\boldsymbol{x})^3. \tag{B.4}$$

利用式 (9.82) 并令 $t = 0$，H_{int} 可写成

$$\begin{aligned}
H_{\mathrm{int}} = \frac{\mu}{6}\int \mathrm{d}^3\boldsymbol{x} &\int \mathrm{d}\tilde{q}_1 \int \mathrm{d}\tilde{q}_2 \int \mathrm{d}\tilde{q}_3 \left[a(q_1)\mathrm{e}^{\mathrm{i}\boldsymbol{q_1}\cdot\boldsymbol{x}} + a(q_1)^{\dagger}\mathrm{e}^{-\mathrm{i}\boldsymbol{q_1}\cdot\boldsymbol{x}}\right] \\
&\times \left[a(q_2)\mathrm{e}^{\mathrm{i}\boldsymbol{q_2}\cdot\boldsymbol{x}} + a(q_2)^{\dagger}\mathrm{e}^{-\mathrm{i}\boldsymbol{q_2}\cdot\boldsymbol{x}}\right] \\
&\times \left[a(q_3)\mathrm{e}^{\mathrm{i}\boldsymbol{q_3}\cdot\boldsymbol{x}} + a(q_3)^{\dagger}\mathrm{e}^{-\mathrm{i}\boldsymbol{q_3}\cdot\boldsymbol{x}}\right]
\end{aligned} \tag{B.5}$$

其中

$$\int \mathrm{d}\tilde{q}_i = \int \frac{\mathrm{d}^3 \boldsymbol{q}_i}{(2\pi)^3 2E_{\boldsymbol{q}_i}}.$$

将式 (B.5) 中的 $\mathrm{d}^3\boldsymbol{x}$ 积掉，可得

$$
\begin{aligned}
H_{\mathrm{int}} = \frac{\mu}{6}(2\pi)^3 \int \mathrm{d}\tilde{q}_1 \int \mathrm{d}\tilde{q}_2 \int \mathrm{d}\tilde{q}_3 \Big[& a(q_1)^\dagger a(q_2)^\dagger a(q_3)^\dagger \delta^3(\boldsymbol{q}_1 + \boldsymbol{q}_2 + \boldsymbol{q}_3) \\
& + 3a(q_1)^\dagger (q_2)^\dagger a(q_3)\delta^3(\boldsymbol{q}_1 + \boldsymbol{q}_2 - \boldsymbol{q}_3) \\
& + 3a(q_1)^\dagger a(q_2)a(q_3)\delta^3(\boldsymbol{q}_1 - \boldsymbol{q}_2 - \boldsymbol{q}_3) \\
& + a(q_1)a(q_2)a(q_3)\delta^3(\boldsymbol{q}_1 + \boldsymbol{q}_2 + \boldsymbol{q}_3) \Big].
\end{aligned}
\tag{B.6}
$$

将时间演化算符 $\mathrm{e}^{-\mathrm{i}HT}$ 写成级数形式

$$\mathrm{e}^{-\mathrm{i}HT} = \lim_{N\to\infty} \left[1 - \mathrm{i}(H_0 + H_{\mathrm{int}})\frac{T}{N} \right]^N. \tag{B.7}$$

由于 $H_{\mathrm{int}} \sim \mu$，是一个小量，根据微扰论我们将上式保留至二阶 H_{int}^2 项

$$
\begin{aligned}
\mathrm{e}^{-\mathrm{i}TH} = \lim_{N\to\infty} \sum_{n=0}^{N-2}\sum_{m=0}^{N-n-2} & \left(1 - \mathrm{i}H_0\frac{T}{N}\right)^{N-n-m-2} \left(-\mathrm{i}H_{\mathrm{int}}\frac{T}{N}\right) \\
& \times \left(1 - \mathrm{i}H_0\frac{T}{N}\right)^m \left(-\mathrm{i}H_{\mathrm{int}}\frac{T}{N}\right)\left(1 - \mathrm{i}H_0\frac{T}{N}\right)^n.
\end{aligned}
\tag{B.8}
$$

令

$$t = \frac{Tn}{N}, \quad t' = \frac{Tm}{N} + t, \quad \Delta t = \frac{T}{N},$$

式 (B.8) 中的求和可以转变为对 t 和 t' 的积分，并且由于当 $N \to \infty$ 时，式 (B.8) 中第一项可以近似为

$$\left(1 - \mathrm{i}H_0\frac{T}{N}\right)^{N-n-m-2} = \left(1 - \mathrm{i}H_0\frac{T}{N}\right)^{\frac{T-t'}{T}N} \approx \left(1 - \mathrm{i}H_0\frac{T}{N}\right)^{\frac{T-t'}{T}N},$$

所以有

$$
\begin{aligned}
\mathrm{e}^{-\mathrm{i}TH} = \lim_{N\to\infty} \sum_{n=0}^{N-2}\sum_{m=0}^{N-n-2} & \left(1 - \mathrm{i}H_0\frac{T}{N}\right)^{\frac{T-t'}{T}N} \left(-\mathrm{i}H_{\mathrm{int}}\frac{T}{N}\right) \\
& \times \left(1 - \mathrm{i}H_0\frac{T}{N}\right)^{\frac{t'-t}{T}N} \left(-\mathrm{i}H_{\mathrm{int}}\frac{T}{N}\right)\left(1 - \mathrm{i}H_0\frac{T}{N}\right)^{\frac{t}{T}N}
\end{aligned}
$$

$$= \lim_{N \to \infty} \sum_{n=0}^{N-2} \sum_{m=0}^{N-n-2} e^{-iH_0(T-t')}(-iH_{\text{int}}\Delta t)e^{-iH_0(t'-t)}(-iH_{\text{int}}\Delta t')e^{-iH_0 t}$$

$$= \int_0^T dt \int_t^T dt' e^{-iH_0(T-t')}(-iH_{\text{int}})e^{-iH_0(t'-t)}(-iH_{\text{int}})e^{-iH_0 t} \tag{B.9}$$

接下来我们考虑 $2 \to 2$ 标量粒子的散射：$\phi\phi \to \phi\phi$，则

$$|i\rangle = |p_a\rangle|p_b\rangle = a^\dagger(p_a)a^\dagger(p_b)|0\rangle,$$

$$|k\rangle = |p_a\rangle|p_b\rangle = a^\dagger(p_1)a^\dagger(p_2)|0\rangle.$$

S 矩阵可写为

$$\langle f \mid \hat{S} \mid i \rangle = \lim_{T \to \infty} \langle 0 \mid a(p_1)a(p_2)e^{-iHT}a^\dagger(p_a)a^\dagger(p_b) \mid 0 \rangle. \tag{B.10}$$

将时间演化算符表达式 (B.9) 代入上式，利用 $|i\rangle$、$|f\rangle$ 是 H_0 的本征态，我们可以做如下替换：

$$e^{-iH_0(T-t')} \to e^{-iE_f(T-t')},$$

$$e^{-iH_0 t} \to e^{-iE_i t}, \tag{B.11}$$

其中 $E_i = E_a + E_b$，$E_f = E_1 + E_2$ 分别是初末态总能量. 而 $H_{\text{int}}|i\rangle$ 可以看作是 H_0 本征态 $|X\rangle$ 的线性组合，E_X 是对应的能量本征值，所以我们也可以做如下替换：

$$e^{-iH_0(t'-t)} \to e^{-iE_X(t'-t)}. \tag{B.12}$$

由此我们得到

$$e^{-iTH} = (-iH_{\text{int}})P(-iH_{\text{int}}), \tag{B.13}$$

其中 P 可写为

$$P = \int_0^T dt \int_t^T dt' e^{-iE_f(T-t')}e^{-iE_X(t'-t)}e^{-iE_i t}. \tag{B.14}$$

做变量替换 $\tau = t - T/2$，$\tau' = t' - T/2$，

$$P = e^{-iT\frac{E_i+E_f}{2}} \int_{-\frac{T}{2}}^{\frac{T}{2}} d\tau e^{-i\tau(E_X-E_i)} \int_\tau^{\frac{T}{2}} d\tau' e^{-i\tau'(E_f-E_X)}. \tag{B.15}$$

第一项是常数相因子，由于我们关心的是散射振幅模的平方，因此这项可以舍去. 取 $T \to \infty$，得

$$P = \int_{-\infty}^{\infty} d\tau e^{-i\tau(E_X-E_i)} \int_\tau^{\infty} d\tau' e^{-i\tau'(E_f-E_X)}. \tag{B.16}$$

上式中对 τ' 的积分并不收敛，我们人为引入 $\mathrm{e}^{-\epsilon t'}$ 因子保证积分在 $\tau' \to \infty$ 时的收敛性，并在最后取 $\epsilon \to 0$，可以得到

$$P = 2\pi\delta(E_f - E_i) \left(\frac{\mathrm{i}}{E_f - E_X + \mathrm{i}\epsilon} \right). \tag{B.17}$$

因此式 (B.10) 可以写成

$$\left\langle f \mid \hat{S} \mid i \right\rangle = 2\pi\delta(E_f - E_i)$$
$$\times \left\langle 0 \left| a(p_1)a(p_2)(-\mathrm{i}H_{\mathrm{int}}) \left(\frac{\mathrm{i}}{E_f - E_X + \mathrm{i}\epsilon} \right) (-\mathrm{i}H_{\mathrm{int}})a^\dagger(p_a)a^\dagger(p_b) \right| 0 \right\rangle, \tag{B.18}$$

其中 H_{int} 由式 (B.6) 确定. 由于每个 H_{int} 中有 4 种 a、$a^\dagger$ 的组合：$aaa, a^\dagger aa, a^\dagger a^\dagger a$ 和 $a^\dagger a^\dagger a^\dagger$，所以 $\left\langle f \mid \hat{S} \mid i \right\rangle$ 总共有 16 项. 但是经过讨论，可以发现很多项贡献为 0. 首先因为我们考虑的是 $2 \to 2$ 过程，初态只有两个粒子，所以右侧的 H_{int} 最多包含两个湮灭算符 a，否则贡献为 0. 同理，末态也只有两个粒子，左侧的 H_{int} 最多也只能包含两个产生算符 $a^\dagger$. 这样，右侧 H_{int} 中包含 aaa 的项和左侧 H_{int} 中包含 $a^\dagger a^\dagger a^\dagger$ 的项可以舍去. 其次，由于初末态粒子数固定，因此右侧 H_{int} 产生的多出的中间态粒子应该由左侧 H_{int} 湮灭，故右侧 H_{int} 中的产生算符个数应该与左侧 H_{int} 中的湮灭算符个数对应，否则贡献为 0，反之亦然. 最后，我们得到非零贡献的组合只有以下三种：

$$\text{左侧}H_{\mathrm{int}} \sim a^\dagger a^\dagger a, \quad \text{右侧}H_{\mathrm{int}} \sim a^\dagger aa;$$
$$\text{左侧}H_{\mathrm{int}} \sim aaa, \quad \text{右侧}H_{\mathrm{int}} \sim a^\dagger a^\dagger a^\dagger; \tag{B.19}$$
$$\text{左侧}H_{\mathrm{int}} \sim a^\dagger aa, \quad \text{右侧}H_{\mathrm{int}} \sim a^\dagger a^\dagger a.$$

首先我们计算 $(a^\dagger a^\dagger a)(a^\dagger aa)$ 组合的贡献，此时

$$\left\langle f \mid \hat{S} \mid i \right\rangle \big|_{(a^\dagger a^\dagger a)(a^\dagger aa)}$$
$$= \left[-\mathrm{i}\frac{\mu}{2}(2\pi)^3 \right]^2 2\pi\delta(E_f - E_i) \int \mathrm{d}\tilde{r}_1 \int \mathrm{d}\tilde{r}_2 \int \mathrm{d}\tilde{r}_3 \int \mathrm{d}\tilde{q}_1 \int \mathrm{d}\tilde{q}_2 \int \mathrm{d}\tilde{q}_3$$
$$\times \delta^3(\boldsymbol{r}_1 + \boldsymbol{r}_2 - \boldsymbol{r}_3)\delta^3(\boldsymbol{q}_1 - \boldsymbol{q}_2 - \boldsymbol{q}_3)$$
$$\times \left\langle 0 \left| a(p_1)a(p_2)a(r_1)^\dagger a(r_2)^\dagger a(r_3) \left(\frac{\mathrm{i}}{E_f - E_X} \right) a(q_1)^\dagger a(q_2)a(q_3)a(p_a)^\dagger a(p_b)^\dagger \right| 0 \right\rangle. \tag{B.20}$$

式 (B.20) 中最后一行涉及产生、湮灭算符的计算，我们可以采用以下通用计算原则：利用产生、湮灭算符对易关系式 (11.25) 和 (11.26)，将 a 移动到最右边，$a^\dagger$ 移动到最左边. 根据 $a\,|0\rangle = \langle 0|\, a^\dagger = 0$，所有可能的非零贡献项仅来源于 $[a, a^\dagger]$，即正比于一系列 δ 函数的乘积. 也就是说每一个 a 都必须与某个 $a^\dagger$ "缩并"，构成 $[a, a^\dagger]$，产生一个 δ 函数. 通过这种

方法，我们可以确定 E_X 的具体值. 式 (B.20) 中，$a(q_2)$、$a(q_3)$ 必须与 $a(p_a)$、$a(p_b)$ 缩并. 这里存在两种组合方式 $[a(q_2), a^\dagger(p_a)][a(q_3), a^\dagger(p_b)]$ 或者 $[a(q_2), a^\dagger(p_b)][a(q_3), a^\dagger(p_a)]$，但不论哪种组合，当且仅当 $\boldsymbol{q}_2 + \boldsymbol{q}_3 = \boldsymbol{p}_a + \boldsymbol{p}_b$ 时，贡献才不为零. 同时 $\delta^3(\boldsymbol{q}_1 - \boldsymbol{q}_2 - \boldsymbol{q}_3)$ 函数仅在 $\boldsymbol{q}_1 = \boldsymbol{p}_a + \boldsymbol{p}_b \equiv \boldsymbol{Q}$ 时不为零. 所以态 $a^\dagger(q_1)a(q_2)a(q_3)a^\dagger(p_a)a^\dagger(p_b)|0\rangle$ 的能量本征值 E_X 为

$$E_X = E_{\boldsymbol{Q}} = \sqrt{|\boldsymbol{p}_a + \boldsymbol{p}_b|^2 + m^2} = \sqrt{|\boldsymbol{Q}|^2 + m^2}, \tag{B.21}$$

这里 m 是 $\boldsymbol{q}_1$ 粒子的静质量. 将 $\mathrm{i}/(E_f - E_{\boldsymbol{Q}})$ 从内积中提出来，剩余需要计算的部分为

$$\langle 0 \mid a(p_1)a(p_2)a(r_1)^\dagger a(r_2)^\dagger a(r_3)a(q_1)^\dagger a(q_2)a(q_3)a(p_a)^\dagger a(p_b)^\dagger \mid 0 \rangle . \tag{B.22}$$

根据通用计算原则，产生以下 4 种缩并组合：

$$[a(p_1), a^\dagger(r_1)][a(p_2), a^\dagger(r_2)][a(q_2), a^\dagger(p_a)][a(q_3), a^\dagger(p_b)][a(r_3), a^\dagger(q_1)],$$

$$[a(p_1), a^\dagger(r_2)][a(p_2), a^\dagger(r_1)][a(q_2), a^\dagger(p_a)][a(q_3), a^\dagger(p_b)][a(r_3), a^\dagger(q_1)],$$

$$[a(p_1), a^\dagger(r_1)][a(p_2), a^\dagger(r_2)][a(q_2), a^\dagger(p_b)][a(q_3), a^\dagger(p_a)][a(r_3), a^\dagger(q_1)],$$

$$[a(p_1), a^\dagger(r_2)][a(p_2), a^\dagger(r_1)][a(q_2), a^\dagger(p_b)][a(q_3), a^\dagger(p_a)][a(r_3), a^\dagger(q_1)],$$

以第一种组合为例，它的贡献为

$$(2\pi)^3 2E_{\boldsymbol{r}_1}\delta^3(\boldsymbol{r}_1 - \boldsymbol{p}_1)(2\pi)^3 2E_{\boldsymbol{r}_2}\delta^3(\boldsymbol{r}_2 - \boldsymbol{p}_2)(2\pi)^3 2E_{\boldsymbol{q}_2}\delta^3(\boldsymbol{q}_2 - \boldsymbol{p}_a)$$

$$(2\pi)^3 2E_{\boldsymbol{q}_3}\delta^3(\boldsymbol{q}_3 - \boldsymbol{p}_b)(2\pi)^3 2E_{\boldsymbol{r}_1}\delta^3(\boldsymbol{r}_3 - \boldsymbol{q}_1), \tag{B.23}$$

其中 $(2\pi)^3 2E$ 因子与 $\mathrm{d}\tilde{q}$ 和 $\mathrm{d}\tilde{r}$ 中的分母刚好相消，化简后可知此组合贡献到 S 矩阵 (B.20) 中的部分为

$$\left(-\mathrm{i}\frac{\mu}{2}\right)^2 \left(\frac{\mathrm{i}}{E_f - E_{\boldsymbol{Q}}}\right) \frac{1}{2E_{\boldsymbol{Q}}}(2\pi)^4\delta^4(p_1 + p_2 - p_a - p_b), \tag{B.24}$$

其中

$$\delta^4(p_1 + p_2 - p_a - p_b) = \delta(E_f - E_i)\delta^3(\boldsymbol{p}_1 + \boldsymbol{p}_2 - \boldsymbol{p}_a - \boldsymbol{p}_b).$$

其他剩余的 3 种缩并组合形式可以类似计算，结果都等于式 (B.24). 因此将 4 种缩并组合相加，得到最终的 S 矩阵 (B.20) 表达式为

$$\left\langle f \mid \hat{S} \mid i \right\rangle |_{(a^\dagger a^\dagger a)(a^\dagger a a)} = (-\mathrm{i}\mu)^2 \frac{\mathrm{i}}{2E_{\boldsymbol{Q}}(E_i - E_{\boldsymbol{Q}})}(2\pi)^4\delta^4(p_1 + p_2 - p_a - p_b). \tag{B.25}$$

以上式子可以用图 B.1 简单表示. 图中左边两条实线表示初态两粒子，右边两条实线表示末态两粒子，实心圆点表示 H_{int} 相互作用，称为"顶点"，中间实线表示中间态粒子，其携带能量和动量分别为 $E_{\boldsymbol{Q}}$ 和 $\boldsymbol{Q}$. 显然在顶点上能量动量守恒.

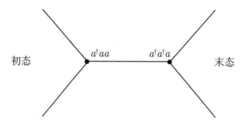

图 B.1　$(a^\dagger a^\dagger a)(a^\dagger aa)$ 散射图示

接下来我们计算 $(aaa)(a^\dagger a^\dagger a^\dagger)$ 组合的贡献

$$\left\langle f \mid \hat{S} \mid i \right\rangle \big|_{(aaa)(a^\dagger a^\dagger a^\dagger)}$$

$$= \left[-\mathrm{i}\frac{\mu}{6}(2\pi)^3\right]^2 2\pi\delta(E_f - E_i) \int \mathrm{d}\tilde{r}_1 \int \mathrm{d}\tilde{r}_2 \int \mathrm{d}\tilde{r}_3 \int \mathrm{d}\tilde{q}_1 \int \mathrm{d}\tilde{q}_2 \int \mathrm{d}\tilde{q}_3$$

$$\times \delta^3(\boldsymbol{r}_1 + \boldsymbol{r}_2 + \boldsymbol{r}_3)\delta^3(\boldsymbol{q}_1 + \boldsymbol{q}_2 + \boldsymbol{q}_3)$$

$$\times \left\langle 0 \mid a(p_1)a(p_2)a(r_1)a(r_2)a(r_3)\left(\frac{\mathrm{i}}{E_f - E_X}\right)a(q_1)^\dagger a(q_2)^\dagger a(q_3)^\dagger a(p_a)^\dagger a(p_b)^\dagger \mid 0 \right\rangle.$$

$$\tag{B.26}$$

利用前面提到的通用计算原则，我们还是把 a 向右移，$a^\dagger$ 向左移，非零贡献来源于 a 与 $a^\dagger$ 的缩并. 这里要注意的是. 我们忽略所有的 $a(p_1)$、$a(p_2)$ 和 $a(p_a)$、$a(p_b)$ 的缩并，这些缩并产生的 δ 函数只在初末粒子能量动量完全相同时才不为 0，即都是同一粒子，无散射发生. 这种情况与我们计算 S 矩阵的假设 $|i\rangle \neq |f\rangle$ 矛盾，因此舍去. 计算发现 $a(p_1)$、$a(p_2)$ 可以与 $a^\dagger(q_1)$、$a^\dagger(q_1)$ 和 $a^\dagger(q_3)$ 中的任意两个算符缩并，$a^\dagger(p_a)$、$a^\dagger(p_b)$ 可以与 $a(r_1)$、$a(r_1)$ 和 $a(r_3)$ 中的任意两个算符缩并，因此总共有 36 种缩并组合形式，例如

$$[a(p_1), a^\dagger(q_1)][a(p_2), a^\dagger(q_2)][a(r_1), a^\dagger(p_a)][a(r_2), a^\dagger(p_b)][a(r_3), a^\dagger(q_3)],\tag{B.27}$$

其贡献到 S 矩阵 (B.26) 为 $(2\pi)^3 2E$ 乘上动量守恒 δ 函数，剩余 35 种组合贡献相同，因此求和后分子出现因子 36，这与 $(\mu/6)^2$ 的分母刚好相消. 计算态 $a(q_1)^\dagger a(q_2)^\dagger a(q_3)^\dagger a(p_a)^\dagger a(p_b)^\dagger |0\rangle$ 的能量本征值可得

$$E_X = E_{\boldsymbol{q}_1} + E_{\boldsymbol{q}_2} + E_{\boldsymbol{q}_3} + E_{\boldsymbol{q}_4} + E_a + E_b$$

$$= E_1 + E_2 + E_a + E_b + E_{\boldsymbol{Q}}$$

$$= 2E_i + E_{\boldsymbol{Q}},\tag{B.28}$$

计算中应用到了式 (B.27) 中的动量守恒 $\boldsymbol{q}_1 = \boldsymbol{p}_1, \boldsymbol{q}_2 = \boldsymbol{p}_2, \boldsymbol{r}_1 = \boldsymbol{p}_a, \boldsymbol{r}_2 = \boldsymbol{p}_b$，以及 $\boldsymbol{q}_3 = -\boldsymbol{p}_a - \boldsymbol{p}_a = -\boldsymbol{p}_1 - \boldsymbol{p}_2 = -\boldsymbol{Q}$. 最终可得

$$\left\langle f \mid \hat{S} \mid i \right\rangle \big|_{(aaa)(a^\dagger a^\dagger a^\dagger)} = (-\mathrm{i}\mu)^2 \frac{\mathrm{i}}{2E_{\boldsymbol{Q}}(E_i + E_{\boldsymbol{Q}})}(2\pi)^4 \delta^4(p_1 + p_2 - p_a - p_b).\tag{B.29}$$

以上式子也可以用图 B.2 简单表示.

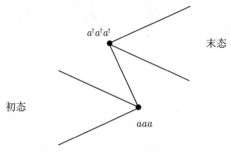

图 B.2 $(aaa)(a^\dagger a^\dagger a^\dagger)$ 散射图示

实际上图 B.1 和图 B.2 只有两顶点间的内线方向不同，忽略这一点我们可以将它们画成一个图，这种图我们称为费曼图 (Feynman diagram). 图 B.3 表示初态、末态粒子，由最左边和最右边的线表示，这种只有一端相连的线我们称为"外线"，黑色实心圆点仍表示"顶点"，连接两个顶点的线称为"内线"，表示中间态粒子，四动量的流动用箭头表示，四动量在每个顶点守恒.

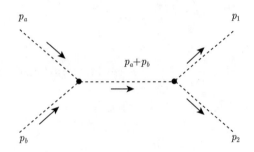

图 B.3 s 通道

因此我们相应地把式 (B.25) 和式 (B.29) 这两种组合相加，得到此费曼图最终的贡献，这种贡献我们称为 s 通道，其 S 矩阵为

$$\left| \left\langle f \mid \hat{S} \mid i \right\rangle \right|_{\mathrm{s}} = (-\mathrm{i}\mu)^2 \frac{\mathrm{i}}{(E_i^2 - E_{\boldsymbol{Q}}^2)} (2\pi)^4 \delta^4(p_1 + p_2 - p_a - p_b) \tag{B.30}$$

利用四动量关系

$$p_a + p_b = (E_i, \boldsymbol{p}_a + \boldsymbol{p}_b) = (E_i, \boldsymbol{Q})$$

$$(p_a + p_b)^2 = E_i^2 - \boldsymbol{Q}^2 = E_i^2 - E_{\boldsymbol{Q}}^2 + m^2$$

式 (B.30) 可以写为

$$\left| \left\langle f \mid \hat{S} \mid i \right\rangle \right|_{\mathrm{s}} = (-\mathrm{i}\mu)^2 \frac{\mathrm{i}}{(p_a + p_b)^2 - m^2} (2\pi)^4 \delta^4(p_1 + p_2 - p_a - p_b). \tag{B.31}$$

最后我们来计算 $(a^\dagger aa)(a^\dagger a^\dagger a)$ 组合的贡献，利用刚定义的费曼图，这种组合贡献包含图 B.4 所示的两种费曼图，分别称为 t 通道和 u 通道.

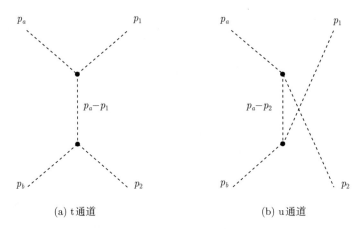

(a) t 通道　　　　　　　　　(b) u 通道

图 B.4　t 通道和 u 通道

同样地，利用产生、湮灭算符的对易关系，可得

$$\left| \left\langle f \mid \hat{S} \mid i \right\rangle \right|_{\mathrm{t}} = (-\mathrm{i}\mu)^2 \frac{\mathrm{i}}{(p_a - p_1)^2 - m^2} (2\pi)^4 \delta^4(p_1 + p_2 - p_a - p_b), \tag{B.32}$$

和

$$\left| \left\langle f \mid \hat{S} \mid i \right\rangle \right|_{\mathrm{u}} = (-\mathrm{i}\mu)^2 \frac{\mathrm{i}}{(p_a - p_2)^2 - m^2} (2\pi)^4 \delta^4(p_1 + p_2 - p_a - p_b). \tag{B.33}$$

利用式 (11.19)，可以得到最终三种贡献的散射振幅

$$\mathcal{M}_{\mathrm{s}} = (-\mathrm{i}\mu)^2 \frac{1}{(p_a + p_b)^2 - m^2}, \tag{B.34}$$

$$\mathcal{M}_{\mathrm{t}} = (-\mathrm{i}\mu)^2 \frac{1}{(p_a - p_1)^2 - m^2}, \tag{B.35}$$

$$\mathcal{M}_{\mathrm{u}} = (-\mathrm{i}\mu)^2 \frac{1}{(p_a - p_2)^2 - m^2}, \tag{B.36}$$

则

$$\mathcal{M}_{\phi\phi \to \phi\phi} = \mathcal{M}_{i \to f} = \mathcal{M}_{\mathrm{s}} + \mathcal{M}_{\mathrm{t}} + \mathcal{M}_{\mathrm{u}}. \tag{B.37}$$

通常为了简便，对于标准的 $2 \to 2$ 散射，我们定义曼德尔施塔姆变量，

$$s = (p_a + p_b)^2 = (p_1 + p_2)^2, \tag{B.38}$$

$$t = (p_a - p_1)^2 = (p_b - p_1)^2, \tag{B.39}$$

$$u = (p_a - p_1)^2 = (p_b - p_2)^2. \tag{B.40}$$

故

$$\mathcal{M}_{\mathrm{s}} = (-\mathrm{i}\mu)^2 \frac{1}{(s - m^2)}, \tag{B.41}$$

$$\mathcal{M}_t = (-\mathrm{i}\mu)^2 \frac{1}{(t-m^2)}, \tag{B.42}$$

$$\mathcal{M}_u = (-\mathrm{i}\mu)^2 \frac{1}{(u-m^2)}. \tag{B.43}$$

通过以上计算，可以把得到的结果抽象化，将费曼图与散射振幅建立对应关系，这种关系称为费曼规则.

(1) 费曼图中每个顶点对应一个 $-\mathrm{i}\mu$；

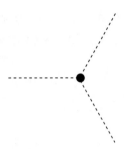

(2) 费曼图中每个内线对应一个 $\mathrm{i}/(p^2 - m^2 + \mathrm{i}\epsilon)$，也称为费曼传播子，简称传播子[①]；

(3) 费曼图中每个外线对应一个因子 1[②]；

(4) 费曼图中每一个封闭的圈有着未确定的四动量 ℓ^μ，称为圈动量. 这些圈动量需要进行如下积分：

$$\int \frac{\mathrm{d}^4\ell}{(2\pi)^4}. \tag{B.44}$$

(5) 如果具有一个或多个封闭的圈的费曼图可以通过不改变外线位置，只交换特定数量的内线就得到它本身，则存在额外因子 $1/N$，其中 N 表示这种交换方式的排列数.

根据以上费曼规则我们可以很容易地写出如图 B.5 所示的费曼图的散射振幅

$$\mathrm{i}\mathcal{M} = \frac{1}{2}(-\mathrm{i}\mu)^4 \left[\frac{\mathrm{i}}{(p_a+p_b)^2 - m^2}\right]^2$$
$$\times \int \frac{\mathrm{d}^4\ell}{(2\pi)^4} \left[\frac{\mathrm{i}}{(\ell-p_a-p_b)^2 - m^2 + \mathrm{i}\epsilon}\right] \left[\frac{\mathrm{i}}{\ell^2 - m^2 + \mathrm{i}\epsilon}\right], \tag{B.45}$$

其中上半圆弧内线携带四动量 ℓ，下半圆弧内线携带四动量 $\ell - p_a - p_b$，1/2 因子由交换这两条内线得到.

---

① 这里我们保留了 ϵ 是为了保证 p^2 十分接近于 m^2 时，式子不会发散. 这时我们内线粒子接近于"在壳 $(p^2 = m^2)$".
② 对于标量粒子 ϕ 这是平庸的，但下面内容中会看到，对于其他情况，外线因子并不是 1.

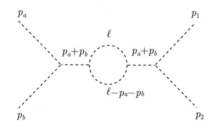

图 B.5　带有圈的费曼图

最后我们讨论一下拉格朗日密度与费曼图之间的对应关系. 首先明显可知道 $\mathcal{L}_{\text{int}}$ 中的耦合强度 μ 对应费曼图中的顶点. 接下来我们将 $\mathcal{L}_0$ 改写为

$$\mathcal{L}_0 = \frac{1}{2}\phi(-\partial_\mu\partial^\mu - m^2)\phi, \tag{B.46}$$

注意到替换关系[①]

$$\partial^\mu \to -\mathrm{i}p^\mu, \tag{B.47}$$

因此我们得到

$$(-\partial_\mu\partial^\mu - m^2) \to (p^2 - m^2). \tag{B.48}$$

如果再加上 $\mathrm{i}\epsilon$ 就是之前定义的费曼传播子的分母. 因此我们可以知道, 自由粒子的拉格朗日密度 $\mathcal{L}_0$ 对应着费曼图中的内线. 以上结论我们可以推广到一般情况. 考虑一个普通的实数场 Φ, 它的拉格朗日密度可以写成

$$\mathcal{L}_0 = \frac{1}{2}\sum_{i,j}\Phi_i P_{ij}\Phi_j, \tag{B.49}$$

如果是复数场, 则写成

$$\mathcal{L}_0 = \sum_{i,j}\Phi_i^\dagger P_{ij}\Phi_j, \tag{B.50}$$

其中下标 i、j 代表场所携带的指标, 例如, 对于狄拉克场, i、j 代表旋量指标, P 是包含空间梯度和质量关于指标 i、j 的矩阵. 那么此时 $\mathcal{L}_0$ 对应的费曼传播子可以写成

$$\mathrm{i}(P^{-1})_{ij}, \tag{B.51}$$

其中 P^{-1} 表示逆矩阵. 很容易看到对于克莱因–戈尔登场, 矩阵 $P = -\partial_\mu\partial^\mu - m^2$ 不带指标, 将 ∂^μ 替换成四动量后

$$\mathrm{i}P^{-1} = \frac{\mathrm{i}}{p^2 - m^2}, \tag{B.52}$$

---

① $\partial^\mu = \left(\dfrac{\partial}{\partial t}, -\mathrm{i}\nabla\right) \to -\mathrm{i}(E, \boldsymbol{p}) = -\mathrm{i}p^\mu$.

分母加上 $i\epsilon$ 便得到之前的结果. 最后我们自然会提问, 外线对应着什么? 实际上外线对应着我们讨论的场中产生、湮灭算符前的因子, 对于标量场 ϕ (式 (9.82))

$$\phi(x^\mu) = \int \frac{\mathrm{d}^3 \boldsymbol{k}}{(2\pi)^3 2\omega_k} \left[a(k)\mathrm{e}^{\mathrm{i}\boldsymbol{k}\cdot\boldsymbol{x}-\mathrm{i}\omega_k t} + a^\dagger(k)\mathrm{e}^{-\mathrm{i}\boldsymbol{k}\cdot\boldsymbol{x}+\mathrm{i}\omega_k t} \right],$$

其产生、湮灭算符前的因子都是 $1^{①}$, 所以对应的外线为 1. 至此我们便完全将 ϕ^3 理论下克莱因–戈尔登场的拉格朗日密度与费曼图建立起了一一对应关系, 并得到了相应的费曼规则, 如图 B.6 所示.

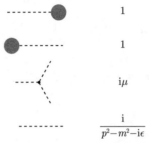

图 B.6 ϕ^3 理论下克莱因–戈尔登场的费曼规则

B.2 狄拉克场费曼规则

根据上一部分的结果, 我们将克莱因–戈尔登场的费曼规则推广到狄拉克场. 第 9 章中已知狄拉克场可以写成

$$\psi(x) = \int \frac{\mathrm{d}^3 p}{(2\pi)^3} \frac{1}{2E} \sum_\pm \left[a_\pm(p)u_\pm(p)\mathrm{e}^{-\mathrm{i}\boldsymbol{p}\cdot\boldsymbol{x}} + b_\pm^\dagger(p)v_\pm(p)\mathrm{e}^{\mathrm{i}\boldsymbol{p}\cdot\boldsymbol{x}} \right],$$

$$\overline{\psi}(x) = \int \frac{\mathrm{d}^3 p}{(2\pi)^3} \frac{1}{2E} \sum_\pm \left[a_\pm^\dagger(p)\overline{u}_\pm(p)\mathrm{e}^{\mathrm{i}\boldsymbol{p}\cdot\boldsymbol{x}} + b_\pm(p)\overline{v}_\pm(p)\mathrm{e}^{-\mathrm{i}\boldsymbol{p}\cdot\boldsymbol{x}} \right].$$

$\pm$ 表示自旋, 下面用 s 表示, 并且为了和旋量指标区分, 我们将 s 放到括号当中, 如 $a(p,s)$、$u(p,s)$. 考虑以下拉格朗日密度:

$$\mathcal{L} = \mathcal{L}_0 + \mathcal{L}_{\mathrm{int}}, \tag{B.53}$$

$$\mathcal{L}_0 = \mathrm{i}\overline{\psi}\gamma^\mu \overset{\leftrightarrow}{\partial}_\mu \psi - m\overline{\psi}\psi, \tag{B.54}$$

$$\mathcal{L}_{\mathrm{int}} = -y\phi\overline{\psi}\psi, \tag{B.55}$$

此时 ψ、P 都带有旋量指标 a、b, 定义 $\gamma^\mu p = \not{p}^{②}$

$$P_a^b = (\not{p} - m)_a^b, \tag{B.56}$$

---

① 不考虑 e 指数部分.
② 注意这里 γ 矩阵是狄拉克空间中的四维矩阵, 因此实际上 m 也是四维矩阵 $m \times I_4$, 这里我们省略单位矩阵 I_4.

这个矩阵是可逆的, 我们可以直接计算出逆矩阵为

$$\mathrm{i}(P^{-1})_b^a = \frac{\mathrm{i}(\not{p}+m)}{p^2-m^2}, \tag{B.57}$$

分母加上 $\mathrm{i}\epsilon$ 便得到狄拉克场的费曼传播子. 此时的费曼规则如图 B.7 所示. 图中的箭头方向区分了粒子流的方向, 粒子 (反粒子) 顺着 (逆) 箭头运动, 携带的动量都是从左往右流动. 外线的非平庸因子来源于狄拉克场中的产生、湮灭算符.

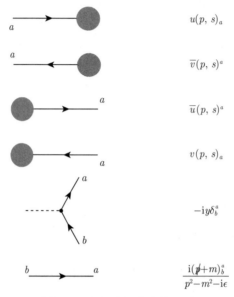

图 B.7　狄拉克场的费曼规则

B.3　量子电动力学 (QED) 的费曼规则

在 QED 的框架下, 我们不仅有狄拉克场 ψ, 还有代表光子的电磁场 A_μ, 它可以写成

$$A_\mu(x) = \int \frac{\mathrm{d}^3 p}{(2\pi)^3} \frac{1}{2E} \sum \left[a(p,\lambda)\epsilon_\mu(p,\lambda)\mathrm{e}^{-\mathrm{i}\boldsymbol{p}\cdot\boldsymbol{x}} + a^\dagger(p,\lambda)\epsilon_\mu^*(p,\lambda)\mathrm{e}^{\mathrm{i}\boldsymbol{p}\cdot\boldsymbol{x}} \right]. \tag{B.58}$$

整个系统的拉格朗日密度为

$$\mathcal{L} = \mathcal{L}_0 + \mathcal{L}_{\mathrm{int}}$$

$$= -\frac{1}{4}F^{\mu\nu}F_{\mu\nu} + \mathrm{i}\overline{\psi}\gamma^\mu D_\mu\psi - m\overline{\psi}\psi. \tag{B.59}$$

其中 $D_\mu = \partial_\mu + \mathrm{i}eA_\mu$, 将其代入上式, $\mathcal{L}_0$ 和 $\mathcal{L}_{\mathrm{int}}$ 可以分别写成

$$\mathcal{L}_0 = -\frac{1}{4}F^{\mu\nu}F_{\mu\nu} + \overline{\psi}(\mathrm{i}\gamma^\mu\partial_\mu - m)\psi, \tag{B.60}$$

$$\mathcal{L}_{\mathrm{int}} = -e\overline{\Psi}\gamma^\mu\psi A_\mu. \tag{B.61}$$

从 $\mathcal{L}_0$ 的第一项中我们可以读出代表光子的新传播子, 将其写成

$$(\mathcal{L}_0)_{\text{光子}} = \frac{1}{2} A^\mu \left(g_{\mu\nu} \partial_\rho \partial^\rho - \partial_\mu \partial_\nu \right) A^\nu, \tag{B.62}$$

则对应的 4×4 矩阵 P 为

$$P_{\mu\nu} = -p^2 g_{\mu\nu} + p_\mu p_\nu. \tag{B.63}$$

但是这里存在一个问题, 以上定义的矩阵 P 不可逆, 其根本原因可以追溯到电磁场理论的规范不变性, 并不是所有试图传播的物理状态都是真正的物理状态. 为了解决这一问题, 费米提出了 "固定规范" (gauge fixing) 的方法. 只要我们要求 $\partial_\mu A^\mu = 0$, 这称为洛伦兹规范, 就可以添加任意正比于 $\partial_\mu A^\mu$ 的项到拉格朗日密度中, 而不改变原有系统描述的问题, 例如令

$$\mathcal{L}_0^{(\xi)} = \mathcal{L}_0 - \frac{1}{2\xi} (\partial_\mu A^\mu)^2, \tag{B.64}$$

这里 ξ 是一个自由参数, 称为规范参数. 在洛伦兹规范下, 不仅额外添加的项贡献为零, 其对于系统运动方程的贡献也为零. 原本的矩阵 $P_{\mu\nu}$ 改写为

$$P_{\mu\nu} = -p^2 g_{\mu\nu} + \left(1 - \frac{1}{\xi} \right) p_\mu p_\nu. \tag{B.65}$$

可以看到通过添加 ξ 项, P 矩阵变成了一个可逆矩阵, 利用

$$P_{\mu\nu} (P^{-1})^{\nu\rho} = \delta_\mu^\rho, \tag{B.66}$$

可以求得

$$(P^{-1})^{\nu\rho} = -\frac{1}{p^2} g^{\nu\rho} + \frac{1-\xi}{(p^2)^2} p^\nu p^\rho. \tag{B.67}$$

由此得到光子的费曼传播子为

$$\frac{\mathrm{i}}{p^2 + \mathrm{i}\epsilon} \left[-g_{\mu\nu} + (1-\xi) \frac{p_\mu p_\nu}{p^2} \right]. \tag{B.68}$$

规范参数 ξ 的选取可以根据计算费曼图的方便来选择. 为了计算简便, 最常用的选择是 $\xi = 1$, 称为费曼规范, 此时传播子简化为

$$\frac{-\mathrm{i} g_{\mu\nu}}{p^2 + \mathrm{i}\epsilon}. \tag{B.69}$$

另一种常见的选择是取 $\xi = 0$, 称为朗道规范

$$\frac{\mathrm{i}}{p^2 + \mathrm{i}\epsilon} \left(-g_{\mu\nu} + \frac{p_\mu p_\nu}{p^2} \right). \tag{B.70}$$

不过不论取何种规范参数，最后计算的散射振幅都会相同，不依赖于 ξ. 由此我们便可以类似写出 QED 理论中的费曼规则，如图 B.8 所示.

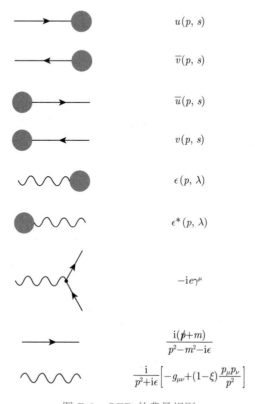

$$u(p,\,s)$$

$$\overline{v}(p,\,s)$$

$$\overline{u}(p,\,s)$$

$$v(p,\,s)$$

$$\epsilon(p,\,\lambda)$$

$$\epsilon^*(p,\,\lambda)$$

$$-\mathrm{i}e\gamma^\mu$$

$$\frac{\mathrm{i}(\not{p}+m)}{p^2-m^2-\mathrm{i}\epsilon}$$

$$\frac{\mathrm{i}}{p^2+\mathrm{i}\epsilon}\left[-g_{\mu\nu}+(1-\xi)\frac{p_\mu p_\nu}{p^2}\right]$$

图 B.8 QED 的费曼规则

附录 C 数学用表

本书采用爱因斯坦求和约定，即对出现两次的指标求和. 如矢量 $\boldsymbol{A}$、$\boldsymbol{B}$ 运算，写成分量形式

$$\boldsymbol{A} \cdot \boldsymbol{B} = \delta_{ij} A_i B_j = \sum_i A_i B_i, \quad (\boldsymbol{A} \times \boldsymbol{B})_i = \epsilon_{ijk} A_j B_k = \sum_{j,k} \epsilon_{ijk} A_j B_k.$$

其中 δ_{ij} 为克罗内克 (Kronecker) 符号，而 ϵ_{ijk} 是 Levi-Civita 张量 (全反对称张量)

$$\delta_{ij} = \begin{cases} 0, & i \neq j \\ 1, & i = j \end{cases}, \qquad \epsilon_{ijk} = \begin{cases} 1, & ijk = 123 \text{ 的偶置换} \\ -1, & ijk = 123 \text{ 的奇置换} \\ 0, & i = j, i = k \text{ 或 } j = k \end{cases}.$$

并且有

$$\begin{aligned} \epsilon_{ijk}\epsilon_{i\ell m} &= \delta_{j\ell}\delta_{km} - \delta_{jm}\delta_{k\ell}, \\ \epsilon_{imn}\epsilon_{jmn} &= 2\delta_{ij}, \\ \epsilon_{ijk}\epsilon_{ijk} &= 6. \end{aligned}$$

拉普拉斯算符定义为梯度的散度，即

$$\Delta = \nabla \cdot \nabla = \partial_x^2 + \partial_y^2 + \partial_z^2.$$

对梯度、旋度、散度，常见的结果有

$$\nabla \times (\nabla U) = 0,$$

$$\nabla \cdot (\nabla U) = \Delta U,$$

$$\nabla \cdot (\nabla \times \boldsymbol{A}) = 0,$$

$$\nabla \times (\nabla \times \boldsymbol{A}) = \nabla(\nabla \cdot \boldsymbol{A}) - \Delta \boldsymbol{A}.$$

附录 D 经典力学中的波动

量子物理中，物质波是一个核心假说. 通常的力学课程中，描述振动的简谐振子是必修内容，但是波动是指振动的传递过程，并不是所有的力学课程都会覆盖此内容，更多的是在光学课程中讨论. 因此，我们在本附录中复习两个在经典力学系统里的典型波动系统：弹性杆的纵振动与两端固定的绳的横振动. 通过对上述两个系统的讨论，我们将推导波动方程的形式并介绍一些相关的基本概念，波矢、波长、频率、相速度与群速度等.

D.1 经典力学系统中的例子

D.1.1 弹性杆的纵振动

考虑一个杨氏模量为 E、横截面积为 S、密度为 ρ、原长为 L 的杆放置在 $0 \leqslant x \leqslant L$ 区间，设初始位置 x 的点的振动位移为 $u(x,t)$，则对 x 到 $x + \mathrm{d}x$ 小段，其在 x 端的受力为

$$T(x) = ES\frac{u(x+\mathrm{d}x,t) - u(x,t)}{(x+\mathrm{d}x) - x} = ES\frac{\partial u}{\partial x}\bigg|_{x},$$

同理在 $x + \mathrm{d}x$ 一端的受力就是

$$T(x+\mathrm{d}x) = ES\frac{\partial u}{\partial x}\bigg|_{x+\mathrm{d}x},$$

于是运动方程为

$$\rho S\mathrm{d}x\frac{\partial^2 u}{\partial t^2} = ES\left[\frac{\partial u(x+\mathrm{d}x)}{\partial x} - \frac{\partial u(x)}{\partial x}\right],$$

即

$$\frac{\partial^2 u(x,t)}{\partial t^2} - \frac{E}{\rho}\frac{\partial^2 u(x,t)}{\partial x^2} = 0. \tag{D.1}$$

D.1.2 两端固定的绳的微小横振动

如图 D.1 所示，设绳上某一小段 x 到 $x + \mathrm{d}x$ 的振动位移为 u，对应的弯曲角度为 θ，在小角度极限，则根据几何关系有

$$\sin\theta(x) \approx \tan\theta(x) = \frac{\partial u}{\partial x}.$$

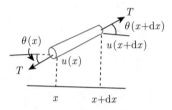

图 D.1　绳的微小横振动

设绳的线密度为 ρ、内部张力为 T，则该 x 到 $x + \mathrm{d}x$ 小段在两端的张力 T 下，运动方程为

$$\rho\mathrm{d}x\frac{\partial^2 u}{\partial t^2} = T\left[\sin\theta(x + \mathrm{d}x) - \sin\theta(x)\right]$$
$$\approx T\left[\frac{\partial u(x + \mathrm{d}x, t)}{\partial x} - \frac{\partial u(x, t)}{\partial x}\right],$$

即

$$\frac{\partial^2 u}{\partial t^2} - \frac{T}{\rho}\frac{\partial^2 u}{\partial x^2} = 0. \tag{D.2}$$

D.2　达朗贝尔方程

可以看到，以上两个问题的方程有相同的形式，如果推广到三维空间可以得到一般性的达朗贝尔 (D'Alembert) 方程

$$\nabla^2\psi(\boldsymbol{x}, t) - \frac{1}{u^2}\frac{\partial^2}{\partial t^2}\psi(\boldsymbol{x}, t) = 0. \tag{D.3}$$

这是一个典型的齐次偏微分方程问题，在数学物理方程课程中有大量的讨论. 鉴于总可以把达朗贝尔方程写成

$$\left(\nabla + \frac{1}{u}\frac{\partial}{\partial t}\right)\left(\nabla - \frac{1}{u}\frac{\partial}{\partial t}\right)\psi(\boldsymbol{x}, t) = 0,$$

可以通过定解问题的达朗贝尔公式求解，对于一维问题有 $\psi(x, t) = F(x - ut) + G(x + ut)$. 下面我们以分离变量法求解. 假设该方程的解为 $\psi(\boldsymbol{x}, t)$，分离变量后可以写为 $\psi(\boldsymbol{x}, t) =$

$f(t)\phi(\boldsymbol{x})$，代入方程 (D.3) 得到

$$f(t)\nabla^2\phi(\boldsymbol{x}) = \frac{\phi(\boldsymbol{x})}{u^2}\frac{\partial^2 f(t)}{\partial t^2} \rightarrow \frac{f''(t)}{f(t)} = \frac{u^2\nabla^2\phi(\boldsymbol{x})}{\phi(\boldsymbol{x})} = -\omega^2.$$

上式左边仅包含 t，而中间仅包含 $\boldsymbol{x}$，我们定义右边的 ω^2 为分离变量常数，最终波动方程的完整解需要对所有可能的 ω 积分. 于是我们便有了两个方程

$$\begin{cases} f''(t) + \omega^2 f(t) = 0 \\ \nabla^2\phi(\boldsymbol{x}) + k^2\phi(\boldsymbol{x}) = 0 \end{cases}, \quad k^2 = \frac{\omega^2}{u^2}. \tag{D.4}$$

第一个方程给出随时间的演化，可以解得

$$f(t) = Ce^{-i\omega t},$$

而第二个方程给出随空间的演化，有时也被称为亥姆霍兹方程

$$\phi_\omega(\boldsymbol{x}) = Ae^{i\boldsymbol{k}\cdot\boldsymbol{x}} + Be^{-i\boldsymbol{k}\cdot\boldsymbol{x}}, \tag{D.5}$$

其中 A、B 为待定系数，由初始条件和边界条件确定. 不失一般性，达朗贝尔方程有如下平面波通解：

$$\psi_\omega(\boldsymbol{x}, t) = Ae^{i\boldsymbol{k}\cdot\boldsymbol{x}-i\omega t} + Be^{-i\boldsymbol{k}\cdot\boldsymbol{x}-i\omega t}. \tag{D.6}$$

其中 ω 为角频率 ($f = 1/T$ 为频率)，$\boldsymbol{k}$ 为波矢，也根据求解过程的定义，我们得到了

$$k^2 = \frac{\omega^2}{u^2} = \left(\frac{2\pi}{\lambda}\right)^2, \quad u = \frac{\omega}{k} = \frac{\lambda}{2\pi}2\pi f = \frac{\lambda}{T}.$$

其中 u 描述了与 $\boldsymbol{k}$ 垂直方向的波前的速度，也被称为相速度. 通解的两项 $e^{i\boldsymbol{k}\cdot\boldsymbol{x}-i\omega t}$ 和 $e^{-i\boldsymbol{k}\cdot\boldsymbol{x}-i\omega t}$ 分别对应沿着 $\boldsymbol{x}$ 方向和 $-\boldsymbol{x}$ 方向传播的平面波[①].

　　对于特定 ω 只是一个本征解，得到波动方程的完整解则需要对所有的 ω 积分

$$\begin{aligned} \psi(x, t) &= \int_{-\infty}^{+\infty} d\omega s(\omega)\psi_\omega(x, t) \\ &= \int_{-\infty}^{+\infty} d\omega s_-(\omega)e^{ikx-i\omega t} + \int_{-\infty}^{+\infty} d\omega s_+(\omega)e^{-ikx-i\omega t} \\ &= \int_{-\infty}^{+\infty} d\omega s_-(\omega)e^{ik(x-ut)} + \int_{-\infty}^{+\infty} d\omega s_+(\omega)e^{-ik(x+ut)} \\ &= F(x-ut) + G(x+ut). \end{aligned}$$

从而得到前面提到的达朗贝尔公式，$x-ut$ 和 $x+ut$ 分别对应两个方向运动的行波解，而平面波解是其中一个情形.

---

　　① 对应球对称系统，波动方程的解为球面波，我们将在第 10 章讨论散射问题时再展开.

　　平面波在空间自由传播, 当存在相互作用或者说遇到了干预, 就会增加新的约束条件或称为边界条件. 当平面波运动被两个边界完全反射, 来回反射相互叠加的结果称为驻波.

　　第二个例子中的弦的两端被固定意味着振幅为零, 当弦的长度为 L, 针对亥姆霍兹方程的通解 (D.5), 代入 $\phi(0) = \phi(L) = 0$ 的条件可以得到

$$A + B = 0, \quad Ae^{ikL} + Be^{-ikL} = 0 \to \sin(kL) = 0,$$

得到了驻波条件

$$k = \frac{n\pi}{L}, \quad n \in \mathbb{Z} \tag{D.7}$$

空间部分的解为

$$\phi(x) = \phi_0 \sin\left(\frac{n\pi}{L}x\right) \tag{D.8}$$

　　我们前面讨论的问题都是对于特定 ω 的问题, 即真空中的单色波问题. 如果存在一个波包

$$\alpha(x,t) = \frac{1}{\sqrt{2\pi}} \int_{-\infty}^{+\infty} dk A(k) e^{ikx - i\omega(k)t},$$

且该波包近似单色, 则可以在 k_0 附近做泰勒展开

$$\omega(k) \approx \omega_0(k_0) + (k - k_0)\frac{\partial\omega(k)}{k}\bigg|_{k=k_0} = \omega_0 + (k - k_0)\omega_0',$$

则波包形式变成

$$\alpha(x,t) \propto e^{ik_0 x - i\omega_0 t} \int_{-\infty}^{+\infty} dk A(k) e^{i(k-k_0)(x-\omega_0' t)}$$

而波包运动速度为 ω_0', 有时候又称群速度

$$\omega_0' = \frac{d\omega}{dk}\bigg|_{k=k_0}. \tag{D.9}$$

　　最后, 我们对达朗贝尔方程 (D.3) 的平面波解 $\psi(\boldsymbol{x}, t)$, 以空间和时间求导, 可以得到如下两个方程:

$$\begin{aligned} i\frac{\partial}{\partial t}\psi(\boldsymbol{x},t) &= \omega\psi(\boldsymbol{x},t), \\ -i\nabla\psi(\boldsymbol{x},t) &= \boldsymbol{k}\psi(\boldsymbol{x},t). \end{aligned} \tag{D.10}$$

这便是我们在第 2 章引言部分讨论的对应关系, 也为我们逐步找到物质波方程提供线索.

后　　记

　　本书这次改版从 2024 年初开始，除了在原子物理部分增加了选择定则、碱金属光谱、分子光谱等内容外，还新增了"核物理简介"和"粒子物理简介"两章. 全书物理内容新增了约 40%，远远超出了原子物理内容的范畴. 对应这部分内容的课程在不同的高校教学序列中并无统一标准，有的叫"原子物理"，有的叫"近代物理"，例如，杨福家先生、褚圣麟先生的两本经典《原子物理学》教材也同样涵盖了核物理、粒子物理内容. 我将书名定为"近代物理导论"，一方面因为内容上更贴切对应，另一方面"近代物理导论"中的"近代物理"对我个人而言，也有"浙江近代物理中心"中的"近代物理"含义. 1991 年 6 月诺贝尔奖得主李政道先生在李文铸、汪容两位先生协助下于浙江大学创办浙江近代物理中心(下文简称中心). 程开甲、胡济民、汪容、李文铸、李政道几位都是王淦昌先生、束星北先生在浙大西迁时的学生. 自创办中心，李政道先生一直担任中心的主任，并邀请了王淦昌先生出任中心首任学术委员会主任.

　　我在本科学习期间，自 1998 年起，就经常性地去浙江近代物理中心小楼，或找罗民兴、陈一新、蔡寿福几位老师，或在二楼报告厅自习，整个毕业设计也是在中心完成. 我出国后，每次回国几乎都会回到中心. 2011 年 2 月我在哥伦比亚大学做报告，有幸向李政道先生当面汇报我计划回中心工作的事. 先生得知我也是浙大出身，表示自己也是浙大的，热情地接待了我，让我写下自己的汉字名字，问了我当天在哥伦比亚大学报告的关于顶夸克前后不对称性反常的实验和理论状况，也聊了中心的情况，倍感亲切. 2011 年 8 月我回到母校工作，也正式进入中心工作至今. 2024 年春，本书完稿之际，我曾委托李善时博士给李先生带去了这本《近代物理导论》和我同事袁野的《电动力学》两份稿件，向李先生汇报过中心近几年在人才培养方面的努力. 在本书已经进入最后校对环节时，2024 年 8 月 4 日，中心主任李政道先生突然离开了我们，深感悲痛！我将与李先生相关的一些思考写下来作为后记，与青年同学们共享.

　　基础科学与应用研究之间本应是一个互相补充互相促进的过程，但在社会上存在广泛的误解. 邓小平同志讲，"科学技术是第一生产力". 一个典型的正面案例是我国的核武器研制事业. 以于敏、王淦昌、邓稼先、朱光亚、陈能宽、周光召、郭永怀、钱三强、彭桓武、程开甲等为代表的一大批从事基础物理学研究的科学家，转行进入核武器研究这个当年的"卡脖子"技术领域,从源头和底层出发,快速突破实现了跨越式发展. 邓稼先先生带领年轻的大学生们从中子输运、爆炸力学、辐射流体力学开始学起,开展原子弹的理论设计工作. 周光召先生巧妙地利用最大功原理论证了苏联专家数据的不可能,终结了前前后后九个多月的争论,推动总体计算继续进行下去. 于敏先生以他敏锐的理论洞察力透过现象,抓住了临界质量限制原子弹当量的根源问题,提出了聚变快中子致铀-238 裂变的核心设计;又抓住了烧蚀压缩、自持燃烧等辐射内爆中的关键物理,找到了突破氢弹的技术途径,形成了从原理到构形基本完整的物理方案. 我国仅用了两年八个月的时间就实现了从原子弹到氢弹的突破,并且比现代核物理的发源地法国还提前了一年. 我国的核武器研制事业说明不能将原子弹简单地视为工程技术问题,而要当成科学问题来展开研究,知其然更要知其所以然. 我国原子弹、氢弹的研制也启示了今天"卡脖子"技术突破. 习近平同志 2020 年 9 月 11 日在科学家座谈会上的讲话,深刻揭示了基础研究与应用研究的关系,"我国面临的很多'卡脖子'技术问题,根子是基础理论研究跟不上,源头和底层的东西没有搞清楚. 基础研究一方面要遵循科学发现自身规律,以探索世界奥秘的好奇心来驱动,鼓励自由探索和充分的交流辩论;另一方面要通过重大科技问题带动,在重大应用研究中抽象出理论问题,进而探索科学规律,使基础研究和应用研究相互促进."①.

李政道先生对国家的基础科学研究和人才培养事业倾注了大量的心血. 1972 年李先生在离开祖国 26 年后,第一次回国时回到母校调研,在浙大详细调研了招生、专业设置和课程后,就开始思考祖国的人才培养,他认识到当时国家基础科学事业的问题,忧心忡忡. 新中国成立之后,百废待兴,国家安全压力巨大,所以与工业化直接相关的应用研究占主导地位,而且有大批科学家转向了国防科研. 到 1972 年李先生回国时,我们的原子弹、氢弹、核潜艇、导弹、人造卫星都已经成功掌握了,完整的工业门类也基本建立起来,但受到"文革"的影响,我国的基础科学研究事业几乎完全停滞. 因此,李先生多次和毛泽东同志、周恩来同志以及后来的邓小平同志等国家领导人建议发展国家的基础科学和人才培养事业,并指出这是关系我们能走多远的问题. 20 世纪 80 年代,在李先生的建议下,我国的大科学工程——北京正负电子对撞机、国家自然科学基金委、博士后制度等也陆续建立,体现了李先生对祖国的热爱和高瞻远瞩,李先生为国家科学现代化建设做出了巨大的贡献. 基础科学本身有人才培养的功能,大批基础科学出身的科学家在核武器研究事业中的贡献已经说明了这点. 李先生也亲力亲为,走上讲台. 1979 年他在北京集中讲授"粒子物理和场论"和"统计物理"课程,给因为"文革"而中断的青年学生教师们补课;更是启动了 CUSPEA 项目,十年中亲自选拔推荐九百余位青年学生出国深造,而他们中的部分人完成学业后回国继续这一传承.

我的老师罗民兴在浙大时是李文铸先生的学生,也是因李政道先生的 CUSPEA,1983 年赴宾夕法尼亚大学读博,1994 年回国. 我们在 20 世纪 90 年代就能接触到做过教科书级

---

① 来源于中国政府网, https://www.gov.cn/xinwen/2020-09/11/content_5542862.htm.

贡献的物理学家，能听到大人物们的物理故事和八卦，这更直接导致了我赴美深造. 从这个意义上讲，我也间接受益于 CUSPEA.

斯人已逝，我们决心按照李先生 2021 年 11 月为中心写下的"格物致理，求是创新"训导，秉承李政道先生"细推物理须行乐，何用浮名绊此身"的人生志趣，认真做好科学研究和人才培养的本职工作.

王　凯

2024 年 8 月